ŒUVRES

DE LAGRANGE.

PARIS. — IMPRIMERIE DE GAUTHIER-VILLARS, SUCCESSEUR DE MALLET-BACHELIER,
Rue de Seine-Saint-Germain, 10, près l'Institut.

ŒUVRES

DE LAGRANGE,

PUBLIÉES PAR LES SOINS

DE M. J.-A. SERRET,

SOUS LES AUSPICES

DE SON EXCELLENCE

LE MINISTRE DE L'INSTRUCTION PUBLIQUE.

TOME DEUXIÈME.

PARIS,

GAUTHIER-VILLARS, IMPRIMEUR-LIBRAIRE

DE L'ÉCOLE IMPÉRIALE POLYTECHNIQUE, DU BUREAU DES LONGITUDES,

SUCCESSEUR DE MALLET-BACHELIER,

Quai des Augustins, 55.

—

M DCCC LXVIII

PREMIÈRE SECTION.

(SUITE.)

MÉMOIRES

EXTRAITS DES

RECUEILS DE L'ACADÉMIE DE TURIN.

SUR L'INTÉGRATION

DE

QUELQUES ÉQUATIONS DIFFÉRENTIELLES

DONT LES INDÉTERMINÉES SONT SÉPARÉES,

MAIS DONT CHAQUE MEMBRE EN PARTICULIER N'EST POINT INTÉGRABLE.

SUR L'INTÉGRATION

DE

QUELQUES ÉQUATIONS DIFFÉRENTIELLES

DONT LES INDÉTERMINÉES SONT SÉPARÉES,

MAIS DONT CHAQUE MEMBRE EN PARTICULIER N'EST POINT INTÉGRABLE.

(*Miscellanea Taurinensia*, t. IV, 1766-1769.)

1. La séparation des indéterminées est regardée avec raison comme un des meilleurs moyens que les Géomètres aient imaginés pour intégrer les équations différentielles du premier ordre. En effet, il est clair que quand on a séparé les indéterminées dans une équation, on peut alors regarder chacun de ses membres comme une différentielle particulière qui ne contient qu'une variable; de sorte qu'il n'y a plus qu'à prendre séparément l'intégrale de l'un et de l'autre membre, en y ajoutant une constante arbitraire. De là il semble qu'on pourrait conclure que lorsque les deux membres de l'équation ainsi séparée ne sont point intégrables, l'équation elle-même ne doit pas l'être non plus; c'est ce qui est vrai en effet dans la plupart des équations différentielles; mais il se trouve néanmoins des cas où cette conclusion serait fausse, et qui vont faire la matière de ce Mémoire.

2. Pour commencer par les cas les plus simples nous prendrons l'équation

(A)
$$\frac{dx}{\sqrt{1-x^2}} = \frac{dy}{\sqrt{1-y^2}},$$

dans laquelle tout est séparé, comme l'on voit. Il est d'abord évident que les deux membres de cette équation ne sont point intégrables, au moins algébriquement; cependant on sait que l'équation en elle-même admet une intégrale algébrique. En effet, comme $\dfrac{dx}{\sqrt{1-x^2}}$ est la différentielle de l'arc dont le sinus est x, de même que $\dfrac{dy}{\sqrt{1-y^2}}$ est la différentielle de l'arc dont le sinus est y, on aura, en prenant les arcs au lieu de leurs différentielles, et ajoutant une constante quelconque C,

$$\operatorname{arc\,sin} x = \operatorname{arc\,sin} y + C;$$

donc, si l'on suppose que C soit aussi exprimé par un arc dont le sinus soit a, on aura

$$\operatorname{arc\,sin} x = \operatorname{arc\,sin} y + \operatorname{arc\,sin} a,$$

c'est-à-dire que l'arc qui répond au sinus x doit être égal à la somme des arcs qui répondent aux sinus y et a; de sorte qu'on aura, par les théorèmes connus,

(B) $$\qquad\qquad x = y\sqrt{1-a^2} + a\sqrt{1-y^2};$$

c'est l'intégrale de l'équation proposée, dans laquelle a est la constante arbitraire.

3. J'avoue qu'on peut trouver cette intégrale sans le secours des théorèmes sur les sinus, en intégrant chaque membre de l'équation (A) par les logarithmes imaginaires, et passant ensuite des logarithmes aux nombres. De cette manière on aura

$$\log\left(x\sqrt{-1}+\sqrt{1-x^2}\right) = \log\left(y\sqrt{-1}+\sqrt{1-y^2}\right) + \log\left(a\sqrt{-1}+\sqrt{1-a^2}\right),$$

d'où l'on tire

$$\begin{aligned} x\sqrt{-1}+\sqrt{1-x^2} &= \left(y\sqrt{-1}+\sqrt{1-y^2}\right)\left(a\sqrt{-1}+\sqrt{1-a^2}\right)\\ &= \left(y\sqrt{1-a^2}+a\sqrt{1-y^2}\right)\sqrt{-1}+\sqrt{1-y^2}\sqrt{1-a^2}-ay; \end{aligned}$$

et comparant la partie imaginaire du premier membre à la partie imaginaire du second, et la partie réelle avec la réelle, on aura comme ci-dessus

$$x = y\sqrt{1-a^2} + a\sqrt{1-y^2},$$

ou bien encore, ce qui revient au même dans le fond,

$$\sqrt{1-x^2} = \sqrt{1-a^2}\sqrt{1-y^2} - ay.$$

4. Mais si, d'un côté, cette méthode est un peu plus directe que la précédente, de l'autre elle a aussi l'inconvénient de dépendre des quantités transcendantes ; en effet, puisque l'intégrale de l'équation proposée est absolument algébrique, n'est-il pas naturel de penser qu'il y ait aussi une voie purement algébrique pour y parvenir?

Qu'on multiplie les deux membres de l'équation (A) en croix, on aura

$$dx\sqrt{1-y^2} = dy\sqrt{1-x^2},$$

et intégrant par parties

$$x\sqrt{1-y^2} + \int \frac{xy\,dy}{\sqrt{1-y^2}} = y\sqrt{1-x^2} + \int \frac{yx\,dx}{\sqrt{1-x^2}} + C.$$

Or l'équation (A) étant multipliée par xy, et ensuite intégrée, donne

$$\int \frac{xy\,dx}{\sqrt{1-x^2}} = \int \frac{xy\,dy}{\sqrt{1-y^2}};$$

donc l'équation précédente deviendra

$$x\sqrt{1-y^2} = y\sqrt{1-x^2} + C,$$

équation algébrique qui, en faisant $C = a$, revient au même que l'équation (B) du n° 2.

5. On pourrait aussi appliquer la même méthode à l'intégration de l'équation générale

(C) $$\frac{dx}{\sqrt{\alpha + \beta x + \gamma x^2}} = \frac{dy}{\sqrt{\alpha + \beta y + \gamma y^2}},$$

car multipliant d'abord en croix, et prenant ensuite l'intégrale de chaque membre par parties, on a

$$(\mathrm{D})\quad\left\{\begin{aligned}&x\sqrt{\alpha+\beta y+\gamma y^2}-\int\frac{(\beta+2\gamma y)x\,dy}{2\sqrt{\alpha+\beta y+\gamma y^2}}\\&=y\sqrt{\alpha+\beta x+\gamma x^2}-\int\frac{(\beta+2\gamma x)y\,dx}{2\sqrt{\alpha+\beta x+\gamma x^2}}+\mathrm{C}.\end{aligned}\right.$$

Or l'équation (C) étant multipliée par xy, et ensuite intégrée, donne

$$\int\frac{xy\,dx}{\sqrt{\alpha+\beta x+\gamma x^2}}=\int\frac{xy\,dy}{\sqrt{\alpha+\beta y+\gamma y^2}}.$$

De plus on a par la même équation

$$\begin{aligned}\int\frac{y\,dx}{\sqrt{\alpha+\beta x+\gamma x^2}}&=\int\frac{y\,dy}{\sqrt{\alpha+\beta y+\gamma y^2}}\\&=\frac{1}{\gamma}\sqrt{\alpha+\beta y+\gamma y^2}-\frac{\beta}{2\gamma}\int\frac{dy}{\sqrt{\alpha+\beta y+\gamma y^2}},\end{aligned}$$

et de même

$$\begin{aligned}\int\frac{x\,dy}{\sqrt{\alpha+\beta y+\gamma y^2}}&=\int\frac{x\,dx}{\sqrt{\alpha+\beta x+\gamma x^2}}\\&=\frac{1}{\gamma}\sqrt{\alpha+\beta x+\gamma x^2}-\frac{\beta}{2\gamma}\int\frac{dx}{\sqrt{\alpha+\beta x+\gamma x^2}}\\&=\frac{1}{\gamma}\sqrt{\alpha+\beta x+\gamma x^2}-\frac{\beta}{2\gamma}\int\frac{dy}{\sqrt{\alpha+\beta y+\gamma y^2}}.\end{aligned}$$

Donc, faisant ces substitutions dans l'équation (D), et effaçant ce qui se détruit, on aura cette équation algébrique

$$\begin{aligned}&x\sqrt{\alpha+\beta y+\gamma y^2}-\frac{\beta}{2\gamma}\sqrt{\alpha+\beta x+\gamma x^2}\\&=y\sqrt{\alpha+\beta x+\gamma x^2}-\frac{\beta}{2\gamma}\sqrt{\alpha+\beta y+\gamma y^2}+\mathrm{C},\end{aligned}$$

ou bien

$$\left(x+\frac{\beta}{2\gamma}\right)\sqrt{\alpha+\beta y+\gamma y^2}=\left(y+\frac{\beta}{2\gamma}\right)\sqrt{\alpha+\beta x+\gamma x^2}+\mathrm{C},$$

qui est l'intégrale de l'équation proposée.

6. Voilà donc, comme l'on voit, une méthode bien simple pour intégrer ces sortes d'équations, dont chaque membre en particulier dépend de la quadrature du cercle ou de l'hyperbole; mais il y a encore d'autres équations plus générales que les précédentes qui admettent aussi des intégrales algébriques, quoique chacun de leurs membres ne soit en aucune façon intégrable.

Ces équations sont comprises dans la formule suivante :

$$\frac{dx}{\sqrt{\alpha + \beta x + \gamma x^2 + \delta x^3 + \varepsilon x^4}} = \frac{dy}{\sqrt{\alpha + \beta y + \gamma y^2 + \delta y^3 + \varepsilon y^4}},$$

dont l'intégrale est exprimée en général par l'équation

$$A + B(x+y) + C(x^2 + y^2) + Dxy + E(x^2 y + y^2 x) + F x^2 y^2 = 0.$$

En effet, si l'on différentie cette équation, on a

$$[B + 2Cx + Dy + E(2xy + y^2) + 2Fxy^2]dx$$
$$+ [B + 2Cy + Dx + E(2yx + x^2) + 2Fyx^2]dy = 0.$$

Mais, en tirant de la même équation la valeur de x en y, et ensuite celle de y en x, on trouvera

$$2x(C + Ey + Fy^2) + B + Dy + Ey^2$$
$$= \sqrt{(B + Dy + Ey^2)^2 - 4(A + By + Cy^2)(C + Ey + Fy^2)},$$

et de même

$$2y(C + Ex + Fx^2) + B + Dx + Ex^2$$
$$= \sqrt{(B + Dx + Ex^2)^2 - 4(A + Bx + Cx^2)(C + Ex + Fx^2)},$$

de sorte qu'en faisant

$$\alpha = B^2 - 4AC,$$
$$\beta = 2BD - 4(AE + BC),$$
$$\gamma = 2BE + D^2 - 4(AF + C^2 + BE),$$
$$\delta = 2DE - 4(BF + CE),$$
$$\varepsilon = E^2 - 4CF,$$

II.

2

on aura

$$dx \sqrt{\alpha + \beta y + \gamma y^2 + \delta y^3 + \varepsilon y^4} = dy \sqrt{\alpha + \beta x + \gamma x^2 + \delta x^3 + \varepsilon x^4},$$

et par conséquent

$$\frac{dx}{\sqrt{\alpha + \beta x + \gamma x^2 + \delta x^3 + \varepsilon x^4}} = \frac{dy}{\sqrt{\alpha + \beta y + \gamma y^2 + \delta y^3 + \varepsilon y^4}},$$

qui est l'équation différentielle proposée. Or, comme les coefficients donnés α, β, γ, δ, ε ne sont qu'au nombre de cinq, et que les coefficients indéterminés A, B, C, D, E, F sont au nombre de six, il est clair qu'il en restera toujours un d'indéterminé qui tiendra lieu de la constante arbitraire qui doit se trouver dans l'intégrale.

Cette intégration est d'autant plus remarquable qu'elle n'est due qu'à une espèce de hasard heureux, et qu'il ne serait pas même possible d'y arriver par les méthodes connues des Géomètres jusqu'à présent (*voyez* dans les tomes VI et VII des *Nouveaux Commentaires de Pétersbourg* plusieurs excellents Mémoires de M. Euler sur ce sujet). J'ai donc cru que ce serait un travail avantageux aux progrès de l'Analyse que de chercher une méthode directe pour intégrer les équations de cette espèce, et voici celle que j'ai trouvée. Elle est fondée sur le principe suivant.

7. Quand on a une équation différentielle du premier degré dont on ne peut trouver l'intégrale, il faut la différentier et examiner si, en combinant cette nouvelle équation avec la proposée, on pourrait trouver une équation intégrale du premier degré autre que l'équation proposée; car alors, en chassant par le moyen de ces deux équations les premières différences, on aura une équation algébrique qui sera l'intégrale cherchée.

Si l'intégration ne réussit pas de cette manière, il faut passer à la différentielle du troisième degré, et chercher si l'on pourrait ainsi parvenir à une nouvelle équation du second degré; en ce cas il n'y aurait plus qu'à éliminer les différences secondes et troisièmes par le moyen de l'équation proposée et de sa différentielle. Et ainsi de suite.

8. Cela posé, je vais commencer par chercher l'intégrale de l'équation (C) du n° 5 ; pour cela je fais

$$dt = \frac{dx}{\sqrt{\alpha + \beta x + \gamma x^2}},$$

en sorte que l'on ait les deux équations suivantes :

$$dt = \frac{dx}{\sqrt{\alpha + \beta x + \gamma x^2}},$$

$$dt = \frac{dy}{\sqrt{\alpha + \beta y + \gamma y^2}}.$$

Je multiplie ces deux équations en croix, et je les quarre pour les délivrer du signe radical, ce qui me donne ces deux-ci :

$$\frac{dx^2}{dt^2} = \alpha + \beta x + \gamma x^2,$$

$$\frac{dy^2}{dt^2} = \alpha + \beta y + \gamma y^2.$$

Je différentie maintenant ces équations en prenant dt pour constante, et divisant la première par dx, et la seconde par dy ; j'aurai

$$2\frac{d^2 x}{dt^2} = \beta + 2\gamma x,$$

$$2\frac{d^2 y}{dt^2} = \beta + 2\gamma y.$$

Or, en ajoutant ces deux équations ensemble, et faisant $x + y = p$, on aura l'équation

$$2\frac{d^2 p}{dt^2} = 2\beta + 2\gamma p,$$

laquelle étant multipliée par dp, et ensuite intégrée, donne

$$\frac{dp^2}{dt^2} = k + 2\beta p + \gamma p^2,$$

k étant la constante arbitraire ; d'où l'on tire

$$\frac{dp}{dt} = \sqrt{k + 2\beta p + \gamma p^2}.$$

Mais

$$\frac{dp}{dt} = \frac{dx + dy}{dt} = \sqrt{\alpha + \beta x + \gamma x^2} + \sqrt{\alpha + \beta y + \gamma y^2},$$

donc on aura enfin

$$\sqrt{\alpha + \beta x + \gamma x^2} + \sqrt{\alpha + \beta y + \gamma y^2} = \sqrt{k + 2\beta(x + y) + \gamma(x + y)^2}.$$

9. Si, au lieu d'ajouter les deux équations différentio-différentielles, on avait retranché l'une de l'autre, on aurait eu, en faisant $x - y = q$, celle-ci :

$$2\frac{d^2q}{dt^2} = 2\gamma q,$$

qui, étant multipliée par dq et intégrée ensuite, donne

$$\frac{dq^2}{dt^2} = H + \gamma q^2,$$

et par conséquent

$$\frac{dq}{dt} = \sqrt{H + \gamma q^2}.$$

Donc, puisque $q = x - y$, on aura

$$\frac{dq}{dt} = \sqrt{\alpha + \beta x + \gamma x^2} - \sqrt{\alpha + \beta y + \gamma y^2};$$

de sorte que l'équation intégrale sera

$$\sqrt{\alpha + \beta x + \gamma x^2} - \sqrt{\alpha + \beta y + \gamma y^2} = \sqrt{H + \beta(x - y)^2},$$

H étant la constante arbitraire.

10. Les intégrales que nous venons de trouver ne diffèrent point, quant au fond, de celle du n° 5, comme il est facile de s'en assurer par le calcul ; mais on peut en trouver encore d'autres plus simples, en donnant seulement un peu plus de généralité à notre méthode.

En effet, si, au lieu de supposer $dt = \dfrac{dx}{\sqrt{\alpha + \beta x + \gamma x^2}}$, on suppose

$$\frac{dt}{T} = \frac{dx}{\sqrt{\alpha + \beta x + \gamma x^2}},$$

T étant une fonction quelconque de x et y, on aura ces deux équations-ci :

$$\frac{dt}{T} = \frac{dx}{\sqrt{\alpha + \beta x + \gamma x^2}},$$

$$\frac{dt}{T} = \frac{dy}{\sqrt{\alpha + \beta y + \gamma y^2}};$$

d'où l'on tire, en multipliant en croix et quarrant,

$$\frac{T^2 dx^2}{dt^2} = \alpha + \beta x + \gamma x^2,$$

$$\frac{T^2 dy^2}{dt^2} = \alpha + \beta y + \gamma y^2,$$

de sorte qu'en différentiant, et regardant dt comme constante, on aura

$$\frac{2\,T\,dT\,dx + 2\,T^2 d^2 x}{dt^2} = \beta + 2\gamma x,$$

$$\frac{2\,T\,dT\,dy + 2\,T^2 d^2 y}{dt^2} = \beta + 2\gamma y,$$

équations qui, étant ajoutées ensemble, en supposant

$$x + y = p,$$

donnent celle-ci :

$$\frac{T\,dT\,dp + T^2 d^2 p}{dt^2} = \beta + \gamma p.$$

Or, soit

$$x - y = q,$$

et supposons T une fonction de p et q, en sorte que l'on ait

$$dT = M\,dp + N\,dq,$$

on aura

$$\frac{dT\,dp}{dt^2} = \frac{M\,dp^2}{dt^2} + \frac{N\,dp\,dq}{dt^2};$$

mais

$$\frac{dp\,dq}{dt^2} = \frac{dx^2 - dy^2}{dt^2} = \frac{\alpha + \beta x + \gamma x^2}{T^2} - \frac{\alpha + \beta y + \gamma y^2}{T^2} = \frac{\beta q + \gamma pq}{T^2};$$

donc, substituant ces valeurs dans l'équation ci-dessus, elle deviendra, après l'avoir multipliée par T,

$$\frac{T^2(M\,dp^2 + T\,d^2p)}{dt^2} = (\beta + \gamma p)(T - Nq).$$

Or, puisque la valeur de T est indéterminée, on peut la supposer telle que

$$T - Nq = o;$$

c'est-à-dire, à cause que $N = \dfrac{dT}{dq}$,

$$\frac{1}{T}\frac{dT}{dq} = \frac{1}{q},$$

ce qui donne, en multipliant par dq et intégrant,

$$T = Pq,$$

P étant une fonction quelconque de p sans q. Ainsi on aura, en supposant $dP = P'\,dp$,

$$M = P'q, \quad N = P,$$

et l'équation différentielle deviendra

$$\frac{T^2(P'q\,dp^2 + T\,d^2p)}{dt^2} = o,$$

c'est-à-dire, en mettant Pq au lieu de T, dP au lieu de $P'\,dp$, et divisant ensuite par qT^2,

$$\frac{dP\,dp + P\,d^2p}{dt^2} = o, \quad \text{ou bien} \quad \frac{d(P\,dp)}{dt^2} = o;$$

de sorte qu'on aura, en prenant une constante arbitraire quelconque G,

$$\frac{P\,dp}{dt} = G;$$

d'où, en mettant au lieu de

$$\frac{dp}{dt} = \frac{dx + dy}{\cdot\,dt}$$

sa valeur

$$\frac{\sqrt{\alpha+\beta x+\gamma x^2}}{T} + \frac{\sqrt{\alpha+\beta y+\gamma y^2}}{T},$$

et faisant attention que $T = Pq = P(x-y)$, on aura l'équation finale

$$\frac{\sqrt{\alpha+\beta x+\gamma x^2} + \sqrt{\alpha+\beta y+\gamma y^2}}{x-y} = G.$$

C'est là, ce me semble, la forme la plus simple à laquelle on puisse réduire l'intégrale de l'équation proposée (C).

11. Puisque la différence des deux quantités qui sont sous le signe est $\beta(x-y) + \gamma(x^2-y^2)$, il est clair qu'on aura

$$\sqrt{\alpha+\beta x+\gamma x^2} - \sqrt{\alpha+\beta y+\gamma y^2} = \frac{\beta(x-y)+\gamma(x^2-y^2)}{\sqrt{\alpha+\beta x+\gamma x^2}+\sqrt{\alpha+\beta y+\gamma y^2}}.$$

Donc, mettant au lieu du dénominateur du second membre sa valeur $G(x-y)$, et divisant ensuite le haut et le bas de la fraction par $x-y$, on aura

$$\sqrt{\alpha+\beta x+\gamma x^2} - \sqrt{\alpha+\beta y+\gamma y^2} = \frac{\beta+\gamma(x+y)}{G},$$

équation qui, étant combinée avec la précédente, donnera celle-ci :

$$\sqrt{\alpha+\beta x+\gamma x^2} = \frac{\beta+(\gamma+G^2)x+(\gamma-G^2)y}{2G},$$

laquelle étant multipliée par $2G$, et ensuite quarrée, deviendra

$$\beta^2-4\alpha G^2+2\beta(\gamma-G^2)(x+y)+2(\gamma^2-G^4)xy+(\gamma-G^2)^2(x^2+y^2)=0.$$

12. La méthode que nous venons d'employer dans le n° 10 peut s'appliquer avec le même succès à intégrer l'équation dont nous avons parlé plus haut (n° 6).

Soit donc

$$\frac{dt}{T} = \frac{dx}{\sqrt{\alpha+\beta x+\gamma x^2+\delta x^3+\varepsilon x^4}},$$

en sorte que l'on ait aussi

$$\frac{dt}{\mathrm{T}} = \frac{dy}{\sqrt{\alpha + \beta y + \gamma y^2 + \delta y^3 + \varepsilon y^4}},$$

et ces deux équations, étant traitées comme celles du n° **10**, deviendront d'abord

$$\frac{2\,\mathrm{T}\,d\mathrm{T}\,dx + 2\,\mathrm{T}^2 d^2 x}{dt^2} = \beta + 2\gamma x + 3\delta x^2 + 4\varepsilon x^3,$$

$$\frac{2\,\mathrm{T}\,d\mathrm{T}\,dy + 2\,\mathrm{T}^2 d^2 y}{dt^2} = \beta + 2\gamma y + 3\delta y^2 + 4\varepsilon y^3.$$

J'ajoute ensemble ces deux dernières équations, et je fais comme ci-dessus

$$x + y = p, \quad x - y = q, \quad d\mathrm{T} = \mathrm{M}\,dp + \mathrm{N}\,dq,$$

j'aurai, en divisant par 2,

$$\frac{\mathrm{TM}\,dp^2 + \mathrm{TN}\,dp\,dq + \mathrm{T}^2 d^2 p}{dt^2} = \beta + \gamma p + \frac{3\delta}{4}(p^2 + q^2) + \frac{\varepsilon}{2}(p^3 + 3pq^2),$$

et mettant au lieu de $\dfrac{dp\,dq}{dt^2}$ sa valeur

$$\frac{dx^2 - dy^2}{dt^2} = \frac{\alpha + \beta x + \gamma x^2 + \delta x^3 + \varepsilon x^4}{\mathrm{T}^2} - \frac{\alpha + \beta y + \gamma y^2 + \delta y^3 + \varepsilon y^4}{\mathrm{T}^2}$$

$$= \frac{\beta q + \gamma pq + \dfrac{\delta}{4}(3p^2 q + q^3) + \dfrac{\varepsilon}{2}(p^3 q + pq^3)}{\mathrm{T}^2},$$

on aura, après avoir multiplié par T et ordonné les termes

$$\frac{\mathrm{T}^2(\mathrm{M}\,dp^2 + \mathrm{T}\,d^2 p)}{dt^2} = (\beta + \gamma p)(\mathrm{T} - \mathrm{N}q) + \frac{\delta}{4}[3\mathrm{T}(p^2 + q^2) - \mathrm{N}(3p^2 q + q^3)]$$

$$+ \frac{\varepsilon}{2}[\mathrm{T}(p^3 + 3pq^2) - \mathrm{N}(p^3 q + pq^3)].$$

Soit fait, comme dans le n° **10**,

$$\mathrm{T} - \mathrm{N}q = 0,$$

et par conséquent

$$\mathrm{T} = \mathrm{P}q, \quad \mathrm{N} = \mathrm{P}, \quad \mathrm{M} = \frac{q\,d\mathrm{P}}{dp},$$

on aura

$$\frac{P^2 q^3 (d P\, dp + P\, d^2 p)}{dt^2} = P q^3 \left(\frac{\delta}{2} + \varepsilon p\right),$$

ou bien, en divisant par Pq^3,

$$\frac{P\, d P\, dp + P^2 d^2 p}{dt^2} = \frac{\delta}{2} + \varepsilon p.$$

Cette équation étant multipliée par $2\,dp$ devient intégrable, et l'intégrale sera

$$\frac{P^2 dp^2}{dt^2} = G^2 + \delta p + \varepsilon p^2,$$

G étant la constante arbitraire; de sorte qu'on aura, en tirant la racine quarrée,

$$\frac{P\, dp}{dt} = \sqrt{G^2 + \delta p + \varepsilon p^2};$$

mais

$$\frac{dp}{dt} = \frac{dx + dy}{dt} = \frac{\sqrt{\alpha + \beta x + \gamma x^2 + \delta x^3 + \varepsilon x^4}}{T} + \frac{\sqrt{\alpha + \beta y + \gamma y^2 + \delta y^3 + \varepsilon y^4}}{T};$$

donc, substituant cette valeur et mettant à la place de p, $x + y$, et à la place de T, Pq, ou bien $P(x - y)$, on aura, après avoir multiplié par $x - y$,

(D)
$$\begin{cases} \sqrt{\alpha + \beta x + \gamma x^2 + \delta x^3 + \varepsilon x^4} + \sqrt{\alpha + \beta y + \gamma y^2 + \delta y^3 + \varepsilon y^4} \\ = (x - y)\sqrt{G^2 + \delta(x + y) + \varepsilon(x + y)^2} \end{cases}$$

pour l'intégrale cherchée de l'équation

(E)
$$\frac{dx}{\sqrt{\alpha + \beta x + \gamma x^2 + \delta x^3 + \varepsilon x^4}} = \frac{dy}{\sqrt{\alpha + \beta y + \gamma y^2 + \delta y^3 + \varepsilon y^4}},$$

13. Si l'équation à intégrer était

(F)
$$\frac{dx}{\sqrt{\alpha + \beta x + \gamma x^2 + \delta x^3 + \varepsilon x^4}} + \frac{dy}{\sqrt{\alpha + \beta y + \gamma y^2 + \delta y^3 + \varepsilon y^4}} = 0,$$

il n'y aurait qu'à changer le signe du second radical de l'équation (D),

II.   3

et l'on aurait

$$\sqrt{\alpha + \beta x + \gamma x^2 + \delta x^3 + \varepsilon x^4} - \sqrt{\alpha + \beta y + \gamma y^2 + \delta y^3 + \varepsilon y^4}$$
$$= (x - y)\sqrt{G^2 + \delta(x + y) + \varepsilon(x + y)^2}.$$

14. La différence des deux quantités qui sont sous le signe étant

$$\beta(x - y) + \gamma(x^2 - y^2) + \delta(x^3 - y^3) + \varepsilon(x^4 - y^4),$$

on aura par l'équation (D)

$$\sqrt{\alpha + \beta x + \gamma x^2 + \delta x^3 + \varepsilon x^4} - \sqrt{\alpha + \beta y + \gamma y^2 + \delta y^3 + \varepsilon y^4}$$
$$= \frac{\beta(x - y) + \gamma(x^2 - y^2) + \delta(x^3 - y^3) + \varepsilon(x^4 - y^4)}{(x - y)\sqrt{G^2 + \delta(x + y) + \varepsilon(x + y)}}$$
$$= \frac{\beta + \gamma(x + y) + \delta(x^2 + xy + y^2) + \varepsilon(x^3 + x^2 y + xy^2 + y^3)}{\sqrt{G^2 + \delta(x + y) + \varepsilon(x + y)^2}};$$

donc, combinant cette équation avec celle que nous venons de citer, on aura

$$\sqrt{\alpha + \beta x + \gamma x^2 + \delta x^3 + \varepsilon x^4} = \frac{(x - y)\sqrt{G^2 + \delta(x + y) + \varepsilon(x + y)^2}}{2}$$
$$+ \frac{\beta + \gamma(x + y) + \delta^2(x^2 + xy + y^2) + \varepsilon(x^3 + x^2 y + xy^2 + y^3)}{2\sqrt{G^2 + \delta(x + y) + \varepsilon(x + y)^2}}$$
$$= \frac{\beta + \gamma(x + y) + G(x - y) + \delta(2x^2 + xy) + 2\varepsilon(x^3 + x^2 y)}{2\sqrt{G^2 + \delta(x + y) + \varepsilon(x + y)^2}},$$

d'où, en multipliant en croix et quarrant les deux membres de cette équation, il viendra

$$\beta^2 - 4\alpha G + (2\beta\gamma + 4\alpha\delta - 2\beta G)(x + y) + (\gamma^2 - 4\alpha\varepsilon)(x + y)^2$$
$$+ G^2(x - y)^2 - 2\beta\delta xy - 2\gamma G(x^2 + y^2)$$
$$+ (2\gamma\delta - 4\beta\varepsilon - 2\delta G)(x + y)xy + (\delta^2 - 4\varepsilon G)x^2 y^2 = 0,$$

ou bien

$$\beta^2 - 4\alpha G + (2\beta\gamma + 4\alpha\delta - 2\beta G)(x + y)$$
$$+ (\gamma^2 - 4\alpha\varepsilon - 2\gamma G + G^2)(x^2 + y^2) + 2(\gamma^2 - 4\alpha\varepsilon - \beta\delta - G^2)xy$$
$$+ 2(\gamma\delta - 2\beta\varepsilon - \delta G)(x + y)xy + (\delta^2 - 4\varepsilon G)x^2 y^2 = 0;$$

et cette équation sera également l'intégrale de l'équation (E) et de l'équation (F) (n°s 12 et 13); ce qui s'accorde avec ce qu'on a démontré dans le n° 6.

15. Considérons maintenant en général l'équation

$$\frac{dx}{\sqrt{X}} = \frac{dy}{\sqrt{Y}},$$

X étant une fonction quelconque de x, et Y une fonction quelconque de y. On aura d'abord les deux équations

$$\frac{dt}{T} = \frac{dx}{\sqrt{X}}, \quad \frac{dt}{T} = \frac{dy}{\sqrt{Y}},$$

d'où l'on tire

$$\frac{T^2 dx^2}{dt^2} = X, \quad \frac{T^2 dy^2}{dt^2} = Y,$$

et différentiant, en faisant $dX = X' dx$, $dY = Y' dy$,

$$\frac{2T\,dT\,dx + 2T^2 d^2 x}{dt^2} = X',$$

$$\frac{2T\,dT\,dy + 2T^2 d^2 y}{dt^2} = Y'.$$

Soit

$$x + y = p, \quad x - y = q, \quad dT = M\,dp + N\,dq,$$

on aura, en ajoutant les deux équations précédentes ensemble,

$$\frac{2T(M\,dp^2 + N\,dp\,dq) + 2T^2 d^2 p}{dt^2} = X' + Y'.$$

Or

$$dp\,dq = dx^2 - dy^2 = \frac{(X - Y)\,dt^2}{T^2};$$

donc, substituant cette valeur, on aura

$$\frac{2T(M\,dp^2 + T\,d^2 p)}{dt^2} = X' + Y' - \frac{2N(X - Y)}{T}.$$

Maintenant, puisque $x + y = p$, $x - y = q$, on aura

$$x = \frac{p + q}{2}, \quad y = \frac{p - q}{2},$$

3.

de sorte qu'en ne considérant que la variabilité de q on aura

$$X' = \frac{dX}{dx} = 2\frac{dX}{dq},$$

$$Y' = \frac{dY}{dy} = -2\frac{dY}{dq};$$

de plus on a

$$M = \frac{dT}{dp}, \quad N = \frac{dT}{dq};$$

donc, faisant ces substitutions dans l'équation précédente, elle se réduira à cette forme

$$\frac{d\left(\frac{T\,dp}{dt}\right)^2}{dp} = 2T\frac{d\left(\frac{X-Y}{T}\right)}{dq} \quad (*).$$

Or, pour qu'on puisse tirer de cette équation la valeur de $\frac{dp}{dt}$, il faut faire en sorte qu'elle ne contienne que les seules variables p et q; c'est ce qu'on ne saurait obtenir, ce me semble, qu'en faisant :

1º $T = PQ$, P étant une fonction quelconque de p et Q une fonction quelconque de q, pour avoir, en divisant par Q^2,

$$\frac{d\left(\frac{P\,dp}{dt}\right)^2}{dp} = \frac{2}{Q}\frac{d\left(\frac{X-Y}{Q}\right)}{dq};$$

2º Il faudra que l'on ait

$$\frac{1}{Q}\frac{d\left(\frac{X-Y}{Q}\right)}{dq} = \text{fonct. } p.$$

Supposons donc que $\varphi(p)$ représente une fonction quelconque de p, on aura

$$\frac{1}{Q}\frac{d\left(\frac{X-Y}{Q}\right)}{dq} = \varphi(p);$$

(*) Ce sont les dérivées partielles des fonctions $\left(T\frac{dp}{dt}\right)^2$ et $\frac{X-Y}{T}$ par rapport à p et q respectivement, qui figurent dans cette équation; il faut supposer que $\frac{dp}{dt}$ soit exprimée en fonction de la seule variable p.   (*Note de l'Éditeur.*)

donc, multipliant par $Q\,dq$, et intégrant, en regardant p comme constant, on aura

$$\frac{X-Y}{Q} = \varphi(p)\int Q\,dq + \psi(p),$$

$\psi(p)$ dénotant une autre fonction quelconque de p; donc on aura

$$X - Y = Q\left[\varphi(p)\int Q\,dq + \psi(p)\right].$$

Si cette condition a lieu, alors on aura

$$\frac{d\left(\dfrac{P\,dp}{dt}\right)^2}{dp} = 2\varphi(p);$$

donc, en multipliant par dp et intégrant,

$$\left(\frac{P\,dp}{dt}\right)^2 = G^2 + 2\int \varphi(p)\,dp,$$

G étant une constante quelconque; d'où l'on tire

$$\frac{P\,dp}{dt} = \sqrt{G^2 + 2\int \varphi(p)\,dp};$$

mais

$$\frac{dp}{dt} = \frac{dx+dy}{dt} = \frac{\sqrt{X}+\sqrt{Y}}{T} = \frac{\sqrt{X}+\sqrt{Y}}{PQ};$$

donc, substituant cette valeur, on aura

$$\sqrt{X}+\sqrt{Y} = Q\sqrt{G^2 + 2\int \varphi(p)\,dp}:$$

c'est l'intégrale de l'équation proposée $\dfrac{dx}{\sqrt{X}} = \dfrac{dy}{\sqrt{Y}}$.

16. Voyons à présent quelle doit être la nature des quantités X et Y pour que l'équation de condition

$$X - Y = Q\left[\varphi(p)\int Q\,dq + \psi(p)\right]$$

ait lieu, et supposons d'abord que ces quantités soient de la forme suivante :

$$X = \alpha + \beta x + \gamma x^2 + \delta x^3 + \varepsilon x^4 + \zeta x^5 + \eta x^6 + \dots,$$
$$Y = \alpha + \beta y + \gamma y^2 + \delta y^3 + \varepsilon y^4 + \zeta y^5 + \eta y^6 + \dots,$$

en sorte que l'on ait

$$X - Y = \beta(x - y) + \gamma(x^2 - y^2) + \delta(x^3 - y^3) + \varepsilon(x^4 - y^4)$$
$$+ \zeta(x^5 - y^5) + \eta(x^6 - y^6) + \dots;$$

en faisant $x + y = p$, $x - y = q$, c'est-à-dire

$$x = \frac{p+q}{2}, \quad y = \frac{p-q}{2},$$

on aura

$$X - Y = \beta q + \gamma pq + \frac{\delta}{4}(3p^2 + q^2)q + \frac{\varepsilon}{8}(4p^3 + 4pq^2)q$$
$$+ \frac{\zeta}{16}(5p^4 + 10p^2q^2 + q^4)q + \frac{\eta}{32}(6p^5 + 20p^3q^2 + 6pq^4)q + \dots,$$

et comme cette quantité doit être égale, ou plutôt identique avec la quantité $Q\left[\varphi(p)\int Q\,dq + \psi(p)\right]$, dans laquelle Q est une fonction de q seulement, il est visible qu'il faut :

1° Que l'on ait $Q = q$, ce qui donne

$$\int Q\,dq = \frac{1}{2}q^2;$$

2° Que l'on ait

$$\beta + \gamma p + \frac{3\delta p^2}{4} + \frac{4\varepsilon p^3}{8} + \frac{5\zeta p^4}{16} + \frac{6\eta p^5}{32} + \dots = \psi(p),$$
$$\left(\frac{\delta}{4} + \frac{4\varepsilon p}{8} + \frac{10\zeta p^2}{16} + \frac{20\eta p^3}{32} + \dots\right)q^2 = \frac{q^2\varphi(p)}{2},$$
$$\left(\frac{\zeta}{16} + \frac{6\eta p}{32} + \dots\right)q^4 = 0,$$

c'est-à-dire

$$\zeta = 0, \quad \eta = 0, \dots,$$

et par conséquent

$$\psi(p) = \beta + \gamma p + \frac{3\delta p^2}{4} + \frac{4\varepsilon p^3}{8}, \quad \varphi(p) = \frac{\delta}{2} + \varepsilon p.$$

Donc

$$2\int \varphi(p)\,dp = \delta p + \varepsilon p^2;$$

de sorte que l'intégrale de l'équation sera dans ce cas

$$\sqrt{X} + \sqrt{Y} = q\sqrt{G^2 + \delta p + \varepsilon p^2}.$$

C'est le cas que nous avons déjà examiné (n° **12**).

Au reste on voit par là que les quantités X et Y ne sauraient contenir d'autres puissances de x et de y que celles qui ne passent point le quatrième degré.

17. Supposons maintenant en général

$$X = \Phi(2x), \quad Y = \Psi(2y),$$

en sorte que l'on ait

$$X = \Phi(p+q), \quad Y = \Psi(p-q),$$

et l'équation de condition sera

$$\Phi(p+q) - \Psi(p-q) = Q\left[\varphi(p)\int Q\,dq + \psi(p)\right];$$

soient différentiés les deux membres de cette équation deux fois de suite en faisant varier p seulement, on aura

$$\Phi''(p+q) - \Psi''(p-q) = Q\left[\varphi''(p)\int Q\,dq + \psi''(p)\right];$$

soient ensuite différentiés les deux membres deux fois, en faisant varier q seulement, nous aurons

$$\Phi''(p+q) - \Psi''(p-q) = \varphi(p)\frac{d^2\left(Q\int Q\,dq\right)}{dq^2} + \psi(p)\frac{d^2 Q}{dq^2};$$

donc

$$Q\psi''p + Q\int Q\,dq \times \varphi''(p) = \frac{dQ^2}{dq^2}\psi(p) + \frac{d^2\left(Q\int Q\,dq\right)}{dq^2}\varphi(p).$$

Cette équation devant être identique, je supposerai d'abord

$$\frac{d^2 Q}{dq^2} = -m^2 Q,$$

m étant un coefficient constant quelconque, d'où l'on a, en intégrant,

$$Q = A \sin(mq + \alpha),$$

A et α étant aussi des constantes quelconques, et par conséquent, en intégrant de nouveau,

$$\int Q\,dq = -\frac{A}{m}\cos(mq + \alpha)$$

et

$$Q\int Q\,dq = -\frac{A^2}{2m}\sin 2(mq + \alpha);$$

de sorte que l'équation précédente deviendra

$$A\sin(mq+\alpha)[\psi''(p) + m^2\psi(p)] - \frac{A^2}{2m}\sin 2(mq+\alpha)[\varphi''(p) + 4m^2\varphi(p)] = 0,$$

laquelle devant être vraie, indépendamment d'aucune équation entre q et p, il faudra que l'on ait

$$\psi''(p) + m^2\psi(p) = 0, \quad \varphi''(p) + 4m^2\varphi(p) = 0;$$

ce qui donne, en prenant des constantes quelconques B, β et C, γ,

$$\psi(p) = B\sin(mp + \beta),$$
$$\varphi(p) = C\sin(mp + \gamma).$$

Substituant donc toutes ces valeurs dans l'équation de condition trouvée ci-dessus, on aura

$$\Phi(p+q) - \Psi(p-q)$$
$$= AB\sin(mp+\beta)\sin(mq+\alpha) - \frac{A^2 C}{2m}\sin 2(mp+\gamma)\sin 2(mq+\alpha)$$
$$- \frac{AB}{2}\{\cos[m(p+q) + \beta + \alpha] - \cos[m(p-q) + \beta - \alpha]\}$$
$$+ \frac{A^2 C}{2m}\{\cos 2[m(p+q) + \gamma + \alpha] - \cos 2[m(p-q) + \gamma - \alpha]\}.$$

Donc, faisant pour plus de simplicité $-\dfrac{AB}{2} = b$, $\dfrac{A^2 C}{2m} = c$, et prenant une constante quelconque a, on aura

$$\Phi(p+q) = a + b\cos[m(p+q)+\beta+\alpha] + c\cos 2[m(p+q)+\gamma+\alpha],$$
$$\Psi(p-q) = a + b\cos[m(p-q)+\beta-\alpha] + c\cos 2[m(p-q)+\gamma-\alpha];$$

donc, en mettant $2x$ à la place de $p+q$, $2y$ à la place de $p-q$, et n à la place de $2m$, on aura

$$X = a + b\cos(nx+\beta+\alpha) + c\cos 2(nx+\gamma+\alpha),$$
$$Y = a + b\cos(ny+\beta-\alpha) + c\cos 2(ny+\gamma-\alpha).$$

Ce sont, ce me semble, les valeurs les plus générales que l'on puisse donner aux quantités X et Y pour que l'équation $\dfrac{dx}{\sqrt{X}} = \dfrac{dy}{\sqrt{Y}}$ soit intégrable par notre méthode; et l'intégrale sera

$$\sqrt{X} + \sqrt{Y} = A\sin(mq+\alpha)\sqrt{G^2 - \frac{C}{m}\cos 2(mp+\gamma)},$$

ou bien, en mettant $\dfrac{2c}{A^2}$ au lieu de $\dfrac{C}{m}$, et faisant $G^2 = \dfrac{H^2}{A^2}$,

$$\sqrt{X} + \sqrt{Y} = \sin\left[\frac{n(x-y)}{2}+\alpha\right]\sqrt{H^2 - 2c\cos[n(x+y)+2\gamma]}.$$

18. Soit fait

$$\cos nx + \sin nx\sqrt{-1} = u,$$
$$\cos ny + \sin ny\sqrt{-1} = v,$$

on aura

$$\cos nx = \frac{1+u^2}{2u}, \qquad \sin nx = \frac{1-u^2}{2u}\sqrt{-1},$$

$$\cos 2nx = \frac{1+u^4}{2u^2}, \qquad \sin 2nx = \frac{1-u^4}{2u^2}\sqrt{-1},$$

et de même

$$\cos ny = \frac{1+v^2}{2v}, \qquad \sin ny = \frac{1-v^2}{2v}\sqrt{-1},$$

$$\cos 2ny = \frac{1+v^4}{2v^2}, \qquad \sin 2ny = \frac{1+v^4}{2v^2}\sqrt{-1},$$

II.

on aura de plus

$$\cos n(x+y) = \frac{1 + u^2 v^2}{2\,uv},$$

$$\sin n(x+y) = \frac{1 - u^2 v^2}{2\,uv}\sqrt{-1},$$

$$\cos \frac{n(x-y)}{2} = \frac{v+u}{2\sqrt{vu}},$$

$$\sin \frac{n(x-y)}{2} = \frac{v-u}{2\sqrt{vu}}\sqrt{-1}.$$

Enfin on aura

$$dx = \frac{du}{nu\sqrt{-1}}, \quad dy = \frac{dv}{nv\sqrt{-1}}.$$

Supposons outre cela

$$\cos(\beta + \alpha) = A, \quad \cos 2(\gamma + \alpha) = B,$$
$$\cos(\beta - \alpha) = E, \quad \cos 2(\gamma - \alpha) = F,$$

on aura

$$\cos 2\alpha = AE + \sqrt{1 - A^2}\sqrt{1 - E^2},$$
$$\cos 4\alpha = BF + \sqrt{1 - B^2}\sqrt{1 - F^2};$$

donc

(G) $\qquad 1 + BF + \sqrt{1 - B^2}\sqrt{1 - F^2} = 2\left(AE + \sqrt{1 - A^2}\sqrt{1 - E^2}\right).$

Ensuite, en faisant, pour abréger,

$$AE + \sqrt{(1 - A^2)(1 - E^2)} = M,$$
$$BF - \sqrt{(1 - B^2)(1 - F^2)} = N,$$

on aura

$$\cos\alpha = \sqrt{\frac{1 + M}{2}}, \quad \sin\alpha = \sqrt{\frac{1 - M}{2}},$$

$$\cos 2\gamma = \sqrt{\frac{1 + N}{2}}, \quad \sin 2\gamma = \sqrt{\frac{1 - N}{2}};$$

donc, en faisant toutes ces substitutions dans les formules du numéro précédent, on aura d'abord

$$X = a + b\,\frac{A(1 + u^2) - \sqrt{A^2 - 1}\,(1 - u^2)}{2u} + c\,\frac{B(1 + u^4) - \sqrt{B^2 - 1}\,(1 - u^4)}{2u^2},$$

$$Y = a + b\,\frac{E(1 + v^2) - \sqrt{E^2 - 1}\,(1 - v^2)}{2v} + c\,\frac{F(1 + v^4) - \sqrt{F^2 - 1}\,(1 - v^4)}{2v^2},$$

ou bien,

$$X = \frac{U}{2\,u^2} \quad \text{et} \quad Y = \frac{V}{2\,v^2},$$

en supposant pour plus de simplicité

$$U = c\left(B - \sqrt{B^2 - 1}\right) + b\left(A - \sqrt{A^2 - 1}\right)u$$
$$+ 2au^2 + b\left(A + \sqrt{A^2 - 1}\right)u^3 + c\left(B + \sqrt{B^2 - 1}\right)u^4,$$

$$V = c\left(F - \sqrt{F^2 - 1}\right) + b\left(E - \sqrt{E^2 - 1}\right)v$$
$$+ 2av^2 + b\left(E + \sqrt{E^2 - 1}\right)v^3 + c\left(F + \sqrt{F^2 - 1}\right)v^4;$$

de sorte que l'équation

$$\frac{dx}{\sqrt{X}} = \frac{dy}{\sqrt{Y}}$$

deviendra

$$\frac{du}{\sqrt{U}} = \frac{dv}{\sqrt{V}},$$

dont l'intégrale sera

$$\frac{\sqrt{U}}{u} + \frac{\sqrt{V}}{v} = \frac{(v + u)\sqrt{1 - M} + (v - u)\sqrt{-1 - M}}{2\sqrt{vu}}$$

$$\times \sqrt{H^2 - c\,\frac{(1 + u^2 v^2)\sqrt{1 + N} - (1 - u^2 v^2)\sqrt{N - 1}}{uv\sqrt{2}}}.$$

Il est clair que l'équation $\dfrac{du}{\sqrt{U}} = \dfrac{dv}{\sqrt{V}}$ est un peu plus générale que l'équation (E) que nous avons appris à intégrer dans le n° 12; car dans cette dernière équation il n'y a que cinq coefficients indéterminés, au lieu que dans celle dont il s'agit il y en a six; je dis six, quoique les quantités a, b, c, A, B, E, F soient au nombre de sept; car nous avons vu ci-dessus qu'il doit y avoir entre les quatre dernières de ces quantités un rapport exprimé par l'équation (G).

19. Pour généraliser, s'il est possible, la méthode que je viens d'expliquer, je reprends les équations

$$\frac{dt}{T} = \frac{dx}{\sqrt{X}}, \quad \frac{dt}{T} = \frac{dy}{\sqrt{Y}},$$

et j'en prends les différentielles logarithmiques, en regardant toujours dt comme constante ; j'ai

$$\frac{d^2 x}{dx} = \frac{X'}{2\,X} dx - \frac{1}{T} \frac{dT}{dx} dx - \frac{1}{T} \frac{dT}{dy} dy,$$

$$\frac{d^2 y}{dy} = \frac{Y'}{2\,Y} dy - \frac{1}{T} \frac{dT}{dx} dx - \frac{1}{T} \frac{dT}{dy} dy,$$

donc

$$d^2 x = \left(\frac{X'}{2\,X} - \frac{1}{T} \frac{dT}{dx} \right) dx^2 - \frac{1}{T} \frac{dT}{dy} dx\, dy,$$

$$d^2 y = \left(\frac{Y'}{2\,Y} - \frac{1}{T} \frac{dT}{dy} \right) dy^2 - \frac{1}{T} \frac{dT}{dx} dx\, dy,$$

ou bien, en mettant $\frac{X}{T^2} dt^2$ au lieu de dx^2, et $\frac{Y}{T^2} dt^2$ au lieu de dy^2,

$$d^2 x = \frac{1}{2} \frac{d\left(\frac{X}{T^2} \right)}{dx} dt^2 - \frac{d \log T}{dy} dx\, dy,$$

$$d^2 y = \frac{1}{2} \frac{d\left(\frac{Y}{T^2} \right)}{dy} dt^2 - \frac{d \log T}{dx} dx\, dy.$$

Soit maintenant Z une fonction quelconque de x et de y, et supposons

$$d Z = P\, dx + Q\, dy,$$

on aura, en différentiant de nouveau,

$$d^2 Z = P\, d^2 x + Q\, d^2 y + \frac{dP}{dx} dx^2 + 2 \frac{dP}{dy} dx\, dy + \frac{dQ}{dy} dy^2;$$

donc, substituant au lieu de $d^2 x$, $d^2 y$, dx^2 et dy^2 leurs valeurs, on aura

$$d^2 Z = \left[\frac{1}{2} P \frac{d\left(\frac{X}{T^2} \right)}{dx} + \frac{X}{T^2} \frac{dP}{dx} \right] dt^2 + \left[\frac{1}{2} Q \frac{d\left(\frac{Y}{T^2} \right)}{dy} + \frac{Y}{T^2} \frac{dQ}{dy} \right] dt^2$$

$$+ \left[2 \frac{dP}{dy} - P \frac{d \log T}{dy} - Q \frac{d \log T}{dx} \right] dx\, dy.$$

Donc, si l'on suppose

(H) $$2 \frac{dP}{dy} - P \frac{d \log T}{dy} - Q \frac{d \log T}{dx} = 0$$

et

$$(I) \qquad \frac{1}{2} P \frac{d\left(\dfrac{X}{T^2}\right)}{dx} + \frac{X}{T^2} \frac{dP}{dx} + \frac{1}{2} Q \frac{d\left(\dfrac{Y}{T^2}\right)}{dy} + \frac{Y}{T^2} \frac{dQ}{dy} = \varphi(Z),$$

on aura l'équation

$$\frac{d^2 Z}{dt^2} = \varphi(Z),$$

laquelle, étant multipliée par $2\,dZ$ et ensuite intégrée, donnera

$$\left(\frac{dZ}{dt}\right)^2 = G^2 + 2 \int \varphi(Z)\,dZ,$$

et par conséquent

$$\frac{dZ}{dt} = \sqrt{G^2 + 2 \int \varphi(Z)\,dZ};$$

mais

$$\frac{dZ}{dt} = \frac{P\,dx + Q\,dy}{dt} = \frac{P\sqrt{X} + Q\sqrt{Y}}{T};$$

donc en faisant

$$\int \varphi(Z)\,dZ = \Phi(Z),$$

l'intégrale de l'équation $\dfrac{dx}{\sqrt{X}} = \dfrac{dy}{\sqrt{Y}}$ sera

$$P\sqrt{X} + Q\sqrt{Y} = T\sqrt{G^2 + 2 \int \Phi Z},$$

G^2 étant la constante arbitraire.

20. Toute la difficulté se réduit donc à déterminer les quantités T et Z, en sorte que les équations (H) et (I) aient lieu.

Si l'on fait $\log T = u$, l'équation (H) deviendra

$$P \frac{du}{dy} + Q \frac{du}{dx} = 2 \frac{dP}{dy},$$

d'où l'on tire

$$\frac{du}{dy} = \frac{2}{P} \frac{dP}{dy} - \frac{Q}{P} \frac{du}{dx},$$

de sorte qu'on aura

$$du = \frac{du}{dx} dx + \frac{du}{dy} dy = \frac{2}{P} \frac{dP}{dy} dy + \left(dx - \frac{Q\,dy}{P}\right) \frac{du}{dx}.$$

Soit R le facteur par lequel il faudrait multiplier la différentielle $P\,dx - Q\,dy$ pour la rendre intégrable, en sorte que l'on ait

$$R(P\,dx - Q\,dy) = dz,$$

et l'on aura

$$du = \frac{2}{P}\frac{dP}{dy}\,dy + \frac{1}{RP}\frac{du}{dx}\,dz;$$

donc, regardant u comme une fonction de y et z, et supposant z constant, on aura

$$du = \frac{2}{P}\frac{dP}{dy}\,dy,$$

et par conséquent

$$u = 2\int \frac{1}{P}\frac{dP}{dy}\,dy + \psi(z),$$

en prenant l'intégrale $\int \frac{1}{P}\frac{dP}{dy}\,dy$ dans la supposition de z constante; donc, puisque $u = \log T$, si l'on fait aussi

$$\psi(z) = \log \Psi(z),$$

on aura

$$T = \Psi(z)\, e^{2\int \frac{1}{P}\frac{dP}{dy}\,dy},$$

$\Psi(z)$ dénotant une fonction quelconque de z.

Ayant ainsi déterminé la quantité T, il ne restera plus qu'à satisfaire à l'équation (I) qui peut se réduire à cette forme plus simple :

$$(K) \qquad \frac{1}{P}\frac{d\left(\dfrac{P^2 X}{T^2}\right)}{dx} + \frac{1}{Q}\frac{d\left(\dfrac{Q^2 Y}{T^2}\right)}{dy} = 2\varphi(Z).$$

21. Supposons que P soit une fonction de x seul, et Q une fonction de y seul, en sorte que l'on ait

$$Z = \int P\,dx + \int Q\,dy \quad \text{et} \quad z = \int P\,dx - \int Q\,dy,$$

et l'on aura d'abord, à cause de $\dfrac{dP}{dy} = 0$,

$$T = \Psi\left(\int P\,dx - \int Q\,dy\right);$$

ensuite l'équation (K) étant multipliée par $P\,dx$, et ensuite intégrée en regardant y comme constante, donnera, à cause de $P\,dx = dZ$,

$$\frac{P^2 X}{T^2} + \int \frac{d\left(\frac{Q^2 Y}{T^2}\right)}{dy} \frac{P}{Q}\,dx = 2\,\Phi\,(Z) + \Pi\,(y);$$

mais

$$\frac{d\left(\frac{Q^2 Y}{T^2}\right)}{dy} = \frac{1}{T^2}\frac{d\,Q^2\,Y}{dy} - 2\,\frac{Q^2 Y}{T^3}\frac{dT}{dy};$$

donc on aura

$$\int \frac{d\left(\frac{Q^2 Y}{T^2}\right)}{dy}\frac{P}{Q}\,dx = \frac{1}{Q}\frac{d\,Q^2 Y}{dy}\int \frac{P\,dx}{T^2} - 2\,QY\int\frac{P}{T^3}\frac{dT}{dy}\,dx = \frac{1}{Q}\frac{d\left(Q^2\,Y\int \frac{P\,dx}{T^2}\right)}{dy};$$

de sorte que l'équation précédente deviendra

$$\frac{P^2 X}{T^2} + \frac{1}{Q}\frac{d\left(Q^2\,Y\int\frac{P\,dx}{T^2}\right)}{dy} = 2\,\Phi\,(Z) + \Pi\,(y),$$

laquelle étant multipliée par $Q\,dy$, et intégrée derechef en regardant x comme constante, donnera, à cause de $dZ = Q\,dy$,

$$P^2\,X\int\frac{Q\,dy}{T^2} + Q^2\,Y\int\frac{P\,dx}{T^2} = 2\int\Phi\,(Z)\,dZ + \Gamma\,(x) + \Delta\,(y),$$

$\Gamma\,(x)$ et $\Delta\,(y)$ étant des fonctions quelconques de x et de y.

Or, puisque $T = \Psi\left(\int P\,dx - \int Q\,dy\right)$, si l'on suppose en général

$$\Sigma\,(p) = -\int\frac{dp}{[\Psi\,(p)]^2},$$

on aura

$$\int\frac{P\,dx}{T^2} = -\Sigma\left(\int P\,dx - \int Q\,dy\right)$$

et

$$\int\frac{Q\,dy}{T^2} = \Sigma\left(\int P\,dx - \int Q\,dy\right);$$

donc on aura enfin pour l'équation de condition

$$(\mathrm{L}) \qquad (\mathrm{P}^2\,\mathrm{X} - \mathrm{Q}^2\,\mathrm{Y})\,\Sigma\left(\int \mathrm{P}\,dx - \int \mathrm{Q}\,dy\right) = 2\int \Phi(\mathrm{Z})\,d\mathrm{Z} + \Gamma(x) + \Delta(y).$$

Quoique cette équation ne soit qu'un cas particulier de l'équation (K), elle est cependant en quelque sorte plus générale que celle que nous avons trouvée par la méthode du n° **15**.

22. Si l'on fait, comme dans le n° **16**,

$$\mathrm{X} = \alpha + \beta x + \gamma x^2 + \delta x^3 + \varepsilon x^4 + \zeta x^5 + \eta x^6 + \theta x^7 + \lambda x^8 + \ldots,$$
$$\mathrm{Y} = \alpha + \beta y + \gamma y^2 + \delta y^3 + \varepsilon y^4 + \zeta y^5 + \eta y^6 + \theta y^7 + \lambda y^8 + \ldots.$$

on trouvera que l'on peut satisfaire à l'équation (L) dans les cas suivants :

1° En faisant

$$\mathrm{P} = 1, \quad \mathrm{Q} = 1, \quad \Sigma(x - y) = \frac{1}{x - y},$$

$$2\int \Phi(\mathrm{Z})\,d\mathrm{Z} = \beta + \gamma\mathrm{Z} + \frac{\delta\mathrm{Z}^2}{2} + \frac{\varepsilon\mathrm{Z}^3}{3}, \quad \text{à cause de} \quad \mathrm{Z} = x + y,$$

$$\Gamma(x) = \frac{\delta x^2}{2} + \frac{2\varepsilon x^3}{3}, \quad \Delta(y) = \frac{\delta y^2}{2} + \frac{2\varepsilon y^3}{3},$$

et

$$\zeta = 0, \quad \eta = 0, \quad \ldots;$$

c'est le cas que nous avons résolu dans le même numéro.

2° En faisant

$$\mathrm{P} = x, \quad \mathrm{Q} = y, \quad \Sigma\left(\frac{x^2}{2} - \frac{y^2}{2}\right) = \frac{1}{x^2 - y^2},$$

$$2\int \Phi(\mathrm{Z})\,d\mathrm{Z} = \alpha + 2\gamma\mathrm{Z} + 2\varepsilon\mathrm{Z}^2 + \frac{8\eta\mathrm{Z}^3}{3}, \quad \text{à cause de} \quad \mathrm{Z} = \frac{x^2 + y^2}{2},$$

$$\Gamma(x) = -\frac{\varepsilon x^4}{2} + \frac{2\eta x^6}{3}, \quad \Delta(y) = \frac{\varepsilon y^4}{2} + \frac{2\eta y^6}{3},$$

et

$$\beta = 0, \quad \delta = 0, \quad \zeta = 0, \quad \theta = 0, \quad \lambda = 0, \quad \ldots$$

3° En faisant

$$P = x^2, \quad Q = y^2, \quad \Sigma\left(\frac{x^3}{3} - \frac{y^3}{3}\right) = \frac{1}{x^3 - y^3},$$

$$2\int \Phi(Z)\,dZ = 3\gamma Z + \frac{9\zeta Z^2}{2} + 9\lambda Z^3, \quad \text{à cause de } Z = \frac{x^3 + y^3}{3},$$

$$\Gamma(x) = \frac{\zeta x^6}{2} + \frac{2\lambda x^9}{3}, \quad \Delta(y) = \frac{\zeta y^6}{2} + \frac{2\lambda y^9}{3}$$

et

$$\alpha = 0, \quad \beta = 0, \quad \delta = 0, \quad \varepsilon = 0, \quad \eta = 0, \quad \theta = 0,$$

et ainsi des autres.

Au reste, tous ces différents cas peuvent se déduire du premier par des substitutions convenables; c'est de quoi l'on se convaincra aisément en mettant, dans l'équation $\frac{dx}{\sqrt{X}} = \frac{dy}{\sqrt{Y}}$, $x^2, x^3, \ldots$, à la place de x, et y^2, $y^3, \ldots$, à la place de y; de sorte que, à proprement parler, les suppositions de $P = x^m$ et $Q = y^m$ ne donnent point d'autres cas que ceux de $P = 1$ et $Q = 1$. Mais comme ces suppositions sont très-particulières, et que l'équation (L) n'est elle-même qu'un cas très-particulier de l'équation (K) du n° **20**, il n'est pas impossible qu'on ne puisse découvrir encore par le moyen de cette équation d'autres cas d'intégrabilité de l'équation $\frac{dx}{\sqrt{X}} = \frac{dy}{\sqrt{Y}}$; ce qui ouvre, comme on voit, un vaste champ aux recherches des analystes.

MÉTHODE DES VARIATIONS.

SUR LA

MÉTHODE DES VARIATIONS.

(*Miscellanea Taurinensia*, t. IV, 1766-1769.)

I.

J'ai donné, dans le second volume des *Miscellanea Taurinensia* (*) une nouvelle méthode pour la solution des Problèmes où il s'agit de trouver les courbes qui jouissent de quelque propriété du maximum ou du minimum. Cette méthode, qu'on peut très-bien appeler, d'après M. Euler, *méthode des variations*, avait déjà été communiquée dès 1755 à ce grand Géomètre, qui l'avait jugée digne de son attention et de son suffrage, comme il paraît par les différentes lettres qu'il m'a écrites sur ce sujet, et que je conserve encore. Dans une de ces lettres, datée du 2 octobre 1759, il s'exprime en ces termes :

« Analitica tua solutio Problematis isoperimetrici continet, ut video,
» quidquid in hac materia desiderari potest, et ego maxime gaudeo, hoc
» argumentum, quod fere solus, post primos conatus, tractaveram, a te
» potissimum ad summum perfectionis fastigium esse erectum. Rei
» dignitas me excitavit, ut tuis luminibus adjutus ipse solutionem ana-
» liticam conscripserim, quam autem celare statui, donec ipse tuas
» meditationes publici juris feceris, ne ullam partem gloriæ tibi debitæ
» præripiam. » En effet, M. Euler a donné depuis, dans le tome X des *Nouveaux Commentaires de Pétersbourg*, imprimé en 1766, deux Mémoires assez étendus sur cette matière, dans lesquels, après m'avoir fait honneur de la méthode dont il s'agit, il en explique les principes et les

(*) *OEuvres de Lagrange*, t. I, p. 335.

usages avec beaucoup de détail et de précision (*). Après des témoi-
gnages aussi formels de la part d'un Géomètre tel que M. Euler, j'ai dû
être surpris du peu de justice que m'ont rendue d'autres Géomètres, qui
se sont depuis peu occupés du même sujet. M. Fontaine vient de donner,
dans le volume de l'Académie des Sciences de Paris pour l'année 1767,
un Mémoire intitulé : *Addition à la méthode pour la solution des Problèmes
de maximis et minimis.* L'Auteur débute par avancer sans aucun fondement que « je me suis égaré dans la route nouvelle que j'ai prise, pour
» n'en avoir pas connu la vraie théorie. » Ensuite, pour suppléer au
défaut prétendu de ma méthode, il en donne deux autres qu'il regarde
comme nouvelles et fort supérieures à toutes les méthodes connues pour
le même objet. Je ne crois pouvoir rien faire de mieux pour ma justifi-
cation que d'inviter les connaisseurs à lire l'Ouvrage même de M. Fontaine et à le comparer avec le mien et avec celui de M. Euler. On verra,
si je ne me trompe, que des deux méthodes de M. Fontaine, l'une n'est
autre chose que celle que M. Euler avait donnée dans son excellent
Ouvrage intitulé *Methodus inveniendi lineas curvas, etc.*, et qu'il a ensuite
abandonnée pour adopter la mienne, et que l'autre est la même, quant
au fond, que ma méthode, dont elle diffère seulement par la manière
vague et imparfaite dont elle est présentée.

Les autres Géomètres dont j'aurais aussi en quelque façon sujet de me
plaindre, quoique par une raison bien différente de la précédente, sont
les Pères minimes Le Seur et Jacquier, qui viennent de publier à Parme
un très-bon *Traité de Calcul intégral.*

Ces savants, ayant eu pour objet de rassembler les principales méthodes relatives au Calcul intégral, n'ont pas oublié la nouvelle méthode
des variations, à laquelle ils ont même destiné un Chapitre entier du
second volume de leur Ouvrage. Il aurait été naturel et même équitable
qu'ils eussent fait quelque mention de mon Mémoire de 1762, surtout
après en avoir transcrit, comme ils ont fait, plusieurs pages entières (**);

(*) *Voyez* les pages 12 et 97 du tome cité.
(**) *Voyez* les pages 521 et suiv. du volume cité, et les pages 174 et suiv. du tome II
des *Miscellanea Taurinensia* (*OEuvres de Lagrange*, t. 1, p. 336 et suiv.).

cependant je serais bien éloigné de leur reprocher cette omission, s'ils s'étaient contentés d'exposer la méthode dont il s'agit, sans citer personne, comme ils en ont usé dans d'autres endroits du même volume (*); mais comme, par la citation des Mémoires de M. Euler dont nous avons parlé plus haut, ils paraissent vouloir lui attribuer cette méthode, je crois pouvoir faire remarquer que j'en suis le premier auteur, et que je n'en partage la possession avec personne.

Je dois encore observer que MM. Le Seur et Jacquier ne s'expriment pas exactement quand ils disent (page 531 du tome II) que M. Euler a démontré que dans les trajectoires décrites par un nombre de corps quelconque, l'intégrale de la vitesse multipliée par l'élément de la courbe est toujours un maximum ou un minimum. M. Euler n'a donné sur ce sujet que ce que l'on trouve dans un Appendice ajouté à son excellent *Traité sur les isopérimètres,* où il fait voir que la trajectoire qu'un corps doit décrire par des forces centrales quelconques est la même que la courbe qu'on trouverait en supposant que l'intégrale de la vitesse multipliée par l'élément de la courbe fût un maximum ou un minimum.

L'application de ce beau théorème à un système quelconque de corps, et surtout la manière de s'en servir pour résoudre avec la plus grande simplicité et généralité tous les problèmes de Dynamique, m'est entièrement due, et ce qui doit le prouver invinciblement, c'est que cette théorie dépend des mêmes principes que celle des *variations*; et que l'une et l'autre ont paru dans le même volume des *Miscellanea Taurinensia* pour les années 1760 et 1761. Je pourrais ajouter que j'avais aussi communiqué cette découverte à M. Euler dès 1756, et comme ce grand Géomètre a bien voulu l'honorer alors de son approbation, je ne doute pas qu'il ne fût très-porté, si l'occasion s'en présentait, à me rendre sur ce sujet la même justice qu'il a bien voulu me rendre à l'égard de la méthode *de maximis et minimis.*

_____

(*) *Voyez* les pages 448 et suiv. de ce volume, et les pages 179 et suiv. du tome III des *Miscellanea Taurinensia* (*OEuvres de Lagrange,* t. I, p. 471 et suiv.).

II.

Quoique la méthode donnée dans le tome II des *Miscellanea Taurinen-sia* suffise pour trouver la variation de toute fonction composée d'un nombre quelconque de variables, et contenant autant de signes d'intégration qu'on voudra, voici comment elle peut encore être généralisée et simplifiée à quelques égards.

Soit φ la fonction dont on propose de trouver la variation $\delta\varphi$, et supposons que cette fonction φ soit donnée par une équation différentielle d'un degré quelconque entre φ et $x, y, z, \ldots$, et les différentielles de ces variables. Dénotons cette équation par $\Phi = 0$, et différentiant par δ, on aura $\delta\Phi = 0$; or, comme Φ est une fonction donnée de $\varphi, x, y, z, \ldots$, $d\varphi, dx, dy, dz, \ldots$, on différentiera cette fonction en regardant chacune des quantités $\varphi, x, y, \ldots, d\varphi, dx, dy, \ldots$, comme une variable particulière, et marquant les différences par δ, on aura

$$
\begin{aligned}
\delta\Phi = {}& p\,\delta\varphi + p'\,\delta d\varphi + p''\,\delta d^2\varphi + p'''\,\delta d^3\varphi + \ldots \\
&+ q\,\delta x + q'\,\delta dx + q''\,\delta d^2 x + q'''\,\delta d^3 x + \ldots \\
&+ r\,\delta y + r'\,\delta dy + r''\,\delta d^2 y + r'''\,\delta d^3 y + \ldots \\
&+ s\,\delta z + s'\,\delta dz + s''\,\delta d^2 z + s'''\,\delta d^3 z + \ldots \\
&\ldots\ldots\ldots\ldots\ldots\ldots\ldots\ldots\ldots\ldots\ldots\ldots\ldots\ldots\ldots = 0,
\end{aligned}
$$

où $p, p', p'', \ldots, q, q', q'', \ldots$, seront des fonctions données de $\varphi, x, y, \ldots$, $d\varphi, dx, dy, \ldots$.

Maintenant il est assez facile de voir que $\delta d\varphi$ sera la même chose que $d\,\delta\varphi$, $\delta d^2\varphi$ la même chose que $d^2\,\delta\varphi$, et ainsi des autres expressions semblables; d'où il s'ensuit que l'équation précédente pourra toujours se mettre sous cette forme :

$$
(A) \quad
\left\{
\begin{aligned}
& p\,\delta\varphi + p'\,d\,\delta\varphi + p''\,d^2\,\delta\varphi + p'''\,d^3\,\delta\varphi + \ldots \\
& + q\,\delta x + q'\,d\,\delta x + q''\,d^2\,\delta x + q'''\,d^3\,\delta x + \ldots \\
& + r\,\delta y + r'\,d\,\delta y + r''\,d^2\,\delta y + r'''\,d^3\,\delta y + \ldots \\
& + s\,\delta z + s'\,d\,\delta z + s''\,d^2\,\delta z + s'''\,d^3\,\delta z + \ldots \\
& \ldots\ldots\ldots\ldots\ldots\ldots\ldots\ldots\ldots\ldots\ldots\ldots\ldots\ldots\ldots = 0,
\end{aligned}
\right.
$$

et toute la difficulté sera maintenant réduite à tirer la valeur de $\delta\varphi$ de cette même équation.

Pour y parvenir d'une manière générale, je la multiplie par une indéterminée ξ, et je prends ensuite l'intégrale de chaque terme, ce qui me donne

$$\int p\,\xi\,\delta\varphi + \int p'\,\xi\,d\,\delta\varphi + \int p''\,\xi\,d^2\,\delta\varphi + \int p'''\,\xi\,d^3\,\delta\varphi + \ldots$$

$$+ \int q\,\xi\,\delta x + \int q'\,\xi\,d\,\delta x + \int q''\,\xi\,d^2\,\delta x + \int q'''\,\xi\,d^3\,\delta x + \ldots$$

$$+ \int r\,\xi\,\delta y + \int r'\,\xi\,d\,\delta y + \int r''\,\xi\,d^2\,\delta y + \int r'''\,\xi\,d^3\,\delta y + \ldots$$

$$+ \int s\,\xi\,\delta z + \int s'\,\xi\,d\,\delta z + \int s''\,\xi\,d^2\,\delta z + \int s'''\,\xi\,d^3\,\delta z + \ldots$$

$$\ldots\ldots\ldots\ldots\ldots\ldots\ldots\ldots\ldots\ldots\ldots\ldots\ldots = \text{const.}$$

Or, en intégrant par parties, on aura

$$\int p'\,\xi\,d\,\delta\varphi = p'\,\xi\,\delta\varphi - \int d(p'\,\xi)\,\delta\varphi,$$

$$\int p''\,\xi\,d^2\,\delta\varphi = p''\,\xi\,d\,\delta\varphi - d(p''\,\xi)\,\delta\varphi + \int d^2(p''\,\xi)\,\delta\varphi,$$

et ainsi du reste ; donc, faisant ces substitutions dans l'équation précédente, et supposant, pour abréger,

$$\mathrm{P} = p\ \xi - d(p'\,\xi) + d^2(p''\xi) - d^3(p'''\xi) + \ldots,$$

$$\mathrm{P'} = p'\ \xi - d(p''\,\xi) + d^2(p'''\xi) - \ldots,$$

$$\mathrm{P''} = p''\,\xi - d(p'''\xi) - \ldots,$$

$$\mathrm{P'''} = p'''\xi - \ldots,$$

$$\ldots\ldots\ldots\ldots ;$$

$$\mathrm{Q} = q\ \xi - d(q'\,\xi) + d^2(q''\xi) - d^3(q'''\xi) + \ldots,$$

$$\mathrm{Q'} = q'\,\xi - d(q''\xi) + d^2(q'''\xi) - \ldots,$$

$$\mathrm{Q''} = q''\xi - d(q'''\xi) + \ldots,$$

$$\mathrm{Q'''} = q'''\xi - \ldots,$$

$$\ldots\ldots\ldots\ldots ,$$

II.

$$R = r\ \xi - d(r'\ \xi) + d^2(r''\ \xi) - d^3(r'''\ \xi) + \dots,$$
$$R' = r'\ \xi - d(r''\ \xi) + d^2(r'''\ \xi) - \dots,$$
$$R'' = r''\ \xi - d(r'''\ \xi) - \dots,$$
$$R''' = r'''\ \xi - \dots,$$
$$\dots\dots\dots\dots,$$

$$S = s\ \xi - d(s'\ \xi) + d^2(s''\ \xi) - d^3(s'''\ \xi) + \dots.$$
$$S' = s'\ \xi - d(s''\ \xi) + d^2(s'''\ \xi) - \dots,$$
$$S'' = s''\ \xi - d(s'''\ \xi) + \dots,$$
$$S''' = s'''\ \xi - \dots,$$
$$\dots\dots\dots\dots,$$

on aura

$$(B)\quad
\begin{cases}
\displaystyle\int (P\,\delta\varphi + Q\,\delta x + R\,\delta y + S\,\delta z + \dots) \\
+ P'\,\delta\varphi + P''\,d\,\delta\varphi + P'''\,d^2\,\delta\varphi + \dots \\
+ Q'\,\delta x + Q''\,d\,\delta x + Q'''\,d^2\,\delta x + \dots \\
+ R'\,\delta y + R''\,d\,\delta y + R'''\,d^2\,\delta y + \dots \\
+ S'\,\delta z + S''\,d\,\delta z + S'''\,d^2\,\delta z + \dots \\
\dots\dots\dots\dots\dots\dots\dots\dots = \text{const.}
\end{cases}$$

Supposons encore, pour abréger davantage,

$$\Psi = P\,\delta\varphi + Q\,\delta x + R\,\delta y + S\,\delta z + \dots$$

et

$$\Pi = P'\,\delta\varphi + P''\,d\,\delta\varphi + P'''\,d^2\,\delta\varphi + \dots$$
$$+ Q'\,\delta x + Q''\,d\,\delta x + Q'''\,d^2\,\delta x + \dots$$
$$+ R'\,\delta y + R''\,d\,\delta y + R'''\,d^2\,\delta y + \dots$$
$$+ S'\,\delta z + S''\,d\,\delta z + S'''\,d^2\,\delta z + \dots,$$
$$\dots\dots\dots\dots\dots\dots\dots\dots,$$

en sorte que l'équation précédente devienne

$$\Pi + \int \Psi = \text{const.};$$

et il est clair que cette constante ne sera autre chose que la valeur de Π lorsque l'intégrale $\int \Psi$ est nulle; or, si l'on donne à cette intégrale une certaine étendue déterminée, il est visible que la quantité Π recevra aussi une valeur déterminée; ainsi, nommant Γ la valeur de Π qui répond au commencement de l'intégrale $\int \Psi$, et Δ la valeur de Π qui répond à la fin de la même intégrale, on aura l'équation

$$\Delta = \Gamma - \int \Psi.$$

Maintenant, comme la quantité ξ est encore à volonté, je la suppose telle que l'on ait $P = o$ dans toute l'étendue de l'intégrale $\int \Psi$; ce qui donne l'équation différentielle

$$p\,\xi - d\,(p'\,\xi) + d^2\,(p''\,\xi) - d^3\,(p''\,\xi) + \ldots = o.$$

Or, la valeur de ξ renfermera autant de constantes arbitraires qu'il y a de termes dans cette équation moins un; et par conséquent autant qu'il y a, dans l'expression de Π, de termes qui contiennent $\delta\varphi$ et ses différences. Donc le nombre des constantes arbitraires de ξ sera plus grand d'une unité que celui des quantités P'', P''',...; donc on pourra toujours prendre ces constantes telles que l'on ait, dans la quantité Δ, $P'' = o$, $P''' = o$,..., en sorte que les différences de $\delta\varphi$ disparaissent entièrement.

Donc, en général, si pour plus de simplicité on enferme entre des crochets carrés les quantités qui se rapportent au commencement de l'intégrale $\int \Psi$, et entre des crochets ronds celles qui se rapportent à la fin de cette même intégrale, on aura

(C)
$$
\begin{aligned}
(P'\,\delta\varphi) = &[P'\,\delta\varphi + P''\,d\,\delta\varphi + P'''\,d^2\,\delta\varphi + \ldots \\
&+ Q'\,\delta x + Q''\,d\,\delta x + Q'''\,d^2\,\delta x + \ldots \\
&+ R'\,\delta y + R''\,d\,\delta y + R'''\,d^2\,\delta y + \ldots \\
&+ S'\,\delta z + S''\,d\,\delta z + S'''\,d^2\,\delta z + \ldots \\
&+ \ldots\ldots\ldots\ldots\ldots\ldots\ldots\ldots] \\
&- (Q'\,\delta x + Q''\,d\,\delta x + Q'''\,d^2\,\delta x + \ldots \\
&+ R'\,\delta y + R''\,d\,\delta y + R'''\,d^2\,\delta y + \ldots \\
&+ S'\,\delta z + S''\,d\,\delta z + S'''\,d^2\,\delta z + \ldots \\
&+ \ldots\ldots\ldots\ldots\ldots\ldots\ldots\ldots) \\
&- \int (Q\,\delta x + R\,\delta y + S\,\delta z + \ldots),
\end{aligned}
$$

et il faudra que la variable ξ soit déterminée en sorte que l'on ait P = o, ou bien

$$p\xi - d(p'\xi) + d^2(p''\xi) - d^3(p'''\xi) - \ldots = 0,$$

et que de plus

$$(\mathrm{P}'') = 0, \quad (\mathrm{P}''') = 0, \ldots$$

III.

Voyons maintenant l'usage qu'on doit faire de ces formules dans les questions *de maximis et minimis,* et supposons qu'il s'agisse de trouver la relation qui doit être entre les variables $x, y, z, \ldots$, pour que la fonction φ devienne la plus grande ou la plus petite. Nous observerons d'abord que comme cette fonction est supposée donnée par une équation différentielle $\Phi = 0$, elle renfermera nécessairement un certain nombre de constantes arbitraires, lequel sera égal à l'exposant de la plus haute différentielle de φ dans l'équation $\Phi = 0$. De plus il faudra, par la nature du problème, que la fonction φ renferme des expressions intégrales indéfinies, et les circonstances de la question détermineront l'endroit où ces intégrales devront être supposées commencer. Supposons que ce soit lorsque $x = a, y = b, z = c, \ldots$, il est clair que les valeurs correspondantes de φ et de ses différentielles seront des fonctions données de $a, b, c, \ldots, da, db, dc, \ldots$, et des constantes arbitraires qui entrent dans l'expression de φ; de sorte que si le nombre de ces constantes est μ, c'est-à-dire, si la plus haute différentielle de φ dans la valeur de Φ est $d^\mu\varphi$, alors les valeurs des quantités $\varphi, d\varphi, d^2\varphi, \ldots$, jusqu'à $d^{\mu-1}\varphi$, lorsque $x = a, y = b, z = c, \ldots$, seront arbitraires, et pourront être supposées données.

Cela posé, supposons que la valeur de φ qui doit être la plus grande ou la plus petite soit celle qui répond à l'endroit où $x = l, y = m, z = n, \ldots$, il faudra donc que la variation de cette valeur de φ soit nulle, en sorte qu'en la désignant par la caractéristique δ on ait dans le même endroit $\delta\varphi = 0$. Ainsi il n'y aura qu'à supposer dans la formule (C) que l'intégrale $\int (Q\,\delta x + R\,\delta y + \ldots)$ soit prise de manière qu'elle commence lorsque $x = a$, $y = b$, $z = c$,..., et qu'elle finisse lorsque $x = l$, $y = m$, $z = n$,...; de sorte que les quantités qui dans cette formule se trouvent enfermées entre des crochets carrés soient rapportées à l'endroit où $x = a$, $y = b$, $z = c$,..., et que celles qui sont enfermées entre des crochets ronds soient rapportées à l'endroit où $x = l$, $y = m$, $z = n$,..., et comme la question demande que dans ce second endroit la variation $\delta\varphi$ soit nulle, on fera le terme $(P'\,\delta\varphi) = o$, ce qui donnera l'équation cherchée pour le maximum ou minimum. Or cette équation étant composée de deux parties, dont l'une contient tous les termes qui sont sous le signe intégral, et dont l'autre n'est composée que de ceux qui sont hors du signe, il faudra faire deux équations séparées de ces deux parties, ce qui donnera

$$(D) \qquad o = \int (Q\,\delta x + R\,\delta y + S\,\delta z + \ldots),$$

$$(E) \quad
\begin{cases}
o = [P'\,\delta\varphi + P''\,d\,\delta\varphi + P'''d^2\delta\varphi + \ldots \\
\quad + Q'\,\delta x + Q''\,d\,\delta x + Q'''d^2\delta x + \ldots \\
\quad + R'\,\delta y + R''\,d\,\delta y + R'''d^2\delta y + \ldots \\
\quad + S'\,\delta z + S''\,d\,\delta z + S'''\,d^2\delta z + \ldots \\
\quad + \ldots\ldots\ldots\ldots\ldots\ldots\ldots\ldots] \\
\quad - (Q'\,\delta x + Q''\,d\,\delta x + Q'''d^2\delta x + \ldots \\
\quad + R'\,\delta y + R''\,d\,\delta y + R'''d^2\delta y + \ldots \\
\quad + S'\,\delta z + S''\,d\,\delta z + S'''\,d^2\delta z + \ldots \\
\quad + \ldots\ldots\ldots\ldots\ldots\ldots\ldots\ldots).
\end{cases}$$

L'équation (D) donnera en général, pour toutes les valeurs de x, y, z,..., depuis $x=a$, $y=b$, $z=c$,..., jusqu'à $x=l$, $y=m$, $z=n$,..., celle-ci:

$$(F) \qquad Q\,\delta x + R\,\delta y + S\,\delta z + \ldots = o.$$

Or, cette équation doit avoir lieu quelles que soient les différences marquées par δ; donc : 1° si, par la nature du problème, il n'y a aucune relation donnée entre les variables x, y, z,..., les différentielles δx, δy, δz,..., seront indépendantes l'une de l'autre, et il faudra faire les équations particulières $Q=o$, $R=o$, $S=o$,.... Mais si, par exemple, les variables x, y, z,..., devaient être telles que l'on eût toujours

$$X\,dx + Y\,dy + Z\,dz + \ldots = 0,$$

alors, en changeant d en δ, on aurait aussi

$$X\,\delta x + Y\,\delta y + Z\,\delta z + \ldots = 0,$$

d'où

$$\delta x = -\frac{Y}{X}\delta y - \frac{Z}{X}\delta z - \ldots,$$

ce qui, étant substitué dans l'équation (**F**), donnerait celle-ci :

$$(RX - QY)\,\delta y + (SX - QZ)\,\delta Z + \ldots = 0,$$

de sorte qu'il faudrait faire ensuite les équations particulières

$$RX - QY = 0, \quad SX - QZ = 0, \ldots.$$

En général, il faudra réduire les différentielles δx, δy, δz,..., au plus petit nombre possible, et égaler ensuite à zéro le coefficient de chacune de celles qui restent, et ces équations jointes aux équations données, s'il y en a, par la nature du problème, serviront à trouver la relation nécessaire entre les variables x, y, z,..., pour que la fonction φ devienne la plus grande ou la plus petite.

Or, il est facile de voir que cette relation sera toujours donnée par une ou plusieurs équations différentielles, de sorte que l'intégration y introduira nécessairement des constantes arbitraires; ainsi il restera encore à trouver la relation nécessaire entre ces constantes pour que la fonction φ devienne un maximum ou un minimum. C'est à quoi on parviendra à l'aide de l'équation (**E**); en effet, comme cette équation se rapporte à des valeurs déterminées de x, y, z,..., il est clair qu'on y pourra satisfaire par le moyen des constantes dont nous parlons. Pour cela, on observera que les différentielles $d\,\delta\varphi$, $d^2\,\delta\varphi$,..., $d\,\delta x$, $d^2\,\delta x$,..., sont les mêmes que celles-ci : $\delta\,d\varphi$, $\delta\,d^2\varphi$,..., $\delta\,dx$, $\delta\,d^2x$,..., comme nous l'avons vu plus haut; de sorte que si l'on désigne par f la valeur de φ qui répond à l'endroit où $x = a$, $y = b$,..., et que l'on désigne de même par F′, F″, F‴,..., A′, A″, A‴,..., B′, B″, B‴,..., C′, C″, C‴,..., les valeurs de P′, P″, P‴,..., Q′, Q″, Q‴,..., R′, R″, R‴,..., S′, S″, S‴,..., au même endroit, et par L′, L″, L‴,..., M′, M″, M‴,..., N′, N″, N‴,..., les valeurs de Q′, Q″, Q‴,..., R′, R″, R‴,..., S′, S″, S‴,..., dans l'endroit où $x = l$, $y = m$, $z = n$,..., on aura cette équation déterminée :

$$(G) \begin{cases} - \text{ } F′.\,\delta f + F″\,\delta\,df + F‴\,\delta\,d^2 f + \ldots \\ + A′\,\delta a + A″\,\delta\,da + A‴\,\delta\,d^2 a + \ldots \\ + B′\,\delta b + B″\,\delta\,db + B‴\,\delta\,d^2 b + \ldots \\ + C′\,\delta c + C″\,\delta\,dc + C‴\,\delta\,d^2 c + \ldots \\ \cdots\cdots\cdots\cdots\cdots\cdots\cdots\cdots\cdots\cdots \\ - L′\,\delta l - L″\,\delta\,dl - L‴\,\delta\,d^2 l - \ldots \\ - M′\,\delta m - M″\,\delta\,dm - M‴\,\delta\,d^2 m - \ldots \\ - N′\,\delta n - N″\,\delta\,dn - N‴\,\delta\,d^2 n - \ldots \\ \cdots\cdots\cdots\cdots\cdots\cdots\cdots\cdots\cdots\cdots = 0. \end{cases}$$

Pour faire usage de cette équation, on verra d'abord s'il y a par la nature du problème des relations données entre les quantités $f, a, b, c,\ldots$, $l, m, n,\ldots$, et leurs différentielles, et substituant la valeur d'une ou de plusieurs des différences de ces quantités affectées du signe δ, tirée des relations données, on égalera à zéro le coefficient de chacune de celles qui restent, et l'on aura autant de conditions qu'il faudra pour la solution complète du problème.

IV.

Nous avons vu plus haut que les valeurs de $\varphi, d\varphi,\ldots$, lorsque $x = a$, $y = b,\ldots$, c'est-à-dire les valeurs de $f, df,\ldots$, doivent être supposées données; or, si on les regarde comme données d'une manière indépendante des quantités $a, b, c,\ldots$, alors il est clair qu'on aura $\delta f = 0$, $\delta\,df = 0,\ldots$; mais on peut supposer que ces quantités doivent être des fonctions données de $a, b, c,\ldots$, et de leurs différentielles; en ce cas, on aura

$$\delta f = \pi\,\delta a + \rho\,\delta b + \sigma\,\delta c + \ldots, \qquad \delta\,df = \pi′\,\delta a + \rho′\,\delta b + \ldots,$$

et il faudra substituer ces valeurs dans l'équation (G).

De plus, il peut arriver que la fonction φ, qui doit être la plus grande ou la plus petite, renferme les quantités $a, b, c, \ldots, l, m, n, \ldots$, avec leurs différentielles; alors ces quantités entrant dans l'expression de Φ, leurs variations donneront dans la valeur de $\delta \Phi$ les termes

$$
\begin{aligned}
&\alpha\,\delta a \;+ \alpha'\,\delta\,da \;+ \alpha''\,\delta\,d^2 a \;+\ldots \\
&+ \beta\,\delta b + \beta'\,\delta\,db + \beta''\,\delta\,d^2 b \;+\ldots \\
&+ \gamma\,\delta c + \gamma'\,\delta\,dc + \gamma''\,\delta\,d^2 c \;+\ldots \\
&\ldots\ldots\ldots\ldots\ldots\ldots\ldots\ldots\ldots\ldots\ldots \\
&+ \lambda\,\delta l \;+ \lambda'\,\delta\,dl + \lambda''\,\delta\,d^2 l \;+\ldots \\
&+ \mu\,\delta m + \mu'\,\delta\,dm + \mu''\,\delta\,d^2 m +\ldots \\
&+ \nu\,\delta n + \nu'\,\delta\,dn + \nu''\,\delta\,d^2 n \;+\ldots \\
&\ldots\ldots\ldots\ldots\ldots\ldots\ldots\ldots\ldots\ldots\ldots ;
\end{aligned}
$$

de sorte qu'il faudra ajouter ces termes au premier membre de l'équation (A). De là il est facile de voir qu'il faudra ajouter au premier membre de l'équation (B) les termes

$$
\begin{aligned}
&\delta a \int \alpha\xi + \delta\,da \int \alpha'\xi + \delta\,d^2 a \int \alpha''\xi +\ldots \\
&+ \delta b \int \beta\xi + \delta\,db \int \beta'\xi + \delta\,d^2 b \int \beta''\xi +\ldots \\
&+ \delta c \int \gamma\xi + \delta\,dc \int \gamma'\xi + \delta\,d^2 c \int \gamma''\xi +\ldots \\
&\ldots\ldots\ldots\ldots\ldots\ldots\ldots\ldots\ldots\ldots\ldots \\
&+ \delta l \int \lambda\xi + \delta\,dl \int \lambda'\xi + \delta\,d^2 l \int \lambda''\xi +\ldots \\
&+ \delta m \int \mu\xi + \delta\,dm \int \mu'\xi + \delta\,d^2 m \int \mu''\xi +\ldots \\
&+ \delta n \int \nu\xi + \delta\,dn \int \nu'\xi + \delta\,d^2 n \int \nu''\xi +\ldots \\
&\ldots\ldots\ldots\ldots\ldots\ldots\ldots\ldots\ldots\ldots\ldots
\end{aligned}
$$

Par conséquent, il faudra ajouter tous ces termes à l'équation déterminée (E) ou (G) avec des signes contraires, en ayant soin de prendre toutes les intégrales $\int \alpha\xi$, $\int \alpha'\xi, \ldots$, de telle manière qu'elles soient nulles, lorsque $x = a, y = b, \ldots$, et qu'elles soient complètes lorsque $x = l, y = m, \ldots.$ Ainsi l'équation (G) deviendra dans ce cas

$$(\text{H})
\begin{cases}
0 = \mathrm{F}' \, \delta f + \mathrm{F}'' \delta \, df + \mathrm{F}''' \delta \, d^2 f + \ldots \\[6pt]
\quad + \left(\mathrm{A}' - \int \alpha \xi \right) \delta a + \left(\mathrm{A}'' - \int \alpha' \xi \right) \delta \, da + \left(\mathrm{A}''' - \int \alpha'' \xi \right) \delta \, d^2 a + \ldots \\[6pt]
\quad + \left(\mathrm{B}' - \int \beta \xi \right) \delta b + \left(\mathrm{B}'' - \int \beta' \xi \right) \delta \, db + \left(\mathrm{B}''' - \int \beta'' \xi \right) \delta \, d^2 b + \ldots \\[6pt]
\quad + \left(\mathrm{C}' - \int \gamma \xi \right) \delta c + \left(\mathrm{C}'' - \int \gamma' \xi \right) \delta \, dc + \left(\mathrm{C}''' - \int \gamma'' \xi \right) \delta \, d^2 c + \ldots \\[6pt]
\cdots\cdots\cdots\cdots\cdots\cdots\cdots\cdots\cdots\cdots\cdots\cdots\cdots\cdots \\[6pt]
\quad - \left(\mathrm{L}' + \int \lambda \xi \right) \delta l - \left(\mathrm{L}'' + \int \lambda' \xi \right) \delta \, dl - \left(\mathrm{L}''' + \int \lambda'' \xi \right) \delta \, d^2 l - \ldots \\[6pt]
\quad - \left(\mathrm{M}' + \int \mu \xi \right) \delta m - \left(\mathrm{M}'' + \int \mu' \xi \right) \delta \, dm - \left(\mathrm{M}''' + \int \mu'' \xi \right) \delta \, d^2 m - \ldots \\[6pt]
\quad - \left(\mathrm{N}' + \int \nu \xi \right) \delta n - \left(\mathrm{N}'' + \int \nu' \xi \right) \delta \, dn - \left(\mathrm{N}''' + \int \nu'' \xi \right) \delta \, d^2 n - \ldots \\[6pt]
\cdots\cdots\cdots\cdots\cdots\cdots\cdots\cdots\cdots\cdots\cdots\cdots\cdots\cdots
\end{cases}$$

V.

Comme les équations différentielles ne renferment pas proprement les différentielles elles-mêmes, mais seulement leurs rapports, il est clair que la fonction Φ qui forme le premier membre de l'équation proposée $\Phi = 0$ pourra être regardée comme une fonction de $\varphi, x, y, z, \ldots$ de $\dfrac{d\varphi}{dx}, \dfrac{dy}{dx}, \dfrac{dz}{dx}, \ldots, \dfrac{d \frac{d\varphi}{dx}}{dx}, \dfrac{d \frac{dy}{dx}}{dx}, \dfrac{d \frac{dz}{dx}}{dx}, \ldots.$ Supposons pour plus de généralité qu'on ait $\Phi = \Sigma \, dx^m$, Σ étant une fonction de $\varphi, x, y, z, \ldots, \dfrac{d\varphi}{dx}, \dfrac{dy}{dx}, \dfrac{dz}{dx}, \ldots, \dfrac{d \frac{d\varphi}{dx}}{dx}, \dfrac{d \frac{dy}{dx}}{dx}, \ldots,$ et différentiant par δ, on aura

$$\delta\Phi = m \Sigma \, dx^{m-1} \, \delta \, dx + dx^m \, \delta\Sigma :$$

mais l'équation $\Phi = 0$ donne $\Sigma = 0$; donc

$$\delta\Phi = dx^m \, \delta\Sigma.$$

II.

Or, soit

$$\delta\Sigma = \pi\,\delta\varphi + \pi'\,\delta\frac{d\varphi}{dx} + \pi''\,\delta\frac{d\frac{d\varphi}{dx}}{dx} + \dots$$

$$+ \rho\,\delta y + \rho'\,\delta\frac{dy}{dx} + \rho''\,\delta\frac{d\frac{dy}{dx}}{dx} + \dots$$

$$+ \sigma\,\delta z + \sigma'\,\delta\frac{dz}{dx} + \sigma''\,\delta\frac{d\frac{dz}{dx}}{dx} + \dots$$

$$\dots\dots\dots\dots\dots\dots\dots\dots\dots\dots\dots\dots$$

$$+ \tau\,\delta x.$$

Donc, multipliant par $\xi\,dx^m$, et intégrant par parties en sorte qu'il ne reste sous le signe intégral que les différentielles δx, $\delta\varphi$, δy, δz,..., on aura une expression qui sera identique à l'expression $\Pi + \int \Psi$ de l'Article II; en sorte que les quantités hors du signe seront identiques à la quantité Π, et les quantités sous le signe identiques à la quantité Ψ. Considérons seulement les quantités qui seront hors du signe, et je dis que, si dans ces quantités on change δ en d, elles deviendront nulles d'elles-mêmes. En effet :

1° Le terme $\pi\,\delta\varphi$, n'étant susceptible d'aucune intégration par parties, restera tout entier sous le signe.

2° Le terme $\pi'\,\delta\frac{d\varphi}{dx}$ deviendra d'abord

$$\pi'\left(\frac{\delta\,d\varphi}{dx} - \frac{d\varphi\,\delta\,dx}{dx^2}\right),$$

de sorte qu'en multipliant par $\xi\,dx^m$, et changeant $\delta\,d\varphi$, $\delta\,dx$ en $d\,\delta\varphi$, $d\,\delta x$, on aura l'intégrale

$$\int \xi\,\pi'\,dx^m\left(\frac{d\,\delta\varphi}{dx} - \frac{d\varphi\,d\,\delta x}{dx^2}\right);$$

d'où, en intégrant par parties, on aura les termes hors du signe

$$\xi\,\pi^m\,dx^m\left(\frac{\delta\varphi}{dx} - \frac{d\varphi\,\delta x}{dx^2}\right);$$

changeons maintenant δ en d, et ces termes deviendront

$$\xi \pi' \, dx^m \left(\frac{d\varphi}{dx} - \frac{d\varphi}{dx} \right) = 0.$$

3° Le terme $\pi'' \delta \dfrac{d\frac{d\varphi}{dx}}{dx}$ donnera, en faisant pour plus de simplicité $\dfrac{d\varphi}{dx} = \varphi'$,

$$\pi'' \left(\frac{\delta \, d\varphi'}{dx} - \frac{d\varphi' \, \delta dx}{dx^2} \right);$$

d'où l'on tirera d'abord, comme ci-devant, les termes hors du signe

$$\xi \pi'' \, dx^m \left(\frac{\delta \varphi'}{dx} - \frac{d\varphi' \, \delta x}{dx^2} \right),$$

lesquels, en changeant δ en d, deviennent

$$\xi \pi'' \, dx^m \left(\frac{d\varphi'}{dx} - \frac{d\varphi'}{dx} \right) = 0,$$

et ainsi de suite.

On fera le même raisonnement sur les autres termes de la valeur de $\delta\Sigma$, et l'on en conclura que si l'on change la caractéristique δ en la caractéristique ordinaire d, dans l'expression de Π, on aura toujours $\Pi = 0$. Or, on a en général (Art. II)

$$\Pi + \int \Psi = \text{const.};$$

donc, lorsque $\Pi = 0$, on aura

$$\int \Psi = \text{const.},$$

et de là $\Psi = 0$; mais

$$\Psi = P \delta \varphi + Q \delta x + R \delta y + S \delta z + \dots;$$

donc, changeant δ en d, on aura toujours

$$P \, d\varphi + Q \, dx + R \, dy + S \, dz + \dots = 0,$$

équation identique d'elle-même. De là il est facile de conclure que les équations du maximum ou du minimum résultantes de l'équation générale (F) de l'Article III pourront toujours se réduire à une de moins; parce que si toutes ces équations, hors une, sont supposées avoir lieu, celle-ci s'ensuivra toujours nécessairement; en effet, comme les équations dont il s'agit doivent être indépendantes des différences marquées par δ, il est clair qu'elles devront également avoir lieu en supposant que ces différences deviennent les mêmes que celles marquées par d; mais dans ce cas l'équation (F), qui renferme toutes les équations particulières pour le maximum ou pour le minimum, devient identique, comme nous venons de le démontrer; donc, etc.

J'avais déjà prouvé cette proposition en peu de mots, dans l'Article VIII de mon Mémoire imprimé dans le tome II des *Miscellanea Taurinensia* (*); mais la démonstration que je viens d'en donner a l'avantage d'être beaucoup plus simple et plus générale. Au reste, on voit par cette démonstration que le théorème cesserait d'être vrai si la fonction Φ n'était pas réductible à la forme Σdx^m, Σ étant une fonction quelconque de φ, x, y, z,..., $\dfrac{d\varphi}{dx}$, $\dfrac{dy}{dx}$, $\dfrac{dz}{dx}$,..., $\dfrac{d\dfrac{d\varphi}{dx}}{dx}$, $\dfrac{d\dfrac{dy}{dx}}{dx}$,...; il est vrai que cela doit toujours être par la nature même des équations différentielles; mais s'il s'agissait des différences finies, en sorte que les différentielles $d\varphi$, dx, dy,..., qui entrent dans l'équation donnée $\Phi = 0$, dussent être des différences finies de φ, x, y,..., alors la condition dont nous parlons ne serait plus nécessaire et pourrait très-bien ne pas avoir lieu dans la fonction Φ. On peut voir, dans le second Appendice du Mémoire cité, un exemple du calcul qu'on peut faire dans le cas des différences finies; nous n'en dirons rien ici pour ne pas trop nous écarter de notre objet, mais peut-être pourrons-nous y revenir une autre fois.

VI.

Supposons que l'on ait

$$\varphi = \int Z,$$

Z étant une fonction de x, y, z,... et de leurs différentielles; on aura

(*) *OEuvres de Lagrange*, t. I, p. 345.

donc, en différentiant $\left(\text{pour faire disparaitre le signe} \int\right)$, l'équation

$$Z - d\varphi = 0,$$

laquelle, étant comparée à l'équation $\Phi = 0$, donnera

$$\Phi = Z - d\varphi,$$

et de là

$$\delta\Phi = \delta Z - \delta d\varphi.$$

Soit

$$\delta Z = q\,\delta x + q'\,\delta dx + q''\,\delta d^2x + \ldots$$
$$+ r\,\delta y + r'\,\delta dy + r''\,\delta d^2y + \ldots$$
$$+ s\,\delta z + s'\,\delta dz + s''\,\delta d^2z + \ldots$$
$$\ldots\ldots\ldots\ldots\ldots\ldots\ldots\ldots$$

et l'on aura pour $\delta\Phi$ la même expression que dans l'Article II, en faisant

$$p = 0, \quad p' = -1, \quad p'' = 0, \quad p''' = 0,\ldots$$

Donc, on aura d'abord

$$P = -d\xi, \quad P' = \xi, \quad P'' = 0, \quad P''' = 0,\ldots;$$

donc, puisqu'il faut que la variable ξ soit déterminée par l'équation $P = 0$, on aura

$$d\xi = 0,$$

et de là

$$\xi = \text{const.},$$

constante qu'on pourra prendre égale à l'unité pour plus de simplicité; à l'égard des équations $(P'') = 0$, $(P''') = 0,\ldots$, il est clair qu'elles auront lieu d'elles-mêmes, à cause de $P'' = 0,\ldots$. On mettra donc partout 1 à la place de ξ, et l'on aura pour le maximum ou le minimum de la fonction φ : 1° l'équation variable (F); 2° l'équation constante (G) (Art. III). Il faut remarquer, à l'égard de cette dernière équation, que, comme on a $P' = \xi = 1$, $P'' = 0,\ldots$, on aura $F' = 1$, $F'' = 0$, $F''' = 0,\ldots$; de plus, comme la valeur de φ est nulle lorsque l'intégrale $\int Z$ commence, on aura $f = 0$, et par conséquent $\delta f = 0$, de sorte qu'il faudra effacer entièrement dans l'équation (G) tous les termes affectés de δf, $\delta df,\ldots$

Si l'on compare cette solution avec celle que nous avons donnée dans l'Article I du Mémoire cité, on verra qu'elles s'accordent parfaitement entre elles; l'équation variable (F) répond à l'équation que nous avons désignée dans cet endroit-là par (B), et l'équation constante que nous nommons ici (G) répond à l'équation (C) du même endroit en faisant attention à la remarque que nous y avons faite touchant la manière de compléter cette même équation (C), et de laquelle nous avons conclu que l'expression complète de cette équation était

$$M' - {}^{\backprime}M = 0,$$

où M' représente les termes que nous avons désignés dans l'équation (G) par $L'\,\delta l + L''\,\delta dl + \dots$, et ${}^{\backprime}M$ les termes désignés par $A'\,\delta a + A''\,\delta da + \dots$.

VII.

Soit ensuite

$$\varphi = \int Z,$$

Z étant une fonction de $x, y, z, \dots$ et de leurs différentielles, et en même temps de la quantité

$$(\varphi) = \int (Z),$$

(Z) étant de même une fonction de $x, y, z, \dots$ et de leurs différentielles. On aura donc, en différentiant,

$$Z - d\varphi = 0,$$

et différentiant ensuite par δ,

$$\delta Z - \delta d\varphi = 0;$$

or, soit

$$
\begin{aligned}
\delta Z = {}&q\,\delta x + q'\,\delta dx + q''\,\delta d^2x + \dots \\
&+ r\,\delta y + r'\,\delta dy + r''\,\delta d^2y + \dots \\
&+ s\,\delta z + s'\,\delta dz + s''\,\delta d^2z + \dots \\
&\dots\dots\dots\dots\dots\dots\dots\dots\dots \\
&+ \pi\,\delta(\varphi),
\end{aligned}
$$

et désignons, pour abréger, cette valeur de δZ par

$$\delta V + \pi\,\delta(\varphi),$$

en sorte que δV exprime tous les termes affectés de δx, δdx,..., δy, δdy,..., on aura donc

$$\delta V + \pi \, \delta(\varphi) - \delta d\varphi = 0;$$

or, comme $(\varphi) = \int (Z)$, on aura, en différentiant, $d(\varphi) = (Z)$, et différentiant ensuite par δ,

$$\delta d(\varphi) = d\delta(\varphi) = \delta(Z);$$

on substituera donc cette valeur dans l'équation précédente, et pour cela on la différentiera après l'avoir divisée par π, ce qui donnera

$$d\delta(\varphi) + d\frac{\delta V}{\pi} - d\frac{\delta d\varphi}{\pi} = 0;$$

de sorte qu'on aura

(I) $$\delta(Z) + d\frac{\delta V}{\pi} - d\frac{\delta d\varphi}{\pi} = 0,$$

où $\delta(Z)$ sera de cette forme :

$$\begin{aligned}
\delta(Z) = &(q)\delta x + (q')\delta dx + (q'')\delta d^2 x + \ldots \\
&+ (r)\delta y + (r')\delta dy + (r'')\delta d^2 y + \ldots \\
&+ (s)\delta z + (s')\delta dz + (s'')\delta d^2 z + \ldots \\
&\cdots\cdots\cdots\cdots\cdots\cdots\cdots\cdots\cdots\cdots\cdots
\end{aligned}$$

On traitera maintenant l'équation (I) comme nous avons traité l'équation $\delta\Phi = 0$ de l'Article II; pour cela, on la multipliera par ξ, et ensuite on l'intégrera par parties, ce qui donnera d'abord

$$\xi\frac{\delta V}{\pi} - \xi\frac{\delta d\varphi}{\pi} + \int\left[\xi\delta(Z) - \frac{d\xi}{\pi}\delta V + \frac{d\xi}{\pi}\delta d\varphi\right] = \text{const.};$$

or, si l'on substitue pour δV et $\delta(Z)$ leurs valeurs, la quantité sous le signe sera susceptible des mêmes réductions que nous avons faites dans l'Article cité, et le calcul s'achèvera de la même manière. Nous nous contenterons de remarquer ici que l'on trouvera dans le cas présent

$$P = -d\frac{d\xi}{\pi}, \quad P' = \frac{d\xi}{\pi}, \quad P'' = -\frac{\xi}{\pi}, \quad P''' = 0,\ldots,$$

de sorte que pour la détermination de la variable ξ on aura l'équation

$$d\frac{d\xi}{\pi} = 0,$$

laquelle donne

$$\frac{d\xi}{\pi} = g, \quad \text{et} \quad \xi = h + g\int \pi,$$

h et g étant deux constantes arbitraires.

Or, il faut que $(P'') = 0$, c'est-à-dire que la valeur de P'', qui répond au point où $x = l$, $y = m, \ldots$, soit nulle (Art. II); donc, puisque $P'' = \frac{\xi}{\pi}$, il faudra que la valeur de ξ soit nulle dans ce cas; soit donc II la valeur de $\int \pi$ qui répond au même endroit, et l'on aura

$$h + g\mathrm{II} = 0,$$

d'où

$$h = -g\mathrm{II};$$

donc

$$\xi = g\left(\int \pi - \mathrm{II}\right),$$

ou bien, en faisant pour plus de simplicité $g = -1$,

$$\xi = \mathrm{II} - \int \pi;$$

et de là

$$P' = -1, \quad P'' = -\frac{\mathrm{II} - \int \pi}{\pi};$$

ayant ainsi trouvé la valeur de ξ il n'y aura qu'à la substituer, et l'on trouvera pour le maximum ou le minimum des formules analogues à celles de l'Article IX du Mémoire de 1762 déjà cité. On observera seulement que l'on aura ici, comme dans le cas du Problème précédent, $f = 0$, et par conséquent $\delta f = 0$; ensuite on aura

$$\delta df = \delta d\varphi = \delta Z,$$

en rapportant la valeur de δZ au point où $x = a$, $y = b$, $z = c, \ldots$; mais dans ce point on a aussi

$$(\varphi) = \int (Z) = 0,$$

donc

$$\partial (\varphi) = 0;$$

de sorte que la valeur de $\partial \, df$ sera égale à ce que devient la quantité

$$q \, \partial x + q' \, \partial dx + q'' \, \partial d^2 x + \dots$$
$$+ \, r \, \partial y + r' \, \partial dy + r'' \, \partial d^2 y + \dots$$
$$+ \, s \, \partial z + s' \, \partial dz + s'' \, \partial d^2 z + \dots$$
$$\dots\dots\dots\dots\dots\dots\dots\dots$$

lorsque $x = a$, $y = b$, $z = c, \dots$.

Quant aux valeurs de $\partial d^2 f$, $\partial d^3 f, \dots$, il ne sera pas nécessaire de les chercher, parce qu'elles n'entreront point dans l'équation déterminée (G).

On voit par ces deux exemples comment il faudra s'y prendre dans des cas plus compliqués, ainsi nous n'en dirons pas davantage ici. Nous nous contenterons seulement d'observer en général que la variable indéterminée ξ pourra toujours se déterminer par l'intégration de l'équation $P = 0$, lorsque la fonction φ sera donnée par une expression formée comme on voudra des variables x, y, $z, \dots$, et de leurs différentielles, et qui renferme de plus autant de signes d'intégration qu'on voudra; mais lorsque la fonction φ ne sera donnée que par une équation différentielle d'un degré quelconque, alors l'indéterminée ξ dépendra d'une équation différentielle du même degré, laquelle pourra n'être pas intégrable; mais cela n'apportera aucun obstacle à la solution du Problème; car dès qu'on aura trouvé les équations du maximum ou du minimum il n'y aura qu'à éliminer la quantité ξ par le moyen de l'équation différentielle $P = 0$; mais il faudra ensuite avoir égard, dans l'introduction des constantes arbitraires, aux conditions $(P'') = 0$, $(P''') = 0, \dots$.

VIII.

Les principaux avantages de ma méthode des variations pour la solution des problèmes *de maximis et minimis* consistent :

1° Dans la simplicité et la généralité du calcul, comme on peut

s'en convaincre aisément en comparant cette méthode avec celle que
M. Euler a donnée dans son excellent ouvrage intitulé : *Methodus inveniendi lineas curvas, etc.*, et même avec celle que M. Fontaine vient de
donner dans son Mémoire intitulé : *Addition à la méthode, etc.*, déjà cité
plus haut.

2° En ce que ma méthode fournit des équations déterminées qui
servent à résoudre les Problèmes d'une manière plus générale et plus
complète qu'on ne l'avait fait avant moi. Quoique ces équations soient
une suite nécessaire et naturelle de mon analyse des variations, et que
leur usage ne soit qu'une application très-simple des principes de la méthode générale *de maximis et minimis,* cependant un illustre Géomètre
de l'Académie des Sciences de Paris vient de donner, dans le volume déjà
cité pour l'année 1767 un savant Mémoire, dans lequel il parait révoquer
en doute l'exactitude de ces mêmes équations déterminées, et surtout
l'application que j'en ai faite dans la solution du Problème de la plus
vite descente donnée dans mon Mémoire déjà cité du second volume de
la Société royale. Pour éclaircir les difficultés de ce savant Mathématicien, et faire mieux sentir en même temps l'usage de nos formules, nous
allons résoudre ici le même Problème d'une manière encore plus générale, en y ajoutant de nouvelles considérations, qui ne laisseront, si je
ne me trompe, plus rien à désirer sur ce sujet.

PROBLÈME. — *Étant données d'espèce et de position deux courbes quelconques placées dans un même plan, on demande de trouver une troisième
courbe, sur laquelle un corps pesant puisse descendre de l'une à l'autre des
deux courbes données, dans le plus petit temps possible.*

Prenons une droite horizontale qui soit l'axe des abscisses des deux
courbes données et de la courbe cherchée, et une droite verticale qui
soit l'axe commun des ordonnées des mêmes courbes; soient a, b l'abscisse et l'ordonnée de la première courbe donnée, c'est-à-dire de celle
d'où le corps doit partir, et l, m l'abscisse et l'ordonnée de l'autre
courbe, à laquelle le corps doit arriver; enfin soient x, y l'abscisse et
l'ordonnée de la courbe cherchée, sur laquelle le corps doit se mouvoir;

nommant u la vitesse du corps, et prenant l'unité pour la force accélératrice de la gravité, on aura, comme on sait,

$$u\,du = dy, \quad \text{et de là} \quad u = \sqrt{2(y-k)},$$

k étant une constante arbitraire. Pour la déterminer, supposons que dans l'endroit où le corps commence à se mouvoir on ait $y = b$ (b étant une des ordonnées de la première courbe donnée), et que la vitesse initiale du corps soit celle qu'il aurait acquise en tombant librement de la hauteur h; il faudra donc qu'en faisant $y = b$ on ait $u = \sqrt{2h}$, ce qui donnera

$$2h = 2(b-k) \quad \text{et de là} \quad k = b-h.$$

Cela posé, on sait que le temps est exprimé en général par $\int \dfrac{ds}{u}$, s étant l'arc de la courbe; de sorte qu'en comparant cette formule à celle de l'Article VI, on aura

$$\varphi = \int \frac{ds}{u} \quad \text{et} \quad Z = \frac{ds}{u},$$

et de là, à cause de $ds = \sqrt{dx^2 + dy^2}$, et $u = \sqrt{2(y-k)}$,

$$\partial Z = -\frac{ds\,\partial y}{u^3} + \frac{dx\,\partial dx}{u\,ds} + \frac{dy\,\partial dy}{u\,ds};$$

donc

$$q = 0, \qquad q' = \frac{dx}{u\,ds}, \qquad q'' = 0, \dots,$$

$$r = -\frac{ds}{u^3}, \qquad r' = \frac{dy}{u\,ds}, \qquad r'' = 0, \dots;$$

de là, à cause de $\xi = 1$, on aura (Art. II)

$$Q = -d\,\frac{dx}{u\,ds}, \qquad Q' = \frac{dx}{u\,ds}, \qquad Q'' = 0, \dots,$$

$$R = -\frac{ds}{u^3} - d\,\frac{dy}{u\,ds}, \qquad R' = \frac{dy}{u\,ds}, \qquad R'' = 0, \dots,$$

ce qui donnera :

1º L'équation variable

$$Q\,\partial x + R\,\partial y = 0,$$

et par conséquent

$$Q = 0 \quad \text{et} \quad R = 0;$$

l'une ou l'autre de ces deux équations servira à déterminer la courbe de la plus vite descente, et il serait inutile de les employer toutes deux à la fois, parce que l'une suit nécessairement de l'autre à cause qu'en changeant ∂ en d on a l'équation identique $Q\,dx + R\,dy = 0$ (Art. V). Prenant donc l'équation $Q = 0$ qui est la plus simple, on aura

$$-d\,\frac{dx}{u\,ds} = 0;$$

d'où l'on tire, en intégrant,

$$\frac{dx}{ds} = fu = f\sqrt{2(y-k)},$$

et de là

$$dx = \frac{f\,dy\,\sqrt{2(y-k)}}{\sqrt{1 - 2f^2(y-k)^2}},$$

pour l'équation de la courbe brachistochrone, où f est une constante arbitraire.

2° On aura l'équation constante

$$A'\,\partial a + B'\,\partial b - L'\,\partial l - M'\,\partial m = 0,$$

où A', B' sont les valeurs de Q', R', c'est-à-dire de $\frac{dx}{u\,ds}$, $\frac{dy}{u\,ds}$ dans le premier point de la courbe, dans lequel $x = a$, $y = b$, et L', M' sont les valeurs des mêmes quantités pour le dernier point de la courbe, dans lequel $x = l$, $y = m$.

Mais pour donner à cette équation constante toute l'étendue dont la question peut être susceptible, il faudra avoir égard à la *Remarque* que nous avons faite dans l'Article IV, et faire varier aussi la constante k qui entre dans la valeur de u; or, comme (Art. VI)

$$\Phi = Z - d\varphi = \frac{ds}{\sqrt{2(y-k)}} - d\varphi,$$

il faudra ajouter à la valeur de $\delta\Phi$ le terme

$$\frac{ds\,\delta k}{2\sqrt{2}\,(y-k)^{\frac{3}{2}}} = \frac{ds}{u^3}\,\delta k\,;$$

donc, à cause de $\xi = 1$, on aura la quantité $-\,\delta k \int \frac{ds}{u^3}$ à ajouter au premier membre de l'équation précédente, laquelle deviendra par conséquent

$$\mathrm{A}'\delta a + \mathrm{B}'\delta b - \mathrm{L}'\delta l - \mathrm{M}'\delta m - \delta k \int \frac{ds}{u^3} = 0,$$

l'intégrale $\int \frac{ds}{u^3}$ étant supposée prise de manière qu'elle commence au premier point de la courbe, et qu'elle finisse au dernier point. Or, je remarque d'abord qu'ayant déjà trouvé $\frac{dx}{u\,ds} = f$, on aura $\mathrm{Q}' = f$, et par conséquent

$$\mathrm{A}' = \mathrm{L}' = f\,;$$

j'observe ensuite qu'en prenant l'équation $\mathrm{R} = 0$, on a

$$-\frac{ds}{u^3} - d\,\frac{dy}{u\,ds} = 0,$$

d'où l'on tire, en intégrant,

$$\int \frac{ds}{u^3} + \frac{dy}{u\,ds} = \text{const.} \quad \text{ou bien} \quad \int \frac{ds}{u^3} + \mathrm{R}' = \text{const.}\,;$$

or, en faisant commencer l'intégrale $\int \frac{ds}{u^3}$ au premier point de la courbe, on aura dans ce point $\int \frac{ds}{u^3} = 0$, et $\mathrm{R}' = \mathrm{B}'$; et comme au dernier point de la courbe on a $\mathrm{R}' = \mathrm{M}'$, il est clair que la valeur complète de $\int \frac{ds}{u^3}$ sera égale à $\mathrm{B}' - \mathrm{M}'$. De plus, comme $k = b - h$, si l'on suppose en général que h soit une fonction quelconque donnée de a et b telle, que l'on ait $dh = \mathrm{G}\,da + \mathrm{H}\,db$, on aura

$$\delta k = \delta b - \delta h = \delta b - \mathrm{G}\,\delta a - \mathrm{H}\,\delta b,$$

de sorte que par toutes ces substitutions l'équation précédente deviendra

$$[f-(M'-B')G]\delta a+[M'-(M'-B')H]\delta b-f\delta l-M'\delta m=0,$$

laquelle (à cause que la première courbe dont les ordonnées sont a et b est supposée indépendante de la dernière dont les ordonnées sont l et m) peut d'abord se partager entre ces deux-ci :

$$[f-(M'-B')G]\delta a+[M'-(M'-B')H]\delta b=0,\quad f\delta l+M'\delta m=0.$$

Maintenant, comme les coordonnées a et b appartiennent à une courbe donnée, on aura, par la nature de ces courbes,

$$da=\varepsilon\,db\quad\text{et}\quad dl=\eta\,dm,$$

et changeant la caractéristique d en δ, on aura aussi

$$\delta a=\varepsilon\delta b\quad\text{et}\quad \delta l=\eta\delta m;$$

donc, substituant ces valeurs dans les équations précédentes, on aura

$$[f-(M'-B')G]\varepsilon+M'-(M'-B')H=0,\quad f\eta+M'=0;$$

ou bien, en remettant pour ε et η leurs valeurs $\dfrac{da}{db}$, $\dfrac{dl}{dm}$, on aura

$$[f-(M'-B')G]da+[M'-(M'-B')H]db=0,\quad fdl+M'dm=0.$$

Maintenant, si l'on suppose que la hauteur h qui répond à la vitesse initiale soit égale à b, en sorte que le corps commence à se mouvoir sur la brachistochrone avec la même vitesse qu'il aurait acquise en descendant depuis l'axe des abscisses, on aura $G=0$ et $H=1$, et les deux équations précédentes deviendront

$$fda+B'db=0,\quad fdl+M'dm=0;$$

mais $f=\dfrac{dx}{u\,ds}$, $B'=\dfrac{dy}{u\,ds}$ au premier point de la courbe, et $M'=\dfrac{dy}{u\,ds}$ au dernier point de la courbe; donc on aura pour le premier point de la courbe

$$dx\,da+dy\,db=0,\quad\text{ou bien}\quad \frac{dx}{dy}=-\frac{db}{da},$$

et pour le dernier point de la courbe

$$dx\,dl + dy\,dm = 0 \quad \text{ou bien} \quad \frac{dx}{dy} = -\frac{dl}{dm},$$

ce qui fait voir que la courbe de la plus vite descente doit couper à angles droits les deux courbes données, et cela s'accorde avec ce que nous avons trouvé dans l'Article IV du Mémoire déjà cité du second volume.

Mais si l'on veut que la vitesse initiale soit nulle, alors on aura $h = 0$, et par conséquent $G = 0$, et $H = 0$ ce qui donnera les deux équations

$$f\,da + \mathrm{M}'\,db = 0, \quad f\,dl + \mathrm{M}'\,dm = 0.$$

La seconde de ces équations étant la même que dans le cas précédent, il en résulte que la brachistochrone doit aussi couper la seconde courbe à angles droits; mais quant à la première courbe, l'équation

$$f\,da + \mathrm{M}'\,db = 0$$

donnera

$$\frac{da}{db} = -\frac{\mathrm{M}'}{f} = \frac{dl}{dm},$$

de sorte qu'on aura

$$\frac{da}{db} = \frac{dl}{dm},$$

ce qui fait voir que la tangente menée à la première courbe par le point où commence la brachistochrone doit être parallèle à la tangente menée à la seconde courbe par le point où la brachistochrone se termine; et c'est ce qui s'accorde parfaitement avec le résultat de la solution donnée par M. le chevalier de Borda dans son Mémoire imprimé dans le volume de l'Académie des Sciences de Paris pour l'année 1767.

RECHERCHES

SUR

LE MOUVEMENT D'UN CORPS

QUI EST ATTIRÉ VERS DEUX CENTRES FIXES.

RECHERCHES

SUR

LE MOUVEMENT D'UN CORPS

QUI EST ATTIRÉ VERS DEUX CENTRES FIXES.

(*Miscellanea Taurinensia*, t. IV, 1766-1769.)

PREMIER MÉMOIRE,

OU L'ON SUPPOSE QUE L'ATTRACTION EST EN RAISON INVERSE DES CARRÉS DES DISTANCES.

Le Problème que je me propose de résoudre dans ce Mémoire l'a déjà été par M. Euler, dans les *Mémoires de l'Académie de Berlin* pour l'année 1760, et dans le tome X des *Nouveaux Commentaires de Pétersbourg* qui vient de paraître, mais pour le cas seulement où le corps se meut dans un plan passant par les deux centres des forces. La solution que j'en vais donner ici est générale, quelle que soit la courbe décrite par le corps, et la méthode sur laquelle elle est fondée a l'avantage de conduire directement à des équations où les indéterminées seront séparées d'elles-mêmes, sans qu'on ait besoin pour cela des transformations et des substitutions épineuses que M. Euler a employées.

Comme le Problème dont il s'agit a un rapport immédiat avec celui des trois corps, il ne serait pas impossible que la méthode de ce Mémoire ne fût de quelque utilité pour la solution de ce fameux Problème qui fait depuis si longtemps l'objet des travaux des plus grands Géomètres. Cette considération est même le principal motif qui me détermine à publier ces recherches; je souhaite qu'elles puissent mériter au moins par là quelque attention de la part des Savants.

I.

Ayant pris trois axes fixes quelconques et perpendiculaires entre eux, soient x, y, z les coordonnées rectangles de la courbe décrite par le corps et rapportée à ces axes; et soient de même a, b, c les coordonnées qui déterminent la position de l'un des centres des forces par rapport aux mêmes axes, et α, β, γ les coordonnées pour l'autre centre : il est clair que si j'appelle u et v les distances du corps à ces deux centres, on aura

$$u = \sqrt{(x - a)^2 + (y - b)^2 + (z - c)^2},$$
$$v = \sqrt{(x - \alpha)^2 + (y - \beta)^2 + (z - \gamma)^2};$$

de sorte qu'en exprimant par A et B leurs forces attractives à une distance égale à l'unité, on aura $\frac{A}{u^2}$ et $\frac{B}{v^2}$ pour les forces qui agissent sur le corps suivant les rayons vecteurs u et v.

Ces forces étant décomposées chacune en trois autres suivant les directions des coordonnées x, y, z, on trouvera que la force totale suivant x est égale à

$$\frac{A(x - a)}{u^3} + \frac{B(x - \alpha)}{v^3},$$

que la force suivant y est égale à

$$\frac{A(y - b)}{u^3} + \frac{B(y - \beta)}{v^3},$$

et que la force suivant z est égale à

$$\frac{A(z - c)}{u^3} + \frac{B(z - \gamma)}{v^3}.$$

Donc, nommant t le temps écoulé depuis le commencement du mouvement, et prenant dt pour constant, on aura ces trois équations :

(A)

$$\left\{\begin{array}{l} \dfrac{d^2x}{dt^2} + \dfrac{A(x-a)}{u^3} + \dfrac{B(x-\alpha)}{v^3} = 0, \\[2ex] \dfrac{d^2y}{dt^2} + \dfrac{A(y-b)}{u^3} + \dfrac{B(y-\beta)}{v^3} = 0, \\[2ex] \dfrac{d^2z}{dt^2} + \dfrac{A(z-c)}{u^3} + \dfrac{B(z-\gamma)}{v^3} = 0, \end{array}\right.$$

lesquelles renferment la solution du Problème.

II.

Si l'on multiplie la première de ces équations par $2\,dx$, la seconde par $2\,dy$, la troisième par $2\,dz$, et qu'après les avoir ajoutées ensemble on en prenne l'intégrale, on aura, en ajoutant la constante $4\,C$,

(B) $$\frac{dx^2 + dy^2 + dz^2}{dt^2} - \frac{2A}{u} - \frac{2B}{v} = 4C,$$

équation qui renferme, comme on le voit, le principe de la conservation des forces vives.

Si l'on multiplie de plus les mêmes équations par $x-a$, $y-b$, $z-c$, et qu'on les ajoute ensemble, on aura

$$\frac{(x-a)d^2x + (y-b)d^2y + (z-c)d^2z}{dt^2}$$
$$+ \frac{A}{u} + \frac{B[(x-a)(x-\alpha) + (y-b)(y-\beta) + (z-c)(z-\gamma)]}{v^3} = 0.$$

Or,

$$2(x-a)(x-\alpha) = (x-a)^2 + (x-\alpha)^2 - (a-\alpha)^2,$$

et, de même,

$$2(y-b)(y-\beta) = (y-b)^2 + (y-\beta)^2 - (b-\beta)^2,$$
$$2(z-c)(z-\gamma) = (z-c)^2 + (z-\gamma)^2 - (c-\gamma)^2;$$

donc, si l'on dénote par f la distance entre les deux centres, en sorte que l'on ait

$$f = \sqrt{(a-\alpha)^2 + (b-\beta)^2 + (c-\gamma)^2},$$

on aura

$$\frac{(x-a)\,d^2x + (y-b)\,d^2y + (z-c)\,d^2z}{dt^2} + \frac{A}{u} + \frac{B(u^2 + v^2 - f^2)}{2v^3} = 0.$$

Donc, ajoutant cette équation à l'équation (B), on aura, à cause de $u^2 = (x-a)^2 + (y-b)^2 + (z-c)^2$,

$$(C) \qquad \frac{1}{2}\frac{d^2(u^2)}{dt^2} - \frac{A}{u} - \frac{B}{2}\left(\frac{3}{v} + \frac{f^2 - u^2}{v^3}\right) = 4C,$$

et l'on trouvera de la même manière

$$(D) \qquad \frac{1}{2}\frac{d^2(v^2)}{dt^2} - \frac{B}{v} - \frac{A}{2}\left(\frac{3}{u} + \frac{f^2 - v^2}{u^3}\right) = 4C,$$

deux équations par lesquelles on connaîtra les valeurs de u et v en t.

III.

Je remarque maintenant que si l'on multiplie l'équation (C) par $d(v^2)$, et l'équation (D) par $d(u^2)$, et qu'ensuite on les ajoute ensemble, on a une équation intégrable, laquelle est

$$\frac{1}{2}\,d\frac{d(u^2)\,d(v^2)}{dt^2} - A\left[3\,du + \frac{d(v^2)}{u} + \frac{(f^2 - v^2)\,du}{u^2}\right]$$
$$- B\left[3\,dv + \frac{d(u^2)}{v} + \frac{(f^2 - u^2)\,dv}{v^2}\right] = 4C\,[d(u^2) + d(v^2)];$$

de sorte qu'on aura, en intégrant et en ajoutant une constante arbitraire $2D$,

$$(E)\ \frac{1}{2}\frac{d(u^2)\,d(v^2)}{dt^2} - A\left(3u + \frac{v^2 - f^2}{u}\right) - B\left(3v + \frac{u^2 - f^2}{v}\right) = 4C(u^2 + v^2) + 2D.$$

De plus, si l'on multiplie les mêmes équations (C) et (D) par $v^2\,d(u^2)$ et $u^2\,d(v^2)$, savoir, la première par $v^2\,d(u^2)$ et la seconde par $u^2\,d(v^2)$, et qu'on les ajoute ensemble, on aura

$$\frac{1}{2}\frac{v^2 d(u^2) d^2(u^2) + u^2 d(v^2) d^2(v^2)}{dt^2} - A\left[2v^2 du + \frac{3}{2} u d(v^2) + \frac{(f^2 - v^2) d(v^2)}{2u}\right]$$

$$- B\left[2u^2 dv + \frac{3}{2} v d(u^2) + \frac{(f^2 - u^2) d(u^2)}{2v}\right]$$

$$= 4 C d(u^2 v^2).$$

Cette équation étant multipliée par 2 et ensuite ajoutée à l'équation (E) multipliée par $d(u^2) + d(v^2)$, on aura

$$\frac{1}{2} d\left[\frac{v^2[d(u^2)]^2 + u^2[d(v^2)]^2}{dt^2}\right] - A[6u^2 du + 6 d(uv^2) - 2f^2 du]$$

$$- B[6v^2 dv + 6 d(vu^2) - 2f^2 dv]$$

$$= 2 C[d(u^2 + v^2)^2 + 4 d(u^2 v^2)] + 2 D d(u^2 + v^2),$$

dont l'intégrale est évidemment

$$(F) \begin{cases} \dfrac{1}{2}\dfrac{v^2[d(u^2)]^2 + u^2[d(v^2)]^2}{dt^2} - 2A(u^3 + 3uv^2 - f^2 u) - 2B(v^3 + 3vu^2 - f^2 v) \\[2mm] = 2C(u^4 + v^4 + 6 u^2 v^2) + 2D(u^2 + v^2) + 2E, \end{cases}$$

E étant une constante indéterminée.

Or, si à cette équation on ajoute l'équation (E) multipliée par $2uv$, ou qu'on l'en retranche, on aura ces deux-ci :

$$\frac{1}{2}\frac{[v d(u^2) + u d(v^2)]^2}{dt^2} - 2(A + B)[(u + v)^3 - f^2(u + v)]$$

$$= 2C(u + v)^4 + 2D(u + v)^2 + 2E,$$

$$\frac{1}{2}\frac{[v d(u^2) - u d(v^2)]^2}{dt^2} - 2(A - B)[(u - v)^3 - f^2(u - v)]$$

$$= 2C(u - v)^4 + 2D(u - v)^2 + 2E,$$

d'où, en faisant pour plus de simplicité

$$u + v = p, \quad u - v = q,$$

$$A + B = M, \quad A - B = N,$$

on tire

$$(G) \begin{cases} \dfrac{uv\,dp}{dt} = \sqrt{C p^4 + M p^3 + D p^2 - M f^2 p + E}, \\[3mm] \dfrac{uv\,dq}{dt} = \sqrt{C q^4 + N q^3 + D q^2 - N f^2 q + E}, \end{cases}$$

et, par conséquent,

$$\text{(H)} \quad \frac{dp}{\sqrt{C p^4 + M p^3 + D p^2 - M f^2 p + E}} = \frac{dq}{\sqrt{C q^4 + N q^3 + D q^2 - N f^2 q + E}};$$

ensuite on aura, à cause de $uv = \dfrac{p^2 - q^2}{4}$,

$$dt = \frac{(p^2 - q^2)\,dp}{4\sqrt{C p^4 + M p^3 + D p^2 - M f^2 p + E}},$$

c'est-à-dire, en mettant pour $\dfrac{q^2 dp}{\sqrt{C p^4 + M p^3 + D p^2 - M f^2 p + E}}$ sa valeur

en q $\dfrac{q^2 dq}{\sqrt{C q^4 + N q^3 + D q^2 - N f^2 q + E}}$,

$$\text{(I)} \quad dt = \frac{p^2 dp}{4\sqrt{C p^4 + M p^3 + D p^2 - M f^2 p + E}} - \frac{q^2 dq}{4\sqrt{C q^4 + N q^3 + D q^2 - N f^2 q + E}}.$$

Ainsi on a deux équations dans lesquelles les indéterminées sont séparées, et qui serviront à déterminer p en q, et t en p et q, c'est-à-dire u
en v, et t en u et v.

IV.

Les équations (H) et (I) que nous venons de trouver ont également
lieu, soit que le corps se meuve dans un plan fixe passant par les deux
centres des forces, comme M. Euler le suppose dans sa solution, soit
qu'il décrive une courbe quelconque à double courbure; mais dans ce
dernier cas, il ne suffit pas de connaitre à chaque instant les distances
du corps aux deux centres; il faut de plus connaitre l'angle que le corps
décrit autour de la ligne qui joint ces mêmes centres.

Or, si l'on imagine que A et B (*fig.* 1, page 73) soient les deux centres
des forces, et que C soit le lieu du corps, en sorte que l'on ait

$$AB = f, \quad AC = u, \quad \text{et} \quad BC = v,$$

et qu'ayant mené la perpendiculaire CD, on nomme CD, r, AD, s, et
l'angle que le corps C parcourt autour de AB, φ, il est clair qu'on aura

pour le petit arc que le corps décrit dans le temps dt

$$\sqrt{dr^2 + ds^2 + r^2 d\varphi^2};$$

de sorte qu'on aura

$$dr^2 + ds^2 + r^2 d\varphi^2 = dx^2 + dy^2 + dz^2;$$

et, par conséquent,

$$r^2 d\varphi^2 = dx^2 + dy^2 + dz^2 - dr^2 - ds^2.$$

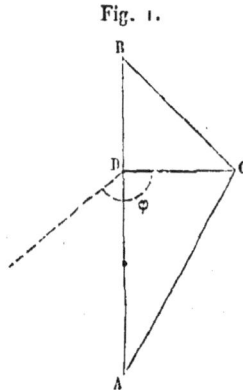

Fig. 1.

Or, en considérant le triangle ABC, il est facile de trouver que

$$s = \frac{u^2 - v^2 + f^2}{2f},$$

$$r = \frac{\sqrt{4f^2 u^2 - (u^2 - v^2 + f^2)^2}}{2f},$$

d'où

$$ds = \frac{u\,du - v\,dv}{f},$$

$$dr = \frac{2f^2 u\,du - (u^2 - v^2 + f^2)(u\,du - v\,dv)}{f\sqrt{4f^2 u^2 - (u^2 - v^2 + f^2)^2}}.$$

Donc

$$ds^2 + dr^2 = \frac{(u\,du - v\,dv)^2}{f^2} + \frac{[2f^2 u\,du - (u^2 - v^2 + f^2)(u\,du - v\,dv)]^2}{f^2[4f^2 u^2 - (u^2 - v^2 + f^2)^2]},$$

ou, en réduisant au même dénominateur et effaçant ce qui se détruit,

$$ds^2 + dr^2 = \frac{v^2[d(u^2)]^2 + u^2[d(v^2)]^2 - (u^2 + v^2 - f^2)\,d(u^2)\,d(v^2)}{4f^2 u^2 - (u^2 - v^2 + f^2)^2}.$$

II.

Donc, substituant ces valeurs dans l'équation précédente, et multipliant par $4f^2u^2 - (u^2 - v^2 + f^2)^2$, on aura

$$\frac{[4f^2u^2 - (u^2 - v^2 + f^2)^2]^2 d\varphi^2}{4f^2} = [4f^2u^2 - (u^2 - v^2 + f^2)^2](dx^2 + dy^2 + dz^2)$$
$$- v^2[d(u^2)]^2 - u^2[d(v^2)]^2 + (u^2 + v^2 - f^2)d(u^2)d(v^2).$$

Qu'on mette au lieu de $dx^2 + dy^2 + dz^2$, de $d(u^2)$, de $d(v^2)$, et de $v^2[d(v^2)]^2 + u^2[d(v^2)]^2$, leurs valeurs tirées des équations (B), (E) et (F), et l'on aura, en divisant par dt^2 et réduisant et ôtant ce qui se détruit,

$$\frac{[4f^2u^2 - (u^2 - v^2 + f^2)^2] d\varphi^2}{4f^2 dt^2}$$
$$= [4f^2u^2 - (u^2 - v^2 + f^2)^2]\left(4C + \frac{2A}{u} + \frac{2B}{v}\right) - 4A(u^3 + 3uv^2 - f^2u)$$
$$- 4B(v^3 + 3vu^2 - f^2v) - 4C(u^4 + v^4 + 6u^2v^2) - 4D(u^2 + v^2) - 4E$$
$$+ 2(u^2 + v^2 - f^2)\left[A\left(3u + \frac{v^2 - f^2}{u}\right) + B\left(3v + \frac{u^2 - f^2}{v}\right) + 4C(u^2 + v^2) + 2D\right]$$
$$= -4(Cf^4 + Df^2 + E).$$

Donc, si l'on fait, pour abréger,

$$K^2 = -Cf^4 - Df^2 - E,$$

on aura, en extrayant la racine carrée et multipliant par

$$\frac{2f}{4f^2u^2 - (u^2 - v^2 + f^2)^2},$$

(K) $$\frac{d\varphi}{dt} = \frac{4fK}{4f^2u^2 - (u^2 - v^2 + f^2)^2}.$$

Supposons maintenant, comme nous avons fait ci-dessus,

$$u + v = p, \quad u - v = q,$$

c'est-à-dire

$$u = \frac{p+q}{2}, \quad v = \frac{p-q}{2},$$

et nous aurons

$$\frac{d\varphi}{dt} = \frac{4f\mathrm{K}}{f^2(p+q)^2 - (pq+f^2)^2}$$

$$= -\frac{4f\mathrm{K}}{(p^2-f^2)(q^2-f^2)}$$

$$= \frac{4f\mathrm{K}}{p^2-q^2}\left(\frac{1}{p^2-f^2} - \frac{1}{q^2-f^2}\right).$$

Mais on a par l'Article III

$$\frac{4\,dt}{p^2-q^2} = \frac{dp}{\sqrt{\mathrm{C}p^4 + \mathrm{M}p^3 + \mathrm{D}p^2 - \mathrm{M}f^2p + \mathrm{E}}}$$

$$= \frac{dq}{\sqrt{\mathrm{C}q^4 + \mathrm{N}q^3 + \mathrm{D}q^2 - \mathrm{N}f^2q + \mathrm{E}}};$$

donc on aura enfin

$$(\mathrm{L}) \quad \left\{ \begin{aligned} d\varphi &= \frac{f\mathrm{K}\,dp}{(p^2-f^2)\sqrt{\mathrm{C}p^4 + \mathrm{M}p^3 + \mathrm{D}p^2 - \mathrm{M}f^2p + \mathrm{E}}} \\ &- \frac{f\mathrm{K}\,dq}{(q^2-f^2)\sqrt{\mathrm{C}q^4 + \mathrm{N}q^3 + \mathrm{D}q^2 - \mathrm{N}f^2q + \mathrm{E}}}, \end{aligned} \right.$$

ce qui donnera φ en p et q, c'est-à-dire en u et v.

Ainsi, la solution du Problème est réduite maintenant à l'intégration de trois équations différentielles dans lesquelles les indéterminées sont toutes séparées.

Au reste, l'équation (K) donne

$$\frac{d\varphi}{dt} = \frac{\mathrm{K}}{fr^2}, \quad \text{ou bien} \quad dt = \frac{fr^2\,d\varphi}{\mathrm{K}},$$

ce qui montre que le corps décrit autour de la ligne BA, c'est-à-dire dans un plan perpendiculaire à cette ligne, des aires proportionnelles au temps.

V.

A l'égard des constantes C, D, E, elles sont entièrement arbitraires et ne dépendent que de l'état initial du corps. Pour les déterminer, supposons que quand $t = o$ on ait

$$u = g, \quad v = h, \quad \frac{du}{dt} = m, \quad \frac{dv}{dt} = n, \quad \frac{\sqrt{dx^2 + dy^2 + dz^2}}{dt} = i,$$

et les équations (B), (E) et (F) donneront

$$i^2 - \frac{2A}{g} - \frac{2B}{h} = 4C,$$

$$2ghmn - A\left(3g + \frac{h^2 - f^2}{g}\right) - B\left(3h + \frac{g^2 - f^2}{h}\right) = 4C(g^2 + h^2) + 2D,$$

$$g^2 h^2 (m^2 + n^2) - A(g^3 + 3gh^2 - f^2 g) - B(h^3 + 3hg^2 - f^2 h)$$
$$= C(g^4 + h^4 + 6g^2 h^2) + D(g^2 + h^2) + E;$$

d'où l'on tire

$$C = \frac{i^2}{4} - \frac{A}{2g} - \frac{B}{2h},$$

$$D = ghmn - \frac{(g^2 + h^2) i^2}{2} - \frac{A}{2g}(g^2 - h^2 - f^2) - \frac{B}{2h}(h^2 - g^2 - f^2),$$

$$E = g^2 h^2 (m^2 + n^2) - gh(g^2 + h^2) mn + \frac{(g^2 - h^2)^2 i^2}{4} + \frac{f^2(g^2 - h^2)}{2}\left(\frac{A}{g} - \frac{B}{h}\right);$$

et comme $K^2 = -Cf^4 - Df^2 - E$, on aura

$$K^2 = \frac{i^2}{4}[4f^2 g^2 - (g^2 - h^2 + f^2)^2] - g^2 h^2 (m^2 + n^2) + gh(g^2 + h^2 - f^2) mn.$$

Si, au lieu de la vitesse i, on veut introduire la vitesse que le corps a pour tourner autour de la ligne des centres, on nommera cette vitesse l, et l'équation (K) donnera

$$l = \frac{4fK}{4f^2 g^2 - (g^2 - h^2 + f^2)^2},$$

d'où l'on aura

$$K^2 = \frac{[4f^2 g^2 - (g^2 - h^2 + f^2)^2] l^2}{16 f^2},$$

donc

$$i^2 = \frac{[4f^2 g^2 - (g^2 - h^2 + f^2)^2] l^2}{4 f^2} + \frac{4g^2 h^2 (m^2 + n^2) - 4gh(g^2 + h^2 - f^2) mn}{4f^2 g^2 - (g^2 - h^2 + f^2)^2};$$

ainsi, il n'y aura qu'à substituer cette valeur dans celles des quantités C, D, E, que nous avons trouvées plus haut.

VI.

La solution du Problème est donc réduite à l'intégration des trois équations (H), (I) et (L). Or, comme les indéterminées sont séparées dans ces équations, il est clair qu'il n'y aura qu'à intégrer chaque membre comme une différentielle particulière qui ne contient qu'une variable ; mais, en examinant ces différentielles, on reconnaîtra bientôt qu'elles dépendent en général de la rectification des sections coniques, et peut-être aussi de la quadrature de quelque courbe du troisième ordre ; de sorte qu'il est impossible d'arriver par ce moyen à des équations intégrales et finies. Cependant, si l'on suppose B = o ou A = o, ce qui rend N = + M, il est certain que le Problème ne dépendra que de la quadrature du cercle ou de l'hyperbole, car alors on aura le cas d'un corps qui se meut en vertu d'une seule force tendant vers un centre.

Comme le développement de ce cas renferme des discussions délicates dont l'analyse pourra tirer quelque fruit, je crois devoir l'examiner un peu en détail.

VII.

Supposons d'abord B = o, et les équations du Problème deviendront, en mettant A à la place de M et de N,

$$(\mathrm{M}) \quad \frac{dp}{\sqrt{\mathrm{C}p^4 + \mathrm{A}p^3 + \mathrm{D}p^2 - \mathrm{A}f^2 p + \mathrm{E}}} = \frac{dq}{\sqrt{\mathrm{C}q^4 + \mathrm{A}q^3 + \mathrm{D}q^2 - \mathrm{A}f^2 q + \mathrm{E}}},$$

$$(\mathrm{N}) \quad \left\{ dt = \frac{p^2 dp}{4\sqrt{\mathrm{C}p^4 + \mathrm{A}p^3 + \mathrm{D}p^2 - \mathrm{A}f^2 p + \mathrm{E}}} - \frac{q^2 dq}{4\sqrt{\mathrm{C}q^4 + \mathrm{A}q^3 + \mathrm{D}q^2 - \mathrm{A}f^2 q + \mathrm{E}}}, \right.$$

$$(\mathrm{O}) \quad \left\{ d\varphi = \frac{f\mathrm{K}\,dp}{(p^2 - f^2)\sqrt{\mathrm{C}p^4 + \mathrm{A}p^3 + \mathrm{D}p^2 - \mathrm{A}f^2 p + \mathrm{E}}} - \frac{f\mathrm{K}\,dq}{(q^2 - f^2)\sqrt{\mathrm{C}q^4 + \mathrm{A}q^3 + \mathrm{D}q^2 - \mathrm{A}f^2 q + \mathrm{E}}}. \right.$$

Or, si l'on reprend l'équation (C) de l'Article II, et qu'on y suppose $B = o$, on aura

(P) $$\frac{1}{2} \frac{d^2(u^2)}{dt^2} - \frac{A}{u} = 4C,$$

laquelle, étant multipliée par $d(u^2)$ et ensuite intégrée, donne, en ajoutant la constante H,

(Q) $$\frac{1}{4} \frac{[d(u^2)]^2}{dt^2} - 2Au = 4Cu^2 + H,$$

d'où l'on tire

(R) $$\frac{1}{2} \frac{d(u^2)}{dt} = \sqrt{H + 2Au + 4Cu^2}.$$

Or

$$\frac{1}{2} \cdot \frac{d(u^2)}{dt} = \frac{u\,du}{dt} = \frac{u(dp + dq)}{2\,dt};$$

donc, mettant au lieu de $\frac{dp}{dt}$ et $\frac{dq}{dt}$ leurs valeurs tirées des équations (G),

on aura, à cause de $u = \frac{p+q}{2}$, $v = \frac{p-q}{2}$ et de $M = N = A$,

(S) $$\begin{cases} (p-q)\sqrt{C(p+q)^2 + A(p+q) + H} \\ = \sqrt{Cp^4 + Ap^3 + Dp^2 - Af^2p + E} + \sqrt{Cq^4 + Aq^3 + Dq^2 - Af^2q + E}. \end{cases}$$

C'est l'intégrale de l'équation (M), dans laquelle H est une nouvelle constante.

De plus, l'équation (R) donnera

(T) $$dt = \frac{u\,du}{\sqrt{H + 2Au + 4Cu^2}},$$

de sorte qu'on aura t en u par les logarithmes ou par les arcs circulaires, et cette valeur de t donnera (en mettant $\frac{p+q}{2}$ à la place de u) l'intégrale du second membre de l'équation (N).

VIII.

Pour trouver maintenant l'intégrale de l'équation (O), je reprends l'équation (K), et faisant (Art. IV),

$$\frac{u^2 - v^2 + f^2}{2f} = s,$$

j'ai

$$\frac{d\varphi}{dt} = \frac{K}{f(u^2 - s^2)}; \quad \text{d'où} \quad d\varphi = \frac{K\,dt}{f(u^2 - s^2)}.$$

Or, en retranchant l'équation (D) de l'équation (C) et mettant $2f^2 s$ au lieu de $u^2 - v^2 + f^2$, on a, à cause de $B = 0$,

$$\frac{d^2 s}{dt^2} + \frac{A s}{u^3} = 0.$$

Soit $s = uz$, et l'on aura

$$\frac{z\,d^2 u + 2\,dz\,du + u\,d^2 z}{dt^2} + \frac{A z}{u^2} = 0.$$

Mais l'équation (P) donne

$$\frac{u\,d^2 u + du^2}{dt^2} = 4C + \frac{A}{u},$$

et l'équation (Q) donne

$$\frac{u^2\,du^2}{dt^2} = H + 2A u + 4C u^2;$$

de sorte qu'on aura

$$\frac{d^2 u}{dt^2} = -\frac{A}{u^2} - \frac{H}{u^3};$$

donc, substituant cette valeur dans l'équation précédente, elle deviendra celle-ci

$$\frac{2\,dz\,du + u\,d^2 z}{dt^2} - \frac{H z}{u^3} = 0,$$

laquelle, étant multipliée par $2u^3\,dz$ et ensuite intégrée, donne

(U) $$\frac{u^4\,dz^2}{dt^2} - H z^2 = L,$$

d'où l'on tire

$$\frac{dt}{u^2} = \frac{dz}{\sqrt{L + H z^2}};$$

mais à cause de $s = uz$, on a

$$d\varphi = \frac{K\, dt}{fu^2 (1 - z^2)};$$

donc on aura

$$d\varphi = \frac{K\, dz}{f(1 - z^2)\sqrt{L + H z^2}}.$$

Pour mettre cette équation sous une forme plus simple, je fais

$$z = \frac{r}{\sqrt{1 + r^2}},$$

ce qui me donne

$$dz = \frac{dr}{(1 + r^2)^{\frac{3}{2}}}, \quad 1 - z^2 = \frac{1}{1 + r^2}, \quad \sqrt{L + H z^2} = \frac{\sqrt{L + (L + H)\, r^2}}{\sqrt{1 + r^2}},$$

et, par conséquent,

(V)
$$d\varphi = \frac{K\, dr}{f\sqrt{L + (L + H)\, r^2}};$$

d'où il est aisé de trouver la valeur de φ en r; après quoi il n'y aura plus qu'à substituer pour r sa valeur tirée de l'équation

$$\frac{u^2 - v^2 + f^2}{2f} = s = uz = \frac{ur}{\sqrt{1 + r^2}},$$

laquelle est

$$r = \frac{u^2 - v^2 + f^2}{\sqrt{4f^2 u^2 - (u^2 - v^2 + f^2)^2}},$$

et faisant ensuite

$$u = \frac{p + q}{2}, \quad v = \frac{p - q}{2},$$

ce qui donnera

$$r = \frac{pq + f^2}{\sqrt{(f^2 - p^2)(q^2 - f^2)}},$$

on aura l'intégrale cherchée de l'équation (O).

IX.

Nous avons vu que la constante H est entièrement arbitraire; mais il n'en est pas de même de la constante L : en effet, si l'on reprend l'équation (U) et que l'on y substitue pour u et pour z leurs valeurs en p et q, lesquelles sont

$$u = \frac{p+q}{2}, \quad z = \frac{pq+f^2}{f(p+q)},$$

on aura, en multipliant par $16f^2$,

$$\frac{[(p^2-f^2)dq+(q^2-f^2)dp]^2}{dt^2} - \frac{16(pq+f^2)H}{(p+q)^2} = 16f^2L,$$

c'est-à-dire

$$\frac{(p^2-f^2)^2dq^2+(q^2-f^2)^2dp^2+2(p^2-f^2)(q^2-f^2)dp\,dq}{dt^2}$$

$$- \frac{16H(pq+f^2)^2}{(p+q)^2} = 16f^2L.$$

Mais

$$2\,dp\,dq = (dp+dq)^2 - dp^2 - dq^2 = 4\,du^2 - dp^2 - dq^2;$$

donc, on aura

$$\frac{(p^2-q^2)[(p^2-f^2)dq^2-(q^2-f^2)dp^2]}{dt^2}$$

$$+ \frac{4(p^2-f^2)(q^2-f^2)du^2}{dt^2} - \frac{16H(pq+f^2)^2}{(p+q)^2} = 16f^2L.$$

Substituons maintenant, au lieu de $\frac{du^2}{dt^2}, \frac{dp^2}{dt^2}, \frac{dq^2}{dt^2}$, leurs valeurs résultant des équations (Q) et (G), c'est-à-dire

$$\frac{du^2}{dt^2} = \frac{H+2Au+4Cu^2}{u^2},$$

II.

ou bien, à cause de $u = \dfrac{p+q}{2}$,

$$\frac{du^2}{dt^2} = 4\left[-\frac{H}{(p+q)^2} + \frac{2A}{p+q} + 4C\right],$$

$$\frac{dp^2}{dt^2} = \frac{16(Cp^4 + Ap^3 + Dp^2 - Af^2p + E)}{(p^2 - q^2)^2},$$

$$\frac{d\dot{q}^2}{dt^2} = \frac{16(Cq^4 + Aq^3 + Dq^2 - Af^2q + E)}{(p^2 - q^2)^2},$$

et nous aurons l'équation

$$\frac{16}{p^2 - q^2}\left[(p^2 - f^2)(Cq^4 + Aq^3 + Dq^2 - Af^2q + E)\right.$$
$$\left. - (q^2 - f^2)(Cp^4 + Ap^3 + Dp^2 - Af^2p + E)\right]$$
$$+ 16(p^2 - f^2)(q^2 - f^2)\left[\frac{H}{(p+q)^2} + \frac{2A}{p+q} + 4C\right] - \frac{16H(pq + f^2)^2}{(p+q)^2} = 16f^2L,$$

laquelle se réduit, en effaçant ce qui se détruit, à celle-ci :

$$Cf^4 + Df^2 + E - f^2H = f^2L.$$

Or, nous avons supposé plus haut (Art. IV) $K^2 = -Cf^4 - Df^2 - E$: donc on aura $-K^2 - f^2H = f^2L$, et, par conséquent,

$$L = -\frac{K^2 + f^2H}{f^2}.$$

Cette valeur de L étant substituée dans l'équation (V), on aura

$$d\varphi = \frac{K\,dr}{\sqrt{-K^2 - f^2H - K^2r^2}},$$

ou bien, en divisant le haut et le bas de la fraction par K,

$$d\varphi = \frac{dr}{\sqrt{-\dfrac{K^2 + f^2H}{K^2} - r^2}};$$

mais

$$r = \frac{pq + f^2}{\sqrt{(f^2 - p^2)(q^2 - f^2)}};$$

donc, si l'on fait, pour plus de simplicité,

$$\rho = \sqrt{-\left(1 + \frac{f^2 H}{K^2}\right) \frac{pq + f^2}{\sqrt{(p^2 - f^2)(q^2 - f^2)}}},$$

en sorte que l'on ait

$$r = \rho \sqrt{-\left(1 + \frac{f^2 H}{K^2}\right)},$$

on aura

$$d\varphi = \frac{d\rho}{\sqrt{1 - \rho^2}},$$

et, par conséquent,

$$\varphi = \arcsin \rho + G,$$

G étant une constante arbitraire.

X.

On aurait pu aussi tirer l'intégrale de l'équation (M) de l'équation (U); car, en extrayant la racine carrée, on aura

$$\frac{u^2 dz}{dt} = \sqrt{L + H z^2};$$

mais

$$z = \frac{pq + f^2}{f(p + q)} \quad \text{et} \quad u = \frac{p + q}{2}:$$

donc

$$u^2 dz = \frac{1}{4f}\left[(p^2 - f^2) dq + (q^2 - f^2) dp\right];$$

donc, substituant cette valeur et mettant ensuite à la place des quantités $\frac{dp}{dt}$ et $\frac{dq}{dt}$ leurs valeurs tirées des équations (G), on aura

$$(p^2 - f^2)\sqrt{C q^4 + A q^3 + D q^2 - A f^2 q + E}$$
$$+ (q^2 - f^2)\sqrt{C p^4 + A p^3 + D p^2 - A f^2 p + E}$$
$$= f(p^2 - q^2)\sqrt{L + \frac{H(pq + f^2)^2}{f^2(p + q)^2}},$$

où l'on se souviendra que $f^2 L = C f^4 + D f^2 + E - f^2 H$.

Si l'on compare cette équation à l'équation (S) trouvée ci-dessus, on verra qu'elles s'accordent parfaitement, ce qui peut servir à confirmer la bonté de nos calculs.

XI.

Supposant toujours $B = o$, en sorte que l'orbite du corps soit (comme on sait) une section conique dont l'un des foyers tombe dans le centre A, on pourra placer l'autre centre B partout où l'on voudra. Prenons ce centre dans le point d'où l'on suppose que le corps est parti, et l'on aura, dans les formules de l'Article V,

$$B = o, \quad h = o, \quad g = f;$$

et par conséquent,

$$C = \frac{i^2}{4} - \frac{A}{2f},$$

$$D = -\frac{f^2 i^2}{2},$$

$$E = \frac{f^4 i^2}{4} + \frac{f^3 A}{2};$$

ou bien, à cause de $i^2 = 4C + \frac{2A}{f}$,

$$D = -2Cf^2 - Af,$$
$$E = Cf^4 + Af^3.$$

Donc on aura, en substituant,

$$Cp^4 + Ap^3 + Dp^2 - Af^2 p + E$$
$$= Cp^4 + Ap^3 - 2Cf^2 p^2 - Afp^2 - Af^2 p + Cf^4 + Af^3$$
$$= C(p^2 - f^2)^2 + A(p^2 - f^2)(p - f)$$
$$= (p - f)^2 [C(p + f)^2 + A(p + f)],$$

et, de même,

$$Cq^4 + Aq^3 + Dq^2 - Af^2 q + E = (q - f)^2 [C(q + f)^2 + A(q + f)].$$

De sorte que les équations (M) et (N) de l'Article VII deviendront

$$\frac{dp}{(p - f)\sqrt{C(p + f)^2 + A(p + f)}} = \frac{dq}{(q - f)\sqrt{C(q + f)^2 + A(q + f)}},$$

$$dt = \frac{p^2 dp}{4(p - f)\sqrt{C(p + f)^2 + A(p + f)}} - \frac{q^2 dq}{4(q - f)\sqrt{C(q + f)^2 + A(q + f)}}.$$

Multiplions la première par $\dfrac{f^2}{4}$ et ajoutons-la à la seconde, on aura

$$dt = \frac{(p^2-f^2)\,dp}{4(p-f)\sqrt{C(p+f)^2+A(p+f)}} - \frac{(q^2-f^2)\,dq}{4(q-f)\sqrt{C(q-f)^2+A(q+f)}},$$

c'est-à-dire

$$dt = \frac{(p+f)\,dp}{4\sqrt{C(p+f)^2+A(p+f)}} - \frac{(q+f)\,dq}{4\sqrt{C(q+f)^2+A(q+f)}},$$

donc, si l'on fait pour plus de simplicité

$$r = \frac{p+f}{2} = \frac{u+v+f}{2},$$

$$s = \frac{q+f}{2} = \frac{u-v+f}{2},$$

on aura

$$dt = \frac{r\,dr}{\sqrt{4Cr^2+2Ar}} - \frac{s\,ds}{\sqrt{4Cs^2+2As}}.$$

Or, lorsque $t=0$, on a, par hypothèse, $v=0$, donc $r=s$; ainsi il ne faudra point de constante dans l'intégration, pourvu que les intégrales des deux formules

$$\frac{r\,dr}{\sqrt{4Cr^2+2Ar}} \quad \text{et} \quad \frac{s\,ds}{\sqrt{4Cs^2+2As}}$$

soient prises de la même manière.

Cette expression du temps t est remarquable en ce qu'elle ne contient qu'une seule constante C dépendante de la nature de la section conique, au lieu que les expressions ordinaires en contiennent nécessairement deux. Pour voir ce que c'est que cette constante C, il n'y a qu'à considérer l'équation (T) de l'Article VII dans laquelle, u étant le rayon vecteur, il est clair que les absides de l'orbite seront aux points où $\dfrac{du}{dt}=0$, c'est-à-dire où $H+2Au+4Cu^2=0$; d'où il s'ensuit que si l'on nomme u' et u'' les valeurs de u tirées de cette équation, on aura $u'+u''$ pour le grand axe, et $u'-u''$ pour l'excentricité; mais, sans résoudre l'équation, on sait que

$$-\frac{2A}{4C} = u'+u'';$$

donc, si l'on nomme a le grand axe de l'orbite, on aura

$$-\frac{A}{2C} = a, \quad \text{et par conséquent} \quad C = -\frac{A}{2a},$$

de sorte que l'on aura

$$dt\sqrt{2A} = \frac{r\,dr}{\sqrt{r - \dfrac{r^2}{a}}} - \frac{s\,ds}{\sqrt{s - \dfrac{s^2}{a}}}.$$

Donc, si BC (*fig.* 2) est une portion quelconque de la section conique décrite par le corps autour du foyer A, le temps employé à parcourir

Fig. 2.

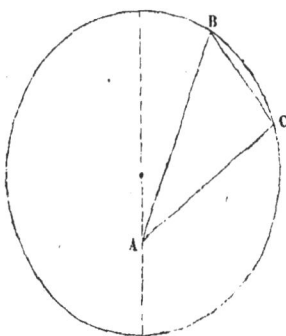

l'arc BC sera donné par la somme des deux rayons vecteurs AB et AC, par la corde BC et par le grand axe de la section; car faisant $AB = f$, $AC = u$, on aura $BC = v$; donc

$$r = \frac{AB + AC + BC}{2}, \quad s = \frac{AB + AC - BC}{2},$$

et le temps cherché sera exprimé par

$$\left(\int \frac{r\,dr}{\sqrt{r - \dfrac{r^2}{a}}} - \int \frac{s\,ds}{\sqrt{s - \dfrac{s^2}{a}}} \right) \times \frac{1}{\sqrt{2A}}.$$

Au reste, ce théorème a déjà été démontré synthétiquement par M. Lambert dans son *Traité sur les Orbites des comètes.*

XII.

Comme la difficulté de l'intégration des équations (H), (I) et (L), qui renferment la solution du Problème général, ne vient que des radicaux $\sqrt{Cp^4 + Mp^3 + Dp^2 - Mf^2p + E}$ et $\sqrt{Cq^4 + Nq^3 + Dq^2 - Nf^2q + E}$, supposons que les constantes C, D et E, dépendantes de l'impulsion primitive du corps, soient telles, que les quantités

$$Cp^4 + Mp^3 + Dp^2 - Mf^2p + E \quad \text{et} \quad Cq^4 + Nq^3 + Dq^2 - Nf^2q + E$$

contiennent chacune un facteur carré; et il est clair que les radicaux dont il s'agit se réduiront aux formes

$$(p - \alpha)\sqrt{Cp^2 + \beta p + \gamma}$$

et

$$(q - \lambda)\sqrt{Cq^2 + \mu q + \nu},$$

de sorte que les équations du Problème ne dépendront plus que de la quadrature du cercle ou de l'hyperbole.

Pour cela je fais $p - \alpha = x$, et je substitue $x + \alpha$ au lieu de p dans la quantité $Cp^4 + Mp^3 + Dp^2 - Mf^2p + E$; j'ai, en ordonnant les termes par rapport à x,

$$Cx^4 + (4C\alpha + M)x^3 + (6C\alpha^2 + 3M\alpha + D)x^2$$
$$+ (4C\alpha^3 + 3M\alpha^2 + 2D\alpha - Mf^2)x + C\alpha^4 + M\alpha^3 + D\alpha^2 - Mf^2\alpha + E.$$

Or, afin que cette quantité contienne le facteur x^2, il faut nécessairement que les deux derniers termes évanouissent; ainsi l'on aura les deux équations

(X) $\quad\begin{cases} C\alpha^4 + M\alpha^3 + D\alpha^2 - Mf^2\alpha + E = 0, \\ 4C\alpha^3 + 3M\alpha^2 + 2D\alpha - Mf^2 = 0, \end{cases}$

par le moyen desquelles on déterminera tant la quantité α que la relation qui doit avoir lieu entre les constantes C, D, E.

De cette manière, la quantité dont il s'agit deviendra

$$x^2 [C x^2 + (4 C\alpha + M) x + 6 C\alpha^2 + 3 M\alpha + D],$$

ou bien, en remettant $p - \alpha$ pour x,

$$(p - \alpha)^2 [C p^2 + (2 C\alpha + M) p + 3 C\alpha^2 + 2 M\alpha + D];$$

de sorte que l'on aura

$$\beta = 2 C\alpha + M \quad \text{et} \quad \gamma = 3 C\alpha^2 + 2 M\alpha + D.$$

On trouvera de la même manière les deux équations en λ.

(Y)
$$\begin{cases} C\lambda^4 + N\lambda^3 + D\lambda^2 - N f^2\lambda + E = 0, \\ 4\lambda^3 + 3 N\lambda^2 + 2 D\lambda - N f^2 = 0, \end{cases}$$

et ensuite

$$\mu = 2 C\lambda + N \quad \text{et} \quad \nu = 3 C\lambda^2 + 2 N\lambda + D.$$

XIII.

En faisant $p - \alpha = x$, et supposant que les deux équations (X) aient lieu en même temps, on aura

$$\frac{dp}{\sqrt{C p^4 + M p^3 + D p^2 - M f^2 p + E}} = \frac{dx}{x \sqrt{C x^2 + (4 C\alpha + M) x + 6 C\alpha^2 + 3 M\alpha + D}};$$

supposons x infiniment petit, et le second membre de cette équation deviendra

$$\frac{dx}{x \sqrt{6 C\alpha^2 + 3 M\alpha + D}},$$

dont l'intégrale est

$$\frac{1}{\sqrt{6 C\alpha^2 + 3 M\alpha + D}} \log \frac{x}{X},$$

X étant une constante indéterminée.

Or, si l'on fait (ce qui est permis) $X = 0$, et que l'on suppose aussi $x = 0$, la quantité $\frac{x}{X}$ deviendra $\frac{0}{0}$, c'est-à-dire indéterminée; d'où il s'ensuit qu'en faisant $p = \alpha$, la valeur de

$$\int \frac{dp}{\sqrt{C p^4 + M p^3 + D p^2 - M f^2 p + E}}$$

restera indéterminée, et qu'ainsi l'équation (H) aura toujours lieu quelle que soit d'ailleurs la valeur de q.

Donc, lorsque les constantes C, D, E sont telles, que les deux équations (X) aient lieu en même temps, on pourra supposer $p = \alpha$, et les deux autres équations du Problème seront

$$dt = \frac{(\alpha^2 - q^2)\, dq}{4\sqrt{C q^4 + N q^3 + D q^2 - N f^2 q + E}},$$

$$d\varphi = \frac{f\,K\,(\alpha^2 - q^2)\, dq}{(f^2 - \alpha^2)(q^2 - f^2)\sqrt{C q^4 + N q^3 + D q^2 - N f^2 q + E}}.$$

Or, puisque $p = u + v$, il est visible que la courbe décrite par le corps sera une ellipse mobile autour de son grand axe, et dont les foyers tomberont dans les deux centres des forces.

On prouvera de la même manière que si les équations (Y) ont lieu et qu'on fasse $q = \lambda$, l'équation (H) aura lieu quelle que soit la valeur de p, et que les deux autres équations du Problème deviendront

$$dt = \frac{(p^2 - \lambda^2)\, dp}{4\sqrt{C p^4 + M p^3 + D p^2 - M f^2 p + E}},$$

$$d\varphi = \frac{f\,K\,(p^2 - \lambda^2)\, dp}{(f^2 - \lambda^2)(p^2 - f^2)\sqrt{C p^4 + M p^3 + D p^2 - M f^2 p + E}};$$

et comme $q = u - v$, on voit que la courbe ne sera autre chose qu'une hyperbole mobile autour de son axe, et ayant ses deux foyers dans les centres mêmes des forces.

XIV.

Si l'un des centres des forces s'éloignait à l'infini, alors la force tendant à ce centre infiniment distant deviendrait uniforme et agirait suivant des lignes parallèles; ainsi l'on aurait le cas d'un corps attiré vers un centre fixe par une force réciproquement proportionnelle aux carrés des distances, et poussé en même temps par une force de valeur et de direction constantes.

Pour appliquer nos formules à ce cas, il est visible qu'il n'y a qu'à faire $f = \infty$, et ensuite $v = \infty$ si c'est le centre B qui s'éloigne à l'infini, ou bien $u = \infty$ si c'était le centre A qui fût infiniment distant.

Soient donc $f = \infty$ et $v = \infty$, et soit z la différence de ces deux quantités, en sorte que

$$v = f - z,$$

il est clair qu'en supposant que A (*fig.* 3) soit le centre des forces A, AB la ligne suivant laquelle agissent les forces constantes et parallèles,

Fig. 3.

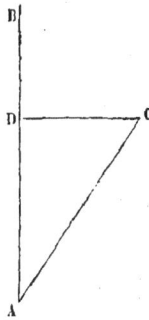

C le lieu du corps dans un instant quelconque, et CD une perpendiculaire abaissée du point C sur la ligne AB, on aura $AC = u$ et $AD = z$; de sorte que les équations en u et v devront se changer en d'autres équations en u et z.

Soit $A = 2\alpha g^2$ et $B = 2\beta h^2$, en sorte que 2α et 2β soient les forces qui agissent sur le corps au commencement de son mouvement, la première de ces forces étant dirigée vers le centre A, et la seconde parallèlement à la ligne AB; les constantes C, D et E déterminées dans l'Article V deviendront

$$C = \frac{i^2}{4} - \alpha g - \beta h,$$

$$D = ghmn - \frac{(g^2 + h^2) i^2}{2} - \alpha g (g^2 - h^2 - f^2) - \beta h (h^2 - g^2 - f^2),$$

$$E = g^2 h^2 (m^2 + n^2) - gh (g^2 + h^2) mn + \frac{(g^2 - h^2)^2 i^2}{4} + f^2 (g^2 - h^2)(\alpha g - \beta h).$$

Or, puisque h est la valeur de v au premier instant, si l'on suppose que Z soit alors la valeur de z, on aura $h = f - Z$, et les expressions précédentes deviendront, en ordonnant les termes par rapport à f,

$$C = \gamma + \gamma' f,$$
$$D = \delta + \delta' f + \delta'' f^2,$$
$$E = \varepsilon + \varepsilon' f + \varepsilon'' f^2 + \varepsilon''' f^3 + \varepsilon^{\text{iv}} f^4 + \varepsilon^{\text{v}} f^5,$$

où l'on aura

$$\gamma = \frac{i^2}{4} - \alpha g + \beta Z,$$

$$\gamma' = -\beta,$$

$$\delta = -gmnZ - \frac{(g^2 + Z^2) i^2}{2} - (\alpha g + \beta Z)(g^2 - Z^2),$$

$$\delta' = gmn + Z(i^2 - 2\alpha g) + \beta(g^2 - 3Z^2),$$

$$\delta'' = -\frac{i^2}{2} + 2(\alpha g + \beta Z),$$

$$\varepsilon = \frac{i^2}{4}(g^2 - Z^2)^2 + gmnZ(g^2 + Z^2) + g^2(m^2 + n^2)Z^2,$$

$$\varepsilon' = i^2 Z(g^2 - Z^2) - gmn(g^2 + 3Z^2) - 2g^2(m^2 + n^2)Z,$$

$$\varepsilon'' = g^2(m^2 + n^2) + 3gmnZ - \frac{i^2}{2}(g^2 - 3Z^2) + (\alpha g + \beta Z)(g^2 - Z^2),$$

$$\varepsilon''' = -gmn - Z(i^2 - 2\alpha g) - \beta(g^2 - 3Z^2),$$

$$\varepsilon^{\text{iv}} = \frac{i^2}{4} - \alpha g - 3\beta Z,$$

$$\varepsilon^{\text{v}} = \beta.$$

De plus, si l'on fait

$$M = \mu + \mu' f + \mu'' f^2,$$
$$N = \nu + \nu' f + \nu'' f^2,$$

on aura

$$\mu = 2\alpha g^2 + 2\beta Z^2, \quad \mu' = -4\beta Z, \quad \mu'' = 2\beta,$$
$$\nu = 2\alpha g^2 - 2\beta Z^2, \quad \nu' = 4\beta Z, \quad \nu'' = -2\beta.$$

Maintenant, puisque $p = u + v$ et $q = u - v$, on aura

$$p = f + u - z, \quad \text{et} \quad q = -f + u + z;$$

soient donc $u + z = Q$ et $u - z = P$, en sorte que

$$p = f + P \quad \text{et} \quad q = -f + Q;$$

on aura, après toutes les substitutions,

$$C p^4 + M p^3 + D p^2 - M f^2 p + E$$
$$= f^5 (\gamma' + \varepsilon^v) + f^4 [\gamma + \delta'' + \varepsilon^{iv} + (4\gamma' + 2\mu'') P]$$
$$+ f^3 [\delta' + \varepsilon''' + (4\gamma + 2\mu' + 2\delta'') P + (6\gamma' + 3\mu'') P^2]$$
$$+ f^2 [\delta + \varepsilon'' + 2(\mu + \delta') P + (6\gamma + 3\mu' + \delta'') P^2 + (4\gamma' + \mu'') P^3]$$
$$+ f [\varepsilon' + 2\delta P + (3\mu + \delta') P^2 + (4\gamma + \mu') P^3 + \gamma' P^4]$$
$$+ \varepsilon + \delta P^2 + \mu P^3 + \gamma P^4.$$

Or,

$$\gamma' + \varepsilon^v = 0,$$
$$\gamma + \delta'' + \varepsilon^{iv} = 0,$$
$$4\gamma' + 2\mu'' = 0,$$
$$\delta' + \varepsilon''' = 0,$$
$$4\gamma + 2\mu' + 2\delta'' = 0,$$
$$6\gamma' + 3\mu'' = 0,$$
$$\delta + \varepsilon'' = g^2(m^2 + n^2) + 2gmnZ - i^2(g^2 - Z^2),$$
$$\mu + \delta' = gmn + i^2 Z + 2\alpha g(g - Z) + \beta(g^2 - Z^2),$$
$$6\gamma + 3\mu' + \delta'' = i^2 - 4(\alpha g + \beta Z),$$
$$4\gamma' + \mu'' = -2\beta,$$
$$\dots\dots\dots\dots\dots\dots\dots\dots\dots\dots\dots\dots$$

Donc, puisque les coefficients des termes affectés de f^5, de f^4 et de f^3 sont nuls, et que ceux des termes affectés de f^2 ne le sont pas, il s'ensuit, à cause de $f = \infty$, que ces deux derniers termes sont les seuls qui doivent être conservés; de sorte qu'on aura

$$C p^4 + M p^3 + D p^2 - M f^2 p + E$$
$$= f^2 [(4\gamma' + \mu'') P^3 + (6\gamma + 3\mu' + \delta'') P^2 + 2(\mu + \delta') P + \delta + \varepsilon''].$$

De même, en changeant p en q et M en N, et, par conséquent, P en Q, f en $-f$ et μ en ν, μ' en ν', μ'' en ν'', on aura

$$C q^4 + N q^3 + D q^2 - N f^2 q + E$$
$$= f^2 [(4\gamma' + \nu'') Q^3 + (6\gamma + 3\nu' + \delta'') Q^2 + 2(\nu + \delta') Q + \delta'' + \varepsilon''].$$

Donc, si l'on fait, pour abréger,

$$\zeta = i^2 - 4(\alpha g + \beta Z),$$

$$\eta = gmn + i^2 Z + 2\alpha g(g - Z) + \beta(g^2 - Z^2),$$

$$\theta = g^2(m^2 + n^2) - 2gmnZ - i^2(g^2 - Z^2),$$

$$\rho = i^2 - 4(\alpha g - 5\beta Z),$$

$$\sigma = gmn + i^2 Z + 2\alpha g(g - Z) + \beta(g^2 - 5Z^2),$$

on aura

$$\sqrt{Cp^4 + Mp^3 + Dp^2 - Mf^2 p + E} = f\sqrt{-2\beta P^3 + \zeta P^2 + 2\eta P + \theta},$$

$$\sqrt{Cq^4 + Nq^3 + Dq^2 - Nf^2 q + E} = f\sqrt{-6\beta Q^3 + \rho Q^2 + 2\sigma Q + \theta},$$

et l'équation (H) de l'Article III deviendra

$$\frac{dP}{\sqrt{-2\beta P^3 + \zeta P^2 + 2\eta P + \theta}} = \frac{dQ}{\sqrt{-6\beta Q^3 + \rho Q^2 + 2\sigma Q + \theta}}.$$

Ensuite, on aura

$$dt = \frac{(P+Q)\,dp}{2\sqrt{-2\beta P^3 + \zeta P^2 + 2\eta P + \theta}},$$

ou bien

$$dt = \frac{P\,dP}{2\sqrt{-2\beta P^3 + \zeta P^2 + 2\eta P + \theta}} + \frac{Q\,dQ}{2\sqrt{-6\beta Q^3 + \rho Q^2 + 2\sigma Q + \theta}}.$$

Enfin, pour avoir la transformée de l'équation (L), on remarquera que $-K^2$ est égal à ce que devient la quantité $Cp^4 + Mp^3 + Dp^2 - Mf^2 p + E$ lorsque $p = f$, de sorte qu'à cause de $p = f + P$ il n'y aura qu'à faire $P = 0$ dans la quantité $(-2\beta P^3 + \zeta P^2 + 2\eta P + \theta)f^2$ pour avoir la valeur de $-K^2$, laquelle sera par conséquent égale à θf^2; mettant donc $f\sqrt{-\theta}$ au lieu de K et faisant les autres substitutions, on aura

$$d\varphi = \frac{dP\sqrt{-\theta}}{2P\sqrt{-2\beta P^3 + \zeta P^2 + 2\eta P + \theta}} + \frac{dQ\sqrt{-\theta}}{2Q\sqrt{-6\beta Q^3 + \rho Q^2 + 2\sigma Q + \theta}}.$$

XV.

Ce Mémoire a été composé en 1767, avant la publication du tome XI des *Nouveaux Commentaires de Pétersbourg*. J'ai trouvé depuis dans ce tome de nouvelles recherches de M. Euler sur le Problème que nous venons de traiter, dans lesquelles ce savant résout aussi le cas où l'orbite du corps serait à double courbure, ce qu'il n'avait point fait dans ses premières recherches sur cette matière. Au reste, le lecteur peut comparer notre solution avec celle qu'on trouve dans le tome cité, et juger laquelle des deux est la plus directe et la plus simple.

SECOND MÉMOIRE,

OU L'ON APPLIQUE LA MÉTHODE PRÉCÉDENTE A DIFFÉRENTES HYPOTHÈSES D'ATTRACTION.

Nous avons supposé dans le Mémoire précédent que le corps était attiré par des forces réciproquement proportionnelles aux carrés des distances, et nous avons trouvé que dans cette hypothèse les équations du mouvement du corps étaient intégrables. Nous allons maintenant examiner en général s'il n'y aurait point d'autres hypothèses d'attraction où l'intégration réussirait aussi; c'est une recherche qui peut, je crois, n'être pas sans utilité, soit dans le Calcul intégral, soit dans la Mécanique.

I.

Soient x, y, z les coordonnées rectangles de l'orbite du corps, p sa distance à l'un des centres et P la force d'attraction de ce centre, q la distance du corps à l'autre centre et Q la force d'attraction de ce second centre; enfin, soient a, b, c les coordonnées qui déterminent la position du centre des forces P, et α, β, γ les coordonnées qui répondent au centre des forces Q; on aura, en prenant l'élément du temps dt pour constant, les trois équations suivantes

$$\frac{d^2 x}{dt^2} + \frac{(x-a)\,P}{p} + \frac{(x-\alpha)\,Q}{q} = 0,$$

$$\frac{d^2 y}{dt^2} + \frac{(y-b)\,P}{p} + \frac{(y-\beta)\,Q}{q} = 0,$$

$$\frac{d^2 z}{dt^2} + \frac{(z-c)\,P}{p} + \frac{(z-\gamma)\,Q}{q} = 0,$$

dans lesquelles

$$p = \sqrt{(x-a)^2 + (y-b)^2 + (z-c)^2},$$

$$q = \sqrt{(x-\alpha)^2 + (y-\beta)^2 + (z-\gamma)^2}.$$

II.

Supposons que P soit une fonction de p, et Q une fonction de q, et les équations précédentes donneront d'abord cette intégrale

$$(\text{A}) \qquad \frac{dx^2 + dy^2 + dz^2}{dt^2} + 2\int P\,dp + 2\int Q\,dq = 0.$$

Ensuite, nommant f la distance entre les deux centres, en sorte que

$$f = \sqrt{(a-\alpha)^2 + (b-\beta)^2 + (c-\gamma)^2},$$

on trouvera, par un raisonnement semblable à celui de l'Article II du Mémoire précédent, ces deux équations en p, q et t,

$$\frac{1}{2}\frac{d^2(p^2)}{dt^2} + Pp + \frac{(p^2 + q^2 - f^2)Q}{2q} + 2\int P\,dp + 2\int Q\,dq = 0,$$

$$\frac{1}{2}\frac{d^2(q^2)}{dt^2} + Qq + \frac{(p^2 + q^2 - f^2)P}{2p} + 2\int P\,dp + 2\int Q\,dq = 0.$$

Ou bien, si l'on fait, pour plus de simplicité,

$$p^2 = f^2 x, \quad q^2 = f^2 y, \quad \frac{P}{p} = X, \quad \frac{Q}{q} = Y \quad (^*),$$

(*) Il ne faut pas confondre les quantités x et y que nous employons ici avec celles que nous avons déjà employées dans l'Article précédent.

on aura ces deux-ci :

$$(B) \quad \begin{cases} \dfrac{1}{2}\dfrac{d^2x}{dt^2} + \mathrm{X}x + \dfrac{(x+y-1)\mathrm{Y}}{2} + \displaystyle\int \mathrm{X}\,dx + \int \mathrm{Y}\,dy = 0, \\[2ex] \dfrac{1}{2}\dfrac{d^2y}{dt^2} + \mathrm{Y}y + \dfrac{(x+y-1)\mathrm{X}}{2} + \displaystyle\int \mathrm{X}\,dx + \int \mathrm{Y}\,dy = 0, \end{cases}$$

dans lesquelles X est une fonction de x, et Y une fonction de y.

Ainsi, la solution du Problème dépend maintenant de l'intégration de ces deux équations.

III.

Pour rendre nos recherches plus générales, proposons-nous les équations

$$\frac{1}{2}\frac{d^2x}{dt^2} + \mathrm{M} = 0,$$

$$\frac{1}{2}\frac{d^2y}{dt^2} + \mathrm{N} = 0,$$

M et N étant des fonctions de x, y, et voyons quelles sont les conditions de l'intégrabilité de ces équations.

Nous supposerons que ces deux équations étant multipliées l'une et l'autre par des quantités convenables, et ensuite ajoutées ensemble, forment une équation intégrable. Cette supposition est peut-être la seule qui convienne à la nature des équations proposées, et elle est d'ailleurs la plus naturelle, et en même temps la plus générale qu'on puisse faire. Or, comme les deux membres M et N sont des quantités finies, il est visible que les multiplicateurs ne sauraient être que des quantités différentielles du premier ordre. Prenons donc $m\,dx + n\,dy$ et $\mu\,dx + \nu\,dy$ pour les multiplicateurs dont il s'agit, m, n, μ et ν étant des fonctions de x et y, et nous aurons l'équation

$$\frac{m\,dx\,d^2x + n\,dy\,d^2x + \mu\,dx\,d^2y + \nu\,dy\,d^2y}{2\,dt^2} + (m\mathrm{M} + \mu\mathrm{N})\,dx + (n\mathrm{M} + \nu\mathrm{N})\,dy = 0,$$

laquelle ne saurait être intégrable à moins que les deux parties (savoir celle qui contient des différences secondes et celle qui ne contient que des différences premières) ne soient intégrables chacune en particulier.

Or il n'est pas difficile de voir que l'intégrale de la première ne peut être que de cette forme :

$$\frac{A\,dx^2 + B\,dx\,dy + C\,dy^2}{2\,dt^2},$$

A, B, C étant des fonctions de x et y; donc, comparant la différentielle de la quantité $A\,dx^2 + B\,dx\,dy + C\,dy^2$ qui est

$$2A\,dx\,d^2x + B(dy\,d^2x + dx\,d^2y) + 2C\,dy\,d^2y$$

$$+ \frac{dA}{dx}\,dx^3 + \left(\frac{dA}{dy} + \frac{dB}{dx}\right)dx^2dy + \left(\frac{dB}{dy} + \frac{dC}{dx}\right)dy^2dx + \frac{dC}{dy}\,dy^3,$$

avec la quantité

$$m\,dx\,d^2x + n\,dy\,d^2x + \mu\,dx\,d^2y + \nu\,dy\,d^2y,$$

on aura

$$2A = m, \quad B = n = \mu, \quad 2C = \nu,$$

$$\frac{dA}{dx} = 0, \quad \frac{dC}{dy} = 0,$$

$$\frac{dA}{dy} + \frac{dB}{dx} = 0, \quad \frac{dB}{dy} + \frac{dC}{dx} = 0.$$

Les équations $\frac{dA}{dx} = 0$ et $\frac{dC}{dy} = 0$ donnent d'abord

$$A = \text{fonct.}\ y \quad \text{et} \quad C = \text{fonct.}\ x;$$

ensuite les équations $\frac{dA}{dy} + \frac{dB}{dx} = 0$ et $\frac{dB}{dy} + \frac{dC}{dx} = 0$ donnent

$$\frac{d^2A}{dy^2} = \frac{d^2C}{dx^2};$$

d'où il est aisé de conclure que les quantités A et C ne peuvent être que de la forme suivante,

$$A = a + by + cy^2,$$
$$C = g + hx + cx^2,$$

a, b, c, g et h étant des constantes.

II.   13

Maintenant l'équation $\frac{dA}{dy} + \frac{dB}{dx} = 0$ donnera

$$\frac{dB}{dx} = -b - 2cy,$$

d'où, en intégrant,

$$B = -(b + 2cy)x + \text{fonct. } y;$$

mais l'autre équation $\frac{dB}{dy} + \frac{dC}{dx} = 0$ donnera de même

$$B = -(h + 2cx)y + \text{fonct. } x;$$

de sorte qu'on aura

$$B = K - bx - hy - 2cxy,$$

K étant une constante arbitraire.

Ayant déterminé ainsi les quantités A, B et C, on aura pour les multiplicateurs des équations proposées les deux quantités

$$2A\,dx + B\,dy, \quad \text{et} \quad B\,dx + 2C\,dy;$$

et il ne restera plus qu'à rendre intégrable la formule

$$(2AM + BN)\,dx + (BM + 2CN)\,dy;$$

car alors, en nommant Z l'intégrale de cette formule, on aura l'équation du premier ordre

$$\frac{A\,dx^2 + B\,dx\,dy + C\,dy^2}{2\,dt^2} + Z = \text{const.}$$

Or, pour qu'une quantité telle que

$$(2AM + BN)\,dx + (BM + 2CN)\,dy$$

soit une différentielle exacte, il faut, comme on sait, que l'on ait

$$\frac{d(2AM + BN)}{dy} = \frac{d(BM + 2CN)}{dx};$$

c'est l'équation de condition qui doit avoir lieu pour que les équations proposées admettent une intégrale du premier ordre.

Puisque

$$(2AM + BN)dx + (BM + 2CN)dy = dZ,$$

on aura

$$2AM + BN = \frac{dZ}{dx},$$

$$BM + 2CN = \frac{dZ}{dy},$$

et, par conséquent,

$$M = \frac{2C\frac{dZ}{dx} - B\frac{dZ}{dy}}{4AC - B^2},$$

$$N = \frac{2A\frac{dZ}{dy} - B\frac{dZ}{dx}}{4AC - B^2},$$

où l'on pourra prendre pour Z une fonction quelconque de x et y.

Si l'on fait encore

$$4AC - B^2 = D \quad \text{et} \quad Z = D^2V$$

(V étant une fonction quelconque de x et y), on aura

$$M = 2V\left(2C\frac{dD}{dx} - B\frac{dD}{dy}\right) + D\left(2C\frac{dV}{dx} - B\frac{dV}{dy}\right),$$

$$N = 2V\left(2A\frac{dD}{dy} - B\frac{dD}{dx}\right) + D\left(2A\frac{dV}{dy} - B\frac{dV}{dx}\right).$$

Or, à cause de

$$\frac{dA}{dx} = 0, \quad \frac{dC}{dy} = 0, \quad \frac{dB}{dx} = -\frac{dA}{dy}, \quad \frac{dB}{dy} = -\frac{dC}{dx},$$

on trouvera

$$\frac{dD}{dx} = 2\left(2A\frac{dC}{dx} + B\frac{dA}{dy}\right), \quad \frac{dD}{dy} = 2\left(2C\frac{dA}{dy} + B\frac{dC}{dx}\right);$$

donc, on aura

$$M = D\left(4V\frac{dC}{dx} + 2C\frac{dV}{dx} - B\frac{dV}{dy}\right),$$

$$N = D\left(4V\frac{dA}{dy} + 2A\frac{dV}{dy} - B\frac{dV}{dx}\right).$$

Ainsi, toutes les fois que les quantités M et N pourront se ramener à cette forme, les équations

$$\frac{1}{2} \frac{d^2x}{dt^2} + M = 0 \quad \text{et} \quad \frac{1}{2} \frac{d^2y}{dt^2} + N = 0$$

auront pour intégrale

$$\frac{A\,dx^2 + B\,dx\,dy + C\,dy^2}{2\,dt^2} + D^2V = \text{const.}$$

A l'égard de la quantité D on trouvera, en substituant les valeurs de A, B, C et effaçant ce qui se détruit,

$$D = 4ag - K^2 + (4ah + 2bK)x + (4bg + 2hK)y$$
$$+ (4ac - b^2)x^2 + (4cg - h^2)y^2 + (2bh + 4cK)xy.$$

IV.

Pour appliquer la méthode de l'Article précédent aux équations (B), il est visible qu'il ne faut que faire

$$M = xX + \frac{1}{2}(x + y - 1)Y + \int X\,dx + \int Y\,dy,$$

$$N = yY + \frac{1}{2}(x + y - 1)X + \int X\,dx + \int Y\,dy,$$

ce qui donnera

$$dZ = \left[2Ax + \frac{1}{2}B(x + y - 1)\right]X\,dx + [By + A(x + y - 1)]Y\,dx$$

$$+ \left[2Cy + \frac{1}{2}B(x + y - 1)\right]Y\,dy + [Bx + C(x + y - 1)]X\,dy$$

$$+ \left(\int X\,dx + \int Y\,dy\right)[(2A + B)\,dx + (2C + B)\,dy],$$

quantité qui devra donc être intégrable par elle-même.

Supposons que la quantité $(2A + B)\,dx + (2C + B)\,dy$ soit elle-même une différentielle exacte dont l'intégrale soit E, et faisant

$$dV = \left[2Ax + \frac{1}{2}B(x+y-1) - E\right]X\,dx + \left[By + A(x+y-1)\right]Y\,dx$$

$$+ \left[2Cy + \frac{1}{2}B(x+y-1) - E\right]Y\,dy + \left[Bx + C(x+y-1)\right]X\,dy,$$

on aura

$$dZ = d\left(E\int X\,dx + E\int Y\,dy\right) + dV;$$

de sorte qu'il ne s'agira plus que de rendre la quantité dV une différentielle complète.

Or, pour que la quantité $(2A+B)\,dx + (2C+B)\,dy$ soit une différentielle exacte, il faudra que l'on ait $c = 0$ et $h = b$ dans les valeurs de A, B, C, moyennant quoi on aura

$$A = a + by, \quad C = g + bx, \quad \text{d'où} \quad B = K - b(x+y);$$

d'où

$$E = i + (2a+K)x + (2g+K)y - \frac{b}{2}(x-y)^2,$$

i étant une constante arbitraire.

De cette manière, la quantité dV deviendra

$$\left[\frac{b-K}{2}(x+y) - 2gy - \frac{K+2i}{2}\right]X\,dx + \left[a(x+y) - (b-K)y - a\right]Y\,dx$$

$$+ \left[\frac{b-K}{2}(x+y) - 2ax - \frac{K+2i}{2}\right]Y\,dy + \left[g(x+y) - (b-K)x - g\right]X\,dy,$$

laquelle étant supposée une différentielle complète, en sorte que V soit une quantité algébrique, on aura l'intégrale

$$(C) \qquad \frac{A\,dx^2 + B\,dx\,dy + C\,dy^2}{2\,dt^2} + E\left(\int X\,dx + \int Y\,dy\right) + V = \text{const.}$$

V.

Je remarque d'abord qu'en faisant

$$a = 0, \quad g = 0, \quad b = K,$$

la quantité dV devient

$$dV = -\frac{b + 2i}{2}(X\,dx + Y\,dy),$$

de sorte qu'on aura

$$V = -\frac{b + 2i}{2}\left(\int X\,dx + \int Y\,dy\right).$$

Or, on a dans ce cas

$$A = by, \quad C = bx, \quad B = b(1 - x - y), \quad E = i + b\left[x + y - \frac{1}{2}(x - y)^2\right];$$

donc, substituant ces valeurs dans l'équation (C), on aura, en ôtant ce qui se détruit et divisant par b,

$$(D) \quad \begin{cases} \dfrac{y\,dx^2 + x\,dy^2 + (1 - x - y)\,dx\,dy}{2\,dt^2} \\[2mm] \quad + \dfrac{2(x + y) - (x - y)^2 - 1}{2}\left(\int X\,dx + \int Y\,dy\right) = \dfrac{\varepsilon}{2}, \end{cases}$$

ε étant une constante quelconque.

VI.

Cette intégrale a lieu en général quelles que soient les valeurs de X et de Y; ainsi, en donnant à ces quantités des valeurs particulières, on doit pouvoir encore trouver d'autres intégrales.

En effet, comme il ne s'agit que de rendre la quantité dV une différentielle exacte, on n'aura qu'à satisfaire à l'équation suivante :

$$(E) \quad \begin{cases} \left(\dfrac{b - K}{2} - 2g\right)X + ax\,\dfrac{dY}{dy} + \dfrac{d[(a - b + K)y - a]Y}{dy} \\[3mm] \quad = \left(\dfrac{b - K}{2} - 2a\right)Y + gy\,\dfrac{dX}{dx} + \dfrac{d[(g - b + K)x - g]X}{dx}; \end{cases}$$

en prenant pour X une fonction de x, et pour Y une fonction de y.

Or, si l'on fait disparaitre dans cette équation les termes qui renferment x et y, en supposant $a = 0$ et $g = 0$, on aura, après avoir divisé par $b - K$,

$$\frac{X}{2} - \frac{d(Y y)}{dy} = \frac{Y}{2} - \frac{d(X x)}{dx},$$

c'est-à-dire

$$\frac{X}{2} + \frac{d(X x)}{dx} = \frac{Y}{2} + \frac{d(Y y)}{dy},$$

équation qui ne saurait subsister à moins que chaque membre ne soit égal à une quantité constante.

Soit donc, en prenant une constante quelconque α,

$$\frac{X}{2} + \frac{d(X x)}{dx} = 3\alpha,$$

$$\frac{Y}{2} + \frac{d(Y y)}{dy} = 3\alpha,$$

multipliant la première de ces équations par $\sqrt{x}\, dx$, la seconde par $\sqrt{y}\, dy$, et les intégrant, on aura

$$X x \sqrt{x} = 2\alpha x \sqrt{x} + \beta,$$

$$Y y \sqrt{y} = 2\alpha y \sqrt{y} + \gamma,$$

d'où l'on tire

$$X = 2\alpha + \frac{\beta}{x\sqrt{x}},$$

$$Y = 2\alpha + \frac{\gamma}{y\sqrt{y}},$$

α, β, γ étant des constantes quelconques.

Dans ce cas on aura donc, à cause de $a = 0$ et $g = 0$,

$$dV = (b - K)\left[\frac{x+y}{2}\left(2\alpha + \frac{\beta}{x\sqrt{x}}\right) - y\left(2\alpha + \frac{\gamma}{y\sqrt{y}}\right)\right] dx$$

$$+ (b - K)\left[\frac{x+y}{2}\left(2\alpha + \frac{\gamma}{y\sqrt{y}}\right) - x\left(2\alpha + \frac{\beta}{x\sqrt{x}}\right)\right] dy$$

$$- \frac{K + 2i}{2}\left[\left(2\alpha + \frac{\beta}{x\sqrt{x}}\right) dx - \left(2\alpha + \frac{\gamma}{y\sqrt{y}}\right) dy\right],$$

dont l'intégrale est

$$(b - \mathrm{K})\left[\frac{\alpha(x - y)^2}{2} + \beta\left(\sqrt{x} - \frac{y}{\sqrt{x}}\right) + \gamma\left(\sqrt{y} - \frac{x}{\sqrt{y}}\right)\right]$$

$$- (\mathrm{K} + 2i)\left[\alpha(x + y) - \frac{\beta}{\sqrt{x}} - \frac{\gamma}{\sqrt{y}}\right].$$

Ainsi, mettant cette quantité au lieu de V dans l'équation (C), on aura une nouvelle intégrale; de sorte que les deux équations différentielles du second ordre (B) se trouveront maintenant réduites à deux autres du premier seulement.

Puisque (Art. II)

$$\mathrm{X} = \frac{\mathrm{P}}{p}, \quad \mathrm{Y} = \frac{\mathrm{Q}}{q}, \quad x = \frac{p^2}{f^2}, \quad y = \frac{q^2}{f^2},$$

on aura dans le cas présent

$$\mathrm{P} = 2\alpha p + \frac{\beta f^3}{p^2},$$

$$\mathrm{Q} = 2\alpha q + \frac{\gamma f^3}{q^2}.$$

VII.

Pour trouver encore d'autres cas d'intégrabilité, supposons

$$\mathrm{X} = \alpha + \beta x + \gamma x^2,$$

$$\mathrm{Y} = \delta + \varepsilon y + \zeta y^2;$$

substituant ces valeurs dans l'équation de condition (E) et faisant pour plus de simplicité $b - \mathrm{K} = h$, on aura

$$\left(\frac{h}{2} - 2g\right)(\alpha + \beta x + \gamma x^2) + a\varepsilon x + 2a\zeta xy + [\delta(a - h) - \varepsilon a]$$

$$+ 2[\varepsilon(a - h) - a\zeta]y + 3\zeta(a - h)y^2$$

$$= \left(\frac{h}{2} - 2a\right)(\delta + \varepsilon y + \zeta y^2) + g\beta y + 2g\gamma xy + [\alpha(g - h) - \beta g]$$

$$+ 2[\beta(g - h) - g\gamma]x + 3\gamma(g - h)x^2;$$

ce qui donne

$$\alpha\left(\frac{h}{2} - 2g\right) + \delta(a - h) - \varepsilon a = \delta\left(\frac{h}{2} - 2a\right) + \alpha(g - h) - \beta g,$$

$$\beta\left(\frac{h}{2} - 2g\right) + \varepsilon a = 2\beta(g - h) - 2\gamma g,$$

$$\varepsilon\left(\frac{h}{2} - 2a\right) + \beta g = 2\varepsilon(a - h) - 2\zeta a,$$

$$\gamma\left(\frac{h}{2} - 2g\right) = 3\gamma(g - h),$$

$$\zeta\left(\frac{h}{2} - 2a\right) = 3\zeta(a - h),$$

$$a\zeta = g\gamma,$$

d'où l'on tire

$$a = g = \frac{7h}{10}, \quad \zeta = \gamma, \quad \varepsilon = \beta, \quad \delta = \alpha,$$

ou bien

$$\zeta = 0, \quad \gamma = 0, \quad \frac{3(\alpha - \delta)}{2}h + (\beta - 3\alpha)g - (\varepsilon - 3\delta)a = 0,$$

$$\frac{5\beta}{2}h - 4\beta g + \varepsilon a = 0, \quad \frac{5\varepsilon}{2}h - 4\varepsilon a + \beta g = 0,$$

par où l'on pourra déterminer a, g et h.

Ainsi l'intégration aura lieu encore dans les deux cas suivants :

1° Lorsque $X = \alpha + \beta x + \gamma x^2$, et $Y = \alpha + \beta y + \gamma y^2$, ce qui donne

$$P = \alpha p + \frac{\beta p^3}{f} + \frac{\gamma p^5}{f^2}, \quad Q = \alpha q + \frac{\beta q^3}{f} + \frac{\gamma q^5}{f^2},$$

α, β et γ étant des coefficients quelconques;

2° Lorsque $X = \alpha + \beta x$, et $Y = \delta + \varepsilon y$, c'est-à-dire,

$$P = \alpha p + \frac{\beta p^3}{f^3}, \quad Q = \delta q + \frac{\varepsilon q^3}{f^3},$$

α, β, δ et ε étant aussi des coefficients quelconques (*).

_____

(*) Cette conclusion n'est pas exacte; les coefficients qui figurent dans les expressions des forces P et Q ne sont pas tous arbitraires. Effectivement, dans le premier cas, où $a = g = \frac{7h}{10}$,

VIII.

Considérons plus particulièrement le cas de l'Article VI, dans lequel

$$P = 2\alpha p + \frac{\beta f^3}{p^2} \quad \text{et} \quad Q = 2\alpha q + \frac{\gamma f^3}{q^2};$$

et nous remarquerons d'abord que les deux parties $2\alpha p$ et $2\alpha q$ des forces P et Q tendant vers les deux centres donnés peuvent se réduire à une force unique dirigée vers le point du milieu de la ligne qui joint les deux centres, et égale à $4\alpha r$, r étant la distance du corps à ce même point. De cette manière, le corps sera attiré vers trois centres fixes rangés en ligne droite et à égale distance l'un de l'autre, et la force d'attraction du centre du milieu sera proportionnelle à la distance, et celle des deux extrêmes sera réciproquement proportionnelle au carré de la distance.

Or, si l'on prend les deux centres extrêmes pour les foyers d'une section conique, en sorte que le troisième centre tombe dans le centre même de la section, il est clair que cette courbe pourra être décrite en vertu de chacune des trois forces $4\alpha r$, $\frac{\beta f^3}{p^2}$ et $\frac{\gamma f^3}{q^2}$ en particulier; mais nous allons voir qu'elle peut l'être aussi par l'action combinée de deux quelconques de ces forces, et même par les trois forces agissantes à la fois, ce qui me paraît bien digne de l'attention des Géomètres.

IX.

Puisque

$$X = 2\alpha + \frac{\beta}{x\sqrt{x}} \quad \text{et} \quad Y = 2\alpha + \frac{\gamma}{y\sqrt{y}},$$

on a, non-seulement $\zeta = \gamma$, $\varepsilon = \beta$, $\delta = \alpha$, mais encore $2\beta + 7\gamma = 0$. Dans le second cas, où l'on a $\zeta = 0$, $\gamma = 0$, les trois dernières des équations de condition écrites par Lagrange sont homogènes relativement à a, g, h, et l'élimination de ces quantités donne la relation $(\alpha\varepsilon - \beta\delta)(\beta + \varepsilon) - \beta\varepsilon(\beta - \varepsilon) = 0.$ *(Note de l'Éditeur.)*

on aura

$$\int X\,dx + \int Y\,dy = 2\alpha(x+y) - \frac{2\beta}{\sqrt{x}} - \frac{2\gamma}{\sqrt{y}} - \delta,$$

δ étant une constante arbitraire.

Ainsi l'équation (D) deviendra

$$(F) \begin{cases} \dfrac{y\,dx^2 + x\,dy^2 + (1-x-y)\,dx\,dy}{2\,dt^2} \\[2ex] + \dfrac{2(x+y)-(x-y)^2-1}{2}\left[2\alpha(x+y) - \dfrac{2\beta}{\sqrt{x}} - \dfrac{2\gamma}{\sqrt{y}} - \delta\right] = \dfrac{\varepsilon}{2}. \end{cases}$$

Pour avoir maintenant l'autre équation intégrale, il ne s'agira que de faire dans l'équation (C) les substitutions indiquées dans l'Article VI; et comme les quantités b, K et i sont encore indéterminées, on pourra faire, pour une plus grande simplicité, $K=1$, $b=0$, $2i+K=0$, c'est-à-dire, $i = -\frac{1}{2}$, moyennant quoi on aura

$$V = -\frac{\alpha(x-y)^2}{2} - \beta\left(\sqrt{x} - \frac{y}{\sqrt{x}}\right) - \gamma\left(\sqrt{y} - \frac{x}{\sqrt{y}}\right),$$

$$A = 0, \quad C = 0, \quad B = 1, \quad E = \frac{2(x+y)-1}{2},$$

et l'équation (C) deviendra

$$\frac{dx\,dy}{2\,dt^2} + \frac{2(x+y)-1}{2}\left[2\alpha(x+y) - \frac{2\beta}{\sqrt{x}} - \frac{2\gamma}{\sqrt{y}} + \delta\right]$$
$$- \frac{\alpha(x-y)^2}{2} - \beta\left(\sqrt{x} - \frac{y}{\sqrt{x}}\right) - \gamma\left(\sqrt{y} - \frac{x}{\sqrt{y}}\right) = \text{const.},$$

ou bien, en prenant une constante quelconque ζ et réduisant,

$$(G) \begin{cases} \dfrac{dx\,dy}{2\,dt^2} + \dfrac{\alpha}{2}(3x^2 + 3y^2 + 10xy - 2x - 2y) \\[2ex] - \beta\left(3\sqrt{x} + \dfrac{y-1}{\sqrt{x}}\right) - \gamma\left(3\sqrt{y} + \dfrac{x-1}{\sqrt{y}}\right) - \delta(x+y) - \dfrac{\zeta}{2} = 0. \end{cases}$$

Et si l'on multiplie cette équation par $1 - x - y$, et qu'ensuite on

14.

la retranche de l'équation (F), on aura celle-ci

$$
\text{(H)}\;\left\{
\begin{aligned}
&\frac{y\,dx^2 + x\,dy^2}{2\,dt^2} + \frac{\alpha}{2}\left(x^3 + y^3 + 15\,xy^2 + 15\,yx^2 - x^2 - y^2 - 6xy\right)\\
&\qquad - 2\beta\left(x\sqrt{x} + 3y\sqrt{x} - \sqrt{x}\right) - 2\gamma\left(y\sqrt{y} + 3x\sqrt{y} - \sqrt{y}\right)\\
&\qquad\qquad - \frac{\delta}{2}\left(x^2 + y^2 + 6xy\right) - \frac{\zeta}{2}(x + y) - \frac{\eta}{2} = 0,
\end{aligned}
\right.
$$

η étant égal à $\varepsilon - \zeta - \delta$ (*).

Ainsi, tout se réduit maintenant à intégrer ces deux équations, ou au moins à en séparer les indéterminées.

X.

Pour cela, je remarque que si l'on multiplie l'équation (G) par $\pm 4\sqrt{xy}$, et qu'on l'ajoute ensuite à l'équation (H) multipliée par 2, on aura celle-ci

$$
\begin{aligned}
&\frac{\left(\sqrt{y}\,dx \pm \sqrt{x}\,dy\right)^2}{dt^2} + \alpha\left[\left(\sqrt{x} \pm \sqrt{y}\right)^6 - \left(\sqrt{x} \pm \sqrt{y}\right)^4\right]\\
&\quad - 4(\beta \pm \gamma)\left[\left(\sqrt{x} \pm \sqrt{y}\right)^3 - \left(\sqrt{x} \pm \sqrt{y}\right)\right]\\
&\qquad - \delta\left(\sqrt{x} \pm \sqrt{y}\right)^4 - \zeta\left(\sqrt{x} \pm \sqrt{y}\right)^2 - \eta = 0.
\end{aligned}
$$

De sorte que si l'on fait

$$
s = \sqrt{x} + \sqrt{y} = \frac{p + q}{f},
$$

$$
u = \sqrt{x} - \sqrt{y} = \frac{p - q}{f},
$$

ce qui donne

$$
\sqrt{y}\,dx + \sqrt{x}\,dy = \sqrt{xy}\left(\frac{dx}{\sqrt{x}} + \frac{dy}{\sqrt{y}}\right) = \frac{s^2 - u^2}{2}\,ds,
$$

$$
\sqrt{y}\,dx - \sqrt{x}\,dy = \frac{s^2 - u^2}{2}\,du,
$$

(*) Le texte primitif porte $\varepsilon - \zeta$ au lieu de $\varepsilon - \zeta - \delta$; l'omission du terme $-\delta$ altère toutes les formules de l'Article XI. Nous avons cru devoir faire la rectification nécessaire pour l'exactitude de ces formules.   (*Note de l'Éditeur.*)

on aura, en tirant la racine carrée, les deux équations suivantes, dans lesquelles $\mu = 4(\beta + \gamma)$ et $\nu = 4(\beta - \gamma)$,

$$\frac{(s^2 - u^2)\, ds}{2\, dt} = \sqrt{\eta - \mu s + \zeta s^2 + \mu s^3 + (\partial + \alpha)\, s^4 - \alpha s^6}$$

$$= \frac{(s^2 - u^2)\, du}{2\, dt} = \sqrt{\eta - \nu u + \zeta u^2 + \nu u^3 + (\partial + \alpha)\, u^4 - \alpha u^6};$$

d'où il est aisé de tirer

$$(1) \quad \left\{ \begin{array}{l} \dfrac{ds}{\sqrt{\eta - \mu s + \zeta s^2 + \mu s^3 + (\partial + \alpha)\, s^4 - \alpha s^6}} \\[3mm] = \dfrac{du}{\sqrt{\eta - \nu u + \zeta u^2 + \nu u^3 + (\partial + \alpha)\, u^4 - \alpha u^6}}, \end{array} \right.$$

et ensuite

$$(K) \quad \left\{ \begin{array}{l} dt = \dfrac{s^2\, ds}{2\sqrt{\eta - \mu s + \zeta s^2 + \mu s^3 + (\partial + \alpha)\, s^4 - \alpha s^6}} \\[3mm] - \dfrac{u^2\, du}{2\sqrt{\eta - \nu u^2 + \zeta u^2 + \nu u^3 + (\partial + \alpha)\, u^4 - \alpha u^6}}, \end{array} \right.$$

équations où les indéterminées sont toutes séparées.

XI.

L'équation (1) étant intégrée donnera s en u, et par conséquent p en q; ensuite l'équation (H) donnera t en s et u, c'est-à-dire, p et q; ainsi l'on aura p et q en t, ce qui servira à connaître à chaque instant la position du corps par rapport à la ligne des centres; mais la position du corps dans l'espace absolu ne sera pas déterminée pour cela; car, comme le corps peut tourner autour de cette ligne, il faut savoir de plus l'angle qu'il parcourt dans un temps quelconque.

Nommons donc cet angle φ, et soient ρ et σ les deux coordonnées rectangles qui déterminent la position du corps par rapport à la ligne des centres (ρ est la distance du corps à cette ligne, et σ est la partie de cette même ligne interceptée entre la perpendiculaire ρ et le centre des forces P), en sorte que l'on ait

$$\sigma = \frac{p^2 - q^2 + f^2}{2f} = \frac{f}{2}(x - y + 1),$$

$$\rho = \sqrt{p^2 - \sigma^2} = \frac{f}{2}\sqrt{4x - (x - y + 1)^2};$$

il est facile de voir que l'on aura pour le carré de l'espace absolu parcouru par le corps dans un instant quelconque

$$d\rho^2 + d\sigma^2 + \rho^2 d\varphi^2,$$

ou $dx^2 + dy^2 + dz^2$, en employant les trois coordonnées rectangles x, y, z de l'Article II, ou, en vertu de l'équation (A),

$$-2dt^2\left(\int P\,dp + \int Q\,dq\right) = -f^2\left(\int X\,dx + \int Y\,dy\right)dt^2,$$

de sorte qu'on aura

$$\frac{d\varphi^2}{dt^2} = -f^2\frac{\int X\,dx + \int Y\,dy}{\rho^2} - \frac{d\rho^2 + d\sigma^2}{\rho^2 dt^2};$$

mais

$$d\rho^2 + d\sigma^2 = f^2\frac{y\,dx^2 + x\,dy^2 - (x + y - 1)\,dx\,dy}{4x - (x - y + 1)^2}$$

$$= \frac{f^2\varepsilon\,dt^2}{4x - (x - y + 1)^2} - f^2\left(\int X\,dx + \int Y\,dy\right)dt^2,$$

en vertu de l'équation (D); donc, substituant ces valeurs, on aura

$$\frac{d\varphi^2}{dt^2} = -\frac{f^4\varepsilon}{4\rho^4} = -f^4\frac{\delta + \zeta + \eta}{4\rho^4};$$

d'où

(L) $$\frac{d\varphi}{dt} = \frac{f^2\sqrt{-\delta - \zeta - \eta}}{2\rho^2};$$

par conséquent

$$\rho^2 d\varphi = \frac{f^2\sqrt{-\delta - \zeta - \eta}\,dt}{2},$$

ce qui montre que le corps décrit autour de la ligne des centres des aires proportionnelles au temps.

Maintenant, puisque (Art. II)

$$\frac{4\rho^2}{f^2} = 4x - (x - y + 1)^2$$
$$= (2\sqrt{x} + x - y + 1)(2\sqrt{x} - x + y - 1)$$
$$= (s + u + su + 1)(s + u - su - 1)$$
$$= -(s^2 - 1)(u^2 - 1),$$

on aura

$$\frac{d\varphi}{dt} = -\frac{2\sqrt{-\eth - \zeta - \eta}}{(s^2 - 1)(u^2 - 1)} = \frac{2\sqrt{-\eth - \zeta - \eta}}{s^2 - u^2}\left(\frac{1}{s^2 - 1} - \frac{1}{u^2 - 1}\right);$$

mais on a, par l'Article X,

$$\frac{2\,dt}{s^2 - u^2} = \frac{ds}{\sqrt{\eta - \mu s + \zeta s^2 + \mu s^3 + (\eth + \alpha)s^4 - \alpha s^6}}$$
$$= \frac{du}{\sqrt{\eta - \nu u + \zeta u^2 + \nu u^3 + (\eth + \alpha)u^4 - \alpha u^6}};$$

donc,

$$(\text{M}) \quad \begin{cases} d\varphi = \dfrac{\sqrt{-\eth - \zeta - \eta}\,ds}{(s^2 - 1)\sqrt{\eta - \mu s + \zeta s^2 + \mu s^3 + (\eth + \alpha)s^4 - \alpha s^6}} \\[2ex] \qquad - \dfrac{\sqrt{-\eth - \zeta - \eta}\,du}{(u^2 - 1)\sqrt{\eta - \nu u + \zeta u^2 + \nu u^3 + (\eth + \alpha)u^4 - \alpha u^6}}. \end{cases}$$

Ainsi l'on connaîtra φ en s et u, c'est-à-dire, en p et q.

A l'égard des constantes η, ζ et $\eth$, elles dépendent du mouvement initial du corps, et l'on pourra les déterminer si l'on veut au moyen des équations (G), (H) et (L).

Si l'on avait $\eth + \zeta + \eta = 0$, alors $d\varphi$ serait égal à zéro, et par conséquent le corps se mouvrait dans un plan fixe passant par les centres des forces.

Au reste, si l'on fait $\alpha = 0$, on verra que les formules précédentes s'accordent avec celles qui ont été trouvées dans le Mémoire précédent.

XII.

Supposons $s = a + \psi$, a étant une constante et ψ une variable; la quantité

$$\eta - \mu s + \zeta s^2 + \mu s^3 + (\eth + \alpha)s^4 - \alpha s^6$$

se changera en celle-ci

$$A + B\psi + C\psi^2 + D\psi^3 + E\psi^4 + F\psi^5 + G\psi^6,$$

dans laquelle

$$A = \eta - \mu a + \zeta a^2 + \dot\mu a^3 + (\partial + \alpha)a^4 - \alpha a^6,$$
$$B = -\mu + 2\zeta a + 3\mu a^2 + 4(\partial + \alpha)a^3 - 6\alpha a^5,$$
$$C = \zeta + 3\mu a + 6(\partial + \alpha)a^2 - 15\alpha a^4,$$
$$\dots\dots\dots\dots\dots\dots\dots\dots$$

Donc le premier membre de l'équation (I) se changera en

$$\frac{d\psi}{\sqrt{A + B\psi + C\psi^2 + D\psi^3 + E\psi^4 + F\psi^5 + G\psi^6}},$$

expression qui, en faisant $A = 0$ et $B = 0$, devient celle-ci

$$\frac{d\psi}{\psi\sqrt{C + D\psi + E\psi^2 + F\psi^3 + G\psi^4}}.$$

Supposons ψ infiniment petit, et l'on aura $\dfrac{d\psi}{\psi\sqrt{C}}$ dont l'intégrale est $\dfrac{1}{\sqrt{C}}\log\dfrac{\psi}{K}$, K étant une constante quelconque; donc, si l'on fait $K = 0$ et $\psi = 0$, la valeur de l'intégrale du premier membre de l'équation (I) demeurera indéterminée, de sorte que l'équation aura lieu indépendamment de la quantité u; d'où il s'ensuit que l'équation $s = a$ satisfait au Problème, pourvu que les deux équations $A = 0$ et $B = 0$ aient lieu à la fois, et que la quantité C n'évanouisse pas en même temps.

L'équation $s = a$ donne $p + q = af$, ce qui montre que la courbe décrite par le corps sera une ellipse ayant ses deux foyers dans les deux centres des forces P et Q, et tournant autour de son grand axe, à moins que l'on n'ait $\partial + \zeta + \eta = 0$, auquel cas le corps se meut dans un plan fixe.

En faisant de même

$$L = \eta - \nu b + \zeta b^2 + \nu b^3 + (\partial + \alpha)b^4 - \alpha b^6,$$
$$M = -\nu + 2\zeta b + 3\nu b^2 + 4(\partial + \alpha)b^3 - 6\alpha b^5,$$
$$N = \zeta + 3\nu b + 6(\partial + \alpha)b^2 - 15\alpha b^4,$$
$$\dots\dots\dots\dots\dots\dots\dots\dots,$$

et supposant que les quantités L et M soient nulles à la fois, sans que N le soit, on trouvera que l'équation $u = b$, c'est-à-dire $p - q = bf$, satisfait au Problème, de sorte que la courbe pourra être aussi une hyperbole ayant ses foyers dans les mêmes centres des forces.

Ainsi, en réunissant les deux cas, on en conclura que le corps peut toujours décrire une section conique, pourvu qu'il reçoive une impulsion convenable.

XIII.

Si l'on fait de plus $\psi = a' + \psi'$, a' étant une constante et ψ' une variable, et qu'on substitue cette valeur dans la quantité

$$C + D\psi + E\psi^2 + F\psi^3 + G\psi^4,$$

elle se changera en celle-ci

$$A' + B'\psi' + C'\psi'^2 + D'\psi'^3 + E'\psi'^4,$$

où

$$A' = C + Da' + Ea'^2 + Fa'^3 + Ga'^4,$$
$$B' = D + 2Ea' + 3Fa'^2 + 4Ga'^3,$$
$$\dots\dots\dots\dots\dots\dots\dots\dots ;$$

et la transformée

$$\frac{d\psi}{\psi\sqrt{C + D\psi + E\psi^2 + F\psi^3 + G\psi^4}}$$

du premier membre de l'équation (I) deviendra

$$\frac{d\psi'}{(a' + \psi')\sqrt{A' + B'\psi' + C'\psi'^2 + D'\psi'^3 + E'\psi'^4}};$$

soient maintenant $A' = 0$ et $B' = 0$, et la différentielle se changera en

$$\frac{d\psi'}{(a'\psi' + \psi'^2)\sqrt{C' + D'\psi' + E'\psi'^2}};$$

qui ne dépend plus que de la quadrature du cercle ou de l'hyperbole.

II.

On trouvera de la même manière les conditions qui réduiront l'autre membre de l'équation (I) à la quadrature des sections coniques.

Ainsi l'on pourra toujours dans ces cas construire l'orbite que le mobile décrira en vertu des trois forces $4\alpha r$, $\dfrac{\beta f^3}{p^2}$ et $\dfrac{\gamma f^3}{q^2}$.

XIV.

Mais outre les cas dont nous venons de parler, il est évident que l'équation (I) doit aussi être intégrable quand deux quelconques de ces trois forces s'évanouissent, parce qu'alors on a le cas d'un corps attiré vers un seul centre fixe par une force proportionnelle à la distance, ou réciproquement proportionnelle au carré de la distance.

Les cas où la force $4\alpha r$ est nulle ayant déjà été examinés fort au long dans le Mémoire précédent, je me bornerai ici à examiner ceux où les deux autres forces $\dfrac{\beta f^3}{p^2}$ et $\dfrac{\gamma f^3}{q^2}$ disparaissent à la fois, en sorte que le mobile ne soit assujetti qu'à la seule force $4\alpha r$ proportionnelle à la distance.

Soient donc $\beta = 0$ et $\gamma = 0$, on aura aussi $\mu = 0$ et $\nu = 0$ (Art. X), et les équations (I) et (K) deviendront

$$(N) \quad \frac{ds}{\sqrt{\eta + \zeta s^2 + (\partial + \alpha)s^4 - \alpha s^6}} = \frac{du}{\sqrt{\eta + \zeta u^2 + (\partial + \alpha)u^4 - \alpha u^6}},$$

$$(O) \quad dt = \frac{s^2\,ds}{2\sqrt{\eta + \zeta s^2 + (\partial + \alpha)s^4 - \alpha s^6}} - \frac{u^2\,du}{2\sqrt{\eta + \zeta u^2 + (\partial + \alpha)u^4 - \alpha u^6}}.$$

Or, si l'on reprend les équations primitives (B) et qu'on y substitue 2α au lieu de X et de Y (Art. IX), on aura

$$\frac{1}{2}\frac{d^2 x}{dt^2} + 5\alpha x + 3\alpha y - \alpha - \partial = 0,$$

$$\frac{1}{2}\frac{d^2 y}{dt^2} + 5\alpha y + 3\alpha x - \alpha - \partial = 0,$$

ou bien, en prenant la somme et la différence, et faisant $x + y = \psi$,

$x - y = \xi,$

(P) $\begin{cases} \dfrac{1}{2} \dfrac{d^2\psi}{dt^2} + 8\alpha\psi - 2(\alpha+\delta) = 0, \\[2mm] \dfrac{1}{2} \dfrac{d^2\xi}{dt^2} + 2\alpha\xi = 0, \end{cases}$

d'où il est aisé de tirer

(Q) $\begin{cases} \psi = \dfrac{\alpha+\delta}{4\alpha} + A\cos\left(4t\sqrt{\alpha}\right) + B\sin\left(4t\sqrt{\alpha}\right), \\[2mm] \xi = C\cos\left(2t\sqrt{\alpha}\right) + D\sin\left(2t\sqrt{\alpha}\right); \end{cases}$

A, B, C, D étant des constantes arbitraires; et ces deux équations seront nécessairement les intégrales des équations (N) et (O); il faudra seulement faire en sorte que les deux constantes η et ζ s'accordent avec les constantes A, B, C, D; ce qui est facile, car on n'aura qu'à effacer dans les équations (G) et (H) les termes affectés des quantités β et γ, et y substituer ensuite, au lieu de x, y, $\dfrac{dx}{dt}$ et $\dfrac{dy}{dt}$, leurs valeurs tirées des équations (Q), en y faisant, pour plus de simplicité, $t = 0$; on aura par ce moyen deux équations par lesquelles on pourra déterminer deux quelconques des constantes A, B, C, D; et les deux autres demeureront arbitraires.

On pourrait encore, si l'on voulait, trouver l'intégrale de l'équation (N) d'une manière plus simple, que voici. La seconde des équations (P), étant multipliée par $d\xi$ et intégrée, donne

$$\frac{1}{4}\frac{d\xi^2}{dt^2} + \alpha\xi^2 = H,$$

H étant une constante arbitraire; d'où l'on tire

$$\frac{d\xi}{dt} = 2\sqrt{H - \alpha\xi^2};$$

or

$$\xi = x - y = us;$$

donc

$$\frac{u\,ds + s\,du}{dt} = 2\sqrt{H - \alpha u^2 s^2};$$

mais on a, par les équations (N) et (O),

$$\frac{ds}{dt} = \frac{2\sqrt{\eta + \zeta s^2 + (\delta + \alpha)s^4 - \alpha s^6}}{s^2 - u^2},$$

$$\frac{du}{dt} = \frac{2\sqrt{\eta + \zeta u^2 + (\delta + \alpha)u^4 - \alpha u^6}}{s^2 - u^2};$$

donc, substituant ces valeurs, on aura

$$\frac{u}{s^2 - u^2}\sqrt{\eta + \zeta s^2 + (\delta + \alpha)s^4 - \alpha s^6} + \frac{s}{s^2 - u^2}\sqrt{\eta^2 + \zeta u^2 + (\delta + \alpha)u^4 - \alpha u^6}$$

$$= \sqrt{H - \alpha u^2 s^2}.$$

XV.

Nous avons supposé dans l'Article IV que la quantité

$$(2A + B)dx + (2C + B)dy$$

était une différentielle complète; et nous avons réduit par ce moyen la différentielle dZ à la différentielle dV, dont nous avons ensuite cherché les conditions d'intégrabilité. Considérons maintenant la quantité dZ elle-même, et voyons quelles sont les valeurs les plus générales de X et de Y qui peuvent la rendre une différentielle exacte.

Pour cela, on aura, suivant le théorème général, l'équation

$$X\left[2x\frac{dA}{dy} + \frac{1}{2}(x+y-1)\frac{dB}{dy} + \frac{B}{2}\right] + Y\left[y\frac{dB}{dy} + (x+y-1)\frac{dA}{dy} + 3A + 2B\right]$$

$$+ \frac{dY}{dy}[By + A(x+y-1)] + \left(\int X dx + \int Y dy\right)\left(2\frac{dA}{dy} + \frac{dB}{dy}\right)$$

$$= Y\left[2y\frac{dC}{dx} + \frac{1}{2}(x+y-1)\frac{dB}{dx} + \frac{B}{2}\right] + X\left[x\frac{dB}{dx} + (x+y-1)\frac{dC}{dx} + 3C + 2B\right]$$

$$+ \frac{dX}{dx}[Bx + C(x+y-1)] + \left(\int X dx + \int Y dy\right)\left(2\frac{dC}{dx} + \frac{dB}{dx}\right).$$

Mais (Art. III)

$$\frac{dB}{dx} = -\frac{dA}{dy} \quad \text{et} \quad \frac{dB}{dy} = -\frac{dC}{dx},$$

donc l'équation précédente deviendra

$$3\mathrm{X}\left[x\frac{d\mathrm{A}}{dy} - \frac{1}{2}(x+y-1)\frac{d\mathrm{C}}{dx} - \frac{\mathrm{B}}{2} - \mathrm{C}\right]$$

$$-3\mathrm{Y}\left[y\frac{d\mathrm{C}}{dx} - \frac{1}{2}(x+y-1)\frac{d\mathrm{A}}{dy} - \frac{\mathrm{B}}{2} - \mathrm{A}\right]$$

$$-\frac{d\mathrm{X}}{dx}\left[\mathrm{B}x + \mathrm{C}(x+y-1)\right] + \frac{d\mathrm{Y}}{dy}\left[\mathrm{B}y + \mathrm{A}(x+y-1)\right]$$

$$+3\left(\int \mathrm{X}\,dx + \int \mathrm{Y}\,dy\right)\left(\frac{d\mathrm{A}}{dy} - \frac{d\mathrm{C}}{dx}\right) = 0.$$

Substituons pour A, B et C leurs valeurs

$$a + by + cy^2, \quad \mathrm{K} - bx - hy - 2cxy, \quad g + hx + cx^2,$$

et nous aurons

$$\frac{3\mathrm{X}}{2}\left[2x(b+2cy) - (x+y-1)(h+2cx)\right.$$

$$\left. - \mathrm{K} + bx + hy + 2cxy - 2g - 2hx - 2cx^2\right]$$

$$-\frac{3\mathrm{Y}}{2}\left[2y(h+2cx) - (x+y-1)(b+2cy)\right.$$

$$\left. - \mathrm{K} + bx + hy + 2cxy - 2a - 2by - 2cy^2\right]$$

$$-\frac{d\mathrm{X}}{dx}\left[x(\mathrm{K} - bx - hy - 2cxy) + (x+y-1)(g + hx + cx^2)\right]$$

$$+\frac{d\mathrm{Y}}{dy}\left[y(\mathrm{K} - bx - hy - 2cxy) + (x+y-1)(a + by + cy^2)\right]$$

$$+3\left(\int \mathrm{X}\,dx + \int \mathrm{Y}\,dy\right)\left[b - h + 2c(y-x)\right] = 0,$$

ou bien, en ordonnant les termes et effaçant ce qui se détruit,

$$\frac{3\mathrm{X}}{2}\left[2bx - (x-1)(h+2cx) - \mathrm{K} - 2g + (b-2h)x - 2cx^2\right]$$

$$-\frac{d\mathrm{X}}{dx}\left[\mathrm{K}x - bx^2 + (x-1)(g+hx+cx^2)\right] + 3(b-h-2cx)\int \mathrm{X}\,dx$$

$$-\frac{3\mathrm{Y}}{2}\left[2hy - (y-1)(b+2cy) - \mathrm{K} - 2a + (h-2b)y - 2cy^2\right]$$

$$+\frac{d\mathrm{Y}}{dy}\left[\mathrm{K}y - hy^2 + (y-1)(a+by+cy^2)\right] + 3(b-h+2cy)\int \mathrm{Y}\,dy$$

$$+y\left[6c\mathrm{X}x - \frac{d\mathrm{X}}{dx}(g+cx^2) + 6c\int \mathrm{X}\,dx\right]$$

$$-x\left[6c\mathrm{Y}y - \frac{d\mathrm{Y}}{dy}(a+cy^2) + 6c\int \mathrm{Y}\,dy\right] = 0.$$

Or, à cause que X doit être une fonction de x seul, et Y une fonction de y seul, il est facile de voir que cette équation ne saurait avoir lieu à moins que l'on n'ait

$$1^o \qquad 6cXx - \frac{dX}{dx}(g + cx^2) + 6c\int Xdx = \alpha + \beta x,$$

$$2^o \qquad 6cYy - \frac{dY}{dy}(a + cy^2) + 6c\int Ydy = \gamma + \beta y,$$

$$3^o \quad \left\{ \begin{aligned} &\frac{3X}{2}[h - K - 2g + (3b - 3h + 2c)x - 4cx^2] \\ &\quad + \frac{dX}{dx}[g + (h - K - g)x + (c + b - h)x^2 - cx^3] \\ &\qquad\qquad + 3(b - h - 2cx)\int Xdx = \delta + \gamma x, \end{aligned} \right.$$

$$4^o \quad \left\{ \begin{aligned} &\frac{3Y}{2}[b - K - 2a + (3h - 3b + 2c)y - 4cy^2] \\ &\quad + \frac{dY}{dy}[a + (b - K - g)y + (c + h - b)y^2 - cy^3] \\ &\qquad\qquad + 3(h - b - 2cy)\int Ydy = \delta + \alpha y, \end{aligned} \right.$$

α, β, γ et δ étant des constantes quelconques.

Ainsi il faudra que les quantités X et Y soient telles, qu'elles satisfassent à ces quatre équations à la fois; autrement les équations (B) ne seront point intégrables, au moins par notre méthode.

Si l'on fait

$$a = 0, \quad g = 0, \quad c = 0, \quad \alpha = 0, \quad \beta = 0, \quad \gamma = 0,$$

et qu'on suppose

$$m = h - K, \quad \text{et} \quad n = b - h,$$

les quatre équations de condition se réduiront à ces deux-ci

$$\frac{3X}{2}(m + 3nx) + \frac{dX}{dx}(mx + nx^2) + 3n\int Xdx = \delta,$$

$$\frac{3Y}{2}(m + n - 3ny) + \frac{dY}{dy}[(m + n)y - ny^2] - 3n\int Ydy = \delta,$$

par lesquelles on pourra déterminer X et Y.

Si l'on fait dans ces dernières équations $m = 0$, $n = 0$ et $\delta = 0$, on aura le cas de l'Article V, qui est indépendant des valeurs de X et de Y; et si l'on fait seulement $n = 0$, on aura celui de l'Article VI, d'où l'on voit que ce dernier cas n'est qu'un cas particulier des valeurs de X et de Y que fournira l'intégration des équations précédentes. Mais nous ne pousserons pas plus loin nos recherches sur ce sujet.

XVI.

Au reste, quelles que soient les valeurs de X et de Y, l'équation (D) donnera toujours (en faisant $\varepsilon = 0$) cette intégrale particulière

$$1 + \sqrt{x} + \sqrt{y} = 0,$$

les radicaux pouvant être pris en $+$ ou en $-$.

Pour le faire voir, je suppose

$$x + y = u, \quad x - y = v,$$

ce qui donne

$$x = \frac{u + v}{2} \quad \text{et} \quad y = \frac{u - v}{2},$$

et l'équation dont il s'agit deviendra, après les substitutions,

$$\frac{du^2 + (2u - 1)dv^2 - 2v\,du\,dv}{8dt^2} + \frac{2u - v^2 - 1}{2}\left(\int X\,dx + \int Y\,dy\right) = \frac{\varepsilon}{2}.$$

Or

$$du^2 + (2u - 1)dv^2 - 2v\,du\,dv = (du - v\,dv)^2 - (v^2 - 2u + 1)dv^2;$$

donc, si l'on fait

$$2u - v^2 - 1 = V,$$

on aura

$$\frac{dV^2 + 4V\,dv^2}{16dt^2} + V\left(\int X\,dx + \int Y\,dy\right) = \varepsilon,$$

équation à laquelle satisfait évidemment $V = 0$ dans le cas de $\varepsilon = 0$;

ainsi l'on aura cette intégrale particulière,

$$2u - v^2 - 1 = 0,$$

c'est-à-dire

$$2(x + y) - (x - y)^2 - 1 = 0;$$

or je dis que cette équation est la même que celle-ci

$$1 + \sqrt{x} + \sqrt{y} = 0;$$

c'est de quoi l'on peut se convaincre aisément en faisant disparaître les radicaux par la méthode ordinaire; ou bien il suffira de remarquer que

$$1 - 2(x + y) + (x - y)^2$$
$$= (1 + \sqrt{x} + \sqrt{y})(1 - \sqrt{x} + \sqrt{y})(1 + \sqrt{x} - \sqrt{y})(1 - \sqrt{x} - \sqrt{y}),$$

comme on peut s'en assurer aisément par la multiplication actuelle.

Maintenant, puisque $x = \dfrac{p^2}{f^2}$ et $y = \dfrac{q^2}{f^2}$, il est clair que l'intégrale dont il s'agit donnera

$$f + p + q = 0,$$

ce qui est le cas où le corps se meut dans la même ligne droite qui passe par les centres des forces; ainsi cette intégrale ne nous apprend rien de nouveau touchant le mouvement du corps.

XVII.

Nous terminerons ce Mémoire par une remarque qu'il est bon de ne pas omettre. Le Problème du mouvement d'un corps attiré vers deux centres fixes ne peut s'appliquer à la Lune, en tant qu'elle est attirée à la fois vers la Terre et vers le Soleil, qu'en supposant que cet astre soit en repos par rapport à la Terre; mais comme la force, qui altère le mouvement de la Lune autour de la Terre, ne vient que de la différence qu'il y a entre l'attraction du Soleil sur la Lune et son attraction sur la Terre, il ne suffira pas de regarder le corps comme attiré vers les deux centres fixes par des forces réciproquement proportionnelles aux carrés des distances; il faudra de plus y ajouter une troisième force dirigée parallèlement à la ligne qui joint les deux centres, et dont la quantité pourra être supposée constante; cette force représentera celle que le Soleil exerce sur la Terre, et qui doit être transportée à la Lune en sens contraire; or, si l'on nomme cette force $\frac{2\alpha}{f}$, f étant la distance des deux centres, et qu'on la décompose en deux autres dirigées vers ces mêmes centres, il est facile de voir qu'elles seront exprimées par $2\alpha p$ et $-2\alpha q$; de sorte que les forces totales P et Q seront

$$P = 2\alpha p + \frac{\beta f^3}{p^2} \quad \text{et} \quad Q = -2\alpha q + \frac{\gamma f^3}{q^2},$$

ce qui donnera

$$X = 2\alpha + \frac{\beta}{x\sqrt{x}} \quad \text{et} \quad Y = -2\alpha + \frac{\gamma}{y\sqrt{y}}.$$

Telle est donc l'hypothèse qu'il faudrait adopter pour que la solution du Problème dont il s'agit donnât le mouvement de la Lune autour de la Terre regardée comme en repos, et abstraction faite du mouvement du Soleil; mais en substituant les valeurs précédentes de X et de Y dans les équations de condition de l'Article XV, on verra d'abord qu'il est impossible de satisfaire à ces quatre équations à la fois, à moins que de supposer les coefficients a, b, c tels, que chacun de leurs termes s'évanouisse en particulier, ce qui est le cas de l'Article V; d'où il s'ensuit qu'on n'aura dans ce cas qu'une seule intégrale, et qu'ainsi le Problème ne pourra pas même se réduire aux premières différences.

SUR LA

FIGURE DES COLONNES.

FIGURE DES COLONNES.

(*Miscellanea Taurinensia*, t. V, 1770-1773.)

1. On a coutume de donner aux colonnes la figure d'un conoïde qui ait sa plus grande largeur vers le tiers de sa hauteur, et qui aille de là en diminuant vers les deux extrémités; d'où résulte ce qu'on appelle vulgairement le *renflement* et la *diminution* des colonnes; mais personne que je sache n'a encore donné une raison satisfaisante de cette pratique; car je ne crois pas qu'on puisse regarder comme telle celle que la plupart des Auteurs qui ont écrit sur cette matière apportent, et qui consiste dans la ressemblance qu'ils prétendent qu'une colonne doit avoir avec le corps humain. Il me paraît au contraire qu'il serait bien plus naturel de faire les colonnes plus minces en haut qu'en bas, et cela à l'imitation des troncs d'arbres qu'on a dû nécessairement employer dans les premiers bâtiments; c'est ainsi que les anciens architectes en ont usé, comme on le voit par les ouvrages antiques qui sont restés à Rome, dans lesquels la plus grande partie des colonnes commencent à avoir leur diminution dès le bas; mais comme Vitruve, qui est devenu le législateur des architectes modernes, prescrit formellement le *renflement* des colonnes, en disant qu'il faut ajouter quelque chose à leur milieu (Liv. III, Chap. II), quoique par la perte qu'on a faite des figures qui étaient jointes à son ouvrage on ignore la méthode dont il s'y prenait pour tracer la ligne du contour des colonnes, l'usage de renfler les colonnes au

milieu et de les diminuer aux deux extrémités est devenu général, et l'on ne varie plus que sur la courbe qui doit former le renflement et la diminution.

Palladio propose pour cela un moyen mécanique qui consiste à plier tant soit peu une règle de bois; Vignole donne deux espèces de constructions géométriques par lesquelles on peut décrire le profil d'une colonne par plusieurs points; enfin M. Blondel a imaginé de faire servir à ce dessein l'instrument de Nicomède, en sorte que le profil de la colonne ait la figure d'une conchoïde. Il serait très-aisé d'inventer plusieurs autres moyens pour remplir le même objet, car tant qu'il n'y a d'autres données que l'épaisseur de la colonne aux deux extrémités et au point du plus grand renflement, il est clair que le Problème est très-indéterminé, puisqu'il ne s'agit que de faire passer une ligne courbe et concave vers l'axe par trois points donnés. Mais n'y aurait-il pas dans la nature même de la chose quelque principe qui pût servir à déterminer la question? Parmi ceux qui servent de fondement à l'architecture, il n'y en a qu'un seul qui ait des règles fixes et invariables, et par conséquent susceptibles de calcul : c'est la solidité; il faut donc examiner si l'on peut déduire de cette considération les conditions nécessaires pour la détermination et la solution du Problème dont il s'agit; c'est l'objet du Mémoire qu'on va lire.

2. Comme les colonnes sont toujours destinées à supporter des charges plus ou moins considérables, suivant les circonstances où on les emploie, il est évident que si une colonne est trop chargée, elle commencera à se courber un peu du côté où la matière fera moins de résistance, après quoi elle se cassera faute d'élasticité, surtout si c'est une colonne de pierre ou de briques; or il n'est pas difficile de comprendre que la courbure suivant laquelle la colonne se pliera sera différente suivant la figure même de la colonne; de sorte qu'à hauteurs et à masses égales, la force d'une colonne pourra être plus ou moins grande suivant la nature de la courbe qui en formera le profil. Ainsi c'est un Problème de *maximis* et *minimis* de déterminer la courbe, qui par sa rotation au-

tour de son axe formera une colonne capable de supporter la plus grande
charge possible, la hauteur et la masse de la colonne étant données;
c'est là, ce me semble, le véritable point de vue sous lequel on doit envisager la question du *renflement* et de la *diminution* des colonnes.

3. Quoique la théorie de la force des colonnes en tant qu'elle dépend
de leur figure ait déjà fait le sujet d'un très-beau Mémoire que M. Euler
a donné dans le volume des *Mémoires de l'Académie de Berlin* pour
l'année 1757, cependant, comme le point de vue sous lequel cet illustre
Auteur a discuté cette matière est différent de celui dans lequel nous
nous proposons de la traiter, nous croyons faire quelque plaisir aux
Géomètres en leur communiquant les recherches que nous avons faites
sur un sujet qui intéresse également la Mécanique et l'Analyse.

4. Soit AMB (*fig.* 1) une colonne dressée verticalement en A, et char-

Fig. 1.

gée à l'autre extrémité B par un poids qui l'oblige à se courber infiniment peu, en sorte qu'elle prenne la figure ANB. Supposons d'abord que
cette colonne soit d'une figure cylindrique, et que F soit la force absolue
qu'elle a dans chaque point pour résister à être pliée, et qui sera par
conséquent la même partout, suivant la loi générale des corps élastiques,
cette force croîtra en raison de l'angle de courbure; de sorte que dans

l'état ANB la force de la colonne à un point quelconque N sera proportionnelle à $\frac{K}{\rho}$, en désignant par ρ le rayon osculateur de la courbe ANB. D'un autre côté, si l'on nomme P le poids comprimant à l'extrémité B, il est facile de voir que le moment de ce poids par rapport au point N sera exprimé par $P \times MN$; de sorte que la condition de l'équilibre donnera d'abord cette équation, $P \times MN = \frac{K}{\rho}$, d'où l'on pourra connaître tant la nature de la courbe ANB que la valeur de P.

5. Nommons pour cela les abscisses $AM = x$ et les ordonnées $MN = y$; et comme on suppose que la courbure de la colonne soit partout infiniment petite, on aura y infiniment petit par rapport à x, et dy infiniment petit par rapport à dx; de sorte que l'élément de la courbe

$$ds = \sqrt{dx^2 + dy^2}$$

sera à très-peu près et sans erreur sensible égal à dx. Or on sait qu'en prenant dx constant, on a $\rho = \frac{ds^3}{-dx\,d^2y}$; donc on aura dans notre cas $\rho = \frac{dx^2}{-d^2y}$; par conséquent l'équation à la courbe ANB sera

$$P y = -K \frac{d^2y}{dx^2},$$

c'est-à-dire

$$P y + K \frac{d^2y}{dx^2} = 0.$$

Il faudra donc intégrer d'abord cette équation, ensuite faire en sorte que l'expression de y soit nulle aux deux points A et B, c'est-à-dire lorsque $x = 0$ et lorsque $x = AB$, hauteur de la colonne. Or l'intégration est facile, à cause que P et K sont des quantités constantes, et l'on aura en général

$$y = f \sin \left(x \sqrt{\frac{P}{K}} + g \right),$$

f et g étant des constantes arbitraires; donc, si l'on nomme a la hauteur donnée de la colonne, il faudra que l'on ait

$$f \sin g = 0, \quad f \sin\left(a\sqrt{\frac{P}{K}} + g\right) = 0;$$

donc, puisqu'on ne peut pas faire $f = 0$, ce qui donnerait $y = 0$, il faudra faire d'abord $g = 0$, et ensuite il faudra encore que l'on ait

$$\sin\left(a\sqrt{\frac{P}{K}}\right) = 0,$$

et par conséquent que

$$a\sqrt{\frac{P}{K}} = m\pi,$$

π étant l'angle de 180 degrés, et m un nombre quelconque entier; d'où l'on tire

$$P = \frac{m^2 \pi^2 K}{a^2}.$$

L'équation à la courbe ANB deviendra par là

$$y = f \sin\left(\frac{m\pi x}{a}\right),$$

où la constante f demeure arbitraire, et exprime la plus grande valeur de y.

6. Si l'on fait $m = 1$, on aura

$$y = f \sin\frac{\pi x}{a},$$

d'où l'on voit que la courbe ANB ne coupe l'axe qu'aux deux extrémités A et B; et le poids requis pour donner à la colonne cette courbure sera $\frac{\pi^2 K}{a^2}$. Si $m = 2$, on aura

$$y = f \sin\frac{2\pi x}{a},$$

et la courbe coupera l'axe au point où $x = \frac{a}{2}$, c'est-à-dire, au point du

II.

milieu C, en sorte que la colonne prendra la *fig.* 2; mais il faudra pour cela que le poids P soit $\frac{4\pi^2 K}{a^2}$, c'est-à-dire, quadruple du précédent. Si l'on faisait $m = 3$, on aurait

$$y = f \sin \frac{3\pi x}{a},$$

de sorte que la courbure couperait l'axe aux points ou $x = \frac{a}{3}$ et $x = \frac{2a}{3}$, et serait semblable à la *fig.* 3; or, pour que la colonne soit pliée de cette

Fig. 2.   Fig. 3.

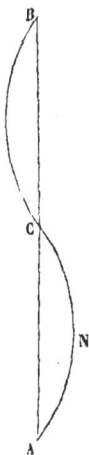

manière, il faudra que le poids P soit $\frac{9\pi^2 K}{a^2}$, c'est-à-dire, neuf fois plus grand que le premier; et ainsi de suite.

7. Maintenant, puisque le plus petit poids qui soit en état de faire plier la colonne est $\frac{\pi^2 K}{a^2}$, il semble qu'on en peut conclure que tout poids qui sera moindre que celui-ci ne fera absolument aucun effet, et qu'ainsi on doit regarder la quantité $\frac{\pi^2 K}{a^2}$ comme la vraie mesure de la force de la colonne cylindrique AB. C'est par ce principe que M. Euler a déterminé dans le Mémoire cité la force de plusieurs sortes de colonnes tant cylindriques que paraboloïdiques, et ce sera aussi sur le même principe que nous fonderons nos recherches sur la figure qu'on doit donner

aux colonnes pour qu'elles aient la plus grande force possible; mais avant d'en faire usage il est bon d'examiner ce qui doit arriver lorsque le poids sera un peu différent de $\frac{\pi^2 K}{a^2}$; pour cela, il faut déterminer rigoureusement la nature de la courbe ANB sans négliger la petite différence qu'il y a entre l'élément de l'arc ds et celui de l'abscisse dx.

Qu'on substitue donc dans l'équation $Py = \frac{K}{\rho}$ du n° 4 à la place de ρ sa valeur rigoureuse $\frac{ds^3}{-dx\,d^2y}$, et l'on aura celle-ci

$$Py + \frac{K\,dx\,d^2y}{ds^3} = 0,$$

laquelle étant multipliée par dy et ensuite intégrée donne

$$\frac{1}{2}Py^2 - \frac{K\,dx}{ds} = \text{const.}$$

Pour déterminer cette constante, soit f la plus grande valeur de y, et comme on doit avoir au point du maximum $dy = 0$, et par conséquent $ds = dx$, on aura pour la valeur de la quantité $\frac{Py^2}{2} - \frac{K\,dx}{ds}$ dans ce point, $\frac{Pf^2}{2} - K$, qui sera donc la constante cherchée. Ainsi l'équation deviendra

$$\frac{P}{2}(f^2 - y^2) = K\left(1 - \frac{dx}{ds}\right);$$

mais $dx = \sqrt{ds^2 - dy^2}$; donc

$$\frac{P}{2}(f^2 - y^2) = K\left(1 - \frac{\sqrt{ds^2 - dy^2}}{ds}\right),$$

ou bien, en faisant $\frac{dy}{ds} = p,$

$$\frac{P}{2}(f^2 - y^2) = K\left(1 - \sqrt{1 - p^2}\right),$$

d'où l'on tire

$$p = \sqrt{\frac{P}{K}(f^2 - y^2) - \frac{P^2}{4K^2}(f^2 - y^2)^2};$$

donc, à cause de $ds = \dfrac{dy}{p}$,

$$ds = \dfrac{dy}{\sqrt{\dfrac{P}{K}(f^2 - y^2) - \dfrac{P^2}{4K^2}(f^2 - y^2)^2}}.$$

On intégrera donc cette équation en sorte que $y = 0$ lorsque $s = 0$; ensuite on supposera aussi $y = 0$ lorsque $s = a$, et cette dernière condition servira à déterminer la valeur de P.

8. Puisque la plus grande valeur de y est f, on peut supposer $y = f \sin\varphi$, et substituant cette valeur dans l'équation précédente, elle deviendra

$$ds = -\dfrac{d\varphi}{\sqrt{\dfrac{P}{K} - \dfrac{P^2 f^2}{4K^2}\cos^2\varphi}},$$

par laquelle on déterminera la valeur de φ en s; et comme on veut que y soit nul lorsque $s = 0$ et lorsque $s = a$, il faudra que $\varphi = 0$ lorsque $s = 0$, et que $\varphi = m\pi$ lorsque $s = a$. Lorsque $m = 1$, la courbe n'aura qu'un seul ventre comme dans la *fig.* 1 (p. 127); en faisant $m = 2$, elle aura deux ventres comme dans la *fig.* 2 (p. 130); et ainsi de suite.

9. Si f est une quantité infiniment petite, on a à très-peu près $ds = \dfrac{d\varphi}{\sqrt{\dfrac{P}{K}}}$, et intégrant, $s = \dfrac{\varphi}{\sqrt{\dfrac{P}{K}}}$; d'où, faisant $s = a$ et $\varphi = m\pi$, on a le même résultat que ci-dessus (5). Mais si f n'est pas une quantité infiniment petite, alors l'équation du numéro précédent n'est point susceptible d'une intégrale exacte, car la différentielle $\dfrac{d\varphi}{\sqrt{\dfrac{P}{K} - \dfrac{P^2 f^2 \cos^2\varphi}{4K^2}}}$ dépend en général de la rectification des sections coniques. Mais, en employant les séries, on aura

$$ds = \dfrac{d\varphi}{\sqrt{\dfrac{P}{K}}}\left[1 + \dfrac{P f^2 \cos^2\varphi}{2(4K)} + \dfrac{3 P^2 f^4 \cos^4\varphi}{2.4(16K^2)} + \dfrac{3.5 P^3 f^6 \cos^6\varphi}{2.4.6(64K^3)} + \cdots\right].$$

Or, les différentielles $\cos^2\varphi\, d\varphi$, $\cos^4\varphi\, d\varphi$,... sont toutes intégrables, comme on sait, et pour les intégrer il n'y a qu'à changer les puissances $\cos\varphi$ en des cosinus d'angles multiples de φ par les formules connues

$$\cos^2\varphi = \frac{\cos 2\varphi + 1}{2},$$

$$\cos^4\varphi = \frac{\cos 4\varphi + 4\cos 2\varphi + \dfrac{4.3}{2.2}}{8},$$

$$\cos^6\varphi = \frac{\cos 6\varphi + 6\cos 4\varphi + \dfrac{6.5}{2}\cos 2\varphi + \dfrac{6.5.4}{2.2.3}}{32},$$

. . . .

Mais comme par l'intégration tous les cosinus deviennent des sinus, il est clair qu'en faisant $\varphi = m\pi$ tous ces termes s'évanouiront d'eux-mêmes; c'est pourquoi il suffira pour notre objet de considérer les termes tous constants des valeurs de $\cos^2\varphi$, $\cos^4\varphi$,..., et de les substituer à la place de ces mêmes valeurs dans l'équation ci-dessus, ce qui la réduira à celle-ci

$$ds = \frac{d\varphi}{\sqrt{\dfrac{P}{K}}}\left[1 + \frac{Pf'^2}{4(4K)} + \frac{9P^2f'^4}{4.16(16K^2)} + \frac{9.25\,P^3f'^6}{4.16.36(64K^3)} + \cdots\right],$$

qui, étant intégrée, donnera, après y avoir fait $s = a$ et $\varphi = m\pi$,

$$a = \frac{m\pi}{\sqrt{\dfrac{P}{K}}}\left[1 + \frac{Pf'^2}{4(4K)} + \frac{9P^2f'^4}{4.16(16K^2)} + \frac{9.25\,P^3f'^6}{4.16.36(64K^3)} + \cdots\right],$$

par où l'on pourra déterminer la valeur de f pour chaque valeur donnée de P et de a.

10. On voit d'abord par l'équation précédente que, tant que f n'est pas nul, a est nécessairement $> \dfrac{m\pi}{\sqrt{\dfrac{P}{K}}}$, et par conséquent $P > \dfrac{m^2\pi^2 K}{a^2}$;

d'où il s'ensuit que la colonne ne peut être courbée que par une charge plus grande que $\dfrac{m^2 \pi^2 K}{a^2}$. En effet, si l'on met l'équation ci-dessus sous cette forme

$$1 - \frac{a}{m\pi} \sqrt{\frac{P}{K}} + \frac{Pf^2}{4(4K)} + \frac{9P^2f^4}{4.16(16K^2)} + \frac{9.25P^3f^6}{4.16.36(64K^3)} + \ldots = 0,$$

et qu'on regarde la valeur de f^2 comme l'inconnue qu'il s'agit de déterminer, il est clair que puisque les quantités P et K sont positives de leur propre nature, la quantité f^2 n'aura que des valeurs négatives ou imaginaires tant que $1 - \dfrac{a}{m\pi} \sqrt{\dfrac{P}{K}} > 0$, que cette quantité aura une valeur nulle lorsque $1 - \dfrac{a}{m\pi} \sqrt{\dfrac{P}{K}} = 0$, toutes les autres étant négatives ou imaginaires; qu'enfin la quantité f^2 aura toujours une seule valeur positive lorsque $1 - \dfrac{a}{m\pi} \sqrt{\dfrac{P}{K}} < 0$. Donc : 1° la quantité f sera toujours imaginaire lorsque $1 - \dfrac{a}{m\pi} \sqrt{\dfrac{P}{K}} > 0$, c'est-à-dire $P < \dfrac{m^2\pi^2 K}{a^2}$; 2° la quantité f aura toujours deux valeurs réelles et égales, mais l'une positive et l'autre négative, lorsque $1 - \dfrac{a}{m\pi} \sqrt{\dfrac{P}{K}} < 0$, savoir $P > \dfrac{m^2\pi^2 K}{a^2}$, et n'aura point d'autres valeurs réelles. D'où il s'ensuit que tant que P sera $< \dfrac{\pi^2 K}{a^2}$, la colonne ne pourra être courbée; que tant que P sera renfermée entre les limites $\dfrac{\pi^2 K}{a^2}$ et $\dfrac{4\pi^2 K}{a^2}$, la colonne sera courbée, mais en ne formant qu'un seul ventre; que tant que P sera entre les limites $\dfrac{4\pi^2 K}{a^2}$ et $\dfrac{9\pi^2 K}{a^2}$, la colonne sera nécessairement courbée et pourra former ou un seul ventre ou deux; et ainsi de suite.

11. Nous avons donc démontré très-rigoureusement que la quantité $\dfrac{\pi^2 K}{a^2}$ est la limite des poids que la colonne peut supporter sans se plier; et comme cette quantité est égale à la valeur que doit avoir la force P

lorsque f est nulle, ou, ce qui revient au même, infiniment petite, il
s'ensuit qu'on peut la trouver directement en supposant d'abord y infiniment petite dans l'équation de la courbe, comme on l'a fait dans le
n° 5, et faisant en sorte que l'intégrale de cette équation satisfasse
aux deux conditions de $y = o$ lorsque $s = o$ et $s = a$, ou bien lorsque
$x = o$ et $x = a$, parce que, dans le cas de y infiniment petit, l'arc s se
confond sensiblement avec l'abscisse x. C'est de cette manière qu'on
pourra déterminer la limite dont il s'agit pour les colonnes qui ne seront
pas d'une épaisseur uniforme, et dont l'équation serait absolument in-
traitable par les méthodes connues sans la supposition de y infiniment
petit.

12. En effet, si l'on suppose que la colonne ne soit pas cylindrique,
mais qu'elle ait la forme d'un conoïde formé par la rotation d'une courbe
quelconque autour de son axe, lequel sera par conséquent aussi l'axe de
la colonne, et qu'on nomme z l'ordonnée de cette courbe qui répond à
une abscisse quelconque x, en sorte qu'on ait une équation entre z et x
qui serve à déterminer z en x, il est clair que $2z$ sera le diamètre de la
grosseur de la colonne à la hauteur x depuis la base, et il n'est pas
moins évident que la force absolue avec laquelle la colonne résistera
dans cet endroit à être courbée sera d'autant plus grande que la quantité
$2z$ sera plus grande; de manière que cette force pourra être regardée
comme une fonction de z, et par conséquent aussi comme une fonction
de x, que nous désignerons en général dans la suite par X. Ainsi il n'y
aura qu'à mettre simplement X à la place de K dans l'équation du n° 5,
et l'on aura

$$P y + X \frac{d^2 y}{dx^2} = o$$

pour l'équation de la courbe suivant laquelle la colonne sera pliée par le
poids P dont on la suppose chargée, en supposant que cette courbe soit
infiniment peu différente de la ligne droite.

13. Or, puisque, dans le cas où X était une quantité constante K, on a

trouvé en général pour la valeur de y cette expression

$$y = f \sin \left(x \sqrt{\frac{\mathrm{P}}{\mathrm{K}}} + g \right),$$

supposons maintenant $y = \xi \sin \varphi$, ξ et φ étant des fonctions inconnues de x, et l'on aura, en différentiant,

$$dy = \sin \varphi \, d\xi + \xi \cos \varphi \, d\xi,$$
$$d^2 y = \sin \varphi \, d^2 \xi + 2 \cos \varphi \, d\varphi \, d\xi - \xi \sin \varphi \, d\varphi^2 + \xi \cos \varphi \, d^2 \varphi;$$

donc, substituant ces valeurs dans l'équation du numéro précédent, on aura

$$\left[\mathrm{P}\xi + \mathrm{X} \left(\frac{d^2\xi}{dx^2} - \xi \frac{d\varphi^2}{dx^2} \right) \right] \sin \varphi + \mathrm{X} \left(2 \frac{d\varphi \, d\xi}{dx^2} + \xi \frac{d^2\varphi}{dx^2} \right) \cos \varphi = 0.$$

Comme nous avons introduit deux variables indéterminées ξ et φ, nous pouvons faire disparaître dans cette équation les sinus et cosinus de φ, en la partageant en ces deux-ci

$$\mathrm{P}\xi + \mathrm{X} \left(\frac{d^2\xi}{dx^2} - \xi \frac{d\varphi^2}{dx^2} \right) = 0,$$

$$2 \frac{d\varphi \, d\xi}{dx^2} + \xi \frac{d^2\varphi}{dx^2} = 0;$$

la seconde étant multipliée par $\xi \, dx$, et ensuite intégrée, donne

$$\xi^2 \frac{d\varphi}{dx} = h,$$

d'où l'on tire

$$\frac{d\varphi}{dx} = \frac{h}{\xi^2} \quad \text{et} \quad \varphi = h \int \frac{dx}{\xi^2},$$

h étant une constante arbitraire. Substituant cette valeur dans la première équation, elle deviendra

$$\mathrm{P}\xi + \mathrm{X} \left(\frac{d^2\xi}{dx^2} - \frac{h^2}{\xi^3} \right) = 0,$$

par laquelle il faudra déterminer la variable ξ; ensuite de quoi on aura

$$y = \xi \sin \left(h \int \frac{dx}{\xi^2} \right).$$

Soit pour plus de simplicité $\xi^2 = hu$, on aura, en substituant cette valeur dans l'équation en ξ, celle-ci

$$4\,\mathrm{P}\,u^2 + \mathrm{X}\left(\frac{2\,u\,d^2u - du^2}{dx^2} - 4\right) = 0,$$

et la valeur de y sera

$$y = \sqrt{hu}\,\sin\int\frac{dx}{u}.$$

14. On remarquera d'abord, à l'égard de cette expression de y, qu'elle contient deux constantes arbitraires : l'une, c'est la constante h qui ne se trouve point dans l'équation en u; l'autre, c'est celle qui est virtuellement renfermée dans l'intégrale $\int\frac{dx}{u}$; c'est pourquoi il suffira d'y substituer une valeur quelconque de u qui satisfasse à l'équation en u, sans s'embarrasser si elle est une intégrale complète de cette équation ou non.

Un autre avantage de la même expression de y, c'est qu'elle est très-commode pour la détermination du poids P; car, suivant les conditions du Problème, il faut : 1° que $y = 0$ lorsque $x = 0$, condition qu'on remplira en prenant l'intégrale de $\int\frac{dx}{u}$ en sorte qu'elle s'évanouisse lorsque $x = 0$; 2° il faut aussi que $y = 0$ lorsque $x = a$; et, pour remplir cette condition, il faudra que la valeur de l'intégrale $\int\frac{dx}{u}$ qui répond à $x = a$ soit $m\pi$; car alors $\sin\int\frac{dx}{u}$ sera nul. Or, comme la quantité u ne doit point contenir de constantes arbitraires, il est visible que cette dernière condition donnera une équation entre les quantités P et a, par laquelle on pourra déterminer P.

Quant au nombre entier m, qui demeure indéterminé, il est clair, par ce que l'on a vu plus haut, qu'il sera toujours égal au nombre des ventres que la colonne formera en se courbant par la pression du poids P; donc, pour avoir la limite des fardeaux que la colonne pourra supporter sans se courber d'une manière quelconque, il faudra toujours prendre pour m le nombre entier qui rendra la valeur de P la plus petite, et cette valeur sera la limite cherchée.

15. L'hypothèse la plus simple que l'on puisse faire sur la figure des colonnes, lorsqu'elles ne doivent pas être cylindriques, est de les supposer formées par la rotation d'une section conique autour de son axe; or, l'équation générale d'une section conique où les abscisses sont prises dans l'axe est, comme on sait,

$$z^2 = \alpha + \beta x + \gamma x^2,$$

x étant les abscisses et z les ordonnées, et α, β, γ étant des constantes arbitraires; ainsi, nous adopterons d'abord cette équation entre les variables z et x, et nous chercherons quelle est la valeur de P qui en résultera; mais, pour cela, il faut encore établir la loi qui doit avoir lieu entre les rayons z et la force X avec laquelle la colonne résiste à se courber (**12**).

16. Il parait que la théorie et l'expérience s'accordent assez à faire X proportionnelle à z^4, comme on peut le voir par les ouvrages où cette matière est traitée; ainsi nous supposerons en général $X = K z^4$, ce qui donnera, dans le cas du numéro précédent,

$$X = K(\alpha + \beta x + \gamma x^2)^2;$$

ce qui étant substitué dans l'équation en u du n° **13**, on aura

$$4 P u^2 + K(\alpha + \beta x + \gamma x^2)^2 \left(\frac{2 u d^2 u - du^2}{dx^2} - 4 \right) = 0,$$

équation à laquelle on peut satisfaire en faisant

$$u = g(\alpha + \beta x + \gamma x^2) = g z^2;$$

car on aura

$$\frac{2 u d^2 u - du^2}{dx^2} = 4 g^2 \gamma (\alpha + \beta x + \gamma x^2) - g^2 (\beta + 2 \gamma x)^2 = g^2 (4 \alpha \gamma - \beta^2);$$

de sorte qu'après les substitutions, on aura

$$4 P g^2 + K [g^2 (4 \alpha \gamma - \beta^2) - 4] = 0,$$

d'où l'on tire

$$g = \frac{1}{\sqrt{\dfrac{P}{K} + \alpha\gamma - \dfrac{\beta^2}{4}}}.$$

Cette valeur de u n'est, comme on voit, qu'une intégrale particulière; mais elle suffit pour notre objet, comme on l'a fait voir plus haut (14).

17. Maintenant on aura

$$\int \frac{dx}{u} = \int \frac{dx}{g(\alpha + \beta x + \gamma x^2)};$$

donc, si l'on nomme A l'intégrale de $\dfrac{dx}{\alpha + \beta x + \gamma x^2}$, c'est-à-dire de $\dfrac{dx}{z^2}$, prise en sorte qu'elle soit nulle lorsque $x = 0$ et complète lorsque $x = a$, on aura $\dfrac{A}{g}$ pour la valeur de $\int \dfrac{dx}{u}$ répondant à $x = a$; on fera donc (14) $\dfrac{A}{g} = m\pi$, et l'on tirera de là

$$P = \left(\frac{\beta^2}{4} - \alpha\gamma + \frac{m^2 \pi^2}{A^2} \right) K.$$

Telle est donc la valeur du poids P qui pourra faire plier la colonne infiniment peu, et comme cette valeur augmente à mesure que le nombre m est plus grand, on fera $m = 1$ pour avoir la limite des poids qui pourront être supportés par la colonne, sans qu'elle soit sujette à se courber en aucune manière; ainsi la force de la colonne sera d'autant plus grande que la valeur de P sera plus grande; d'où l'on voit que la force augmentera à mesure que la quantité $\dfrac{\beta^2}{4} - \alpha\gamma$ croitra et que la quantité A décroîtra; ainsi ce sera une question de *maximis* et *minimis* de déterminer les valeurs des constantes α, β, γ pour que la force P soit la plus grande; mais comme cette force doit nécessairement augmenter à mesure que les dimensions de la colonne augmentent, on ne peut chercher qu'un maximum relatif à la masse de la colonne, en supposant sa hauteur donnée; c'est sous ce point de vue que nous allons envisager la question.

18. Pour commencer par les cas les plus simples, nous supposerons d'abord que l'on ait $\frac{\beta^2}{4} - \alpha\gamma = 0$, auquel cas l'équation du profil de la colonne deviendra

$$z^2 = (\sqrt{\alpha} + x\sqrt{\gamma})^2,$$

et tirant la racine carrée

$$z = \sqrt{\alpha} + x\sqrt{\gamma},$$

qui est à une ligne droite; en sorte que dans ce cas la figure de la colonne sera celle d'un cône tronqué. Faisons, pour plus de commodité, $\sqrt{\alpha} = b$, $\sqrt{\gamma} = c$, et par conséquent $\beta = 2bc$; on aura donc

$$z = b + cx,$$

et l'intégrale de $\frac{dx}{z^2}$, prise de manière qu'elle soit nulle lorsque $x = 0$, sera $-\frac{1}{c}\left(\frac{1}{z} - \frac{1}{b}\right)$; donc, faisant $x = a$ et $b' = b + ca$, on aura

$$A = -\frac{1}{c}\left(\frac{1}{b + ca} - \frac{1}{b}\right) = \frac{a}{b(b + ca)} = \frac{a}{bb'},$$

où l'on remarquera que b est le rayon de la base inférieure de la colonne, et b' celui de la base supérieure; ainsi l'on aura dans ce cas

$$P = \frac{\pi^2 K b^2 b'^2}{a^2}.$$

Maintenant, pour avoir la solidité de la colonne, on remarquera que l'aire du cercle dont le rayon est z étant exprimée par πz^2, il n'y aura qu'à prendre l'intégrale de $\pi z^2 dx$, depuis $x = 0$ jusqu'à $x = a$, laquelle sera

$$\frac{\pi}{3c}\left[(b + ca)^3 - b^3\right],$$

c'est-à-dire, à cause de $b + ca = b'$ et $c = \frac{b' - b}{a}$,

$$\frac{\pi a}{3}(b^2 + bb' + b'^2).$$

Ainsi le rapport du poids que la colonne est en état de supporter au carré du poids même de la colonne sera exprimé par

$$\frac{9\,\mathrm{K}\,b^2\,b'^2}{a^4(b^2 + bb' + b'^2)^2},$$

quantité qui ne dépend que du rapport des rayons b et b' des deux bases; en effet, faisant $\dfrac{b'}{b} = r$, la quantité précédente deviendra

$$\frac{9\,\mathrm{K}\,r^2}{a^4(1 + r + r^2)^2} = \frac{9\,\mathrm{K}}{a^4\left(1 + r + \dfrac{1}{r}\right)^2}.$$

Cette quantité sera donc la plus grande lorsque la valeur de $1 + r + \dfrac{1}{r}$ sera la plus petite, ce qui aura lieu en faisant $dr - \dfrac{dr}{r^2} = 0$, ou bien $1 - \dfrac{1}{r^2} = 0$, savoir $r = 1$ et par conséquent $b = b'$. D'où l'on doit conclure que la force d'une colonne de figure conique, relativement à sa solidité, sera toujours la plus grande lorsque les deux bases seront égales, c'est-à-dire lorsque la colonne sera cylindrique. Ainsi, pour cette considération, les colonnes cylindriques doivent être préférables aux coniques.

19. Nommons en général S la solidité de la colonne, qui est égale à l'intégrale de $\pi z^2\,dx$ prise de manière qu'elle soit nulle lorsque $x = 0$, et complète lorsque $x = a$; le rapport de P à S^2, c'est-à-dire la valeur de $\dfrac{\mathrm{P}}{\mathrm{S}^2}$, pourra être regardé comme exprimant la force relative d'une colonne; cette force sera donc $\dfrac{9\,\mathrm{K}}{a^4\left(1 + r + \dfrac{1}{r}\right)^2}$ pour les colonnes coniques, où les diamètres des bases sont entre elles comme r est à 1, et $\dfrac{\mathrm{K}}{a^4}$ pour les colonnes cylindriques, ce qui sert à déterminer la valeur de la constante K; c'est pourquoi, si l'on fait $\mathrm{K} = a^4\mathrm{F}$, la constante F exprimera la force relative d'une colonne cylindrique de même hauteur.

20. Supposons maintenant $\gamma = 0$, ce qui donnera $z^2 = \alpha + \beta x$, qui

est l'équation d'une parabole, l'intégrale de $\dfrac{dx}{z^2} = \dfrac{dx}{\alpha + \beta x}$ sera en

général $\dfrac{1}{\beta} \log(\alpha + \beta x)$, d'où, en complétant et faisant $x = a$, on aura

$$A = \frac{1}{\beta} \log\left(1 + \frac{\beta a}{\alpha}\right);$$

donc

$$P = \left\{ \frac{1}{4} + \frac{\pi^2}{\left[\log\left(1 + \dfrac{\beta a}{\alpha}\right)\right]^2} \right\} \beta^2 \mathrm{k}.$$

Maintenant, pour avoir S, on intégrera la formule

$$\pi z^2 \, dx = \pi(\alpha + \beta x)\, dx,$$

et complétant l'intégrale, comme on l'a enseigné plus haut, on aura

$$S = \pi\left(\alpha + \frac{\beta a}{2}\right) a;$$

donc

$$\frac{P}{S^2} = \frac{K}{a^2\left(\dfrac{\alpha}{\beta} + \dfrac{a}{2}\right)^2} \left\{ \frac{1}{4\pi^2} + \frac{1}{\left[\log\left(1 + \dfrac{\beta a}{\alpha}\right)\right]^2} \right\}.$$

Faisons $\dfrac{\beta a}{\alpha} = r$ et mettons Fa^4 à la place de K, on aura pour la force

relative de la colonne parabolique l'expression

$$\frac{P}{S^2} = \frac{F}{\left(\dfrac{1}{2} + \dfrac{1}{r}\right)^2} \left\{ \frac{1}{4\pi^2} + \frac{1}{[\log(1 + r)]^2} \right\},$$

F étant celle de la colonne cylindrique de même hauteur.

21. Cherchons le maximum de cette expression, et la différentiation donnera cette équation transcendante en r

$$\frac{[\log(1 + r)]^3}{4\pi^2} + \log(1 + r) = \frac{r(2 + r)}{2(1 + r)},$$

d'où il faudra tirer r. Pour y parvenir, je fais $\log(1 + r) = t$, et par conséquent $r = e^t - 1$; j'aurai, en substituant,

$$\frac{t^3}{4\pi^2} + t = \frac{e^t - e^{-t}}{2}.$$

Je réduis en séries les quantités exponentielles, ce qui me donne

$$\frac{e^t - e^{-t}}{2} = t + \frac{t^3}{2.3} + \frac{t^5}{2.3.4.5} + \ldots,$$

de sorte que l'équation deviendra

$$\left(\frac{1}{2.3} - \frac{1}{4\pi^2}\right) t^3 + \frac{t^5}{2.3.4.5} + \frac{t^7}{2.3.4.5.7} + \ldots = 0.$$

Cette équation donne d'abord $t = 0$; ensuite, étant divisée par t^3, elle devient

$$\frac{1}{2.3} - \frac{1}{4\pi^2} + \frac{t^2}{2.3.4.5} + \frac{t^4}{2.3.4.5.7} + \ldots = 0,$$

laquelle, à cause de $\pi > 3$, aura tous ses termes positifs, en sorte que comme elle ne contient que des puissances paires de t, elle ne pourra avoir aucune racine réelle, puisque t^2 ne saurait avoir aucune valeur réelle positive. Ainsi $t = 0$ sera la seule racine réelle de l'équation dont il s'agit; par conséquent la valeur cherchée de r sera aussi égale à zéro, ce qui donnera $\frac{\beta a}{\alpha} = 0$, et par conséquent $\beta = 0$, c'est-à-dire la colonne cylindrique. Faisons donc $r = 0$ dans l'expression de $\frac{P}{S}$, ou plutôt r infiniment petit, et elle se réduira à F; or, si l'on donnait à r une tout autre valeur, comme si l'on faisait $r = \infty$, on trouverait $\frac{P}{S} = \frac{F}{\pi^2}$, valeur moindre que la précédente; ce qui prouve que le cas de $r = 0$ est celui du *maximum*; d'où il faut conclure que la force est toujours plus grande dans les colonnes cylindriques que dans les paraboliques.

22. Considérons présentement l'équation générale

$$z^2 = \alpha + \beta x + \gamma x^2,$$

laquelle représente une section conique quelconque rapportée à l'un des axes, et faisant $\beta = 2b\gamma$, $\alpha = c\gamma$, on pourra la mettre sous cette forme

$$z^2 = \gamma\,[(x+b)^2 + c - b^2],$$

laquelle, si $c - b^2$ est une quantité négative, représentera une hyperbole rapportée à son grand axe lorsque γ est positive, et une ellipse lorsque γ est négative; mais si $c - b^2$ est une quantité positive, γ devra être positive et l'équation sera à une hyperbole rapportée à son axe conjugué, en sorte que la colonne, au lieu d'être renflée, se trouvera diminuée au milieu. C'est pourquoi il suffira d'examiner le premier cas où

$$c - b^2 = - r^2,$$

en sorte que l'on ait

$$z^2 = \gamma\,[(x+b)^2 - r^2];$$

et nous remarquerons d'abord ici que, puisque la hauteur de la colonne est a, il faut, pour que la courbe qui répond à la portion d'axe a soit toute réelle, que l'on ait: 1° si $\gamma > 0$, $b = r$ ou $> r$ (r étant supposée une quantité positive); 2° si $\gamma < 0$, $\pm b < r$ et $a + b < r$ ($\pm b$ dénotant la valeur de b prise positivement).

Cela posé, on aura

$$\frac{dx}{z^2} = \frac{dx}{2\gamma r(x+b-r)} - \frac{dx}{2\gamma r(x+b+r)},$$

dont l'intégrale, prise en sorte qu'elle s'évanouisse lorsque $x = 0$, sera

$$\frac{1}{2\gamma r}\,\log\left(\frac{x+b-r}{x+b+r} \times \frac{b+r}{b-r}\right);$$

donc, faisant $x = a$, on aura

$$A = \frac{1}{2\gamma r}\,\log\left(\frac{a+b-r}{a+b+r} \times \frac{b+r}{b-r}\right);$$

de là, à cause de $\dfrac{\beta^2}{4} - \alpha\gamma = \gamma^2(b^2 - c) = \gamma^2 r^2$, l'expression de P deviendra (17)

$$P = \gamma^2 r^2 \left\{ 1 + \frac{4\pi^2}{\left[\log\left(\dfrac{a+b-r}{a+b+r} \times \dfrac{b+r}{b-r}\right)\right]^2} \right\} K.$$

23. Il ne reste plus qu'à trouver la valeur de S par l'intégration de la formule

$$\pi z^2 \, dx = \pi \gamma \left[(x + b)^2 - r^2 \right] dx,$$

laquelle donne l'intégrale

$$\pi \gamma \left[\frac{(x+b)^3 - b^3}{3} - r^2 x \right] = \pi \gamma x \left(\frac{x^2}{3} + xb + b^2 - r^2 \right);$$

de sorte qu'en faisant $x = a$ on aura

$$S = \pi \gamma a \left(\frac{a^2}{3} + ab + b^2 - r^2 \right);$$

donc enfin

$$\frac{P}{S^2} = \frac{\dfrac{1}{\pi^2} + \dfrac{4}{\left[\log \left(\dfrac{a+b-r}{a+b+r} \dfrac{b+r}{b-r} \right) \right]^2}}{\left(\dfrac{a^2}{3} + ab + b^2 - r^2 \right)^2} \frac{K \, r^2}{a^2}.$$

Faisons encore $b = pa$, $r = qa$ et mettons F à la place de $\frac{K}{a^4}$, on aura

$$\frac{P}{S^2} = \frac{\dfrac{1}{\pi^2} + \dfrac{4}{\left[\log \left(\dfrac{1+p-q}{1+p+q} \dfrac{p+q}{p-q} \right) \right]^2}}{\left(\dfrac{1}{3} + p + p^2 - q^2 \right)^2} F q^2,$$

expression qui peut se simplifier encore en supposant $p + p^2 - q^2 = t$, ce qui la réduira à celle-ci

$$F q^2 \frac{\dfrac{1}{\pi^2} + \dfrac{4}{\left(\log \dfrac{t+q}{t-q} \right)^2}}{\left(\dfrac{1}{3} + t \right)^2},$$

qui ne contient que deux indéterminées t et q.

24. Puisque $q = \frac{r}{a}$, il est clair que la quantité q devra toujours être positive; voyons donc d'abord quelle sera la valeur de q qui rendra l'ex-

II.

pression précédente un maximum. Pour cela, il suffit de rendre un maximum la quantité

$$q^2\left[\frac{1}{\pi^2}+\frac{4}{\left(\log\frac{t+q}{t-q}\right)^2}\right],$$

dont la différentielle logarithmique étant égale à zéro donnera l'équation

$$\frac{1}{q}-\frac{8t}{(t-q)^2}\frac{1}{\frac{1}{\pi^2}\left(\log\frac{t+q}{t-q}\right)^3+4\log\left(\frac{t+q}{t-q}\right)}=0,$$

d'où il faudra tirer la valeur de q.

Faisons pour cela $\log\left(\frac{t+q}{t-q}\right)=z$, donc $\frac{t+q}{t-q}=e^z$, et $q=\frac{e^z-1}{e^z+1}t$, l'équation précédente deviendra

$$\frac{z^3}{\pi^2}+4z=\frac{8qt}{(t-q)^2}=2(e^{2z}-1);$$

donc, réduisant l'exponentielle e^{2z} en série, on aura l'équation

$$2z^2+\left(\frac{4}{3}-\frac{1}{2\pi^2}\right)z^3+\frac{16}{2.3.4}z^4+\ldots=0,$$

laquelle donne d'abord $z=0$, et, à cause que tous ses termes sont positifs, ne saurait avoir aucune racine réelle plus grande que zéro. Mais nous allons prouver que cette équation ne peut avoir non plus de racine réelle négative. Pour cela je reprends la forme

$$\frac{z^3}{2\pi^2}+2z=e^{2z}-1,$$

et je fais $z=-\frac{u}{2}$; j'aurai celle-ci

$$\frac{u^3}{16\pi^2}=1-u-\frac{1}{e^u}.$$

Il est visible qu'en faisant $u=0$ les deux membres de cette équation deviennent nuls à la fois, et par conséquent égaux entre eux; mais à mesure que u augmente, le premier membre augmente aussi et le second diminue ; donc il sera impossible que l'équation puisse jamais avoir lieu tant que $u > 0$; pour prouver que le second membre diminue à mesure que u augmente, il n'y a qu'à prendre sa différentielle, laquelle est $-\left(1 - \frac{1}{e^u}\right) du$; or, comme $e > 1$, il est visible que e^u sera toujours aussi > 1, tant que $u > 0$; donc $1 - \frac{1}{e^u}$ sera toujours un nombre positif, par conséquent la différentielle dont il s'agit sera toujours négative ; donc, etc.

25. Nous venons donc de démontrer qu'il n'y a qu'une seule valeur réelle de z ou de $\log \frac{t+q}{t-q}$ qui puisse rendre la formule proposée un maximum ou un minimum ; cette valeur est $\log \frac{t+q}{t-q} = 0$, d'où l'on tire $\frac{t+q}{t-q} = 1$, et de là $q = 0$. Qu'on fasse donc, dans l'expression de $\frac{P}{S^2}$, $q = 0$, ou seulement infiniment petit, elle deviendra, à cause de

$$\log \left(\frac{t+q}{t-q}\right) = \log \frac{1 + \frac{q}{t}}{1 - \frac{q}{t}} = \frac{2q}{t},$$

à très-peu près,

$$\frac{P}{S^2} = \frac{F t^2}{\left(\frac{1}{3} + t\right)^2};$$

pour voir maintenant si cette valeur est un maximum ou un minimum, qu'on fasse par exemple $q = t$, on aura $\log \frac{t+q}{t-q} = \log \infty = \infty$; de sorte que l'expression de $\frac{P}{S^2}$ se réduira à celle-ci

$$\frac{F t^2}{\pi^2 \left(\frac{1}{3} + t\right)^2},$$

qui est évidemment plus petite que la précédente, à cause de $\pi > 1$.

Quant aux valeurs imaginaires de z, c'est-à-dire de $\log \frac{t+q}{t-q}$, il est clair qu'elles doivent être rejetées, parce qu'elles rendraient toute la valeur de $\frac{P}{S^2}$ imaginaire; il n'y a que le seul cas où z serait de la forme $\mu.\sqrt{-1}$, dans lequel $\frac{P}{S^2}$ aurait néanmoins une valeur réelle; or, ce cas aura lieu quand $\frac{t+q}{t-q} = -1$, c'est-à-dire lorsque $q = \infty$: car alors on aura $\log\frac{t+q}{t-q} = \log -1 = \pi\sqrt{-1}$, et l'expression de $\frac{P}{S^2}$ deviendra

$$\frac{Fq^2\left(\frac{1}{\pi^2} - \frac{4}{\pi^2}\right)}{\left(\frac{1}{3} + t\right)^2},$$

laquelle est, à la vérité, toute réelle; mais comme elle est en même temps négative, ce qui est absurde, on voit que le cas dont il s'agit doit être également rejeté.

26. Le maximum de la quantité $\frac{P}{S^2}$ aura donc lieu uniquement lorsque $q = 0$, ce qui donne $r = 0$, et par conséquent

$$z^2 = \gamma(x+b)^2$$

pour l'équation de la courbe, ce qui rentre dans le cas du n° **18**, où la colonne était supposée conique; d'où il s'ensuit que la figure conique dans les colonnes est préférable à la figure renflée qui proviendrait de la révolution d'une section conique autour de son axe. Mais si l'on veut que la colonne ait la plus grande force possible, il faudra lui donner la figure cylindrique, comme nous l'avons démontré plus haut (numéro cité).

27. Je n'examinerai pas ici quelle est la force des colonnes qui sont formées par d'autres courbes que des sections coniques, parce que d'un côté l'équation en u du n° **13** est rarement intégrable, et que de l'autre la considération de plusieurs cas particuliers ne pourrait jamais conduire à une conclusion vraiment générale. Je vais tâcher plutôt de résoudre la question proposée d'une manière directe et générale, en cherchant immédiatement la courbe qui, par sa rotation autour de son axe, produira une colonne qui ait la plus grande force possible; Problème d'un genre assez neuf, et dont la solution demande des artifices particuliers qui pourront m'être utiles dans d'autres occasions.

28. Voici en quoi consiste ce Problème exprimé analytiquement :

Il s'agit de trouver une équation entre les ordonnées z et les abscisses x, telle que la quantité $\frac{P}{S^2}$ soit la plus grande qu'il est possible, S étant égale à l'intégrale $\pi \int z^2\, dx$ prise depuis $x = 0$ jusqu'à $x = a$, et P étant une constante qui doit être déterminée par cette condition que l'intégrale $\int \frac{dx}{u}$, prise en sorte qu'elle soit nulle lorsque $x = 0$, devienne égale à π lorsque $x = a$, en supposant u donnée par l'équation différentielle

$$4P u^2 + X\left(\frac{2\,u d^2 u - du^2}{dx^2} - 4\right) = 0,$$

où X *est une fonction donnée de* z *que nous avons supposée plus haut égale à* Kz^4.

On voit que ce qui rend surtout le Problème difficile, c'est que la quantité u n'est pas donnée en P et en z en termes finis; mais supposons pour un moment que ce soit une fonction connue de z et de P, en sorte que

$$du = M\, dz + N\, dP,$$

en faisant aussi P variable; dans ce cas, voici comment on pourra s'y prendre.

Puisque $\frac{P}{S^2}$ doit être un maximum, on aura d'abord, en différentiant et employant la caractéristique δ,

$$\frac{\delta P}{P} - \frac{2\delta S}{S} = 0;$$

or, puisque $\int \frac{dx}{u}$ est égal à une quantité donnée π, laquelle est indépendante de P, on aura aussi, en différentiant,

$$-\int \frac{dx\,\delta u}{u^2} = 0,$$

et mettant pour δu sa valeur $M\delta z + N\delta P$,

$$\int \frac{M\delta z\,dx}{u^2} + \int \frac{N\delta P\,dx}{u^2} = 0\,;$$

mais P étant une constante par rapport à x, on pourra mettre sa différentielle δP hors du signe d'intégration, ce qui donnera l'équation

$$\int \frac{M\delta z\,dx}{u^2} + \delta P \int \frac{N\,dx}{u^2} = 0,$$

d'où l'on tire

$$\delta P = -\frac{\displaystyle\int \frac{M\delta z\,dx}{u^2}}{\displaystyle\int \frac{N\,dx}{u^2}},$$

ces intégrales étant prises depuis $x = 0$ jusqu'à $x = a$.

Quant à la valeur de δS, puisque $S = \pi \int z^2\,dx$, on aura

$$\delta S = 2\pi \int z\,\delta z\,dx\,;$$

donc, substituant ces valeurs de δP et de δS dans l'équation ci-dessus, on aura celle-ci

$$4\pi \int \frac{z\,\delta z\,dx}{S} + \frac{\displaystyle\int \frac{M\delta z\,dx}{u^2}}{P\displaystyle\int \frac{N\,dx}{u^2}} = 0.$$

Dénotons par R la quantité $\int \frac{N\,dx}{u^2}$, qui peut être regardée comme une constante, et nous aurons l'équation

$$\int \left(\frac{4\pi z}{S} + \frac{M}{PR\,u^2} \right) \delta z\,dx = 0,$$

laquelle donne

$$\frac{4\pi z}{S} + \frac{M}{PR\,u^2} = 0.$$

Or, comme u est supposée une fonction de z et de constantes, que M est par conséquent aussi une fonction de z et de constantes, et que S et R sont aussi des constantes, il s'ensuit que cette équation donnera $z =$ const.; mais il faut que cette valeur de z satisfasse aussi à l'équation en u; or, comme u est par hypothèse une fonction de z et de P, on aura aussi $u =$ const.; donc l'équation dont nous parlons deviendra

$$4\,P\,u^2 - 4X = o, \quad \text{ou} \quad P\,u^2 - X = o,$$

laquelle pourra toujours se vérifier lorsque X sera une fonction de z, comme nous l'avons supposé.

Au reste, comme cette solution est fondée sur l'hypothèse particulière de u égal à une fonction de z, il s'en faut beaucoup qu'on puisse la regarder comme exacte et complète; aussi n'est-elle ici que comme une introduction à la solution générale que nous allons donner dans les numéros suivants.

29. Nous aurons d'abord comme ci-dessus les deux équations

$$\frac{\partial P}{P} - \frac{2\partial S}{S} = o, \quad \int \frac{dx\,\partial u}{u^2} = o,$$

et de plus nous aurons aussi l'équation

$$\partial S = 2\pi \int z\,\partial z\,dx,$$

et il ne restera plus qu'à trouver une équation entre ∂P, ∂u et ∂z. Pour cela je reprends l'équation en u, et pour la rendre plus traitable, je la ramène à sa première forme en faisant $u = t^2$, ce qui la réduit à celle-ci

$$P\,t + X\left(\frac{d^2t}{dx^2} - \frac{1}{t^3}\right) = o,$$

laquelle est moins chargée de différentielles que celle en u; maintenant je la différentie, en affectant les différentielles de la caractéristique ∂ et faisant varier à la fois t, P et z; j'aurai

$$P\partial t + t\partial P + \left(\frac{d^2t}{dx^2} - \frac{1}{t^3}\right)\partial X + X\left(\frac{\partial d^2t}{dx^2} + \frac{3\partial t}{t^4}\right) = o;$$

mais puisque X est supposée une fonction de z, on aura $dX = X'dz$, et par conséquent aussi $\partial X = X'\partial z$; de plus, on a par la méthode des variations, exposée dans les tomes II et IV des *Miscellanea Taurinensia* (*), $\partial d^2 t = d^2 \partial t$; donc, substituant ces valeurs et mettant de plus $-\dfrac{Pt}{X}$ à la place de $\dfrac{d^2 t}{dx^2} - \dfrac{1}{t^3}$, on aura cette équation

$$P\partial t + t\partial P - \frac{PtX'\partial z}{X} + X\left(\frac{d^2\partial t}{dx^2} - \frac{3\partial t}{t^4}\right) = 0 \quad (**),$$

c'est-à-dire

$$\left(P - \frac{3X}{t^4}\right)\partial t + X\frac{d^2\partial t}{dx^2} + t\partial P - \frac{PX't\partial z}{X} = 0.$$

Je multiplie maintenant cette équation par $\alpha\,dx$, α étant une nouvelle indéterminée, et je l'intègre en faisant disparaître, par des intégrations partielles, les différences de ∂t; j'aurai

$$\int\left[\left(P - \frac{3X}{t^4}\right)\alpha + \frac{d^2(X\alpha)}{dx^2}\right]\partial t\,dx + \frac{X\alpha d\partial t}{dx} - \frac{d(X\alpha)\partial t}{dx}$$
$$+ \partial P\int t\alpha\,dx - P\int\frac{t\alpha X'\partial z}{X}\,dx = \text{const.}$$

Je suppose, ce qui est permis, que la quantité α soit telle que l'on ait

$$\left(P - \frac{3X}{t^4}\right)\alpha + \frac{d^2(X\alpha)}{dx^2} = \frac{H}{t^3},$$

H étant une constante quelconque; l'équation précédente deviendra

$$H\int\frac{\partial t\,dx}{t^3} + \frac{X\alpha d\partial t}{dx} - \frac{d(X\alpha)\partial t}{dx} + \partial P\int t\alpha\,dx - P\int\frac{t\alpha X'\partial z}{X}\,dx = \text{const.},$$

(*) *OEuvres de Lagrange*, t. I, p. 335, et t. II, p. 37.

(**) Le terme $\dfrac{3\partial t}{t^4}$ devrait avoir ici le signe $+$ comme dans la formule précédente. Le changement de ce signe a pour effet d'infirmer tous les résultats qui suivent; ces résultats sont d'ailleurs affectés de plusieurs autres erreurs de calcul. Nous avons reproduit exactement le texte primitif en nous bornant à corriger, comme nous l'avons toujours fait, les fautes typographiques; on trouvera, à la fin du Mémoire, l'indication des modifications qu'il y a lieu de faire subir aux principales formules. (*Note de l'Éditeur.*)

où je remarque qu'à cause de $t^2 = u$ on aura

$$\int \frac{\partial t\, dx}{t^3} = \frac{1}{2} \int \frac{\partial u\, dx}{u^2}.$$

Donc, si l'on étend l'intégration de l'équation précédente depuis $x = 0$ jusqu'à $x = a$, on aura la valeur de l'intégrale $\int \frac{\partial u\, dx}{u^2}$, laquelle devra être nulle par les conditions du Problème.

Pour cela, je nomme B la valeur totale de l'intégrale $\int t\,\alpha\, dx$, prise depuis $x = 0$ jusqu'à $x = a$, ensuite je nomme Π et Ψ les valeurs des termes $\frac{X\alpha\,\partial t}{dx} - \frac{d(X\alpha)}{dx}\,\partial t$ pour le point où $x = 0$ et pour celui où $x = a$; j'aurai donc, à cause de $\int \frac{\partial t\, dx}{t^3} = \frac{1}{2} \int \frac{\partial u\, dx}{u^2} = 0$, l'équation

$$\Pi - \Psi + B\partial P - P\int \frac{t\,\alpha X'\,\partial z}{X}\, dx = 0,$$

d'où l'on tire d'abord

$$\frac{\partial P}{P} = \frac{\Psi - \Pi}{BP} + \frac{1}{B}\int \frac{t\,\alpha X'\,\partial z}{X}\, dx,$$

l'intégrale $\int \frac{t\,\alpha X'\,\partial z\, dx}{X}$ étant aussi supposée prise depuis $x = 0$ jusqu'à $x = a$.

Donc, si l'on substitue cette valeur de ∂P, ainsi que celle de ∂S, dans l'équation

$$\frac{\partial P}{P} - \frac{2\partial S}{S} = 0,$$

on aura celle-ci

$$\frac{\Psi - \Pi}{BP} + \frac{1}{B}\int \frac{t\,\alpha X'\,\partial z}{X}\, dx - \frac{4\pi}{S}\int z\,\partial z\, dx = 0,$$

ou bien, à cause que les quantités B et S sont constantes par rapport à x, puisqu'elles expriment des intégrales déterminées où x est supposé égal à a,

$$\frac{\Psi - \Pi}{BP} + \int \left(\frac{t\,\alpha X'}{BX} - \frac{4\pi z}{S} \right) \partial z\, dx = 0.$$

II.

On aura donc d'abord, pour tous les points de la courbe, l'équation indéfinie

$$\frac{t\,\alpha X'}{BX} - \frac{4\pi z}{S} = 0,$$

c'est-à-dire, .

$$\frac{t\,\alpha X'}{z^2 X} = \frac{4\pi B}{S};$$

ensuite on aura l'équation déterminée $\Psi = \Pi$, laquelle ne se rapporte
qu'aux points extrêmes de la courbe où $x = 0$ et $x = a$.

30. Ainsi, pour avoir l'équation de la courbe cherchée, il n'y aura
qu'à éliminer les deux indéterminées t et α, à l'aide de ces trois équations

$$\frac{t\,\alpha X'}{z X} = \frac{4\pi B}{S},$$

$$\left(P - \frac{3X}{t^4}\right)\alpha + \frac{d^2(X\alpha)}{dx^2} = \frac{H}{t^3},$$

$$P\,t + X\left(\frac{d^2 t}{dx^2} - \frac{1}{t^3}\right) = 0;$$

et comme X est supposée une fonction connue de z, on aura une équation finale entre les ordonnées z et les abscisses x.

Il est bon de remarquer que si l'on fait $\alpha = Hr$, la constante H dispa-
raitra de la seconde équation, et que la première, étant divisée par H,
deviendra

$$\frac{rt X'}{z X} = \frac{4\pi B}{HS},$$

de sorte que, comme H est une constante arbitraire, la quantité $\frac{4\pi B}{HS}$
aura une valeur constante quelconque indépendante de B et de S.

De cette manière on aura donc, en prenant une constante arbitraire C,
les trois équations suivantes

$$\frac{rt X'}{z X} = C,$$

$$\left(P - \frac{3X}{t^4}\right)r + \frac{d^2(X r)}{dx^2} - \frac{1}{t^3} = 0,$$

$$P\,t + X\left(\frac{d^2 t}{dx^2} - \frac{1}{t^3}\right) = 0,$$

qui renferment la solution du Problème proposé, pris dans toute sa généralité.

31. Si l'on chasse r et t, il viendra une équation en z et x du quatrième ordre, qui sera peut-être bien difficile à intégrer; mais je remarque que $z = $ const. sera sûrement une intégrale particulière de cette équation; car supposant z constante, X et X', qui sont des fonctions de z, seront aussi constantes, de sorte que si l'on suppose aussi r et t constantes en même temps, les équations ci-dessus deviendront

$$\frac{rt\mathrm{X}'}{z\mathrm{X}} = \mathrm{C},$$

$$\left(\mathrm{P} - \frac{3\mathrm{X}}{t^4}\right)r - \frac{\mathrm{1}}{t^3} = \mathrm{o},$$

$$\mathrm{P}t - \frac{\mathrm{X}}{t^3} = \mathrm{o},$$

dont les deux dernières donneront d'abord

$$t = \sqrt[4]{\frac{\mathrm{X}}{\mathrm{P}}},$$

$$r = \frac{t}{\mathrm{P}t^4 - 3\mathrm{X}} = -\frac{\mathrm{1}}{2\sqrt[4]{\mathrm{PX}^3}};$$

ensuite la première donnera

$$-\frac{\mathrm{X}'}{2z\mathrm{X}\sqrt{\mathrm{PX}}} = \mathrm{C},$$

d'où l'on tirera la valeur de z, laquelle, à cause de la constante arbitraire C, pourra être une constante quelconque.

32. Cette valeur de z donne évidemment un cylindre pour la figure de la colonne; mais comme ce n'est qu'une valeur particulière, elle ne peut être censée résoudre le Problème que dans certaines circonstances. En effet, comme l'équation en z doit être du quatrième ordre, ainsi que nous l'avons remarqué ci-dessus, elle renfermera nécessairement, étant intégrée, quatre constantes arbitraires, en sorte que l'on pourra faire passer la courbe par quatre points quelconques donnés, ou par deux

points et par deux tangentes, ou, etc. Si l'on veut que la courbe de la
colonne qui doit avoir la plus grande force possible passe par quatre
points également éloignés de l'axe, dans ce cas on sera assuré qu'il n'y
aura qu'une ligne droite qui résolve le Problème, en sorte que la colonne
devra être nécessairement cylindrique. La même chose aura lieu, par
exemple, si les deux bases de la colonne doivent être égales entre elles,
et que de plus les tangentes de la courbe aux deux extrémités doivent
être parallèles à l'axe, et ainsi du reste.

En général, toutes les fois que les quatre conditions données seront
telles, qu'elles pourront cadrer avec une ligne droite parallèle à l'axe,
cette ligne sera sûrement celle du maximum; mais dans tous les autres
cas le Problème ne pourra se résoudre que par l'intégration complète de
l'équation différentielle en z et x.

33. Si l'on veut que la colonne soit à peu près cylindrique, ce qui est
le cas le plus ordinaire, on pourra résoudre le Problème d'une manière
approchée que voici.

Puisque, lorsque z est constante, on a aussi r et t constantes, il est
visible que si z varie peu, r et t varieront peu aussi.

Supposons donc

$$z = Z(1 + \zeta), \quad r = R(1 + \rho), \quad t = T(1 + \theta),$$

Z, R, T étant des constantes finies, et ζ, ρ, θ des variables très-petites; et
substituant ces valeurs, on pourra négliger les produits de deux ou de
plusieurs dimensions de ζ, ρ, θ, en sorte que l'on aura des équations où
les variables ne se trouveront que sous une forme linéaire, et qui seront
par conséquent intégrables par les méthodes connues.

Mais avant de faire ces substitutions on remarquera que, comme X est
supposée une fonction donnée de z, si l'on fait $\frac{dX}{dz} = X'$ et $\frac{dX'}{dz} = X''$,
les quantités X et X' deviendront à très-peu près $X + X'Z\zeta$, $X' + X''Z\zeta$,
c'est-à-dire, $X\left(1 + \frac{X'Z\zeta}{X}\right)$, $X'\left(1 + \frac{X''Z\zeta}{X'}\right)$, en supposant que l'on ait mis
Z à la place de z dans X, X', X", en sorte que ces quantités seront main-
tenant constantes.

De cette manière, les équations du n° 30 deviendront

$$\frac{RTX'}{ZX}\left[1+\rho+\theta+\zeta\left(\frac{X''Z}{X'}-\frac{X'Z}{X}-1\right)\right]=C,$$

$$R\left[P-\frac{3X}{T^4}\left(1+\frac{X'Z}{X}\zeta-4\theta\right)+P\rho\right]+XR\left(\frac{X'Z}{X}\frac{d^2\zeta}{dx^2}+\frac{d^2\rho}{dx^2}\right)-\frac{1}{T^3}(1-3\theta)=0,$$

$$PT(1+\theta)+XT\frac{d^2\theta}{dx^2}-\frac{X}{T^3}\left(1+\frac{X'Z}{X}\zeta-3\theta\right)=0.$$

Or, si les quantités ρ, θ et ζ étaient nulles, on aurait

$$\frac{RTX'}{ZX}=C,\quad R\left(P-\frac{3X}{T^4}\right)-\frac{1}{T^3}=0,\quad PT-\frac{X}{T^3}=0;$$

d'où l'on tire

$$X=PT^4,\quad R=-\frac{1}{2PT^3};$$

donc, supposant, ce qui est permis, que ces équations aient lieu, les équations précédentes deviendront

$$\rho+\theta+\left(\frac{ZX''}{X'}-\frac{ZX'}{X}-1\right)\zeta=0,$$

$$-3\left(\frac{ZX'}{X}\zeta-4\theta\right)+\rho+T^4\left(\frac{ZX'}{X}\frac{d^2\zeta}{dx^2}+\frac{d^2\rho}{dx^2}\right)-6\theta=0,$$

$$\theta+T^4\frac{d^2\theta}{dx^2}-\frac{ZX'}{X}\zeta+3\theta=0,$$

ou bien, en faisant pour plus de simplicité $\frac{ZX'}{X}=M$, $1+\frac{ZX'}{X}-\frac{ZX''}{X'}=N$, on aura ces trois équations-ci

$$\rho+\theta-N\zeta=0,$$

$$M\left(T^4\frac{d^2\zeta}{dx^2}-3\zeta\right)+T^4\frac{d^2\rho}{dx^2}+\rho+6\theta=0,$$

$$T^4\frac{d^2\theta}{dx^2}+4\theta-M\zeta=0,$$

de l'intégration desquelles dépend maintenant la solution du Problème.

34. Pour intégrer ces équations je suppose

$$\zeta = \alpha \sin\left(\varepsilon + x\, \frac{\sqrt{\omega}}{T^2}\right),$$

$$\theta = \beta \sin\left(\varepsilon + x\, \frac{\sqrt{\omega}}{T^2}\right),$$

$$\rho = \gamma \sin\left(\varepsilon + x\, \frac{\sqrt{\omega}}{T^2}\right),$$

α, β, γ, ε et ω étant des constantes indéterminées; je substitue ces valeurs et je divise ensuite tous les termes par $\sin\left(\varepsilon + x\, \frac{\sqrt{\omega}}{T^2}\right)$; j'ai les trois
équations suivantes

$$\gamma + \beta - N\alpha = 0,$$

$$-M\alpha(\omega + 3) - \gamma(\omega - 1) + 6\beta = 0,$$

$$-\beta(\omega - 4) - M\alpha = 0;$$

la dernière donne

$$\alpha = -\frac{\beta(\omega - 4)}{M},$$

ce qui étant substitué dans les deux premières, on aura

$$\gamma + \beta\left[1 + \frac{N(\omega - 4)}{M}\right] = 0,$$

$$\beta[6 + (\omega + 3)(\omega - 4)] - \gamma(\omega - 1) = 0;$$

la première donnera sur-le-champ

$$\gamma = -\beta\left[1 + \frac{N(\omega - 4)}{M}\right],$$

et substituant ensuite cette valeur dans l'autre équation, on aura, après
avoir divisé tous les termes par β,

$$6 + (\omega + 3)(\omega - 4) + (\omega - 1)\left[1 + \frac{N(\omega - 4)}{M}\right] = 0,$$

c'est-à-dire, en réduisant,

$$(M + N)\omega^2 - 5N\omega + (4N - 7M) = 0,$$

équation d'où l'on tirera deux valeurs de ω, lesquelles seront toujours nécessairement réelles, à cause que

$$(5N)^2 - 4(M+N)(4N-7M) = 9N^2 + 12MN + 28M^2 = (3N+2M)^2 + 24M^2,$$

et ces valeurs seront

$$\omega = \frac{5N + \sqrt{(3N+2M)^2 + 24M^2}}{2(M+N)}.$$

Comme la quantité β a disparu de l'équation en ω, il s'ensuit qu'elle reste indéterminée, de sorte qu'on pourra la prendre à volonté; mais on peut, si l'on veut, prendre α à volonté au lieu de β, ce qui sera plus commode, parce que c'est proprement la quantité ζ que l'on cherche; alors les quantités β et γ devront être déterminées ainsi

$$\beta = -\frac{M\alpha}{\omega - 4}, \quad \gamma = \left(N + \frac{M}{\omega - 4}\right)\alpha.$$

Quant à la constante ε, comme elle a aussi disparu des équations, elle sera pareillement arbitraire.

Or, puisque la quantité ω a deux valeurs, si l'on désigne ces valeurs par ω et ω', et que l'on prenne deux autres constantes arbitraires α' et ε', on aura, pour la valeur complète de ζ, l'expression

$$\zeta = \alpha \sin\left(\varepsilon + x\frac{\sqrt{\omega}}{T^2}\right) + \alpha' \sin\left(\varepsilon' + x\frac{\sqrt{\omega}}{T^2}\right),$$

et les valeurs correspondantes de θ et ρ seront

$$\theta = \beta \sin\left(\varepsilon + x\frac{\sqrt{\omega}}{T^2}\right) + \beta' \sin\left(\varepsilon' + x\frac{\sqrt{\omega}}{T^2}\right),$$

$$\rho = \gamma \sin\left(\varepsilon + x\frac{\sqrt{\omega}}{T^2}\right) + \gamma' \sin\left(\varepsilon' + x\frac{\sqrt{\omega}}{T^2}\right),$$

β' et γ' étant les valeurs de β et γ qui résultent en mettant α' et ω' à la place de α et ω.

35. Je remarque maintenant que lorsque z est égal à une constante,

ce qui est le cas des colonnes cylindriques, on a (11) $P = \frac{\pi^2 K}{a^2}$, a étant

la hauteur de la colonne, π étant l'angle de 180 degrés; ainsi, dans notre

cas, où $z = Z + Z\zeta$, on aura, aux quantités très-petites près, $P = \frac{\pi^2 X}{a^2}$,

puisque X, étant constante, est la même quantité qu'on avait désignée

par K (12); or on a (33) $X = PT^4$; donc $X = \frac{\pi^2 X T^4}{a^2}$, d'où $T^4 = \frac{a^2}{\pi^2}$, et

par conséquent $T^2 = \frac{a}{\pi}$; donc, si l'on substitue cette valeur, on aura

$$\zeta = \alpha \sin\left(\varepsilon + \frac{x \pi \sqrt{\omega}}{a}\right) + \alpha' \sin\left(\varepsilon' + \frac{x \pi \sqrt{\omega'}}{a}\right),$$

α, α', ε, ε' étant quatre constantes arbitraires qu'on pourra déterminer, en sorte que la courbe cherchée, dont les abscisses sont x et les ordonnées sont $z = Z(1 + \zeta)$, passe par quatre points donnés, ou par deux points et deux tangentes, ou, etc., comme on l'a dit plus haut (32).

A l'égard des valeurs de ω et ω', elles ne dépendront que de la nature de la fonction X de Z; car en faisant

$$\frac{Z \, dX}{X \, dZ} = M, \quad \frac{Z \, d^2X}{dX \, dZ} = M',$$

on aura

$$\omega = \frac{5(1 + M - M') + \sqrt{(3 + 5M - 3M')^2 + 24M^2}}{2(1 + 2M - M')},$$

$$\omega' = \frac{5(1 + M - M') - \sqrt{(3 + 5M - 3M')^2 + 24M^2}}{2(1 + 2M - M')}.$$

S'il arrive que ω soit négatif, alors le radical $\sqrt{\omega}$ deviendra imaginaire,

et le terme $\alpha \sin\left(\varepsilon + \frac{x \pi \sqrt{\omega}}{a}\right)$ deviendra (en y mettant $\varepsilon \sqrt{-1}$ à la place

de ε et $2\alpha \sqrt{-1}$ à celle de α) de cette forme

$$\alpha \left(e^{\varepsilon + \frac{x \pi \sqrt{-\omega}}{a}} - e^{-\varepsilon - \frac{x \pi \sqrt{-\omega}}{a}} \right);$$

il en sera de même du terme $\alpha' \sin\left(\varepsilon' + \frac{x \pi \sqrt{\omega'}}{a}\right)$, si ω' devient négatif.

Si X est supposé proportionnel à une puissance quelconque de z ou Z, en sorte que $X = KZ^n$, on aura $M = n$, $M' = n - 1$; donc

$$\omega = \frac{5 + \sqrt{9 + 6n + 7n^2}}{2 + n},$$

$$\omega' = \frac{5 - \sqrt{9 + 6n + 7n^2}}{2 + n},$$

et supposant $n = 4$, comme on l'a fait plus haut, on aura $\omega = 2$, $\omega' = -\frac{1}{3}$; par conséquent l'équation de la courbe contiendra dans ce cas des sinus et des exponentielles.

36. Pour ce qui regarde les constantes α, α', ε, ε', le moyen le plus simple pour les déterminer est de supposer que les valeurs de ζ et $\frac{d\zeta}{dx}$ soient données aux deux extrémités de la colonne où $x = 0$ et où $x = a$. Pour cela, supposons donc que lorsque $x = 0$ on ait $\zeta = p$, $\frac{d\zeta}{dx} = q$, et que lorsque $x = a$ on ait $\zeta = p'$, $\frac{d\zeta}{dx} = q'$, en sorte que $Z(1 + p)$, $Z(1 + p')$ soient les rayons des deux bases de la colonne, l'inférieure et la supérieure, et que Zq, Zq' soient les tangentes de l'inclinaison du profil de la colonne avec l'axe, à l'extrémité inférieure et à l'extrémité supérieure; on aura (35)

$$p = \alpha \sin\varepsilon + \alpha' \sin\varepsilon',$$

$$q = \frac{\pi \sqrt{\omega}}{a} (\alpha \cos\varepsilon + \alpha' \cos\varepsilon'),$$

$$p' = \alpha \sin(\varepsilon + \pi\sqrt{\omega}) + \alpha' \sin(\varepsilon' + \pi\sqrt{\omega'}),$$

$$q' = \frac{\pi \sqrt{\omega}}{a} [\alpha \cos(\varepsilon + \pi\sqrt{\omega}) + \alpha' \cos(\varepsilon' + \pi\sqrt{\omega'})];$$

d'où l'on pourra tirer les valeurs de α, α', ε, ε'; en effet, les deux premières donneront celles-ci

$$p \cos\left(\pi \sqrt{\omega'}\right) + \frac{aq}{\pi \sqrt{\omega'}} \sin\left(\pi \sqrt{\omega'}\right) = \alpha \sin\left(\varepsilon + \pi \sqrt{\omega'}\right) + \alpha' \sin\left(\varepsilon' + \pi \sqrt{\omega'}\right),$$

$$-p \sin\left(\pi \sqrt{\omega'}\right) + \frac{aq}{\pi \sqrt{\omega'}} \cos\left(\pi \sqrt{\omega'}\right) = \alpha \cos\left(\varepsilon + \pi \sqrt{\omega'}\right) + \alpha' \cos\left(\varepsilon' + \pi \sqrt{\omega'}\right),$$

lesquelles étant combinées avec les deux dernières donneront

$$2\alpha \cos\left(\varepsilon + \pi \frac{\sqrt{\omega} + \sqrt{\omega'}}{2}\right) \sin\left(\pi \frac{\sqrt{\omega} - \sqrt{\omega'}}{2}\right) = p' - p \cos\left(\pi \sqrt{\omega'}\right) - \frac{aq}{\pi \sqrt{\omega'}} \sin\left(\pi \sqrt{\omega'}\right),$$

$$2\alpha \sin\left(\varepsilon + \pi \frac{\sqrt{\omega} + \sqrt{\omega'}}{2}\right) \sin\left(\pi \frac{\sqrt{\omega} - \sqrt{\omega'}}{2}\right) = \frac{aq'}{\pi \sqrt{\omega'}} + p \sin\left(\pi \sqrt{\omega'}\right) - \frac{aq}{\pi \sqrt{\omega'}} \cos\left(\pi \sqrt{\omega'}\right),$$

d'où en faisant, pour abréger,

$$P = p \sin\left(\pi \sqrt{\omega'}\right) + \frac{aq}{\pi \sqrt{\omega'}} \cos\left(\pi \sqrt{\omega'}\right) + \frac{aq'}{\pi \sqrt{\omega'}},$$

$$Q = p \cos\left(\pi \sqrt{\omega'}\right) + \frac{aq}{\pi \sqrt{\omega'}} \sin\left(\pi \sqrt{\omega'}\right) - p',$$

on tire

$$\tang\left(\varepsilon + \pi \frac{\sqrt{\omega} + \sqrt{\omega'}}{2}\right) = \frac{P}{Q},$$

$$\alpha = \frac{\sqrt{P^2 + Q^2}}{2 \sin\left(\pi \frac{\sqrt{\omega} - \sqrt{\omega'}}{2}\right)},$$

et de même, en faisant

$$P' = p' \sin\left(\pi \sqrt{\omega}\right) + \frac{aq'}{\pi \sqrt{\omega}} \cos\left(\pi \sqrt{\omega}\right) + \frac{aq}{\pi \sqrt{\omega}},$$

$$Q' = p' \cos\left(\pi \sqrt{\omega}\right) + \frac{aq'}{\pi \sqrt{\omega}} \sin\left(\pi \sqrt{\omega}\right) - p,$$

on aura

$$\tang\left(\varepsilon' + \pi \frac{\sqrt{\omega} + \sqrt{\omega'}}{2}\right) = \frac{P'}{Q'},$$

$$\alpha' = \frac{\sqrt{P'^2 + Q'^2}}{2 \sin\left(\pi \frac{\sqrt{\omega} - \sqrt{\omega'}}{2}\right)}.$$

37. Ainsi les constantes α, ε, α', ε' auront des valeurs déterminées, si les quantités p, q, p', q' sont toutes données, de sorte qu'il ne restera plus rien d'indéterminé dans l'équation de la courbe cherchée; mais si quelques-unes de ces dernières quantités ne sont pas données, alors quelques-unes des constantes α, ε, α', ε' resteront indéterminées, et ce sera une nouvelle question de *maximis* et *minimis* de déterminer ces constantes, en sorte que la force de la colonne soit la plus grande qu'il est possible. Or l'équation de la courbe étant donnée, il est clair qu'il n'y aura qu'à chercher l'expression de la force, et la rendre ensuite un maximum, en supposant que les constantes indéterminées soient variables, ainsi que nous l'avons fait plus haut lorsque nous avons pris une section conique pour la courbe de la colonne; mais la méthode que nous avons employée pour résoudre le Problème en général offre un moyen plus simple de parvenir au même but.

38. Pour cela, il n'y a qu'à se rappeler que l'équation qui renfermait les conditions du maximum contenait deux parties : l'une, affectée du signe $\int$, qui a servi à déterminer en général l'équation de la courbe; l'autre, hors du signe $\int$, qui ne se rapportait qu'aux deux points extrêmes de la courbe et dont nous n'avons jusqu'à présent fait aucun usage.

Cette dernière partie de l'équation dont il s'agit (29) est $\dfrac{\Psi - \Pi}{\mathrm{BP}}$, où Π est la valeur de la quantité $\dfrac{\mathrm{X}\alpha\, d\eth t}{dx} - \dfrac{d(\mathrm{X}\alpha)}{dx}\eth t$ pour le premier point où $x = 0$, et Ψ la valeur de la même quantité pour le dernier point où $x = a$; ainsi, comme on a égalé séparément à zéro la première partie affectée du signe $\int$, il faut pareillement égaler à zéro la partie algébrique $\dfrac{\Psi - \Pi}{\mathrm{BP}}$, ce qui donnera l'équation déterminée

$$\Psi - \Pi = 0.$$

Pour faire usage de cette équation, on remarquera que les variations

δt et $\dfrac{d\,\delta t}{dx}$ ou bien $\dfrac{\partial\,dt}{dx}$, qu'elle contient, ne regardent que les valeurs

extrêmes de t et $\dfrac{dt}{dx}$, lesquelles dépendent uniquement des quatre con-

stantes arbitraires que l'expression générale de t doit renfermer, et qui

sont les mêmes qui entrent dans l'expression de ζ; d'où il s'ensuit que

pour avoir les valeurs en question de δt et de $\delta\dfrac{dt}{dx}$, il faudra faire varier

ces mêmes constantes dans les expressions de t et de $\dfrac{dt}{dx}$, ou seulement

celles d'entre elles qui seront demeurées indéterminées; on aura par ce

moyen les conditions nécessaires pour la détermination de toutes les

constantes indéterminées.

39. Pour appliquer ceci au cas du n° 33, on substituera d'abord, dans
l'expression

$$X\alpha\delta\frac{dt}{dx} - \frac{dX\alpha}{dx}\delta t,$$

$Hr = HR(1+\rho)$ à la place de α, $X(1+M\zeta)$ à la place de X, et $T(1+\theta)$
à la place de t, et négligeant les termes ou les quantités très-petites ζ,
ρ, θ, lesquelles formeraient ensemble deux ou plusieurs dimensions, on
aura celle-ci

$$HXRT\delta\frac{d\theta}{dx},$$

où HXRT est une quantité constante.

Or, l'expression générale de θ est (34 et 35), en y substituant les
valeurs de β, β' et T^2, celle-ci

$$\theta = M\left[\frac{\alpha\sin\left(\varepsilon + \dfrac{x\pi\sqrt{\omega}}{a}\right)}{4-\omega} + \frac{\alpha'\sin\left(\sin\varepsilon' + \dfrac{x\pi\sqrt{\omega'}}{a}\right)}{4-\omega'}\right],$$

d'où l'on tire

$$\frac{d\theta}{dx} = \frac{M\pi}{a}\left[\frac{\alpha\sqrt{\omega}\cos\left(\varepsilon + \dfrac{x\pi\sqrt{\omega}}{a}\right)}{4-\omega} + \frac{\alpha'\sqrt{\omega'}\cos\left(\varepsilon' + \dfrac{x\pi\sqrt{\omega'}}{a}\right)}{4-\omega'}\right].$$

Donc :

1º Faisant $x = 0$, on aura

$$\frac{d\theta}{dx} = \frac{\mathrm{M}\pi}{a}\left(\frac{\alpha\sqrt{\omega}\cos\varepsilon}{4-\omega} + \frac{\alpha'\sqrt{\omega'}\cos\varepsilon'}{4-\omega'}\right),$$

et différentiant par δ, en faisant varier à la fois α, ε, α', ε', on aura pour le premier point de la courbe

$$\delta\frac{d\theta}{dx} = \frac{\mathrm{M}\pi}{a}\frac{\sqrt{\omega}}{4-\omega}(\cos\varepsilon\,\delta\alpha - \alpha\sin\varepsilon\,\delta\varepsilon) + \frac{\mathrm{M}\pi}{a}\frac{\sqrt{\omega'}}{4-\omega'}(\cos\varepsilon'\,\delta\alpha' - \alpha'\sin\varepsilon'\,\delta\varepsilon');$$

cette quantité, multipliée par HXRT, sera la valeur de Π.

2º Faisant $x = a$, on aura

$$\frac{d\theta}{dx} = \frac{\mathrm{M}\pi}{a}\left[\frac{\alpha\sqrt{\omega}\cos(\varepsilon + \pi\sqrt{\omega})}{4-\omega} + \frac{\alpha'\sqrt{\omega'}\cos(\varepsilon' + \pi\sqrt{\omega'})}{4-\omega'}\right];$$

donc, différentiant par δ, en faisant varier également α, ε, α', ε', on aura pour le dernier point de la courbe

$$\delta\frac{d\theta}{dx} = \frac{\mathrm{M}\pi}{a}\frac{\sqrt{\omega}}{4-\omega}\left[\cos(\varepsilon + \pi\sqrt{\omega})\,\delta\alpha - \alpha\sin(\varepsilon + \pi\sqrt{\omega})\,\delta\varepsilon\right]$$

$$+ \frac{\mathrm{M}\pi}{a}\frac{\sqrt{\omega'}}{4-\omega'}\left[\cos(\varepsilon' + \pi\sqrt{\omega'})\,\delta\alpha' - \alpha'\sin(\varepsilon' + \pi\sqrt{\omega'})\,\delta\varepsilon'\right],$$

et cette quantité multipliée de même par HXRT sera la valeur de Ψ.

40. Ainsi l'équation $\Psi - \Pi = 0$ donnera, en ordonnant les termes,

$$\frac{\sqrt{\omega}}{4-\omega}\left[\cos(\varepsilon + \pi\sqrt{\omega}) - \cos\varepsilon\right]\delta\alpha$$

$$- \frac{\sqrt{\omega}}{4-\omega}\left[\sin(\varepsilon + \pi\sqrt{\omega}) - \sin\varepsilon\right]\alpha\,\delta\varepsilon$$

$$+ \frac{\sqrt{\omega'}}{4-\omega'}\left[\cos(\varepsilon' + \pi\sqrt{\omega'}) - \cos\varepsilon'\right]\delta\alpha'$$

$$- \frac{\sqrt{\omega'}}{4-\omega'}\left[\sin(\varepsilon' + \pi\sqrt{\omega'}) - \sin\varepsilon'\right]\alpha'\,\delta\varepsilon' = 0,$$

d'où l'on déduira les conclusions suivantes :

1° Si les valeurs des quatre constantes α, α', ε, ε' sont données comme dans le cas du n° 36, ou, en général, lorsque la courbe doit satisfaire à quatre conditions données, les différences $\delta\alpha$, $\delta\alpha'$, $\delta\varepsilon$, $\delta\varepsilon'$ seront nulles d'elles-mêmes, et l'équation dont il s'agit se trouvera identique.

2° S'il n'y avait que les quantités α et α' de données, alors $\delta\alpha$ et $\delta\alpha'$ seraient nulles, et il faudrait faire évanouir séparément les termes affectés des différences indéterminées $\delta\varepsilon$, $\delta\varepsilon'$, ce qui donnerait ces deux équations

$$\sin\left(\varepsilon + \pi\sqrt{\omega}\right) - \sin\varepsilon = 0,$$

$$\sin\left(\varepsilon' + \pi\sqrt{\omega'}\right) - \sin\varepsilon' = 0,$$

lesquelles serviraient à déterminer les angles ε et ε'; on aurait donc, dans ce cas,

$$\tang\varepsilon = \frac{\sin\pi\sqrt{\omega}}{1 - \cos\pi\sqrt{\omega}} = \cot\frac{\pi\sqrt{\omega}}{2},$$

$$\tang\varepsilon' = \frac{\sin\pi\sqrt{\omega'}}{1 - \cos\pi\sqrt{\omega'}} = \cot\frac{\pi\sqrt{\omega'}}{2},$$

d'où

$$\varepsilon = 90° - \frac{\pi\sqrt{\omega}}{2},$$

$$\varepsilon' = 90° - \frac{\pi\sqrt{\omega'}}{2}.$$

Si c'étaient les quantités ε et ε' qui fussent données, alors les termes affectés de $\delta\varepsilon$ et $\delta\varepsilon'$ s'évanouiraient, et il faudrait ensuite faire disparaître ceux qui sont affectés de $\delta\alpha$ et $\delta\alpha'$; mais, comme ces termes ne renferment point les quantités indéterminées α, α', mais seulement les données ε, ε', il s'ensuit qu'il est impossible de les faire évanouir en général, ce qui est une marque qu'il n'y a point de maximum par rapport aux constantes α, α' en particulier.

3° S'il n'y avait de donné que les deux bases de la colonne, alors les valeurs de p et p' seraient données (36); on prendrait donc les deux équations de ce numéro

$$p = \alpha \sin \varepsilon + \alpha' \sin \varepsilon',$$

$$p' = \alpha \sin \left(\varepsilon + \pi \sqrt{\omega}\right) + \alpha' \sin \left(\varepsilon' + \pi \sqrt{\omega'}\right),$$

et, les différentiant par δ, en faisant p, p' constantes, et α, α', ε, ε' variables, on aurait ces deux-ci

$$\sin \varepsilon \, \delta \alpha + \alpha \cos \varepsilon \, \delta \varepsilon + \sin \varepsilon' \, \delta \alpha' + \alpha' \cos \varepsilon' \, \delta \varepsilon' = 0,$$

$$\sin \left(\varepsilon + \pi \sqrt{\omega}\right) \delta \alpha + \alpha \cos \left(\varepsilon + \pi \sqrt{\omega}\right) \delta \varepsilon + \sin \left(\varepsilon' + \pi \sqrt{\omega'}\right) \delta \alpha'$$

$$+ \alpha' \cos \left(\varepsilon' + \pi \sqrt{\omega'}\right) \delta \varepsilon = 0,$$

à l'aide desquelles on pourra déterminer deux des quatre différentielles indéterminées $\delta \alpha$, $\delta \alpha'$, $\delta \varepsilon$, $\delta \varepsilon'$ par les deux autres. Cherchons δa et $\delta \varepsilon$; pour cela, on retranchera les équations précédentes l'une de l'autre après avoir multiplié : 1° la première par $\cos \left(\varepsilon' + \pi \sqrt{\omega}\right)$, et la seconde par $\cos \varepsilon$; 2° la première par $\sin \left(\varepsilon + \pi \sqrt{\omega}\right)$, et la seconde par $\sin \varepsilon$; on aura

$$d\alpha = \frac{\sin \varepsilon' \cos \left(\varepsilon + \pi \sqrt{\omega}\right) - \sin \left(\varepsilon' + \pi \sqrt{\omega'}\right) \cos \varepsilon}{\sin \left(\pi \sqrt{\omega}\right)} \delta \alpha'$$

$$+ \frac{\cos \varepsilon' \cos \left(\varepsilon + \pi \sqrt{\omega}\right) - \sin \left(\varepsilon' + \pi \sqrt{\omega'}\right) \cos \varepsilon}{\sin \left(\pi \sqrt{\omega}\right)} \alpha' \, \delta \varepsilon',$$

$$\alpha \, \delta \varepsilon = - \frac{\sin \varepsilon' \sin \left(\varepsilon + \pi \sqrt{\omega}\right) - \sin \left(\varepsilon' + \pi \sqrt{\omega'}\right) \sin \varepsilon}{\sin \left(\pi \sqrt{\omega}\right)} \delta \alpha$$

$$- \frac{\cos \varepsilon' \sin \left(\varepsilon + \pi \sqrt{\omega}\right) - \cos \left(\varepsilon' + \pi \sqrt{\omega'}\right) \sin \varepsilon}{\sin \left(\pi \sqrt{\varpi}\right)} \alpha' \, \delta \varepsilon'.$$

On substituera donc ces valeurs dans l'équation générale, et on fera ensuite égaux à zéro, séparément, les deux membres affectés de $\delta \alpha$ et $\delta \varepsilon'$, ce qui donnera ces deux équations

$$\frac{\sqrt{\omega'}}{4 - \omega'} \left[\cos \left(\varepsilon' + \pi \sqrt{\omega'}\right) - \cos \varepsilon'\right] + \frac{\sqrt{\omega}}{4 - \omega} \tan \frac{\pi \sqrt{\omega}}{2} \left[\sin \left(\varepsilon' + \pi \sqrt{\omega'}\right) + \sin \varepsilon'\right] = 0,$$

$$\frac{\alpha' \sqrt{\omega'}}{4 - \omega'} \left[\sin \left(\varepsilon' + \pi \sqrt{\omega'}\right) - \sin \varepsilon'\right] + \frac{\alpha' \sqrt{\omega}}{4 - \omega} \tan \frac{\pi \sqrt{\omega}}{2} \left[\cos \left(\varepsilon' + \pi \sqrt{\omega'}\right) + \cos \varepsilon'\right] = 0,$$

qui serviront à déterminer les quantités α' et ε'.

En effet la première, ne contenant que la quantité ε', donnera la valeur de cette quantité; ensuite il faudra déterminer α' par la seconde équation, laquelle donnera $\alpha' = 0$; ainsi la valeur de ζ se réduira à celle-ci

$$\zeta = \alpha \sin\left(\varepsilon + \frac{x\pi\sqrt{\omega}}{a}\right),$$

où les constantes α et ε devront se déterminer par les deux conditions

$$p = \alpha \sin\varepsilon, \quad p' = \alpha \sin\left(\varepsilon + \pi\sqrt{\omega}\right),$$

d'où l'on tire

$$\tan\varepsilon = \frac{p\sin\left(\pi\sqrt{\omega}\right)}{p' - p\cos\left(\pi\sqrt{\omega}\right)},$$

$$\alpha = \frac{\sqrt{p'^2 - 2pp'\cos\left(\pi\sqrt{\omega}\right) + p^2}}{\sin\left(\pi\sqrt{\omega}\right)},$$

et l'on remarquera que l'on peut prendre indifféremment pour ω l'une quelconque des deux racines de l'équation en ω; de sorte que la solution sera double.

4° Enfin, s'il n'y avait rien de donné et qu'on cherchât absolument, entre toutes les courbes possibles, celle qui formera une colonne de la plus grande force, relativement à sa hauteur et à sa masse, comme nous l'avons supposé dans nos calculs, il faudrait alors, dans l'équation ci-dessus, égaler séparément à zéro les membres affectés des différentielles indéterminées $\delta\alpha$, $\delta\varepsilon$, $\delta\alpha'$, $\delta\varepsilon'$, ce qui donnerait ces quatre équations

$$\cos\left(\varepsilon + \pi\sqrt{\omega}\right) - \cos\varepsilon = 0,$$

$$\left[\sin\left(\varepsilon + \pi\sqrt{\omega}\right) - \sin\varepsilon\right]\alpha = 0,$$

$$\cos\left(\varepsilon' + \pi\sqrt{\omega}\right) - \cos\varepsilon' = 0,$$

$$\left[\sin\left(\varepsilon' + \pi\sqrt{\omega'}\right) - \sin\varepsilon'\right]\alpha' = 0;$$

comme la première ne contient que l'angle ε, elle ne pourra servir qu'à déterminer cette quantité, ensuite de quoi on ne pourra vérifier la seconde qu'en faisant $\alpha = 0$; de même, la troisième donnera la valeur de ε', et la quatrième donnera nécessairement $\alpha' = 0$.

On aura donc, dans ce cas,

$$\alpha = 0 \quad \text{et} \quad \alpha' = 0,$$

et par conséquent

$$\zeta = 0 \quad \text{et} \quad z = Z(1 + \zeta) = Z,$$

c'est-à-dire

$$z = \text{const.},$$

ce qui donne un cylindre pour la figure de la colonne. D'où l'on doit conclure que la figure cylindrique est celle qui donne le *maximum maximorum* de la force.

Voici les modifications qu'il y a lieu de faire subir aux formules contenues dans la dernière partie de ce Mémoire, et que nous avons annoncées dans la Note qui se rapporte au n° 29.

Dans les formules du n° 30, il faut remplacer $\left(P - \dfrac{3X}{T^4} \right)$ par $\left(P + \dfrac{3X}{T^4} \right)$; le même changement doit être également fait au n° 31 et les dernières formules de ce numéro sont alors

$$t = \sqrt[4]{\frac{X}{P}}, \quad r = \frac{1}{4\sqrt[4]{PX^3}}, \quad \frac{X'}{4\,ZX\sqrt{PX}} = C.$$

La deuxième des équations du n° 33 doit être rectifiée de la manière suivante

$$R\left[P + \frac{3X}{T^4}\left(1 + \frac{X'Z}{X}\zeta - 4\theta \right) + \left(P + \frac{3X}{T^4} \right)\rho \right] + XR\left(\frac{X'Z}{X}\frac{d^2\zeta}{dx^2} + \frac{d^2\rho}{dx^2} \right) - \frac{1}{T^3}(1 - 3\theta) = 0,$$

et il faut prendre pour R la valeur $\dfrac{1}{4\,PT^3}$ au lieu de $-\dfrac{1}{2\,PT^3}$. Après ces changements, les équations différentielles qui déterminent les quantités ζ, θ, ρ sont

$$\rho + \theta - N\zeta = 0,$$

$$M\left(T^4\frac{d^2\zeta}{dx^2} + 3\zeta \right) + T^4\frac{d^2\rho}{dx^2} + 4\rho = 0,$$

$$T^4\frac{d^2\theta}{dx^2} + 4\theta - M\zeta = 0;$$

la seconde équation est bien différente de celle du texte; on voit qu'elle ne contient pas la variable θ.

En ajoutant les deux dernières équations on obtient

$$M\left(T^{4}\frac{d^{2}\zeta}{dx^{2}}+2\zeta\right)+T^{4}\left(\frac{d^{2}\rho}{dx^{2}}+\frac{d^{2}\theta}{dx^{2}}\right)+4(\rho+\theta)=0,$$

et en éliminant $\rho+\theta$, au moyen de la première équation, on a

$$(M+N)T^{4}\frac{d^{2}\zeta}{dx^{2}}+(2M+4N)\zeta=0,$$

ou

$$\frac{d^{2}\zeta}{dx^{2}}+\frac{\omega}{T^{4}}\zeta=0,$$

en faisant

$$\omega=\frac{2M+4N}{M+N}.$$

Ainsi l'inconnue principale ζ ne dépend que d'une équation différentielle du deuxième ordre, cette équation a pour intégrale générale

$$\zeta=\alpha\sin\left(\varepsilon+\frac{x\sqrt{\omega}}{T^{2}}\right),$$

α et ε étant deux constantes arbitraires.

La variable θ est déterminée ensuite par l'équation

$$T^{4}\frac{d^{2}\theta}{dx^{2}}+4\theta-M\alpha\sin\left(\varepsilon+\frac{x\sqrt{\omega}}{T^{2}}\right)=0,$$

dont l'intégrale générale est

$$\theta=\frac{M}{4-\omega}\alpha\sin\left(\varepsilon+\frac{x\sqrt{\omega}}{T^{2}}\right)+\varepsilon'\sin\left(\eta+\frac{2x}{T^{2}}\right),$$

ε' et η étant deux nouvelles arbitraires. Enfin, la quantité ρ étant égale à $N\zeta-\theta$, on a

$$\rho=\left(N-\frac{M}{4-\omega}\right)\alpha\sin\left(\varepsilon+\frac{x\sqrt{\omega}}{T^{2}}\right)-\varepsilon'\sin\left(\eta+\frac{2x}{T^{2}}\right).$$

Ces résultats sont très-différents de ceux qu'on lit au n° 34, et les développements contenus dans les n°ˢ 35 et suivants doivent être modifiés en raison des changements dont nous venons de montrer la nécessité. Il serait superflu, après cela, d'appeler l'attention du lecteur sur les nouvelles fautes de calcul que l'on rencontre aux n°ˢ 35 et 36.   (*Note de l'Éditeur.*)

MÉMOIRE

SUR

L'UTILITÉ DE LA MÉTHODE DE PRENDRE LE MILIEU

ENTRE

LES RÉSULTATS DE PLUSIEURS OBSERVATIONS,

DANS LEQUEL ON EXAMINE LES AVANTAGES DE CETTE MÉTHODE PAR LE CALCUL
DES PROBABILITÉS,
ET OU L'ON RÉSOUT DIFFÉRENTS PROBLÈMES RELATIFS A CETTE MATIÈRE.

22.

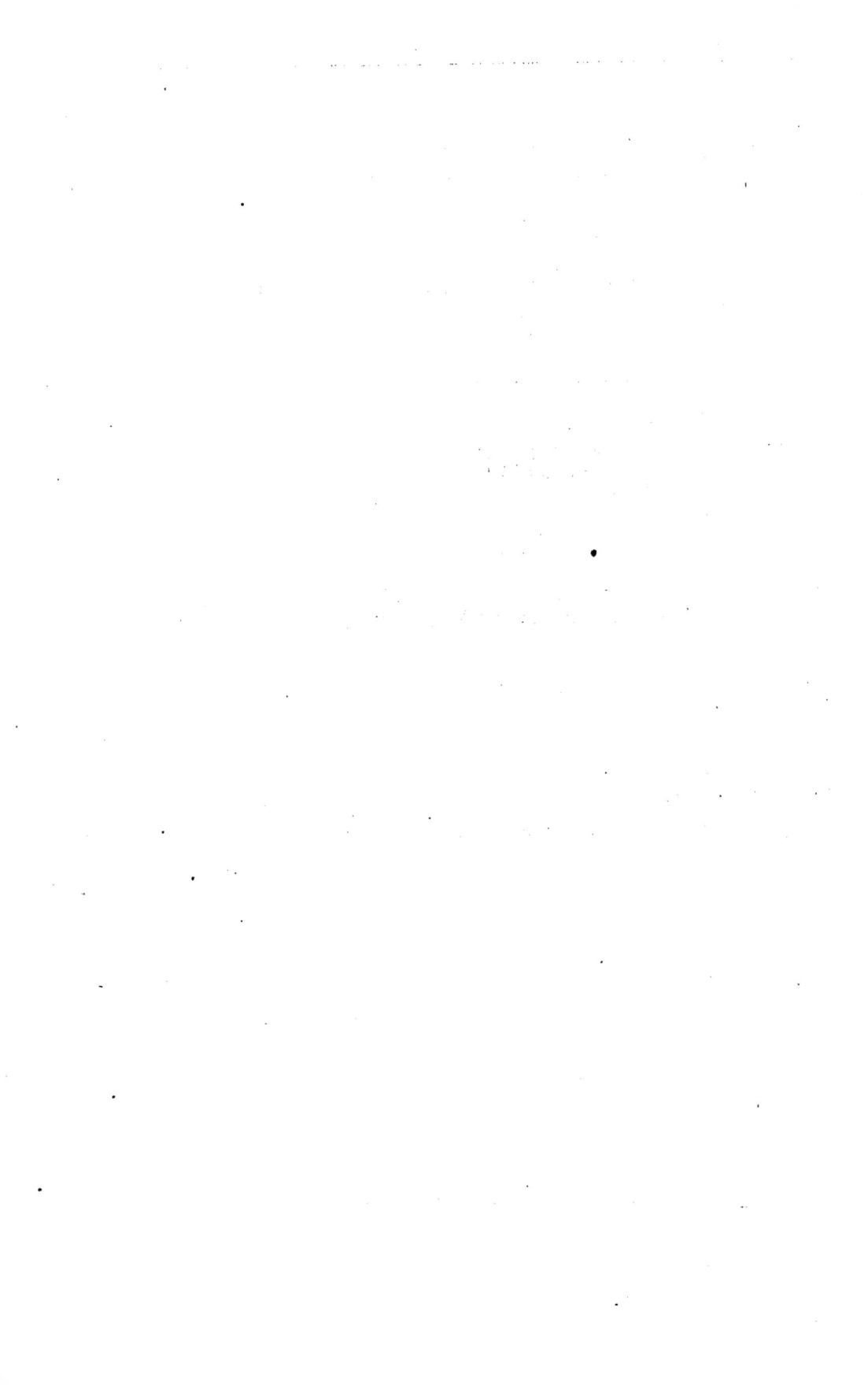

MÉMOIRE

SUR

L'UTILITÉ DE LA MÉTHODE DE PRENDRE LE MILIEU

ENTRE

LES RÉSULTATS DE PLUSIEURS OBSERVATIONS,

DANS LEQUEL ON EXAMINE LES AVANTAGES DE CETTE MÉTHODE PAR LE CALCUL
DES PROBABILITÉS,
ET OU L'ON RÉSOUT DIFFÉRENTS PROBLÈMES RELATIFS A CETTE MATIÈRE.

(*Miscellanea Taurinensia*, t. V, 1770-1773.)

Quand on a plusieurs observations d'un même phénomène dont les résultats ne sont pas tout à fait d'accord, on est sûr que ces observations sont toutes, ou au moins en partie, peu exactes, de quelque source que l'erreur puisse provenir; alors on a coutume de prendre le milieu entre tous les résultats, parce que de cette manière, les différentes erreurs se répartissant également dans toutes les observations, l'erreur qui peut se trouver dans le résultat moyen devient aussi moyenne entre toutes les erreurs. Or, quoique tout le monde reconnaisse l'utilité de cette pratique pour diminuer, autant qu'il est possible, l'incertitude qui naît de l'imperfection des instruments et des erreurs inévitables des observations, j'ai cru cependant qu'il serait bon d'examiner et d'apprécier par le calcul les avantages qu'on peut espérer de retirer d'une semblable méthode; c'est l'objet que je me suis proposé dans ce Mémoire. Je commencerai par supposer que les erreurs qui peuvent se glisser dans chaque observation soient données, et qu'on connaisse aussi le nombre des cas qui peuvent donner ces erreurs, c'est-à-dire la facilité de chaque erreur; je supposerai ensuite que l'on connaisse seulement les limites entre lesquelles toutes les erreurs possibles doivent être renfermées avec la loi de leur facilité, et je chercherai dans l'une et dans l'autre de ces hypothèses quelle est la probabilité que l'erreur du résultat moyen soit nulle, ou égale à une quantité donnée, ou seulement comprise entre des limites données. Je ferai voir en même temps comment on peut déterminer, *a posteriori*, la loi même de la facilité des erreurs, et quelle est la probabilité que dans cette détermination on ne se trompera pas d'une quantité donnée : d'où je déduirai des règles assez simples pour la correction des instruments par des vérifications réitérées.

Au reste, je suivrai dans toutes ces recherches la règle ordinaire du calcul des probabilités, suivant laquelle on estime la probabilité d'un événement par le nombre des cas favorables, divisé par le nombre de tous les cas possibles. La difficulté ne consiste que dans l'énumération de ces cas; mais cette énumération demande souvent des calculs assez compliqués, et dont on ne peut venir à bout que par des artifices particuliers : c'est ce qui a lieu surtout dans la matière que je vais traiter.

PROBLÈME I.

1. *On suppose que dans chaque observation on peut se tromper d'une unité, tant en plus qu'en moins, mais que le nombre des cas qui peuvent donner un résultat exact est au nombre des cas qui peuvent donner une erreur d'une unité comme $a:2b$; on demande quelle est la probabilité d'avoir un résultat exact en prenant le milieu entre les résultats particuliers d'un nombre n d'observations.*

Puisqu'il y a a cas qui donnent zéro d'erreur, et $2b$ cas qui donnent $+1$ et -1, c'est-à-dire b cas qui donnent $+1$, et b cas qui donnent -1 d'erreur, il est clair par les règles ordinaires des probabilités que la probabilité que l'erreur soit nulle dans chaque observation particulière sera exprimée par $\frac{a}{a+2b}$: voyons donc quelle sera la probabilité que l'erreur soit aussi nulle en prenant le milieu entre n observations. Il est facile de voir que cette question se réduit à celle-ci :

Ayant n dés dont chacun ait a faces marquées d'un zéro, b faces marquées d'une unité positive, et b faces marquées d'une unité négative, en sorte que le nombre total des faces soit $a + 2b$, trouver la probabilité qu'il y a d'amener zéro en jetant tous ces dés au hasard.

Or on sait, par la théorie des combinaisons, que si on élève le trinôme $a + b(x + x^{-1})$ à la puissance n, le coefficient du terme absolu, c'est-à-dire de celui où la puissance de x sera zéro, dénotera le nombre des cas ou des hasards où la somme des points marqués par tous les dés sera égale à zéro : donc, nommant ce coefficient A. on aura, à cause que le nombre de toutes les combinaisons possibles est $(a + 2b)^n$, on aura, dis-je, $\frac{A}{(a+2b)^n}$ pour la probabilité cherchée.

Tout se réduit donc à trouver le coefficient de A; or, c'est à quoi l'on peut parvenir de plusieurs manières différentes.

1° Si on développe la puissance $[a + b(x + x^{-1})]^n$ suivant le théorème de Newton, on aura, comme on sait,

$$a^n + na^{n-1}b(x + x^{-1}) + \frac{n(n-1)}{2}a^{n-2}b^2(x + x^{-1})^2 + \ldots;$$

or, il est facile de voir que les puissances impaires de $x + x^{-1}$ ne renferment aucun terme sans x, et que, dans les puissances paires, il y a toujours un terme sans x, qui est celui du milieu, dans lequel les exposants de x et x^{-1} sont les mêmes. Ainsi, le terme sans x de $(x + x^{-1})^2$ sera 2, celui de $(x + x^{-1})^4$ sera $\frac{4.3}{1.2}$, celui de $(x + x^{-1})^6$ sera $\frac{6.5.4}{1.2.3}$, et ainsi des autres; donc on aura en général

$$A = a^n + \frac{2}{1}\frac{n(n-1)}{1.2}a^{n-2}b^2 + \frac{4.3}{1.2}\frac{n(n-1)(n-2)(n-3)}{1.2.3.4}a^{n-4}b^4$$

$$+ \frac{6.5.4}{1.2.3}\frac{n(n-1)(n-2)\ldots(n-5)}{1.2.3.4.5.6}a^{n-6}b^6 + \ldots,$$

c'est-à-dire

$$A = a^n + n(n-1)a^{n-2}b^2$$
$$+ \frac{n(n-1)(n-2)(n-3)}{2.2}a^{n-4}b^4 + \frac{n(n-1)(n-2)\ldots(n-5)}{2.3.2.3}a^{n-6}b^6 + \ldots$$

2° Il est visible que le trinôme $a + b(x + x^{-1})$ peut se décomposer en ces deux binômes $\alpha + \beta x$, $\alpha + \beta x^{-1}$, ce qui donne, par la comparaison des termes, $\alpha^2 + \beta^2 = a$ et $\alpha\beta = b$; d'où l'on tire $\alpha \pm \beta = \sqrt{a \pm 2b}$, et de là

$$\alpha = \frac{\sqrt{a+2b} + \sqrt{a-2b}}{2},$$

$$\beta = \frac{\sqrt{a+2b} - \sqrt{a-2b}}{2}.$$

Cela posé, on aura donc

$$[a + b(x + x^{-1})]^n = (\alpha + \beta x)^n \left(\alpha + \frac{\beta}{x}\right)^n$$

$$= \left[\alpha^n + n\alpha^{n-1}\beta x + \frac{n(n-1)}{2}\alpha^{n-2}\beta^2 x^2 + \ldots\right]$$

$$\times \left[\alpha^n + \frac{n\alpha^{n-1}\beta}{x} + \frac{n(n-1)}{2}\frac{\alpha^{n-2}\beta^2}{x^2} + \ldots\right],$$

d'où il est facile de conclure que l'on aura

$$A = \alpha^{2n} + (n\alpha^{n-1}\beta)^2 + \left[\frac{n(n-1)\alpha^{n-2}\beta^2}{1.2}\right]^2 + \left[\frac{n(n-1)(n-2)\alpha^{n-3}\beta^3}{1.2.3}\right]^2 + \ldots$$

2. COROLLAIRE I. — Soit $a = b$, c'est-à-dire qu'il y ait un nombre égal de cas qui donnent o, ou $+1$, ou -1 d'erreur; la probabilité d'avoir un résultat exact dans chaque observation particulière sera $\frac{a}{a+2b} = \frac{1}{3}$, et celle d'avoir un résultat exact, en prenant le terme moyen entre les résultats de n observations, sera, suivant la première formule

$$\left[\text{en divisant le haut et le bas de la fraction } \frac{A}{(a+2b)^n} \text{ par } a^n\right],$$

$$\frac{1 + n(n-1) + \dfrac{n(n-1)(n-2)(n-3)}{1.2.1.2} + \dfrac{n(n-1)\ldots(n-5)}{1.2.3.1.2.3} + \ldots}{3^n}.$$

Donc, en faisant successivement n égal à 1, 2, 3,..., on aura

n.............	1,	2,	3,	4,	5,	6,...,
Probabilité....	$\dfrac{1}{3}$,	$\dfrac{1}{3}$,	$\dfrac{7}{27}$,	$\dfrac{19}{81}$,	$\dfrac{51}{243}$,	$\dfrac{141}{729}$,....

On voit par cette table que la probabilité que l'erreur soit nulle diminue à mesure que l'on prend un plus grand nombre d'observations, de
sorte que si l'on voulait estimer l'avantage qu'il peut y avoir à prendre le
milieu entre plusieurs observations, par l'excès de la probabilité que
l'erreur soit nulle dans le résultat moyen, sur celle que l'erreur soit
aussi nulle dans chaque résultat particulier, on trouverait, dans le cas
dont il s'agit ici, que l'avantage serait toujours négatif, c'est-à-dire qu'il
se changerait en désavantage, lequel irait même en augmentant plus il
y aurait d'observations; d'où il semble que l'on pourrait conclure que,
dans ce cas, il vaudrait mieux s'en tenir à une observation unique, que
de prendre le milieu entre plusieurs observations; mais il y a une considération essentielle à faire sur cette matière, de laquelle il résulte qu'il
est toujours plus avantageux dans la pratique de multiplier des observations autant que l'on peut : c'est ce que nous discuterons plus bas.

3. COROLLAIRE II. — Soit maintenant $a = 2b$, en sorte que le nombre
des cas qui donnent un résultat exact soit égal au nombre de ceux qui
peuvent donner une erreur de $+1$ ou -1. Dans ce cas, il vaudra mieux
se servir de la seconde formule, car on aura $\alpha = \sqrt{b}$, $\beta = \sqrt{b}$, de sorte
qu'à cause de $a + 2b = 4b$, on aura, en divisant le haut et le bas de la
fraction $\dfrac{A}{(a+2b)^n}$ par b^n,

$$\frac{1 + n^2 + \left[\dfrac{n(n-1)}{2}\right]^2 + \left[\dfrac{n(n-1)(n-2)}{2.3}\right]^2 + \ldots}{4^n}$$

II.

23

pour la probabilité que l'erreur soit nulle en prenant le milieu entre n observations.

Donc, faisant successivement n égal à 1, 2, 3,..., on aura les résultats suivants

$$n\ldots\ldots\ldots\ldots \quad 1, \quad 2, \quad 3, \quad 4,\ldots,$$

$$\text{Probabilité}\ldots \quad \frac{1}{2}, \quad \frac{3}{8}, \quad \frac{5}{16}, \quad \frac{35}{128},\ldots,$$

où l'on voit que la probabilité diminue à mesure que n augmente, comme dans le cas du Corollaire précédent.

4. Corollaire III. — Soit $b = 2a$, de manière que le nombre des cas qui peuvent donner une erreur d'une unité tant en plus qu'en moins soit double de celui où l'on aurait un résultat exact, on aura ici, pour la probabilité que l'erreur soit nulle en prenant le milieu entre n observations,

$$\frac{1 + 4n(n-1) + \dfrac{16n(n-1)(n-2)(n-3)}{2.2} + \dfrac{26n(n-1)\ldots(n-5)}{2.3.2.3} + \cdots}{5^n}.$$

Donc, faisant successivement n égal à 1, 2, 3,..., on aura

$$n\ldots\ldots\ldots\ldots \quad 1, \quad 2, \quad 3, \quad 4,\ldots,$$

$$\text{Probabilité}\ldots \quad \frac{1}{5}, \quad \frac{9}{25}, \quad \frac{1}{5}, \quad \frac{29}{125},\ldots.$$

Ainsi, pour deux observations, l'avantage sera de $\frac{9}{25} - \frac{1}{5} = \frac{4}{25}$, pour trois il sera de $\frac{1}{5} - \frac{1}{5} = 0$, pour quatre égal à $\frac{29}{125} - \frac{1}{5} = \frac{4}{125}$, etc.; d'où il paraît que le plus grand avantage a lieu en prenant le milieu entre deux observations seulement.

5. Remarque I. — Pour faciliter davantage la solution du Problème précédent, il est bon de chercher la loi que suivent les termes de la série qui représentent les probabilités qui répondent à 1, 2, 3,..., observations; or, si l'on prend la fraction $\dfrac{1}{1 - z\left[a + b(x + x^{-1})\right]}$, et qu'on la dé-

veloppe en série suivant les puissances de z, on aura, comme on sait,

$$1 + z \left[a + b \left(x + x^{-1} \right) \right] + z^2 \left[a + b \left(x + x^{-1} \right) \right]^2 + \ldots,$$

de sorte que dans cette série le coefficient de z^n sera la puissance $n^{ième}$ de $a + b \left(x + x^{-1} \right)$; donc, si l'on nomme A', A'', A''',..., les valeurs de A qui répondent à $n = 1, 2, 3,\ldots$, c'est-à-dire les termes sans x des puissances $a + b \left(x + x^{-1} \right)$, $\left[a + b \left(x + x^{-1} \right) \right]^2,\ldots$, il est clair que la série $1 + A'z + A''z^2 + A'''z^3 + \ldots$ sera égale à la somme des termes sans x de la fraction $\dfrac{1}{1 - z \left[a + b \left(x + x^{-1} \right) \right]}$ développée suivant les puissances de x et de x^{-1}; de sorte que si l'on représente par

$$Z + Z' \left(x + \frac{1}{x} \right) + Z'' \left(x^2 + \frac{1}{x^2} \right) + \ldots$$

la série qui résulte du développement de cette fraction suivant les puissances de x et de $\frac{1}{x}$ (car il est facile de voir que la série dont il s'agit doit avoir nécessairement cette forme), on aura

$$Z = 1 + A'z + A''z^2 + \ldots;$$

ainsi, connaissant la fonction Z, il n'y aura plus qu'à la réduire en série suivant les puissances de z, pour avoir les quantités A, A', A'',.... Pour cela, je réduis d'abord le trinôme

$$1 - az - bz \left(x + x^{-1} \right) \quad \text{en} \quad (p - qx)(p - qx^{-1}),$$

ce qui me donne

$$p^2 + q^2 = 1 - az \quad \text{et} \quad pq = bz;$$

ensuite, je réduis la fraction

$$\frac{1}{(p - qx)(p - qx^{-1})} \quad \text{en} \quad \alpha + \frac{\beta}{p - qx} + \frac{\beta}{p - qx^{-1}},$$

et je trouve

$$\alpha = \frac{1}{q^2 - p^2}, \quad \beta = \frac{p}{p^2 - q^2};$$

maintenant,

$$\frac{1}{p - qx} = \frac{1}{p} + \frac{qx}{p^2} + \frac{q^2 x^2}{p^3} + \dots,$$

et, de même,

$$\frac{1}{p - qx^{-1}} = \frac{1}{p} + \frac{q}{p^2 x} + \frac{q^2}{p^3 x^2} + \dots;$$

donc on aura

$$Z = \alpha + \frac{2\beta}{p}, \quad Z' = \frac{\beta q}{p^2}, \quad Z'' = \frac{\beta q^2}{p^3}, \quad Z''' = \frac{\beta q^3}{p^4}, \dots;$$

donc

$$Z = \frac{1}{q^2 - p^2} + \frac{2}{p^2 - q^2} = \frac{1}{p^2 - q^2} = \frac{1}{(p + q)(p - q)};$$

mais puisque $p^2 + q^2 = 1 - az$, et $pq = bz$, on aura

$$p + q = \sqrt{1 - az + 2bz}, \quad p - q = \sqrt{1 - az - 2bz};$$

donc

$$(p + q)(p - q) = \sqrt{(1 - az)^2 - 4b^2 z^2};$$

donc enfin

$$Z = \frac{1}{\sqrt{1 - 2az + (a^2 - 4b^2) z^2}} = 1 + A' z + A'' z^2 + A''' z^3 + \dots,$$

de sorte que l'on aura, pour les fonctions connues,

$$A' = a,$$

$$A'' = \frac{3aA' + 4b^2 - a^2}{2},$$

$$A''' = \frac{5aA'' + 2(4b^2 - a^2)A'}{3},$$

$$A^{IV} = \frac{7aA''' + 3(4b^2 - a^2)A''}{4},$$

$$\dots \dots \dots \dots \dots \dots \dots \dots$$

Dénotons par P', P'', P''' les probabilités que l'erreur soit nulle en prenant le milieu entre 1, 2, 3,..., observations, et l'on aura

$$P' = \frac{A'}{a + 2b}, \quad P'' = \frac{A''}{(a + 2b)^2}, \quad P''' = \frac{A'''}{(a + 2b)^3}, \dots;$$

d'où

$$A' = (a + 2b) P', \quad A'' = (a + 2b)^2 P'', \quad A''' = (a + 2b)^3 P''', \ldots;$$

donc, substituant ces valeurs dans les formules précédentes et faisant, pour plus de simplicité, $\dfrac{2b}{a} = r$, on aura

$$P' = \frac{1}{1 + r},$$

$$P'' = \frac{3 P' + r - 1}{2(1 + r)},$$

$$P''' = \frac{5 P'' + 2(r - 1) P'}{3(1 + r)},$$

$$P^{\text{iv}} = \frac{7 P''' + 3(r - 1) P''}{4(1 + r)},$$

$$P^{\text{v}} = \frac{9 P^{\text{iv}} + 4(r - 1) P'''}{5(1 + r)},$$

. . . .

6. REMARQUE II. — Si l'on fait $r = 1$, on aura le cas du Corollaire II, où $a = 2b$, et l'on trouvera

$$P' = \frac{1}{2}, \quad P'' = \frac{1.3}{2.4}, \quad P''' = \frac{1.3.5}{2.4.6}, \ldots,$$

et, en général,

$$P^{(n)} = \frac{1.3.5 \ldots (2n - 1)}{2.4.6 \ldots 2n}.$$

De là on voit que la probabilité diminue toujours à mesure que n augmente, ce que nous avons déjà observé dans le Corollaire cité; de sorte qu'en prenant $n = \infty$, la probabilité deviendra infiniment petite ou nulle; en effet, par la quadrature de Wallis on a (π étant l'arc de 180 degrés)

$$\frac{\pi}{2} = \frac{2.2.4.4.6.6 \ldots}{1.3.3.5.5.7 \ldots},$$

c'est-à-dire, en prenant $n = \infty$,

$$\frac{\pi}{2} = \frac{2.2.4.4.6.6 \ldots 2n.2n}{1.3.3.5.5 \ldots (2n - 1)(2n - 1)(2n + 1)};$$

donc, multipliant par $2n+1$ et tirant la racine carrée, on aura

$$\sqrt{\frac{2n+1}{2}}\,\pi = \frac{2.4.6\ldots2n}{1.3.5\ldots(2n-1)};$$

donc, lorsque $n=\infty$, on aura

$$P^{(n)} = \frac{1}{\sqrt{n\pi}} = 0.$$

Il est bon de remarquer que, puisque nous avons trouvé dans le Corollaire cité pour la probabilité P^n l'expression

$$\frac{1 + n^2 + \left[\dfrac{n(n-1)}{2}\right]^2 + \left[\dfrac{n(n-1)(n-2)}{2.3}\right]^2 + \ldots}{4^n},$$

on aura, en comparant cette expression avec la précédente, l'équation

$$1 + n^2 + \left[\frac{n(n-1)}{2}\right]^2 + \left[\frac{n(n-1)(n-2)}{2.3}\right]^2 + \ldots = \frac{1.3.3\ldots(2n-1)}{1.2.3\ldots n}\,2^n,$$

laquelle est d'autant plus remarquable qu'elle ne paraît pas aisée à démontrer *à priori*.

7. REMARQUE III. — Par les formules de la Remarque I, on aura en général

$$P^{(n)} = \frac{(2n-1)\,P^{(n-1)} + (n-1)(r-1)\,P^{(n-2)}}{n(r+1)},$$

$$P^{(n+1)} = \frac{(2n+1)\,P^{(n)} + n(r-1)\,P^{(n-1)}}{(n+1)\,r+1},$$

$$P^{(n+2)} = \frac{(2n+3)\,P^{(n+1)} + (n+1)(r-1)\,P^{(n)}}{(n+2)(r+1)},$$

$$\ldots\ldots\ldots\ldots\ldots\ldots\ldots\ldots\ldots\ldots\ldots\ldots\ldots\ldots,$$

où les exposants $n-2$, $n-1$, n, etc., de P ne dénotent pas des puissances, mais seulement le quantième du rang. Or, si n est un nombre assez grand, il est clair que les fractions $\dfrac{2n-1}{n}$, $\dfrac{2n+1}{n+1}$, $\dfrac{2n+3}{n+2}$, etc.,

seront à très-peu près égales à 2, et que les fractions $\dfrac{n-1}{n}$, $\dfrac{n}{n+1}$, $\dfrac{n+1}{n+2}$

seront aussi à très-peu près égales à 1; de sorte qu'on aura, dans cette hypothèse,

$$P^{(n)} = \frac{P^{(n-1)} + (r-1)\, P^{(n-2)}}{r+1},$$

$$P^{(n+1)} = \frac{P^{(n)} + (r-1)\, P^{(n-1)}}{r+1},$$

$$\dots\dots\dots\dots\dots\dots\dots\dots\dots,$$

d'où l'on voit que les quantités $P^{(n)}$, $P^{(n+1)}$, etc., forment une suite récurrente dont le dénominateur de la fraction génératrice serait

$$x^2 - \frac{x}{r+1} - \frac{r-1}{r+1};$$

ainsi, on aura en général

$$P^{(n+s)} = A\left[\frac{1 + \sqrt{4\,r^2 - 3}}{2\,(1+r)}\right]^s + B\left[\frac{1 - \sqrt{4\,r^2 - 3}}{2\,(1+r)}\right]^s,$$

et, pour déterminer les coefficients A et B, on supposera que les termes $P^{(n)}$ et $P^{(n+1)}$ soient connus, ce qui donnera

$$P^{(n)} = A + B$$

et

$$P^{(n+1)} = A\,\frac{1 + \sqrt{4\,r^2 - 3}}{2\,(1+r)} + B\,\frac{1 - \sqrt{4\,r^2 - 3}}{2\,(1+r)},$$

d'où

$$A = \frac{2\,(1+r)\,P^{(n+1)} - \left(1 - \sqrt{4\,r^2 - 3}\right)P^{(n)}}{2\,\sqrt{4\,r^2 - 3}},$$

$$B = \frac{\left(1 + \sqrt{4\,r^2 - 3}\right)P^{(n)} - 2\,(1+r)\,P^{(n+1)}}{2\,\sqrt{4\,r^2 - 3}},$$

d'où

$$P^{(n+s)} = \left[\frac{P^{(n)}}{2} + \frac{2\,(1+r)\,P^{(n+1)} - P^{(n)}}{2\,\sqrt{4\,r^2 - 3}}\right]\left[\frac{1 + \sqrt{4\,r^2 - 3}}{2\,(1+r)}\right]^s$$

$$+ \left[\frac{P^{(n)}}{2} - \frac{2\,(1+r)\,P^{(n+1)} - P^{(n)}}{2\,\sqrt{4\,r^2 - 3}}\right]\left[\frac{1 - \sqrt{4\,r^2 - 3}}{2\,(1+r)}\right]^s,$$

et cette formule sera d'autant plus exacte qu'on prendra le nombre n plus grand.

Ainsi, après avoir calculé les termes $P^{(n)}$ et $P^{(n+1)}$, soit par les formules du n° **1**, soit par celles de la Remarque I, on pourra trouver à très-peu près tous les termes suivants par la formule précédente.

Au reste, il est facile de voir par cette formule que la probabilité sera nulle à l'infini, c'est-à-dire lorsque $s = \infty$; en effet, il est clair que quel que soit r, pourvu que ce soit un nombre positif, les quantités $\dfrac{1 \pm \sqrt{4r^2 - 3}}{2(1 + r)}$ seront toujours plus petites que 1; car supposons, s'il est possible, $\dfrac{1 \pm \sqrt{4r^2 - 3}}{2(1 + r)} > 1$, on aura donc

$$4r^2 - 2 \pm 2\sqrt{4r^2 - 3} > 4(1 + 2r + r^2),$$

savoir

$$\pm \sqrt{4r^2 - 3} > 3 + 4r,$$

et

$$4r^2 - 3 > 16r^2 + 24r + 9,$$

savoir

$$0 > 12r^2 + 24r + 12,$$

ce qui ne se peut; donc, en faisant $s = \infty$, les quantités

$$\left[\frac{1 + \sqrt{4r^2 - 3}}{2(1 + r)} \right]^s \quad \text{et} \quad \left[\frac{1 - \sqrt{4r^2 - 3}}{2(1 + r)} \right]^s$$

deviendront nulles, et par conséquent $P^{(n+s)}$ aussi.

8. SCOLIE. — Soit ρ le résultat que chaque observation devrait donner si elle était exacte : puisqu'on suppose que l'on puisse se tromper d'une unité tant en plus qu'en moins, on aura dans chaque observation un de ces trois résultats : ρ, $\rho - 1$, $\rho + 1$; donc, si l'on a deux observations et qu'on prenne le milieu entre leurs résultats, c'est-à-dire la demi-somme de ces résultats, on aura un de ces cinq résultats

$$\frac{2\rho}{2}, \quad \frac{2\rho - 1}{2}, \quad \frac{2\rho + 1}{2}, \quad \frac{2\rho - 2}{2}, \quad \frac{2\rho + 2}{2},$$

savoir

$$\rho, \quad \rho - \frac{1}{2}, \quad \rho + \frac{1}{2}, \quad \rho - 1, \quad \rho + 1;$$

ainsi, dans ce cas, l'erreur pourra être 1 ou $\frac{1}{2}$, tant en plus qu'en moins; on verra de même qu'en prenant le milieu entre trois observations, l'erreur pourra être 1, ou $\frac{2}{3}$, ou $\frac{1}{3}$, tant en plus qu'en moins, et ainsi de suite. Ainsi, quoique la probabilité que l'erreur soit nulle puisse être plus petite lorsqu'on prend le résultat moyen de plusieurs observations que lorsqu'on prend le résultat de chaque observation en particulier, cependant, si on cherche la probabilité que l'erreur ne surpasse pas $\frac{1}{2}$, ou $\frac{1}{3}$,..., on trouvera que cette probabilité sera plus grande dans le premier cas que dans le second. En effet, dans le premier cas, il n'y a d'autres cas favorables que ceux où l'erreur est absolument nulle; mais, dans le second, les cas favorables seront non-seulement ceux où l'erreur est nulle, mais aussi ceux où l'erreur est $\frac{1}{2}$, ou $\frac{1}{3}$,...; et c'est par cette considération qu'il est toujours plus avantageux de prendre le milieu entre les résultats de plusieurs observations que de s'en tenir au résultat de chaque observation en particulier. Nous allons examiner la question sous ce point de vue dans le Problème suivant.

PROBLÈME II.

9. *Les mêmes choses étant supposées que dans le Problème précédent, trouver la probabilité qu'en prenant le milieu entre les résultats de n observations, l'erreur ne surpassera pas la fraction $\frac{m}{n}$, m étant $< n$.*

En prenant le milieu entre les résultats de n observations, il est clair que l'erreur peut être : ou 0, ou $\pm \frac{1}{n}$, ou $\pm \frac{2}{n}$, ou $\pm \frac{3}{n}$,..., jusqu'à $\pm \frac{n}{n}$, savoir ± 1. Ainsi, la probabilité que l'erreur ne soit pas plus grande que $\pm \frac{m}{n}$ sera la somme des probabilités que l'erreur sera nulle, ou $\pm \frac{1}{n}$, ou $\pm \frac{2}{n}$,..., jusqu'à $\pm \frac{m}{n}$. Voyons donc d'abord quelle est la probabilité que l'erreur sera $\pm \frac{\mu}{n}$.

II.

En ramenant cette question aux dés, comme nous l'avons pratiqué dans le Problème I, il est clair qu'elle se réduit à chercher la probabilité d'amener $+\mu$ ou $-\mu$ points, avec n dés dont chacun ait a faces marquées o, b faces marquées $+1$ et b faces marquées -1. Pour cela, il n'y a qu'à élever le trinôme $a + b\,(x + x^{-1})$ à la puissance n, et le coefficient de x^μ dénotera le nombre des cas où la somme des points de tous les dés sera μ, de même que celui de $x^{-\mu}$ dénotera le nombre des cas où la somme des points sera $-\mu$; ainsi, la somme de ces deux coefficients divisée par $(a + 2b)^n$, qui est le nombre de tous les cas, donnera la probabilité cherchée.

Or, on a

$$[a + b\,(x + x^{-1})]^n = a^n + na^{n-1}b\,(x + x^{-1}) + \frac{n(n-1)}{2}\,a^{n-2}b^2\,(x + x^{-1})^2 + \ldots.$$

et, de plus,

$$(x + x^{-1})^2 = (x^2 + x^{-2}) + 2,$$
$$(x + x^{-1})^3 = (x^3 + x^{-3}) + 3\,(x + x^{-1}),$$
$$(x + x^{-1})^4 = (x^4 + x^{-4}) + 4\,(x^2 + x^{-2}) + \frac{4.3}{2},$$
$$(x + x^{-1})^5 = (x^5 + x^{-5}) + 5\,(x^3 + x^{-3}) + \frac{5.4}{2}\,(x + x^{-1}),$$

$$\ldots\ldots\ldots\ldots\ldots\ldots\ldots\ldots\ldots\ldots\ldots\ldots$$

Donc, si l'on suppose

$$[a + b\,(x + x^{-1})]^n = A + B\,(x + x^{-1}) + C\,(x^2 + x^{-2}) + D\,(x^3 + x^{-3}) + \ldots,$$

on aura

$$A = a^n + \frac{2}{1}\,\frac{n(n-1)}{2}\,a^{n-2}b^2$$

$$+ \frac{4.3}{1.2}\,\frac{n(n-1(n-2)(n-3)}{2.3.4}\,a^{n-4}b^4$$

$$+ \frac{6.5.4}{1.2.3}\,\frac{n(n-1)\ldots(n-5)}{2.3.4.5.6}\,a^{n-6}b^6 + \ldots,$$

$$B = na^{n-1}b + \frac{3}{1}\frac{n(n-1)(n-2)}{2.3}a^{n-3}b^3$$

$$+ \frac{5.4}{1.2}\frac{n(n-1)(n-2)(n-3)(n-4)}{2.3.4.5}a^{n-5}b^5$$

$$+ \frac{7.6.5}{1.2.3}\frac{n(n-1)\ldots(n-6)}{2.3\ldots7}a^{n-7}b^7 + \ldots,$$

$$C = \frac{n(n-1)}{2}a^{n-2}b^2 + \frac{4}{1}\frac{n(n-1)(n-2)(n-3)}{2.3.4}a^{n-4}b^4$$

$$+ \frac{6.5}{1.2}\frac{n(n-1)\ldots(n-5)}{2.3\ldots6}a^{n-6}b^6$$

$$+ \frac{8.7.6}{1.2.3}\frac{n(n-1)\ldots(n-7)}{1.2\ldots8}a^{n-8}b^8 + \ldots,$$

. . . .

Donc, si on appelle M le terme de la série A, B, C,..., dont le quantième sera $\mu + 1$, il est facile de voir qu'on aura

$$M = \frac{n(n-1)\ldots(n-\mu+1)}{1.2\ldots\mu}a^{n-\mu}b^\mu$$

$$+ \frac{\mu+2}{1}\frac{n(n-1)\ldots(n-\mu-1)}{1.2\ldots(\mu+2)}a^{n-\mu+2}b^{\mu+2}$$

$$+ \frac{(\mu+4)(\mu+3)}{1.2}\frac{n(n-1)\ldots(n-\mu-3)}{1.2\ldots(\mu+4)}a^{n-\mu-4}b^{\mu+4}.$$

. . . .

Or, ce terme M est le coefficient des puissances x^μ et $x^{-\mu}$, de sorte qu'on aura $\frac{2M}{(a+2b)^n}$ pour la probabilité que l'erreur soit $\pm\frac{\mu}{n}$. Ainsi, la probabilité que l'erreur ne surpassera pas $\pm\frac{\mu}{n}$ sera représentée par la série

$$\frac{A + 2B + 2C + 2D + \ldots + 2M}{(a+2b)^n}.$$

Pour faciliter la recherche des valeurs de A, B, C,..., il est bon de faire voir comment ces quantités dépendent les unes des autres; pour cela, on reprendra l'équation

$$[a + b(x + x^{-1})]^n = A + B(x + x^{-1}) + C(x^2 + x^{-2}) + D(x^3 + x^{-3}) + \ldots,$$

24.

et, prenant les différentielles logarithmiques, on aura, après avoir divisé par $\dfrac{dx}{x}$,

$$\frac{nb(x - x^{-1})}{a + b(x + x^{-1})} = \frac{B(x - x^{-1}) + 2C(x^2 - x^{-2}) + \cdots}{A + B(x + x^{-1}) + C(x^2 + x^{-2}) + \cdots};$$

donc, multipliant en croix, il viendra

$$nbA(x - x^{-1}) + nbB(x^2 - x^{-2}) + nbC(x^3 - x^{-3} - x + x^{-1})$$
$$+ nbD(x^4 - x^{-4} - x^2 + x^{-2}) + \cdots$$
$$= aB(x - x^{-1}) + 2aC(x^2 - x^{-2}) + 3aD(x^3 - x^{-3}) + \cdots$$
$$+ bB(x^2 - x^{-2}) + 2bC(x^3 - x^{-3} + x - x^{-1})$$
$$+ 3bD(x^4 - x^{-4} + x^2 + x^{-2}) + \cdots;$$

de sorte qu'en comparant les termes, on aura

$$nb(A - C) = aB + 2bC,$$
$$nb(B - D) = 2aC + b(B + 3D),$$
$$nb(C - E) = 3aD + b(2C + 4E),$$
$$\dots\dots\dots\dots\dots\dots\dots\dots\dots\dots,$$

d'où, en faisant pour plus de simplicité $\dfrac{a}{b} = K$, on aura

$$C = \frac{nA - KB}{n + 2},$$
$$D = \frac{(n-1)B - 2KC}{n + 3},$$
$$E = \frac{(n-2)C - 3KD}{n + 4},$$
$$\dots\dots\dots\dots\dots\dots$$

Ainsi, en connaissant les deux premiers termes A et B, on pourra trouver successivement tous les autres.

10. COROLLAIRE. — Supposons, comme dans le n° 2, $a = b$, en sorte que l'on ait $K = 1$, et, faisant successivement n égal à 1, 2, 3,..., et

$a = 1$, ce qui est permis, on trouvera les valeurs suivantes

n	A	B	C	D	E	F	G...,
1	1	1	0	0	0	0	0...,
2	3	2	1	0	0	0	0...,
3	7	6	3	1	0	0	0...,
4	19	16	10	4	1	0	0...,
5	51	45	30	15	5	1	0...,
6	141	126	90	50	21	6	1...,
. . . .	. . . .	. . . .	. . . .	. . . .	. . . .	. . . .	. . . .

De là on formera la table suivante des probabilités :

VALEURS du nombre n des observations.	PROBABILITÉS QUE L'ERREUR NE SURPASSERA PAS LES FRACTIONS					
	$\pm \dfrac{0}{n}.$	$\pm \dfrac{1}{n}.$	$\pm \dfrac{2}{n}.$	$\pm \dfrac{3}{n}.$	$\pm \dfrac{4}{n}.$	$\pm \dfrac{5}{n}.$
1	$\dfrac{1}{3}$	. . .	. . .	. . .	. . .	. . .
2	$\dfrac{3}{9}$	$\dfrac{7}{9}$	. . .	. . .	. . .	. . .
3	$\dfrac{7}{27}$	$\dfrac{19}{27}$	$\dfrac{25}{27}$	. . .	. . .	. . .
4	$\dfrac{19}{81}$	$\dfrac{51}{81}$	$\dfrac{71}{81}$	$\dfrac{79}{81}$	. . .	. . .
5	$\dfrac{51}{243}$	$\dfrac{141}{243}$	$\dfrac{201}{243}$	$\dfrac{231}{243}$	$\dfrac{241}{243}$	. . .
6	$\dfrac{141}{729}$	$\dfrac{393}{729}$	$\dfrac{573}{729}$	$\dfrac{673}{729}$	$\dfrac{715}{729}$	$\dfrac{727}{729}$
. . .	. . .	. . .	. . .	. . .	. . .	. . .

On voit, par cette table, qu'en prenant le milieu entre deux observations, la probabilité que l'erreur soit nulle sera $\dfrac{3}{9} = \dfrac{1}{3}$, et celle que l'erreur ne surpassera pas $\dfrac{1}{2}$ tant en plus qu'en moins sera $\dfrac{7}{9}$; or, dans chaque observation particulière, il y a $\frac{1}{3}$ de probabilité que l'erreur sera o, et comme, par hypothèse, l'erreur ne peut être que o ou ± 1, il est clair que la probabilité que l'erreur ne surpassera pas $\frac{1}{2}$ sera de même $\frac{1}{3}$. Ainsi, quoique la probabilité que l'erreur sera nulle soit la même, soit qu'on prenne le résultat moyen entre deux observations, ou qu'on prenne le résultat particulier d'une observation unique, cependant la probabilité que l'erreur ne surpassera pas $\frac{1}{2}$ sera plus grande dans le premier cas que dans le second, ces deux probabilités étant comme $\frac{7}{9} : \frac{1}{3}$, c'est-à-dire dans la raison de 7:3.

De même, en prenant le milieu entre trois observations, on aura $\frac{7}{27}$ pour la probabilité que l'erreur sera nulle, $\frac{19}{27}$ pour la probabilité que l'erreur ne sera pas plus grande que $\pm\frac{1}{3}$, et $\frac{25}{27}$ pour celle que l'erreur ne sera pas plus grande que $\pm\frac{2}{3}$; mais dans chaque observation particulière la probabilité que l'erreur soit nulle est $\frac{1}{3}$, et celle que l'erreur ne surpasse pas $\frac{1}{3}$ ou $\frac{2}{3}$, est de même $\frac{1}{3}$, parce que par hypothèse l'erreur ne peut être que nulle ou ± 1; donc la probabilité que l'erreur soit nulle sera à la vérité plus grande dans le résultat particulier d'une observation unique que dans le résultat moyen de trois observations, et cela dans la raison de 9:7; mais en revanche la probabilité que l'erreur ne surpassera pas $\pm\frac{1}{3}$ sera plus grande dans le second cas que dans le premier en raison de 19:9, et celle que l'erreur ne surpassera pas $\pm\frac{2}{3}$ le sera encore davantage, cette probabilité étant, dans le second cas, plus grande que dans le premier en raison de 25:9.

Voilà donc en quoi consiste principalement l'avantage qu'il y a à prendre le milieu entre les résultats de plusieurs observations. Pour rendre la chose encore plus sensible, nous allons rechercher les probabilités que l'erreur ne surpassera pas la fraction $\frac{1}{2}$, en supposant successivement n égal à 1, 2, 3,..., c'est-à-dire pour une observation unique, pour deux, pour trois,..., et nous aurons

$$n.............\quad 1, \quad 2, \quad 3, \quad 4, \quad 5, \quad 6,....$$

$$\text{Probabilités...}\quad \frac{1}{3},\quad \frac{7}{9},\quad \frac{19}{27},\quad \frac{71}{81},\quad \frac{201}{243},\quad \frac{673}{729},....$$

ou bien, en réduisant au même dénominateur 729,

$$n.............\quad 1, \quad 2, \quad 3, \quad 4, \quad 5, \quad 6,...$$

$$\text{Probabilités...}\quad \frac{243}{729},\quad \frac{567}{729},\quad \frac{513}{729},\quad \frac{639}{729},\quad \frac{603}{729},\quad \frac{673}{729},...$$

On voit par là que la probabilité que l'erreur ne surpassera pas $\frac{1}{2}$ va en augmentant, à mesure que l'on prend un plus grand nombre d'observations, mais avec cette différence que la probabilité est plus grande pour deux observations que pour trois, pour quatre que pour cinq, et en général pour un nombre pair quelconque que pour le nombre impair qui le suit immédiatement; de sorte que, dans l'hypothèse dont il s'agit, il est plus avantageux de ne prendre le milieu qu'entre un nombre quelconque pair d'observations.

11. Remarque. — Nous avons vu dans le n° 5 que si l'on développe la fraction $1 - z\left[a + b\left(x + \frac{1}{x}\right)\right]$ en une série de cette forme,

$$Z + Z'\left(x + \frac{1}{x}\right) + Z''\left(x^2 + \frac{1}{x^2}\right) + \cdots,$$

$Z, Z', Z'',...$ étant des fonctions de z, on aura

$$Z = \frac{1}{p^2 - q^2},\quad Z' = \frac{\beta q}{p^3} = \frac{q}{p}\,Z,\quad Z'' = \frac{\beta q^2}{p^3} = \frac{q}{p}\,Z',...,$$

p et q étant telles que

$$p^2 + q^2 = 1 - az\quad \text{et}\quad pq = bz,$$

ce qui donne

$$p^2 - q^2 = \sqrt{1 - 2az + (a^2 - 4b^2)\, z^2},$$

et, de là,

$$\frac{q}{p} = \frac{1 - az - \sqrt{1 - 2az + (a^2 - 4b^2)\, z^2}}{2bz};$$

de sorte qu'en faisant, pour plus de simplicité,

$$\zeta = \sqrt{1 - 2az + (a^2 - 4b^2)\, z^2},$$

on aura

$$Z = \frac{1}{\zeta}, \quad Z' = \frac{1 - az - \zeta}{2bz}\, \frac{1}{\zeta}, \quad Z'' = \left(\frac{1 - az - \zeta}{2bz}\right)^2 \frac{1}{\zeta},$$

et en général

$$Z^{(\mu)} = \left(\frac{1 - az - \zeta}{2bz}\right)^{\mu} \frac{1}{\zeta}.$$

Or, si l'on développe cette quantité en une série de puissances rationnelles et entières de z, on verra aisément, par ce que nous avons dit plus haut, que le coefficient d'une puissance quelconque, comme z^n, dénotera le nombre des cas où la somme des erreurs de n observations pourra être $+\mu$ ou $-\mu$, de sorte que le double de ce coefficient exprimera le nombre de tous les cas où l'erreur moyenne sera $\pm\frac{\mu}{n}$. De là il est facile de conclure que la quantité

$$\frac{1 + 2\dfrac{1 - az - \zeta}{2bz} + 2\left(\dfrac{1 - az - \zeta}{2bz}\right)^2 + \ldots + 2\left(\dfrac{1 - az - \zeta}{2bz}\right)^{\mu}}{\zeta},$$

étant regardée comme une fonction de z et développée suivant les puissances de cette variable, donnera une série de telle nature que le coefficient d'une puissance quelconque z^n exprimera justement le nombre de cas où l'erreur moyenne pourra être renfermée dans ces limites $-\frac{\mu}{n}$, $+\frac{\mu}{n}$; de sorte que, ce coefficient étant divisé par le nombre total de cas $(a + 2b)^n$, on aura la valeur de la probabilité que l'erreur moyenne ne surpassera pas la fraction $\frac{\mu}{n}$, soit en plus ou en moins. Or, la quantité dont il s'agit n'étant autre chose qu'une série géométrique, elle peut se mettre sous cette forme plus simple

$$2\,\frac{1 - \left(\dfrac{1 - az - \zeta}{2bz}\right)^{\mu+1}}{\zeta\left(1 - \dfrac{1 - az - \zeta}{2bz}\right)} - \frac{1}{\zeta}.$$

Ainsi, toute la difficulté consistera à réduire cette même quantité en série infinie qui procède suivant les puissances de z. Pour en venir plus facilement à bout, on la supposera égale à une indéterminée y, et l'on aura une équation entre y et z, qu'on pourra par des différentiations délivrer, tant de la puissance $\mu + 1$ que de l'irrationnalité de ζ; par ce moyen, on aura une équation différentielle du second degré entre y et z, et il n'y aura plus qu'à supposer $y = 1 + Az + Bz^2 + \dots$, et déterminer les coefficients A, B,... par la comparaison des termes.

Au reste, comme ce calcul est un peu long, nous nous contenterons de l'indiquer ici, pour mettre sur la voie ceux qui voudront pousser cette théorie plus loin.

12. Scolie. — Nous avons supposé dans les deux Problèmes précédents qu'il y avait un nombre égal de cas pour avoir une erreur positive et pour en avoir une négative; si cela n'était pas ainsi, et que le nombre des cas qui donneraient 0, $+1$ et -1 d'erreur fussent a, b et c, alors on pourrait résoudre les Problèmes avec la même facilité en considérant le trinôme $a + bx + cx^{-1}$, à la place de $a + b(x + x^{-1})$, pour avoir le nombre des cas où l'on aurait une erreur moyenne donnée, et en prenant ensuite $(a + b + c)^n$ pour avoir le nombre total des cas à la place de $(a + 2b)^n$. On pourrait même, sans faire un nouveau calcul, adapter à ce cas-ci les formules que nous avons déjà trouvées; car si dans le trinôme $a + bx + \dfrac{c}{x}$ on met $x\sqrt{\dfrac{c}{b}}$ à la place de x, il deviendra $a + \sqrt{bc}\left(x + \dfrac{1}{x}\right)$; ainsi, il n'y aura qu'à mettre dans le trinôme $a + b\left(x + \dfrac{1}{x}\right)$ des Pro-

blèmes précédents $\sqrt{bc}$ à la place de b, et ensuite $x\sqrt{\dfrac{b}{c}}$ à la place de x.
Du reste, nous allons traiter ce cas d'une manière beaucoup plus générale dans le Problème suivant.

Problème III.

13. *Supposant que chaque observation soit sujette à une erreur d'une unité en moins et à une erreur de r unités en plus, et que le nombre des cas qui peuvent donner* 0, -1, $+r$ *d'erreur soit respectivement* a, b, c, *on demande quelle est la probabilité que l'erreur moyenne de plusieurs observations sera renfermée dans des limites données.*

Soit n le nombre des observations dont on veut prendre le milieu : on formera la puissance $n^{\text{ième}}$ du trinôme $a+\dfrac{b}{x}+cx^r$, et le coefficient d'une puissance quelconque x^μ dénotera le nombre des cas où la somme des erreurs sera μ, et par conséquent où l'erreur moyenne sera $\dfrac{\mu}{n}$. Considérons donc la quantité

$$\left(a+\frac{b}{x}+cx^r\right)^n,$$

laquelle se réduit à

$$\frac{[b+x(a+cx^r)]^n}{x^n},$$

et l'on aura, comme on sait,

$$[b+x(a+cx^r)]^n = b^n + nb^{n-1}x(a+cx^r) + \frac{n(n-1)}{2}b^{n-2}x^2(a+cx^r)^2 + \cdots,$$

d'où il est facile de voir que le coefficient d'une puissance quelconque x^s sera

$$\frac{n(n-1)\ldots(n-s+1)}{2.3\ldots s}b^{n-s}a^s$$

$$+\frac{n(n-1)\ldots(n-s+r)}{2.3\ldots(s-r)}\frac{s-{}^1 2\,r}{1}b^{n-s+r}a^{s-r}c$$

$$+\frac{n(n-1)\ldots(n-s+2r)}{2.3\ldots(s-2r)}\frac{(s-2r)(s-2r-1)}{1.2}b^{n-s+2r}a^{s-2r}c^2$$

$$\cdots\cdots\cdots\cdots\cdots\cdots\cdots\cdots\cdots\cdots\cdots;$$

cette série étant continuée jusqu'à ce que l'on parvienne à des termes négatifs; donc ce coefficient sera celui de la puissance x^{s-n} dans la quantité $\left(a + \dfrac{b}{x} + cx^r\right)^n$; donc, si l'on désigne en général par (μ) le coefficient de la puissance x^μ de cette dernière quantité, on aura

$$
\begin{aligned}
(\mu) = {} & \frac{n(n-1)\ldots(1-\mu)}{2.3\ldots(\mu+n)}\, b^{-\mu} a^{\mu+n} \\
& + \frac{n(n-1)\ldots(r-\mu)}{2.3\ldots(\mu+n-r-1)}\, b^{r-\mu} a^{\mu+n-r}\, c \\
& + \frac{n(n-1)\ldots(2r-\mu)}{2 \times 2.3\ldots(\mu+n-2r-2)}\, b^{2r-\mu} a^{\mu+n-2r}\, c^2 \\
& \ldots\ldots\ldots\ldots\ldots\ldots\ldots\ldots\ldots\ldots\ldots\ldots\ldots\ldots ,
\end{aligned}
$$

où il faudra toujours omettre les termes qui contiendraient des puissances négatives de a ou b.

Donc, puisque pour n observations la somme de tous les cas est $(a + b + c)^n$, on aura pour la probabilité que l'erreur moyenne soit $\dfrac{\mu}{n}$ la quantité $\dfrac{(\mu)}{(a+b+c)^n}$; et de là la probabilité que l'erreur moyenne sera renfermée entre ces limites $-\dfrac{p}{n}$, $+\dfrac{q}{n}$ sera exprimée par la série

$$
\frac{(-p+1)+\ldots+(-1)+(0)+(1)+\ldots+(q-1)}{(a+b+c)^n}.
$$

Problème IV.

14. *Supposant tout, comme dans le Problème précédent, on demande quelle est l'erreur moyenne pour laquelle la probabilité est la plus grande.*

Nous avons vu que la probabilité que l'erreur moyenne soit $\dfrac{\mu}{n}$ est $\dfrac{(\mu)}{(a+b+c)^n}$, (μ) étant le coefficient de la puissance x^μ du trinôme $\left(a + \dfrac{b}{x} + cx^r\right)^n$; ainsi il ne s'agit que de savoir quel est le terme de la puissance $n^{ième}$ de $a + \dfrac{b}{x} + cx^r$ qui aura le plus grand coefficient; pour cela il est clair qu'il n'y a qu'à chercher le plus grand terme du trinôme $a + b + c$ élevé à la puissance n; car supposant que ce terme soit $\pi a^\alpha b^\beta c^\gamma$, α, β, γ étant les exposants de a, b, c, dont la somme doit être égale à n, et π le coefficient de ce terme, il n'y aura qu'à mettre $\frac{b}{x}$ à la place de b, et cx^r à la place de c, et l'on aura

$$\pi a^\alpha b^\beta c^\gamma x^{-\beta + r\gamma}$$

pour le terme cherché de la puissance $n^{\text{ième}}$ du trinôme $a + \frac{b}{x} + cx^r$; ainsi on fera $-\beta + r\gamma = \mu$, et l'on aura

$$\frac{r\gamma - \beta}{n}$$

pour l'erreur moyenne dont la probabilité sera la plus grande.

Or, par les règles des combinaisons, on sait que le coefficient π du terme $\pi a^\alpha b^\beta c^\gamma$ doit être

$$\frac{1.2.3\ldots n}{1.2.3\ldots\alpha \times 1.2.3\ldots\beta \times 1.2.3\ldots\gamma};$$

dénotons ce terme par M, en sorte que l'on ait

$$\frac{1.2.3\ldots n \times a^\alpha b^\beta c^\gamma}{1.2.3\ldots\alpha \times 1.2.3\ldots\beta \times 1.2.3\ldots\gamma} = \text{M},$$

et il faudra qu'en faisant varier les exposants α, β, γ, la valeur de M diminue; faisons donc varier α d'une unité, en sorte que α devienne $\alpha + 1$, et comme $\alpha + \beta + \gamma = n$, il faudra que β ou γ diminue en même temps d'une unité; or, il est facile de voir que si dans la valeur de M on met $\alpha + 1$ pour α et $\beta - 1$ pour β, cette valeur deviendra

$$\frac{\beta}{\alpha + 1}\,\frac{a\text{M}}{b},$$

donc

$$\frac{\beta}{\alpha + 1}\,\frac{a\text{M}}{b} < \text{M},$$

et, par conséquent,

$$\frac{\beta}{\alpha + 1}\,\frac{a}{b} < 1;$$

réciproquement, si l'on augmente β d'une unité, et qu'on diminue α aussi d'une unité, on trouvera la condition

$$\frac{\alpha}{\beta+1}\frac{b}{a}<1;$$

ainsi il faudra que l'on ait en même temps

$$\frac{\alpha}{\beta+1}<\frac{a}{b} \quad \text{et} \quad \frac{\alpha+1}{\beta}>\frac{a}{b}.$$

Or, c'est ce qui aura lieu si $\frac{\alpha}{\beta}=\frac{a}{b}$.

On trouvera de la même manière $\frac{\alpha}{\gamma}=\frac{a}{c}$; de sorte qu'en prenant un coefficient indéterminé p, on aura, dans le cas du maximum,

$$\alpha=pa, \quad \beta=pb, \quad \gamma=pc;$$

mais $\alpha+\beta+\gamma=n$; donc $p=\dfrac{n}{a+b+c}$; donc enfin

$$\alpha=\frac{na}{a+b+c}, \quad \beta=\frac{nb}{a+b+c}, \quad \gamma=\frac{nc}{a+b+c}.$$

Si les quantités $\dfrac{na}{a+b+c}$, $\dfrac{nb}{a+b+c}$, $\dfrac{nc}{a+b+c}$ sont des nombres entiers, on aura exactement

$$\alpha=\frac{na}{a+b+c}, \quad \beta=\frac{nb}{a+b+c}, \quad \gamma=\frac{nc}{a+b+c},$$

comme nous venons de le trouver; mais si ces quantités ne sont pas des nombres entiers, alors il faudra prendre pour α, β, γ les nombres entiers qui en seront les plus proches. On peut prendre cependant, pour plus de simplicité, ces mêmes quantités pour les valeurs de α, β, γ, car l'erreur, s'il y en a, ne pourra jamais être que très-petite; de cette manière nous aurons pour l'erreur moyenne qui a la plus grande probabilité, l'expression

$$\frac{r\gamma-\beta}{n}=\frac{rc-b}{a+b+c}.$$

15. Corollaire. — De là il s'ensuit qu'on peut toujours regarder la quantité $\frac{rc-b}{a+b+c}$ comme l'erreur du résultat moyen, et qu'ainsi on peut prendre la même quantité pour la correction de ce résultat.

Lorsque $r = 1$ et $c = b$, comme dans l'hypothèse du Problème 1, la correction du résultat moyen devient nulle; elle le serait aussi, si l'on avait $b = rc$; mais dans tous les autres cas elle sera d'autant plus grande que rc différera davantage de b.

PROBLÈME V.

16. *On suppose que chaque observation soit sujette à des erreurs quel-conques données, et qu'on connaisse en même temps le nombre des cas où chaque erreur peut avoir lieu; on demande la correction qu'il faudra faire au résultat moyen de plusieurs observations.*

Soient p, q, r, s,... les erreurs auxquelles chaque observation est sujette, et a, b, c, d,... les cas qui peuvent donner ces erreurs, savoir a le nombre des cas qui donneraient l'erreur p, b le nombre des cas qui donneraient l'erreur q, et ainsi des autres; il est clair, par ce que nous avons démontré dans les Problèmes précédents, que si l'on élève le polynôme

$$ax^p + bx^q + cx^r + \ldots$$

à la puissance n, et qu'on dénote par M le coefficient de la puissance x^ν, on aura

$$\frac{M}{(a+b+c+\ldots)^n}$$

pour la probabilité que l'erreur du résultat moyen de n observations soit $\frac{\mu}{n}$. Or on sait, par la théorie des combinaisons, que le coefficient M sera de cette forme

$$\frac{1.2.3.4\ldots n \times a^\alpha b^\beta c^\gamma \ldots}{1.2.3\ldots\alpha \times 1.2.3\ldots\beta \times 1.2.3\ldots\gamma \times \ldots},$$

où les exposants α, β, γ,... doivent être tels que

$$\alpha + \beta + \gamma + \ldots = n, \quad \text{et} \quad \alpha p + \beta q + \gamma r + \ldots = \mu.$$

De plus, il est facile de démontrer, par une méthode semblable à celle
du Problème précédent, que le coefficient M sera le plus grand, lorsqu'on aura

$$\alpha = \frac{na}{a+b+c+\dots}.$$

$$\beta = \frac{nb}{a+b+c+\dots},$$

$$\gamma = \frac{nc}{a+b+c+\dots};$$

d'où il s'ensuit que l'erreur moyenne, pour laquelle la probabilité sera
la plus grande, sera exprimée par

$$\frac{\mu}{n} = \frac{ap+bq+cr+\dots}{a+b+c+\dots}.$$

Ainsi cette quantité représentera la correction qu'il faudra faire au résultat moyen de plusieurs observations.

17. Corollaire I. — Si l'on regarde les quantités a, b, c,... comme
des poids appliqués à une droite indéfinie, à des distances égales à p, q,
r,... d'un point fixe pris dans cette droite, et qu'on cherche le centre de
gravité de ces poids, la distance de ce centre au point fixe sera la correction qu'il faudra faire au résultat moyen de plusieurs observations; cela
suit évidemment de la formule que nous avons trouvée plus haut pour la
valeur de cette correction.

18. Corollaire II. — Donc, si l'on suppose que chaque observation
soit sujette à toutes les erreurs possibles qui peuvent être comprises
entre des limites données, et qu'on connaisse la courbe de la facilité
des erreurs dans laquelle, les abscisses étant supposées représenter les
erreurs, les ordonnées représentent les facilités de ces erreurs, il n'y
aura qu'à chercher le centre de gravité de l'aire totale de cette courbe,
et l'abscisse répondant à ce centre exprimera la correction du résultat
moyen. De là on voit que si la courbe dont il s'agit est égale, est semblable
de côté et d'autre de l'ordonnée qui passe par l'origine des abscisses, en

sorte que cette ordonnée soit un diamètre de la courbe dont il s'agit, alors la correction sera nulle, le centre de gravité tombant nécessairement dans le diamètre. Ce cas a lieu toutes les fois que les·erreurs peuvent être également positives et négatives.

PROBLÈME VI.

19. *Je suppose qu'on ait vérifié un instrument quelconque, et qu'ayant réitéré plusieurs fois la même vérification on ait trouvé différentes erreurs, dont chacune se trouve répétée un certain nombre de fois; on demande quelle est l'erreur qu'il faudra prendre pour la correction de l'instrument.*

Soient p, q, r,... les erreurs trouvées, et soient α, β, γ,... les nombres qui marquent combien de fois chaque erreur s'est trouvée répétée en faisant n vérifications; supposons que le nombre des cas qui peuvent donner l'erreur p, ou q, ou r,... soit désigné respectivement par a, b, c,...; qu'on élève le polyônme

$$ax^p + bx^q + cx^r + \ldots$$

à la puissance n, et soit

$$N(ax^p)^\alpha (bx^q)^\beta (cx^r)^\gamma \ldots$$

un terme quelconque de ce polynôme : le coefficient $N a^\alpha b^\beta c^\gamma \ldots$ de la puissance $p\alpha + q\beta + r\gamma + \ldots$ de x divisé par $(a + b + c + \ldots)^n$ dénotera la probabilité que les erreurs p, q, r,... se trouvent combinées ensemble, de manière que p soit répété α fois, q β fois, r γ fois, et ainsi des autres. Ainsi cette probabilité sera la plus grande dans la combinaison où la valeur de $N a^\alpha b^\beta c^\gamma \ldots$ sera la plus grande; mais on a

$$N = \frac{1.2.3\ldots n}{1.2.3\ldots\alpha \times 1.2.3\ldots\beta \times 1.2.3\ldots\gamma \times \ldots},$$

comme nous l'avons déjà vu dans le Problème précédent; donc, par le même Problème, la plus grande valeur de $N a^\alpha b^\beta c^\gamma \ldots$ aura lieu lorsque

$$\alpha = \frac{na}{a + b + c + \ldots},$$

$$\beta = \frac{nb}{a + b + c + \ldots},$$

$$\gamma = \frac{nc}{a + b + c + \ldots},$$

équations par lesquelles on pourra déterminer les inconnues a, b, c,...; et l'on aura, en faisant $a + b + c + \ldots = s$,

$$a = \frac{s\alpha}{n}, \quad b = \frac{s\beta}{n}, \quad c = \frac{s\gamma}{n}, \ldots.$$

Or nous avons démontré, dans le Problème cité, que la correction qu'il faut faire au résultat moyen d'un nombre quelconque d'observations est exprimée par

$$\frac{ap + bq + cr + \ldots}{a + b + c + \ldots};$$

donc, mettant dans cette expression les valeurs de a, b, c,... que nous venons de trouver, la correction dont il s'agit deviendra

$$\frac{\alpha p + \beta q + \gamma r + \ldots}{n},$$

c'est-à-dire égale à l'erreur moyenne entre toutes les erreurs particulières que les n vérifications ont données.

20. COROLLAIRE. — Si l'on voulait tenir compte aussi, au moins d'une manière approchée, des erreurs intermédiaires auxquelles l'instrument pourrait être sujet, il n'y aurait qu'à prendre dans une ligne droite indéfinie des abscisses proportionnelles aux erreurs trouvées p, q, r,..., comme au n° 17; et y ayant appliqué des ordonnées proportionnelles aux quantités a, b, c,..., on ferait passer par les extrémités p, q, r,... une ligne parabolique; on chercherait ensuite le centre de gravité de l'aire de toute la courbe, et la perpendiculaire abaissée de ce centre sur l'axe y couperait une abscisse qui serait la correction de l'instrument.

On voit par là comment on peut connaître *à posteriori* la loi de la facilité de chacune des erreurs auxquelles un instrument peut être sujet.

21. REMARQUE I. — On a trouvé ci-dessus que la plus grande probabilité a lieu lorsque

$$a = \frac{s\alpha}{n}, \quad b = \frac{s\beta}{n}, \quad c = \frac{s\gamma}{n}, \ldots,$$

de sorte que les valeurs de a, b, c,... sont les plus probables qu'on puisse supposer. Si on voulait savoir de plus quelle est la probabilité que ces mêmes valeurs ne s'écarteront pas de la vérité d'une quantité quelconque $\pm \frac{rs}{n}$, il n'y aurait qu'à mettre, dans l'expression générale de la probabilité (Problème précédent)

$$\frac{N a^\alpha b^\beta c^\gamma \ldots}{s^n},$$

au lieu de a, b, c, les quantités $\frac{s(\alpha + x)}{n}$, $\frac{s(\beta + y)}{n}$, $\frac{s(\gamma + z)}{n}, \ldots$, et, faisant successivement x, y, z,... égaux à ± 1, ± 2, ± 3,..., $\pm r$, en sorte cependant que l'on ait toujours $x + y + z + \ldots = 0$, à cause que (par hypothèse) $a + b + c + \ldots = s$ et $\alpha + \beta + \gamma + \ldots = n$, on aura autant de probabilités particulières, dont la somme sera la probabilité cherchée.

Soit P la probabilité que l'on ait

$$a = \frac{s\alpha}{n}, \quad b = \frac{s\beta}{n}, \quad c = \frac{s\gamma}{n}, \ldots;$$

mettant ces valeurs dans l'expression précédente, on aura

$$P = \frac{1.2.3 \ldots n}{n^n} \frac{\alpha^\alpha}{1.2.3 \ldots \alpha} \frac{\beta^\beta}{1.2.3 \ldots \beta} \ldots$$

Soit de plus Q la probabilité que l'on ait

$$a = \frac{s(\alpha + x)}{n}, \quad b = \frac{s(\beta + y)}{n}, \quad c = \frac{s(\gamma + z)}{n}, \ldots,$$

on aura la valeur de Q en mettant ces valeurs dans la même expression, et il est facile de voir qu'on aura

$$Q = P \left(1 + \frac{x}{\alpha}\right)^{\alpha} \left(1 + \frac{y}{\beta}\right)^{\beta} \left(1 + \frac{z}{\gamma}\right)^{\gamma} \ldots.$$

Donc, si l'on fait en général

$$V = \left(1 + \frac{x}{\alpha}\right)^{\alpha} \left(1 + \frac{y}{\beta}\right)^{\beta} \left(1 + \frac{z}{\gamma}\right)^{\gamma} \ldots,$$

et que $\int V$ dénote la somme de toutes les valeurs particulières de V, en faisant varier $x, y, z,\ldots$ depuis o jusqu'à $+ r$, et ayant soin que l'on ait toujours $x + y + z \ldots = 0$, la probabilité cherchée sera égale à $P \int V$.

Comme il n'est pas facile de trouver l'intégrale $\int V$, surtout lorsqu'il y a plus de deux variables, on pourra se contenter de l'avoir d'une manière approchée; pour cela, il n'y aura qu'à prendre une valeur moyenne de V et la multiplier par le nombre de toutes les valeurs particulières de V qui doivent entrer dans l'intégrale $\int V$, et la difficulté ne consistera qu'à trouver ce nombre. Or, si l'on désigne par m le nombre des quantités $\alpha, \beta, \gamma,\ldots$, il est facile de concevoir que le nombre dont il s'agit ne sera autre chose que le coefficient de u^o, c'est-à-dire le terme tout connu de la série qui représente la puissance m du polynôme

$$u^{-r} + u^{-r+1} + \ldots + u^{-1} + 1 + u + \ldots + u^{r-1} + u^r.$$

Qu'on dénote ce terme par T, et l'on aura, comme nous le démontrerons plus bas,

$$T = \frac{(mr+1)(mr+2)(mr+3)\ldots(mr+m-1)}{1.2.3\ldots(m-1)}$$

$$- m \frac{[(m-2)r][(m-2)r+1][(m-2)r+2]\ldots[(m-2)r+m-2]}{1.2.3\ldots(m-1)}$$

$$+ \frac{m(m-1)}{2} \frac{[(m-4)r-1][(m-4)r][(m-4)r+1]\ldots[(m-4)r+m-3]}{1.2.3\ldots(m-1)} - \ldots,$$

en continuant cette série seulement jusqu'à ce que quelqu'un des facteurs $mr+1$, $(m-2)r$, $(m-4)r-1$,... devienne négatif.

Donc, si W est la valeur moyenne de V, on aura pour la valeur approchée de $\int V$ la quantité TW, et la probabilité cherchée sera à peu près égale à PTW.

Si, au lieu de prendre pour W la valeur moyenne de V, on prend la plus petite, il est clair que TW sera nécessairement moindre que la véritable valeur de $\int V$, et par conséquent la probabilité cherchée sera nécessairement plus grande que PTW; ainsi, on pourra parier avec avantage PTW contre $1 - \text{PTW}$ qu'en faisant

$$\frac{a}{s} = \frac{\alpha}{n}, \quad \frac{b}{s} = \frac{\beta}{n}, \quad \frac{c}{s} = \frac{\gamma}{n}, \dots,$$

on ne se trompera pas d'une quantité plus grande que $\frac{r}{n}$ tant en plus qu'en moins.

22. REMARQUE II. — Supposons que n soit un nombre très-grand, et que par conséquent les nombres α, β, γ,..., dont la somme est n, soient aussi très-grands; pour trouver dans ce cas les valeurs de P et de V, on remarquera :

1° Que lorsque u est un très-grand nombre, on a, à très-peu près,

$$\log 1 + \log 2 + \log 3 + \dots + \log u = \frac{1}{2}\log \pi + \left(u + \frac{1}{2}\right)\log u - u,$$

π étant le rapport de la périphérie du cercle au rayon; d'où il suit que l'on aura

$$\log \frac{1.2.3\dots u}{u^u} = \frac{1}{2}\log \pi + \frac{1}{2}\log u - u,$$

et par conséquent

$$\frac{1.2.3\dots u}{u^u} = \frac{\sqrt{\pi u}}{e^u};$$

donc, à cause de $\alpha + \beta + \gamma + \dots = n$, on aura

$$P = \sqrt{\frac{\pi n}{\pi\alpha \times \pi\beta \times \pi\gamma \times \dots}}.$$

2° Si on prend le logarithme de V, on aura

$$\log V = \alpha \log\left(1 + \frac{x}{\alpha}\right) + \beta \log\left(1 + \frac{y}{\beta}\right) + \gamma \log\left(1 + \frac{z}{\gamma}\right) + \ldots,$$

mais

$$\log\left(1 + \frac{x}{\alpha}\right) = \frac{x}{\alpha} - \frac{x^2}{2\alpha^2} + \ldots;$$

donc, à cause de $x + y + z + \ldots = 0$, on aura à très-peu près

$$\log V = -\frac{1}{2}\left(\frac{x^2}{\alpha} + \frac{y^2}{\beta} + \frac{z^2}{\gamma} + \ldots\right),$$

et de là

$$V = e^{-\frac{1}{2}\left(\frac{x^2}{\alpha} + \frac{y^2}{\beta} + \frac{z^2}{\gamma} + \ldots\right)}.$$

Soient maintenant

$$x = \xi\sqrt{n}, \quad y = \psi\sqrt{n}, \quad z = \zeta\sqrt{n}, \ldots,$$

et

$$\frac{\alpha}{n} = A, \quad \frac{\beta}{n} = B, \quad \frac{\gamma}{n} = C, \ldots,$$

on aura

$$\xi + \psi + \zeta + \ldots = 0 \quad \text{et} \quad A + B + C + \ldots = 1;$$

donc

$$P = \frac{1}{(\pi n)^{\frac{m-1}{2}}\sqrt{ABC\ldots}},$$

$$V = e^{-\frac{1}{2}\left(\frac{\xi^2}{A} + \frac{\psi^2}{B} + \frac{\zeta^2}{C} + \ldots\right)}.$$

Or, comme l'incrément ou la différence des quantités x, y, z,…, est 1, la différence des variables ξ, ψ, ζ,… sera $\frac{1}{\sqrt{n}}$, et par conséquent infiniment petite; de sorte que, si l'on appelle cette différence $d\vartheta$, on aura

$$P = \frac{d\vartheta^{m-1}}{\sqrt{\pi^{m-1} ABC\ldots}}.$$

Donc

$$PV = \frac{e^{-\frac{1}{2}\left(\frac{\xi^2}{A} + \frac{\psi^2}{B} + \frac{\zeta^2}{C} + \ldots\right)} d\vartheta^{m-1}}{\sqrt{\pi^{m-1} ABC\ldots}}.$$

Donc, si l'on intègre la différentielle

$$\frac{d\,\theta^{m-1}}{e^{\frac{1}{2}\left(\frac{\xi^2}{A}+\frac{\psi^2}{B}+\frac{\zeta^2}{C}+\dots\right)}}$$

$m-1$ fois, en mettant d'abord à la place de ξ sa valeur $-\psi-\zeta-\dots$, et faisant varier ensuite successivement les variables ψ, ζ,..., de la même différentielle $d\theta$, et qu'on complète l'intégrale en sorte que les valeurs de ξ, ψ, ζ,... s'étendent depuis $-\rho$ jusqu'à ρ (en faisant $r=\rho\sqrt{n}$), on aura, en nommant cette intégrale R, la quantité

$$\frac{R}{\sqrt{\pi^{m-1}\,\mathrm{ABC}\dots}}$$

pour la probabilité que les valeurs de $a, b, c,\dots$ seront exactes à $\frac{\rho s}{\sqrt{n}}$ près.

Soit, par exemple, $m=2$, en sorte que l'on n'ait trouvé que deux erreurs différentes, dont l'une ait été répétée α fois et l'autre β fois, dans un nombre très-grand n de vérifications de l'instrument; en ce cas il n'y aura qu'une seule intégration à faire, et la différentielle à intégrer sera, en mettant $-\psi$ à la place de ξ, et faisant $d\theta=d\psi$,

$$\frac{d\psi}{e^{\frac{1}{2}\left(\frac{1}{A}+\frac{1}{B}\right)\psi^2}},$$

laquelle n'est intégrable par aucune des méthodes connues, à moins qu'on ne réduise en série la quantité exponentielle $e^{-\frac{1}{2}\left(\frac{1}{A}+\frac{1}{B}\right)\psi^2}$. De cette manière on aura la différentielle

$$d\psi\left(1-\mathrm{K}\psi^2+\frac{\mathrm{K}^2\psi^4}{2}-\frac{\mathrm{K}^2\psi^6}{2.3}+\dots\right),$$

en faisant, pour abréger, $\mathrm{K}=\frac{\mathrm{A}+\mathrm{B}}{2\,\mathrm{AB}}$; de sorte que l'intégrale sera

$$\psi-\frac{\mathrm{K}\psi^3}{3}+\frac{\mathrm{K}^2\psi^5}{2.5}-\frac{\mathrm{K}^3\psi^7}{2.3.7}+\dots.$$

Donc

$$R = 2 \left(\rho - \frac{K\rho^3}{3} + \frac{K^2\rho^5}{2 \times 5} - \frac{K^3\rho^7}{2.3 \times 7} + \ldots \right);$$

donc

$$\frac{R}{\sqrt{\pi \overline{AB}}}$$

exprimera la probabilité que les valeurs de a et b soient renfermées entre ces limites

$$s \left(A \pm \frac{\rho}{\sqrt{n}} \right) \quad \text{et} \quad s \left(B \pm \frac{\rho}{\sqrt{n}} \right),$$

c'est-à-dire que les facilités des erreurs qui se sont trouvées répétées α et β fois, lesquelles sont proportionnelles à $\frac{a}{s}$ et $\frac{b}{s}$, ne s'écartent pas des quantités A et B, données par les observations, d'une quantité plus grande que $\frac{\rho}{\sqrt{n}}$.

Si l'on fait, pour plus de simplicité, $\rho = \mu \sqrt{\overline{AB}}$, on aura $K = \frac{\mu^2}{2\rho^2}$, à cause de $A + B = 1$, et la probabilité dont il s'agit sera exprimée de cette manière

$$\frac{2}{\sqrt{\pi}} \left(\mu - \frac{\mu^3}{2 \times 3} + \frac{\mu^5}{2.4 \times 5} - \frac{\mu^7}{2.4.6 \times 7} + \ldots \right).$$

Donc, si l'on suppose $\mu = 1$, on aura la série

$$1 - \frac{1}{2 \times 3} + \frac{1}{2.4 \times 5} - \frac{1}{2.4.6 \times 7} + \ldots,$$

dont la somme est à très-peu près $0,855624$; de sorte que la probabilité cherchée sera à peu près

$$\frac{1,611248}{\sqrt{\pi}} = 0,682688.$$

Ainsi, on pourra dans ce cas parier avec avantage que, en supposant les facilités des erreurs respectivement égales à A et B, on ne se trom-

pera pas de la quantité $\mu . \sqrt{\dfrac{AB}{n}}$, qui, à cause de n très-grand, est nécessairement infiniment petite.

Il serait beaucoup plus difficile de trouver la valeur de R si les variables ξ, ψ, ζ,... étaient plus de deux, surtout à cause que l'intégration
doit être telle, qu'elle n'embrasse que les valeurs de ces mêmes variables
qui sont comprises entre les limites $-\rho$ et $+\rho$; mais on pourra, dans
ces cas, se servir de l'approximation que nous avons donnée dans le
numéro précédent.

Pour cela, on remarquera que puisque nous avons fait $r = \rho \sqrt{n}$, et
que n est supposé fort grand, le nombre r devra être fort grand aussi;
de sorte qu'on aura, à très-peu près,

$$T = \frac{r^{m-1}}{1.2.3\ldots(m-1)}\left[m^{m-1} - m(m-2)^{m-1} + \frac{m(m-1)}{2}(m-4)^{m-1} - \ldots \right],$$

en continuant cette série jusqu'à ce que quelqu'un des nombres $m-2$,
$m-4$,... devienne négatif: donc on aura

$$PT = \left(\frac{\rho}{\sqrt{\pi}} \right)^{m-1} \frac{m^{m-1} - m(m-2)^{m-1} + \frac{m(m-1)}{2}(m-4)^{m-1} - \ldots}{1.2.3\ldots(m-1)\sqrt{ABC\ldots}},$$

et il n'y aura plus qu'à multiplier cette quantité par W, c'est-à-dire par
la valeur moyenne, ou si l'on veut par la plus petite valeur de V. Or,
comme on a

$$V = \frac{1}{e^{\frac{1}{2}\left(\frac{\xi^2}{A} + \frac{\psi^2}{B} + \frac{\zeta^2}{C} + \ldots \right)}},$$

il est clair que la plus petite valeur de V sera celle où la quantité
$\frac{\xi^2}{A} + \frac{\psi^2}{B} + \frac{\zeta^2}{C} + \ldots$ sera la plus grande; et il est facile de voir que cela arrivera en prenant $\xi = \rho$, $\psi = -\rho$, $\zeta = 0$,..., à cause de $\xi + \psi + \zeta + \ldots = 0$,
et supposant que A et B soient les plus petites de toutes les quantités
A, B, C,...; ainsi, on aura

$$W = \frac{1}{e^{\frac{1}{2}\left(\frac{1}{A} + \frac{1}{B} \right)\rho^2}}.$$

Donc faisant, pour abréger,

$$M = \frac{m^{m-1} - m(m-2)^{m-1} + \frac{m(m-1)}{2}(m-4)^{m-1} - \ldots}{1.2.3\ldots(m-1)},$$

on aura la quantité

$$M\left(\frac{\rho}{\sqrt{\pi}}\right)^{m-1} \frac{e^{-\frac{1}{2}\left(\frac{1}{A}+\frac{1}{B}\right)\rho^2}}{\sqrt{ABC\ldots}},$$

laquelle sera nécessairement moindre que la probabilité cherchée; de sorte qu'en nommant H cette quantité, on pourra toujours parier avec avantage H contre $1-$H qu'en supposant les facilités des erreurs égales respectivement à A, B, C,…, on ne se trompera pas de la quantité très-petite $\frac{\rho}{\sqrt{n}}$.

LEMME I.

23. *Soit X une fonction, rationnelle et sans diviseur, de x : on demande le coefficient de la puissance x^μ dans la série résultante du développement de la fraction $\frac{X}{(a-x)^n}$.*

On a, comme on sait,

$$\frac{1}{(a-x)^n} = \frac{1}{a^n} + \frac{nx}{a^{n+1}} + \frac{n(n+1)x^2}{2\,a^{n+2}} + \ldots$$

$$= \frac{\frac{1.2.3\ldots(n-1)}{a^n} + \frac{2.3\ldots nx}{a^{n+1}} + \frac{3.4\ldots(n+1)x^2}{a^{n+2}} + \ldots}{1.2.3\ldots(n-1)};$$

donc, si l'on ordonne la quantité X par rapport aux puissances de x, en commençant par la plus haute, de manière que l'on ait en général

$$X = Ax^\alpha + B^{\alpha-1} + Cx^{\alpha-2} + \ldots + Mx^\mu + Nx^{\mu-1} + \ldots,$$

et qu'on multiplie cette série par celle qui exprime la valeur de $\frac{1}{(a-x)^n}$, il est facile de voir que le terme qui contiendra la puissance x^μ sera

$$\frac{\frac{1.2.3\ldots(n-1)}{a^n}M + \frac{2.3\ldots n}{a^{n+1}}N + \frac{3.4\ldots(n+1)}{a^{n+2}}P + \ldots}{1.2.3\ldots(n-1)}\,x^\mu,$$

II.

de sorte que le coefficient cherché sera représenté par la série

$$\frac{\dfrac{1.2.3\ldots(n-1)}{a^n}\,M + \dfrac{2.3\ldots n}{a^{n+1}}\,N + \dfrac{3.4\ldots(n+1)}{a^{n+2}}\,P + \ldots}{1.2.3\ldots(n-1)}.$$

Dénotons par X' la somme de tous les termes de la valeur de X, où les puissances de x ne sont pas plus hautes que x^μ, en sorte que l'on ait

$$X' = M x^\mu + N x^{\mu-1} + P x^{\mu-2} + \ldots;$$

divisant par $x^{\mu+1}$, on aura

$$\frac{X'}{x^{\mu+1}} = \frac{M}{x} + \frac{N}{x^2} + \frac{P}{x^3} + \ldots,$$

donc, différentiant $n-1$ fois et faisant ensuite $x = a$, on aura

$$\pm \frac{d^{n-1}\left(\dfrac{X'}{x^{\mu+1}}\right)}{dx^{n-1}} = \frac{1.2.3\ldots(n-1)}{a^n}\,M + \frac{2.3\ldots n}{a^{n+1}}\,N + \ldots,$$

le signe supérieur étant pour le cas où n est impair, et l'inférieur pour celui où n est pair.

Donc, le coefficient cherché de la puissance x^μ sera égal à ce que devient la quantité

$$\frac{(-1)^{n-1}}{1.2.3\ldots(n-1)} \frac{d^{n-1}\left(\dfrac{X'}{x^{\mu+1}}\right)}{dx^{n-1}},$$

lorsqu'on y fait $x = a$.

24. REMARQUE. — Si l'on divise la quantité X par $x^{\mu+1}$, et qu'on en rejette ensuite tous les termes où il y aura des puissances positives de x, il est visible qu'on aura la valeur de $\dfrac{X'}{x^{\mu+1}}$; donc, à la place de la quantité X' on peut prendre la quantité même X, en ayant soin de rejeter les termes dont nous venons de parler; de cette manière on aura, pour

l'expression du coefficient cherché de x^μ, la quantité

$$\frac{(-1)^{n-1}}{1.2.3\ldots(n-1)} \frac{d^{n-1}\left(\dfrac{X}{x^{\mu+1}}\right)}{dx^{n-1}},$$

en rejetant dans cette quantité, avant ou après les différentiations, toutes les puissances positives de x, et faisant ensuite $x = a$.

25. Corollaire. — Supposons qu'on demande le coefficient de x^μ dans la série

$$x^{-\alpha} + \ldots + x^{-2} + x^{-1} + x^0 + x^1 + x^2 + \ldots + x^\beta$$

élevée à la puissance n.

Suivant les règles ordinaires de la sommation des progressions géométriques, on trouve que la somme de cette série est représentée par

$$\frac{x^{-\alpha}\left(1 - x^{\alpha+\beta+1}\right)}{1-x},$$

de sorte que la puissance $n^{ième}$ de la même série sera égale à

$$\frac{x^{-n\alpha}\left(1 - x^{\alpha+\beta+1}\right)^n}{(1-x)^n}.$$

Comparant donc cette formule avec celle du Lemme précédent, on aura

$$X = x^{-n\alpha}\left(1 - x^{\alpha+\beta+1}\right)^n$$

$$= x^{-n\alpha} - n x^{-(n-1)\alpha+\beta+1} + \frac{n(n-1)}{2} x^{-(n-2)\alpha+2(\beta+1)}$$

$$- \frac{n(n-1)(n-2)}{2.3} x^{-(n-3)\alpha+3(\beta+1)} + \ldots;$$

donc, divisant par $x^{\mu+1}$ et faisant, pour abréger,

$$n\alpha + \mu = \pi, \quad \alpha + \beta + 1 = \rho,$$

on aura

$$\frac{X}{x^{\mu+1}} = x^{-(\pi+1)} - n x^{-(\pi+1-\rho)} + \frac{n(n-1)}{2} x^{-(\pi+1-2\rho)}$$

$$- \frac{n(n-1)(n-2)}{2.3} x^{-(\pi+1-3\rho)} + \ldots,$$

et par conséquent, en différentiant $n - 1$ fois,

$$(-1)^{n-1} \frac{d^{n-1}\left(\dfrac{X}{x^{\mu+1}}\right)}{dx^{n-1}}$$

$$= (\pi + 1)(\pi + 2)\ldots(\pi + n - 1)x^{-(\pi+n)}$$
$$- n(\pi + 1 - \rho)(\pi + 2 - \rho)\ldots(\pi + n - 1 - \rho)x^{-(\pi+n-\rho)}$$
$$+ \frac{n(n-1)}{2}(\pi + 1 - 2\rho)(\pi + 2 - 2\rho)\ldots(\pi + n - 1 - 2\rho)x^{-(\pi+n-2\rho)}$$

. . . .

On rejettera donc de cette série les termes où les exposants de x se trouveront positifs, c'est-à-dire que si s est le nombre entier qui est égal ou immédiatement plus grand que $\frac{\pi + n}{\rho}$, on continuera la série seulement jusqu'au terme $s^{\text{ième}}$; ou bien il suffira de la continuer jusqu'à ce que quelqu'un des premiers facteurs $\pi + 1$, $\pi + 1 - \rho$,... devienne négatif; ensuite on fera $x = 1$ et on divisera le tout par $1.2.3\ldots(n-1)$; on aura ainsi la valeur du coefficient cherché, laquelle sera par conséquent

$$\frac{1}{1.2.3\ldots(n-1)}\bigg[(\pi + 1)(\pi + 2)\ldots(\pi + n - 1)$$
$$- n(\pi + 1 - \rho)(\pi + 2 - \rho)\ldots(\pi + n - 1 - \rho)$$
$$+ \frac{n(n-1)}{2}(\pi + 1 - 2\rho)(\pi + 2 - 2\rho)\ldots(\pi + n - 1 - 2\rho)$$
$$- \frac{n(n-1)(n-2)}{2.3}(\pi + 1 - 3\rho)(\pi + 2 - 3\rho)\ldots(\pi + n - 1 - 3\rho)$$

. . . . $\bigg].$

De là on tire la solution du Problème suivant.

PROBLÈME VII.

26. *On a plusieurs observations dans chacune desquelles on suppose qu'on ait pu se tromper également d'une quelconque de ces quantités* $-\alpha,\ldots, -2, -1, 0, 1, 2,\ldots, \beta$; *on demande quelle est la probabilité*

que l'erreur du résultat moyen de n observations sera $\frac{\mu}{n}$, *ou qu'elle sera renfermée entre ces limites* $\frac{-p}{n}$ *et* $\frac{+q}{n}$.

Pour trouver la probabilité que le résultat moyen soit $\frac{\mu}{n}$, il faut chercher le coefficient de la puissance x^{μ} du polynôme

$$x^{-\alpha} + \ldots + x^{-2} + x^{-1} + x^0 + x^1 + x^2 + \ldots + x^{\beta}$$

élevé à la puissance n, et diviser ensuite ce coefficient par la valeur du même polynôme élevé à la puissance n, qui répond à $x = 1$, c'est-à-dire par $(\alpha + \beta + 1)^n$; c'est ce qui suit évidemment de ce que nous avons démontré dans les Problèmes précédents.

Donc, par le Corollaire précédent, on trouvera que la probabilité cherchée sera, en faisant $\pi = n\alpha + \mu$, $\rho = \alpha + \beta + 1$,

$$\frac{1}{1.2.3\ldots(n-1)\rho^n}\Big[(\pi+1)(\pi+2)\ldots(\pi+n-1)$$
$$- n(\pi+1-\rho)(\pi+2-\rho)\ldots(\pi+n-1-\rho)$$
$$+ \frac{n(n-1)}{2}(\pi+1-2\rho)(\pi+2-2\rho)\ldots(\pi+n-1-2\rho)$$
$$\ldots\ldots\ldots\ldots\ldots\ldots\ldots\ldots\ldots\ldots\ldots\ldots\ldots\ldots\ldots\ldots\Big],$$

en continuant cette série jusqu'à ce que quelqu'un des facteurs $\pi + 1$, $\pi + 1 - \rho, \ldots$ devienne négatif.

Telle est l'expression générale de la probabilité que l'erreur moyenne de n observations soit $\frac{\mu}{n}$; ainsi, pour avoir la probabilité que l'erreur soit contenue entre les limites $\frac{-p}{n}$ et $\frac{+q}{n}$, il n'y aura qu'à faire varier μ dans la quantité précédente, et prendre la somme de toutes les quantités particulières qui répondront à

$$\mu = -p, \ldots, -2, -1, 0, 1, 2, \ldots, q.$$

Or, puisque la quantité μ n'entre que dans la valeur de π, il n'y aura donc que cette quantité de variable; de sorte que la difficulté se réduira à sommer des suites dont le terme général sera de cette forme

$$(s+1)(s+2)(s+3)\ldots(s+k).$$

Pour cela, soit la somme de cette série représentée par

$$u(s+1)(s+2)\ldots(s+k),$$

u étant une fonction inconnue de s, et mettant $s-1$ à la place de s et u' à la place de u, on aura

$$u's(s+1)(s+2)\ldots(s+k-1);$$

cette quantité étant retranchée de la précédente, on aura la différence

$$[u(s+k)-u's](s+1)(s+2)\ldots(s+k-1);$$

mais il faut que cette différence soit égale au terme général de la série dont on cherche la somme, donc on aura l'équation

$$u(s+k)-u's=s+k,$$

à laquelle on satisfera en faisant

$$u=\frac{s+k+1}{k+1};$$

de sorte que la somme générale de la série dont le terme général est $(s+1)(s+2)\ldots(s+k)$ sera représentée par

$$\frac{(s+1)(s+2)\ldots(s+k)(s+k+1)}{k+1},$$

et par conséquent la somme de tous les termes compris entre ces deux-ci

$$(s'+1)(s'+2)\ldots(s'+k) \quad \text{et} \quad (s''+1)(s''+2)\ldots(s''+k)$$

sera égale à

$$\frac{s''(s''+1)(s''+2)\ldots(s''+k)-(s'+1)(s'+2)\ldots(s'+k+1)}{k+1}.$$

Appliquant donc ceci à la formule trouvée plus haut, on aura, pour la probabilité que l'erreur moyenne tombe entre $\dfrac{-p}{n}$ et $\dfrac{q}{n}$, l'expression suivante, dans laquelle j'ai fait, pour abréger, $n\alpha - p = \delta$ et $n\alpha + q = \gamma$,

$$\frac{1}{1.2.3\ldots n\rho^n}\Big[\gamma(\gamma+1)\ldots(\gamma+n-1)-(\delta+1)(\delta+2)\ldots(\delta+n)$$
$$-n[(\gamma-\rho)\ldots(\gamma-\rho+n-1)-(\delta-\rho+1)\ldots(\delta-\rho+n)]$$
$$+\frac{n(n-1)}{2}[(\gamma-2\rho)\ldots(\gamma-2\rho+n-1)-(\delta-2\rho+1)\ldots(\delta-2\rho+n)]$$
$$\ldots\ldots\ldots\ldots\ldots\ldots\ldots\ldots\ldots\ldots\ldots\ldots\Big]$$

Cette série doit être continuée jusqu'à ce que quelqu'un des facteurs $\gamma-\rho,\ \gamma-2\rho,\ldots$ devienne négatif; et quant aux autres facteurs $\delta-\rho+1$, $\delta-2\rho+1,\ldots$, si quelqu'un d'entre eux se trouve négatif, alors il faudra augmenter le nombre δ d'autant d'unités qu'il faudra pour le rendre positif; cela suit évidemment de ce que la série, dont la précédente est la somme, ne doit être continuée que jusqu'à ce que quelqu'un des premiers facteurs $\pi+1-\rho,\ \pi+1-2\rho,\ldots$ devienne négatif, comme nous l'avons vu dans le numéro précédent.

27. Corollaire. — Supposons que les nombres α et β deviennent infinis, aussi bien que p et q, mais de façon qu'ils aient entre eux des rapports finis; et soient

$$\frac{\beta}{\alpha}=l,\quad \frac{p}{\alpha}=r,\quad \frac{q}{\alpha}=s,$$

en sorte que l'on ait

$$\beta=\alpha l,\quad p=\alpha r,\quad q=\alpha s,$$

$l,\ r,\ s$ étant des nombres finis; dans ce cas on aura

$$\rho=\alpha+\beta=(1+l)\alpha,\quad \delta=n\alpha-p=(n-r)\alpha,\quad \gamma=n\alpha+q=(n+s)\alpha:$$

de sorte qu'en substituant ces valeurs dans la formule précédente, et négligeant ce qu'on doit négliger à cause de $\alpha = \infty$, on aura celle-ci, où $f = 1 + l$,

$$\frac{1}{1.2.3\ldots n f^n}\left[(n+s)^n - n(n+s-f)^n + \frac{n(n-1)}{2}(n+s-2f)^n - \ldots \right.$$
$$\left. - (n-r)^n + n(n-r-f)^n - \frac{n(n-1)}{2}(n-r-2f)^n + \ldots \right],$$

chacune de ces deux séries devant être continuée seulement jusqu'à ce que quelqu'une des quantités $n+s-f$, $n+s-2f$,... et $n-r-f$, $n-r-2f$;... devienne négative.

Le cas de ce Corollaire a lieu lorsqu'on suppose que chaque observation est également sujette à toutes les erreurs possibles comprises entre des limites données; car si on prend la plus grande erreur négative pour l'unité, et qu'on désigne la plus grande erreur positive par l, la formule précédente dénotera la probabilité que l'erreur du résultat moyen de n observations soit renfermée entre ces deux limites $-\frac{r}{n}$ et $+\frac{s}{n}$.

Au reste, nous donnerons plus bas une méthode beaucoup plus simple pour résoudre ces sortes de questions.

PROBLÈME VIII.

28. *Supposant que les erreurs qu'on peut commettre dans chaque observation soient* $-\omega,\ldots, -2, -1, 0, 1, 2,\ldots, \omega$, *et que le nombre des cas qui répondent à chacune de ces erreurs soit respectivement proportionnel à* $1, 2, 3,\ldots, \alpha+1,\ldots, 3, 2, 1$, *on demande quelle est la probabilité que l'erreur du résultat moyen de* m *observations soit comprise entre les limites* $\frac{-p}{m}$ *et* $\frac{q}{m}$.

Commençons par chercher la probabilité que l'erreur moyenne soit $\frac{\mu}{m}$; cette probabilité sera égale au coefficient de la puissance x^μ du polynôme

$$x^{-\omega} + 2x^{-\omega+1} + \ldots + \omega x^{-1} + (\omega+1)x^0 + \omega x' + \ldots + 2x^{\omega-1} + x^\omega$$

élevé à la puissance m, ce coefficient étant ensuite divisé par la valeur du même polynôme élevé à la puissance n, qui répond à $x = 1$.

Or on a

$$1 + 2x + \dots (\omega + 1)x^{\omega} + \dots 2x^{2\omega - 1} + x^{2\omega} = (1 + x + \dots + x^{\omega})^2 = \left(\frac{1 - x^{\omega + 1}}{1 - x}\right)^2;$$

donc le polynôme dont il s'agit sera égal à

$$x^{-\omega}\left(\frac{1 - x^{\omega + 1}}{1 - x}\right)^2,$$

et par conséquent la puissance n de ce polynôme sera représentée par

$$\frac{x^{-m\omega}\left(1 - x^{\omega + 1}\right)^{2m}}{(1 - x)^{2m}}.$$

Cette formule étant comparée à celle du n° **25**, on aura

$$n = 2m, \quad n\alpha = m\omega, \quad \alpha + \beta + 1 = \omega + 1,$$

d'où l'on tire

$$n = 2m, \quad \alpha = \frac{m\omega}{n} = \frac{\omega}{2}, \quad \text{et} \quad \beta = \frac{\omega}{2};$$

donc (Problème précédent) la probabilité cherchée sera

$$\frac{1}{1 . 2 . 3 \dots 2\,m\rho^{2m}}\Bigg[(\pi + 1)(\pi + 2)\dots(\pi + 2m - 1)$$
$$- 2m(\pi + 1 - \rho)(\pi + 2 - \rho)\dots(\pi + 2m - 1 - \rho)$$
$$+ \frac{2m(2m - 1)}{2}(\pi + 1 - 2\rho)(\pi + 2 - 2\rho)\dots(\pi + 2m - 1 - 2\rho)$$
$$\dots\dots\dots\dots\dots\dots\dots\dots\dots\dots\dots\dots\dots\dots\dots\dots\dots\dots\dots\Bigg],$$

en supposant $\pi = m\omega + \mu$ et $\rho = \omega + 1$, et continuant la série jusqu'à ce que quelqu'un des facteurs $\pi + 1 - \rho$, $\pi + 1 - 2\rho,\dots$ devienne négatif.

De là on trouvera, comme dans le Problème précédent, que la probabilité que l'erreur moyenne se trouve entre les limites $\dfrac{-p}{n}$ et $\dfrac{q}{n}$ sera

II.

exprimée par

$$\frac{1}{1.2.3\ldots 2m\rho^{2m}}\Big[\gamma(\gamma+1)\ldots(\gamma+2m-1)-(\delta+1)(\delta+2)\ldots(\delta+2m)$$
$$-2m[(\gamma-\rho)\ldots(\gamma+2m-1-\rho)-(\delta+1-\rho)\ldots(\delta+2m-\rho)]$$
$$+\frac{2m(2m-1)}{2}[(\gamma-2\rho)\ldots(\gamma+2m-1-2\rho)-(\delta+1-2\rho)\ldots(\delta+2m-2\rho)]$$
$$\ldots\ldots\ldots\ldots\ldots\ldots\ldots\ldots\ldots\ldots\ldots\ldots\ldots\ldots\ldots\ldots\ldots\ldots\Big]$$

γ étant $=m\omega+q$ et $\delta=m\omega-p$. A l'égard de la continuation de ces
deux séries, il faudra suivre les règles prescrites plus haut (**24**).

29. Corollaire. — Supposons maintenant que les nombres ω, p et q
deviennent infinis, mais en sorte que l'on ait $\frac{p}{\omega}=r$, $\frac{q}{\omega}=s$, r et s étant
des nombres finis, et la formule précédente deviendra (**25**)

$$\frac{(2m+s)^{2m}-2m[2(m-1)+s]^{2m}+\frac{2m(2m-1)}{2}[2(m-2)+s]^{2m}-\ldots}{1.2.3\ldots 2m.2^{2m}},$$

$$-\frac{(2m-r)^{2m}-2m[2(m-1)-r]^{2m}+\frac{2m(2m-1)}{2}[2(m-2)-r]^{2m}-\ldots}{1.2.3\ldots 2m.2^{2m}},$$

ces deux séries étant continuées jusqu'à ce que quelqu'une des quantités
qui sont élevées à la puissance $2n$ devienne négative.

Cette formule exprimera donc la probabilité que l'erreur moyenne de
n observations soit comprise entre les limites $\frac{-r}{n}$ et $\frac{s}{n}$, dans l'hypothèse
que chaque observation soit sujette à toutes les erreurs possibles conte-
nues entre ces deux limites -1 et $+1$, et que la facilité de chaque
erreur soit proportionnelle à la différence qu'il y a entre cette erreur et
la plus grande erreur possible dans le même sens; cette hypothèse est
plus conforme à la nature que celle du n° **27**; la courbe des erreurs (**20**)
serait ici un triangle isocèle quelconque.

30. Scolie. — En général, on pourra trouver, à l'aide du Lemme
précédent, la probabilité que l'erreur moyenne soit égale à une quantité

donnée dans l'hypothèse que les erreurs, auxquelles chaque observation est sujette, forment une progression arithmétique, et que les facilités de ces erreurs forment une progression algébrique quelconque, dont les différences d'un ordre quelconque deviennent nulles; car soit

$$A x^{-\alpha} + B x^{-\alpha+1} + \ldots + P x^{-1} + Q x^0 + R x^1 + \ldots + V x^\beta$$

le polynôme dont les exposants de x représentent les erreurs, et les coefficients, les facilités de ces erreurs; qu'on dénote par ΔA, $\Delta^2 A,\ldots$ les différences premières, secondes,…, de la série

$$A,\ B,\ C,\ldots,$$

en sorte que

$$\Delta A = B - A, \quad \Delta^2 A = C - 2B + A,\ldots,$$

et qu'on dénote de même par ΔV, $\Delta^2 V,\ldots$ les différences de la série

$$V,\ X,\ Y,\ldots$$

supposée continuée au delà de V, on aura, comme on sait, pour la valeur du polynôme proposé, la série

$$x^{-\alpha} \left[\frac{A - V x^{\alpha+\beta+1}}{1 - x} + x \frac{\Delta A - \Delta V x^{\alpha+\beta+1}}{(1-x)^2} + \ldots \right].$$

Or, si la série

$$A,\ B,\ C,\ldots,\ V,\ X,\ldots$$

est telle que ses différences d'un ordre quelconque m, par exemple, deviennent nulles, on aura

$$\Delta^m A = 0, \quad \Delta^m V = 0,$$

et toutes les différences ultérieures seront aussi zéro; de sorte que l'expression précédente deviendra finie quand même le polynôme proposé contiendrait un nombre infini de termes; de plus cette expression pourra se réduire à cette forme $\dfrac{\Xi}{(1-x)^m}$, Ξ étant une fonction rationnelle et entière de x; de sorte qu'en élevant cette quantité à une puissance quelconque, on aura toujours une expression qui sera dans le cas de celle du Lemme.

LEMME II.

31. *On demande le coefficient de la puissance x^μ dans la série qui résultera du développement de la fraction*

$$\frac{X}{(a-x)^m(b-x)^n},$$

X *étant, comme dans le Lemme I, une fonction, rationnelle et sans diviseur, de* x.

On sait que la fraction $\frac{1}{(a-x)^m(b-x)^n}$ peut se décomposer en différentes fractions telles que celles-ci

$$\frac{A}{(a-x)^m}+\frac{A'}{(a-x)^{m-1}}+\frac{A''}{(a-x)^{m-2}}+\ldots+\frac{A^{(m-1)}}{a-x}$$

$$+\frac{B}{(b-x)^n}+\frac{B'}{(b-x)^{n-1}}+\frac{B''}{(b-x)^{n-2}}+\ldots+\frac{B^{(n-1)}}{b-x},$$

les coefficients A, A', A'',... étant égaux à ce que deviennent les quantités

$$+\frac{1}{(b-x)^n},\quad -\frac{d\frac{1}{(b-x)^n}}{dx},\quad +\frac{d^2\frac{1}{(b-x)^n}}{2\,dx^2},\ldots,$$

lorsque $x=a$, et les coefficients B, B', B'',... étant égaux à ce que deviennent les quantités

$$+\frac{1}{(a-x)^m},\quad -\frac{d\frac{1}{(a-x)^m}}{dx},\quad +\frac{d^2\frac{1}{(a-x)^m}}{2\,dx^2},\ldots,$$

lorsque $x=b$. Donc la fraction proposée se changera dans ces deux suites de fractions

$$\frac{AX}{(a-x)^m}+\frac{A'X}{(a-x)^{m-1}}+\ldots+\frac{A^{(m-1)}X}{a-x}$$

$$+\frac{BX}{(b-x)^n}+\frac{B'X}{(b-x)^{n-1}}+\ldots+\frac{B^{(n-1)}X}{b-x}:$$

Mais, par le Lemme I, le coefficient de la puissance x^μ dans la série résultante d'une fraction telle que $\frac{X}{(a-x)^{m-s}}$ peut s'exprimer par

$$\frac{(-1)^{m-s-1}}{1.2.3\ldots(m-s-1)}\frac{d^{m-s-1}\frac{X}{x^{\mu+1}}}{dx^{m-s-1}},$$

en y faisant, après les différentiations, $x=a$.

Donc, en général, la fraction $\frac{A^sX}{(a-x)^{m-s}}$ donnera pour le coefficient de x^μ la quantité

$$\frac{(-1)^s}{1.2.3\ldots s}\frac{d^s\frac{1}{(b-x)^n}}{dx^s}\times\frac{(-1)^{m-s-1}}{1:2.3\ldots(m-s-1)}\frac{d^{m-s-1}\frac{X}{x^{\mu+1}}}{dx^{m-s-1}},$$

où il faut faire $x=a$. Donc, puisque

$$d^{m-1}yz=yd^{m-1}z+(m-1)dy\,d^{m-2}z+\frac{(m-1)(m-2)}{2}d^2y\,d^{m-3}z+\ldots+z\,d^{m-1}y,$$

il est facile de voir que les fractions

$$\frac{AX}{(a-x)^m}+\frac{A'X}{(a-x)^{m-1}}+\ldots+\frac{A^{(m-1)}X}{a-x},$$

prises toutes ensemble, donneront pour le coefficient de x^μ la quantité

$$\frac{(-1)^{m-1}}{1.2.3\ldots(m-1)}\frac{d^{m-1}\frac{X}{x^{\mu+1}(a-x)^n}}{dx^{m-1}},$$

x étant fait égal à a.

De même les fractions

$$\frac{BX}{(a-x)^n}+\frac{B'X}{(b-x)^{n-1}}+\ldots+\frac{B^{n-1}X}{b-x}$$

donneront pour le coefficient de x^μ la quantité

$$\frac{(-1)^{n-1}}{1.2.3\ldots(n-1)}\frac{d^{n-1}\frac{X}{x^{\mu+1}(a-x)^m}}{dx^{n-1}},$$

x étant fait égal à b.

Donc, en réunissant ces deux quantités, on aura pour le coefficient de x^μ dans la série résultante de la fraction $\dfrac{X}{(a-x)^m(b-x)^n}$ l'expression

$$\frac{(-1)^{m-1}}{1.2.3\ldots(m-1)}\ \frac{d^{m-1}\dfrac{X}{x^{\mu+1}(b-x)^n}}{dx^{m-1}} \qquad (x=a)$$

$$+\frac{(-1)^{n-1}}{1.2.3\ldots(n-1)}\ \frac{d^{n-1}\dfrac{X}{x^{\mu+1}(a-x)^m}}{dx^{n-1}} \qquad (x=b)$$

en ayant soin de rejeter dans la valeur de $\dfrac{X}{x^{\mu+1}}$ toutes les puissances positives de x.

32. Corollaire. — Il est facile de conclure de là que si l'on développait en série la fraction

$$\frac{X}{(a-x)^m(b-x)^n(c-x)^p\ldots},$$

on aurait pour le coefficient de x^μ l'expression suivante

$$\frac{(-1)^{m-1}}{1.2.3\ldots(m-1)}\ \frac{d^{m-1}\left[\dfrac{X}{x^{\mu+1}(b-x)^n(c-x)^p\ldots}\right]}{dx^{m-1}} \qquad (x=a)$$

$$+\frac{(-1)^{n-1}}{1.2.3\ldots(n-1)}\ \frac{d^{n-1}\left[\dfrac{X}{x^{\mu+1}(a-x)^m(c-x)^p\ldots}\right]}{dx^{n-1}} \qquad (x=b)$$

$$+\frac{(-1)^{p-1}}{1.2.3\ldots(p-1)}\ \frac{d^{p-1}\left[\dfrac{X}{x^{\mu+1}(a-x)^m(b-x)^n\ldots}\right]}{dx^{p-1}} \qquad (x=c)$$

$$\ldots\ldots\ldots\ldots\ldots\ldots\ldots\ldots\ldots,$$

en ne prenant dans la valeur de $\dfrac{X}{x^{\mu+1}}$ que les puissances négatives de x, et rejetant toutes les positives.

33. Remarque. — Par le moyen du Lemme précédent, on pourra donc déterminer aisément la probabilité que l'erreur moyenne, résultant

de tant d'observations qu'on voudra, soit nulle ou égale à une quantité donnée, lorsque le polynôme (30)

$$A x^{-\alpha} + B x^{-\alpha+1} + \ldots + P x^{-1} + Q x^0 + R x^1 + \ldots + V x^\beta$$

forme une série récurrente quelconque; car alors la somme de cette série pourra s'exprimer, comme on sait, par une fraction rationnelle telle que

$$\frac{\Xi}{(a-x)^\lambda (b-x)^\pi (c-x)^\rho \ldots},$$

Ξ étant une fonction, rationnelle et sans diviseur, de x; de sorte qu'en élevant cette quantité à une puissance quelconque, on aura toujours une expression qui pourra se rapporter à celles du Lemme ci-dessus.

Au reste, l'hypothèse la plus conforme à la nature est celle où l'on suppose que chaque observation soit sujette à toutes les erreurs comprises entre des limites données, en sorte que le nombre de toutes les erreurs possibles soit infini, comme dans les n°s 27 et 29; or, pour trouver en ce cas la probabilité que l'erreur moyenne d'un nombre quelconque d'observations soit aussi renfermée entre des limites données, il n'est pas nécessaire de considérer d'abord un nombre fini d'erreurs et de supposer ensuite que ce nombre devienne infini, comme nous l'avons pratiqué dans les numéros cités; mais on peut y parvenir directement par une méthode beaucoup plus simple et plus générale, laquelle est fondée sur le Lemme suivant.

LEMME III.

34. *Si y dénote une fonction quelconque de x, telle que $\frac{d^m y}{dx^m}$ soit une quantité constante, on aura*

$$\int y a^x dx = a^x \left[\frac{y}{\log a} - \frac{dy}{dx(\log a)^2} + \frac{d^2 y}{dx^2(\log a)^3} - \ldots \pm \frac{d^m y}{dx^m(\log a)^{m+1}} \right] + \text{const.};$$

c'est ce qui est aisé à vérifier par la différentiation.

35. COROLLAIRE I. — Si l'on fait $y = x^m$, m étant un nombre entier

et positif, on aura donc

$$\int x^m a^x dx = a^x \left[\frac{x^m}{\log a} - \frac{m x^{m-1}}{(\log a)^2} + \frac{m(m-1)x^{m-2}}{(\log a)^3} - \cdots \right.$$
$$\left. \pm \frac{m(m-1)(m-2)\ldots 2.1}{(\log a)^{m+1}} \right] + \text{const.}$$

Qu'on prenne l'intégrale $\int x^m a^x dx$ en sorte qu'elle soit nulle lorsque $x = 0$, et l'on aura

$$\int x^m a^x dx = a^x \left[\frac{x^m}{\log a} - \frac{m x^{m-1}}{(\log a)^2} + \cdots + (-1)^m \frac{1.2.3\ldots m}{(\log a)^{m+1}} \right].$$

Or, si l'on suppose que a soit une fraction moindre que l'unité, en sorte que $\frac{1}{a}$ soit un nombre plus grand que l'unité, et qu'on fasse $x = \infty$, il est facile de voir que $\left(\frac{1}{a}\right)^x$ sera une quantité infinie d'un ordre infiniment plus grand que x^m et qu'aucune puissance finie de x; donc $\dfrac{x^m}{\left(\frac{1}{a}\right)^x}$ ou bien $a^x x^m$ sera nulle, et, à plus forte raison aussi, toutes les autres quantités $a^x x^{m-1}$, $a^x x^{m-2}$,... seront nulles, de sorte qu'on aura dans ces cas

$$\int x^m a^x dx = \frac{1.2.3\ldots m}{(-\log a)^{m+1}}.$$

D'où je conclus que la quantité $\dfrac{1}{(-\log a)^m}$ est égale à l'intégrale de $x^{m-1} a^x dx$ prise depuis $x = 0$ jusqu'à $x = \infty$, et divisée par $1.2.3\ldots(m-1)$, pourvu que a soit un nombre positif moindre que l'unité.

Si a était un nombre positif plus grand que l'unité, il n'y aurait qu'à mettre $\frac{1}{a}$ à la place de x dans la formule précédente, et l'on en conclurait que la quantité $\dfrac{1}{(\log a)^m}$ serait égale à l'intégrale de $\dfrac{x^{m-1} dx}{a^x}$ prise de même depuis $x = 0$ jusqu'à $x = \infty$, et divisée par $1.2.3\ldots(m-1)$; on voit par là comment on peut réduire les puissances quelconques de $\frac{1}{\log a}$ en des séries infinies qui procèdent suivant les puissances de a.

36. Corollaire II. — Donc, si l'on a une fonction quelconque, rationnelle et sans diviseur, de a telle que

$$A = Pa^p + Qa^{p-1} + Ra^{p-2} + \dots,$$

et qu'on demande le coefficient de la puissance a^{p-x} dans la fonction $\frac{A}{(\log a)^m}$, il n'y aura qu'à mettre, à la place de $\frac{1}{(\log a)^m}$, la somme des valeurs de $\frac{x^{m-1}\,dx}{a^x}$ depuis $x=0$ jusqu'à $x=\infty$, divisée par $1.2.3\dots(m-1)$ (Corollaire précédent), et rassemblant tous les termes où a se trouvera élevé à la puissance donnée, on aura pour le coefficient de cette puissance la série

$$\frac{Px^{m-1} + Q(x-1)^{m-1} + R(x-2)^{m-2} + \dots}{1.2.3\dots(m-1)}\,dx,$$

laquelle ne devra être continuée que jusqu'à ce que quelqu'un des termes $x-1$, $x-2$,... devienne négatif; et comme ce coefficient ne dépend point de la valeur de a, il est clair que la formule que nous venons de trouver aura toujours lieu, soit que a soit plus grand ou moindre que l'unité.

Si, au lieu de la fonction $\frac{A}{(\log a)^m}$, on avait celle-ci

$$\frac{A}{(\log a - \alpha)^m},$$

comme $\log a - \alpha = \log \frac{a}{e^\alpha}$, il faudrait substituer à la place de $\frac{1}{(\log a - \alpha)^m}$ la somme des valeurs de $\frac{e^{\alpha x}\,x^{m-1}\,dx}{a^x}$ depuis $x=0$ jusqu'à $x=\infty$, divisée par $1.2.3\dots(m-1)$, et l'on aurait pour le coefficient de a^{p-x} la série

$$\frac{Pe^{\alpha x}x^{m-1} + Qe^{\alpha(x-1)}(x-1)^{m-1} + Re^{\alpha(x-2)}(x-2)^{m-2} + \dots}{1.2.3\dots(m-1)}\,dx.$$

Enfin, si l'on avait la fonction

$$\frac{A}{(\log a - \alpha)^m (\log a - \beta)^n \dots},$$

II.

on décomposerait d'abord, par les méthodes connues, la fraction

$$\frac{1}{(\log a - \alpha)^m (\log a - \beta)^n \ldots}$$

en celles-ci

$$\frac{F}{(\log a - \alpha)^m} + \frac{F'}{(\log a - \alpha)^{m-1}} + \ldots + \frac{F^{(m-1)}}{\log a - \alpha}$$

$$+ \frac{G}{(\log a - \beta)^n} + \frac{G'}{(\log a - \beta)^{n-1}} + \ldots + \frac{G^{(n-1)}}{\log a - \beta}$$

$$\ldots\ldots\ldots\ldots\ldots\ldots\ldots\ldots\ldots\ldots\ldots\ldots\ldots\ldots\ldots\ldots\ldots ;$$

ensuite, multipliant chacune de ces fractions par A, on aurait autant de fonctions de a, dans lesquelles on pourrait trouver le coefficient de la puissance a^x par la formule ci-dessus.

37. REMARQUE. — Par le moyen du Lemme précédent, on peut trouver l'intégrale

$$\int y \, a^x dx,$$

lorsque $y = X e^{-\alpha x}$, X étant une fonction, rationnelle et sans diviseur, de x, telle que sa différentielle d'un ordre quelconque soit constante; car pour cela il n'y aura qu'à mettre, dans la formule du Lemme, X à la place de y et $a e^{-\alpha}$ à la place de a; moyennant quoi on aura

$$\int \frac{X a^x}{e^{x\alpha}} dx = \frac{a^x}{e^{\alpha x}} \left[\frac{X}{\log a - \alpha} - \frac{dX}{dx(\log a - \alpha)^2} + \frac{d^2 X}{dx^2(\log a - \alpha)^3} - \ldots \right] + \text{const.}$$

Et l'on trouvera de même l'intégrale de $\dot{y} a^x dx$, lorsque y sera composée de différentes fonctions de même espèce que $\dfrac{X}{e^{\alpha x}}$.

D'où il s'ensuit que l'on pourra aussi trouver l'intégrale de $y a^x dx$ lorsque y sera de cette forme : $X \cos \alpha x$ ou $X \sin \alpha x$, ou composée de plusieurs fonctions d'une forme semblable; car il n'y aura qu'à mettre à la place des sinus et cosinus les expressions exponentielles imaginaires qui leur sont équivalentes, et, le calcul achevé, on remettra à la place de ces expressions les sinus ou cosinus qui y répondent.

Ce sont là les seuls cas où la formule $y\,a^x\,dx$ soit intégrable, au moins par les méthodes connues jusqu'ici; dans tous les autres cas l'intégration ne peut s'exécuter que par approximation.

PROBLÈME X.

38. On suppose que chaque observation soit sujette à toutes les erreurs possibles comprises entre ces deux limites, p et — q, et que la facilité de chaque erreur x, c'est-à-dire le nombre des cas où elle peut avoir lieu divisé par le nombre total des cas, soit représentée par une fonction quelconque de x désignée par y; on demande la probabilité que l'erreur moyenne de n observations soit comprise entre les limites r et — s.

On commencera d'abord par chercher la probabilité que l'erreur moyenne soit z, et cette probabilité étant représentée par une fonction de z, il n'y aura qu'à en prendre l'intégrale depuis $z = r$ jusqu'à $z = s$; ce sera la probabilité cherchée.

Maintenant, pour avoir la probabilité que l'erreur moyenne de n observations soit z, il faudra considérer le polynôme qui est représenté par l'intégrale de $y\,a^x\,dx$, en supposant cette intégrale prise de manière qu'elle s'étende depuis $x = p$ jusqu'à $x = - q$; on élèvera ce polynôme à la puissance n, et l'on cherchera le coefficient de puissance z de a, par les règles données dans les Corollaires du Lemme précédent; ce coefficient, qui sera une fonction de z, exprimera la probabilité que l'erreur moyenne soit z, comme il est facile de le voir d'après ce qui a été démontré plus haut.

39. EXEMPLE I. — Supposons d'abord que y soit une quantité constante K, en sorte que toutes les erreurs soient également probables, et l'intégrale de $y\,a^x\,dx$ sera $\dfrac{K a^x}{\log a}$, de sorte qu'en prenant cette intégrale depuis $x = p$ jusqu'à $x = - q$, on aura pour sa valeur complète $\dfrac{K(a^p - a^{-q})}{\log a}$; qu'on élève donc cette quantité à la puissance n, et l'on

29.

aura une quantité de la forme $\dfrac{A}{(\log a)^n}$, où (faisant $p + q = t$)

$$A = K^n \left[a^{pn} - n a^{pn-t} + \frac{n(n-1)}{2} a^{pn-2t} - \cdots \right].$$

Donc, par le Corollaire II du Lemme (36), le coefficient de puissance a^{pn-x} sera

$$\frac{K^n}{1.2.3\ldots(n-1)} \Bigg[x^{n-1} - n(x-t)^{n-1} + \frac{n(n-1)}{2}(x - 2t)^{n-1}$$
$$- \frac{n(n-1)(n-2)}{2.3}(x - 3t)^{n-1} + \ldots \Bigg] dx,$$

en ayant soin de ne continuer la série que jusqu'à ce qu'on parvienne à des termes $x - mt$ qui soient négatifs. Faisant donc $pn - x = z$, c'est-à-dire $x = pn - z$, on aura la probabilité que l'erreur moyenne de n observations soit z. On intégrera maintenant la formule précédente en y faisant varier x, et l'on prendra l'intégrale en sorte qu'elle soit nulle lorsque $x = pn - r$, et complète lorsque $x = pn + s$; on aura de cette manière la quantité

$$\frac{K^n}{1.2.3\ldots n} \Bigg[(pn+s)^n - n(pn+s-t)^n + \frac{n(n-1)}{2}(pn+s-2t)^n - \cdots$$
$$- (pn-r)^n + n(pn-r-t)^n - \frac{n(n-1)}{2}(pn-r-2t)^n + \ldots \Bigg],$$

laquelle exprimera la probabilité que l'erreur moyenne de n observations soit contenue entre les limites r et $- s$; au reste cette formule revient à la même que celle du n° 27.

40. EXEMPLE II. — On suppose que la quantité y soit $K(p^2 - x^2)$, et que les deux limites des erreurs soient p et $- p$, il faudra intégrer la différentielle $K a^x (p^2 - x^2)\, dx$, et prendre l'intégrale en sorte qu'elle s'étende depuis $x = - p$ jusqu'à $x = p$. Or, puisque la seconde différentielle de $p^2 - x^2$ est constante, on aura par le Lemme cette intégrale

$$K a^x \left[\frac{p^2 - x^2}{\log a} + \frac{2x}{(\log a)^2} - \frac{2}{(\log a)^3} \right],$$

laquelle étant complétée, comme on vient de le dire, donnera

$$\frac{2\,\mathrm{K}\,p\,(a^p + a^{-p})}{(\log a)^2} - \frac{2\,\mathrm{K}\,(a^p - a^{-p})}{(\log a)^3};$$

on élèvera donc cette quantité à la puissance n, et l'on aura

$$\frac{(2\,\mathrm{K}\,p)^n\,(a^p + a^{-p})^n}{(\log a)^{2n}} - n\,\frac{(2\,\mathrm{K})^n\,p^{n-1}\,(a^p + a^{-p})^{n-1}\,(a^p + a^{-p})}{(\log a)^{2n+1}}$$

$$+ \frac{n(n-1)}{2}\,\frac{(2\,\mathrm{K})^n\,p^{n-2}\,(a^p + a^{-p})^{n-2}\,(a^p - a^{-p})^2}{(\log a)^{2n+2}} + \ldots;$$

on développera les puissances de $a^p + a^{-p}$ et de $a^p - a^{-p}$, et l'on cherchera ensuite par les règles du n° 36 le coefficient de la puissance a^z. Pour faciliter ces opérations nous supposerons

$$(a^p + a^{-p})^n = a^{pn} + \mathrm{P}\,a^{pn-2p} + \mathrm{Q}\,a^{pn-4p} + \ldots$$

$$(a^p + a^{-p})^{n-1}\,(a^p - a^{-p}) = a^{np} + \mathrm{P}'\,a^{np-2p} + \mathrm{Q}'\,a^{np-4p} + \ldots$$

$$(a^p + a^{-p})^{n-2}\,(a^p - a^{-p})^2 = a^{np} + \mathrm{P}''\,a^{np-2p} + \mathrm{Q}''\,a^{np-4p} + \ldots$$

$$\ldots\ldots\ldots\ldots\ldots\ldots\ldots\ldots\ldots\ldots\ldots\ldots\ldots,$$

et l'on trouvera, pour le coefficient de la puissance $np - x$, la série

$$\frac{(2\,\mathrm{K}\,p)^n}{1.2.3\ldots(2n-1)}\,\big[x^{2n-1} + \mathrm{P}\,(x-2p)^{2n-1} + \mathrm{Q}\,(x-4p)^{2n-1} + \ldots\big]\,dx$$

$$- n\,\frac{(2\,\mathrm{K})^n\,p^{n-1}}{1.2.3\ldots 2n}\,\big[x^{2n} + \mathrm{P}'\,(x-2p)^{2n} + \mathrm{Q}'\,(x-4p)^{2n} + \ldots\big]\,dx$$

$$+ \frac{n(n-1)}{2}\,\frac{(2\,\mathrm{K})^n\,p^{n-2}}{1.2.3\ldots(2n+1)}\,\big[x^{2n+1} + \mathrm{P}''(x-2p)^{2n+1} + \mathrm{Q}''\,(x-4p)^{2n+1} + \ldots\big]\,dx$$

$$\ldots\ldots\ldots\ldots\ldots\ldots\ldots\ldots\ldots\ldots\ldots\ldots\ldots$$

On fera donc $z = np - x$, c'est-à-dire $x = np - z$, et l'on intégrera de manière que l'intégrale soit nulle lorsque $z = r$ et complète lorsque, $z = -s$, c'est-à-dire nulle quand $x = np - r$ et complète quand

$x = np + s$; on aura la quantité

$$\frac{(Kp)^n}{3\ldots 2n}\Big[(np+s)^{2n} + P[(n-2)p+s]^{2n} + Q[(n-4)p+s]^{2n} + \ldots$$
$$- (np-r)^{2n} + P[(n-2)p-r]^{2n} - Q[(n-4)p-r]^{2n} - \ldots\Big],$$

$$n\,\frac{(2K)^n p^{n-1}}{1.2.3\ldots(2n+1)}\Big[(np+s)^{2n+1} + P'[(n-2)p+s]^{2n+1} + Q'[(n-4)p+s]^{2n+1} + \ldots$$
$$- (np-r)^{2n+1} - P'[(n-2)p-r]^{2n+1} - Q'[(n-4)p-r]^{2n+1} - \ldots$$

$$\frac{n(n-1)}{2}\,\frac{(2K)^n p^{n-2}}{1.2.3\ldots(2n+2)}\Big[(np+s)^{2n+2} + P''[(n-2)p+s]^{2n+2} + Q''[(n-4)p+s]^{2n+2} + \ldots$$
$$- (np-r)^{2n+2} - P''[(n-2)p-r]^{2n+2} - Q''[(n-4)p-r]^{2n+2} -$$

. . . .

laquelle exprimera la probabilité que l'erreur moyenne de n observations soit comprise entre les limites r et $-s$; au reste il faudra toujours se souvenir que les séries précédentes ne doivent être continuées que jusqu'à ce que quelques-unes des quantités qui sont élevées aux puissances $2n$, $2n+1$,... deviennent négatives.

41. REMARQUE. — L'hypothèse du dernier exemple parait la plus simple et la plus naturelle qu'on puisse imaginer; il est vrai que celle du Problème VIII parait encore plus simple, puisqu'on y suppose que la facilité des erreurs x et $-x$ soit représentée par $p-x$, p étant la plus grande valeur possible de x, c'est-à-dire la limite des erreurs, tant positives que négatives; mais cette hypothèse a l'inconvénient que la loi de continuité n'y est pas observée en passant des erreurs positives aux négatives; c'est pourquoi, si l'on voulait y appliquer la méthode du Problème précédent, il faudrait, en faisant $y = K(p-x)$, prendre d'abord l'intégrale $\int y\, a^x dx$ depuis $x = 0$ jusqu'à $x = p$, laquelle serait

$$K\left[\frac{a^p - 1}{(\log a)^2} - \frac{p}{\log a}\right];$$

ensuite, en faisant x négatif et conservant la même valeur de y, il faudrait prendre de même l'intégrale $\int y a^{-x} dx$ depuis $x = 0$ jusqu'à $x = p$,

laquelle serait $\Big($en ne faisant que mettre $\frac{1}{a}$ à la place de a dans l'expres-

sion précédente$\Big)$

$$K\left[\frac{a^{-p}-1}{(\log a)^2} + \frac{p}{\log a}\right],$$

et la somme de ces deux intégrales particulières serait l'intégrale complète de $\int y a^x dx$ depuis $x = p$ jusqu'à $x = -p$ dans l'hypothèse dont
il s'agit; on aura donc la quantité

$$K\left[\frac{a^p + a^{-p} - 2}{(\log a)^2}\right] \quad \text{ou bien} \quad K\left(\frac{a^{\frac{p}{2}} - a^{-\frac{p}{2}}}{\log a}\right)^2,$$

qu'il faudra élever à la puissance n, et sur laquelle on pourra ensuite
opérer, comme dans l'Exemple I; on pourra même, sans faire un nouveau calcul, appliquer ici les formules de cet Exemple en y mettant $2n$
à la place de n, $\frac{p}{2}$ à la place de p et de q, et par conséquent p à la place
de $t = p + q$; de cette manière on aura sur-le-champ l'expression de la
probabilité que l'erreur moyenne de n observations soit renfermée entre
les limites r et $-s$, laquelle sera

$$\frac{K^{2n}}{1.2.3...2n}\Big[(pn+s)^{2n} - 2n[(n-1)p+s]^{2n} + \frac{2n(2n-1)}{2}[(n-2)p+s]^{2n} - ...$$
$$- (pn-r)^{2n} + 2n[(n-1)p-r]^{2n} - \frac{2n(2n-1)}{2}[(n-2)p-r]^{2n} + ...\Big],$$

ce qui s'accorde avec la formule du n° 29.

PROBLÈME XI.

42. *Supposant que chaque observation soit sujette à toutes les erreurs*
possibles comprises entre les limites p et $-p$ (p étant l'arc de 90 degrés),
et que la facilité de chaque erreur x soit proportionnelle à $\cos x$, on de-
mande la probabilité que l'erreur moyenne de n observations sera renfermée
entre les limites r et $-s$.

On aura donc ici $y = \mathrm{K}\cos x$, et il s'agira d'abord d'intégrer la différentielle $\mathrm{K}a^x \cos x\, dx$, dont l'intégrale $\left(\text{en mettant } \dfrac{e^{x\sqrt{-1}} + e^{-x\sqrt{-1}}}{2} \text{ à la place de } \cos x\right)$ se trouvera par le n° **37**,

$$\frac{\mathrm{K}\, a^x}{2}\left(\frac{e^{x\sqrt{-1}}}{\log a + \sqrt{-1}} + \frac{e^{-x\sqrt{-1}}}{\log a - \sqrt{-1}}\right),$$

c'est-à-dire, en repassant des exponentielles imaginaires aux sinus et cosinus,

$$\mathrm{K}a^x \frac{\log a.\cos x + \sin x}{(\log a)^2 + 1};$$

cette intégrale doit maintenant être prise en sorte qu'elle s'étende depuis $x = -p$, auquel cas $\cos x = 0$ et $\sin x = 1$, jusqu'à $x = p$, où $\cos x = 0$ et $\sin x = 1$; ainsi l'on aura pour l'intégrale complète

$$\frac{\mathrm{K}(a^p + a^{-p})}{(\log a)^2 + 1}.$$

Qu'on élève donc cette quantité à la puissance n, et faisant, pour abréger,

$$\mathrm{A} = \mathrm{K}^n\left[a^{pn} + n\, a^{pn-2p} + \frac{n(n-1)}{2}\, a^{pn-4p} + \ldots\right],$$

on aura la quantité

$$\frac{\mathrm{A}}{[(\log a)^2 + 1]^n},$$

dans laquelle il s'agira maintenant de chercher le coefficient de la puissance a^x.

Pour cela il faudra (36) décomposer la fraction

$$\frac{1}{[(\log a)^2 + 1]^n}, \quad \text{c'est-à-dire} \quad \frac{1}{(\log a + \sqrt{-1})^n (\log a - \sqrt{-1})^n},$$

en ces fractions simples

$$\frac{\mathrm{F}}{(\log a + \sqrt{-1})^n} + \frac{\mathrm{F}'}{(\log a + \sqrt{-1})^{n-1}} + \frac{\mathrm{F}''}{(\log a + \sqrt{-1})^{n-2}} + \ldots$$

$$+ \frac{\mathrm{G}}{(\log a - \sqrt{-1})^n} + \frac{\mathrm{G}'}{(\log a - \sqrt{-1})^{n-1}} + \frac{\mathrm{G}''}{(\log a - \sqrt{-1})^{n-2}} + \ldots,$$

et l'on aura par les méthodes connues (31)

$$F = \frac{1}{(-2\sqrt{-1})^n}, \quad F' = -\frac{n}{(-2\sqrt{-1})^{n+1}}, \quad F'' = \frac{n(n+1)}{2(-2\sqrt{-1})^{n+2}} + \ldots,$$

$$G = \frac{1}{(2\sqrt{-1})^n}, \quad G' = -\frac{n}{(2\sqrt{-1})^{n+1}}, \quad G'' = \frac{n(n+1)}{2(2\sqrt{-1})^{n+2}} + \ldots;$$

multipliant ensuite par A chacune de ces fractions, on trouvera, par la méthode du n° 36, que le coefficient de la puissance a^{pn-x} sera exprimé de cette manière :

$$\frac{K^n dx}{1.2.3\ldots(n-1)}\left[\left(F e^{-x\sqrt{-1}} + G e^{x\sqrt{-1}}\right) x^{n-1} \right.$$
$$+ n\left[F e^{-(x-2p)\sqrt{-1}} + G e^{(x-2p)\sqrt{-1}}\right](x-2p)^{n-1}$$
$$\left. + \frac{n(n-1)}{2}\left[F e^{-(x-4p)\sqrt{-1}} + G e^{(x-4p)\sqrt{-1}}\right](x-4p)^{n-1} + \ldots\right]$$

$$+ \frac{K^n dx}{1.2.3\ldots(n-2)}\left[\left(F' e^{-x\sqrt{-1}} + G' e^{x\sqrt{-1}}\right) x^{n-2} \right.$$
$$+ n\left[F' e^{-(x-2p)\sqrt{-1}} + G' e^{(x-2p)\sqrt{-1}}\right](x-2p)^{n-2}$$
$$\left. + \frac{n(n-1)}{2}\left[F' e^{-(x-4p)\sqrt{-1}} + G' e^{(x-4p)\sqrt{-1}}\right](x-4p)^{n-2} + \ldots\right]$$

$$+ \frac{K^n dx}{1.2.3\ldots(n-3)}\left[\left(F'' e^{-x\sqrt{-1}} + G'' e^{x\sqrt{-1}}\right) x^{n-3} \right.$$
$$+ n\left[F'' e^{-(x-2p)\sqrt{-1}} + G'' e^{(x-2p)\sqrt{-1}}\right](x-2p)^{n-3}$$
$$\left. + \frac{n(n-1)}{2}\left[F'' e^{-(x-4p)\sqrt{-1}} + G'' e^{(x-4p)\sqrt{-1}}\right](x-4p)^{n-3} + \ldots\right]$$

. . . .

Or on a $e^{\pm x\sqrt{-1}} = \cos x \pm \sqrt{-1}\sin x$, et ainsi des autres; donc, substituant ces valeurs, et faisant, pour abréger,

$$G + F = f, \quad G - F = \frac{g}{\sqrt{-1}},$$

$$G' + F' = f', \quad G' - F' = \frac{g'}{\sqrt{-1}},$$

$$G'' + F'' = f'', \quad G'' - F'' = \frac{g''}{\sqrt{-1}},$$

. . . . ,

où les quantités f, g, f', g',... seront nécessairement réelles, la formule précédente deviendra

$$
\frac{K^n dx}{1.2.3\ldots(n-1)} \left[(f\cos x + g\sin x)x^{n-1} \right.
$$
$$
+ n[f\cos(x-2p) + g\sin(x-2p)](x-2p)^{n-1}
$$
$$
\left. + \frac{n(n-1)}{2}[f\cos(x-4p) + g\sin(x-4p)](x-4p)^{n-1} + \ldots \right]
$$

$$
+ \frac{K^n dx}{1.2.3\ldots(n-2)} \left[(f'\cos x + g'\sin x)x^{n-2} \right.
$$
$$
+ n[f'\cos(x-2p) + g'\sin(x-2p)](x-2p)^{n-2}
$$
$$
\left. + \frac{n(n-1)}{2}[f'\cos(x-4p) + g'\sin(x-4p)](x-4p)^{n-2} + \ldots \right]
$$

$$
+ \frac{K^n dx}{1.2.3\ldots(n-3)} \left[(f''\cos x + g''\sin x)x^{n-3} \right.
$$
$$
+ n[f''\cos(x-2p) + g''\sin(x-2p)](x-2p)^{n-3}
$$
$$
\left. + \frac{n(n-1)}{2}[f''\cos(x-4p) + g''\sin(x-4p)](x-4p)^{n-3} + \ldots \right]
$$

$$
\ldots\ldots\ldots\ldots\ldots\ldots\ldots\ldots\ldots\ldots\ldots\ldots\ldots,
$$

où il faudra continuer les différentes séries jusqu'à ce que les quantités x, $x-2p$, $x-4p$,... ou leurs exposants deviennent négatifs; cette quantité exprimera donc la probabilité que l'erreur moyenne de n observations soit $pn - x$; par conséquent il n'y aura plus qu'à l'intégrer de manière que l'intégrale soit nulle lorsque $x = pn - r$ et complète lorsque $x = pn + s$ pour avoir l'expression cherchée de la probabilité que l'erreur moyenne soit renfermée entre les limites données r et $-s$; mais comme cette intégration est facile par les méthodes connues, nous n'entrerons pas dans un plus grand détail là-dessus; et nous terminerons même ici nos recherches, par lesquelles on doit voir qu'il ne reste plus de difficulté dans la solution des questions qu'on peut proposer sur ce sujet.

SUR LA

PERCUSSION DES FLUIDES.

SUR LA

PERCUSSION DES FLUIDES.

(*Mémoires de l'Académie royale des Sciences de Turin*, t. I, 1784-1785.)

Parmi un grand nombre de questions que la science des fluides offre à résoudre, celle de la mesure de la force de percussion, qu'une veine d'eau sortant d'un vase ou d'un réservoir quelconque exerce contre un plan, est une des plus importantes, soit par sa difficulté, soit par ses différentes applications. On a eu recours pour la résoudre à la théorie et à l'expérience. La première a donné des résultats divers selon la différence des hypothèses sur lesquelles on l'a appuyée; car la théorie rigoureuse du mouvement des fluides n'est encore et ne sera de longtemps qu'un objet de pure spéculation, et ce n'est qu'en limitant sa grande généralité par des suppositions plus ou moins conformes à la nature qu'on peut la rendre susceptible de fournir des résultats précis et applicables à la pratique.

M. Daniel Bernoulli paraît être le premier qui ait entrepris de résoudre de cette manière la question dont il s'agit. Sa solution se trouve dans le tome VIII des anciens *Commentaires de Pétersbourg*, et elle donne, pour le choc perpendiculaire d'une veine d'eau, une force égale au poids d'une colonne d'eau qui aurait pour base la largeur de la veine, et pour hauteur le double de celle dont il faudrait qu'un corps tombât pour acquérir la vitesse de l'eau, c'est-à-dire deux fois la hauteur due à cette vitesse. L'Auteur y confirme ce résultat par quelques expériences; mais, par d'autres faites par M. Krafft et rapportées dans le même volume, on voit que la force du choc est toujours moindre que la théorie de M. Bernoulli ne la donne.

Depuis, M. d'Alembert a attaqué cette théorie dans ses principes, et a fait voir comment, en envisageant la question sous un point de vue plus exact, on devait parvenir à une formule différente de celle de M. Bernoulli et moins éloignée des expériences de M. Krafft (*Théorie de la Résistance des fluides,* Chap. VIII).

Enfin M. l'abbé Bossut, à qui nous devons un des meilleurs Traités d'Hydrodynamique théorique et pratique, a cherché de nouveau à décider la question dont il s'agit par des expériences faites avec beaucoup de soin et de scrupule. Elles lui ont donné à peu près, pour la hauteur de la colonne, qui mesure la force du choc direct d'une veine d'eau, le double de la hauteur due à la vitesse, ce qui s'accorde avec le résultat de la solution de M. Bernoulli, quoiqu'on ne puisse disconvenir de l'insuffisance de cette solution, par la manière vague dont l'Auteur considère et calcule l'effet de la percussion d'une veine de fluide contre un plan.

Voici maintenant une nouvelle manière de déterminer cet effet, aussi directe et conforme à la nature des fluides que peut le permettre le peu de connaissance que l'on a encore des lois de leur mouvement. Cette méthode a de plus l'avantage de s'appliquer également à la percussion directe et à la percussion oblique, et pourra servir non-seulement à fixer sur ce point d'Hydrodynamique l'accord de la théorie avec l'expérience, mais encore à expliquer les anomalies de celle-ci et à rendre ses résultats plus décisifs.

1. Soit AB (*fig.* 1) l'orifice du vase ou réservoir quelconque d'où le fluide (l'eau par exemple) s'écoule avec une vitesse uniforme donnée, pour venir frapper perpendiculairement le plan PQ, en sorte que l'axe de la veine MN soit perpendiculaire à la droite PQ et la coupe en deux également au point N. Comme tout est égal de part et d'autre de cet axe, il est visible que les particules du fluide auront la même disposition et le même mouvement des deux côtés; de sorte que les deux courbes AC, BD,

formées par les filets extérieurs de la veine, seront égales et semblable-
ment placées autour de l'axe MN. Lorsque le fluide est parvenu à un état
permanent, ces courbes demeurent invariables et peuvent, par consé-

Fig. 1.

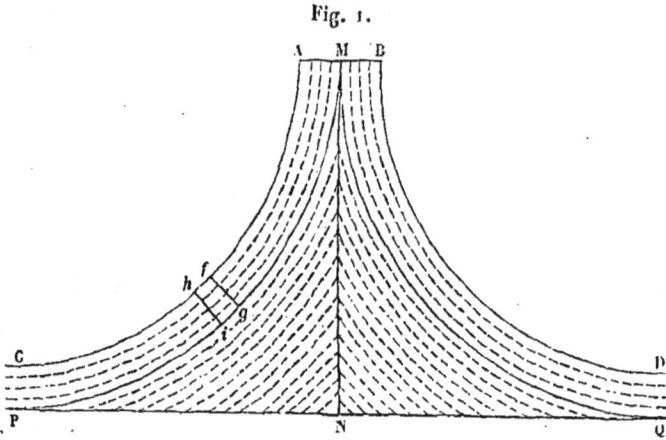

quent, être regardées comme des canaux dans lesquels le fluide se meut.
Il se forme de semblables canaux dans l'intérieur de la veine, et l'effet
de la percussion du fluide contre le plan consiste dans la pression qu'il
exerce contre ce plan en vertu de la courbure des canaux et du changement de direction des particules du fluide, lesquelles, sortant du vase
dans une direction perpendiculaire au plan, sont forcées par sa rencontre d'en prendre une parallèle ou presque parallèle à ce même plan.
Pour pouvoir calculer rigoureusement cette pression, il faudrait donc
connaître la figure de tous ces canaux et la loi du mouvement des particules qui les parcourent. Mais, dans la nécessité où l'on est de simplifier
cette recherche par quelque supposition ou abstraction, on peut se contenter de considérer les deux canaux extérieurs AMPC, BMQD, et de
supposer tout le fluide intérieur MPQ comme étant en repos et stagnant.
Si cette supposition n'est pas exactement conforme à la nature, elle en
approche du moins beaucoup; car puisque la veine est forcée par la rencontre du plan de se partager en deux branches égales et qui suivent
des directions opposées, il est clair qu'il doit nécessairement y avoir
dans l'endroit où les deux branches se séparent une portion de fluide qui
n'aura aucun mouvement; or, plus cette portion sera grande, plus notre

hypothèse approchera de la vérité, et dans tous les cas elle pourra toujours être regardée comme la limite et l'asymptote de ce qui a réellement lieu dans la nature.

2. D'après cette hypothèse, voici comment je détermine le mouvement du fluide et sa pression contre le plan. Puisque rien n'accélère ni ne retarde le mouvement des particules dans les canaux AC, BD, leur vitesse sera donc constante et égale à celle que le fluide a en sortant du vase.

Je nommerai a la hauteur due à cette vitesse, c'est-à-dire celle d'où un corps pesant devrait tomber pour acquérir une pareille vitesse.

Comme, à cause de l'incompressibilité du fluide, il doit passer dans chaque section fg du canal PA une égale quantité de fluide à chaque instant, la largeur fg du canal doit être partout en raison inverse de la vitesse du fluide; cette largeur sera donc constante dans tout le canal et égale à AM, moitié de celle de l'orifice que nous nommerons b. Or, la tranche infiniment petite et rectangulaire $fgih$, par la force centrifuge due à sa vitesse, exerce contre la partie gi de la paroi concave une pression égale au poids de cette particule multipliée par $\frac{2a}{r}$, en nommant r le rayon osculateur de la courbe en g; c'est ce qui est connu par la théorie des forces centrifuges. Donc, puisque le poids est ici proportionnel au volume $fhgi = fg \times gi$, on aura $fg \times gi \times \frac{2a}{r}$ pour la pression sur gi, et par conséquent, en divisant par gi et mettant $\frac{b}{2}$ pour fg, on aura $\frac{ab}{r}$ pour la pression sur chaque point g.

Cette pression s'exerçant sur la portion du fluide PMQ que nous supposons stagnante, elle doit être égale partout, suivant les lois connues de l'équilibre des fluides; ainsi, la quantité $\frac{ab}{r}$ est constante dans toute la courbe PM; par conséquent, le rayon osculateur r est aussi constant, et la courbe est nécessairement un cercle dont r est le rayon. Il en est de même de la courbe MQ de l'autre canal semblable.

Maintenant il est clair, par les principes de l'Hydrostatique, que le fluide PMQ étant pressé dans tous les points de la surface curviligne PMQ par une force égale à $\frac{ab}{r}$, il en doit résulter une pression égale sur chaque point du plan PQ sur lequel le fluide est appuyé; de sorte que la pression totale que souffrira ce plan sera exprimée par $\frac{abp}{r}$, en nommant p la largeur PQ du plan. C'est dans cette pression que consiste l'action du fluide contre le plan, ou la force de sa percussion, force qui est donc mesurée par $\frac{abp}{r}$.

3. Dans cette formule, les trois quantités a, b, p sont données, puisque a est la hauteur due à la vitesse du fluide, b la largeur de l'orifice ou de la veine, et p la largeur du plan. Il n'y a d'inconnue que r, c'est-à-dire le rayon du cercle qui forme la courbure des canaux. Or si l'on suppose, ce qui est le cas le plus naturel, que les particules de fluide ne puissent quitter le plan contre lequel elles frappent que dans une direction parallèle à ce plan, alors la ligne PQ sera tangente en P et Q des arcs de cercle PM et QM; et comme la perpendiculaire MN est déjà, par l'hypothèse, tangente des mêmes arcs en M, puisque la direction du fluide en M est supposée suivant cette perpendiculaire, on voit que PM et MQ seront deux quarts de cercle, et qu'ainsi on aura $r = \text{PN} = \frac{\text{PQ}}{2} = \frac{p}{2}$. Donc la force de la percussion de la veine contre le plan aura pour mesure un poids égal à $2ab$, c'est-à-dire à une colonne de fluide dont la base serait b largeur de la veine, et la hauteur serait $2a$, double de celle due à la vitesse du fluide. C'est ce qui s'accorde avec les expériences de M. Bernoulli et de M. l'abbé Bossut.

4. Mais il peut arriver, surtout lorsque le plan n'est pas beaucoup plus grand que la largeur de la veine, qu'une partie des particules s'échappe du plan dans une direction oblique à celui-ci. Dans ce cas donc, il faudra supposer que la tangente du cercle en P et Q fasse un angle donné avec la droite PQ. Soit φ cet angle, il est facile de voir que

PN sera le sinus verse de son complément dans le cercle PM; ainsi l'on aura

$$\frac{p}{2} = r \sin \text{verse}\,(90^\circ - \varphi), \quad \text{ou} \quad p = 2r(1 - \sin\varphi),$$

et l'expression générale $\frac{abp}{r}$ de la force de la percussion deviendra

$$2\,ab\,(1 - \sin\varphi),$$

laquelle est moindre que la précédente dans le rapport de $1 - \sin\varphi$ à 1.

Cette formule peut expliquer pourquoi, dans les expériences de M. Krafft, la hauteur de la colonne dont le poids exprime la force de percussion s'est toujours trouvée moindre que le double de la hauteur due à la vitesse. En général, elle fait voir que cette dernière mesure est le maximum de la force de percussion, parce que l'angle φ ne saurait devenir négatif, et que pour atteindre ce maximum, ou du moins en approcher le plus qu'il est possible, il faut diminuer autant que l'on peut l'angle φ, et faire en sorte que la dernière direction des particules ou des filets du fluide soit parallèle ou presque parallèle au plan, ce qu'on obtiendra en augmentant la largeur du plan jusqu'à ce que toutes les particules soient contraintes de couler le long de ce plan avant de s'en échapper.

5. Considérons maintenant la percussion oblique, et supposons de nouveau que la veine dont la largeur est AB et la direction MN se partage, par la rencontre du plan PQ incliné à MN, en deux branches AMPC et BMQD, en sorte que l'espace intermédiaire PMQ soit rempli d'un fluide stagnant et en équilibre (*fig.* 2).

Il est d'abord clair que lorsque le mouvement du fluide est parvenu à un état permanent, comme nous le supposons ici, il doit être uniforme dans l'un et dans l'autre canal, parce qu'il n'y a extérieurement aucune force qui puisse l'accélérer ou le retarder. Ainsi, comme par l'incompressibilité et la continuité de fluide il en doit passer toujours la même quantité dans chaque section du même canal, il faudra aussi que toutes ces sections soient égales, comme dans le cas précédent, mais la largeur des deux canaux pourra être ici différente.

Soit a la hauteur due à la vitesse de la veine, laquelle se maintient la même dans les deux canaux. Soient de plus AM $= m$ l'amplitude du canal

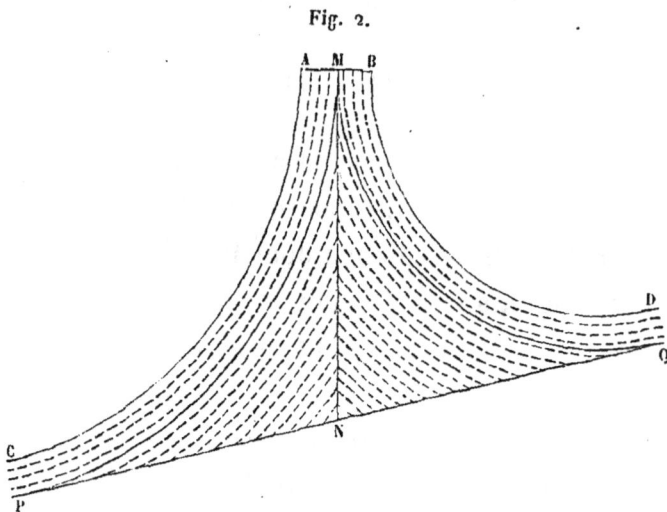

Fig. 2.

AP, et BM $= n$ l'amplitude du canal BQ, en sorte que $m + n = b$ largeur donnée de la veine ou de l'orifice du vase d'où elle sort.

Enfin, soient r le rayon osculateur de la courbe MP du premier canal, et ρ celui de la courbe MQ du second. On prouvera aisément, par un raisonnement semblable à celui du n° 2, que la force centrifuge du fluide produira sur chaque point de la courbe PM une pression égale à $\frac{2am}{r}$, et sur chaque point de l'autre courbe QM une pression égale à $\frac{2an}{\rho}$. Ces pressions agissant sur le fluide stagnant PMQ doivent être partout égales. D'où il suit : 1° que les rayons r et ρ sont constants, et que par conséquent les courbes MP, NQ des deux canaux sont circulaires; 2° que l'on aura $\frac{m}{r} = \frac{n}{\rho}$, en sorte que la courbure des canaux sera en raison inverse de leur largeur. Donc, puisque $m + n = b$ et $\frac{m}{r} = \frac{n}{\rho}$, on aura $m = \frac{rb}{r+\rho}$, $n = \frac{\rho b}{r+\rho}$; et la pression sur le fluide stagnant sera exprimée par $\frac{2ab}{r+\rho}$.

Or, ce fluide étant soutenu en même temps par le plan PQ, il doit exercer sur chaque point de ce plan une pression perpendiculaire et égale aussi à $\dfrac{2\,ab}{r+\rho}$. Donc la pression totale sur le plan sera $\dfrac{2\,abp}{r+\rho}$, en nommant p la largeur PQ de ce plan; et cette quantité exprimera le volume d'une quantité du même fluide, dont le poids sera égal à la force de percussion contre le plan; mais il reste encore à déterminer les rayons r et ρ.

6. Supposons d'abord que par la rencontre du plan les particules de la veine de fluide soient détournées de leur direction primitive MN, autant qu'elles peuvent l'être, en sorte qu'elles ne puissent quitter ce plan que dans une direction parallèle à la sienne. La droite PQ (*fig.* 3)

Fig. 3.

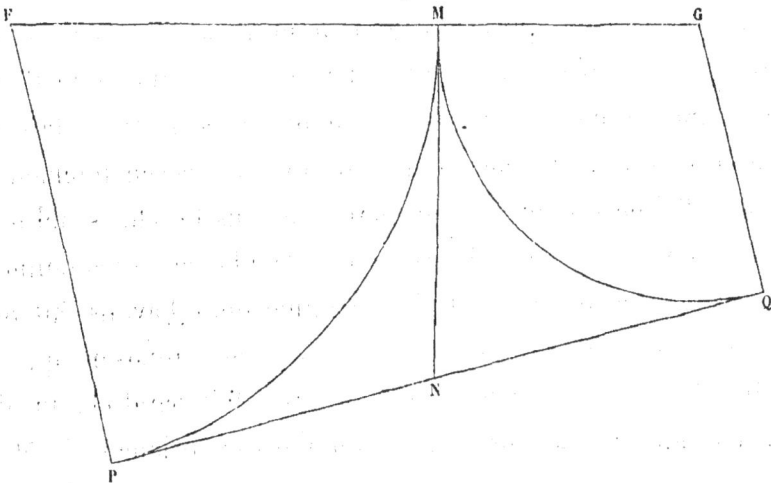

sera donc tangente en P et Q aux cercles PM et QM; par conséquent, les centres de ces cercles se trouveront sur les droites PF, QG menées perpendiculairement à PQ. D'un autre côté, la droite MN, qui représente la direction primitive de la veine, est aussi tangente en M aux mêmes cercles; donc les centres de ces cercles se trouveront aussi sur la droite FG perpendiculaire à MN. Donc ces centres seront en F et G, où cette droite rencontre les deux droites PF, QG. On aura ainsi $PF = FM = r$, $QG = GM = \rho$, et par conséquent $FG = r + \rho$. Or, puisque FP et GQ sont parallèles entre elles et perpendiculaires à PQ, il est visible que FG

sera à PQ dans la raison du sinus total au cosinus de l'inclinaison de FG
à PQ, ou au sinus de l'inclinaison de MN à PQ. Cette inclinaison est
celle de l'obliquité du choc du fluide contre le plan. Nommant donc
ω l'angle de cette obliquité, ou l'angle d'incidence de la veine sur le
plan, on aura

$$FG = \frac{PQ}{\sin \omega}, \quad \text{donc} \quad r + \rho = \frac{p}{\sin \omega};$$

et l'expression de la force du choc trouvée ci-dessus deviendra

$$2ab \sin \omega,$$

laquelle est, comme on voit, à celle du choc direct $2ab$ (3), dans la raison
du sinus de l'angle d'incidence au sinus total.

7. Cette loi est celle qui est reçue communément, d'après la théorie
ordinaire du choc des corps solides et isolés, quoique cette théorie ne
soit point applicable aux fluides. La théorie précédente l'établit d'une
manière directe, et l'expérience ne s'en éloigne pas sensiblement. Il est
vrai que M. l'abbé Bossut a toujours trouvé dans les chocs obliques des
résultats moindres que la loi des sinus d'incidence ne les donne; mais
on peut rendre raison de ce déchet, comme nous l'avons fait pour les
expériences de M. Krafft sur le choc direct, en supposant que la dernière direction des canaux n'était pas tout à fait parallèle au plan; ce
qui est d'autant plus probable que, dans les expériences de M. l'abbé
Bossut, le plan était le même pour le choc direct et pour le choc oblique,
tandis que dans le cas de ce dernier il paraît que les branches dans lesquelles la veine se partage doivent diverger davantage pour pouvoir
prendre la direction du plan. Dans cette supposition, il est clair que les
droites PF et QG ne seront plus parallèles, mais deviendront divergentes,
en sorte que la proportion de FG à PQ, c'est-à-dire de $r + \rho$ à p, sera
toujours plus grande que celle de 1 à $\sin \omega$; par conséquent, l'expression
de la force du choc sera toujours aussi plus grande que $2ab \sin \omega$. Mais,
pour déterminer la proportion dont il s'agit, il ne suffirait pas de connaître les angles FPQ et GQP; il faudrait de plus connaître la distance

MN du plan au point de la veine où elle commence à se diviser en deux branches, distance qui peut varier selon les circonstances de l'expérience, et qui peut contribuer aussi à en faire varier les résultats. Au reste, comme cette détermination géométrique n'a point de difficulté, et qu'elle ne peut d'ailleurs jeter aucune lumière sur la question présente, nous ne nous y arrêterons pas.

8. Jusqu'ici nous n'avons considéré qu'une veine de fluide plane ou plutôt rectangulaire; imaginons maintenant une veine cylindrique qui vienne frapper directement un plan circulaire dont le centre passe par l'axe de la veine. On peut dans ce cas regarder la *fig.* 1, page 239, comme une coupe faite par l'axe du cylindre, et comme les circonstances sont les mêmes pour chaque coupe, il s'ensuit qu'elles doivent être toutes égales et semblables, en sorte que la figure que prendra la veine par la rencontre du plan sera celle d'un solide de révolution engendré par la rotation de la courbe CA autour de l'axe MN. La veine formera ainsi une espèce d'entonnoir conoïdal dont l'intérieur, formé par la révolution de la courbe PM, pourra être regardé comme stagnant, suivant l'hypothèse adoptée jusqu'ici, et il suffira de considérer le mouvement du fluide dans un canal AMPC compris entre deux plans infiniment proches passant par l'axe AN.

D'abord il est visible que la vitesse du fluide doit être uniforme dans chacun de ces canaux, puisqu'il n'y a aucune cause d'accélération ni de retardation. Ensuite, si l'on nomme $d\alpha$ le petit angle formé par les deux plans du canal, x et y l'abscisse et l'ordonnée d'un point quelconque g de la courbe du canal PM rapportée à l'axe MN, et z la largeur ou l'amplitude du canal dans cet endroit, il est clair qu'on aura $zy\,d\alpha$ pour l'aire de la section du canal, et par conséquent $zy \times 360°$ sera l'aire entière de la section du conoïde. Cette aire doit être constante, puisque à cause de la continuité et de l'incompressibilité du fluide, ainsi que de l'uniformité de sa vitesse, il doit passer à chaque instant une quantité de fluide égale à celle qui sort en même temps par l'orifice du vase. De sorte qu'en nommant B l'aire de cet orifice ou de la section de la veine cylindrique, on aura

$$zy \times 360° = B, \quad \text{et de là} \quad z = \frac{B}{y \times 360°}.$$

Il est clair de plus que $zy\,d\alpha\,ds$ sera le volume de l'élément du fluide qui répond à la portion infiniment petite ds de la courbe MgP, et cet élément exercera sur la paroi du canal sur laquelle il appuie, et dont l'aire est $y\,d\alpha\,ds$, une pression représentée par $\frac{2\,azy\,d\alpha\,ds}{r}$, en nommant comme ci-dessus a la hauteur due à la vitesse constante du fluide, et r le rayon osculateur de la courbe du canal. Donc la pression sur chaque point de la surface du fluide intérieur qui est supposé stagnant sera $\frac{2\,az}{r}$, laquelle doit être partout la même par les lois connues de l'Hydrostatique.

Soit donc Π cette pression constante, on aura

$$\Pi = \frac{2\,az}{r};$$

mais

$$z = \frac{B}{360°y} \quad \text{et} \quad r = -\frac{dy}{d\frac{dx}{ds}};$$

donc on aura

$$\Pi = -\frac{2\,aB}{360°}\frac{d\frac{dx}{ds}}{y\,dy};$$

multipliant par $y\,dy$ et intégrant, il viendra

$$\frac{\Pi y^2}{2} = \frac{2\,aB}{360°}\left(\text{const.} - \frac{dx}{ds}\right).$$

Au point M, où la veine commence à diverger, sa direction est suivant l'axe MN; on a donc $y = 0$ et $\frac{dx}{ds} = 1$; donc la constante arbitraire sera aussi égale à 1; par conséquent, l'équation complète sera

$$\frac{\Pi y^2}{2} = \frac{2\,aB}{360°}\left(1 - \frac{dx}{ds}\right).$$

Au point P où le canal touche le plan, on a $y = NP$ et $\dfrac{dx}{ds}$ égal au sinus de l'angle que la direction du canal dans ce point fait avec le même plan. Si donc on nomme φ cet angle, qui est évidemment celui que les particules du fluide font avec le plan en le quittant, on aura

$$\Pi \frac{\overline{PN}^2}{2} = \frac{2\,a\,\mathrm{B}}{360^{\circ}} (1 - \sin \varphi).$$

Or la pression Π agissant sur tous les points du plan circulaire, dont PN est le rayon, il en résultera une pression totale égale à $\Pi \dfrac{\overline{PN}^2\,360^{\circ}}{2}$, puisque $\dfrac{\overline{PN}^2\,360^{\circ}}{2}$ est l'aire de ce plan; donc cette pression totale sera exprimée par

$$2\,a\,\mathrm{B}\,(1 - \sin \varphi).$$

C'est la valeur de la force de percussion que le fluide exerce contre le plan, laquelle sera donc la plus grande lorsque $\varphi = 0$, c'est-à-dire lorsque la dernière direction du fluide est parallèle au plan; et elle sera dans ce cas $2\,a\,\mathrm{B}$, égale par conséquent au poids d'une colonne du même fluide dont la base serait B largeur de la veine, et dont la hauteur serait $2\,a$ double de la hauteur due à la vitesse du fluide; ce qui s'accorde avec ce que nous avons trouvé dans le n° 3, en considérant une veine plane.

Dans les autres cas où φ n'est pas nul, et où par conséquent le fluide quitte le plan dans une direction oblique, la valeur de la force de percussion contre le plan sera moindre dans le rapport de $1 - \sin \varphi$ à 1, ce qui s'accorde encore avec la formule du n° 4 relative à ces derniers cas.

9. Le Problème que nous venons de résoudre sur l'action d'une veine cylindrique contre un plan perpendiculaire à sa direction deviendrait beaucoup plus difficile si l'on supposait le plan exposé obliquement à cette direction. Car alors l'entonnoir conoïdal formé par la veine ne serait plus de révolution, et il faudrait, pour en déterminer la figure, avoir égard non-seulement à la pression de chaque filet de fluide sur le fluide intérieur stagnant, mais encore à la pression mutuelle et latérale

des filets contigus, ce qui engagerait dans des formules assez compliquées et n'offrirait qu'un exercice d'Analyse inutile à l'objet de ce Mémoire.

Il nous suffira donc pour le présent d'avoir confirmé *à priori*, par une théorie aussi simple que satisfaisante, ce que quelques Auteurs avaient trouvé *à posteriori* sur la mesure de la force de percussion d'une veine de fluide contre un plan, et d'avoir par cette confirmation fixé d'une manière incontestable un point si essentiel de l'Hydraulique.

On peut donc prendre désormais pour règle générale et constante que dans le choc direct, et lorsque son effet est le plus grand, ce qui a lieu quand le plan est assez large pour que toutes les particules du fluide soient contraintes d'en suivre la direction en le quittant, l'action contre le plan est égale au poids d'une colonne du fluide de la même grosseur que la veine et d'une longueur double de celle d'où un corps pesant devrait tomber pour acquérir la vitesse du fluide. Il n'en est pas de même lorsque le plan est exposé à l'impulsion d'un courant dans lequel il est entièrement plongé. Dans ce cas on n'a pu encore déterminer *à priori* la valeur de cette impulsion, et tous les efforts qu'on a faits jusqu'ici pour y parvenir n'ont servi qu'à produire des recherches analytiques plus ou moins profondes, mais toujours insuffisantes pour donner des résultats simples et applicables à la pratique. Cependant les expériences réitérées qu'on a faites surtout dans ces derniers temps tendent toutes à prouver qu'ici l'impulsion est simplement égale au poids d'une colonne du fluide, laquelle aurait pour base le plan choqué, et pour hauteur celle qui serait due à la vitesse du fluide. Ainsi, tant qu'on n'aura pas démontré cette règle *à priori*, on ne pourra pas la regarder comme aussi sûre que celle qui concerne l'impulsion d'une veine contre un plan; mais on pourra toujours l'employer dans la pratique comme une règle d'approximation fournie par l'expérience.

SUR UNE

NOUVELLE MÉTHODE DE CALCUL INTÉGRAL

POUR LES DIFFÉRENTIELLES AFFECTÉES D'UN RADICAL CARRÉ
SOUS LEQUEL LA VARIABLE NE PASSE PAS
LE QUATRIÈME DEGRÉ.

SUR UNE

NOUVELLE MÉTHODE DE CALCUL INTÉGRAL

POUR LES DIFFÉRENTIELLES AFFECTÉES D'UN RADICAL CARRÉ
SOUS LEQUEL LA VARIABLE NE PASSE PAS
LE QUATRIÈME DEGRÉ.

(*Mémoires de l'Académie royale des Sciences de Turin*, t. II, 1784-1785.)

On sait que toute formule différentielle qui contient un radical carré, où la variable n'a pas plus de deux dimensions, est intégrable par les logarithmes ou par les arcs circulaires; car il est toujours possible de la réduire à une forme rationnelle, en faisant disparaître le radical par une substitution convenable. Mais cette réduction ne réussit plus en général, lorsque le radical contient des puissances de la variable plus hautes que la seconde, et l'intégration échappe alors aux méthodes connues. Si la plus haute de ces puissances ne monte pas au delà du quatrième degré, on peut dans plusieurs cas construire l'intégrale par les arcs des sections coniques. La recherche de ces cas a beaucoup occupé les Géomètres; leur travail est avantageux aux progrès du Calcul intégral, parce qu'il sert à ramener à des classes déterminées un grand nombre de différen- tielles de formes différentes; mais il n'est d'aucune utilité pour l'intégra- tion effective de ces différentielles, car la rectification des sections co- niques n'est encore connue que très-imparfaitement, attendu le peu de convergence des séries qu'on a trouvé jusqu'ici pour cet objet. Les séries sont à la vérité le seul moyen de résoudre ce Problème, et en général de rappeler à l'intégration toutes les formules différentielles d'une forme essentiellement irrationnelle; mais ce moyen n'est vraiment utile qu'autant qu'on peut rendre les séries toujours convergentes, et diminuer même à volonté l'erreur qui doit résulter des termes qu'on y néglige.

La méthode que je donne dans ce Mémoire joint à cet avantage celui d'être générale pour toutes les formules différentielles qui contiennent un radical carré, dans lequel la variable ne forme pas plus de quatre dimensions. Je commence par exposer la méthode dans toute son étendue; j'en fais ensuite l'application à la rectification de l'ellipse et de l'hyperbole.

Exposition de la méthode.

1. Soit proposée la formule différentielle $P dx$, dans laquelle P soit une fonction quelconque rationnelle de x et d'un radical de la forme

$$\sqrt{a + bx + cx^2 + ex^3 + fx^4},$$

que nous dénoterons, pour abréger, par R. Puisque R^2 est une fonction rationnelle de x, il est clair que P ne peut être que de la forme

$$\frac{A + BR}{C + DR},$$

où A, B, C, D sont des fonctions rationnelles de x. Multipliant le haut et le bas par $C - DR$, et faisant

$$M = \frac{AC - BDR^2}{C^2 - DR^2}, \quad N = \frac{(BC - AD) R^2}{C^2 - DR^2},$$

on aura donc

$$P = M + \frac{N}{R},$$

où M et N sont des fonctions rationnelles de x. De sorte que la différentielle proposée $P dx$ se trouvera partagée en deux parties, l'une toute rationnelle $M dx$, et qui s'intégrera par les logarithmes ou les arcs de cercle; l'autre irrationnelle $\frac{N dx}{R}$, dans laquelle il n'y aura d'autre irrationnalité que celle du radical R; et c'est à l'intégration de celle-ci que se réduit la difficulté d'intégrer la proposée.

2. Notre méthode demande que la formule différentielle $\frac{N\,dx}{R}$ ne contienne aucune puissance impaire de x; ainsi il faut commencer par les faire disparaître, s'il y en a.

Supposons d'abord que les termes bx et ex^3 ne se trouvent point dans le radical R; il ne s'agira que de faire disparaître les puissances impaires de x de la fonction rationnelle N. Or il est clair qu'elle peut se mettre sous la forme

$$\frac{F + Gx}{H + Lx},$$

où F, G, H, L sont des fonctions rationnelles et entières de x^2, c'est-à-dire des polynômes en x, sans puissances impaires. Multipliant donc le haut et le bas par $H - Lx$, et faisant, pour abréger,

$$\frac{HF - LGx^2}{H^2 - L^2x^2} = T, \qquad \frac{HG - FL}{H^2 - L^2x^2} = V,$$

on aura

$$N = T + Vx,$$

où T et V seront des fonctions rationnelles de x^2. De sorte que la différentielle $\frac{N\,dx}{R}$ se trouvera de nouveau partagée en deux, l'une $\frac{T\,dx}{R}$ qui a la condition demandée, l'autre $\frac{Vx\,dx}{R}$ qui est intégrable par les logarithmes ou les arcs de cercle, puisqu'en faisant $x^2 = y$ elle devient

$$\frac{V\,dy}{2\sqrt{a + cy + fy^2}},$$

V étant une fonction rationnelle de y.

3. Supposons à présent que le radical R contienne tous ses termes. Je remarque que le quinôme

$$a + bx + cx^2 + ex^3 + fx^4$$

peut toujours se mettre sous la forme

$$f(m + nx + x^2)(m' + n'x + x^2),$$

les deux trinômes $m + nx + x^2$ et $m' + n'x + x^2$ étant réels; c'est ce qui est connu par la théorie des équations; et l'on a pour la détermination des coefficients, en supposant $f = 1$,

$$n = \frac{e + \sqrt{t}}{2}, \quad n' = \frac{e - \sqrt{t}}{2},$$

$$m = \frac{b - cn + en^2 - n^3}{e - 2n}, \quad m' = \frac{b - cn' + en'^2 - n'^3}{e - 2n'},$$

$$t^3 - (3e^2 - 8c)t^2 + (3e^4 - 16ce^2 + 16c^2 + 16be - 64a)t - (8b - 4ce + e^3)^2 = 0.$$

L'équation en t, étant du troisième degré avec le dernier terme négatif, a nécessairement une racine réelle positive qu'on prendra pour t dans le radical $\sqrt{t}$; il n'y a de difficulté que dans le cas de

$$8b - 4ce + e^3 = 0,$$

où cette racine devient nulle; alors on a

ou $\quad t = 0, \quad$ ou $\quad t^2 - (3e^2 - 8c)t + (4c - e^2)^2 - 64a = 0.$

Si $64a > (4c - e^2)^2$, l'équation ayant son dernier terme négatif a nécessairement une racine réelle positive qu'on pourra prendre pour t; mais si $(4c - e^2)^2 - 64a = h^2$, alors on prendra la racine $t = 0$, et l'on aura

$$n = \frac{e}{2}, \quad n' = \frac{e}{2},$$

$$m = -\frac{e^2}{8} + \frac{c}{2} + \frac{h}{8}, \quad m' = -\frac{e^2}{8} + \frac{c}{2} - \frac{h}{8} \quad (*).$$

Si f n'était pas égal à 1, on diviserait par f les coefficients a, b, c, e. Cela posé, je fais

$$\frac{f(m' + n'x + x^2)}{m + nx + x^2} = r^2,$$

(*) *Voyez* les *Mémoires de Berlin* pour 1772, page 247.

On trouvera, dans le tome III des *OEuvres de Lagrange*, le Mémoire auquel se rapporte ce renvoi.   (*Note de l'Éditeur.*)

ce qui rend

$$R = (m + nx + x^2)y,$$

et la différentielle à intégrer sera

$$\frac{N\,dx}{(m + nx + x^2)y},$$

N étant une fonction rationnelle de x. Or l'équation entre x et y, étant multipliée en croix et ensuite différentiée, donne

$$2(m + nx + x^2)y\,dy = [f(2x + n') - y^2(2x + n)]\,dx,$$

d'où l'on tire

$$\frac{dx}{(m + nx + x^2)y} = \frac{2\,dy}{2x(f - y^2) + n'f - ny^2}.$$

Mais la même équation, ordonnée par rapport à x, donne par la résolution

$$2x(f - y^2) + n'f - ny^2 = \sqrt{(n'f - ny^2)^2 - 4(m'f - my^2)(f - y^2)}$$
$$= \sqrt{\alpha + \beta y^2 + \gamma y^4},$$

en faisant

$$\alpha = f^2(n'^2 - 4m'),$$
$$\beta = -2f(nn' - 2m - 2m'),$$
$$\gamma = n^2 - 4m.$$

Ainsi la proposée $\dfrac{N\,dx}{R}$ se trouvera d'abord transformée en

$$\frac{2N\,dy}{\sqrt{\alpha + \beta y^2 + \gamma y^4}};$$

ensuite, substituant dans N, pour x, sa valeur

$$\frac{ny^2 - n'f + \sqrt{\alpha + \beta y^2 + \gamma y^4}}{2(f - y^2)},$$

et employant la réduction du n° 1 pour faire disparaitre le radical dans le dénominateur de N, il est visible que la différentielle dont il s'agit se décomposera naturellement en deux parties : l'une toute rationnelle, et

II.   33

dont l'intégration n'a aucune difficulté, l'autre irrationnelle et de la forme

$$\frac{Q\,dy}{\sqrt{\alpha + \beta y^2 + \gamma y^4}},$$

dans laquelle Q sera une fonction rationnelle de y^2, et qui sera par conséquent dans l'état demandé.

Il est bon de remarquer que, puisque la substitution employée donne

$$y = \frac{R}{m + nx + x^2},$$

on est assuré que la nouvelle variable y sera nécessairement réelle, tant que x et R seront réels. Cette condition de la réalité des variables introduites par des substitutions n'est pas nécessaire lorsqu'il s'agit d'intégrales exactes et absolues, parce qu'on a des moyens de faire disparaître ensuite les imaginaires; mais elle devient indispensable dans les intégrations approchées, car on ne peut bien juger de la convergence d'une série, à moins que tous ses termes ne soient réels et évalués en nombres. Sans cette considération j'aurais pu résoudre le Problème précédent d'une manière plus simple, en substituant immédiatement $\frac{p + qy}{1 + y}$ à la place de x, et égalant ensuite à zéro les coefficients de y et de y^3 dans le quinôme sous le signe radical; on trouve de cette manière que p et q sont les racines d'une équation du second degré dont les deux coefficients dépendent eux-mêmes d'une équation du troisième; mais, quoique celle-ci ait toujours une racine réelle, on n'est pas assuré que celle-là ait les siennes réelles aussi, ce qui est néanmoins nécessaire pour que la nouvelle variable y ne soit point imaginaire.

4. La différentielle à intégrer ne sera donc que de la forme

$$\frac{N\,dx}{\sqrt{a + bx^2 + cx^4}},$$

N étant une fonction rationnelle de x^2. Or, notre méthode demande de plus que le trinôme

$$a + bx^2 + cx^4$$

soit résoluble en deux binômes réels de la forme

$$x + \beta x^2, \quad \gamma + \delta x^2,$$

ce qui exige que l'équation

$$a + by + cy^2 = 0$$

ait ses deux racines réelles, et que par conséquent

$$b^2 = \text{ ou } > 4ac.$$

Il faut donc résoudre encore le cas où

$$b^2 < 4ac.$$

Pour cet effet j'emploie la substitution

$$y = \frac{x}{\sqrt{a + bx^2 + cx^4}},$$

laquelle donne

$$(a + bx^2 + cx^4)y^2 = x^2,$$

et, différentiant,

$$(a + bx^2 + cx^4)y\,dy = (1 - by^2 - 2cx^2y^2)\,x\,dx,$$

d'où l'on tire

$$\frac{dy}{1 - by^2 - 2cx^2y^2} = \frac{x\,dx}{y(a + bx^2 + cx^4)} = \frac{dx}{\sqrt{a + bx^2 + cx^4}};$$

mais la même équation étant ordonnée par rapport à x, et résolue à la manière des équations du second degré, donne

$$2cx^2y^2 + by^2 - 1 = \sqrt{(by^2 - 1)^2 - 4acy^4} = \sqrt{1 - 2by^2 + (b^2 - 4ac)y^4};$$

de sorte que la différentielle proposée se changera d'abord en

$$\frac{- N\,dy}{\sqrt{1 - 2by^2 + (b^2 - 4ac)y^4}};$$

ensuite, substituant dans N à la place de x^2 sa valeur

$$\frac{1 - by^2 + \sqrt{1 - 2by^2 + (b^2 - 4ac)y^4}}{2cy^2},$$

et faisant disparaître le radical du dénominateur de N, il est clair que la transformée en y contiendra deux parties, une toute rationnelle et dont l'intégration n'aura aucune difficulté, et l'autre de la forme

$$\frac{\mathrm{L}\,dy}{\sqrt{1 - 2by^2 + (b^2 - 4ac)y^4}},$$

où L sera une fonction rationnelle de y^2.

Or, puisque $b^2 < 4ac$, il est clair que le trinôme

$$1 - 2by^2 + (b^2 - 4ac)y^4$$

est toujours résoluble en deux binômes réels, qui seront

$$1 - (b + 2\sqrt{ac})y^2 \quad \text{et} \quad 1 - (b - 2\sqrt{ac})y^2,$$

le radical $\sqrt{ac}$ étant nécessairement réel à cause de $ac > 0$. Ainsi la différentielle

$$\frac{\mathrm{L}\,dy}{\sqrt{1 - 2by^2 + (b^2 - 4ac)y^4}},$$

à laquelle nous avons réduit la proposée, aura la condition demandée qui manquait à celle-ci.

Il est clair aussi que la substitution employée ne rendra jamais la variable y imaginaire tant que x et le radical $\sqrt{a + bx^2 + cx^4}$ seront réels.

Au reste, la condition à laquelle nous venons de satisfaire se trouvera remplie d'elle-même par la transformation du n° 3, toutes les fois que le quinôme sous le radical sera résoluble en deux facteurs simples réels et en deux imaginaires; car si les deux équations

$$x^2 + nx + m = 0, \quad x^2 + n'x + m' = 0$$

ont l'une des racines réelles et l'autre des racines imaginaires, les deux quantités $n^2 - 4m$, $n'^2 - 4m'$ seront de signes différents, et par conséquent les coefficients α et γ du trinôme $\alpha + \beta y^2 + \gamma y^4$ seront aussi de différents signes, en sorte que ce trinôme sera nécessairement résoluble en deux binômes réels.

5. De ce que nous venons de démontrer jusqu'ici, il s'ensuit que l'intégration de la différentielle proposée Pdx se réduit toujours à celle d'une différentielle de la forme

$$\frac{N\,dx}{\sqrt{(a+bx^2)(m+nx^2)}},$$

où N est une fonction rationnelle de x^2, et où a, b, m, n sont des coefficients quelconques réels. Ainsi, toute la difficulté ne consiste qu'à trouver l'intégrale de cette dernière différentielle. Quant à l'intégrale exacte, elle paraît impossible en général; du moins l'analyse connue ne fournit aucun moyen pour l'obtenir. Mais il y a deux cas où elle se présente d'elle-même : le premier est celui où l'un des coefficients b, n est nul, l'autre est celui où $\frac{b}{a}=\frac{n}{m}$; dans ce dernier l'irrationnalité disparaît, et dans le premier il ne reste que l'irrationnalité relative à la quadrature du cercle ou de l'hyperbole, et qu'on peut toujours faire disparaître par les méthodes connues. Si donc la proposée n'est pas exactement dans l'un de ces deux cas, mais seulement dans un cas très-voisin de l'un d'eux, c'est-à-dire si l'une des quantités $\frac{b}{a}$, $\frac{n}{m}$ est très-petite, ou si elles sont à très-peu près égales, on pourra alors, au défaut d'une intégrale exacte, en avoir une très-approchée par le moyen des séries, et d'autant plus approchée que la quantité supposée très-petite le sera davantage, en disposant la série relativement aux puissances ascendantes de cette quantité. La méthode que je vais exposer a pour objet de ramener à cet état toute différentielle de la forme proposée, quels que soient les coefficients a, b, m, n.

6. Soit en général $\frac{b^2}{a^2} =$ ou $> \frac{n^2}{m^2}$, ce qu'on peut toujours supposer, puisque, si $\frac{n^2}{m^2} > \frac{b^2}{a^2}$, il n'y aurait qu'à échanger a en m et b en n.

Je fais

$$\frac{x}{a}\sqrt{\frac{a+bx^2}{m+nx^2}}=y,$$

ce qui donne

$$\sqrt{(a+bx^2)(m+nx^2)} = \frac{ay(m+nx^2)}{x},$$

par où l'on voit d'abord que la nouvelle variable y sera réelle tant que ce radical et la variable x le seront.

La différentielle

$$\frac{dx}{\sqrt{(a+bx^2)(m+nx^2)}}$$

se changera donc en

$$\frac{x\,dx}{ay(m+nx^2)};$$

mais l'équation

$$x^2(a+bx^2) = a^2y^2(m+nx^2)$$

étant différentiée donne

$$(a+2bx^2-na^2y^2)x\,dx = a^2(m+nx^2)y\,dy,$$

par conséquent

$$\frac{x\,dx}{ay(m+nx^2)} = \frac{a\,dy}{a+2bx^2-na^2y^2};$$

de plus, la même équation, ordonnée par rapport à x et résolue à la manière des équations du second degré, donne

$$2bx^2+a-na^2y^2 = \sqrt{a^2(1-any^2)^2+4a^2bmy^2}$$
$$= a\sqrt{1+2(2bm-an)y^2+a^2n^2y^4};$$

donc

$$\frac{a\,dy}{a+2bx^2-na^2y^2} = \frac{dy}{\sqrt{1+2(bm-an)y^2+a^2n^2y^4}}.$$

Si donc on substitue cette quantité à la place de

$$\frac{dx}{\sqrt{(a+bx^2)(m+nx^2)}},$$

et qu'on mette aussi dans l'expression de N, au lieu de x^2, sa valeur

$$\frac{na^2y^2-a+a\sqrt{1+2(2bm-an)y^2+a^2n^2y^4}}{2b},$$

en faisant disparaître le radical du dénominateur, s'il est nécessaire, on réduira la différentielle proposée

$$\frac{N\,dx}{\sqrt{(a + bx^2)(m + nx^2)}}$$

à la forme

$$L\,dy + \frac{M\,dy}{\sqrt{1 + 2(2bm - an)y^2 + a^2 n^2 y^4}},$$

où L et M seront des fonctions toutes rationnelles de y^2.

Or le trinôme sous le signe

$$1 + 2(2bm - an)y^2 + a^2 n^2 y^4$$

se résout dans les deux binômes

$$1 + (2bm - an + 2\sqrt{b^2 m^2 - abmn})y^2,$$
$$1 + (2bm - an - 2\sqrt{b^2 m^2 - abmn})y^2,$$

qui sont toujours réels à cause de $\frac{b^2}{a^2} =$ ou $> \frac{n^2}{m^2}$; car puisque

$$b^2 m^2 - a^2 n^2 = \quad \text{ou} \quad > 0,$$

les facteurs $bm + an$ et $bm - an$ seront nécessairement de même signe; donc aussi leur somme $2bm$ sera du même signe; ainsi, bm et $bm - an$ étant de même signe, leur produit $b^2 m^2 - abmn$ sera toujours une quantité positive. On voit aussi que les deux quantités

$$2bm - an + 2\sqrt{b^2 m^2 - abmn},$$
$$2bm - an - 2\sqrt{b^2 m^2 - abmn},$$

sont de même signe, puisque leur produit $a^2 n^2$ est nécessairement positif; et comme la demi-somme des mêmes quantités est

$$2bm - an = bm + bm - an,$$

et que nous venons de voir que bm et $bm - an$ sont de même signe, il s'ensuit que les deux quantités dont il s'agit seront toujours de même signe que bm.

Si donc on fait

$$2\,bm - an + 2\sqrt{b^2m^2 - ab\,mn} = \pm\,p^2,$$

$$2\,bm - an - 2\sqrt{b^2m^2 - ab\,mn} = \pm\,q^2,$$

les signes supérieurs étant pour le cas de bm positif, et les inférieurs pour celui de bm négatif, les quantités p et q seront toujours réelles, et l'on aura, en tirant la racine carrée,

$$p = \sqrt{\pm\,bm} + \sqrt{\pm(bm - an)},$$

$$q = \sqrt{\pm\,bm} - \sqrt{\pm(bm - an)} \quad \text{ou} \quad = \sqrt{\pm(bm - an)} - \sqrt{\pm\,bm};$$

de sorte qu'on pourra toujours prendre p et q positives, et alors p sera toujours plus grande que q.

Ainsi, la transformée de la proposée

$$\frac{N\,dx}{\sqrt{(a + bx^2)(m + nx^2)}}$$

sera

$$L\,dy + \frac{M\,dy}{\sqrt{(1 \pm p^2 y^2)(1 \pm q^2 y^2)}},$$

où L et M seront des fonctions rationnelles de y^2, p et q des quantités réelles et positives dont l'une $p > q$, et le radical $\sqrt{(1 \pm p^2 y^2)(1 \pm q^2 y^2)}$ nécessairement réel, puisque y est réelle tant que x et la proposée sont réelles, comme on l'a vu ci-dessus.

De sorte que la difficulté ne consistera plus que dans l'intégration de la nouvelle différentielle

$$\frac{M\,dy}{\sqrt{(1 \pm p^2 y^2)(1 \pm q^2 y^2)}}.$$

7. Dès qu'on est une fois parvenu à une différentielle de cette dernière forme, il n'y a plus qu'à continuer et répéter les substitutions et les transformations que nous venons d'enseigner; et pour cela on pourra se servir des formules précédentes en y faisant

$$a = 1, \quad m = 1, \quad b = \pm p^2, \quad n = \pm q^2,$$

et ainsi de suite. Voici le tableau de ces opérations.

Soit

$$p' = p + \sqrt{p^2 - q^2}, \qquad q' = p - \sqrt{p^2 - q^2},$$
$$p'' = p' + \sqrt{p'^2 - q'^2}, \qquad q'' = p' - \sqrt{p'^2 - q'^2},$$
$$p''' = p'' + \sqrt{p''^2 - q''^2}, \qquad q''' = p'' - \sqrt{p''^2 - q''^2},$$
$$\ldots\ldots\ldots\ldots\ldots, \qquad \ldots\ldots\ldots\ldots\ldots;$$

on fera successivement

$$y' = \frac{y\,\mathrm{R}}{1 \pm q^2 y^2},$$

$$y'' = \frac{y'\,\mathrm{R}'}{1 \pm q'^2 y'^2},$$

$$y''' = \frac{y''\,\mathrm{R}''}{1 \pm q''^2 y''^2},$$

$$\ldots\ldots\ldots\ldots\ldots;$$

en supposant, pour abréger,

$$\mathrm{R} = \sqrt{(1 \pm p^2 y^2)(1 \pm q^2 y^2)},$$
$$\mathrm{R}' = \sqrt{(1 \pm p'^2 y'^2)(1 \pm q'^2 y'^2)},$$
$$\mathrm{R}'' = \sqrt{(1 \pm p''^2 y''^2)(1 \pm q''^2 y''^2)},$$
$$\ldots\ldots\ldots\ldots\ldots;$$

on aura par là

$$y^2 = \frac{\pm q^2 y'^2 - 1 + \mathrm{R}'}{\pm 2 p^2},$$

$$y'^2 = \frac{\pm q'^2 y''^2 - 1 + \mathrm{R}''}{2 p'^2},$$

$$y''^2 = \frac{\pm q''^2 y'''^2 - 1 + \mathrm{R}'''}{2 p''^2},$$

$$\ldots\ldots\ldots\ldots\ldots,$$

et

$$\frac{dy}{\mathrm{R}} = \frac{dy'}{\mathrm{R}'} = \frac{dy''}{\mathrm{R}''} = \ldots.$$

Donc la différentielle $\dfrac{\mathrm{M}\,dy}{\mathrm{R}}$ se changera d'abord en $\mathrm{L}'dy' + \dfrac{\mathrm{M}'\,dy'}{\mathrm{R}'}$, où L' et M' seront des fonctions rationnelles de y'^2; ensuite la différentielle $\dfrac{\mathrm{M}'\,dy'}{\mathrm{R}'}$ se changera pareillement en $\mathrm{L}''dy'' + \dfrac{\mathrm{M}''\,dy''}{\mathrm{R}''}$, L'' et M'' étant aussi des fonctions rationnelles de y''^2, et ainsi de suite. Et il est clair,

II.   34

d'après ce que nous avons démontré dans le numéro précédent, que y', y'',... et R′, R″,... seront toujours réelles.

Il est bon de remarquer au reste que si la fonction M est sans dénominateur, les fonctions dérivées L′ et M′ seront aussi entières et du même ordre, ou d'un ordre inférieur, car on aura, par les substitutions prescrites,

$$\frac{d\gamma}{R} = \frac{dy'}{R'},$$

$$\frac{\gamma^2 d\gamma}{R} = \frac{dy'}{\pm 2p^2} + \frac{(\pm q^2 y'^2 - 1)\,dy'}{R'},$$

$$\frac{\gamma^4 d\gamma}{R} = \frac{2(\pm q^2 y'^2 - 1)\,dy'}{4p^4} + \frac{(\pm q^2 y'^2 - 1)^2 + (\pm p'^2 y')(1 \pm q'^2 y'^2)\,dy'}{4p^4 R'},$$

. . . .

Il en sera de même des fonctions L″, M″, et ainsi des autres dérivées de celles-ci à l'infini.

Il est clair aussi que la même chose aura lieu pour les fonctions L et M, relativement à la fonction d'où elles sont dérivées (6); de sorte que si celle-ci est elle-même sans dénominateur, toutes les fonctions L, L′, L″,..., M, M′, M″,... seront aussi sans dénominateur, et d'un ordre égal ou inférieur, mais jamais supérieur à celui de la fonction primitive N.

8. De cette manière donc la différentielle à intégrer

$$\frac{N\,dx}{\sqrt{(a + bx^2)(m + nx^2)}}$$

se trouvera transformée en celle-ci

$$L\,d\gamma + L'\,dy' + L''\,dy'' + \ldots + \frac{Z\,dz}{\sqrt{(1 \pm r^2 z^2)(1 \pm s^2 z^2)}},$$

en désignant par Z, z, r, s les derniers termes des séries M, M′, M″,..., y, y', y'',..., p, p', p'',..., q, q', q'',..., qu'on pourra continuer aussi loin qu'on voudra. Et comme les membres $L\,d\gamma$, $L'\,dy'$, $L''\,dy''$,..., sont chacun intégrables en particulier, puisque L est une fonction rationnelle de γ^2, L′ de y'^2,..., il s'ensuit que l'intégration de la proposée sera réduite à celle de la différentielle

$$\frac{Z\,dz}{\sqrt{(1 \pm r^2 z^2)(1 \pm s^2 z^2)}},$$

dans laquelle Z est une fonction rationnelle de z^2, et de plus entière si la fonction primitive N est sans dénominateur.

Voici maintenant l'avantage de cette réduction. On a vu (6) que p et q sont des quantités positives telles $p > q$; donc, puisque

$$p' = p + \sqrt{p^2 - q^2}, \quad q' = p - \sqrt{p^2 - q^2} = \frac{q^2}{p'},$$

il est clair que p' et q' seront aussi positives, et $p' > p$, $q' < q$, et à plus forte raison $< p'$. De même, ayant

$$p'' = p' + \sqrt{p'^2 - q'^2}, \quad q'' = p' - \sqrt{p'^2 - q'^2} = \frac{q'^2}{p''},$$

il s'ensuit que $p'' > p'$, $q'' > 0 < q' < p''$, et ainsi de suite. D'où l'on conclura en général que les quantités $p, p', p'',\ldots$ forment une série croissante à l'infini, et que les quantités $q, q', q'',\ldots$ forment une série correspondante, mais décroissante jusqu'à zéro.

Et il est bon d'observer que si l'on prend les sommes et les différences des termes correspondants dans ces deux séries, en faisant

$$p + q = m, \quad p - q = n, \quad p' + q' = m', \quad p' - q' = n',\ldots,$$

ce qui donne

$$p = \frac{m + n}{2}, \quad q = \frac{m - n}{2}, \quad p' = \frac{m' + n'}{2}, \quad q' = \frac{m' - n'}{2},\ldots,$$

on aura

$$m' = m + n, \quad n' = 2\sqrt{mn},$$
$$m'' = m' + n', \quad n'' = 2\sqrt{m'n'},$$
$$\cdots\cdots\cdots\cdots\cdots\cdots\cdots,$$

de sorte que dans les séries $m, m', m'',\ldots, n, n', n'',\ldots$, les termes correspondants seront toujours moyens proportionnels, arithmétiques et géométriques, entre les doubles des termes qui les précèdent.

On peut donc continuer ces séries jusqu'à ce qu'on arrive à des termes $p''',\dots, q''',\dots$, dont le second soit aussi petit qu'on voudra; alors, prenant ces termes pour r et s, on pourra, dans la différentielle correspondante

$$\frac{Z\,dz}{\sqrt{(1 \pm r^2 z^2)(1 \pm s^2 z^2)}},$$

supposer s nul, ce qui la réduira à

$$\frac{Z\,dz}{\sqrt{1 \pm r^2 z^2}},$$

intégrable par les logarithmes ou par les arcs de cercle, selon que le signe supérieur ou l'inférieur aura lieu.

9. Mais comme la petitesse du terme $s^2 z^2$ ne dépend pas seulement du coefficient s^2, mais aussi de la valeur qu'on donne à la variable z, pour avoir dans tous les cas une approximation sûre, on fera $z = \dfrac{t}{\sqrt{rs}}$ et $\dfrac{s}{r} = \alpha$, ce qui changera la différentielle

$$\frac{Z\,dz}{\sqrt{(1 \pm r^2 z^2)(1 \pm s^2 z^2)}} \quad \text{en} \quad \frac{T\,dt}{\sqrt{(\alpha \pm t^2)(1 \pm \alpha t^2)}},$$

en nommant T ce que devient $\dfrac{Z}{r}$ par la substitution de $\dfrac{t}{\sqrt{rs}}$ à la place de z.

Or, depuis $t = 0$ jusqu'à $t = 1$ et $t = -1$, il est clair que le terme αt^2 sera moindre que α; par conséquent, en négligeant ce terme, on sera assuré de ne négliger que des quantités de l'ordre de α.

D'ailleurs il est visible que la valeur du radical $\sqrt{1 \pm \alpha t^2}$ sera nécessairement renfermée entre ces deux-ci, 1 et $\sqrt{1 \pm \alpha}$; par conséquent, l'intégrale de la différentielle

$$\frac{T\,dt}{\sqrt{(\alpha \pm t^2)(1 \pm \alpha t^2)}}$$

aura pour limites celle de la différentielle $\dfrac{T\,dt}{\sqrt{\alpha \pm t^2}}$ et cette même intégrale divisée par $\sqrt{1 \pm \alpha}$. Ainsi, comme on est le maitre de rendre la valeur de α aussi petite que l'on veut, on pourra aussi resserrer à volonté les limites dont il s'agit.

Si cependant on voulait s'arrêter à une valeur de α qui ne fût pas assez petite pour fournir des limites données, il n'y aurait qu'à résoudre en série le radical

$$\frac{1}{\sqrt{1 \pm \alpha t^2}}$$

et prendre autant de termes qu'on le jugerait à propos.

Cette série est, comme on sait,

$$1 \mp \frac{1}{2} \alpha t^2 + \frac{1 \cdot 3}{2 \cdot 4} \alpha^2 t^4 \mp \frac{1 \cdot 3 \cdot 5}{2 \cdot 4 \cdot 6} \alpha^3 t^6 + \ldots$$

Soit ϖ le nombre des termes qu'on en veut prendre et Π le dernier de ces termes; pour embrasser tous les termes suivants, il faudrait multiplier Π par la série

$$1 \mp \frac{2\varpi - 1}{2\varpi} \alpha t^2 + \frac{(2\varpi - 1)(2\varpi + 1)}{2\varpi(2\varpi + 2)} \alpha^2 t^4 \mp \frac{(2\varpi - 1)(2\varpi + 1)(2\varpi + 3)}{2\varpi(2\varpi + 2)(\varpi + 4)} \alpha^3 t^6 + \ldots;$$

or cette série est évidemment toujours renfermée entre ces limites 1 et $1 \mp \alpha + \alpha^2 \mp \alpha^3 + \ldots$, c'est-à-dire entre 1 et $\frac{1}{1 \pm \alpha}$. Donc, en général, la somme exacte de tous les termes de la série continuée à l'infini sera toujours renfermée entre la valeur de la somme d'un certain nombre de termes pris depuis le commencement, et la valeur de la somme des mêmes termes, mais en divisant le dernier par $1 \pm \alpha$.

Par conséquent, l'erreur résultant des termes qu'on aura négligés sera toujours moindre que la valeur du dernier terme multiplié par $\frac{\alpha}{1 \pm \alpha}$; ainsi l'on peut l'apprécier facilement et la diminuer à volonté.

Il serait facile au reste de trouver des limites plus exactes et plus resserrées, mais cela n'est pas nécessaire ici, où l'on suppose que α est une quantité fort petite et même aussi petite que l'on veut.

Mais depuis $t = \pm 1$ jusqu'à $t = \pm \infty$, le terme αt^2 étant toujours $> \alpha$, l'approximation précédente ne saurait plus avoir lieu. On fera donc alors $t = \dfrac{1}{u}$, et la différentielle

$$\frac{T\,dt}{\sqrt{(\alpha \pm t^2)(1 \pm \alpha t^2)}}$$

se changera en

$$\frac{U\,du}{\sqrt{(\alpha \pm u^2)(1 \pm \alpha u^2)}},$$

U étant ce que devient $-$ T par la substitution de $\dfrac{1}{u}$ à la place de t. Cette transformée est, comme on voit, semblable à la différentielle en t, du moins pour la partie irrationnelle, et la variable u est ici renfermée entre les limites o et ± 1, comme la variable t l'était ci-dessus; ainsi l'on pourra traiter cette différentielle en u de la même manière que l'autre en t.

Donc, en général, si l'intégration doit s'étendre depuis $t = f$ jusqu'à $t = g$, on distinguera trois cas : 1° lorsque f et g sont renfermées entre 1 et $-$ 1; on aura alors le cas de $t^2 < 1$; 2° lorsque f et g sont renfermées entre 1 et ∞ ou $-$ 1 et $-\infty$; ce sera le cas de $t^2 > 1$, et l'on emploiera la substitution $t = \dfrac{1}{u}$, laquelle rendra $u^2 < 1$; 3° lorsque f sera entre les premières limites et g entre les secondes, ou réciproquement; dans ce cas il faudra partager l'intégrale en deux parties, la première qui s'étende depuis $t = f$ jusqu'à $t = \pm 1$, et la seconde depuis $t = \pm 1$ jusqu'à $t = g$; et chacune de ces parties rentrera, comme on voit, dans l'un des cas précédents.

10. Au reste il est à propos d'observer que quand on a à intégrer une différentielle en série de la forme

$$(A + A'\xi + A''\xi^2 + A'''\xi^3 + \ldots)X\,dx,$$

X et ξ étant des fonctions de x, et A, A', A'',... des coefficients constants, au lieu d'intégrer chaque terme à part, ce qui demande souvent des réductions pénibles, il suffit (*a* étant une constante indéterminée) d'intégrer tout d'un coup la différentielle

$$\frac{X\,dx}{1 - a\xi},$$

dont l'intégration n'est guère plus difficile que celle de $X\xi\,dx$, surtout si ξ est une fonction rationnelle. Alors, nommant V l'intégrale complétée d'après les conditions du Problème, il n'y aura qu'à dégager la quantité *a* en développant par les méthodes connues la fonction V dans une série de la forme

$$u + au' + a^2 u'' + a^3 u^3 + \dots,$$

et l'on aura pour l'intégrale de la proposée la série

$$A\,u + A'\,u' + A''\,u'' + A'''\,u''' + \dots.$$

On sait que l'on a, en faisant $a = 0$ après les différentiations,

$$u = V, \quad u' = \frac{dV}{da}, \quad u'' = \frac{1}{2}\frac{d^2 V}{da^2}, \quad u''' = \frac{1}{2.3}\frac{d^3 V}{da^3}, \dots.$$

Donc l'intégrale cherchée sera aussi représentée par

$$AV + A'\frac{dV}{da} + \frac{A''}{2}\frac{d^2 V}{da^2} + \frac{A'''}{2.3}\frac{d^3 V}{da^3} + \dots,$$

en faisant varier *a* seul dans V et supposant ensuite $a = 0$.

11. Reprenons les transformations du n° 7, et remarquons que, puisque les deux séries p, p', p'',..., q, q', q'',... sont divergentes l'une par rapport à l'autre (8), si on les continue en arrière ainsi : ..., $''p$, $'p$, p, ..., $''q$, $'q$, q, elles deviendront convergentes, en sorte qu'on parviendra à des termes r et s égaux, ou presque égaux entre eux; ce qui fera rentrer la différentielle correspondante

$$\frac{Z\,dz}{\sqrt{(1 \pm r^2 z^2)(1 \pm s^2 z^2)}}$$

dans le second cas d'intégration dont on a parlé dans le n° 5. Voici pour cela le procédé du calcul.

On fera

$$p = {}'p + \sqrt{{}'p^2 - {}'q^2}, \qquad q = {}'p - \sqrt{{}'p^2 - {}'q^2},$$

$${}'p = {}''p + \sqrt{{}''p^2 - {}''q^2}, \qquad {}'q = {}''p - \sqrt{{}''p^2 - {}''q^2},$$

$$\dots\dots\dots\dots\dots, \qquad \dots\dots\dots\dots\dots,$$

ce qui donne

$${}'p = \frac{p + q}{2}, \qquad {}'q = \sqrt{pq},$$

$${}''p = \frac{{}'p + {}'q}{2}, \qquad {}''q = \sqrt{{}'p\,{}'q}.$$

$$\dots\dots\dots\dots, \qquad \dots\dots\dots$$

De sorte qu'il est très-facile de continuer les séries p, ${}'p$, ${}''p$,..., q, ${}'q$, ${}''q$,... aussi loin que l'on veut, puisque les termes correspondants sont toujours moyens arithmétiques et géométriques entre les deux précédents. Et l'on voit en même temps que, quelle que soit la différence des deux premiers termes p, q, elle doit aller toujours en diminuant dans les termes suivants, jusqu'à devenir nulle; car p étant $> q$, on a évidemment ${}'p < p$, ${}'q > q$, et en même temps ${}'q < {}'p$, puisque

$${}'p - {}'q = \frac{p + q}{2} - \sqrt{pq} = \frac{1}{2}\left(\sqrt{p} - \sqrt{q}\right)^2;$$

donc aussi ${}''p < {}'p$, ${}''q > {}'q$ et $< {}'p$, et ainsi de suite; en sorte que la série p, ${}'p$, ${}''p$,... est décroissante, et la série q, ${}'q$, ${}''q$,... est au contraire croissante, mais toujours séparée de l'autre par un intervalle qui diminue à l'infini.

12. Cela posé, on fera successivement

$$y = \frac{{}'y\,{}'R}{1 \pm {}'q^2\,{}'y^2},$$

$${}'y = \frac{{}''y\,{}''R}{1 \pm {}''q^2\,{}''y^2},$$

$${}''y = \frac{{}'''y\,{}'''R}{1 \pm {}'''q^2\,{}'''y^2},$$

$$\dots\dots\dots\dots,$$

en supposant

$$'R = \sqrt{(1 \pm 'p^2 \, 'y^2)(1 \pm 'q^2 \, 'y^2)},$$
$$''R = \sqrt{(1 \pm ''p^2 \, ''y^2)(1 \pm ''q^2 \, ''y^2)},$$
$$'''R = \sqrt{(1 \pm '''p^2 \, '''y^2)(1 \pm '''q^2 \, '''y^2)},$$
$$\dots\dots\dots\dots\dots\dots\dots\dots,$$

ce qui donnera (7)

$$'y^2 = \frac{\pm 'q^2 y^2 - 1 + R}{\pm 2 \, 'p^2},$$
$$''y^2 = \frac{\pm ''q^2 \, 'y^2 - 1 + 'R}{\pm 2 \, ''p^2},$$
$$'''y^2 = \frac{\pm '''q^2 \, ''y^2 - 1 + ''R}{\pm 2 \, '''p^2},$$
$$\dots\dots\dots\dots\dots\dots\dots,$$

et

$$\frac{dy}{R} = \frac{d'y}{'R} = \frac{d''y}{''R} = \frac{d'''y}{'''R} = \dots.$$

Et l'on observera que les nouvelles variables $'y$, $''y$,... seront nécessairement réelles, ainsi que les radicaux $'R$, $''R$,....

Car d'abord il est clair que, y et R étant réels, $'y^2$ sera réelle; et l'on voit en même temps que lorsque les signes supérieurs ont lieu, la valeur de $'y^2$ sera positive, puisque dans ce cas R est évidemment > 1; lorsque les signes inférieurs ont lieu, on aura $R < 'q^2 y^2 + 1$, car en mettant pour $'q^2$ sa valeur pq et prenant les carrés, on aura d'un côté

$$(1 - p^2 y^2)(1 - q^2 y^2),$$

savoir

$$1 - (p^2 + q^2) y^2 + p^2 q^2 y^4,$$

et de l'autre

$$1 + 2pq \, y^2 + p^2 q^2 y^4,$$

en sorte que l'excès de $('q^2 y^2 + 1)^2$ sur R^2 sera $(p+q)^2 y^2$, quantité toujours positive; donc, comme dans ce cas

$$'y^2 = \frac{'q^2 y^2 + 1 - R}{2 \, 'p^2},$$

II.   35

il s'ensuit que la valeur de $'y^2$ sera aussi positive. Donc $'y$ sera réelle dans l'un et l'autre cas. Donc aussi $'R$ sera réel en vertu de l'équation

$$\frac{dy}{R} = \frac{d'y}{'R}.$$

Et de là on démontrera pareillement la réalité de $''y$ et de $''R$, et ainsi des autres.

Par les substitutions précédentes, la différentielle $\dfrac{M\,dy}{R}$ se changera donc d'abord en $'L\,d'y + \dfrac{'M\,d'y}{'R}$, $'L$ et $'M$ étant des fonctions rationnelles de $'y^2$; ensuite la différentielle $\dfrac{'M\,d'y}{'R}$ se changera de même en

$$''L\,d''y + \frac{''M\,d''y}{''R},$$

$''L$, $''M$ étant aussi des fonctions rationnelles de $''y^2$, et ainsi de suite.

Donc la différentielle

$$\frac{N\,dx}{\sqrt{(a + bx^2)(m + nx^2)}}$$

du n° 5 se trouvera transformée en celle-ci

$$L\,dy + 'L\,d'y + ''L\,d''y + \ldots + \frac{Z\,dz}{\sqrt{(1 \pm r^2 z^2)(1 \pm s^2 z^2)}},$$

en nommant Z, z, r, s les derniers termes des séries

$$M,\ 'M,\ ''M, \ldots, y,\ 'y,\ ''y, \ldots, p,\ 'p,\ ''p, \ldots, q,\ 'q,\ ''q, \ldots;$$

et comme les membres $L\,dy$, $'L\,d'y$,... sont chacun intégrables en particulier, l'intégration de la proposée sera ainsi réduite à celle de la nouvelle différentielle

$$\frac{Z\,dz}{\sqrt{(1 \pm r^2 z^2)(1 \pm s^2 z^2)}},$$

où Z est une fonction rationnelle de z^2, et où r et s sont des constantes aussi peu différentes entre elles qu'on voudra.

13. Il faut remarquer encore que lorsque M est une fonction sans dénominateur, on peut toujours réduire 'M à n'être qu'une pareille fonction, et du même ordre; car on a d'abord

$$\frac{dy}{R} = \frac{d'y}{'R}.$$

Ensuite. ayant

$$y^2 = \frac{-R + 1 \pm 2\,'p^2\,'y^2}{\pm\,'q^2},$$

on aura

$$\frac{y^2\,dy}{R} = -\frac{dy}{\pm\,'q^2} + \frac{(1 \pm 2\,'p^2\,'y^2)\,d'y}{\pm\,'q^2\,'R}.$$

Maintenant, l'équation

$$\pm\,'q^2 y^2 + R = 1 \pm 2\,'p^2\,'y^2$$

étant carrée, si l'on y substitue à la place de R^2 sa valeur en y, et qu'ensuite on substitue aussi pour y^2, dans les termes qui ne contiennent point R, la valeur ci-dessus, on en tirera

$$y^4 = YR + 'Y,$$

en supposant

$$Y = \frac{p^2 + q^2 \mp 2\,'q^4 y^2}{(p^2 q^2 + 'q^4)\,'q^2},$$

$$'Y = \frac{-q^2 + (p^2 + q^2)(1 \pm 2\,'p^2\,'y^2) + 'q^2(1 \pm 2\,'p^2\,'y^2)^2}{(p^2 q^2 + 'q^4)\,'q^2}.$$

Ainsi l'on aura

$$\frac{y^4\,dy}{R} = Y\,dy + \frac{'Y\,d'y}{'R}.$$

On réduira de la même manière, par des substitutions successives, y^6, y^8,... à la forme $YR + 'Y$, où Y sera une fonction rationnelle et entière de y^2 de l'ordre quatrième, sixième,..., et 'Y sera une pareille fonction de $'y^2$ de l'ordre sixième, huitième,...; et l'on aura par conséquent aussi

$$\frac{y^6\,dy}{R} = Y\,dy + \frac{'Y\,d'y}{R},$$

et ainsi de suite.

D'où l'on voit qu'en général la différentielle

$$\frac{(a + by^2 + cy^4 + \ldots)\,dy}{R}$$

se réduira toujours à la différentielle

$$Y\,dy + \frac{(A + B\,{}'y^2 + C\,{}'y^4 + \ldots)\,d\,'y}{{}'R},$$

où Y sera une fonction rationnelle et entière de y^2.

On fera les mêmes opérations sur les autres transformées en $''y$, $'''y$,..., et l'on en conclura en général que si dans la différentielle primitive

$$\frac{N\,dx}{\sqrt{(a + bx^2)(m + nx^2)}},$$

N est une fonction sans dénominateur, auquel cas nous avons déjà démontré plus haut que M sera aussi une fonction de même forme et de même ordre, cette fonction sera réductible à celle-ci

$$d\,V + \frac{Z\,dz}{\sqrt{(1 \pm r^2 z^2)(1 \pm s^2 z^2)}},$$

dans laquelle V sera une fonction rationnelle et entière de y, $'y$, $''y$,..., et Z une fonction rationnelle et entière de z^2 du même ordre que la fonction N.

14. Il ne s'agira donc plus que d'intégrer la différentielle

$$\frac{Z\,dz}{\sqrt{(1 \pm r^2 z^2)(1 \pm s^3 z^2)}},$$

dans laquelle r et s seront des quantités aussi peu différentes entre elles qu'on voudra; et il est d'abord clair qu'en les supposant égales l'irrationnalité disparaîtra, et l'intégration n'aura plus de difficulté. En même temps il est visible que puisque $r > s$, le radical $\sqrt{(1 \pm r^2 z^2)(1 \pm s^2 z^2)}$ sera nécessairement renfermé entre les deux quantités $1 \pm r^2 z^2$ et $1 \pm s^2 z^2$; par conséquent, l'intégrale de la proposée aura pour limites les intégrales de $\dfrac{Z\,dz}{1 \pm r^2 z^2}$ et de $\dfrac{Z\,dz}{1 \pm s^2 z^2}$, limites qu'on pourra resserrer autant qu'on voudra, puisqu'on est le maître de diminuer à volonté la différence de r et s.

Mais si l'on voulait tenir compte de l'effet de cette différence, il n'y aurait qu'à y employer la méthode ordinaire des séries; et, pour en rendre l'emploi plus exact relativement à la différentielle proposée, on la mettra d'abord sous la forme

$$\frac{Z\,dz}{rs \sqrt{\left(\dfrac{1}{r^2} \pm z^2\right)\left(\dfrac{1}{s^2} \pm z^2\right)}},$$

ensuite on supposera

$$\frac{1}{s^2} = b^2 + \beta, \qquad \frac{1}{r^2} = b^2 - \beta,$$

c'est-à-dire

$$b^2 = \frac{r^2 + s^2}{2\,r^2 s^2}, \qquad \beta = \frac{r^2 - s^2}{2\,r^2 s^2},$$

en sorte que β sera une quantité fort petite de l'ordre de $r - s$, et la différentielle en question se changera en celle-ci

$$\frac{Z\,dz}{rs \sqrt{(b^2 \pm z^2)^2 - \beta^2}},$$

laquelle, par le développement du radical, deviendra

$$\frac{Z}{rs}\left[\frac{1}{b^2 \pm z^2} + \frac{1}{2}\frac{\beta^2}{(b^2 \pm z^2)^3} + \frac{1.3}{2.4}\frac{\beta^4}{(b^2 \pm z^2)^5} + \cdots\right] dz,$$

série dont chaque terme est rationnel et par conséquent intégrable par les arcs de cercle ou par les logarithmes selon que le signe supérieur ou l'inférieur aura lieu.

Mais, pour n'avoir pas à intégrer à part chaque terme de cette série, on intégrera la différentielle

$$\frac{Z\,dz}{rs\,(b^2 + a \pm z^2)},$$

a étant une constante indéterminée, et, nommant V l'intégrale complétée suivant les conditions des Problèmes, on dégagera ensuite *a*, en développant V dans une série de la forme

$$u + au' + a^2 u'' + a^3 u''' + a^4 u^{\mathrm{iv}} + \dots;$$

on aura alors, pour l'intégrale de la série dont il s'agit, celle-ci

$$u + \frac{\beta^2}{2} u'' + \frac{1.3 \times \beta^4}{2.4} u^{\mathrm{iv}} + \dots.$$

Cette série sera, comme on voit, fort convergente lorsque β sera une très-petite quantité; en sorte qu'il suffira le plus souvent de n'en prendre qu'un ou deux termes. Il y a cependant un cas où l'approximation serait toujours inexacte, quelque petite que fût la quantité β; c'est celui où, en prenant dans la formule le signe inférieur, on aurait dans l'un des termes de l'intégrale $z = \pm b + \alpha$, α étant une quantité du même ordre que β; alors $(b^2 - z^2)^2$ serait une quantité du même ordre que β^2, et par conséquent la série cesserait d'être convergente.

15. Pour résoudre ce cas d'une manière générale, je considère la formule

$$\frac{Z\,dz}{\sqrt{(m^2 - z^2)(n^2 - z^2)}},$$

dans laquelle la différence entre m et n est supposée très-petite, et qui doit être intégrée depuis $z = f$ jusqu'à $z = g$, les quantités f, g étant l'une ou l'autre, ou toutes deux, peu différentes de $\pm m$.

Supposons d'abord l'une de ces quantités peu différente de m, et par conséquent aussi de n, tandis que l'autre est assez différente de $-m$; comme la quantité sous le signe est

$$(m - z)(n - z)(m + z)(n + z),$$

et que

$$(m + z)(n + z) = \left(z + \frac{m+n}{2}\right)^2 - \left(\frac{m-n}{2}\right)^2,$$

on pourra donner à la différentielle cette forme

$$\frac{Z\,dz}{\sqrt{(m-z)(n-z)}\;\sqrt{\left(z+\dfrac{m+n}{2}\right)^2-\left(\dfrac{m-n}{2}\right)^2}},$$

et il est clair que $\left(\dfrac{m-n}{2}\right)^2$ sera toujours très-petite vis-à-vis de $\left(z+\dfrac{m+n}{2}\right)^2$, en sorte que la résolution du radical

$$\sqrt{\left(z+\frac{m+n}{2}\right)^2-\left(\frac{m-n}{2}\right)^2}$$

ne sera sujette à aucun inconvénient. On aura donc à intégrer la formule

$$\frac{Z}{\sqrt{(m-z)(n-z)}}\left[\frac{1}{z+\dfrac{m+n}{2}}+\frac{1}{2}\frac{\left(\dfrac{m-n}{2}\right)^2}{\left(z+\dfrac{m+n}{2}\right)^3}+\frac{1.3}{2.4}\frac{\left(\dfrac{m-n}{2}\right)^4}{\left(z+\dfrac{m+n}{2}\right)^5}+\dots\right]dz,$$

dont chaque terme est intégrable par les logarithmes ou les arcs de cercle.

Si l'une des quantités f, g était peu différente de $-m$, on donnerait alors au radical $\sqrt{(m^2-z^2)(n^2-z^2)}$ la forme

$$\sqrt{(m+z)(n+z)}\;\sqrt{\left(z-\frac{m+n}{2}\right)^2-\left(\frac{m-n}{2}\right)^2};$$

et l'on aurait à intégrer cette autre série

$$\frac{Z}{\sqrt{(m+z)(n+z)}}\left[\frac{1}{z-\dfrac{m+n}{2}}+\frac{1}{2}\frac{\left(\dfrac{m-n}{2}\right)^2}{\left(z-\dfrac{m+n}{2}\right)^3}+\frac{1.3}{2.4}\frac{\left(\dfrac{m-n}{2}\right)^4}{\left(z-\dfrac{m+n}{2}\right)^5}+\dots\right]dz,$$

qu'on voit être nécessairement convergente, et dont l'intégration est toujours facile.

Enfin, si l'une des quantités f, g était très-proche de m, et que l'autre fût en même temps peu différente de $-m$, on partagerait alors l'intégrale en deux parties, dont l'une se prendrait depuis m jusqu'à zéro et l'autre depuis zéro jusqu'à $-m$, et pour la première on emploierait la première série, et pour la seconde la seconde série.

16. Nous finirons par présenter encore un moyen de simplification relativement à la manière de compléter l'intégrale cherchée. Nous remonterons pour cela à la différentielle en y du n° 6, et nous remarquerons que si l'intégration de cette différentielle doit commencer au point où $y = 0$, alors, comme $y = 0$ donne aussi $y' = 0$, $y'' = 0, \ldots$, ainsi que $'y = 0$, $''y = 0, \ldots$, toutes les autres différentielles transformées devront aussi commencer au point où leur variable sera nulle; de sorte qu'il n'y aura dans ce cas aucune constante à ajouter. Mais si l'intégration doit commencer dans un autre point quelconque, il faudra alors, pour compléter l'intégrale, en retrancher la valeur correspondant à ce point, ce qui rendra l'intégrale moins simple et même quelquefois sujette à des difficultés, si la valeur de y devait être infinie au commencement de l'intégration.

On obviera en général à ces inconvénients en ramenant tous les cas au premier, c'est-à-dire à celui où l'intégrale commence à $y = 0$. Pour cet effet, soit f la valeur de y au point où l'on veut faire commencer l'intégration de la différentielle

$$\frac{M\,dy}{\sqrt{(1 \pm p^2 y^2)(1 \pm q^2 y^2)}};$$

on substituera au lieu de y une autre variable u déterminée par l'équation

$$f^2 - u^2 - y^2 + 2uy\sqrt{(1 \pm p^2 f^2)(1 \pm q^2 f^2)} + p^2 q^2 f^2 u^2 y^2 = 0,$$

laquelle donne

$$u = \frac{y\sqrt{(1 \pm p^2 f^2)(1 \pm q^2 f^2)} - f\sqrt{(1 \pm p^2 y^2)(1 \pm q^2 y^2)}}{1 - p^2 q^2 f^2 y^2},$$

et réciproquement

$$y = \frac{u\sqrt{(1 \pm p^2 f^2)(1 \pm q^2 f^2)} + f\sqrt{(1 \pm p^2 u^2)(1 \pm q^2 u^2)}}{1 - p^2 q^2 f^2 u^2},$$

où l'on voit que $y = f$ donne $u = 0$ et que $y = \infty$ donne $u = \dfrac{1}{pqf}$.

Or l'équation précédente, étant différentiée et divisée en croix, donne

$$\frac{dy}{u(p^2 q^2 f^2 y^2 - 1) + y\sqrt{(1 \pm p^2 f^2)(1 \pm q^2 f^2)}}$$

$$+ \frac{du}{y(p^2 q^2 f^2 u^2 - 1) + u\sqrt{(1 \pm p^2 f^2)(1 \pm q^2 f^2)}} = 0,$$

et, mettant dans le dénominateur de dy la valeur précédente de u en y, ainsi que dans le dénominateur de du la valeur de y en u, on aura

$$\frac{dy}{\sqrt{(1 \pm p^2 y^2)(1 \pm q^2 y^2)}} = \frac{du}{\sqrt{(1 \pm p^2 u^2)(1 \pm q^2 u^2)}}.$$

Soit maintenant

$$u^2 + y^2 = s, \quad uy = t,$$

on aura par la même équation

$$s = f^2 + 2Ft + p^2 q^2 f^2 t^2,$$

en faisant

$$F = \sqrt{(1 \pm p^2 f^2)(1 \pm q^2 f^2)}.$$

De là on aura

$$y^2 - u^2 = \sqrt{s^2 - 4t},$$

par conséquent

$$y^2 = \frac{s + \sqrt{s^2 - 4t}}{2},$$

$$u^2 = \frac{s - \sqrt{s^2 - 4t}}{2}.$$

Qu'on substitue cette valeur de y^2 dans la quantité M qui est supposée une fonction rationnelle de y^2, et faisant disparaître le radical du déno-

II. 36

minateur s'il y en a un, il viendra

$$M = P + Q\sqrt{s^2 - 4t},$$

P et Q étant des fonctions rationnelles de s et t.

Et, comme la valeur de u^2 ne diffère de celle de y^2 que par le signe du radical, il est visible que $P - Q\sqrt{s^2 - 4t}$ sera pareillement la valeur d'une fonction L de u^2 semblable à la fonction M de y^2; de sorte qu'on aura

$$P = L + Q\sqrt{s^2 - 4t},$$

et, par conséquent,

$$M = L + 2Q\sqrt{s^2 - 4t}.$$

Or Q est, comme nous venons de le voir, une fonction rationnelle de s et de t; donc, en y substituant pour s sa valeur en t trouvée ci-dessus, on aura pour Q une fonction rationnelle de t. De plus, $\sqrt{s^2 - 4t} = y^2 - u^2$, et les valeurs de u et de y données plus haut étant multipliées l'une par $u(1 - p^2 q^2 f^2 y^2)$, l'autre par $y(1 - p^2 q^2 f^2 u^2)$, et ensuite retranchées l'une de l'autre, on a

$$y^2 - u^2 = fy\sqrt{(1 \pm p^2 u^2)(1 \pm q^2 u^2)} + fu\sqrt{(1 \pm p^2 y^2)(1 \pm q^2 y^2)},$$

donc

$$M = L + 2fQ\left[y\sqrt{(1 \pm p^2 u^2)(1 \pm q^2 u^2)} + u\sqrt{(1 \pm p^2 y^2)(1 \pm q^2 y^2)}\right];$$

cette équation étant combinée avec l'équation différentielle

$$\frac{dy}{\sqrt{(1 \pm p^2 y^2)(1 \pm q^2 y^2)}} = \frac{du}{\sqrt{(1 \pm p^2 u^2)(1 \pm q^2 u^2)}},$$

on aura (à cause de $u\,dy + y\,du = dt$)

$$\frac{M\,dy}{\sqrt{(1 \pm p^2 y^2)(1 \pm q^2 y^2)}} = \frac{L\,du}{\sqrt{(1 \pm p^2 u^2)(1 \pm q^2 u^2)}} + 2fQ\,dt,$$

où la partie $2fQ\,dt$ est intégrable, puisque Q est une fonction rationnelle de t.

De cette manière, la substitution de u à la place de y réduit l'intégration de la différentielle proposée à celle d'une autre différentielle semblable, puisque L est une fonction de u^2 semblable à la fonction M de y^2; et elle a en même temps cet avantage que l'intégration relative à u commencera toujours à $u = 0$, quelle que soit la valeur initiale f de y.

17. Par la méthode générale que nous venons d'exposer, on est donc assuré de pouvoir intégrer aussi exactement qu'on voudra toute différentielle affectée d'un radical carré, où la variable sous le signe monte jusqu'à la quatrième puissance; ce qui est le cas d'un grand nombre de Problèmes géométriques et mécaniques qu'on ne pouvait résoudre jusqu'ici que d'une manière incomplète et limitée.

Comme cette méthode est d'un genre assez nouveau, et qu'on pourrait rencontrer encore quelques difficultés dans son usage, nous allons l'appliquer en détail à la rectification des arcs elliptiques et hyperboliques.

Rectification de l'ellipse et de l'hyperbole.

18. Soit, dans une ellipse dont le demi-grand axe est pris pour l'unité et le demi-petit axe est b, x l'abscisse prise du centre sur le grand axe, on aura l'ordonnée rectangle

$$y = b\sqrt{1 - x^2},$$

et l'élément de l'arc elliptique sera

$$\sqrt{dx^2 + dy^2} = \sqrt{1 + \frac{b^2 x^2}{1 - x^2}}\, dx = \frac{\sqrt{1 - e^2 x^2}}{\sqrt{1 - x^2}}\, dx.$$

en faisant $\sqrt{1 - b^2} = e$, excentricité de l'ellipse.

Cette expression trouvée pour l'ellipse a lieu également pour l'hyperbole; tant que $e < 1$ elle se rapporte à l'ellipse, et si $e > 1$ elle appartient alors à l'hyperbole, dans laquelle, le demi-petit axe b devenant imaginaire, b^2 est une quantité négative, et par conséquent $\sqrt{1 - b^2} > 1$.

19. Lorsque e est une quantité fort petite ou très-peu différente de l'unité, on peut, dans l'expression de l'élément de l'arc, réduire le radical du numérateur en une série convergente, et ensuite intégrer chaque terme en particulier par les méthodes connues ; mais à mesure qu'on s'éloigne de ces deux cas, la convergence des séries diminue, et il faudrait souvent pousser les séries très-loin pour avoir des déterminations de l'arc suffisamment exactes. Feu M. Euler a donné pour ces deux cas, dans ses *Opuscules*, des séries qui représentent le quart de l'ellipse.

Le premier n'a point de difficulté, parce que la série est toujours convergente lorsque e est une petite quantité, la variable x ne pouvant jamais excéder l'unité. Il n'en est pas de même du second ; car en supposant e^2 peu différent de l'unité et mettant en conséquence le radical $\sqrt{1 - e^2 x^2}$ sous la forme $\sqrt{(1 - x^2) + (1 - e^2) x^2}$, il est clair que la série dans laquelle on développerait ce radical en prenant $1 - x^2$ pour premier terme, et $(1 - e^2) x^2$ pour second terme, cessera d'être convergente près du sommet de l'ellipse où $1 - x^2$ est une quantité très-petite ou nulle, et qu'ainsi elle ne pourra servir pour déterminer la longueur du quart entier de l'ellipse, mais seulement pour une partie de cette longueur. M. Euler n'a résolu ce cas que par des méthodes indirectes ; mais, comme il est analogue à celui dont nous avons traité dans le n° 15, il peut l'être par des principes semblables.

Pour ne rien laisser à désirer ici sur l'objet présent, nous allons donner succinctement la solution des deux cas dont il s'agit, en présentant les formules les plus simples et les plus générales pour la rectification des ellipses peu excentriques ou très-aplaties.

20. Et d'abord, lorsque l'excentricité e de l'ellipse proposée est fort petite, il n'y aura qu'à résoudre le radical $\sqrt{1 - e^2 x^2}$ en série à la manière ordinaire, et la différentielle de l'arc elliptique deviendra

$$\frac{1}{\sqrt{1 - x^2}} \left(1 - \frac{1}{2} e^2 x^2 - \frac{1.1}{2.4} e^4 x^4 - \frac{1.1.3}{2.4.6} e^6 x^6 - \ldots \right) dx,$$

dont chaque terme est intégrable.

En effet, on a, par les réductions connues,

$$\int \frac{dx}{\sqrt{1-x^2}} = \text{arc sin}\,x,$$

$$\int \frac{x^2 dx}{\sqrt{1-x^2}} = -\frac{1}{2}\,x\sqrt{1-x^2} + \frac{1}{2}\,\text{arc sin}\,x,$$

$$\int \frac{x^4 dx}{\sqrt{1-x^2}} = -\left(\frac{1}{4}\,x^4 - \frac{1.3}{2.4}\,x\right)\sqrt{1-x^2} + \frac{1.3}{2.4}\,\text{arc sin}\,x,$$

et ainsi de suite.

Mais on peut avoir directement l'intégrale de toute la série par la méthode du n° **10**, en intégrant simplement la différentielle

$$\frac{dx}{(1-ax^2)\sqrt{1-x^2}},$$

laquelle, en supposant $\sqrt{\dfrac{1-x^2}{1-ax^2}} = y$, se change en celle-ci

$$-\frac{dy}{\sqrt{1-a}\sqrt{1-y^2}},$$

dont l'intégrale est $\dfrac{\text{arc cos}\,y}{\sqrt{1-a}}$; de sorte que l'intégrale de la proposée sera

$$\frac{1}{\sqrt{1-a}}\,\text{arc cos}\,\sqrt{\frac{1-x^2}{1-ax^2}},$$

et comme cette intégrale s'évanouit d'elle-même lorsque $x = 0$, elle ne demande point de constante.

Dénotant donc en général cette quantité par V, il n'y aura qu'à regarder V comme une fonction de a et à la résoudre en une série ascendante de la forme

$$u + au' + a^2 u'' + a^3 u''' + \ldots,$$

soit par la méthode des séries, soit par des différentiations relatives à a; on aura alors, pour l'arc elliptique répondant à l'abscisse x prise du centre sur le grand axe, la formule

$$u - \frac{1}{2}\,e^2 u' - \frac{1.1}{2.4}\,e^4 u'' - \frac{1.1.3}{2.4.6}\,e^6 u''' - \ldots.$$

Pour avoir le quart entier de l'ellipse, on fera $x = 1$, ce qui donne

$$V = \frac{90°}{\sqrt{1-a}},$$

en désignant par 90° l'angle droit ou le quart d'un cercle dont le rayon est l'unité. On aura donc dans ce cas, en résolvant $\frac{1}{\sqrt{1-a}}$ en série,

$$u = 90°, \quad u' = \frac{1}{2} 90°, \quad u'' = \frac{1.3}{2.4} 90°, \dots;$$

par conséquent, le quart d'ellipse sera exprimé par la série

$$90° \left(1 - \frac{1.1}{2.2} e^2 - \frac{1.1.1.3}{2.2.4.4} e^4 - \frac{1.1.1.3.3.5}{2.2.4.4} \frac{}{6.6} e^6 - \dots \right),$$

qu'on voit être toujours convergente lorsque e est une fraction assez petite.

21. Supposons maintenant e peu différente de l'unité, ce qui est le cas d'une ellipse ou d'une hyperbole très-aplatie suivant que e sera $<$ ou >1; on mettra alors la différentielle $\sqrt{\dfrac{1-e^2 x^2}{1-x^2}}\, dx$ sous la forme

$$\sqrt{\frac{1-ex}{1-x}} \sqrt{\frac{1+ex}{1+x}}\, dx,$$

et l'on représentera le radical $\sqrt{\dfrac{1+ex}{1+x}}$ ainsi $\sqrt{1 - \dfrac{(1-e)x}{1+x}}$, où l'on voit qu'à cause de $1-e$ très-petite, le terme $\dfrac{(1-e)x}{1+x}$ sera toujours fort petit du même ordre dans tout le quart d'ellipse où x croît depuis 0 jusqu'à 1; de sorte que la réduction de ce radical en série ne sera sujette à aucune difficulté.

Mais, pour rendre le calcul plus simple, on donnera au même radical la forme $\sqrt{e + \dfrac{1-e}{1+x}}$, et faisant $\dfrac{1-e}{e} = n$, on aura à intégrer la différentielle en série

$$\sqrt{\frac{1-ex}{1-x}}\,\sqrt{e}\left(1+\frac{1}{2}\frac{n}{1+x}-\frac{1.1}{2.4}\frac{n^2}{(1+x)^2}+\frac{1.1.3}{2.4.6}\frac{n^3}{(1+x)^3}-\dots\right)dx,$$

dont chaque terme est intégrable en partie algébriquement et en partie par logarithmes.

Suivant la méthode du n° **10**, il n'y aura donc qu'à intégrer la différentielle

$$\sqrt{\frac{1-ex}{1-x}}\,\frac{\sqrt{e}}{1-\dfrac{a}{1+x}}\,dx,$$

qu'on nommera dV, et à résoudre ensuite la quantité V, regardée comme une fonction de a, en une série ascendante de la forme

$$u+au'+a^2u''+a^3u'''+\dots;$$

alors on aura sur-le-champ la série

$$u+\frac{1}{2}nu'-\frac{1.1}{2.4}n^2u''+\frac{1.1.3}{2.4.6}n^3u'''-\dots$$

pour l'intégrale de la différentielle proposée, c'est-à-dire pour la longueur de l'arc elliptique ou hyperbolique.

Or, comme

$$\frac{1}{1-\dfrac{a}{1+x}}=\frac{1+x}{1-a+x}=1+\frac{a}{1-a+x},$$

on aura

$$d\mathrm{V}=\sqrt{\frac{1-ex}{1-x}}\,\sqrt{e}\,dx+a\sqrt{e}\sqrt{\frac{1-ex}{1-x}}\,d[\log(1-a+x)];$$

et faisant $\dfrac{1-x}{1-ex}=y^2$, ce qui donne

$$x=\frac{1-y^2}{1-ey^2},\quad dx=-\frac{2(1-e)y}{(1-ey^2)^2}\,dy,$$

on aura

$$dV = -\frac{2(1-e)\sqrt{e}}{(1-ey^2)^2}\,dy + 2ae\sqrt{e}\,\frac{1}{1-ey^2}\,dy - \frac{2a\sqrt{e}(1+e-ae)}{2-a-(1+e-ae)y^2}\,dy;$$

donc, en intégrant par les méthodes connues,

$$V = -\frac{(1-e)y\sqrt{e}}{1-ey^2} + \left(\frac{1-e}{2} - ea\right)\log\left(\frac{1-y\sqrt{e}}{1+y\sqrt{e}}\right)$$

$$+ a\sqrt{\frac{e(1+e-ea)}{2-a}}\log\left(\frac{1-y\sqrt{\dfrac{1+e-ea}{2-a}}}{1+y\sqrt{\dfrac{1+e-ea}{2-a}}}\right).$$

Cette intégrale est nulle lorsque $y = 0$, auquel cas $x = 1$; ainsi elle répond aux arcs elliptiques ou hyperboliques pris depuis le sommet ou l'extrémité du grand axe; mais, dans le cas de l'ellipse, il faudra prendre l'expression de l'arc négativement puisqu'il diminue tandis que l'abscisse x augmente. On aura donc en général, pour l'arc d'ellipse ou d'hyperbole pris depuis le sommet et terminé au point qui répond à l'abscisse x prise du centre, la valeur en série

$$\mp u \mp \frac{1}{2}\left(1 - \frac{1}{e}\right)u' \pm \frac{1.1}{2.4}\left(1 - \frac{1}{e}\right)^2 u'' \mp \frac{1.1.3}{2.4.6}\left(1 - \frac{1}{e}\right)^3 u'''\ldots,$$

les signes supérieurs étant pour l'ellipse où $e < 1$, et les inférieurs pour l'hyperbole où $e > 1$. Et pour avoir le quart entier de l'ellipse il faudra faire $x = 0$ et par conséquent $y = 1$.

Au reste, puisque $u + au' + a^2 u''\ldots$ est le développement de la fonction V, on voit d'abord qu'on aura

$$u = -(1-e)\left[\frac{y\sqrt{e}}{1-ey^2} - \frac{1}{2}\log\left(\frac{1-y\sqrt{e}}{1+y\sqrt{e}}\right)\right],$$

$$u' = -e\log\left(\frac{1-y\sqrt{e}}{1+y\sqrt{e}}\right) + \sqrt{\frac{e(1+e)}{2}}\log\left(\frac{1-y\sqrt{\dfrac{1+e}{2}}}{1+y\sqrt{\dfrac{1+e}{2}}}\right);$$

et les quantités suivantes u'', u''',... seront les coefficients des puissances a, a^2,... dans le développement de la fonction

$$\sqrt{e\left[\frac{1+e}{2}+\frac{(1-e)a}{2(2-a)}\right]} \times \log\left(\frac{1-y\sqrt{\frac{1+e}{2}+\frac{(1-e)a}{2(2-a)}}}{1+y\sqrt{\frac{1+e}{2}+\frac{(1-e)a}{2(2-a)}}}\right),$$

coefficients qu'on trouvera aisément par la méthode des séries, ou par des différentiations successives.

22. Après avoir ainsi résolu d'une manière nouvelle et plus simple qu'on ne l'avait fait, les deux cas extrêmes de la rectification des arcs elliptiques et hyperboliques, nous allons appliquer notre méthode générale à la rectification d'une ellipse ou d'une hyperbole quelconque.

Et d'abord il est clair que la différentielle à intégrer étant (18)

$$\frac{\sqrt{1-e^2x^2}\,dx}{\sqrt{1-x^2}},$$

il n'y aura qu'à multiplier le haut et le bas de la fraction par $\sqrt{1-e^2x^2}$, pour la ramener à la forme de celle du n° 6, laquelle sera dans notre cas

$$\frac{(1-e^2x^2)\,dx}{\sqrt{(1-x^2)(1-e^2x^2)}}.$$

Mais, pour rendre le calcul plus général, nous nous proposerons la différentielle

$$\frac{(A+Bx^2)\,dx}{\sqrt{(1-p^2x^2)(1-q^2x^2)}},$$

dans laquelle on suppose $p > q$; ainsi pour l'ellipse on prendra $p = 1$, $q = e$, et pour l'hyperbole $p = e$, $q = 1$.

On fera donc, conformément aux transformations du n° 7,

$$p' = p + \sqrt{p^2-q^2}, \qquad q' = p - \sqrt{p^2-q^2},$$

$$p'' = p' + \sqrt{p'^2-q'^2}, \qquad q'' = p' - \sqrt{p'^2-q'^2},$$

$$\cdots\cdots\cdots\cdots\cdots, \qquad \cdots\cdots\cdots\cdots\cdots,$$

$$\frac{x\,R}{1-q^2x^2} = x', \qquad \frac{x'\,R'}{1-q'^2x'^2} = x'',\cdots,$$

en supposant

$$R = \sqrt{(1 - p^2 x^2)(1 - q^2 x^2)},$$

$$R' = \sqrt{(1 - p'^2 x'^2)(1 - q'^2 x'^2)},$$

$$\dots\dots\dots\dots\dots\dots\dots\dots,$$

et l'on aura par là

$$x^2 = \frac{1 + q^2 x'^2 - R'}{2 p^2},$$

$$x'^2 = \frac{1 + q'^2 x''^2 - R''}{2 p'^2},$$

$$\dots\dots\dots\dots\dots\dots,$$

$$\frac{dx}{R} = \frac{dx'}{R'} = \frac{dx''}{R''} = \dots,$$

où x', x'',..., R', R'',... seront nécessairement réels, puisque x et R le sont.

Par ces substitutions la différentielle $\dfrac{(A + B x^2) dx}{R}$ deviendra successivement

$$\frac{(A' + B' x'^2) dx'}{R'} - \frac{B dx'}{2 p^2},$$

$$\frac{(A'' + B'' x''^2) dx''}{R''} - \frac{B dx'}{2 p^2} - \frac{B' dx''}{2 p'^2},$$

$$\frac{(A''' + B''' x'''^2) dx'''}{R'''} - \frac{B dx'}{2 p^2} - \frac{B' dx''}{2 p'^2} - \frac{B'' dx'''}{2 p''^2},$$

et ainsi de suite, en faisant, pour abréger,

$$A' = A + \frac{B}{2 p^2}, \quad A'' = A' + \frac{B'}{2 p'^2}, \quad A''' = A'' + \frac{B''}{2 p''^2}, \dots,$$

$$B' = \frac{B q^2}{2 p^2}, \quad B'' = \frac{B' q'^2}{2 p'^2}, \quad B''' = \frac{B'' q''^2}{2 p''^2}, \dots.$$

Donc, en général, si ξ est un terme quelconque de la série x, x', x'',..., r et s les deux termes correspondants dans les séries p, p', p'',..., et q, q', q'',..., et $'r$, $'s$ les deux termes qui les précèdent dans les mêmes séries, la différentielle proposée sera transformée en celle-ci

$$- \frac{B}{2\,p^2}\left(dx' + \frac{q^2}{2\,p'^2}\,dx'' + \frac{q^2 q'^2}{2\,p'^2 \times 2\,p''^2}\,dx''' + \dots + \frac{q^2 q'^2 \dots}{2\,p'^2 \times 2\,p''^2 \times \dots \times 2^{\,\prime} r^2}\,d\xi\right)$$
$$+ \frac{(C + D\xi^2)\,d\xi}{\sqrt{(1 - r^2\xi^2)(1 - s^2\xi^2)}},$$

dans laquelle on aura

$$C = A + \frac{B}{2\,p^2}\left(1 + \frac{q^2}{2\,p'^2} + \frac{q^2 q'^2}{2\,p'^2 \times 2\,p''^2} + \dots + \frac{q^2 q'^2 \dots}{2\,p'^2 \times 2\,p''^2 \times \dots \times 2^{\,\prime} r^2}\right)$$
$$D = B \times \frac{q^2 q'^2 q''^2 \dots s^2}{2\,p^2 \times 2\,p'^2 \times 2\,p''^2 \times \dots \times 2^{\,\prime} r^2}.$$

23. Maintenant pour l'ellipse on a

$$A = 1, \quad B = -e^2, \quad p = 1, \quad q = e < 1;$$

ainsi les nombres $p, p', p'', \dots$ forment une série croissante depuis l'unité, et les nombres correspondants $q, q', q'', \dots$ forment une série décroissante depuis la valeur de l'excentricité (8). Or, par la nature de l'ellipse, la variable x^2 est renfermée entre o et 1; donc on aura

$$R^2 = (1 - p^2 x^2)(1 - q^2 x^2) < (1 - q^2 x^2)^2,$$

par conséquent

$$x'^2 = \frac{x^2 R^2}{(1 - q^2 x^2)^2} < x^2 < 1;$$

donc aussi

$$R'^2 < (1 - q'^2 x'^2)^2,$$

car

$$(1 - q'^2 x'^2)^2 - (1 - p'^2 x'^2)(1 - q'^2 x'^2) = (p'^2 - q'^2)(1 - q'^2 x'^2) x'^2 > 0;$$

et de là

$$x''^2 < x'^2 < 1,$$

et ainsi de suite.

Donc $1 - q'^2 x'^2$, $1 - q''^2 x''^2, \dots$ étant des quantités positives, la réalité déjà démontrée des radicaux $R', R'', \dots$ demande que les facteurs corrélatifs $1 - p'^2 x'^2$, $1 - p''^2 x''^2, \dots$ soient positifs; par conséquent on aura $x'^2 < \frac{1}{p'^2}$, $x''^2 < \frac{1}{p''^2}, \dots$, donc aussi $\xi^2 < \frac{1}{r^2}$.

Puis donc que $r^2 \xi^2 < 1$, on pourra faire $r\xi = \sin\varphi$, et la différentielle $\dfrac{(C + D\xi^2)\,d\xi}{\sqrt{(1 - r^2\xi^2)(1 - s^2\xi^2)}}$ deviendra

$$\frac{\left(\dfrac{C}{r} + \dfrac{D}{r^3}\sin^2\varphi\right) d\varphi}{\sqrt{1 - \dfrac{s^2}{r^2}\sin^2\varphi}},$$

où l'on voit que le radical $\sqrt{1 - \dfrac{s^2}{r^2}\sin^2\varphi}$ ne sera jamais ni > 1 ni $< \sqrt{1 - \dfrac{s^2}{r^2}}$; de sorte que l'intégrale de la différentielle dont il s'agit aura pour limites celle de

$$\left(\frac{C}{r} + \frac{D}{r^3}\sin^2\varphi\right) d\varphi,$$

laquelle est

$$\left(\frac{C}{r} + \frac{D}{2\,r^3}\right)\varphi - \frac{D\sin 2\varphi}{4\,r^3},$$

et cette même intégrale divisée par $\sqrt{1 - \dfrac{s^2}{r^2}}$; limites qu'on pourra resserrer autant qu'on voudra, en diminuant de plus en plus la valeur de $\dfrac{s}{r}$ par la continuation des séries p, p', p'',..., r, et q, q', q'',..., s.

Mais, pour approcher davantage de la vraie valeur de l'intégrale en question, il n'y aura qu'à développer le radical par la méthode ordinaire, et la différentielle proposée deviendra

$$\frac{C}{r}\,d\varphi + \frac{1}{r^3}\left(D + \frac{1}{2}s^2 C\right)\sin^2\varphi\,d\varphi$$
$$+ \frac{1}{2}\frac{s^2}{r^5}\left(D + \frac{3}{4}s^2 C\right)\sin^4\varphi\,d\varphi + \frac{1.3}{2.4}\frac{s^4}{r^7}\left(D + \frac{5}{6}s^2 C\right)\sin^6\varphi\,d\varphi + \dots,$$

dont l'intégrale sera

$$\left(\frac{C}{r} + F\right)\varphi - (F\sin\varphi + G\sin^3\varphi + H\sin^5\varphi + I\sin^7\varphi + \dots)\cos\varphi,$$

en faisant

$$
F = \frac{1}{2}\frac{1}{r^3}\left(D + \frac{1}{2}s^2 C\right) + \frac{3}{2^2 . 4}\frac{s^2}{r^5}\left(D + \frac{3}{4}s^2 C\right)
$$

$$
+ \frac{3^2 5}{2^2 . 4^2 . 6}\frac{s^4}{r^7}\left(D + \frac{5}{6}s^2 C\right) + \frac{3^2 . 5^2 . 7}{2^2 . 4^2 . 6^2 . 8}\frac{s^6}{r^9}\left(D + \frac{7}{8}s^2 C\right) + \dots,
$$

$$
G = \frac{1}{2 . 4}\frac{s^2}{r^5}\left(D + \frac{3}{4}s^2 C\right) + \frac{3 . 5}{2 . 4^2 . 6}\frac{s^4}{r^7}\left(D + \frac{5}{6}s^2 C\right) + \dots,
$$

$$
H = \frac{3}{2 . 4 . 6}\frac{s^4}{r^7}\left(D + \frac{5}{6}s^2 C\right) + \dots
$$

. . . .

Donc, puisque $x = 0$ rend x', x'',..., $\xi = 0$, par conséquent aussi $\varphi = 0$, on aura pour la valeur de l'arc elliptique qui répond à l'abscisse x, prise depuis le centre sur le grand axe,

$$
-\frac{B}{2 p^2}\left(x' + \frac{q^2}{2 p'^2}x'' + \frac{q^2 q'^2}{2 p'^2 \times 2 p''^2}x''' + \dots + \frac{q^2 q'^2 \dots}{2 p'^2 \times 2 p''^2 \dots \times 2 \,^{\prime r^2}}\xi\right]
$$

$$
+ \left(\frac{C}{r} + F\right)\varphi - (F \sin\varphi + G \sin^3\varphi + H \sin^5\varphi + \dots)\cos\varphi,
$$

en faisant, dans les formules du numéro précédent,

$$
p = 1, \quad q = e, \quad A = 1, \quad B = -e^2.
$$

24. Il y a cependant une remarque importante à faire sur l'emploi de cette valeur : comme l'angle φ n'est déterminé que par son sinus $r\xi$, il est clair qu'il peut avoir une infinité de valeurs différentes, et l'on voit aussi que les valeurs de x', x'',..., ξ peuvent être également positives et négatives à cause de l'ambiguïté des radicaux R, R', R'',..., qui entrent dans leurs expressions, de sorte que le signe de φ est aussi indéterminé.

Nous remarquerons donc que, puisque

$$
\frac{dx}{R} = \frac{d\xi}{\sqrt{(1 - r^2 \xi^2)(1 - s^2 \xi^2)}} = \frac{d\varphi}{r\sqrt{1 - \frac{s^2}{r^2}\sin^2\varphi}},
$$

et que R est toujours positif depuis $x = 0$ jusqu'à $x = 1$; que, de plus, le radical $\sqrt{1 - \frac{s^2}{r^2}\sin^2\varphi}$ ne peut devenir nul, ni par conséquent changer de signe, il faut que $d\varphi$ soit positif en même temps que dx; par conséquent, l'angle φ, qu'on a vu être nul lorsque $x = 0$, devra être toujours positif et augmenter continuellement depuis $x = 0$ jusqu'à $x = 1$; de sorte que la valeur de φ, répondant à une valeur de x, sera nécessairement toujours plus grande ou moindre que celle qui répondra à une plus grande ou moindre valeur de x. Or, à cause de l'ambiguïté du signe des radicaux R', R'',..., il est clair que les valeurs de x^2 en x'^2, de x'^2 en x''^2,..., sont chacune doubles (22); de manière que la valeur de x^2 en x'^2 sera double, celle de x^2 en x''^2 sera quadruple, et qu'en général la valeur de x^2 en ξ^2 sera $2^{\mu\,tuple}$, en dénotant par μ l'exposant du rang de ξ dans la série x', x'',..., ξ. Donc, quoique toutes ces valeurs de x^2 répondent à une même valeur de ξ^2, elles ne répondront pas pour cela au même angle φ; mais, en les rangeant suivant l'ordre de leur grandeur, la plus petite répondra au plus petit angle, qui aura pour sinus $\pm r\xi$ (en supposant ce sinus positif), et que nous dénoterons par ω; les autres répondront aux angles suivants, qui auront pour sinus $\pm r\xi$. Ainsi, la seconde répondra à l'angle $180° - \omega$, la troisième à l'angle $180° + \omega$, la quatrième à l'angle $2.180° - \omega$, et ainsi de suite; et, en général, la ν^{ieme} répondra à l'angle $\frac{\nu-1}{2}180° + \omega$ ou $\frac{\nu}{2}180° - \omega$, selon que ν sera impair ou pair.

Il s'ensuit de là qu'après avoir déduit de la valeur donnée de x^2 celle de $\xi^2 = [x^{(\mu^2)}]^2$ par les formules

$$x^2\left(\frac{1-p^2x^2}{1+q^2x^2}\right) = x'^2, \quad x'^2\left(\frac{1-p'^2x'^2}{1-q'^2x'^2}\right) = x''^2, \ldots,$$

lesquelles ne donnent chacune qu'une valeur simple, il faudra remonter de celle-ci à celle-là par les formules

$$x^2 = \frac{1 + q^2x'^2 - R'}{2p^2}, \quad x'^2 = \frac{1 + q'^2x''^2 - R''}{2p'^2}, \ldots,$$

en commençant par la dernière et ayant soin de donner aux radicaux

$$R' = \sqrt{(1 - p'^2 x'^2)(1 - q'^2 x'^2)}, \quad R'' = \sqrt{(1 - p''^2 x''^2)(1 - q''^2 x''^2)}, \ldots,$$

les signes $+$ et $-$, ce qui donnera toujours des valeurs doubles, en sorte qu'il en résultera 2^μ valeurs différentes de x, toutes positives (12) et renfermées entre les mêmes limites o et 1, parmi lesquelles se trouvera donc nécessairement la valeur donnée de x^2.

Soit ν l'exposant du rang que celle-ci tiendra parmi toutes ces valeurs rangées selon leur grandeur, à commencer par la plus petite, on fera donc

$$\varphi = \frac{\nu - 1}{2} 180° + \omega, \quad \text{ou} \quad = \frac{\nu}{2} 180° - \omega,$$

selon que ν sera impair ou pair, en prenant pour ω l'angle qui, dans les tables, répond à $r\xi$.

A l'égard des signes qu'il faudra donner ensuite aux valeurs mêmes de x', x'',..., on les déterminera toujours par les expressions

$$x' = \frac{x R}{1 - q^2 x^2}, \quad x'' = \frac{x' R'}{1 - q'^2 x'^2}, \ldots,$$

en prenant les radicaux R, R', R'',..., avec les signes qui répondent à la valeur donnée de x^2; et il est clair que puisque l'on a ici $q^2 x^2$, $q'^2 x'^2$,... < 1, les signes de x', x'',... seront les mêmes que ceux de xR, xRR', xRR'R'',..., ou (puisque xR est positif) de $+1$, R', R'R'', R'R''R''',....

25. Pour avoir le quart entier de l'ellipse, on fera $x = 1 = p$, ce qui donne $x' = 0$, $x'' = 0$,..., $\xi = 0$, par conséquent aussi $\omega = 0$; et, comme cette valeur est la plus grande que x puisse avoir, on aura nécessairement dans ce cas $\nu = 2^\mu$; donc, $\varphi = 2^{\mu-1} . 180°$, et $\sin\varphi = 0$. Donc la longueur du quart de l'ellipse sera exprimée simplement par

$$\left(\frac{C}{r} + F\right) \cdot 2^{\mu-1} \cdot 180°.$$

Si l'ellipse devenait circulaire, on aurait alors $e = 0$; donc $q = 0$, et, de là, $q' = 0$, $q'' = 0, \ldots$, $s = 0$, $p = 1$, $p' = 2$, $p''' = 4, \ldots$, $r = p^{(\mu)} = 2^{\mu}$; et comme, dans ce cas, $A = 1$, $B = 0$, on aurait aussi $C = 1$; $D = 0$; donc $F = 0$; ce qui réduirait l'équation précédente à $\dfrac{180^{\circ}}{2} = 90^{\circ}$, comme elle doit être.

26. Au reste, cette multiplicité des valeurs de x^2 qui répondent à une même valeur de ξ^2 fait qu'on a tout d'un coup, et par une même formule, non-seulement la longueur de l'arc elliptique qui répond à l'abscisse donnée, mais encore celle des arcs qui répondent à différentes autres abscisses; et si c'est un inconvénient dans le cas où l'on ne demande que l'arc d'une abscisse donnée, ce sera au contraire un avan-tage lorsqu'on voudra construire une table de la longueur des arcs pour toutes les abscisses. Nous verrons d'ailleurs que cette multiplicité de valeurs cesse d'avoir lieu lorsqu'on emploie les transformations du n° 2, lesquelles conduisent à des différentielles intégrables par les logarithmes.

27. Pour l'hyperbole où $e > 1$ et x^2 aussi > 1, on mettra d'abord, pour éviter les imaginaires, l'élément de l'arc sous cette forme

$$\frac{\sqrt{e^2 x^2 - 1}\, dx}{\sqrt{x^2 - 1}};$$

multipliant ensuite le haut et le bas par $\sqrt{e^2 x^2 - 1}$, on aura la différen-tielle

$$\frac{(e^2 x^2 - 1)\, dx}{\sqrt{(e^2 x^2 - 1)(x^2 - 1)}} \quad \text{ou bien} \quad \frac{(e^2 x^2 - 1)\, dx}{\sqrt{(1 - e^2 x^2)(1 - x^2)}},$$

qui se rapporte à la formule

$$\frac{(A + B x^2)\, dx}{R}$$

du n° 22, en y faisant $A = -1$, $B = e^2$, $p = e$, $q = 1$. Ainsi, les nombres p, p', $p'', \ldots$ augmenteront depuis la valeur de e, et les nombres q, q', $q'', \ldots$ iront en diminuant depuis l'unité.

Or, puisque $x^2 > 1$, par la nature de l'hyperbole, on aura

$$R^2 > (1 - q^2 x^2)^2;$$

par conséquent,

$$x'^2 > x^2 > 1,$$

et de là on trouvera aussi

$$x''^2 > x'^2 > 1,$$

et ainsi de suite.

Donc, $1 - p'^2 x'^2$, $1 - p''^2 x''^2$,... étant des quantités négatives, la réalité déjà prouvée des radicaux R', R'',... demande que les facteurs corrélatifs $1 - q'^2 x'^2$, $1 - q''^2 x''^2$,... soient aussi négatifs; donc on aura

$$q'^2 x'^2 > 1, \quad q''^2 x''^2 > 1, \dots;$$

par conséquent,

$$x'^2 > \frac{1}{q'^2}, \quad x''^2 > \frac{1}{q''^2}, \dots, \quad \xi^2 > \frac{1}{s^2},$$

et de là

$$\frac{1}{s^2 \xi^2} < 1.$$

On pourra donc supposer $\frac{1}{s\xi} = \sin\varphi$, c'est-à-dire $\xi = \frac{1}{s \sin\varphi}$, et cette substitution changera la différentielle

$$\frac{(C + D\xi^2)\, d\xi}{\sqrt{(1 - r^2 \xi^2)(1 - s^2 \xi^2)}}$$

en celle-ci

$$- \frac{\left(\dfrac{C}{r} + \dfrac{D}{rs^2 \sin^2\varphi} \right) d\varphi}{\sqrt{1 - \dfrac{s^2}{r^2} \sin^2\varphi}},$$

dont l'intégrale aura évidemment pour limites celle de

$$- \left(\frac{C}{r} + \frac{D}{rs^2 \sin^2\varphi} \right) d\varphi,$$

et cette même intégrale divisée par $\sqrt{1 - \dfrac{s^2}{r^2}}$.

Mais, pour avoir une valeur plus approchée, on réduira en série le

II.

radical $\sqrt{1 - \dfrac{s^2}{r^2}\sin\varphi^2}$, et la différentielle deviendra

$$- \frac{D}{rs^2}\frac{d\varphi}{\sin^2\varphi} - \frac{1}{r}\left(C + \frac{D}{2\,r^2}\right)d\varphi - \frac{1}{2}\frac{s^2}{r^3}\left(C + \frac{3}{4}\frac{D}{r^2}\right)\sin^2\varphi\,d\varphi$$

$$- \frac{3}{2.4}\frac{s^4}{r^5}\left(C + \frac{5}{6}\frac{D}{r^2}\right)\sin^4\varphi\,d\varphi - \ldots,$$

dont l'intégrale est

$$\frac{D}{rs^2}\cot\varphi - \left(\frac{C}{r} + \frac{D}{2\,r^3} + f\right)\varphi + (f\sin\varphi + g\sin^3\varphi + h\sin^5\varphi + \ldots)\cos\varphi,$$

en supposant

$$f = \frac{1}{2^2}\frac{s^2}{r^3}\left(C + \frac{3}{4}\frac{D}{r^2}\right) + \frac{3^2}{2^2.4^2}\frac{s^4}{r^5}\left(C - \frac{5}{6}\frac{D}{r^2}\right) + \frac{3^2.5^2}{2^2.4^2.6^2}\frac{s^6}{r^7}\left(C + \frac{7}{8}\frac{D}{r^2}\right) + \ldots,$$

$$g = \frac{3}{2.4^2}\frac{s^4}{r^5}\left(C + \frac{5}{6}\frac{D}{r^2}\right) + \frac{3.5^2}{2.4^2.6^2}\frac{s^6}{r^7}\left(C + \frac{7}{8}\frac{D}{r^2}\right) + \ldots,$$

$$h = \frac{3.5}{2.4.6^2}\frac{s^6}{r^7}\left(C + \frac{7}{8}\frac{D}{r^2}\right) + \ldots,$$

. . . .

Ainsi, il n'y aura qu'à ajouter à cette intégrale la partie algébrique

$$- \frac{B}{2p^2}\left(x' + \frac{q^2}{2p'^2}x'' \ldots\right),$$

conformément aux formules du n° **22**, et en y faisant

$$p = e, \quad q = 1, \quad A = -1, \quad B = e^2,$$

pour avoir l'expression complète de l'arc hyperbolique.

28. Mais il faut faire ici des remarques semblables à celles du n° **24**. On remarquera donc que, puisque la différentielle $\dfrac{dx}{R}$ est transformée en

$$\frac{d\xi}{\sqrt{(1 - r^2\xi^2)(1 - s^2\xi^2)}} = -\frac{d\varphi}{r\sqrt{1 - \dfrac{s^2}{r^2}\sin^2\varphi}},$$

l'angle φ diminuera continuellement tandis que x augmente, de sorte que, comme (**22**) $x = 1$ donne $x' = \infty$, $x'' = \infty$, ..., $\xi = \infty$, et par conséquent $\varphi = 0$, l'angle φ sera toujours négatif depuis le point où

$x = 1$, c'est-à-dire depuis le sommet de l'hyperbole; de sorte qu'en changeant le signe de φ dans l'expression précédente, l'angle φ croîtra toujours avec l'arc hyperbolique compté depuis le sommet, et l'on y pourra appliquer la règle donnée dans le numéro cité.

Ainsi, nommant ω l'angle tabulaire qui aura pour sinus $\pm \frac{1}{s\xi}$ (en supposant ce sinus positif) et ν l'exposant du rang que la valeur donnée de x^2 tiendra parmi toutes celles qui répondent à la valeur trouvée de ξ^2, après les avoir rangées suivant l'ordre de leur grandeur, à commencer par la plus petite, on fera

$$\varphi = \frac{\nu-1}{2}180^\circ + \omega \quad \text{ou} \quad = \frac{\nu}{2}180^\circ - \omega,$$

suivant que ν sera impair ou pair.

Et, pour les signes de x', x'',..., on les déterminera, d'après ceux des radicaux R, R', R'',..., par les formules

$$x' = \frac{x\mathrm{R}}{1 - q^2x^2}, \quad x'' = \frac{x'\mathrm{R}'}{1 - q'^2x'^2},\cdots,$$

de sorte que, comme $1 - q^2x^2$, $1 - q'^2x'^2$,... sont des quantités toujours négatives, ainsi qu'on l'a démontré dans le numéro précédent, il est clair que les signes de x', x'', x''',... seront les mêmes que ceux de $-x\mathrm{R}$, $x\mathrm{RR}'$, $-x\mathrm{RR}'\mathrm{R}''$,..., ou (puisque $x\mathrm{R}$ est positif) de -1, R', $-\mathrm{R}'\mathrm{R}''$, $\mathrm{R}'\mathrm{R}''\mathrm{R}'''$,....

D'après ces déterminations, on aura donc, pour la valeur de l'arc hyperbolique (en changeant le signe de φ),

$$-\frac{\mathrm{B}}{2p^2}\left(x' + \frac{q^2}{2p'^2}x'' + \frac{q^2q'^2}{2p'^2\times 2p''^2}x''' + \cdots + \frac{q^2q'^2\cdots}{2p'^2\times 2p''^2\cdots\times 2r^2}\xi\right)$$
$$-\frac{\mathrm{D}}{rs^2}\cot\varphi + \left(\frac{\mathrm{C}}{r} + \frac{\mathrm{D}}{2r^3} + f\right)\varphi - (f\sin\varphi + g\sin^3\varphi + \cdots)\cos\varphi;$$

et, comme cette formule devient nulle lorsque $x = 1$ (ce que nous allons démontrer), il s'ensuit qu'elle représentera exactement l'arc hyperbolique pris depuis le sommet de l'hyperbole, et qui répondra à l'abscisse x comptée depuis le centre sur le grand axe.

29. Pour voir ce que cette formule donne lorsque $x = 1$, auquel cas on a $x' = \infty$, il faut chercher les expressions de x'', x''', ... ξ en x', et, pour cela, il faut commencer par chercher celles des radicaux R', R'', ... Or, puisque à $x = 1$ répond $x' = \infty$, il est d'abord clair que dans l'expression de x^2 en x'^2 il faut donner au radical R' une valeur positive; ayant

$$x^2 = \frac{1 + q^2 x'^2 - R'}{2 p^2} \quad \text{et} \quad R' = \sqrt{(1 - p'^2 x'^2)(1 - q'^2 x'^2)},$$

on aura, lorsque $x' = \infty$,

$$R' = p' q' x'^2 - \frac{p'^2 + q'^2}{2 p' q'};$$

de sorte qu'à cause de $p' q' = q^2$, la valeur de x^2 sera

$$\frac{2 q^2 + p'^2 + q'^2}{4 p^2 q^2};$$

mais $p'^2 + q'^2 = 4 p^2 - 2 q^2$; donc

$$x^2 = \frac{1}{q^2} = 1.$$

Au contraire, puisque à $x' = \infty$ il répond aussi $x'' = \infty$, il faudra, dans l'expression de x''^2 en x'^2, donner au radical R'' une valeur négative; car, en prenant sa valeur positive, on trouverait aussi $x'^2 = \frac{1}{q'^2}$, et, par la même raison, il faudra prendre négativement les valeurs de tous les radicaux suivants R''', R^{IV}, ...

On aura donc, lorsque $x = 1$, et x', x'',... infinis,

$$R' = p' q' x'^2 - \frac{p'^2 + q'^2}{2 p' q'},$$

$$R'' = -p'' q'' x''^2 + \frac{p''^2 + q''^2}{2 p'' q''},$$

$$R''' = -p''' q''' x'''^2 + \frac{p'''^2 + q'''^2}{2 p''' q'''},$$

$$\dots\dots\dots\dots\dots\dots\dots,$$

et, ces valeurs étant substituées dans les expressions

$$x'' = \frac{x' \, R'}{1 - q'^2 x'^2}, \quad x''' + \frac{x'' \, R''}{1 - q''^2 x''^2} \cdots,$$

on aura (en rejetant les termes que la supposition de x', x'',... infinis rend nuls)

$$x'' = - \frac{p'}{q'} x',$$

$$x''' = \frac{p''}{q''} x'' = - \frac{p' p''}{q' q''} x',$$

$$x^{\text{IV}} = \frac{p'''}{q'''} x''' = - \frac{p' p'' p'''}{q' q'' q'''} x',$$

$$\dots\dots\dots\dots\dots\dots\dots;$$

donc aussi $\xi = - \dfrac{p' \, p'' \, p''' \dots \text{`}r}{q' \, q'' \, q''' \dots \text{`}s}.$

Par conséquent, à cause de $p' q' = q^2$, $p'' q'' = q'^2$, $p''' q''' = q''^2$,...., les termes $\dfrac{q^2}{2 p'^2} x''$, $\dfrac{q^2 q'^2}{2 p'^2 \times 2 p''^2} x'''$,... deviendront $- \dfrac{x'}{2}$, $- \dfrac{x'}{4}$,..., et le terme $\dfrac{q^2 q'^2 \dots}{2 p'^2 \times 2 p''^2 \dots \times 2 \text{`}r^2} \xi$ deviendra $- \dfrac{x'}{2^{\mu - 1}}$, en supposant $\xi = x^{(\mu)}$.

D'un autre côté, puisque $\sin \varphi = \dfrac{1}{s \xi}$, on a, lorsque $\xi = \infty$, $\varphi = 0$; donc

$$\cot \varphi = \frac{\cos \varphi}{\sin \varphi} = \frac{1}{\sin \varphi} = s \xi = - s \, \frac{p' p'' \dots \text{`}r}{q' q'' \dots \text{`}s};$$

donc, comme

$$D = B \times \frac{q^2 q'^2 \dots \text{`}s^2}{2 p^2 \times 2 p'^2 \dots \times 2 \text{`}r^2} \quad \text{et} \quad sr = \text{`}s^2,$$

on aura

$$\frac{D}{\text{`}s^2} \cot \varphi = - \frac{B x'}{2 p^2 \times 2^{\mu - 1}}.$$

La formule du numéro précédent deviendra donc, par ces substitutions,

$$- \frac{B x'}{2 p^2} \left(1 - \frac{1}{2} - \frac{1}{4} - \dots - \frac{1}{2^{\mu - 1}} \right) + \frac{B x'}{2 p^2} \frac{1}{2^{\mu - 1}},$$

dont la valeur est évidemment nulle, puisque

$$1 - \frac{1}{2} - \frac{1}{4} - \ldots - \frac{1}{2^{\mu-1}} = \frac{1}{2^{\mu-1}}.$$

30. Au reste, pour éviter l'embarras que peuvent causer, dans le calcul de la longueur des arcs hyperboliques, les valeurs fort grandes des quantités x', x'',... près du sommet de l'hyperbole où x diffère peu de 1, on peut employer la transformation indiquée dans le n° 16, par le moyen de laquelle la différentielle à intégrer se trouve réduite à une autre de la même forme, mais dont la variable sera renfermée, pour toute l'étendue de l'hyperbole, entre 0 et 1.

Pour cet effet on fera, dans les formules du numéro que nous venons de citer, $y = x, f = 1, p = e, q = 1$; et prenant les signes inférieurs, on aura, pour la nouvelle variable u, l'expression

$$u = \frac{\sqrt{(1 - e^2 x^2)(1 - x^2)}}{e^2 x^2 - 1} = \frac{\sqrt{(e^2 x^2 - 1)(x^2 - 1)}}{e^2 x^2 - 1} = \sqrt{\frac{x^2 - 1}{e^2 x^2 - 1}},$$

qu'on voit être égale à zéro lorsque $x = 1$, et égale à $\frac{1}{e}$ lorsque $x = \infty$; de sorte que la valeur de u commencera avec l'arc hyperbolique et ira ensuite en augmentant avec lui jusqu'au maximum $u = \frac{1}{e}$, qui répondra à la branche infinie de l'hyperbole.

Par cette substitution, la différentielle

$$\frac{(e^2 x^2 - 1) dx}{\sqrt{(1 - e^2 x^2)(1 - x^2)}}$$

sera transformée en

$$\frac{(e^2 u^2 - 1) du}{\sqrt{(1 - e^2 u^2)(1 - u^2)}} + 2 Q dt,$$

en supposant que la fonction $e^2 x^2 - 1$ devienne $P + Q \sqrt{s^2 - 4t}$, par la substitution de $\frac{s + \sqrt{s^2 - 4t}}{2}$ à la place de x^2, et faisant $t = xu, s = 1 + e^2 t$, à cause de $f = 1$ et $F = 0$; ce qui donnera $Q = \frac{e^2}{2}$, et par conséquent $2 Q dt = e^2 d(xu)$.

Ainsi, l'arc hyperbolique répondant à l'abscisse x sera égal à la quantité algébrique

$$e^2 x u = \frac{e^2 x \sqrt{x^2 - 1}}{\sqrt{e^2 x^2 - 1}},$$

moins l'intégrale de

$$\frac{(1 - e^2 u^2)\, du}{\sqrt{(1 - e^2 u^2)(1 - u^2)}}$$

prise depuis $u = 0$. Et il est évident que cette différentielle rentre dans le cas de celle de l'arc elliptique, dont nous avons donné l'intégrale dans le n° **23**; car si l'on fait $u = \dfrac{y}{e}$, elle devient

$$\frac{(1 - y^2)\, dy}{e\sqrt{(1 - y^2)\left(1 - \dfrac{y^2}{e^2}\right)}},$$

en sorte qu'il n'y aura qu'à supposer dans les formules de ce numéro

$$A = \frac{1}{e}, \quad B = -\frac{1}{e}, \quad p = 1, \quad q = \frac{1}{e}, \quad x = y = eu,$$

et prendre l'intégrale depuis $y = 0$ jusqu'à $y = 1$ pour toute la longueur de l'arc hyperbolique.

A l'égard de la partie algébrique $\dfrac{e^2 x \sqrt{x^2 - 1}}{\sqrt{e^2 x^2 - 1}}$, il n'est pas difficile de voir qu'elle représente la tangente à l'hyperbole prise entre le point de contact et la rencontre de la perpendiculaire menée du centre de l'hyperbole sur la même tangente; car la partie de la tangente prise entre la courbe et l'axe est $\dfrac{\sqrt{e^2 x^2 - 1}\,\sqrt{x^2 - 1}}{x}$, et la partie entre l'axe et la perpendiculaire est $\dfrac{\sqrt{x^2 - 1}}{x\sqrt{e^2 x^2 - 1}}$, dont la somme est $\dfrac{e^2 x \sqrt{x^2 - 1}}{\sqrt{e^2 x^2 - 1}}$.

Ainsi, l'intégrale de

$$\frac{(1 - y^2)\, dy}{e\sqrt{(1 - y^2)\left(1 - \dfrac{y^2}{e^2}\right)}}$$

exprimera proprement la différence ou l'excès de la tangente prise entre la courbe et la perpendiculaire menée du centre sur l'arc hyperbolique qui répond à cette tangente.

31. Nous avons employé jusqu'ici, pour la rectification de l'ellipse et de l'hyperbole, les transformations qui servent à augmenter l'inégalité des facteurs sous le signe; nous allons maintenant faire usage de celles qui diminuent cette inégalité, et que nous avons exposées dans le n° 11 et les suivants, et nous les appliquerons d'abord en général à la formule

$$\frac{(A + Bx^2)\,dx}{\sqrt{(1 - p^2x^2)(1 - q^2x^2)}}.$$

On fera donc

$$'p = \frac{p + q}{2}, \qquad 'q = \sqrt{pq},$$

$$''p = \frac{'p + 'q}{2}, \qquad ''q = \sqrt{'p\,'q},$$

$$\cdots\cdots\cdots\cdots\cdots\cdots\cdots\cdots,$$

$$'x^2 = \frac{'q^2x^2 + 1 - R}{2\,'p^2}, \qquad ''x^2 = \frac{''q^2\,'x^2 + 1 - 'R}{2\,''p^2}, \cdots,$$

en supposant

$$R = \sqrt{(1 - p^2x^2)(1 - q^2x^2)}, \qquad 'R = \sqrt{(1 - 'p^2\,'x^2)(1 + 'q^2\,'x^2)}, \cdots,$$

ce qui donnera

$$x = \frac{'x\,'R}{1 - 'q^2\,'x^2}, \qquad 'x = \frac{''x\,''R}{1 - ''q^2\,''x^2}, \cdots,$$

$$\frac{dx}{R} = \frac{d\,'x}{'R} = \frac{d\,''x}{''R} = \cdots,$$

et, par le n° 13,

$$\frac{x^2dx}{R} = \frac{dx}{'q^2} - \frac{(1 - 2\,'p^2\,'x^2)\,d\,'x}{'q^2\,'R}, \cdots;$$

où les nouvelles variables $'x$, $''x$,... seront nécessairement réelles, ainsi que les quantités radicales $'R$, $''R$,... (n° 12).

Ainsi, la différentielle $\dfrac{(A + Bx^2)\,dx}{R}$ deviendra successivement

$$\frac{('A + 'B\,'x^2)\,d\,'x}{'R} + \frac{B\,dx}{'q^2},$$

$$\frac{(''A + ''B\,''x^2)\,d\,''x}{''R} + \frac{B\,dx}{'q^2} + \frac{'B\,d\,'x}{''q^2},$$

$$\frac{('''A + '''B\,'''x^2)\,d\,'''x}{'''R} + \frac{B\,dx}{'q^2} + \frac{'B\,d\,'x}{''q^2} + \frac{''B\,d\,''x}{'''q^2},$$

et ainsi de suite, en faisant, pour abréger,

$$'A = A - \frac{B}{'q^2}, \quad ''A = 'A - \frac{'B}{''q^2}, \quad '''A = ''A - \frac{''B}{'''q^2}, \dots,$$

$$'B = B\,\frac{2\,'p^2}{'q^2}, \quad ''B = 'B\,\frac{2\,''p^2}{''q^2}, \quad '''B = ''B\,\frac{2\,'''p}{'''q^2}, \dots.$$

De sorte que si ξ est un terme quelconque de la série $x, 'x, ''x, \dots,$ ξ' le terme qui le précède dans la même série, et r, s les deux termes correspondants des séries $p, 'p, ''p, \dots, q, 'q, ''q, \dots, r', s'$ les termes qui les précèdent, la différentielle proposée sera transformée en celle-ci

$$\frac{B}{'q^2}\left(dx + \frac{2\,'p^2}{''q^2}\,d\,'x + \frac{2\,'p^2 \times 2\,''p^2}{''q^2\,'''q^2}\,d\,''x + \dots + \frac{2\,'p^2 \times 2\,''p^2 \times \dots \times 2\,r'^2}{''q^2\,'''q^2 \dots s^2}\,d\xi' \right)$$
$$+ \frac{(C + D\xi^2)\,d\xi}{\sqrt{(1 - r^2\xi^2)(1 - s^2\xi^2)}},$$

dans laquelle on aura

$$C = A + \frac{B}{'q^2}\left(1 + \frac{2\,'p^2}{''q^2} + \frac{2\,'p^2 \times 2\,''p^2}{''q^2\,'''q^2} + \dots + \frac{2\,'p^2 \times 2\,''p^2 \times \dots \times 2\,r'^2}{''q^2\,'''q^2 \dots s^2} \right),$$

$$D = B \times \frac{2\,'p^2 \times 2\,''p^2 \times 2\,'''p^2 \times \dots \times 2\,r^2}{'q^2\,''q^2\,'''q^2 \dots s^2}.$$

32. Pour l'ellipse, on fera, comme dans le n° 23, $A = 1$, $B = -e^2$, $p = 1$, $q = e < 1$, et les nombres $p, 'p, ''p, \dots, r; q, 'q, ''q, \dots, s$ formeront donc deux séries, la première descendante depuis l'unité, et la seconde ascendante depuis la valeur de l'excentricité, lesquelles se trouveront toujours séparées par un intervalle qui ira en diminuant de plus en plus,

II.

en sorte que les termes r et s seront renfermés entre 1 et e et approcheront d'autant plus de l'égalité que le nombre des termes qui les précèdent sera plus grand.

Et il est facile de se convaincre par le calcul que, quelque petite que soit la valeur de e, peu de termes suffiront pour rendre les valeurs de r et s presque égales.

Or, dans l'ellipse, on a $x^2 =$ ou < 1; donc $'q^2 x^2$ sera < 1; en sorte que $1 - 'q^2 x^2$ sera > 0; mais $(1 - 'q^2 x^2)^2 = R^2 + (p - q)^2 x^2$, comme on peut s'en convaincre par le calcul, à cause de $'q^2 = pq$; donc $1 - 'q^2 x^2 > R$, et $'q^2 \, 'x^2 + R < 1$; ainsi, comme $'x^2 = \dfrac{'q^2 x^2 + 1 - R}{2 \, 'p^2}$, on aura

$$'p^2 \, 'x^2 = \frac{'q^2 x^2 + 1 - R}{2} < \frac{'q^2 x^2 + 1 + R}{2} < 1.$$

D'où l'on voit que $'q^2 x^2$ étant < 1, on aura nécessairement $'p^2 \, 'x^2 < 1$, et cela, soit qu'on prenne dans la valeur de $'x^2$ le radical R positif ou négatif.

Or, $''q^2$ étant $< \, 'p^2$, on aura donc aussi $''q^2 \, 'x^2 < 1$, et de là on trouvera, par un raisonnement semblable, $''p^2 \, ''x^2 < 1$, et ainsi de suite. Donc $r^2 \xi^2 < 1$, et à plus forte raison $s^2 \xi^2 < 1$.

On pourra donc supposer $r\xi = \sin\varphi$, ce qui changera la différentielle

$$\frac{(C + D\xi^2)\, d\xi}{\sqrt{(1 - r^2 \xi^2)(1 - s^2 \xi^2)}}$$

en celle-ci

$$\frac{\left(\dfrac{C}{r} + \dfrac{D}{r^3} \sin^2\varphi\right) d\varphi}{\sqrt{1 - \dfrac{s^2 \sin^2\varphi}{r^2}}} = \frac{\left(\dfrac{C}{r} + \dfrac{D}{r^3}\right) \dfrac{d\varphi}{\cos\varphi} - \dfrac{D}{r^3} \cos\varphi \, d\varphi}{\sqrt{1 + \dfrac{r^2 - s^2}{r^2} \tan^2\varphi}},$$

qui sera, comme on voit, toujours plus petite que

$$\left(\frac{C}{r} + \frac{D}{r^3}\right) \frac{d\varphi}{\cos\varphi} - \frac{D}{r^3} \cos\varphi \, d\varphi,$$

dont l'intégrale est

$$\left(\frac{C}{r} + \frac{D}{r^3}\right) \log \tan\left(45° + \frac{1}{2}\varphi\right) - \frac{D}{r^3} \sin\varphi.$$

De même, en faisant $s\xi = \psi$, on aura la transformée

$$\frac{\left(\dfrac{C}{s} + \dfrac{D}{s^3}\,\dfrac{d\psi}{\cos\psi} - \dfrac{D}{s^3}\sin\psi\,d\psi\right)}{\sqrt{1 - \dfrac{r^2 - s^2}{s^2}\,\mathrm{tang}^2\,\psi}},$$

qui sera par conséquent plus grande que

$$\left(\frac{C}{s} + \frac{D}{s^3}\right)\frac{d\psi}{\cos\psi} - \frac{D}{s^3}\cos\psi\,d\psi,$$

dont l'intégrale est pareillement

$$\left(\frac{C}{s} + \frac{D}{s^3}\right)\log\mathrm{tang}\left(45° + \frac{1}{2}\,\psi\right) - \frac{D}{s^3}\sin\psi.$$

De sorte qu'on aura par ce moyen deux limites entre lesquelles la valeu
de l'intégrale de la différentielle en question sera nécessairement ren
fermée, et qui seront d'autant plus resserrées que les coefficients r et
seront moins inégaux.

Mais, pour avoir une intégrale plus approchée, on emploiera le
séries, et pour cet effet il sera à propos de faire $\xi\sqrt{\dfrac{r^2 + s^2}{2}} = \sin\varphi$, c
qui réduira la différentielle

$$\frac{(C + D\xi^2)\,d\xi}{\sqrt{(1 - r^2\xi^2)(1 - s^2\xi^2)}}$$

à cette forme

$$\frac{\left(\dfrac{\beta}{\cos\varphi} + \gamma\cos\varphi\right)d\varphi}{\sqrt{(1 - \alpha^2\,\mathrm{tang}^4\varphi)}},$$

en supposant

$$\alpha = \frac{r^2 - s^2}{r^2 + s^2}, \quad \beta = C\sqrt{\frac{2}{r^2 + s^2}} + D\left(\frac{2}{r^2 + s^2}\right)^{\frac{3}{2}}, \quad \gamma = -D\left(\frac{2}{r^2 + s^2}\right)^{\frac{3}{2}}.$$

Or, le coefficient α^2 étant fort petit, on pourra réduire en série le
radical $\sqrt{1 - \alpha^2\,\mathrm{tang}^4\varphi}$; de sorte que la différentielle deviendra

$$\left(\frac{\beta}{\cos\varphi} + \gamma\cos\varphi\right)\left(1 + \frac{\alpha^2}{2}\,\mathrm{tang}^4\varphi + \frac{3\alpha^4}{2.4}\,\mathrm{tang}^8\varphi + \frac{3.5\alpha^6}{2.4.6}\,\mathrm{tang}^{12}\varphi + \dots\right)d\varphi,$$

laquelle, à cause de

$$\frac{\tang^m \varphi}{\cos\varphi} = (\tang^m \varphi + \tang^{m+1} \varphi)\cos\varphi,$$

est réductible à cette forme plus simple

$$\frac{\beta\, d\varphi}{\cos\varphi}\left[\gamma + \frac{\alpha^2}{2}(\beta+\gamma)\tang^4\varphi + \frac{\alpha^2}{2}\beta\tang^6\varphi + \frac{3\alpha^4}{2.4}(\beta+\gamma)\tang^8\varphi \right.$$
$$\left. + \frac{3\alpha^4}{2.4}\beta\tang^{10}\varphi + \frac{3.5\alpha^6}{2.4.6}(\beta+\gamma)\tang^{12}\varphi\dots\right]\cos\varphi\, d\varphi,$$

et aura pour intégrale

$$a\log\tang\left(45° + \frac{\varphi}{2}\right)$$
$$+ (\beta+\gamma-a+f\tang^2\varphi + g\tang^4\varphi + h\tang^6\varphi + i\tang^8\varphi + \dots)\sin\varphi$$

en faisant

$$a = \beta - \frac{3}{2}\frac{\alpha^2}{2}(\beta+\gamma) + \frac{3.5}{2.4}\frac{\alpha^2}{2}\beta - \frac{3.5.7}{2.4.6}\frac{3\alpha^4}{2.4}(\beta+\gamma)$$
$$+ \frac{3.5.7.9}{2.4.6.8}\frac{3\alpha^4}{2.4}\beta - \frac{3.5.7.9.11}{2.4.6.8.10}\frac{3.5\alpha^6}{2.4.6}(\beta+\gamma) + \dots,$$

$$f = \frac{1}{2}\frac{\alpha^2}{2}(\beta+\gamma) - \frac{5}{2.4}\frac{\alpha^2}{2}\beta + \frac{5.7}{2.4.6}\frac{3\alpha^4}{2.4}(\beta+\gamma) - \dots,$$

$$g = \frac{1}{4}\frac{\alpha^2}{2}\beta - \frac{7}{4.6}\frac{3\alpha^4}{2.4}(\beta+\gamma) + \dots,$$

$$h = \frac{1}{6}\frac{3\alpha^4}{2.4}(\beta+\gamma) - \dots,$$

....

33. Cette expression n'est sujette à aucune ambiguïté de la part de la valeur de φ, car on voit qu'elle demeure la même en augmentant ou diminuant φ d'un multiple quelconque de la circonférence, et si l'on voulait mettre $180° \pm \varphi$ à la place de φ, alors $\tang\left(45° + \frac{\varphi}{2}\right)$ deviendrait négative, et son logarithme imaginaire; c'est pourquoi il faudra toujours prendre pour φ l'angle tabulaire qui répond au sinus $r\xi$.

A l'égard des radicaux $'R$, $''R$,..., on pourra les prendre à volonté positifs ou négatifs; seulement, il faudra avoir soin de donner ensuite aux quantités $'x$, $''x$,... les signes convenables d'après les formules du n° **31**. En prenant ces radicaux positivement, toutes les quantités $'x$, $''x$,..., ξ seront positives et deviendront nulles lorsque $x = 0$, comme on le voit par les formules du numéro cité; on aura donc aussi $\varphi = 0$ lorsque $x = 0$; et comme l'intégrale précédente devient aussi nulle dans ce cas, on aura donc, pour l'arc elliptique répondant à l'abscisse x prise depuis le centre de l'ellipse sur le grand axe, cette expression complète

$$\frac{B}{'q^2}\left(x + \frac{2\,'p^2}{''q^2}\,'x + \frac{2\,'p^2 \times 2\,''p^2}{''q^2\,'''q^2}\,''x + \ldots + \frac{2\,'p^2 \times 2\,''p^2 \ldots 2\,r'^2}{''q^2\,'''q^2 \ldots s^2}\,\zeta'\right)$$

$$+ a \log \operatorname{tang}\left(45° + \frac{\varphi}{2}\right)(\beta + \gamma - a + f \operatorname{tang}^2\varphi + g \operatorname{tang}^4\varphi + \ldots)\sin\varphi.$$

Pour avoir le quart entier de l'ellipse, on fera $x = 1$, ce qui donne $R = 0$ et $'x^2 = \frac{'q^2 + 1}{2\,'p^2}$; donc $'p^2\,'x^2 = \frac{'q^2 + 1}{2} < 1$; et de même les autres quantités $''p^2\,''x^2$,... seront de plus en plus au-dessous de l'unité, ce qu'on peut démontrer généralement ainsi.

Puisque $'p^2\,'x^2 = \frac{'q^2 x^2 + 1 - R}{2}$ et $'q^2\,'x^2 < 1 - R$, on aura (32) $'p^2\,'x^2 < 1 - R$; mais $R > 1 - p^2 x^2$, à cause de $p^2 > q^2$; donc $'p^2\,'x^2 < p^2 x^2$; et de la même manière on prouvera que $''p^2\,''x^2 < 'p^2\,'x^2$,...; de sorte que les quantités px, $'p'x$, $''p''x$,..., $r\xi$ formeront une série décroissante. Ainsi, lors même que $px = 1$, la valeur de $r\xi$ sera toujours moindre que 1, par conséquent l'angle φ sera moindre que 90 degrés, et d'autant moindre que le terme $r\xi$ sera plus éloigné de px; ainsi, on n'aura jamais à craindre que l'expression précédente contienne des termes infinis et devienne par conséquent fautive.

34. Pour l'hyperbole, on fera, comme dans le n° **27**,

$$A = -1, \quad B = e^2, \quad p = e^2 > 1, \quad q = 1.$$

Ainsi, les nombres p, $'p$, $''p$,..., r iront en diminuant depuis la valeur de e, et les nombres q, $'q$, $''q$,..., s iront en augmentant depuis l'unité, en sorte que ceux-là s'approcheront de plus en plus de ceux-ci, mais en demeurant toujours plus grands; cependant la différence sera bientôt si petite, qu'on pourra regarder r et s comme presque égales.

Maintenant, on a dans l'hyperbole $x^2 =$ ou > 1, donc $`q^2 x^2 - 1 > 0$; par conséquent, puisque $(`q^2 x^2 - 1)^2 = R^2 + (p - q)^2 x^2$, on aura $`q^2 x^2 - 1 > R$ et $1 + R < `q^2 x^2$.

Or

$$`x^2 = \frac{`q^2 x^2 + 1 - R}{2 `p^2} = \frac{(`q^2 x^2 + 1)^2 - R^2}{2 `p^2 (`q^2 x^2 + 1 + R)} = \frac{2 x^2}{`q^2 x^2 + 1 + R},$$

à cause de $(`q^2 x^2 + 1)^2 - R^2 = (p + q)^2 x^2 = 4 `p^2 x^2$; donc $`x^2 > \frac{1}{`q^2}$, et par conséquent $`q^2 `x^2 > 1$. Et cette même conclusion aurait lieu à plus forte raison en donnant au radical R une valeur négative, puisque alors la valeur de $`x^2$ en deviendrait plus grande. Ayant donc $`q^2 `x^2 > 1$, on aura aussi $"q^2 "x^2 > 1$, et de là on prouvera par un raisonnement semblable que $'''q^2 '''x^2 > 1$, et ainsi de suite.

Donc en général $s^2 \xi^2 > 1$, et à plus forte raison $r^2 \xi^2 > 1$.

On pourra donc supposer $r \xi = \frac{1}{\sin \varphi}$ ou $s \xi = \frac{1}{\sin \psi}$, et l'on trouvera, comme dans le n° 32, que la différentielle

$$\frac{(C + D \xi^2) d \xi}{\sqrt{(1 - r^2 \xi^2)(1 - s^2 \xi^2)}}$$

sera renfermée entre ces deux-ci

$$- \left(\frac{C}{r} + \frac{D}{r^3 \sin^2 \varphi} \right) \frac{d \varphi}{\cos \varphi} \quad \text{et} \quad - \left(\frac{C}{s} + \frac{D}{s^3 \sin^2 \psi} \right) \frac{d \psi}{\cos \psi},$$

dont les intégrales sont

$$\left(\frac{C}{r} + \frac{D}{r^3} \right) \log \tan \left(45° - \frac{\varphi}{2} \right) + \frac{D}{r^3 \sin \varphi},$$

et

$$\left(\frac{C}{s} + \frac{D}{s^3} \right) \log \tan \left(45° - \frac{\psi}{2} \right) + \frac{D}{s^3 \sin \psi}.$$

Mais, pour avoir une intégrale plus approchée, on fera

$$\xi\sqrt{\frac{r^2+s^2}{2}}=\frac{1}{\sin\varphi},$$

et la différentielle

$$\frac{(C+D\xi^2)\,d\xi}{\sqrt{(1-r^2\xi^2)(1-s^2\xi^2)}}$$

deviendra par cette substitution

$$\frac{\left(-\dfrac{\beta}{\cos\varphi}+\dfrac{\gamma\cos\varphi}{\sin^2\varphi}\right)d\varphi}{\sqrt{1-\dfrac{\alpha^2}{\cos^4\varphi}}},$$

en conservant les valeurs de α, β, γ du n° 32. Ainsi, puisque α^2 est une quantité fort petite, on pourra réduire en série le radical, ce qui donnera cette transformée

$$\left(-\frac{\beta}{\cos\varphi}+\frac{\gamma\cos\varphi}{\sin^2\varphi}\right)\left(1+\frac{1}{2}\frac{\alpha^2}{\cos^4\varphi}+\frac{1.3}{2.4}\frac{\alpha^4}{\cos^8\varphi}+\frac{1.3.5}{2.4.6}\frac{\alpha^6}{\cos^{12}\varphi}+\dots\right)d\varphi,$$

laquelle peut être changée en celle-ci

$$-\frac{\beta\,d\varphi}{\cos\varphi}+\left(\gamma\cos\varphi+\frac{\alpha^2}{2}\frac{\beta+\gamma}{\cos^3\varphi}-\frac{\alpha^2}{2}\frac{\beta}{\cos^5\varphi}+\frac{3\alpha^4}{2.4}\frac{\beta+\gamma}{\cos^7\varphi}\right.$$
$$\left.-\frac{3\alpha^4}{2.4}\frac{\beta}{\cos^9\varphi}+\frac{3.5\alpha^6}{2.4.6}\frac{\beta+\gamma}{\cos^{11}\varphi}-\dots\right)\frac{d\varphi}{\sin^2\varphi},$$

dont l'intégrale sera de la forme

$$a\log\tan\left(45°-\frac{\varphi}{2}\right)-\left(\beta+\gamma-a-\frac{f}{\cos^2\varphi}+\frac{g}{\cos^4\varphi}-\frac{h}{\cos^6\varphi}+\frac{i}{\cos^8\varphi}-\dots\right)\frac{1}{\sin\varphi},$$

en conservant les expressions des quantités $a, f, g, h,\dots$ données dans le n° 32.

35. Comme l'arc hyperbolique ne commence qu'au point où $x=1$, il faudra, pour avoir la valeur exacte de l'arc qui répond à une abscisse quelconque x, retrancher de l'intégrale la valeur qui répond à $x=1$.

Ainsi, en supposant

$$X = \frac{B}{'q^2}\left(x + \frac{2\,'p^2}{''q^2}\,'x + \frac{2\,'p^2 \times 2\,''p^2}{''q^2\,'''q^2}\,''x^2 + \ldots + \frac{2\,'p^2 \times 2\,''p^2 \ldots 2\,r'^2}{''q^2\,'''q^2 \ldots s^2}\,\xi'\right)$$
$$+ a\log\tan\left(45° - \frac{\varphi}{2}\right) - \left(\beta + \gamma - a - \frac{f}{\cos^2\varphi} + \frac{g}{\cos^4\varphi} - \frac{h}{\cos^6\varphi} + \ldots\right)\frac{1}{\sin\varphi},$$

et nommant K la valeur de X lorsque x y devient égal à 1, on aura X—K pour l'expression complète de l'arc hyperbolique qui répond à l'abscisse x prise depuis le centre sur le grand axe.

Quant à l'angle φ, on prendra celui qui dans les tables répond au sinus $\dfrac{1}{\xi\sqrt{\dfrac{r^2 + s^2}{2}}}$, et comme nous avons vu que $r^2\xi^2$ et $s^2\xi^2$ sont toujours > 1, il s'ensuit que cet angle sera, dans tous les cas, moindre que 90 degrés, en sorte que $\tan\left(45° - \dfrac{\varphi}{2}\right)$ et $\cos\varphi$ ne seront jamais nuls.

Pour les radicaux $'R$, $''R$,..., il sera libre de les prendre positivement ou négativement, pourvu qu'on ait soin de donner les signes convenables aux quantités $'x$, $''x$,..., d'après les formules du n° 31. Mais, en les prenant tous négativement, on aura l'avantage que les valeurs de $'x^2$, $''x^2$,... seront plus grandes, et qu'ainsi l'angle φ sera moindre; de plus, les valeurs de $'x$, $''x$,..., ξ seront alors toutes positives, puisque $1 - 'q^2\,'x^2$, $1 - ''q^2\,''x^2$,... sont nécessairement négatives.

On pourrait enfin faire servir aussi pour l'hyperbole les résultats trouvés précédemment pour l'ellipse, en employant la transformation indiquée dans le n° 30; il n'y aurait pour cela qu'à faire dans la formule générale du n° 33

$$A = \frac{1}{e}, \quad B = -\frac{1}{e}, \quad p = 1, \quad q = \frac{1}{e},$$

et mettre au lieu de x

$$e\sqrt{\frac{x^2 - 1}{e^2 x^2 - 1}}.$$

Cette formule donnerait alors, pour une abscisse quelconque x, l'excès de la tangente prise entre la courbe et la perpendiculaire menée du centre sur l'arc hyperbolique qui répond à cette tangente.

DEUXIÈME SECTION.

MÉMOIRES

EXTRAITS DES

RECUEILS DE L'ACADÉMIE ROYALE

DES SCIENCES ET BELLES-LETTRES

DE BERLIN.

SUR LES

COURBES TAUTOCHRONES.

SUR LES

COURBES TAUTOCHRONES[*].

(*Mémoires de l'Académie royale des Sciences et Belles-Lettres de Berlin*, t. XXI, 1765.)

On appelle en général courbe _tautochrone_ une courbe telle, que si un corps se meut le long de sa concavité, soit en montant, soit en descendant, il emploie toujours le même temps à parcourir un arc quelconque pris du point le plus bas.

M. Huygens ayant démontré, dans son fameux ouvrage intitulé : *Horologium oscillatorium*, que la cycloïde était la tautochrone des corps pesants dans le vide, cette découverte excita la curiosité des Géomètres, et les engagea à chercher une méthode directe et analytique pour résoudre le Problème du tautochronisme dans une hypothèse quelconque, Problème qui est peut-être un des plus curieux et en même temps des plus difficiles de la Mécanique.

MM. Jean Bernoulli et Euler se sont particulièrement appliqués à cette recherche, et ont donné presque en même temps, l'un dans les *Mémoires de l'Académie des Sciences de Paris* pour l'année 1730, et l'autre dans le tome IV des *Commentaires de l'Académie de Pétersbourg*, et ensuite dans le second volume de sa *Mécanique*, des méthodes très-ingénieuses pour déterminer les tautochrones dans un milieu résistant comme le carré de la vitesse, et dans quelque hypothèse de pesanteur que ce soit. Ces méthodes, qui sont les mêmes quant au fond, consistent à faire en sorte

(*) Lu dans l'Assemblée du 4 mars 1767.

que l'expression générale du temps $\int \frac{dx}{u}$ devienne égale à une fonction de dimension nulle de deux quantités quelconques, l'une constante A et l'autre variable X, telles qu'en faisant X = A on ait le temps total depuis le commencement du mouvement jusqu'à sa fin. Car alors la quantité A, qui dépend de l'arc total que le corps doit parcourir, s'évanouit nécessairement de la formule $\int \frac{dx}{u}$, lorsque X = A, et par conséquent l'expression du temps se trouve entièrement indépendante de la longueur de cet arc. Or, pour cela il suffit que la quantité différentielle $\frac{dx}{u}$ soit elle-même une fonction de dimension nulle de X et de A, comme par exemple $\frac{dP}{\sqrt{A^2 - P^2}}$ et d'autres semblables; condition à laquelle il n'est pas difficile de satisfaire lorsqu'on peut avoir l'expression de la vitesse u, ce qui arrive quand la résistance est nulle et quand elle est proportionnelle au carré de la vitesse; mais il n'en est pas tout à fait de même dans les autres cas où l'équation en u n'est point intégrable. Aussi les deux grands Géomètres dont nous venons de parler n'ont-ils considéré d'autres hypothèses de résistance que celle du carré de la vitesse, et M. Fontaine est le seul qui ait fait jusqu'ici quelques pas de plus dans cette recherche. Sa méthode est fondée sur un calcul particulier qu'il appelle *fluxio-différentiel* et qui consiste à faire varier les mêmes quantités de deux manières différentes; et l'on peut regarder l'ouvrage qu'il a donné sur cette matière comme un des plus beaux qui se trouvent parmi les *Mémoires de l'Académie des Sciences de Paris,* et surtout comme celui qui a le plus contribué à la célébrité de cet illustre Mathématicien.

Mais, quelque profonde et quelque ingénieuse que soit cette nouvelle théorie des tautochrones, il faut avouer qu'elle laisse encore beaucoup à désirer. Lorsqu'il n'y a point de résistance, et que par conséquent la force accélératrice du corps est entièrement indépendante de la vitesse, on sait depuis longtemps que le tautochronisme exige que cette force soit proportionnelle à l'espace qui reste à parcourir. Mais quelle est en général la force nécessaire pour produire le tautochronisme, en la regar-

dant comme une fonction quelconque de l'espace et de la vitesse? Voilà
le Problème qu'il faut résoudre pour avoir une théorie générale et complète des tautochrones. M'étant occupé de ce Problème, voici la solution
que j'en ai trouvée, et qui est, si je ne me trompe, générale et nouvelle.

Solution du Problème des tautochrones.

Soient u la vitesse du corps en un point quelconque de la ligne qu'il
décrit, p sa force accélératrice dans ce point, x l'espace qu'il a encore à
parcourir, et a l'espace total depuis le point d'où le corps est parti jusqu'à celui où il doit arriver; on aura, comme on sait (à cause que,
x croissant, u diminue), l'équation

$$u\,du + p\,dx = \text{o}.$$

Et le temps que le corps doit employer à parcourir l'espace x sera
exprimé par $\int \dfrac{dx}{u}$; de sorte qu'en faisant, après l'intégration, $x = a$, on
aura le temps total depuis le commencement du mouvement jusqu'à la
fin. Or, ce temps doit être indépendant de l'espace parcouru a, par la
nature du Problème; donc il faut que la valeur de $\int \dfrac{dx}{u}$ soit telle, qu'en
faisant $x = a$, a s'évanouisse entièrement.

Soient X une fonction quelconque de x, et A une pareille fonction de a;
il est clair que la condition dont il s'agit aura lieu si, en faisant $X = z\,A$,
et substituant la valeur de x tirée de cette équation dans la formule
$\int \dfrac{dx}{u}$, cette substitution y fait disparaître la quantité a et la réduit à
n'être qu'une fonction de z; car alors la supposition de $x = a$ donnera
$X = A$ et par conséquent $z = 1$; de sorte que la formule $\int \dfrac{dx}{u}$ aura dans
ce cas une valeur déterminée et indépendante de a. Donc, si l'on différentie cette formule en faisant varier x et a, qu'ensuite on suppose
$dx = X'\,dX$, $da = A'\,dA$ (X' étant une fonction de X ou x, et A' une
pareille fonction de A ou a), et qu'on mette à la place de dX sa valeur

$A dz + z dA$, il faudra que le coefficient de dA soit égal à zéro. Cela posé, comme la vitesse u doit dépendre des deux quantités x et a, supposons qu'en les faisant varier toutes deux en même temps on ait la différentielle

$$du = P\,dx + Q\,da,$$

il est clair qu'on aura d'abord, en vertu de l'équation $u\,du + p\,dx = 0$,

$$P = -\frac{p}{u};$$

ensuite la différentielle de $\int \dfrac{dx}{u}$ sera, dans la même supposition,

$$\frac{dx}{u} - da \int \frac{Q\,dx}{u^2};$$

laquelle, en faisant les substitutions convenables, c'est-à-dire en mettant $X'(A dz + z dA)$ au lieu de dx, et $A' dA$ au lieu de da, deviendra

$$\frac{AX'\,dz}{u} + \left(\frac{X'z}{u} - A' \int \frac{Q\,dx}{u^2} \right) dA.$$

Donc il faudra que l'on ait

$$\frac{X'z}{u} - A' \int \frac{Q\,dx}{u^2} = 0;$$

c'est-à-dire, en remettant pour z sa valeur $\dfrac{X}{A}$, et faisant, pour plus de simplicité, $XX' = \xi$ et $AA' = \alpha$,

$$\frac{\xi}{u} - \alpha \int \frac{Q\,dx}{u^2} = 0.$$

D'où, en faisant varier x seul, on tire

$$Q = \frac{u\,d\xi - \xi\,du}{\alpha\,dx},$$

et mettant pour $\dfrac{du}{dx}$ sa valeur P, ou bien $-\dfrac{p}{u}$,

$$Q = \frac{\dfrac{u\,d\xi}{dx} + \dfrac{p\xi}{u}}{\alpha}.$$

De sorte que la valeur complète de du sera en général

$$du = -\frac{p\,dx}{u} + \left(\frac{u\,d\xi}{dx} + \frac{p\xi}{u}\right)\frac{da}{\alpha},$$

ξ étant une fonction quelconque de x, et α une pareille fonction de a.

Maintenant, soit R le facteur composé de x et de u, qui, multipliant l'équation

$$du + \frac{p\,dx}{u} = 0,$$

dans laquelle a est supposé constant, la rendrait intégrable, il est évident que ce même facteur étant regardé comme une fonction de u, x et a doit aussi rendre intégrable l'équation

$$du + \frac{p\,dx}{u} - \left(\frac{u\,d\xi}{dx} + \frac{p\xi}{u}\right)\frac{da}{\alpha} = 0;$$

donc il faut que l'équation

$$R\left(\frac{u\,d\xi}{dx} + \frac{p\xi}{u}\right)\left(\frac{u\,du + p\,dx}{\frac{u^2 d\xi}{dx} + p\xi} + \frac{da}{\alpha}\right) = 0$$

soit intégrable; et comme le terme $\frac{da}{\alpha}$ est une fonction de a seul, et que les termes $\frac{u\,du + p\,dx}{\frac{u^2 d\xi}{dx} + p\xi}$ ne contiennent point a, mais seulement x et u, il s'ensuit : 1° que le multiplicateur commun $R\left(\frac{u\,d\xi}{dx} + \frac{p\xi}{u}\right)$ doit être une quantité constante, c'est-à-dire que R doit être réciproquement proportionnel à $\frac{u\,d\xi}{dx} + \frac{p\xi}{u}$: 2° que par conséquent la quantité $\frac{u\,du + p\,dx}{\frac{u^2 d\xi}{dx} + p\xi}$ doit être une différentielle complète de x et de u.

Soit

$$\frac{u^2 d\xi}{dx} + p\xi = r,$$

ce qui donne

$$p = \frac{r}{\xi} - \frac{u^2 d\xi}{\xi\,dx},$$

II. 41

et l'on aura la transformée

$$\frac{\xi\,u\,du - u^2\,d\xi}{\xi\,r} + \frac{dx}{\xi},$$

laquelle, en faisant $\frac{u}{\xi} = y$, se changera en celle-ci

$$\frac{u^2\,dy}{ry} + \frac{dx}{\xi}.$$

Or, comme ξ est une fonction de x, il est visible que cette quantité ne saurait être une différentielle complète, à moins que $\frac{u^2}{r}$ ne soit une fonction de y seule.

Donc, si l'on dénote par $\varphi(y)$ une fonction quelconque de y, il faudra que l'on ait $r = u^2 \varphi(y)$, c'est-à-dire, à cause de $y = \frac{u}{\xi}$, $r = u^2 \varphi\left(\frac{u}{\xi}\right)$.

Donc, en substituant cette valeur de r dans l'équation $p = \frac{r}{\xi} - \frac{u^2\,d\xi}{\xi\,dx}$, on aura

$$p = u^2 \left[\frac{\varphi\left(\dfrac{u}{\xi}\right)}{\xi} - \frac{d\xi}{\xi\,dx}\right].$$

Telle est l'expression générale de la force accélératrice nécessaire pour le tautochronisme, où ξ peut être une fonction quelconque de x, et $\varphi\left(\frac{u}{\xi}\right)$ une fonction quelconque de $\frac{u}{\xi}$.

REMARQUE. — La solution précédente est fondée sur cette considération qu'en faisant $X = z A$ l'expression du temps $\int \frac{dx}{u}$ doit devenir une fonction de la seule variable z. Soit donc $\Pi(z)$ cette fonction; on aura en général

$$\int \frac{dx}{u} = \Pi(z) + c,$$

la constante c devant être telle que $\int \frac{dx}{u}$ soit nul lorsque $x = 0$. Or, puisque X est une fonction quelconque de x, supposons qu'elle devienne égale à f quand $x = 0$; et l'on aura dans ce cas $z = \dfrac{f}{A}$; donc il faudra que

$$\Pi\left(\frac{f}{A}\right) + c = 0,$$

et par conséquent que

$$c = -\Pi\left(\frac{f}{A}\right),$$

de sorte qu'on aura

$$\int \frac{dx}{u} = \Pi(z) - \Pi\left(\frac{f}{A}\right);$$

d'où l'on voit que la valeur de $\displaystyle\int \frac{dx}{u}$ contiendra nécessairement la quantité A, à moins que f ne soit égal à zéro. Donc il faut, pour l'exactitude de la solution, que la fonction X soit telle qu'elle s'évanouisse lorsque $x = 0$; et comme $\xi = XX'$, il faudra aussi que la quantité ξ devienne nulle dans le même cas.

Exemple. — Supposons

$$\varphi\left(\frac{u}{\xi}\right) = f + g\,\frac{\xi}{u} + h\,\frac{\xi^2}{u^2},$$

f, g, h étant des constantes quelconques, nous aurons

$$p = h\xi + gu + \left(\frac{f}{\xi} - \frac{d\xi}{\xi\,dx}\right)u^2.$$

Soit $\dfrac{f}{\xi} - \dfrac{d\xi}{\xi\,dx} = k$, en sorte que

$$p = h\xi + gu + ku^2,$$

et l'on trouvera par l'intégration

$$\xi = Ce^{-kx} + \frac{f}{k},$$

C étant une constante arbitraire qu'on déterminera par la condition que $\xi = 0$ lorsque $x = 0$ (Remarque précédente); de sorte qu'on aura

$$C = -\frac{f}{k},$$

et par conséquent

$$\xi = f\,\frac{1-e^{-kx}}{k}.$$

On voit par là que pour que le tautochronisme ait lieu dans un milieu dont la résistance serait en général $-gu-ku^2$, il faut que le mobile soit sollicité par une force proportionnelle à ξ, c'est-à-dire à $\frac{1-e^{-kx}}{k}$, x étant l'espace à parcourir.

Si $k=0$, c'est-à-dire si la résistance du milieu était simplement proportionnelle à la vitesse, on aurait (en supposant k infiniment petit) la force proportionnelle à x; et il en serait de même si la résistance était tout à fait nulle. Ce qui s'accorde avec ce que l'on sait d'ailleurs.

Au reste, ces cas sont les seuls où l'on ait pu jusqu'ici déterminer les lois du tautochronisme; notre méthode donne, comme on voit, le moyen d'étendre cette recherche aussi loin qu'il est possible.

COROLLAIRE I. — C'est une chose digne de remarque que l'expression de la force sollicitatrice qu'on vient de trouver pour le cas de la résistance $gu+ku^2$ ne dépende en aucune manière du terme gu; de sorte que la même courbe qui est tautochrone dans le vide, ou dans un milieu résistant comme le carré de la vitesse, doit l'être aussi dans un milieu dont la résistance serait proportionnelle à la vitesse, ou en partie au carré de la vitesse. Pour en trouver la raison, il n'y a qu'à examiner l'expression générale de p, et l'on verra que, comme la quantité $\varphi\left(\frac{u}{\xi}\right)$ exprime une fonction quelconque de $\frac{u}{\xi}$, on peut écrire $\varphi\left(\frac{u}{\xi}\right)+g\frac{\xi}{u}$ au lieu de $\varphi\left(\frac{u}{\xi}\right)$; ce qui donnera simplement dans la valeur de p le nouveau terme gu. D'où l'on peut conclure en général que toute courbe, qui est tautochrone dans une hypothèse quelconque de force et de résistance, l'est aussi en supposant la résistance augmentée d'une quantité proportionnelle à la vitesse.

COROLLAIRE II. — L'équation

$$pu\,du + p\,dx = 0$$

donne, en mettant pour p sa valeur $u^2\left[\dfrac{\varphi\left(\dfrac{u}{\xi}\right)}{\xi}-\dfrac{d\xi}{\xi\,dx}\right]$, et faisant,
comme ci-dessus, $\dfrac{u}{\xi}=y$,

$$\frac{dy}{y\,\varphi(y)}+\frac{dx}{\xi}=0,$$

d'où l'on tirera la valeur de y en x, et par conséquent aussi celle de u, à cause que $u=\xi y$.

Soit

$$\int\frac{dy}{y\,\varphi(y)}=\Phi(y),$$

l'intégrale étant prise de manière qu'elle soit nulle lorsque $y=0$, on aura, en substituant $\dfrac{dX}{X}$ au lieu de $\dfrac{dx}{\xi}$, et intégrant ensuite,

$$\Phi(y)+\log X=C,$$

C étant la valeur de X lorsque $y=0$. Or, puisque $y=\dfrac{u}{\xi}$ et que u doit être égal à zéro au commencement du mouvement lorsque $x=a$ et par conséquent $X=A$, on aura $C=\log A$; donc

$$\Phi(y)=\log\frac{A}{X},$$

et faisant $X=zA$,

$$\Phi(y)=-\log z.$$

Dénotons par Ψ la fonction réciproque de Φ, c'est-à-dire une fonction telle que $\Psi(\Phi y)=y$, et l'on aura $y=\Psi(-\log z)$; donc $u=\xi\Psi(-\log z)$; donc

$$\frac{dx}{u}=\frac{dx}{\xi\Psi(-\log z)}=\frac{dX}{X\Psi(-\log z)}=\frac{dz}{z\Psi(-\log z)},$$

quantité qui doit être intégrée de manière qu'elle soit nulle lorsque $z=0$. Or z est donnée en x par l'équation $z=\dfrac{X}{A}$; donc on connaîtra aussi la vitesse u et le temps $\int\dfrac{dx}{u}$ en x. Si l'on veut avoir le temps total employé à décrire l'arc a, il faudra faire $x = a$ ou bien $z = 1$; et comme l'expression du temps est une fonction de z seul, il est clair que le temps total sera indépendant de la longueur de l'arc parcouru a.

COROLLAIRE III. — Soit t le temps employé à parcourir un arc quelconque $a - x$, pris du point où le corps commence à se mouvoir, en sorte que l'on ait

$$dt = -\frac{dx}{u},$$

et comme $u = \xi y$, on aura

$$dt = -\frac{dx}{\xi y},$$

et mettant au lieu de $\frac{dx}{\xi}$ sa valeur tirée de l'équation

$$\frac{dy}{y\,\varphi(y)} + \frac{dx}{\xi} = 0,$$

il viendra

$$dt = \frac{dy}{y^2\,\varphi(y)}.$$

Or, au commencement du mouvement, on a $x = a$ et $u = 0$, donc $y = 0$; et à la fin on a $x = 0$ et par conséquent aussi $\xi = 0$ (par la Remarque précédente), donc $y = \frac{u}{\xi} = \infty$. Ainsi, pour déterminer le mouvement du corps, il n'y a qu'à intégrer les équations

$$\frac{dy}{y\,\varphi(y)} + \frac{dx}{\xi} = 0 \quad \text{et} \quad dt = \frac{dy}{y^2\,\varphi(y)},$$

de manière que y soit nulle lorsque $t = 0$ et $x = a$; et l'on aura y en x et t en y; ou bien, à cause de $y = \frac{u}{\xi}$, on aura u en x, et t en x et u. A l'égard du temps total, on le trouvera en faisant, dans l'expression de t, $y = \infty$.

COROLLAIRE IV. — Soit, comme dans l'exemple ci-dessus,

$$\varphi(y) = f + \frac{g}{y} + \frac{h}{y^2} \quad \text{et} \quad \xi = f\,\frac{1 - e^{-ky}}{k},$$

en sorte que la résistance du milieu soit $gu + ku^2$, et la force sollicita-

trice $hf \dfrac{1 - e^{-kx}}{k}$, l'équation

$$\frac{dy}{y \varphi(y)} + \frac{dx}{\xi} = 0$$

deviendra

$$\frac{dy}{fy + g + \dfrac{h}{y}} + \frac{k\,dx}{f(1 - e^{-kx})} = 0,$$

ou bien

$$\frac{y\,dy}{h + gy + fy^2} + \frac{ke^{kx}\,dx}{f(e^{kx} - 1)} = 0,$$

dont l'intégrale, prise de manière que $y = 0$ lorsque $x = a$, est

$$\log \frac{h + gy + fy^2}{h} - \frac{g}{2f\sqrt{fh - \tfrac{1}{4}g^2}} \left(\text{arc tang} \frac{fy + \tfrac{1}{2}g}{\sqrt{fh - \tfrac{1}{4}g^2}} - \text{arc tang} \frac{\tfrac{1}{2}g}{\sqrt{fh - \tfrac{1}{4}g^2}} \right) + \frac{1}{f} \log \frac{e^{kx} - 1}{e^{ka} - 1} =$$

c'est-à-dire

$$\frac{e^{kx} - 1}{e^{ka} - 1} \sqrt{1 + \frac{g}{h}y + \frac{f}{h}y^2} = \frac{e^{\frac{g}{2\sqrt{fh - \tfrac{1}{4}g^2}} \text{arc tang} \frac{fy + \tfrac{1}{2}g}{\sqrt{fh - \tfrac{1}{4}g^2}}}}{e^{\frac{g}{2\sqrt{fh - \tfrac{1}{4}g^2}} \text{arc tang} \frac{\tfrac{1}{2}g}{\sqrt{fh - \tfrac{1}{4}g^2}}}},$$

d'où l'on tirera la valeur de y en x. Ensuite on aura

$$u = fy \frac{1 - e^{kx}}{k},$$

$$t = \int \frac{dy}{y^2 \varphi(y)} = \int \frac{dy}{h + gy + fy^2},$$

c'est-à-dire, en intégrant de manière que $t = 0$ lorsque $y = 0$,

$$t = \frac{1}{\sqrt{fh - \tfrac{1}{4}g^2}} \left(\text{arc tang} \frac{fy + \tfrac{1}{2}g}{\sqrt{fh - \tfrac{1}{4}g^2}} - \text{arc tang} \frac{\tfrac{1}{2}g}{\sqrt{fh - \tfrac{1}{4}g^2}} \right).$$

Faisant $y = x$, on aura le temps total égal à

$$\frac{1}{\sqrt{fh - \frac{1}{4}g^2}}\left(\frac{\pi}{2} - \text{arc tang} \ \frac{\frac{1}{2}g}{\sqrt{fh - \frac{1}{4}g^2}} \right),$$

π étant l'angle de 180 degrés.

Soit $g = 0$, on aura

$$\frac{e^{kx} - 1}{e^{ka} - 1} \sqrt{1 + \frac{fy^2}{h}} = 1,$$

d'où

$$\sqrt{1 + \frac{fy^2}{h}} = \frac{e^{ka} - 1}{e^{kx} - 1}.$$

On aura de plus

$$t = \frac{1}{\sqrt{fh}} \text{ arc tang } \frac{fy}{\sqrt{fh}}.$$

Or

$$\text{arc tang } \frac{fy}{\sqrt{fh}} = \text{arc cos } \frac{1}{\sqrt{1 + \frac{fy^2}{h}}},$$

donc

$$t = \frac{1}{fh} \text{ arc cos } \frac{e^{kx} - 1}{e^{ka} - 1},$$

et faisant $x = 0$, on aura pour le temps total

$$\frac{\pi}{2\sqrt{fh}}.$$

SCOLIE. — Si l'on voulait que le temps employé à parcourir l'espace a fût proportionnel à A^m, le Problème pourrait se résoudre de la même manière, en supposant $\int \frac{dx}{u} = ZA^m$ (Z étant une fonction quelconque de z), ce qui donnerait par la différentiation

$$\frac{d \int \frac{dx}{u}}{\int \frac{dx}{u}} = \frac{dZ}{Z} + \frac{m\,dA}{A},$$

c'est-à-dire, en substituant à la place de la différence de $\int \dfrac{dx}{u}$ sa valeur trouvée dans le Problème précédent,

$$\frac{\dfrac{AX'dz}{u} + \left(\dfrac{X'z}{Z} - A'\displaystyle\int \dfrac{Q\,dx}{u^2} \right) dA}{\displaystyle\int \dfrac{dx}{u}} = \frac{dZ}{Z} + \frac{m\,dA}{A}.$$

Donc, comparant ensemble les termes de dA,

$$\frac{\dfrac{X'z}{u} - A'\displaystyle\int \dfrac{Q\,dx}{u^2}}{\displaystyle\int \dfrac{dx}{u}} = \frac{m}{A},$$

c'est-à-dire, en multipliant par $A\displaystyle\int \dfrac{dx}{u}$, et substituant $\dfrac{X}{A}$ à la place de z, ξ à la place de XX' et α à la place de AA',

$$\frac{\xi}{u} - \alpha \int \frac{Q\,dx}{u^2} = m \int \frac{dx}{u},$$

d'où, en différentiant, on aura

$$Q = \frac{u(d\xi - m\,dx) - \xi\,du}{\alpha\,dx},$$

ou bien, à cause de $\dfrac{du}{dx} = -\dfrac{p}{u}$,

$$Q = \frac{u\left(\dfrac{d\xi}{dx} - m \right) + \dfrac{p\xi}{u}}{\alpha}.$$

Ainsi on trouvera que la quantité

$$\frac{u\,du + p\,dx}{u^2\left(\dfrac{d\xi}{dx} - m \right) + p\xi}$$

doit être une différentielle complète; de sorte qu'en faisant

$$u^2\left(\frac{d\xi}{dx} - m \right) + p\xi = r,$$

II.

la question se réduira à rendre la quantité

$$\frac{\xi\,u\,du - u^2(d\xi - m\,dx)}{\xi\,r}$$

une différentielle exacte.

Qu'on mette $\frac{d\mathrm{X}}{\mathrm{X}}$ à la place de $\frac{dx}{\xi}$, et qu'on divise le haut et le bas de la fraction par u^2, elle se changera en celle-ci

$$\frac{\dfrac{du}{u} - \dfrac{d\xi}{\xi} + \dfrac{m\,d\mathrm{X}}{\mathrm{X}}}{\dfrac{r}{u^2}},$$

c'est-à-dire en

$$\frac{d\log\dfrac{u\,\mathrm{X}^m}{\xi}}{\dfrac{r}{u^2}};$$

d'où l'on voit que $\frac{r}{u^2}$ doit être une fonction de $\log\frac{u\,\mathrm{X}^m}{\xi}$, c'est-à-dire de $\frac{u\,\mathrm{X}^m}{\xi}$; de sorte qu'on aura

$$r = u^2\,\varphi\left(\frac{u\,\mathrm{X}^m}{\xi}\right),$$

et par conséquent

$$p = u^2\left[\frac{\varphi\left(\dfrac{u\,\mathrm{X}^m}{\xi}\right)}{\xi} - \frac{d\xi}{\xi\,dx} + \frac{m}{\xi}\right].$$

A l'égard de la valeur de X, on la déterminera par le moyen de l'équation $\frac{d\mathrm{X}}{\mathrm{X}} = \frac{dx}{\xi}$, laquelle donne $\mathrm{X} = e^{\int\frac{dx}{\xi}}$. Au reste, on prouvera encore ici, comme on a fait dans la Remarque précédente, que la valeur de ξ doit être nulle lorsque $x = 0$.

Soit

$$\varphi\left(\frac{u\,\mathrm{X}^m}{\xi}\right) = f + \frac{h\,\xi^2}{u^2\,\mathrm{X}^{2m}},$$

on aura

$$p = \frac{h\,\xi}{\mathrm{X}^{2m}} + u^2\left(\frac{f+m}{\xi} - \frac{d\xi}{\xi\,dx}\right),$$

et faisant

$$\frac{f+m}{\xi} - \frac{d\xi}{\xi\, dx} = k,$$

on aura

$$\xi = \frac{f+m}{k}(1 - e^{-kx});$$

donc

$$\frac{d\mathrm{X}}{\mathrm{X}} = \frac{dx}{\xi} = \frac{k\, e^{kx}\, dx}{(f+m)(e^{kx}-1)},$$

d'où l'on tire

$$\log\mathrm{X} = \frac{1}{f+m}\log\frac{e^{kx}-1}{k},$$

et ensuite

$$\mathrm{X} = \left(\frac{e^{kx}-1}{k}\right)^{\frac{1}{f+m}}.$$

Donc, si l'on fait, pour abréger,

$$\frac{m}{f+m} = n \quad \text{et} \quad h(f+m) = g,$$

on aura

$$p = g e^{-kx}\left(\frac{e^{kx}-1}{k}\right)^{1-2n} + ku^2,$$

et le temps total employé à parcourir l'espace a sera proportionnel à $\left(\dfrac{e^{ka}-1}{k}\right)^{n}$.

Si $k = 0$, alors $p = gx^{1-2n}$, et le temps total devient proportionnel à a^{n}.

APPENDICE (*).

En examinant la solution que nous venons de donner du Problème des tautochrones, il est aisé de voir qu'elle se réduit à faire en sorte que l'élément du temps dt soit de cette forme $\mathrm{Y}\, dy$, Y dénotant une fonction quelconque de y, et y étant égal à $\dfrac{u}{\xi}$. En effet, puisque au commence-

----

(*) Lu à l'Académie le 30 avril 1767.

ment du mouvement on a $u = 0$, et à la fin $x = 0$, et par conséquent aussi $\xi = 0$ (hypothèse), il est clair que le temps total sera égal à l'intégrale de $Y\,dy$ prise de manière qu'elle soit nulle lorsque $y = 0$ et qu'elle finisse lorsque $y = \infty$, et qu'ainsi il sera tout à fait indépendant de l'arc parcouru, comme la nature du Problème exige.

De là il s'ensuit que l'on peut rendre notre solution beaucoup plus générale en prenant pour y une fonction quelconque de u et de x, pourvu qu'elle soit nulle lorsque $u = 0$, et qu'elle soit infinie lorsque $x = 0$, conditions qui peuvent avoir lieu d'une infinité de manières.

Soit donc y une fonction quelconque de u et de x telle, que $y = 0$ quand $u = 0$, et $y = \infty$ quand $x = 0$, et soit $dy = M\,du + N\,dx$; qu'on dénote par Y une fonction quelconque de y, et l'on aura en général, dans le cas du tautochronisme,

$$dt = Y\,dy,$$

c'est-à-dire, en mettant pour dt sa valeur $\dfrac{dx}{u}$, et pour dy, $M\,du + N\,dx$,

$$\left(\frac{1}{u} - YN\right) dx - YM\,du = 0.$$

Or l'équation $u\,du + p\,dx = 0$ donne $du = -\dfrac{p\,dx}{u}$; donc, faisant cette substitution, et divisant toute l'équation par dx, on aura

$$\frac{1}{u} - YN + \frac{YMp}{u} = 0,$$

d'où l'on tire

$$p = \frac{Nu}{M} - \frac{1}{MY}.$$

C'est là, ce me semble, la solution la plus simple et en même temps la plus générale qu'on puisse donner du Problème dont il s'agit.

MÉMOIRE

SUR

LE PASSAGE DE VÉNUS

DU 3 JUIN 1769.

MÉMOIRE

sur

LE PASSAGE DE VÉNUS

DU 3 JUIN 1769 (*)..

(*Mémoires de l'Académie royale des Sciences et Belles-Lettres de Berlin*, t. XXII, 1766.)

Personne n'ignore les grands avantages que l'Astronomie peut retirer des observations des passages de Vénus sur le disque du Soleil. Non-seulement elles servent à rectifier les principaux éléments de la théorie de cette planète, elles sont encore très-utiles pour déterminer la parallaxe du Soleil, qui est, comme on sait, un des points fondamentaux de la Physique céleste. Le passage qui a été observé en 1761 a déjà beaucoup diminué l'incertitude où l'on était sur la vraie quantité de cette parallaxe; mais c'est à celui que nous attendons, et qui sera le dernier qu'on puisse voir dans ce siècle, à la fixer d'une manière bien certaine et irrévocable. Cette considération m'a engagé à discuter dans ce Mémoire les moyens que l'observation de ce phénomène peut fournir de décider un point si important. On y verra : 1° comment on peut calculer l'effet que les parallaxes combinées de deux astres quelconques doivent produire sur la distance de ces deux astres; 2° on y trouvera une méthode très-simple et très-commode pour déterminer en général, dans les passages des planètes sur le Soleil, les parallaxes d'entrée, de sortie et de durée

(*) Lu à l'Académie royale des Sciences et Belles-Lettres de Berlin le 12 novembre 1767.

pour tous les pays de la Terre ; 3° une méthode pour déduire la parallaxe du Soleil de trois observations d'un même passage faites dans trois endroits différents, indépendamment de la connaissance du mouvement de la planète ; 4° enfin on y trouvera l'application de notre théorie au passage de Vénus qui doit arriver le 3 juin 1769 au soir, avec quelques remarques relatives au choix des lieux où il pourra être observé avec le plus de fruit.

§ I. — *De la parallaxe de distance des astres en général.*

1. Soient T le centre de la Terre (*fig.* 1), TAC le plan de l'équateur, TA une ligne qui passe par le premier méridien pris à volonté, S un

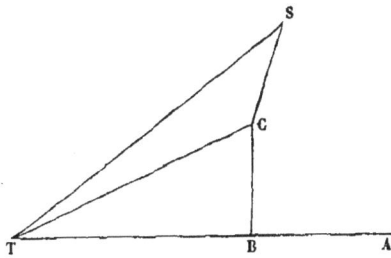

Fig. 1.

astre quelconque, SC une perpendiculaire au plan de l'équateur, CB une perpendiculaire à la ligne TA, TS une ligne qui joigne les deux points T et S, et TC une autre ligne qui passe par les points T et C ; soient nommées ensuite

TB. . . . . *l*

BC. . . . . *m*

CS. . . . . *n*

La distance TS de l'astre S au centre de la Terre. . . . . *r*

L'angle STC, qui exprime la déclinaison de l'astre S. . . . . *p*

L'angle CTA, qui représente la distance du même astre au premier méridien de la Terre (cette distance n'est autre chose que l'angle horaire de l'astre par rapport au méridien donné). . . . . *q*

Il est clair : 1° que les trois quantités l, m, n pourront être regardées comme les coordonnées orthogonales qui déterminent la position du point S relativement au point T; 2° qu'on aura

$$l = r \cos p \cos q, \quad m = r \cos p \sin q, \quad n = r \sin p.$$

2. Soient maintenant L un point quelconque de la surface de la Terre (*fig*. 2), LM une perpendiculaire au plan de l'équateur TAM, et MN une

Fig. 2.

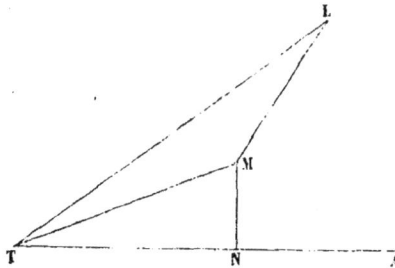

perpendiculaire à la ligne TA, et soient nommées

TN... λ
NM... μ
ML... ν
le rayon TL de la Terre.............................. ρ
l'angle LTM, c'est-à-dire la latitude terrestre du lieu L.... ψ
l'angle MTN, c'est-à-dire la longitude du même lieu....... φ

Les quantités λ, μ, ν seront les coordonnées rectangles du point L par rapport au point T, et l'on aura, comme ci-dessus,

$$\lambda = \rho \cos \psi \cos \varphi, \quad \mu = \rho \cos \psi \sin \varphi, \quad \nu = \rho \sin \psi.$$

3. Ayant déterminé ainsi la position des points S et L par rapport au point T, il est facile de déterminer la position respective des points S et L.

En effet, si l'on dénote par l', m', n' les coordonnées rectangles du point S par rapport au point L, il est visible qu'on aura

$$l' = l - \lambda, \quad m' = m - \mu, \quad n' = n - \nu;$$

II.   43

et si l'on fait, comme ci-dessus,

$$l' = r' \cos p' \cos q', \quad m' = r' \cos p' \sin q', \quad n' = r' \sin p',$$

on verra aisément que r' sera la distance de l'astre S au lieu L de la Terre, que p' exprimera la déclinaison apparente de cet astre vue du lieu L de la Terre, et que q' exprimera la distance apparente du même astre au premier méridien de la Terre par rapport au même point L.

4. Donc, pour déterminer le lieu apparent de l'astre par son lieu vrai, on aura les trois équations suivantes

$$r' \cos p' \cos q' = r \cos p \cos q - \rho \cos \psi \cos \varphi,$$
$$r' \cos p' \sin q' = r \cos p \sin q - \rho \cos \psi \sin \varphi,$$
$$r' \sin p' = r \sin p - \rho \sin \psi,$$

d'où l'on tire

$$\sin p' = \frac{r \sin p - \rho \sin \psi}{\sqrt{r^2 - 2 r \rho \left[\cos \psi \cos p \cos (q - \varphi) + \sin \psi \sin p \right] + \rho^2}},$$

$$\sin q' = \frac{r \cos p \sin q - \rho \cos \psi \sin \varphi}{\sqrt{r^2 \cos^2 p - 2 r \rho \cos \psi \cos p \cos (q - \varphi) + \rho^2 \cos^2 \psi}},$$

ou bien en faisant, pour plus de simplicité, $\frac{\rho}{r}$ (c'est-à-dire la parallaxe horizontale de l'astre S) $= i$, et divisant le haut et le bas de la seconde fraction par $\cos p$,

$$\sin p' = \frac{\sin p - i \sin \psi}{\sqrt{1 - 2 i \left[\cos \psi \cos p \cos (q - \varphi) + \sin \psi \sin p \right] + i^2}},$$

$$\sin q' = \frac{\sin q - \dfrac{i \cos \psi \sin \varphi}{\cos p}}{\sqrt{1 - \dfrac{2 i \cos \psi \cos (q - \varphi)}{\cos p} + \dfrac{i^2 \cos^2 \psi}{\cos^2 p}}}.$$

5. Considérons maintenant un autre astre quelconque V, dont

la distance au centre de la Terre soit...................... R
la distance au premier méridien terrestre................ Q
la déclinaison.. P

et supposons que, par rapport au lieu L de la Terre,

la distance apparente de l'astre V au premier méridien soit... Q′

la déclinaison apparente................................ P′

on aura, en nommant I la parallaxe horizontale de cet astre, en sorte que $I = \dfrac{\rho}{R}$,

$$\sin P' = \frac{\sin P - I \sin \psi}{\sqrt{1 - 2I[\cos\psi \cos P \cos(Q-\varphi) + \sin\psi \sin P] + I^2}},$$

$$\sin Q' = \frac{\sin Q - \dfrac{I\cos\psi\sin\varphi}{\cos P}}{\sqrt{1 - \dfrac{2I\cos\psi\cos(Q-\varphi)}{\cos P} + \dfrac{I^2\cos^2\psi}{\cos^2 P}}}.$$

6. Or, soient P le pôle de l'équateur (*fig.* 3), PS le cercle de déclinaison

Fig. 3.

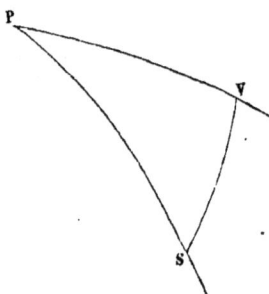

de l'astre S, PV le cercle de déclinaison de l'astre V, et VS un grand arc de cercle qui passe par ces deux astres, on aura, dans le triangle PVS,

$$PS = 90^\circ - p, \quad PV = 90^\circ - P, \quad SPV = Q - q;$$

donc, nommant Z la distance SV de l'astre V à l'astre S, on aura

$$\cos Z = \cos p \cos P \cos(Q - q) + \sin p \sin P.$$

De même, si l'on appelle Z′ la distance apparente de l'astre V à l'astre S, par rapport au point L de la Terre, on aura

$$\cos Z' = \cos p' \cos P' \cos(Q' - q') + \sin p' \sin P'.$$

Ainsi l'on trouvera les valeurs de Z et de Z′, dont la différence sera l'effet des parallaxes combinées des deux astres V et S.

43.

§ II. — *Simplification des formules précédentes en supposant les parallaxes des astres fort petites, et conséquences qui résultent de ces formules.*

7. Supposons que les quantités i et I soient très-petites (ce qui est vrai en général à l'égard de tous les astres), et nous aurons, en négligeant les termes très-petits du second ordre et des ordres ultérieurs,

$$\sin p' = \sin p + i\,[\cos\psi\,\sin p\,\cos p\,\cos(q-\varphi) - \sin\psi\,\cos^2 p],$$

$$\sin q' = \sin q + \frac{i\cos\psi}{\cos p}\,[\sin q\,\cos(q-\varphi) - \sin\varphi].$$

Donc, si l'on fait

$$p' = p + ix, \quad q' = q + iy,$$

ce qui donne

$$\sin p' = \sin p + ix\,\cos p, \quad \sin q' = \sin q + iy\,\cos q,$$

on aura

$$x = \cos\psi\,\sin p\,\cos(q-\varphi) - \sin\psi\,\cos p,$$

$$y = \frac{\cos\psi}{\cos p\,\cos q}\,[\sin q\,\cos(q-\varphi) - \sin\varphi],$$

ou bien

$$y = \frac{\cos\psi\,\sin(q-\varphi)}{\cos p};$$

et il est clair que les quantités ix et iy représenteront les parallaxes de déclinaison et d'ascension droite de l'astre S.

8. Si l'on fait de même

$$P' = P + IX, \quad Q' = Q + IY,$$

en sorte que IX et IY soient les parallaxes de déclinaison et d'ascension droite de l'astre V, on aura

$$X = \cos\psi\,\sin P\,\cos(Q-\varphi) - \sin\psi\,\cos P,$$

$$Y = \frac{\cos\psi\,\sin(Q-\varphi)}{\cos P},$$

et la valeur de $\cos Z'$ deviendra

$$\begin{aligned}
\cos Z' =\; & \cos p \cos P \cos(Q-q) + \sin p \sin P \\
& + ix\,[\cos p \sin P - \sin p \cos P \cos(Q-q)] \\
& + IX\,[\cos P \sin p - \sin P \cos p \cos(Q-q)] \\
& + (iy - IY)\cos p \cos P \sin(Q-q),
\end{aligned}$$

où l'on remarquera que

$$\cos p \cos P \cos(Q-q) + \sin p \sin P = \cos Z.$$

9. Si l'on substitue maintenant, à la place de x, y, X et Y leurs valeurs, et qu'on fasse $I = ik$, c'est-à-dire $k = \dfrac{r}{R}$, et

$$\begin{aligned}
L =\; & [\cos p \sin P - \sin p \cos P \cos(Q-q)]\sin p \cos q + \cos P \sin(Q-q)\sin q \\
& + k\,[\cos P \sin p - \sin P \cos p \cos(Q-q)]\sin P \cos Q - \cos p \sin(Q-q)\sin Q,
\end{aligned}$$

$$\begin{aligned}
M =\; & [\cos p \sin P - \sin p \cos P \cos(Q-q)]\sin p \sin q - \cos P \sin(Q-q)\cos q \\
& + k\,[\cos P \sin p - \sin P \cos p \cos(Q-q)]\sin P \sin Q + \cos p \sin(Q-q)\cos Q,
\end{aligned}$$

$$\begin{aligned}
N =\; & -\,[\cos p \sin P - \sin p \cos P \cos(Q-q)]\cos p \\
& - k\,[\cos P \sin p - \sin P \cos p \cos(Q-q)]\cos P,
\end{aligned}$$

on aura la formule suivante

$$\cos Z' = \cos Z + i\,(L \cos \psi \cos \varphi + M \cos \psi \sin \varphi + N \sin \psi),$$

dans laquelle les quantités L, M et N ne dépendent que de la situation des astres, en sorte qu'elles sont les mêmes pour tous les lieux de la Terre.

10. J'observe présentement que la quantité

$$L \cos \psi \cos \varphi + M \cos \psi \sin \varphi + N \sin \psi$$

peut se ramener à cette forme

$$\gamma\,[\cos \psi \cos \alpha \cos(\varphi - \beta) + \sin \psi \sin \alpha];$$

car en mettant $\cos \beta \cos \varphi + \sin \beta \sin \varphi$ à la place de $\cos(\varphi - \beta)$, et comparant les termes, on aura

$$\gamma \cos\alpha \cos\beta = L, \quad \gamma \cos\alpha \sin\beta = M, \quad \gamma \sin\alpha = N,$$

par où il est aisé de déterminer les quantités α, β et γ.

Or, si par le pôle P du globe terrestre et par le lieu L (*fig.* 4), dont la

Fig. 4.

latitude est ψ et la longitude φ, on décrit un triangle sphérique PLH tel, que la latitude du point H soit α et la longitude β, en sorte que l'on ait

$$PL = 90^\circ - \psi, \quad PH = 90^\circ - \alpha, \quad HPL = \varphi - \beta,$$

il est clair qu'en nommant ζ le côté LH, c'est-à-dire la distance entre les lieux L et H, on aura

$$\cos\zeta = \cos\alpha \cos\psi \cos(\varphi - \beta) + \sin\alpha \sin\psi,$$

et par conséquent

$$\gamma \cos\zeta = L \cos\psi \cos\varphi + M \cos\psi \sin\varphi + N \sin\psi;$$

donc

$$\cos Z' = \cos Z + i\gamma \cos\zeta.$$

11. De là on voit que, si du point H comme pôle on décrit un cercle quelconque sur le globe terrestre, tous les lieux qui se trouveront sous la circonférence de ce cercle verront la même distance apparente des deux astres, et par conséquent seront sujets à la même parallaxe de distance.

Ainsi, nous appellerons dans la suite *cercles de parallaxe* ces cercles décrits sur le globe, et qui passent par tous les points où la parallaxe de distance est la même, et nous nommerons de même *pôle de parallaxe* le pôle H de tous ces cercles, dont nous allons maintenant chercher la position.

12. Les trois équations du n° 10 se réduisent aisément à celles-ci

$$\gamma \cos\alpha \cos(\beta - q) = L \cos q + M \sin q,$$
$$\gamma \cos\alpha \sin(\beta - q) = M \cos q - L \sin q,$$
$$\gamma \sin\alpha = N,$$

lesquelles, par la substitution de L, M et N, se changent en

$$\gamma \cos\alpha \cos(\beta - q) = [(\cos p \sin P - \sin p \cos P \cos(Q - q)] \sin p$$
$$+ k\{[\cos P \sin p - \sin P \cos p \cos(Q - q)] \sin P \cos(Q - q)$$
$$- \cos p \sin^2(Q - q)\},$$
$$\gamma \cos\alpha \sin(\beta - q) = -\cos P \sin(Q - q)$$
$$+ k\{[\cos P \sin p - \sin P \cos p \cos(Q - q)] \sin P \sin(Q - q)$$
$$+ \cos p \sin(Q - q) \cos(Q - q)\},$$
$$\gamma \sin\alpha = -[\cos p \sin P - \sin p \cos P \cos(Q - q)] \cos p$$
$$- k[\cos P \sin p - \sin P \cos p \cos(Q - q)] \cos P,$$

ou bien, à cause de

$$\cos Z = \sin p \sin P + \cos p \cos P \cos(Q - q),$$

en celles-ci

$$\gamma \cos\alpha \cos(\beta - q) = \cos p \cos Z - \cos P \cos(Q - q)$$
$$+ k[\cos P \cos(Q - q) \cos Z - \cos p],$$
$$\gamma \cos\alpha \sin(\beta - q) = -\cos P \sin(Q - q)(1 - k \cos Z),$$
$$\gamma \sin\alpha = \sin p \cos Z - \sin P + k(\sin P \cos Z - \sin p),$$

d'où il est facile de tirer les valeurs de γ, α et $\beta - q$.

13. En ajoutant ensemble les carrés de ces trois équations, on aura d'abord

$$\gamma^2 = \cos^2 Z - 2\cos^2 Z + 1 + 2k(\cos^3 Z + \cos Z - \cos Z - \cos Z)$$
$$+ k^2(\cos^2 Z - 2\cos^2 Z + 1) = \sin^2 Z(1 - 2k\cos Z + k^2),$$

et par conséquent

$$\gamma = \sin Z \sqrt{1 - 2k\cos Z + k^2}.$$

Or $k = \dfrac{r}{R}$ (9); donc

$$\sqrt{1 - 2k\cos Z + k^2} = \frac{\sqrt{R^2 - 2Rr\cos Z + r^2}}{R}.$$

Mais, en considérant le triangle rectiligne TVS (*fig.* 5), dans lequel

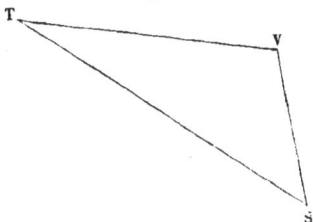

Fig. 5.

$TS = r$, $TV = R$ et $VTS = Z$, il est clair que

$$VS = \sqrt{R^2 - 2Rr\cos Z + r^2};$$

d'où il s'ensuit que, si l'on nomme f la distance rectiligne de l'astre V à l'astre S, on aura

$$\sqrt{1 - 2k\cos Z + k^2} = \frac{f}{R}.$$

Soit donc, pour abréger, $u = \dfrac{f}{R}$, et l'on aura $\gamma = u\sin Z$, et par conséquent

$$\cos Z' = \cos Z + iu\sin Z\cos\zeta.$$

Donc, puisque i est une quantité extrêmement petite, on aura à très-peu près

$$\cos Z' = \cos(Z - iu\cos\zeta),$$

d'où

$$Z' = Z - iu\cos\zeta,$$

de sorte que $-iu\cos\zeta$ sera la parallaxe de distance des deux astres pour tous les lieux de la Terre L qui sont éloignés du pôle H de l'arc ζ.

14. Supposons à présent que P soit le pôle de l'équateur (*fig.*6), S le lieu vrai de l'astre S, V celui de l'astre V, et H le *pôle des parallaxes*, nous aurons, dans le triangle PSV,

$$PS = 90° - p, \quad PV = 90° - P, \quad SPV = Q - q, \quad SV = Z,$$

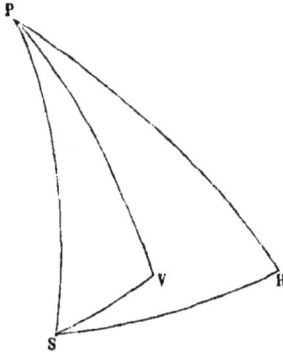

et dans le triangle PSH,

$$PH = 90° - \alpha, \quad SPH = \beta - q,$$

par conséquent

$$\cos SH = \sin p \sin \alpha + \cos p \cos \alpha \cos(\beta - q),$$

et substituant pour $\sin\alpha$ et $\cos\alpha\cos(\beta - q)$ leurs valeurs tirées des équations du n° **12**,

$$\cos SH = \frac{\cos Z - \cos Z + k(\cos^2 Z - 1)}{\gamma}$$

$$= -\frac{k\sin^2 Z}{\gamma} = -\frac{k\sin Z}{\sqrt{1 - 2k\cos Z + k^2}};$$

c'est-à-dire, en faisant $\frac{f}{r} = g$,

$$\cos SH = -\frac{\sin Z}{g}.$$

De plus, on aura

$$\sin PSH = \frac{\sin(\beta - q)\cos\alpha}{\sin SH},$$

et, en substituant la valeur de $\sin(\beta - q)\cos\alpha$,

$$\sin PSH = \frac{\cos P \sin(Q - q)(k\cos Z - 1)}{\gamma \sin SH},$$

ou bien, à cause de $\sin PSV = \dfrac{\sin(Q - q)\cos P}{\sin Z}$,

$$\sin PSH = \frac{\sin Z(k\cos Z - 1)\sin PSV}{\gamma \sin SH};$$

mais

$$\sin SH = \frac{k\cos Z - 1}{\sqrt{1 - 2k\cos Z + k^2}};$$

donc

$$\gamma \sin SH = \sin Z(k\cos Z - 1);$$

par conséquent

$$\sin PSH = \sin PSV \quad \text{et} \quad PSH = PSV;$$

d'où il s'ensuit que, pour trouver le pôle H des parallaxes, il n'y a qu'à prolonger l'arc de grand cercle SV du côté de V (*fig.* 7), et prendre sur

Fig. 7.

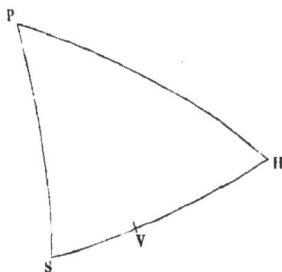

ce prolongement un arc SH dont le cosinus soit $-\dfrac{\sin Z}{g}$, c'est-à-dire prendre un arc s tel, que $\sin s = \dfrac{\sin Z}{g}$, et faire ensuite l'arc $SH = 90^o + s$.

15. Si l'on voulait déterminer la position du pôle H sur le globe par latitude et par longitude, il n'y aurait qu'à chercher d'abord l'angle PSV, c'est-à-dire l'angle que le cercle SV passant par les deux astres fait avec le cercle de déclinaison PS de l'astre S.

Soit cet angle PSV $= \varepsilon$, et l'on aura (comme nous l'avons trouvé ci-dessus)

$$\sin \varepsilon = \frac{\sin(Q - q)\cos P}{\sin Z}.$$

Ainsi, dans le triangle PSH, connaissant le côté PS $= 90^o - p$, le côté SH $= 90^o + s$ et l'angle PSH $= \varepsilon$, on trouvera le côté PH $= 90^o - \alpha$ et l'angle SPH $= \beta - q$; de sorte qu'on aura

$$\sin \alpha = \cos p \cos s \cos \varepsilon - \sin p \sin s,$$

$$\sin(\beta - q) = \frac{\cos s \sin \varepsilon}{\cos p}.$$

16. Imaginons maintenant que les astres S et V soient en mouvement, et qu'au bout d'un temps quelconque ils se retrouvent à la même distance Z l'un de l'autre; et supposons que les quantités p, q, ε, α, β, u et ζ deviennent alors p', q', ε', α', β', u' et ζ', on aura les mêmes formules qu'auparavant, en marquant simplement ces lettres d'un trait.

Ainsi, la parallaxe de distance sera pour cette nouvelle position des astres $- iu' \cos\zeta'$.

17. Si l'on nomme θ le mouvement horaire de l'astre V pour s'approcher de l'astre S, lorsque ces deux astres se trouvent pour la première fois à la distance Z l'un de l'autre, et θ' le mouvement horaire du même astre V pour s'éloigner de l'astre S, lorsque ces astres se trouvent pour la seconde fois à la même distance, il est clair qu'on aura $- \frac{iu}{\theta} \cos\zeta$ et $- \frac{iu}{\theta}\cos\zeta'$ pour les deux parallaxes de distance réduites en temps.

De sorte que si t est le temps au bout duquel les astres V et S se trouvent pour la première fois à la distance Z, et t' celui au bout duquel ils se retrouvent à la même distance par rapport au centre de la Terre, et que T et T' soient les temps au bout desquels les mêmes apparences doivent avoir lieu pour un observateur placé en L, on aura

$$T = t - \frac{iu}{\theta}\cos\zeta, \quad T' = t' + \frac{iu'}{\theta'}\cos\zeta'.$$

18. De là on pourra trouver le temps qui doit s'écouler entre les deux moments où les astres V et S paraissent à la même distance Z l'un de l'autre. Ce temps sera

$$T' - T = t' - t + i\left(\frac{u}{\theta}\cos\zeta + \frac{u'}{\theta'}\cos\zeta'\right);$$

mais $t' - t$ est le temps par rapport au centre de la Terre; donc l'effet de la parallaxe sera de

$$i\left(\frac{u}{\theta}\cos\zeta + \frac{u'}{\theta'}\cos\zeta'\right),$$

c'est-à-dire égal à la somme des deux parallaxes de distance.

Soient pour plus de simplicité

$$\frac{u}{\theta} = w \quad \text{et} \quad \frac{u'}{\theta'} = w',$$

en sorte que l'effet de la somme des parallaxes soit exprimé par

$$i(w\cos\zeta + w'\cos\zeta');$$

substituons à la place de $\cos\zeta$ sa valeur trouvée (**10**)

$$\cos\alpha\cos\psi\cos(\varphi - \beta) + \sin\alpha\sin\psi,$$

et à la place de $\cos\zeta'$ sa valeur correspondante

$$\cos\alpha'\cos\psi\cos(\varphi - \beta') + \sin\alpha'\sin\psi,$$

et la quantité $w\cos\zeta + w'\cos\zeta'$ deviendra, en ordonnant les termes,

$$(w\cos\alpha\cos\beta + w'\cos\alpha'\cos\beta')\cos\psi\cos\varphi$$
$$+ (w\cos\alpha\sin\beta + w'\cos\alpha'\sin\beta')\cos\psi\sin\varphi$$
$$+ (w\sin\alpha + w'\sin\alpha')\sin\psi.$$

Donc, si l'on suppose

$$\Gamma\cos A\cos B = w\cos\alpha\cos\beta + w'\cos\alpha'\cos\beta',$$
$$\Gamma\cos A\sin B = w\cos\alpha\sin\beta + w'\cos\alpha'\sin\beta',$$
$$\Gamma\sin A = w\sin\alpha + w'\sin\alpha',$$

on aura

$$w \cos \zeta + w' \cos \zeta' = \Gamma \left[\cos A \cos \psi \cos(\varphi - B) + \sin A \sin \psi \right].$$

Or, si l'on prend sur le globe terrestre un point G dont la latitude soit A et la longitude soit B, et qu'on nomme z la distance d'un lieu quelconque de la Terre à ce point G, on aura en général

$$\cos z = \cos A \cos \psi \cos(\varphi - B) + \sin A \sin \psi \,;$$

par conséquent la somme des deux parallaxes de distance par rapport au lieu L sera exprimée par $i\Gamma \cos z$, c'est-à-dire d'une manière analogue à celle dont nous avons représenté chacune des deux parallaxes en particulier.

D'où il suit que le point G du globe terrestre pourra être regardé comme le pôle de la somme des parallaxes, de manière qu'en décrivant autour de ce pôle un cercle quelconque la somme des parallaxes sera la même pour tous les pays qui se trouveront sous la circonférence d'un tel cercle.

19. Les trois équations du numéro précédent donnent d'abord

$$\Gamma^2 = w^2 + w'^2 + 2\,w\,w' \left[\cos \alpha \cos \alpha' \cos(\beta' - \beta) + \sin \alpha \sin \alpha' \right].$$

Or, si P est le pôle du globe terrestre (*fig.* 8), H le pôle des parallaxes

Fig. 8.

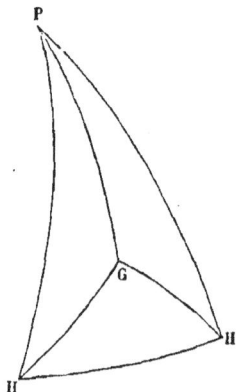

pour la première situation des astres, H' le pôle des parallaxes pour la seconde situation, en sorte que l'on ait

$$PH = 90° - \alpha, \quad PH' = 90° - \alpha', \quad HPH' = \beta' - \beta,$$

et qu'on nomme ω la distance HH' des deux pôles, on aura

$$\cos\omega = \cos\alpha \cos\alpha' \cos(\beta - \beta') + \sin\alpha \sin\alpha',$$

et par conséquent

$$\Gamma = \sqrt{w^2 + 2ww' \cos\omega + w'^2}.$$

Les mêmes équations donnent ensuite ces deux-ci

$$\Gamma \left[\cos\alpha \cos A \cos(\beta - B) + \sin\alpha \sin A \right]$$
$$= w + w' \left[\cos\alpha \cos\alpha' \cos(\beta - \beta') + \sin\alpha \sin\alpha' \right],$$

$$\Gamma \left[\cos\alpha' \cos A \cos(\beta' - B) + \sin\alpha' \sin A \right]$$
$$= w' + w \left[\cos\alpha \cos\alpha' \cos(\beta - \beta') + \sin\alpha \sin\alpha' \right].$$

Or, en tirant (*fig.* 8, p. 349) des pôles H et H' au pôle G de la somme des parallaxes, les arcs de grand cercle HG et H'G, et nommant ces arcs χ et χ', on aura

$$\cos\chi = \cos\alpha \cos A \cos(\beta - B) + \sin\alpha \sin A,$$

$$\cos\chi' = \cos\alpha' \cos A \cos(\beta' - B) + \sin\alpha' \sin A.$$

Donc

$$\cos\chi = \frac{w + w' \cos\omega}{\sqrt{w^2 + 2ww' \cos\omega + w'^2}},$$

$$\cos\chi' = \frac{w \cos\omega + w'}{\sqrt{w^2 + 2ww' \cos\omega + w'^2}}.$$

Ainsi, connaissant dans le triangle HGH' les trois côtés $HH' = \omega$, $HG = \chi$ et $H'G = \chi'$, on trouvera la position du pôle G.

Au reste, si l'on voulait connaître les valeurs de A et de B, c'est-à-dire la latitude et la longitude même du pôle G, on trouverait immédiatement, par les équations du numéro précédent,

$$\tan B = \frac{w \cos\alpha \sin\beta + w' \cos\alpha' \sin\beta'}{w \cos\alpha \cos\beta + w' \cos\alpha' \cos\beta'}$$

ou bien

$$\tan(B - \beta) = \frac{w' \cos\alpha' \sin(\beta' - \beta)}{w \cos\alpha + w' \cos\alpha' \cos(\beta' - \beta)},$$

$$\sin A = \frac{w \sin\alpha + w' \sin\alpha'}{\sqrt{w^2 + 2\,w w' \cos\omega + w'^2}}.$$

20. Si l'on avait $w' = w$, c'est-à-dire si la quantité w était la même pour les deux situations des astres, on aurait

$$\Gamma = w\sqrt{2 + 2\cos\omega} = 2w\cos\frac{\omega}{2},$$

et ensuite

$$\cos\chi = \cos\chi' = \frac{1 + \cos\omega}{2\cos\frac{\omega}{2}} = \cos\frac{\omega}{2},$$

et par conséquent

$$\chi = \chi' = \frac{\omega}{2},$$

ce qui montre que le point G tombe au milieu de l'arc HH'.

21. Nous avons trouvé ci-dessus (13) pour un lieu quelconque L de la Terre, dont la latitude est ψ et la longitude φ, l'équation

$$T = t - iw \cos\zeta.$$

Donc, si l'on suppose que les astres S et V aient été observés en même temps dans le lieu L et dans un autre lieu quelconque M dont la latitude soit Ψ et la longitude Φ, et qu'on fasse la distance de ce dernier lieu au pôle des parallaxes H, égale à Σ, on aura aussi

$$\Theta = t - iw \cos\Sigma,$$

Θ étant le temps au bout duquel les astres S et V paraissent à la distance Z l'un de l'autre à un observateur placé en M.

Or, puisque ces deux quantités T et Θ sont données par l'observation, leur différence, que je nommerai Δ, le sera aussi, de sorte qu'on aura l'équation

$$\Delta = iw(\cos\Sigma - \cos\zeta).$$

Mais on a (10)

$$\cos\zeta = \cos\alpha\,\cos\psi\,\cos(\varphi-\beta) + \sin\alpha\,\sin\psi;$$

donc on aura aussi

$$\cos\Sigma = \cos\alpha\,\cos\Psi\,\cos(\Phi-\beta) + \sin\alpha\,\sin\Psi,$$

d'où

$$\cos\Sigma - \cos\zeta = (\cos\Psi\,\cos\Phi - \cos\psi\,\cos\varphi)\cos\alpha\,\cos\beta$$
$$+ (\cos\Psi\,\sin\Phi - \cos\psi\,\sin\varphi)\cos\alpha\,\sin\beta + (\sin\Psi - \sin\psi)\sin\alpha.$$

Maintenant, il est visible que cette quantité peut se ramener à la forme

$$V\,[\cos\alpha\,\cos X\,\cos(Y-\beta) + \sin X\,\sin\alpha],$$

en faisant

$$V\cos X\cos Y = \cos\Psi\,\cos\Phi - \cos\psi\,\cos\varphi,$$
$$V\cos X\sin Y = \cos\Psi\,\sin\Phi - \cos\psi\,\sin\varphi,$$
$$V\sin X = \sin\Psi - \sin\psi.$$

De plus, il est évident que si, dans le triangle PHF (*fig.* 9), P est le pôle

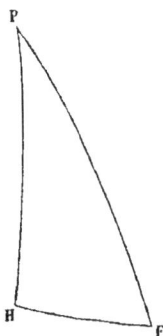

Fig. 9.

de l'équateur, H celui des parallaxes et F le lieu qui répond à la latitude terrestre X et à la longitude Y, en sorte que

$$PH = 90^\circ - \alpha, \quad PF = 90^\circ - X, \quad FPH = \beta - Y,$$

on aura

$$\cos FH = \cos\alpha\,\cos X\,\cos(\beta-Y) + \sin\alpha\,\sin X,$$

de manière qu'en nommant ξ la distance du pôle H au point F on aura

$$\cos\Sigma - \cos\zeta = V\cos\xi.$$

22. Pour trouver maintenant la valeur de la quantité V et la position du point F sur le globe, on traitera les trois équations du numéro précédent comme on a fait celles du n° **17**, auxquelles elles sont entièrement analogues, et l'on trouvera :

1° Que si l'on nomme λ la distance LM entre les deux lieux d'observation L et M, on aura $V = 2\sin\dfrac{\lambda}{2}$;

2° Que si l'on prolonge l'arc de grand cercle LM du côté de M (*fig.* 10),

Fig. 10.

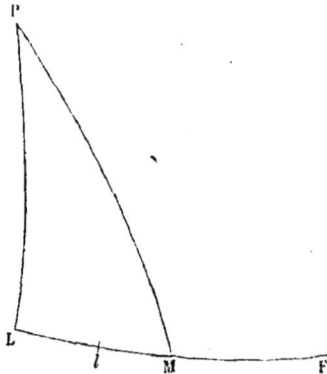

et que du point du milieu l on prenne $lF = 90°$, on aura le point cherché F.

Si l'on voulait connaître la latitude et la longitude même de ce point F, on aurait sur-le-champ

$$\tan Y = \frac{\cos\Psi\sin\Phi - \cos\psi\sin\varphi}{\cos\Psi\cos\Phi - \cos\psi\cos\varphi},$$

$$\sin X = \frac{\sin\Psi - \sin\psi}{2\sin\dfrac{\lambda}{2}}.$$

Ayant déterminé ainsi la position du point F, on aura pour le temps qui s'écoule entre l'observation en L et celle en M la formule

$$2\,i\,w\cos\frac{\lambda}{2}\cos\xi,$$

ξ étant la distance du point F au pôle des parallaxes H.

23. S'il y avait trois observateurs placés en trois endroits différents L, M, N de la surface de la Terre (*fig.* 11), et qu'ayant décrit par ces trois

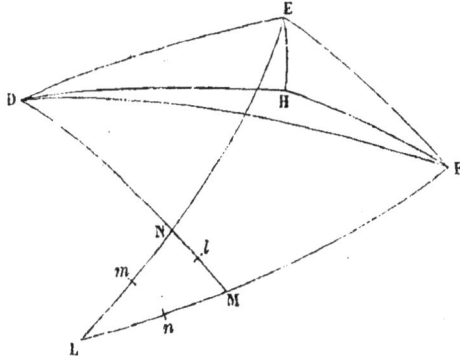

points les arcs de grand cercle LMF, LNE, MND, on y prit des points du milieu l, m, n les arcs lF, mE, nD, chacun de 90 degrés; qu'ensuite on menât, par les extrémités F, E, D de ces arcs et par le pôle des parallaxes H, les arcs de grand cercle FH, EH, DH et qu'on nommât

$$
\begin{aligned}
&\text{LM} \dots\dots\dots\dots\dots\dots\dots\dots\dots\dots \lambda, \\
&\text{LN} \dots\dots\dots\dots\dots\dots\dots\dots\dots\dots \mu, \\
&\text{MN} \dots\dots\dots\dots\dots\dots\dots\dots\dots\dots \nu, \\
&\cos \text{FH} \dots\dots\dots\dots\dots\dots\dots\dots\dots x, \\
&\cos \text{EH} \dots\dots\dots\dots\dots\dots\dots\dots\dots y, \\
&\cos \text{DH} \dots\dots\dots\dots\dots\dots\dots\dots\dots z,
\end{aligned}
$$

on aurait

$$
\text{temps en L} - \text{temps en M} = 2\,iwx \cos \frac{\lambda}{2},
$$

$$
\text{temps en L} - \text{temps en N} = 2\,iwy \cos \frac{\mu}{2},
$$

$$
\text{temps en M} - \text{temps en N} = 2\,iwz \cos \frac{\nu}{2}.
$$

Donc, puisque ces différences sont données immédiatement par les observations, si on les suppose égales à a, b, c, on aura les trois équations

$$
a = 2\,iwx \cos \frac{\lambda}{2}, \quad b = 2\,iwy \cos \frac{\mu}{2}, \quad c = 2\,iwz \cos \frac{\nu}{2},
$$

d'où l'on tire

$$y = \frac{b \cos \frac{\lambda}{2}}{a \cos \frac{\mu}{2}} x, \quad z = \frac{c \cos \frac{\lambda}{2}}{a \cos \frac{\nu}{2}} x.$$

Or, en supposant la position des lieux d'observation L, M, N donnée, il est clair que le triangle EFD sera donné, aussi bien que le rapport des cosinus des arcs FH, EH, DH qui aboutissent au même point H, de sorte qu'on pourra, à l'aide des équations précédentes, trouver la position du pôle des parallaxes H.

24. Pour cela nous nommerons L, M, N les distances FE, FD, DE, et nous aurons dans le triangle FEH

$$\cos FHE = \frac{\cos L - xy}{\sqrt{1 - x^2} \sqrt{1 - y^2}},$$

dans le triangle FDH

$$\cos DHF = \frac{\cos M - xz}{\sqrt{1 - x^2} \sqrt{1 - z^2}},$$

et dans le triangle EDH

$$\cos DHE = \frac{\cos N - yz}{\sqrt{1 - y^2} \sqrt{1 - z^2}}.$$

Mais, comme la somme des angles qui sont autour de F doit faire quatre droits, on aura

$$\cos(FHE + DHF) = \cos DHE,$$

c'est-à-dire

$$\cos FHE \times \cos DHF - \sin FHE \times \sin DHF = \cos DHE,$$

ou bien, en carrant,

$$(1 - \cos^2 FHE)(1 - \cos^2 DHF) = (\cos DHE - \cos FHE \times \cos DHF)^2,$$

et réduisant,

$$1 - \cos^2 FHE - \cos^2 DHF - \cos^2 DHE + 2 \cos FHE \times \cos DHF \times \cos DHE = 0.$$

Donc, substituant les valeurs trouvées ci-dessus et ôtant les dénominateurs, on aura

$$(1-x^2)(1-y^2)(1-z^2)-(\cos L-xy)^2(1-z^2)-(\cos M-xz)^2(1-y^2)$$
$$-(\cos N-yz)^2(1-x^2)+2(\cos L-xy)(\cos M-xz)(\cos N-yz)=0,$$

ce qui se réduit à

$$1-\cos^2 L-\cos^2 M-\cos^2 N+2\cos L\cos M\cos N-x^2\sin^2 N-y^2\sin^2 M-z^2\sin^2 L$$
$$+2xy(\cos L-\cos M\cos N)+2xz(\cos M-\cos L\cos N)$$
$$+2yz(\cos N-\cos L\cos M)=0.$$

Or, faisant pour plus de simplicité

$$\frac{b\cos\frac{\lambda}{2}}{a\cos\frac{\mu}{2}}=m,\qquad \frac{c\cos\frac{\lambda}{2}}{a\cos\frac{\nu}{2}}=n,$$

en sorte que l'on ait $y=mx$ et $z=nx$, et substituant ces valeurs dans l'équation précédente, on en tirera

$$x=\frac{\sqrt{1-\cos^2 L-\cos^2 M-\cos^2 N+2\cos L\cos M\cos N}}{\sqrt{\sin^2 N+m^2\sin^2 M+n^2\sin^2 L-2m(\cos L-\cos M\cos N)-2n(\cos M-\cos L\cos N)-2mn(\cos N-\cos L\cos M)}}.$$

Ainsi l'on connaitra x et par conséquent aussi y et z, ce qui suffit pour déterminer la position du point H.

25. A l'égard des arcs L, M et N, il est facile de les déterminer par le moyen des arcs λ, μ et ν, qui sont supposés connus.

En effet, dans le triangle FLE, on a

$$FE=L,\quad LF=\frac{\lambda}{2}+90^\circ,\quad LE=\frac{\mu}{2}+90^\circ;$$

donc, nommant η l'angle en L, on aura

$$\cos L=\cos\frac{\lambda}{2}\cos\frac{\mu}{2}\cos\eta+\sin\frac{\lambda}{2}\sin\frac{\mu}{2}.$$

De plus, dans le triangle LMN, on a

$$\cos\eta = \frac{\cos\nu - \cos\lambda\cos\mu}{\sin\lambda\sin\mu};$$

donc on aura

$$\cos L = \frac{\cos\frac{\lambda}{2}\cos\frac{\mu}{2}(\cos\nu - \cos\lambda\cos\mu)}{\sin\lambda\sin\mu} + \sin\frac{\lambda}{2}\sin\frac{\mu}{2},$$

ou bien

$$\cos L = \frac{\cos\nu - \cos\lambda\cos\mu}{4\sin\frac{\lambda}{2}\sin\frac{\mu}{2}} + \sin\frac{\lambda}{2}\sin\frac{\mu}{2},$$

ou bien encore

$$\cos L = \frac{1 + \cos\nu - \cos\lambda - \cos\mu}{4\sin\frac{\lambda}{2}\sin\frac{\mu}{2}},$$

et l'on trouvera de même

$$\cos M = \frac{1 + \cos\mu - \cos\lambda - \cos\nu}{4\sin\frac{\lambda}{2}\sin\frac{\nu}{2}},$$

$$\cos N = \frac{1 + \cos\lambda - \cos\mu - \cos\nu}{4\sin\frac{\mu}{2}\sin\frac{\nu}{2}}.$$

Ce que nous venons de démontrer touchant les différences des parallaxes observées en deux ou trois endroits différents doit s'appliquer de même aux différences des sommes des parallaxes, dont nous avons traité dans les n°s 16 et suivants; il faudra seulement substituer, dans ce cas, au pôle H des parallaxes le pôle G de la somme des parallaxes.

26. Avant de passer à l'application de la théorie que nous venons de donner, il est bon de remarquer que, comme dans la projection ordinaire des mappemondes, qui est la projection *stéréographique* de Ptolémée, tous les cercles du globe deviennent aussi des cercles, on pourra également transporter sur la mappemonde les différents cercles des pa-

rallaxes et des sommes des parallaxes que nous avons enseigné à tracer sur le globe.

Si l'on connaissait pour chacun de ces cercles la position de trois points quelconques, il n'y aurait qu'à chercher sur la mappemonde les points correspondants, et le cercle qui passerait par ces trois points serait nécessairement la projection du cercle décrit sur le globe; mais, lorsqu'on ne connait que la position du pôle avec l'ouverture, c'est-à-dire l'arc qui mesure la distance du pôle à la circonférence, il est plus court de chercher directement le centre et le rayon de la projection.

Pour résoudre ce Problème, soient AB le diamètre du cercle de projection (*fig.* 12), O le lieu de l'œil, H le pôle d'un cercle décrit sur le globe,

Fig. 12.

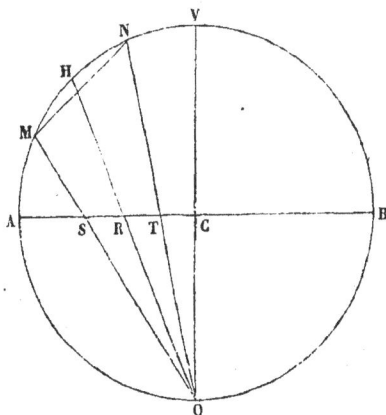

dont MN est le diamètre, AVBO un grand cercle de la sphère qui passe par les points O et H, il est facile de voir qu'en menant les rayons visuels OM, ON, le cercle MN sera projeté par un autre cercle dont le diamètre sera ST : de sorte qu'en divisant la ligne ST en deux également en R, le point R sera le centre, et la ligne RS le rayon du cercle dont il s'agit.

De plus, si l'on suppose, comme dans les mappemondes ordinaires (*fig.* 13), que le cercle de projection EAPQB est le premier méridien, et que EQ soit le diamètre de l'équateur qui y est perpendiculaire, et P le pôle du monde, il est clair qu'en menant par les points P et H l'arc de méridien PH, on aura PH égal au complément de la latitude du point H, et l'angle HPA égal à la longitude de ce même point.

Fig. 13.

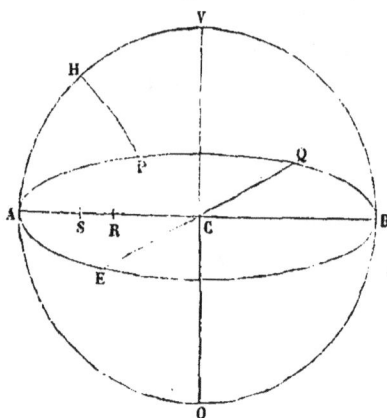

Donc, si l'on nomme

la latitude du point H............................ α,

la longitude du même point..................... β,

l'arc HM, c'est-à-dire l'ouverture du cercle MN...... ζ,

l'arc AE...................................... V,

l'arc HA...................................... W,

on aura d'abord, dans le triangle HAP rectangle en A (*fig.* 13),

$$\tan AP = \tan PH \cos HAP \quad \text{et} \quad \sin HA = \sin PH \sin HPA,$$

c'est-à-dire

$$\tan V = \frac{\tan \alpha}{\cos \beta} \quad \text{et} \quad \sin W = \cos \alpha \sin \beta.$$

Ensuite on aura (*fig.* 12)

$$AN = W + \zeta, \quad AM = W - \zeta, \quad CT = \tan VON = \tan \frac{VN}{2} = \cot \frac{W + \zeta}{2},$$

et de même

$$CS = \cot \frac{W - \zeta}{2}.$$

Donc

$$\mathrm{CR} = \frac{\cot \dfrac{\mathrm{W} - \zeta}{2} + \cot \dfrac{\mathrm{W} + \zeta}{2}}{2}, \quad \mathrm{RS} = \frac{\cot \dfrac{\mathrm{W} - \zeta}{2} - \cot \dfrac{\mathrm{W} + \zeta}{2}}{2},$$

ou bien

$$\mathrm{CR} = \frac{\sin \mathrm{W}}{\cos \mathrm{W} + \cos \zeta}, \quad \mathrm{RS} = \frac{\sin \zeta}{\cos \mathrm{W} + \cos \zeta}.$$

Au reste, la solution de ce Problème deviendrait beaucoup plus facile si, dans la projection de la mappemonde, au lieu de supposer l'œil dans l'équateur, comme on le fait ordinairement, on le supposait au pôle même; car alors tous les méridiens étant des lignes droites, il est clair que le centre du cercle sur la mappemonde se trouverait dans le même méridien que sur le globe, de sorte qu'il n'y aurait qu'à marquer sur ce méridien les deux points par où doit passer le cercle, et la portion de méridien interceptée entre ces deux points en serait nécessairement le diamètre.

§ III. — *Application de la théorie précédente aux passages des planètes sur le disque du Soleil.*

27. Supposons maintenant que l'astre S soit le Soleil et que l'astre V soit une planète quelconque qui passe devant lui; en faisant Z égal au demi-diamètre du Soleil, on aura (13) $- i w \cos \zeta$ pour la parallaxe d'entrée et $i w' \cos \zeta'$ pour la parallaxe de sortie, c'est-à-dire pour les effets de la parallaxe sur le temps de l'entrée et de la sortie de la planète; le signe — marque l'accélération du contact, et le signe + le retardement.

28. Soient (*fig.* 14) S le centre du Soleil, ELC son disque, VV' la route de la planète V sur ce disque, EC l'écliptique, SL le cercle de latitude du Soleil, SD le cercle de déclinaison; en menant les rayons SV, SV' et la perpendiculaire SR, on aura SQ égal à la latitude de la planète au temps de la conjonction, RSQ égal à l'angle de la ligne VV' avec la ligne EC, c'est-à-dire à l'inclinaison de l'orbite relative VV' de la pla-

nète sur l'écliptique, DSL égal à l'angle de position du Soleil, et les angles VSD et V'SD seront ceux que nous avons nommés ε et ε' dans les n°s 15 et 16.

Fig. 14.

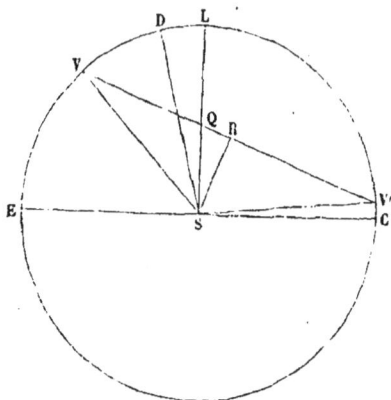

Soient nommées donc

La latitude de la planète au temps de la conjonction... Λ,

L'inclinaison de son orbite relative sur l'écliptique.... Υ,

L'angle de position au moment de l'entrée .... II,

L'angle de position au moment de la sortie.......... II'.

On trouvera d'abord la moindre distance de centre $SR = \Lambda \cos \Upsilon$; ensuite, faisant l'angle $VSR = \eta$, on aura

$$\cos \eta = \frac{\Lambda \cos \Upsilon}{Z},$$

et par conséquent

$$\varepsilon = \eta - \Upsilon - II. \quad \varepsilon' = \eta + \Upsilon + II'.$$

Connaissant par ce moyen les angles ε et ε', et connaissant aussi les déclinaisons du Soleil p et p' pour les moments de l'entrée et de la sortie, on trouvera aisément (14) la position des pôles H et H', que nous nommerons dorénavant *pôles d'entrée et de sortie*; ainsi on connaîtra pour chaque lieu de la Terre les angles ζ et ζ'.

Nous remarquerons seulement que, comme l'angle ε' tombe de l'autre côté du cercle de déclinaison SD, il faudra aussi, dans la *fig. 7*, p. 346, prendre l'arc SH de l'autre côté de PS; ainsi, l'angle SPH devra être

II.   46

regardé comme négatif, c'est-à-dire que cet angle, au lieu d'être supposé égal à $\beta' - q'$, devra être au contraire égal à $q' - \beta'$.

29. A l'égard des mouvements horaires θ et θ', il est facile de voir
que, si l'on nomme le mouvement horaire de la planète sur son orbite
relative au moment de l'entrée ϑ, et au moment de la sortie ϑ', on aura

$$\theta = \frac{VR}{SV}\vartheta, \quad \theta' = \frac{VR}{SV}\vartheta',$$

c'est-à-dire

$$\theta = \frac{\vartheta \sqrt{Z^2 - \Lambda^2 \cos \Upsilon^2}}{Z} = \vartheta \sin \eta,$$

$$\theta' = \frac{\vartheta' \sqrt{Z^2 - \Lambda^2 \cos \Upsilon^2}}{Z} = \vartheta' \sin \eta.$$

Dans les passages de Mercure, les quantités ϑ et ϑ' peuvent différer entre
elles de quelques secondes, à cause de la grande excentricité de cette
planète; mais dans ceux de Vénus la différence de ces deux quantités est
absolument insensible. Il en faut dire autant des quantités u et u', qui
expriment les rapports des distances de la planète au Soleil et à la
Terre (13), de sorte que dans ces derniers passages on peut supposer
$w' = w$.

30. M. de Lisle est le premier qui ait eu l'idée de tracer sur le globe,
aussi bien que sur la mappemonde, les différents cercles des parallaxes
d'entrée et de sortie dans les passages des planètes sur le disque du Soleil. Il l'exécuta d'abord pour le passage de Mercure de 1753 et ensuite
pour celui de Vénus de 1761, et M. de Lalande a rempli le même objet
pour le passage de Vénus qui s'observera en 1769. Comme M. de Lisle
n'a point donné les principes de sa méthode et que M. de Lalande n'a
déduit la sienne que de la théorie des projections, j'ai cru qu'il n'était
pas tout à fait inutile d'examiner cette matière par l'analyse; d'ailleurs,
suivant les méthodes dont nous venons de parler, pour trouver le pôle H
d'entrée ou de sortie, il faut prolonger l'arc de grand cercle SV en H, de
manière que l'on ait (*fig.* 7, p. 346) SH = 90°, au lieu que nous avons
trouvé (14) que l'arc SH doit être égal à 90° + s, l'arc s étant tel que

$\sin s = \dfrac{\sin Z}{g}$. Il est vrai que, comme Z demi-diamètre du Soleil n'est que d'environ 16 minutes, et que la quantité g, rapport des distances de la planète et de la Terre au Soleil, est à peu près $\frac{4}{10}$ pour Mercure et $\frac{7}{10}$ pour Vénus, l'angle s ne sera que d'environ 37 minutes pour la première de ces deux planètes et de 22 minutes pour la seconde, et qu'ainsi l'erreur sera toujours fort petite.

Cependant, comme on pourrait appliquer la même théorie à des cas où la distance Z ne serait plus très-petite, il m'a paru important de résoudre le Problème en toute rigueur.

31. Mais ce n'est pas là le seul avantage de notre méthode. On sait que la plus importante de toutes les observations que l'on puisse faire dans un passage de Vénus est celle de la durée du passage; aussi, le principal objet des voyages qui ont été entrepris à l'occasion du passage de 1761 était de nous procurer des observations de la durée dans les lieux où les effets de la parallaxe devaient être les plus sensibles et les plus opposés, et tel est aussi, je crois, le but des voyages auxquels les Astronomes se disposent actuellement.

Or, suivant ce que nous avons démontré dans les n°^{os} 18 et suivants, la parallaxe de durée est exprimée en général par

$$ i \sqrt{\omega^2 + 2\omega\omega' \cos\omega + \omega'^2} \cos z, $$

z étant la distance du lieu d'observation au pôle G, dont la position est donnée sur le globe; de sorte que la parallaxe dont il s'agit sera absolument nulle dans les lieux placés sous la circonférence du grand cercle qui aurait le même point G pour pôle, et qu'elle croîtra en raison des sinus des distances à ce même cercle. On pourrait donc aussi, si l'on voulait, tracer sur un globe ou sur une mappemonde différents cercles de durée, c'est-à-dire tels, que la durée du passage fût la même pour tous les pays qui se trouveraient dans la circonférence de chacun d'eux, l'opération serait absolument la même que pour les cercles d'entrée et de sortie de M. de Lisle, en prenant, au lieu du pôle H ou H′, le pôle G (19).

46.

32. Ma méthode donne de plus un moyen facile de comparer entre elles les observations, soit de l'entrée ou de la sortie, soit de la durée du passage, faites en plusieurs endroits; car nous avons trouvé que la différence entre les moments de l'entrée ou de la sortie pour deux endroits quelconques est exprimée généralement par

$$2i\varpi \cos\frac{\lambda}{2}\cos\xi,$$

les angles λ et ξ dépendant de la position des lieux d'observation et de celle des pôles d'entrée ou de sortie (**22**).

Il en est de même des différences de durée, en prenant le pôle de durée à la place de celui d'entrée ou de sortie.

Ainsi, connaissant exactement la position des lieux d'observation, et ayant déterminé, soit par les tables, soit par l'observation même, les éléments d'où dépend la position des pôles (**28**), on trouvera immédiatement la valeur de i, c'est-à-dire la parallaxe du Soleil, qui est le principal objet des observations des passages de Vénus.

33. Si l'on avait trois observations faites en trois endroits différents, on n'aurait besoin que de connaitre la position de ces trois lieux pour pouvoir déterminer la parallaxe i du Soleil; car, dans les formules des n^os **23** et suivants, on aurait par observation les valeurs des quantités a, b, c, différences entre les temps, soit de l'entrée, soit de la sortie ou de la durée, observés dans les trois lieux donnés; ensuite, les distances respectives de ces mêmes lieux donneraient les valeurs des angles λ, μ, ν, et par conséquent aussi celles des angles L, M, N (**25**); ainsi l'on trouverait la valeur de x (**24**), laquelle étant mise dans l'équation

$$a = 2i\varpi x \cos\frac{\lambda}{2},$$

on en tirerait la valeur de i.

34. Cette méthode de connaître la parallaxe du Soleil par le moyen de trois observations me paraît la plus commode et la plus exacte de toutes; il faut seulement remarquer que, si l'on veut se servir des observations de l'entrée ou de la sortie, il est nécessaire de connaître avec une très-grande précision les différences des méridiens des lieux d'observation pour avoir les valeurs exactes des différences des temps a, b, c; mais, si l'on emploie les durées observées, les différences des méridiens n'entreront plus que dans la détermination des quantités λ, μ, ν, et par conséquent il suffira qu'elles soient connues à très-peu près, aussi bien que les latitudes des lieux.

35. Au reste, pour savoir si le passage sera visible dans un lieu quelconque donné L, il n'y aura qu'à chercher la hauteur du Soleil dans ce lieu aux moments de l'entrée et de la sortie.

Soient donc σ la hauteur du Soleil au-dessus de l'horizon du lieu L au moment de l'entrée, et σ' la hauteur au moment de la sortie; il est clair que les distances du même lieu L aux lieux de la Terre auxquels le Soleil sera perpendiculaire aux moments de l'entrée et de la sortie, et qui sont déterminées par les latitudes α et α' et par les longitudes β et β', il est clair, dis-je, que ces distances seront les compléments des angles σ et σ'; c'est pourquoi l'on aura

$$\sin\sigma = \cos\alpha\,\cos\psi\,\cos(\beta - \varphi) + \sin\alpha\,\sin\psi,$$
$$\sin\sigma' = \cos\alpha'\,\cos\psi\,\cos(\beta' - \varphi) + \sin\alpha'\,\sin\psi.$$

36. Remarque. — Lorsque l'angle Z est fort petit, on pourrait avoir quelque scrupule sur la réduction que nous avons faite (13) de l'équation

$$\cos Z' = \cos Z + iu\,\sin Z\,\cos\zeta$$

à

$$Z' = Z - iu\,\cos\zeta;$$

car, soit

$$Z' = Z + \pi,$$

on aura

$$\cos Z' = \cos Z - \pi\sin Z - \frac{\pi^2}{2}\cos Z + \ldots;$$

donc

$$\pi\sin Z + \frac{\pi^2}{2}\cos Z - \ldots = -iu\,\sin Z\,\cos\zeta,$$

et par conséquent

$$\pi + \frac{\pi^2\cot Z}{2} - \ldots = -iu\,\cos\zeta,$$

d'où l'on tire

$$1° \quad \pi = - iu \cos\zeta,$$

$$2° \quad \pi = - iu \cos\zeta - \frac{i^2 u^2 \cot Z \cos^2\zeta}{2},$$

et ainsi de suite. Or, comme i est une quantité fort petite, nous avons cru pouvoir nous en tenir à la première valeur approchée de π, savoir $- iu \cos\zeta$, d'où résulte l'équation

$$Z' = Z - iu \cos\zeta;$$

cependant, lorsque l'angle Z est assez petit pour que la valeur de $\cot Z$ soit fort considérable, il est clair que le terme $\dfrac{i^2 u^2 \cot Z \cos^2\zeta}{2}$ ne doit plus être négligé vis-à-vis du terme $iu \cos\zeta$.

Pour apprécier l'effet qui résulterait d'une telle négligence dans les passages des planètes sur le disque du Soleil, nous remarquerons que le rapport des termes dont il s'agit est exprimé en général par $\dfrac{iu \cot Z \cos\zeta}{2}$; de sorte que sa plus grande valeur est de $\dfrac{iu \cot Z}{2}$. Or, on a environ $Z = 16'$, $i = \sin 10''$, $u = 0,6316$ pour Mercure, et $u = 2,6144$ pour Vénus, d'où l'on trouvera pour les passages de Mercure

$$\frac{iu \cot Z}{2} = 0,003284,$$

et pour ceux de Vénus

$$\frac{iu \cot Z}{2} = 0,013594.$$

Ainsi, l'erreur ne sera dans le premier cas que de $\frac{3}{1000}$ du total, mais elle sera de $\frac{13}{1000}$ dans le second, de sorte que si le plus grand effet de la parallaxe était de 8 minutes, comme il le sera à très-peu près dans le passage de 1769, la plus grande erreur serait d'environ 6 secondes.

Au reste, quelque petite que soit cette erreur, si quelque calculateur scrupuleux voulait absolument l'éviter, il le pourrait aisément. Pour cela, il suffirait de remarquer que

$$\cos Z' - \cos Z = 2 \sin \frac{Z' - Z}{2} \sin \frac{Z' + Z}{2},$$

et, en faisant dans le second membre $Z' = Z + \pi$,

$$\cos Z' - \cos Z = 2 \sin \frac{\pi}{2} \sin \left(Z + \frac{\pi}{2} \right),$$

de sorte qu'on aurait rigoureusement l'équation

$$2 \sin \frac{\pi}{2} \sin \left(Z + \frac{\pi}{2} \right) = - iu \sin Z \cos \zeta,$$

ou bien, à cause que π est un angle fort petit,

$$\pi \sin \left(Z + \frac{\pi}{2} \right) = - iu \sin Z \cos \zeta,$$

d'où l'on tire

$$\pi = - \frac{iu \sin Z}{\sin \left(Z + \dfrac{\pi}{2} \right)} \cos \zeta,$$

ou bien, en substituant pour π sa première valeur approchée $- iu \cos \zeta$,

$$\pi = - \frac{iu \sin Z \cos \zeta}{\sin \left(Z - \dfrac{iu \cos \zeta}{2} \right)},$$

d'où l'on voit qu'il n'y aura qu'à augmenter la parallaxe d'entrée en raison de $\dfrac{\sin Z}{\sin \left(Z - \dfrac{iu \cos \zeta}{2} \right)}$ à 1, et la parallaxe de sortie en celle de

$\dfrac{\sin Z}{\sin \left(Z - \dfrac{iu' \cos \zeta'}{2} \right)}$ à 1.

A l'égard de la parallaxe de durée, comme elle doit être égale à la somme des deux parallaxes d'entrée et de sortie (18), il n'y aura qu'à y ajouter ces deux corrections

$$\frac{i \cot Z}{2} u \cos \zeta \times \text{parallaxe d'entrée} + \frac{i \cot Z}{2} u' \cos \zeta' \times \text{parallaxe de sortie}.$$

Ainsi, lorsqu'on voudra faire usage de la méthode du n° **23** pour déduire la parallaxe du Soleil de trois observations, il faudra, pour plus d'exactitude, appliquer d'abord ces corrections aux observations mêmes; mais je crois que cette précaution sera le plus souvent superflue.

§ IV. — *Du passage de Vénus qui s'observera le 3 juin 1769 au soir.*

37. Comme les circonstances de ce passage ont déjà été déterminées par différents Astronomes, et surtout par MM. Pingré et de Lalande, d'après les Tables de M. Halley, corrigées sur les observations du passage de 1761, et que leurs résultats s'accordent d'ailleurs à très-peu près, j'ai cru pouvoir me dispenser de les calculer de nouveau, et je me suis contenté d'emprunter de M. de Lalande les éléments suivants :

Temps vrai de la conjonction au méridien de Paris . . . . $10^h 9^m 53^s$

Longitude du Soleil . . . . $2^s 13° 27' 10''$

Latitude géocentrique de Vénus . . . . $10' 13'',4$

Inclinaison de l'orbite relative de Vénus sur l'écliptique . . . . . . $8° 29'$

Mouvement horaire de Vénus sur l'orbite relative . . . . $4'$

Mouvement horaire du Soleil . . . . $2' 13'',5$

La distance du Soleil à la Terre (en supposant la moyenne $=1$) . . $1,01514$

La distance de Vénus au Soleil . . . . $0,72627$

Le demi-diamètre du Soleil . . . . $15' 47''$

Le demi-diamètre de Vénus . . . . $29''$

38. Ainsi, on aura d'abord

$$\Lambda \ldots \ldots \ldots \ldots \ldots \ldots \quad 10' 13'',4$$

$$\vartheta = \vartheta' \ldots \ldots \ldots \ldots \ldots \quad 4' 0''$$

$$\Upsilon \ldots \ldots \ldots \ldots \ldots \ldots \quad 8° 29' 0''$$

$$Z \ldots \ldots \ldots \ldots \ldots \ldots \quad 15' 47''$$

$$r \ldots \ldots \ldots \ldots \ldots \ldots \quad 1,01514$$

$$f \ldots \ldots \ldots \ldots \ldots \ldots \quad 0,72627$$

d'où l'on trouvera

$$A \cos \Upsilon \ldots\ldots\ldots\ldots\ldots \quad 10'\,6'',7$$
$$\eta \ldots\ldots\ldots\ldots\ldots\ldots \quad 50°\,9'\,37''$$
$$\theta = \theta' \ldots\ldots\ldots\ldots\ldots \quad 184'',26$$
$$R = r - f \ldots\ldots\ldots\ldots \quad 0,28887$$
$$\log g \ldots\ldots\ldots\ldots\ldots \quad 9,8545722$$
$$s \ldots\ldots\ldots\ldots\ldots\ldots \quad 22'\,3''$$
$$\log u = \log u' \ldots\ldots\ldots \quad 0,4003957$$
$$\log w = \log w' \ldots\ldots\ldots \quad 1,6912165$$

d'où

$$w = w' \ldots\ldots\ldots\ldots \quad 49'',115$$

(J'ai multiplié ici la valeur de $\frac{u}{\theta}$ par 3600 pour avoir la valeur de w en secondes.)

A l'égard de i, on remarquera que, comme le mouvement horaire θ est exprimé en secondes, il faudra de même exprimer en secondes la parallaxe du Soleil; de sorte que la quantité i dénotera le nombre des secondes qui déterminent cette parallaxe.

39. Maintenant, on trouvera dans la *fig.* 14 du paragraphe précédent (p. 361)

$$\log VR = 2,8616200,$$
$$\log QR = 1,9565997,$$

d'où, en réduisant ces quantités en temps, à raison de $4'\,0''$ par heure, on aura

La demi-demeure du centre de Vénus sur le disque . . . . . . $3^h\,1^m.47^s$

La différence entre la conjonction et le milieu du passage, laquelle doit s'ajouter à la conjonction 22.37

De sorte qu'on aura au méridien de Paris

L'entrée du centre à . . . . $7^h.30^m.43^s$

Le milieu du passage à . . . . $10.32.30$

La sortie du centre à . . . . $13.34.17$

II.

47

Or, l'intervalle entre le commencement du passage et la conjonction étant de $2^h 39^m 10^s$, et l'intervalle entre la conjonction et la fin du passage étant de $3^h 24^m 24^s$, on trouvera $6'20''$ à retrancher de la longitude du Soleil au temps de la conjonction, et $8'8''$ à y ajouter, pour avoir les longitudes aux moments de l'entrée et de la sortie; de sorte qu'on aura :

Longitude du Soleil pour l'entrée... $2 . 13 . 20 . 50''$

Longitude du Soleil pour la sortie.... $2 . 13 . 35 . 18$

d'où l'on trouvera, en supposant l'obliquité de l'écliptique de $23° 28' 10''$, telle qu'elle sera au mois de juin 1769,

$$p = 22 . 25 . 46'', \quad p' = 22 . 27 . 33'',$$
$$\Pi = 7 . 5.30, \quad \Pi' = 6.59.35,$$

et par conséquent

$$\varepsilon = 34° 35' 7'', \quad \varepsilon' = 65° 38' 12''.$$

Enfin, en convertissant les temps de l'entrée et de la sortie en degrés à raison de 15 degrés par heure, on aura les angles horaires du Soleil par rapport à Paris, comptés d'Orient en Occident; donc, en prenant les compléments de ces angles à 360 degrés et y ajoutant 20 degrés longitude de Paris, on aura, par rapport au premier méridien,

$$q = 267° 19' 15'', \quad q' = 176° 25' 45''.$$

40. Cela posé, on aura dans le triangle PSH (*fig.* 7, p. 346)

$$PS = 90° - p, \quad SH = 90° + s, \quad PSH = \varepsilon$$

pour l'entrée, et

$$PS = 90° - p', \quad SH = 90° + s, \quad PSH = \varepsilon'$$

pour la sortie (14 et suivants); ainsi l'on trouvera : 1° le côté PH, qui sera dans le premier cas égal à $90° - \alpha$, et dans le second égal à $90° - \alpha'$; 2° l'angle SPH, qui sera dans le premier cas égal à $\beta - q$, et dans le second égal à $q' - \beta'$; de sorte qu'on connaîtra par ce moyen les latitudes α, α' et les longitudes β, β' des pôles d'entrée et de sortie.

On trouvera donc

$$\alpha = 49^\circ.20'. 7'', \quad \beta = 20^\circ.44'.13'',$$
$$\alpha' = 22.15.27, \quad \beta' = 76.15. 8.$$

41. Pour trouver maintenant le pôle de durée, on remarquera qu'à cause de $w = w'$ ce pôle tombera précisément au milieu de l'arc qui passe par les deux pôles d'entrée et de sortie (19).

Soient donc (*fig.* 15) P le pôle du globe terrestre, H et H' les pôles

Fig. 15.

d'entrée et de sortie, et G le pôle de durée, en sorte que $H'G = \frac{1}{2}HH'$; on aura dans le triangle HPH'

$$PH = 90^\circ - \alpha, \quad PH' = 90^\circ - \alpha', \quad HPH = \beta' - \beta;$$

ainsi l'on trouvera le côté $HH' = \omega$ et l'angle H'; ensuite, dans le triangle PHG, connaissant les côtés H'P et H'G, avec l'angle compris H', on trouvera le côté $PG = 90^\circ - A$ et l'angle $H'PG = \beta' - B$.

On aura donc

$$\omega = 47^\circ.14'.44''$$
$$A = 38.21.53,$$
$$B = 56. 4.23;$$

et comme $\Gamma = 2w \cos\frac{\omega}{2}$ (**20**), on aura

$$\frac{\Gamma}{2} = 45'',000 \times \log 1.6532083.$$

42. Voilà tous les éléments nécessaires pour calculer les parallaxes d'entrée, de sortie et de durée dans le prochain passage de Vénus sur le Soleil; nous allons les remettre ici en peu de mots sous les yeux de l'Académie.

Le lieu du pôle d'entrée est à 49° 20′ 7″ de latitude et à 26° 44′ 13″ de longitude; ainsi, ce pôle tombe entre Francfort et Nuremberg, près de Miltenberg.

Le lieu du pôle de sortie est à 22° 15′ 27″ de latitude et à 76° 15′ 8″ de longitude; de sorte qu'il tombe près de Mascate, en Arabie.

Enfin le pôle de durée est à 38° 21′ 53″ de latitude et à 56° 4′ 23″ de longitude, c'est-à-dire à environ 2 degrés, tant à l'Orient qu'au Nord de la ville d'Alexandrette.

Ces trois pôles étant ainsi déterminés, si l'on nomme ζ la distance d'un lieu quelconque de la Terre au pôle d'entrée, ζ' sa distance au pôle de sortie et z la distance du même lieu au pôle de durée, on aura, en dénotant par i le nombre des secondes de la parallaxe du Soleil :

$$\text{Effet de la parallaxe..} \begin{cases} \text{sur l'entrée du centre} \dots \dots & -49{,}^{s}115\,i\cos\zeta, \\ \text{sur la sortie du centre} \dots \dots & +49{,}115\,i\cos\zeta', \\ \text{sur la demi-durée du passage..} & +45{,}000\,i\cos z; \end{cases}$$

le signe — marque l'accélération et le signe + le retardement par rapport au centre de la Terre.

De là on voit : 1° qu'en supposant la parallaxe du Soleil de 10 secondes, le plus grand effet de la parallaxe sur l'entrée et la sortie sera de 491 secondes ou de $8^m 11^s$, et, sur la durée, de 900 secondes ou de $15^m 0^s$; 2° que les lieux les plus favorables pour observer ce passage sont ceux qui sont le plus près de l'un des trois pôles ou des points qui leur sont diamétralement opposés; et comme, dans la plus grande partie de l'Europe, on ne pourra guère voir que l'entrée de Vénus, il sera avantageux de l'observer le plus près qu'il sera possible du pôle d'entrée.

43. La différence des méridiens entre Berlin et Paris étant de 44′ 25″ orientale, on aura, pour le méridien de Berlin, l'entrée du centre à

$8^h 15^m 8^s$. Or, la latitude de Berlin étant de $52° 32' 30''$, et la longitude de $31° 6' 15''$, on trouvera

$$\cos \zeta = 0,9658485,$$

et l'entrée y sera accélérée de $47^s,438 i$; de sorte qu'en faisant $i = 10$ on aura $7^m 54^s$ pour l'effet de la parallaxe à Berlin.

Si l'on voulait corriger ce résultat suivant la remarque du n° 36, il faudrait le multiplier par $\dfrac{\sin 15' 47''}{\sin 15' 35''}$, c'est-à-dire par $1,012826$, ce qui donnerait $48^s,047 i$ pour l'effet de la parallaxe, laquelle, en faisant $i = 10$, serait donc de $8^m 0^s$, c'est-à-dire de 6 secondes plus grande. Ainsi l'entrée du centre de Vénus se verra à Berlin à $8^h 7^m 8^s$.

On voit par là que Berlin est un des pays de l'Europe où l'effet de la parallaxe sur l'entrée sera le plus sensible; mais comme le Soleil sera près de se coucher, l'observation ne pourra guère se faire avec succès. En effet, ayant calculé la hauteur du Soleil à $8^h 7^m$, j'ai trouvé qu'elle ne doit être que de $1° 43'$; de sorte que l'observation de l'entrée de Vénus sera nécessairement fort équivoque et ne sera presque d'aucune utilité.

44. En jetant les yeux sur la carte de l'Allemagne, je vois que la ville d'Embden aura à peu près le même avantage que Berlin par rapport à l'effet de la parallaxe; mais elle aura de plus l'avantage que l'entrée y pourra être observée à quelques degrés d'élévation au-dessus de l'horizon, condition nécessaire pour le succès de l'observation.

Je trouve par la carte de M. Mayer que la position d'Embden est environ à $53° 20'$ de latitude et à $24' 48''$ de longitude, ce qui donne

$$\cos \zeta = 0,9973457,$$

et par conséquent $48^s,985 i$ pour l'accélération de l'entrée causée par la parallaxe, à quoi il faudra encore ajouter 6 secondes pour plus d'exactitude, comme nous avons fait pour Berlin.

Ainsi, faisant $i = 10$, on aura pour Embden $8^m 16^s$ d'accélération sur l'entrée de Vénus, c'est-à-dire 16 secondes de plus que pour Berlin. Outre cela, la hauteur du centre du Soleil y sera, au temps de l'entrée, de 3°57′, ce qui paraît suffisant pour le succès de l'observation; ainsi je crois que Embden est de toutes les villes des États du Roi celle où l'observation du passage de 1769 pourra se faire avec le plus d'exactitude et de fruit.

45. Nous n'avons considéré jusqu'ici que l'entrée et la sortie du centre de Vénus; or, le demi-diamètre de Vénus étant de 29 secondes, il n'y aura qu'à diviser cette quantité par le mouvement horaire θ de Vénus par rapport au centre du Soleil, pour avoir le temps dont les contacts des bords de Vénus et du Soleil précéderont ou suivront l'entrée et la sortie du centre; et l'on trouvera, en réduisant ce temps en secondes, 567 secondes ou bien $9^m 27^s$. Ainsi, en retranchant du temps de l'entrée du centre $9^m 27^s$, ou les ajoutant à celui de la sortie, on aura les temps des deux contacts extérieurs, et réciproquement, en ajoutant $9^m 27^s$ au temps de l'entrée, et les retranchant du temps de la sortie, on aura les moments des deux contacts intérieurs.

46. Lorsqu'on ne peut observer ni l'entrée ni la sortie, on doit s'attacher principalement à déterminer la moindre distance apparente des centres.

Or, il est aisé de trouver par notre théorie l'effet que la parallaxe doit produire sur cette distance; pour cela il n'y aura qu'à faire $Z = \Lambda \cos \Upsilon$, $z = \Upsilon$, et chercher ensuite le pôle des parallaxes de la même manière que pour l'entrée ou la sortie, ayant soin seulement de prendre pour p et q les valeurs qui conviennent au temps du milieu du passage; après quoi, nommant en général ξ la distance d'un lieu quelconque de la Terre à ce pôle, on aura (13) $- iu \cos \xi$ pour la parallaxe de la moindre distance des centres.

SUR LA SOLUTION

DES

PROBLÈMES INDÉTERMINÉS

DU SECOND DEGRÉ.

SUR LA SOLUTION

DES

PROBLÈMES INDÉTERMINÉS

DU SECOND DEGRÉ (*).

(*Mémoires de l'Académie royale des Sciences et Belles-Lettres de Berlin*, t. XXIII, 1769.)

Lorsque l'équation finale à laquelle conduit la solution d'une question renferme plus d'une inconnue, le Problème est indéterminé ; et envisagé généralement, il est susceptible d'une infinité de solutions. Mais si la nature de la question exige que les quantités cherchées soient rationnelles, ou même qu'elles soient exprimées par des nombres entiers, alors le nombre des solutions peut être très-limité ; et la difficulté se réduit à trouver, parmi toutes les solutions possibles, celles qui peuvent satisfaire à la condition prescrite. Quand l'équation finale n'est que du premier degré, toutes les solutions sont rationnelles par la nature même de cette équation ; et si l'on veut de plus que les inconnues soient des nombres entiers, on peut les déterminer facilement par la méthode des fractions continues (*voyez* plus bas le n° **8**). Il n'en est pas de même des équations qui passent le premier degré, et qui conduisent naturellement à des expressions irrationnelles. On n'a point de méthode directe et générale pour trouver les nombres commensurables qui peuvent satisfaire à ces équations lors même qu'elles ne sont qu'au second degré ; et il

(*) Lu à l'Académie le 24 novembre 1768.

II.

faut avouer que cette branche de l'Analyse, quoique peut-être une des plus importantes, est néanmoins une de celles que les Géomètres paraissent avoir le plus négligées, ou du moins dans lesquelles ils ont fait jusqu'à présent le moins de progrès.

Diophante et ses commentateurs ont à la vérité résolu un grand nombre de Problèmes indéterminés du second, du troisième et même du quatrième degré; mais la plupart de leurs solutions n'étant que particulières, il n'est pas étonnant qu'il se trouve encore des cas d'ailleurs fort simples, et en même temps fort étendus, pour lesquels les méthodes de Diophante soient absolument insuffisantes.

S'il s'agissait, par exemple, de résoudre l'équation $A + Bt^2 = u^2$, en supposant A et B des nombres entiers non carrés, c'est-à-dire de trouver une valeur rationnelle de t telle que $A + Bt^2$ devînt un carré, on verrait aisément que tous les artifices connus de l'Analyse de Diophante seraient en défaut pour ce cas; or, c'est précisément à ce cas que se réduit la solution générale des Problèmes indéterminés du second degré à deux inconnues, comme on le verra ci-après. Personne que je sache ne s'est occupé de ce Problème, si l'on en excepte M. Euler qui en a fait l'objet de deux excellents Mémoires qui se trouvent parmi ceux de l'Académie de Pétersbourg (t. VI des anciens *Commentaires* et t. IX des nouveaux); mais il s'en faut encore beaucoup que la matière soit épuisée. Car :

1º M. Euler n'a considéré, dans l'équation $A + Bt^2 = u^2$, que le cas où B est un nombre positif, et où t et u doivent être des nombres entiers; 2º dans ce cas même, M. Euler suppose qu'on connaisse déjà une solution de l'équation et il donne le moyen d'en déduire une infinité d'autres. Ce n'est pas que ce grand Géomètre n'ait tâché de donner aussi quelques règles pour connaitre *a priori* si l'équation proposée est résoluble ou non; mais, outre que ces règles ne sont fondées que sur des principes précaires et tirés seulement de l'induction, elles ne sont d'ailleurs d'aucune utilité pour la recherche de la première solution, qui doit être supposée connue (*voyez* le premier Mémoire du t. IX des nouveaux *Commentaires de Pétersbourg*, et surtout la conclusion de ce Mémoire, p. 38); 3º les formules que M. Euler donne pour trouver une infinité de solutions, dès qu'on en connaît une seule, ne renferment pas toujours et ne sauraient renfermer toutes les solutions possibles, à moins que A ne soit un nombre premier (*voyez* plus bas le n° **45**).

Les recherches que j'ai faites depuis quelque temps sur cette matière m'ont conduit à des méthodes directes, générales et nouvelles, pour résoudre les équations de la forme $A + Bt^2 = u^2$, et en général toutes les équations du second degré à deux inconnues, soit que les inconnues puissent être des nombres quelconques entiers ou fractionnaires, soit qu'elles doivent être des nombres entiers. Ce sont ces méthodes qui font l'objet de ce Mémoire; je les crois d'autant plus dignes de l'attention des Mathématiciens qu'elles laissent encore un vaste champ à leurs recherches.

§ I. — *De la manière de ramener toute équation du second degré à deux inconnues à cette forme* $A = u^2 - Bt^2$, *et des cas dans lesquels les équations de cette forme peuvent se résoudre par les méthodes connues.*

1. Soit

$$\alpha x^2 + \beta xy + \gamma y^2 + \delta x + \varepsilon y + \zeta = 0$$

l'équation générale proposée dans laquelle α, β, γ, δ, ε et ζ soient des nombres donnés entiers, positifs ou négatifs (il est évident que si les coefficients α, β,... n'étaient pas des nombres entiers, on pourrait toujours les rendre tels en faisant évanouir tous les dénominateurs par la multiplication), et où x et y soient les deux inconnues qu'il s'agit de déterminer, en sorte qu'elles soient exprimées par des nombres rationnels. Qu'on tire de cette équation la valeur de l'une des deux inconnues, comme x, et l'on aura

$$2\alpha x + \beta y + \delta = \sqrt{(\beta y + \delta)^2 - 4\alpha(\gamma y^2 + \varepsilon y + \zeta)},$$

d'où l'on voit que la question se réduit à déterminer y en sorte que la

48.

quantité $(\beta y + \delta)^2 - 4\alpha(\gamma y^2 + \varepsilon y + \zeta)$ soit un carré. Soient, pour abréger,

$$\beta^2 - 4\alpha\gamma = B,$$
$$\beta\delta - 2\alpha\varepsilon = f,$$
$$\delta^2 - 4\alpha\zeta = g,$$

et il faudra que $By^2 + 2fy + g$ soit un carré; soit donc

$$By^2 + 2fy + g = t^2,$$

on aura par la résolution de cette équation

$$By + f = \sqrt{Bt^2 + f^2 - Bg},$$

de sorte qu'il ne s'agira plus que de rendre $Bt^2 + f^2 - Bg$ carré. Soit encore

$$f^2 - Bg = A,$$

et toute la difficulté se réduira à satisfaire à cette équation

$$A + Bt^2 = u^2,$$

A, B étant des nombres entiers donnés, et t et u devant être des nombres rationnels.

2. Puisque nous avons supposé

$$(\beta y + \delta)^2 - 4\alpha(\gamma y^2 + \varepsilon y + \zeta) = By^2 + 2fy + g = t^2,$$
$$Bt^2 + f^2 - Bg = Bt^2 + A = u^2,$$

on aura

$$2\alpha x + \beta y + \delta = \pm t.$$
$$By + f = \pm u,$$

d'où

$$y = \frac{\pm u - f}{B},$$

$$x = \frac{\pm t - \delta}{2\alpha} - \frac{\beta(\pm u - f)}{2\alpha B}$$

(les signes ambigus de u et de t pouvant être pris à volonté), par où l'on déterminera x et y dès que l'on connaîtra t et u.

On voit aussi par là que, si x et y doivent être des nombres entiers, il faut que t et u soient entiers aussi; mais il faudra de plus que $\pm u - f$ soit divisible par B, et que $\pm t - \delta - \dfrac{\beta(\pm u - f)}{B}$ soit divisible par 2α. Si l'on voulait seulement que x et y fussent des nombres rationnels, il suffirait que t et u fussent aussi rationnels.

3. Si l'un des nombres A ou B était carré, l'équation $A + Bt^2 = u^2$ serait susceptible des méthodes de Diophante.

Car : 1° soit $B = b^2$, on supposera $u = bt + z$, et l'équation deviendra, en ôtant ce qui se détruit,

$$A = 2btz + z^2,$$

d'où l'on tire

$$t = \frac{A - z^2}{2bz};$$

de sorte qu'on pourra prendre pour z un nombre quelconque. Cependant, si l'on voulait que t et u fussent des nombres entiers, il ne faudrait prendre pour z que des nombres entiers tels, que $A - z^2$ fût divisible par $2bz$; mais, comme la recherche des nombres qui auraient cette propriété pourrait être longue et pénible, on considérera que l'équation $A + b^2 t^2 = u^2$ donne

$$A = u^2 - b^2 t^2 = (u + bt)(u - bt);$$

d'où l'on voit d'abord que $u + bt$ et $u - bt$ doivent être des facteurs du nombre donné A; de sorte qu'il n'y aura qu'à résoudre ce nombre en deux facteurs de toutes les manières possibles, et prendre ensuite l'un des facteurs pour $u + bt$ et l'autre pour $u - bt$; on aura par ce moyen deux équations à l'aide desquelles on déterminera t et u, et l'on choisira entre toutes les valeurs de t et u, que chaque couple de facteurs aura fournies, celles qui seront des nombres entiers. De cette manière on sera assuré d'avoir toujours les solutions possibles en entiers de l'équation proposée.

2° Supposons que l'on ait $A = a^2$, on fera $u = a + tz$, et l'on aura, en substituant et effaçant ce qui se détruit,

$$B\,t^2 = 2\,atz + t^2 z^2,$$

ou bien, en divisant par t et tirant ensuite la valeur de t,

$$t = \frac{2\,az}{B - z^2},$$

où l'on pourra prendre pour z tout ce que l'on voudra. Si t et u devaient être entiers, il faudrait que z fût entier et tel que $2\,az$ fût divisible par $A - z^2$; ainsi, on pourrait supposer d'abord $z = 0$, ce qui donnerait $t = 0$ et $u = a$; mais, pour avoir une solution générale, on considérera l'équation $a^2 + B\,t^2 = u^2$, laquelle donne

$$B\,t^2 = u^2 - a^2 = (u + a)(u - a),$$

et nous apprend que $u + a$ et $u - a$ doivent être des facteurs de $B\,t^2$. Soit $B = b\beta$; b et β étant deux facteurs quelconques de B, on pourra déterminer t et u en supposant

$$u + a = bt \quad \text{et} \quad u - a = \beta t,$$

d'où l'on tire

$$2\,a = (b - \beta)t \quad \text{et} \quad t = \frac{2\,a}{b - \beta};$$

ainsi, l'équation ne sera résoluble en nombres entiers, au moins par cette méthode, que lorsque $2\,a$ sera divisible par $b - \beta$; je dis par cette méthode, car il est évident que la supposition de $u + a = bt$ et $u - a = \beta t$ n'est que particulière, et qu'on pourrait faire aussi, en supposant $t = pq$,

$$u + a = bp^2, \quad u - a = \beta q^2,$$

ce qui donnerait

$$2\,a = bp^2 - \beta q^2,$$

équation qui rentre, comme on voit, dans le cas général du n° **1**.

Ce sont là les seules méthodes qu'on ait eues jusqu'à présent pour résoudre les équations de la forme de $A + Bt^2 = u^2$, méthodes qui ne sont absolument applicables qu'aux cas où A et B sont des nombres carrés; dans tous les autres cas, on en était réduit au simple tâtonnement, moyen non-seulement long et pénible, mais presque impraticable, à moins que les quantités cherchées ne soient renfermées dans de certaines limites; or, c'est ce qui n'a lieu que dans le cas où, A étant positif, B est négatif; car, puisque u^2 doit être entier et positif, il est clair que Bt^2 devra être moindre que A, et que par conséquent t devra nécessairement être moindre que $\sqrt{\dfrac{A}{B}}$; de sorte qu'il n'y aura dans ce cas qu'à substituer successivement, au lieu de t, tous les nombres positifs moindres que $\sqrt{\dfrac{A}{B}}$ (il serait inutile de substituer des nombres négatifs, le carré t^2 étant le même, soit que t soit positif ou négatif), et choisir ceux qui rendront $A - Bt^2$ égal à un carré; il n'en est pas de même lorsque B est positif, parce qu'alors t peut augmenter à l'infini; et en général, soit que B soit positif ou négatif, le nombre des substitutions à essayer sera toujours nécessairement indéfini, dès qu'on voudra admettre des nombres rompus; ce qui prouve d'autant plus la nécessité d'avoir pour cet objet des méthodes directes et analytiques telles que celles que nous allons donner.

§ II. — *Résolution de l'équation* $A = u^2 - Bt^2$ *lorsque u et t peuvent être des nombres quelconques entiers ou fractionnaires.*

4. Supposons en général que u et t soient des fractions quelconques, lesquelles, étant réduites au même dénominateur et aux moindres termes possibles, soient représentées par $\dfrac{p}{r}$ et $\dfrac{q}{r}$, en sorte que l'on ait $u = \dfrac{p}{r}$, $t = \dfrac{q}{r}$; et l'équation

$$A + Bt^2 = u^2, \quad \text{savoir} \quad A = u^2 - Bt^2,$$

deviendra

$$A r^2 = p^2 - B q^2,$$

de sorte que la question sera réduite à trouver des nombres entiers qui, étant substitués pour p, q et r, satisfassent à cette équation.

Nous pouvons supposer de plus que l'équation $A r^2 = p^2 - B q^2$ soit telle, que ni A ni B ne contiennent aucun facteur carré. Car, si l'on avait $A = a \rho^2$, $B = b \varpi^2$, l'équation deviendrait

$$a \rho^2 r^2 = p^2 - b \varpi^2 q^2;$$

ou bien, en faisant $\rho r = m$, $\varpi q = n$,

$$a m^2 = p^2 - b n^2,$$

laquelle est de la même forme que la précédente.

En général, au lieu de faire simplement $u = \frac{p}{r}$ et $t = \frac{q}{r}$, on fera dans ce cas $u = \frac{\rho p}{r}$ et $t = \frac{\rho q}{\varpi r}$, et les facteurs carrés ρ^2 et ϖ^2 disparaîtront par la division. Ainsi, il suffira de résoudre l'équation

$$A r^2 = p^2 - B q^2$$

dans l'hypothèse que ni A ni B ne contiennent aucun facteur carré.

Nous supposerons encore que B ne soit pas égal à 1, ni que l'on ait à la fois $B = -1$ et $A = 1$; car, outre que ces cas n'ont point de difficulté, nous nous réservons d'en donner la solution plus bas (19).

Enfin, nous supposerons que A soit toujours plus grand que B. En effet, il est clair :

$1°$ Que, si A était moindre que B, il n'y aurait qu'à transposer les termes $A r^2$ et $B q^2$, et échanger A en B et q en r;

$2°$ Si A était égal à $\pm B$, alors, comme A est supposé ne contenir aucun facteur carré, il faudrait nécessairement que p fût divisible par A, de sorte qu'en faisant $p = A s$ on aurait, après avoir divisé par A,

$$r^2 = A s^2 \pm q^2, \quad \text{c'est-à-dire} \quad A s^2 = p^2 \pm q^2,$$

laquelle rentre dans l'équation générale $A r^2 = p^2 - B q^2$, en faisant $B = \mp 1$, $r = s$; or, si le signe inférieur a lieu, on aura déjà le cas du n° 19; et si c'est le signe supérieur qui ait lieu, alors on aura aussi le cas du n° 19 si $A = 1$; de sorte que nous supposerons ici $A > 1$, et par conséquent $A > B$.

De cette manière, la résolution de l'équation proposée se réduira toujours à celle d'une équation de la forme

$$A r^2 = p^2 - B q^2,$$

où p, q, r devront être des nombres entiers, et où A et B seront des nombres entiers donnés non carrés, ni contenant des facteurs carrés, et dont l'un A sera plus grand que l'autre B.

5. Je dis maintenant que les nombres p et q doivent être premiers entre eux; car, s'ils avaient un commun diviseur ρ, il faudrait que $A r^2$ fût aussi divisible par ρ^2; mais, comme les fractions $\frac{p}{r}$ et $\frac{q}{r}$ sont supposées réduites à leurs moindres termes, il est clair que p, q et r n'auront aucun diviseur commun, et qu'ainsi r ne sera point divisible par ρ; d'ailleurs, il est clair que si p, q et r avaient un diviseur commun, on en pourrait toujours faire abstraction, parce que ce diviseur s'en irait de lui-même par la division; donc, il faudra que A soit divisible par ρ^2, ce qui ne se peut à cause que A est supposé ne contenir aucun facteur carré.

6. Cela posé, je remarque d'abord que, pour que l'équation

$$A r^2 = p^2 - B q^2$$

puisse subsister, il faut que A soit un diviseur d'un nombre de cette forme $\alpha^2 - B$, α étant un nombre entier, c'est-à-dire que B soit le résidu de la division d'un carré quelconque par A. Car, si l'on multiplie l'équation dont il s'agit par

$$p_1^2 - B q_1^2,$$

on aura

$$A r^2 (p_1^2 - B q_1^2) = (p^2 - B q^2)(p_1^2 - B q_1^2);$$

II.

or,

$$(p^2 - Bq^2)(p_1^2 - Bq_1^2)$$

se réduit à cette forme

$$(pp_1 \pm Bqq_1)^2 - B(pq_1 \pm qp_1)^2,$$

comme il est facile de s'en assurer par le développement de ces deux expressions; donc, si l'on prend pour p_1 et q_1 des nombres entiers tels, que $pq_1 - qp_1$ soit 1 ou — 1, ce qui est toujours possible à cause que p et q sont premiers entre eux (numéro précédent), et qu'on fasse

$$pp_1 - Bqq_1 = a,$$

on aura

$$A r^2 (p_1 - Bq_1^2) = \alpha^2 - B;$$

par conséquent, A sera un diviseur de $\alpha^2 - B$.

7. Pour trouver les nombres p_1 et q_1, qui peuvent satisfaire à la condition

$$pq_1 - qp_1 = \pm 1,$$

on réduira la fraction $\frac{p}{q}$ en une fraction continue, d'où l'on déduira, comme on sait, une suite de fractions convergentes vers $\frac{p}{q}$ et alternativement plus grandes ou plus petites que cette même fraction (voyez plus bas le n° 29), et l'on prendra pour p_1 le numérateur de la fraction qui précédera immédiatement la fraction $\frac{p}{q}$, et pour q_1 le dénominateur de la même fraction; si la fraction $\frac{p_1}{q_1}$ est plus petite que la fraction $\frac{p}{q}$, on aura

$$pq_1 - qp_1 = 1,$$

et si $\frac{p_1}{q_1} > \frac{p}{q}$, on aura

$$pq_1 - qp_1 = -1.$$

8. Cette méthode est utile pour résoudre en général toutes les équations du premier degré à deux inconnues, lorsque ces inconnues doivent

être des nombres entiers. Car, soit l'équation

$$py - qx = r,$$

dans laquelle p et q soient des nombres entiers premiers entre eux; je dis premiers entre eux, car il est évident que si p et q avaient un diviseur commun ρ, il faudrait que r fût aussi divisible par ρ pour que les nombres x et y pussent être des nombres entiers; donc, divisant toute l'équation par ρ, on aurait une nouvelle équation de la forme

$$py - qx = r,$$

dans laquelle p et q seraient nécessairement premiers entre eux.

Qu'on cherche, comme ci-dessus, la fraction $\dfrac{p_1}{q_1}$, telle que

$$pq_1 - qp_1 = \pm 1,$$

et l'on aura, en multipliant par r,

$$pq_1 r - qp_1 r = \pm r;$$

donc, retranchant cette équation de la proposée ou l'y ajoutant, on aura celle-ci

$$p(y \mp rq_1) - q(x \mp rp_1) = 0,$$

d'où l'on tire

$$\frac{x \mp rp_1}{y \mp rq_1} = \frac{p}{q}.$$

Or, p et q étant premiers entre eux, la fraction $\dfrac{p}{q}$ sera déjà réduite à ses moindres termes, de sorte que comme x et y doivent être des nombres entiers, il faudra qu'on ait

$$x \mp rp_1 = mp, \quad y \mp rq_1 = mq,$$

m étant un nombre quelconque entier; d'où l'on tirera

$$x = mp \pm rp_1, \quad y = mq \pm rq_1.$$

Ce sont les expressions générales de tous les nombres entiers x et y qui peuvent satisfaire à l'équation

$$py - qx = r.$$

Ainsi, pour satisfaire en général à l'équation

$$py - qx = \pm 1,$$

qui est celle du numéro précédent, on prendra $r = \pm 1$, et l'on aura

$$x = mp \pm p_1, \quad y = mq \pm q_1,$$

les signes ambigus étant à volonté aussi bien que le nombre m.

9. La réduction que nous avons faite (6) de la quantité

$$(p^2 - Bq^2)(p_1^2 - Bq_1^2)$$

à

$$(pp_1 \pm Bqq_1)^2 - B(pq_1 \pm qp_1)^2$$

doit être bien remarquée, parce que nous en ferons un fréquent usage dans la suite de ce Mémoire; il résulte de là que le produit de deux nombres quelconques de la forme $p^2 - Bq^2$ est encore de la même forme, et que par conséquent le produit d'autant de nombres qu'on voudra de la forme $p^2 - Bq^2$ sera aussi de la même forme. En effet, on a

$$(p^2 - Bq^2)(p_1^2 - Bq_1^2) = P^2 - BQ^2,$$
$$(p^2 - Bq^2)(p_1^2 - Bq_1^2)(p_2^2 - Bq_2^2) = P_1^2 - BQ_1^2,$$
$$\dots\dots\dots\dots\dots\dots\dots\dots\dots\dots,$$

$$P = pp_1 \pm Bqq_1, \quad Q = pq_1 \pm qp_1,$$
$$P_1 = Pp_2 \pm BQq_2, \quad Q_1 = Pq_2 \pm Qp_2,$$
$$\dots\dots\dots\dots, \quad \dots\dots\dots\dots,$$

où l'on observera, à l'égard des signes ambigus, de les prendre les mêmes dans les deux quantités P et Q, P_1 et Q_1,....

On aura de même

$$(p^2 - Bq^2)^2 = P^2 - BQ^2,$$
$$(p^2 - Bq^2)^3 = P_1^2 - BQ_1^2,$$
$$\dots\dots\dots\dots\dots\dots,$$

en faisant

$$P = p^2 + B q^2, \qquad Q = 2pq,$$
$$P_1 = p^3 + 3 B p q^2, \quad Q_1 = 3 p q^2 + B q^3,$$
$$\dotsb, \qquad\qquad \dotsb;$$

et en général, si l'on fait

$$(p^2 - B q^2)^m = P^2 - B Q^2,$$

on aura

$$P = p^m + \frac{m(m-1)}{2} p^{m-2} q^2 B + \frac{m(m-1)(m-2)(m-3)}{2.3.4} p^{m-4} q^4 B^2 + \dots,$$

$$Q = m p^{m-1} q + \frac{m(m-1)(m-2)}{2.3} p^{m-3} q^3 B + \frac{m(m-1)\dots(m-4)}{2.3.4.5} p^{m-5} q^5 B^2 + \dots,$$

ou bien

$$P = \frac{(p + q\sqrt{B})^m + (p - q\sqrt{B})^m}{2},$$

$$Q = \frac{(p + q\sqrt{B})^m - (p - q\sqrt{B})^m}{2\sqrt{B}}.$$

10. Nous avons démontré plus haut (6) que l'équation

$$A r^2 = p^2 - B q^2$$

ne peut avoir lieu à moins que A ne soit un diviseur d'un nombre de cette forme $\alpha^2 - B$; or, je dis que l'on peut toujours supposer que le nombre α soit moindre que la moitié du nombre A. En effet, soit a un nombre tel que $a^2 - B$ soit divisible par A, il est clair qu'en faisant $\alpha = \mu.A \pm a$, μ étant un nombre quelconque entier, $\alpha^2 - B$ sera aussi divisible par A; d'autre part il est facile de voir qu'on peut toujours déterminer le nombre μ et le signe ambigu de a en sorte que α soit $< \frac{A}{2}$; donc, s'il existe un nombre quelconque a, tel que $a^2 - B$ soit divisible par A, il doit exister aussi un nombre $\alpha < \frac{A}{2}$, qui ait la même propriété.

On doit conclure de là que, pour que l'équation

$$A r^2 = p^2 - B q^2$$

soit résoluble, il faut nécessairement que A soit un diviseur d'un nombre tel que $\alpha^2 - B$, α étant un nombre moindre que $\frac{A}{2}$.

On essayera donc successivement pour α tous les nombres naturels depuis 1 jusqu'à $\frac{A}{2}$, et si l'on n'en trouve aucun qui satisfasse à la condition dont il s'agit, ce sera une marque sûre que l'équation proposée n'admet aucune solution rationnelle.

Nous donnerons plus bas (*voyez* le § IV) des moyens directs pour pouvoir reconnaître si un nombre donné peut être un diviseur d'un nombre de la forme $\alpha^2 - B$, B étant aussi donné; il nous suffit ici qu'on puisse toujours s'en assurer par un tâtonnement fort simple.

Au reste, il faut remarquer, pour éviter toute équivoque, que quand nous disons que α doit être $< \frac{A}{2}$, nous entendons que α et A soient pris positivement, quoiqu'ils puissent être d'ailleurs positifs ou négatifs; de sorte qu'on ne doit avoir égard, dans cette comparaison des nombres α et A, qu'à leur valeur absolue.

11. Reprenons maintenant l'équation

(A) $$A\,r^2 = p^2 - B\,q^2,$$

et supposons qu'on ait trouvé un nombre entier $\alpha < \frac{A}{2}$ (abstraction faite des signes de α et A), tel que $\alpha^2 - B$ soit divisible par A; dénotons par A_1 le quotient de la division de $\alpha^2 - B$ par A, on aura l'équation

$$A A_1 = \alpha^2 - B.$$

Qu'on fasse $\alpha_1 = \mu_1 A_1 \pm \alpha$, μ_1 étant un nombre quelconque entier, et qu'on prenne le nombre μ_1 et le signe de α en sorte que l'on ait $\alpha_1 < \frac{A_1}{2}$ (abstraction faite des signes de α_1 et A_1), ce qui est évidemment toujours possible, comme nous l'avons déjà observé plus haut; il est clair que, puisque $\alpha^2 - B$ est déjà divisible par A_1, $\alpha_1^2 - B$ le sera aussi, de sorte qu'en dénotant le quotient de cette division par A_2, on aura cette équation analogue à la précédente

$$A_1 A_2 = \alpha_1^2 - B.$$

Faisant de même $\alpha_2 = \mu_2 A_2 \pm \alpha_1$, et prenant μ_2 et le signe de α_1, en sorte que l'on ait $\alpha_2 < \dfrac{A_2}{2}$ (les nombres α_2 et A_2 étant considérés comme positifs), on aura $\alpha_2^2 - B$ divisible par A_2; de sorte qu'en dénotant le quotient de cette division par A_3, on aura cette troisième équation

$$A_2 A_3 = \alpha_2^2 - B,$$

et ainsi de suite.

12. De cette manière on pourra trouver une suite d'équations telles que

(a)
$$\begin{cases} A\,A_1 = \alpha^2 - B, \\ A_1 A_2 = \alpha_1^2 - B, \\ A_2 A_3 = \alpha_2^2 - B, \\ \dots\dots\dots\dots, \end{cases}$$

dans lesquelles on ait (en considérant les nombres α, α_1, α_2,..., A, A_1, A_2,... comme positifs) $\alpha < \dfrac{A}{2}$, $\alpha_1 < \dfrac{A_1}{2}$, $\alpha_2 < \dfrac{A_2}{2}$, ...

Or, je dis que les nombres A, A_1, A_2, A_3,... formeront nécessairement une suite décroissante, jusqu'à ce que l'on arrive à un terme comme A_n, l'indice n dénotant le quantième du terme A_n, lequel soit $= B$ ou $< B$, abstraction faite des signes de A_n et de B. Pour prouver cette proposition, il est à propos de distinguer les deux cas de B positif et de B négatif.

13. Supposons d'abord que B soit un nombre positif; dans ce cas il est clair que A pourra être positif ou négatif.

1° Soit A positif et soit $\alpha^2 > B$, il est clair que A_1 sera aussi positif; or, puisque $\alpha < \dfrac{A}{2}$, on aura aussi $\alpha^2 < \dfrac{A^2}{4}$, et à plus forte raison

$$\alpha^2 - B < \dfrac{A^2}{4};$$

donc $AA_1 < \dfrac{A^2}{4}$, et par conséquent (A et A_1 étant positifs) $A_1 < \dfrac{A}{4}$.

De même, puisque A_1 est positif, si $\alpha_1^2 > B$, on aura aussi A_2 positif;

et l'on prouvera pareillement que $A_2 < \dfrac{A_1}{4}$, et ainsi de suite, jusqu'à ce que l'on arrive à une équation telle que

$$A_n A_{n+1} = \alpha_n^2 - B,$$

dans laquelle α_n^2 ne soit pas $> B$; or, puisque $\alpha < \dfrac{A}{2}$, $A_1 < \dfrac{A}{4}$, $\alpha_1 < \dfrac{A_1}{2}$, $A_2 < \dfrac{A_1}{4}, \ldots$, il est clair que les nombres A, A_1, $A_2, \ldots$ iront nécessairement en diminuant, ainsi que les nombres α, α_1, $\alpha_2, \ldots$; de sorte qu'on parviendra nécessairement à l'équation

$$A_n A_{n+1} = \alpha_n^2 - B,$$

où $\alpha_n^2 = B$ ou $< B$; mais, à cause que B est supposé non carré, et différent de l'unité (4), on ne saurait avoir $\alpha_n^2 = B$; de sorte qu'il faudra que l'on ait $\alpha_n^2 < B$. Ainsi $B - \alpha_n^2$ sera nécessairement un nombre moindre que B, ou tout au plus égal à B si $\alpha_n = 0$; donc, puisque A_n doit être un diviseur de $B - \alpha_n^2$, il est clair que A_n sera aussi nécessairement moindre que B ou tout au plus égal à B.

2º Soit A négatif et égal à $- a$, a étant un nombre positif, et soit aussi $\alpha^2 > B$, il est clair que A_1 devra être négatif; or, en prenant α positif, on aura $\alpha < \dfrac{a}{2}$ (par hypothèse), donc $\alpha^2 - B < \dfrac{a^2}{4}$, et faisant $A_1 = - a_1$ (a_1 étant positif), on aura aussi $a a_1 < \dfrac{a^2}{4}$ et par conséquent $a_1 < \dfrac{a}{4}$.

De même, en supposant $\alpha_1^2 > B$, on aura A_2 négatif, et faisant $A_2 = - a_2$ (a_2 étant positif), on aura $\alpha_1 < \dfrac{a_1}{2}$ et $a_2 < \dfrac{a_1}{4}$, et ainsi de suite. Ainsi l'on prouvera, comme ci-dessus, que les nombres a, a_1, $a_2, \ldots$ iront en diminuant ainsi que les nombres α, α_1, $\alpha_2, \ldots$, jusqu'à ce que l'on arrive à un nombre comme a_n, qui soit moindre que B ou tout au plus égal à B.

14. Soit, en second lieu, B égal à un nombre négatif comme $- b$, b étant positif, il est clair d'abord que dans ce cas tous les nombres A, A_1, $A_2, \ldots$ seront positifs, parce que l'on aura par les équations (A) et (a)

$$A r^2 = p^2 + b q^2, \quad A A_1 = \alpha^2 + b, \quad A_1 A_2 = \alpha_1^2 + b, \ldots;$$

or, si $A > b$, l'équation $AA_1 = \alpha^2 + b$ donnera $AA_1 < \frac{A^2}{4} + A$, à cause de $b < A$ et de $\alpha < \frac{A}{2}$; donc

$$A_1 < \frac{A}{4} + 1.$$

De même, si $A_1 > b$, l'équation $A_1 A_2 = \alpha_1^2 + b$ donnera, à cause de $\alpha_1 < \frac{A_1}{2}$, $A_1 A_2 < \frac{A_1^2}{4} + A_1$, et par conséquent

$$A_2 < \frac{A_1}{4} + 1,$$

et ainsi de suite; d'où l'on voit que les nombres A, A_1, A_2,... décroitront continuellement jusqu'à ce que l'on arrive à un terme A_n égal à b ou moindre que b.

Si $b = 1$, il est clair qu'on parviendra nécessairement à un terme $A_n = 1$; car, puisque les nombres A, A_1, A_2,... ne peuvent jamais devenir nuls, à cause des équations $AA_1 = \alpha^2 + b$, $A_1 A_2 = \alpha_1^2 + b$,..., A_n ne pourra pas être < 1, par conséquent il sera nécessairement égal à 1.

15. Au reste, quoiqu'on puisse toujours pousser la suite A, A_1, A_2,... jusqu'à un terme égal ou moindre que B, cependant, si l'on en trouve un qui, étant encore plus grand que B, soit en même temps carré ou multiple d'un carré, mais tel, qu'étant divisé par le plus grand carré qui le mesure il laisse un quotient égal ou moindre que B, alors on pourra s'arrêter à ce terme.

En général, nous supposerons que la suite A, A_1, A_2,... soit poussée jusqu'à un terme A_n de cette forme $a^2 C$, a étant un nombre quelconque, et C un nombre qui ne soit ni carré ni multiple d'un carré et qui soit en même temps égal ou moindre que B, abstraction faite des signes de B et de C.

Ainsi, si $B = -1$, il faudra nécessairement que l'on ait $C = 1$.

16. Cela posé, si l'on multiplie ensemble toutes les équations (a) du n° 12, jusqu'à l'équation

$$A_{n-1} A_n = \alpha_{n-1}^2 - B,$$

on aura (9) une équation dont le premier membre sera $A\, A_1^2\, A_2^2 \ldots A_{n-1}^2\, A_n$, et dont le second membre sera de cette forme $P^2 - BQ^2$; de sorte qu'à cause de $A_n = a^2 C$, on aura l'équation

$$CA(A_1 A_2 \ldots A_{n-1}\, a)^2 = P^2 - BQ^2,$$

laquelle étant encore multipliée par l'équation (A) deviendra de cette forme

$$C(A\, A_1 A_2 \ldots A_{n-1}\, ar)^2 = p_1^2 - B\, r_1^2,$$

ou bien, en faisant $A A_1 A_2 \ldots A_{n-1}\, ar = q_1$, de la forme

$$C q_1^2 = p_1^2 - B r_1^2,$$

c'est-à-dire

(B) $$B r_1^2 = p_1^2 - C q_1^2.$$

D'où l'on voit que si l'équation (A) est résoluble, il faut aussi que celle-ci le soit.

Réciproquement, si l'équation (B) est résoluble, on pourra résoudre aussi l'équation (A). En effet, en mettant l'équation (B) sous cette forme

$$C q_1^2 = p_1^2 - B r_1^2,$$

et la multipliant successivement par chacune des équations (a), à commencer par l'équation

$$A_{n-1} A_n = \alpha_{n-1}^2 - B,$$

qui est la dernière, on aura, à cause de $A_n = a^2 C$, une équation de cette forme

$$A(A_1 A_2 \ldots A_{n-1}\, Ca)^2 q_1^2 = p^2 - B q^2,$$

c'est-à-dire, en faisant $A_1 A_2 \ldots A_{n-1}\, Ca q_1 = r$, de la forme

$$A r^2 = p^2 - B q^2,$$

qui est l'équation (A) même.

Donc la résolution de l'équation (A) se réduira à celle de l'équation (B), dans laquelle B est $< A$, et $C =$ ou $< B$, de sorte que cette dernière est plus simple que la première.

Or, si $C = 1$, l'équation (B) sera déjà dans le cas que nous résoudrons plus bas (19); ainsi nous supposerons que si C est positif, il soit encore plus grand que l'unité.

Nous appellerons dans la suite les équations (A), (B) et les autres équations analogues à celles-ci équations *principales*, et les équations (a), ainsi que les autres équations semblables qu'on pourra trouver, équations *secondaires*; ainsi nous nommerons l'équation (A) la première des équations *principales*, l'équation (B) la deuxième des équations *principales*, et ainsi des autres; nous nommerons de même les équations (a) la première suite d'équations *secondaires*, et ainsi du reste.

17. Or, l'équation

$$B r_1^2 = p_1^2 - C q_1^2$$

étant semblable à l'équation

$$A r^2 = p^2 - B q^2,$$

on pourra la traiter de la même manière; en effet, si $B = \pm C$, il faudra que p_1 soit aussi divisible par B, de sorte qu'en faisant $p_1 = B s_1$, on aura l'équation

$$r_1^2 = B s_1^2 \mp q_1^2,$$

c'est-à-dire

$$B s_1^2 = r_1^2 \pm q_1^2.$$

Ainsi cette équation sera déjà dans le cas du n° 19 si le signe inférieur a lieu; et quand le signe supérieur aura lieu, alors, à cause de $B > 1$ par hypothèse, elle rentrera dans la forme générale

$$B r_1^2 = p_1^2 - C q_1^2,$$

B étant $> C$. Donc, puisque C est ou égal à B ou moindre que B, on aura toujours à résoudre une équation de cette forme

$$B r_1^2 = p_1^2 - C q_1^2,$$

dans laquelle ni B ni C ne contiendront aucun facteur carré, et où C sera $< B$. On commencera donc par chercher de nouveau un nombre

$\beta < \dfrac{B}{2}$ (en regardant β et B comme positifs) et tel, que $\beta^2 - C$ soit divisible par B; et si l'on n'en trouve aucun qui satisfasse à cette condition, ce sera une marque certaine que l'équation

$$B r_1^2 = p_1^2 - C q_1^2$$

ne sera point résoluble rationnellement, et par conséquent que la proposée ne le sera pas non plus; je supposerai donc qu'on ait trouvé un tel nombre β, en sorte qu'en nommant B_1 le quotient de la division de $\beta^2 - C$ par B on ait $\beta^2 - C = B B_1$, on pourra former cette seconde suite d'équations *secondaires*

(b)
$$\begin{cases} B\ B_1 = \beta^2 - C, \\ B_1\,B_2 = \beta_1^2 - C, \\ B_2\,B_3 = \beta_2^2 - C, \\ \dots\dots\dots\dots, \end{cases}$$

dans lesquelles les nombres B, B_1, B_2,... formeront une suite décroissante qu'on continuera jusqu'à ce que l'on parvienne à un terme de cette forme $b^2 D$, D étant égal à C ou moindre que C (abstraction faite des signes de C et D), ce qui arrivera nécessairement, comme nous l'avons prouvé plus haut; et par le moyen de ces équations on parviendra, en opérant comme dans le n° 16, à une nouvelle équation de la forme

(C) $$C r_2^2 = p_2^2 - D q_2^2,$$

dont la résolution dépendra de celle de l'équation

$$B r_1^2 = p_1^2 - C q_1^2$$

et *vice versâ*; de sorte que, cette équation étant résolue, on pourra, en remontant, résoudre la proposée.

18. En suivant toujours le même procédé, on trouvera cette suite d'équations *principales*

$$A r^2 = p^2 - B q^2,$$
$$B r_1^2 = p_1^2 - C q_1^2,$$
$$C r_2^2 = p_2^2 - D q_2^2,$$
$$D r_3^2 = p_3^2 - E q_3^2,$$
$$\dots\dots\dots\dots,$$

dans lesquelles les nombres A, B, C,... formeront une série décroissante jusqu'à ce qu'on parvienne à un terme égal à l'unité prise positivement ou négativement; car, comme ces nombres ne sont ni carrés ni multiples de carrés par l'hypothèse, il est impossible qu'on parvienne à un terme égal à zéro avant d'être parvenu à un terme égal à l'unité; en effet, si $E = o$, on aura $Dr_3^2 = p_3^2$; donc $D = 1$; donc, puisque les termes A, B, C,... deviennent toujours plus petits, il est évident qu'on arrivera nécessairement à un terme égal à 1 ou à -1.

Soit, par exemple, $E = 1$; alors la dernière équation sera

$$Dr_3^2 = p_3^2 - q_3^2,$$

c'est-à-dire de la forme

$$V z^2 = x^2 - y^2.$$

Mais, si $E = -1$, alors on pourra continuer encore les mêmes opérations, et l'on parviendra nécessairement à une nouvelle équation *principale* telle que

$$Er_4^2 = p_4^2 - Fq_4^2,$$

dans laquelle, à cause de $E = -1$, on aura nécessairement $F = 1$ (**15**); de sorte que la dernière des équations *principales* sera, dans ce cas, de la forme

$$- z^2 = x^2 - y^2,$$

laquelle rentre dans la formule précédente en faisant $V = -1$.

Or, nous avons démontré que si l'équation

$$A r^2 = p^2 - B q^2$$

est résoluble, les équations suivantes

$$Br_1^2 = p_1^2 - Cq_1^2, \quad Cr_2^2 = p_2^2 - Dq_2^2,\ldots,$$

doivent l'être aussi, et réciproquement que si l'une de celles-ci peut se résoudre, toutes les précédentes pourront se résoudre aussi (**16**); donc, la résolution de l'équation

$$A r^2 = p^2 - B q^2$$

se réduira toujours par ce moyen à celle d'une équation de la forme

$$V z^2 = x^2 - y^2,$$

V étant un nombre donné.

19. Or, l'équation

$$V z^2 = x^2 - y^2$$

est facile à résoudre par la méthode même du n° **3**; mais, pour avoir pour x, y et z des expressions sans fractions, on fera $x+y=\xi$, $x-y=\psi$, et l'on aura $V z^2 = \xi\psi$, donc $\psi = \dfrac{V z^2}{\xi}$; de sorte qu'il faudra que $V z^2$ soit divisible par ξ. Soit M la plus grande mesure commune de V et ξ, en sorte que $V = MN$ et $\xi = M\rho$, ρ et N étant premiers entre eux, et l'on aura $\psi = \dfrac{N z^2}{\rho}$; donc $z^2 = \rho\sigma$, et par conséquent $\xi = M\rho$, $\psi = N\sigma$, M et N étant deux facteurs quelconques de V; or, soit l la plus grande commune mesure de ρ et σ, et comme $\rho\sigma$ doit être égal à un carré, il est clair que ρ et σ ne pourront être que de cette forme $\rho = lm^2$ et $\sigma = ln^2$, l, m et n étant des nombres quelconques entiers; ainsi l'on aura

$$z^2 = l^2 m^2 n^2, \quad \xi = x + y = M l m^2, \quad \psi = x - y = N l n^2,$$

donc

$$z = lmn, \quad x = \frac{l(M m^2 + N n^2)}{2}, \quad y = \frac{l(M m^2 - N n^2)}{2};$$

mais, comme il est inutile d'avoir dans les expressions de x, y et z un multiplicateur commun, parce qu'il est visible que, dans l'équation

$$V z^2 = x^2 - y^2,$$

on peut toujours multiplier à volonté x, y et z par un nombre quelconque, on fera pour plus de simplicité $l = 1$ ou bien $l = 2$ pour faire disparaître le dénominateur 2 de x et de y, et l'on aura en général

$$x = M m^2 + N n^2, \quad y = M m^2 - N n^2, \quad z = 2 mn,$$

m et n étant des nombres quelconques entiers, et M et N deux facteurs quelconques de V, en sorte que $V = MN$. Ainsi, si V a plusieurs facteurs parmi lesquels il faudra toujours compter l'unité, on aura autant de différentes expressions de x, y et z qu'il y aura de manières de partager le nombre V en deux facteurs.

EXEMPLES.

20. Appliquons maintenant notre méthode à quelques Exemples.

Exemple I. — Soit proposé de résoudre l'équation

$$109 = u^2 - 7t^2.$$

En mettant $\frac{p}{r}$ au lieu de u, et $\frac{q}{r}$ au lieu de t, elle deviendra

(A) $$109r^2 = p^2 - 7q^2,$$

de sorte qu'on aura $A = 109$ et $B = 7$; car, comme ces deux nombres ne renferment aucun facteur carré, il n'y aura aucune réduction à y faire.

Il faudra donc chercher un nombre entier α moindre que $\frac{109}{2}$ et tel, que $\alpha^2 - 7$ soit divisible par 109; mais pour cela, au lieu d'essayer successivement pour α tous les nombres naturels moindres que 54, il sera beaucoup plus commode de chercher un multiple de 109 qui soit de la forme $\alpha^2 - 7$, c'est-à-dire qui, étant augmenté de 7, devienne un carré.

En général, on remarquera que dans l'équation

$$AA_1 = \alpha^2 - B,$$

à laquelle il s'agit de satisfaire, A_1 doit être $< \frac{A}{4}$ lorsque B est positif, et $< \frac{A}{4} + 1$ lorsque B est négatif (**13** et **14**), de sorte qu'il n'y aura qu'à essayer successivement pour A_1 tous les nombres naturels moindres que $\frac{A}{4} + 1$, pris positivement ou négativement suivant que A sera positif ou négatif (numéros cités), et s'il ne s'en trouve aucun dont le produit par A étant augmenté de B devienne un carré, ce sera une marque certaine que le Problème n'admet point de solution rationnelle.

On en usera de même à l'égard des autres équations de condition

$$BB_1 = \beta^2 - C, \quad CC_1 = \gamma^2 - D, \ldots,$$

dans lesquelles il faudra aussi que $B_1 < \dfrac{C}{4} + 1$, $C_1 < \dfrac{D}{4} + 1, \ldots$

Dans l'exemple proposé on trouve d'abord $2.109 + 7 = 225$; de sorte qu'on aura $A_1 = 2$, $\alpha = 15$; et comme A_1 est déjà $< B$, la première suite d'équations *secondaires* se réduira à cette seule équation (**12**)

(a) $$109.2 = 15^2 - 7.$$

Ainsi l'on fera (**15**) $C = 2$, de sorte que la seconde équation *principale* sera

(B) $$7 r_1 = p_1^2 - 2 q_1^2.$$

Il faudra donc satisfaire à l'équation

$$BB_1 = \beta^2 - C, \quad \text{savoir} \quad 7 B_1 = \beta^2 - 2,$$

β étant $< \dfrac{7}{2}$, et l'on trouvera $\beta = 3$, $B_1 = 1$, de sorte que, comme β_1 est déjà $< C$, la seconde suite d'équations secondaires, que nous avons désignée par (b) au n° **17**, se réduira à cette équation unique

(b) $$7.1 = 3^2 - 2.$$

On fera donc $D = 1$, et la troisième équation principale sera

(C) $$2 r_2^2 = p_2^2 - q_2^2,$$

laquelle est déjà, comme on voit, dans le cas du n° **19**.

Comparant donc cette dernière équation à l'équation

$$V z^2 = x^2 - y^2,$$

on aura $V = 2$, $x = p_2$, $y = q_2$, $z = r_2$; donc $M = 1$, $N = 2$, et par conséquent

$$p_2 = m^2 + 2 n^2, \quad q_2 = m^2 - 2 n^2, \quad r_2 = 2 mn;$$

ainsi, il n'y aura plus qu'à remonter de l'équation (C) à l'équation (B), et de celle-ci à l'équation proposée (A) par la méthode du n° **16**.

Pour cela, on changera d'abord l'équation (C) en celle-ci

$$q_2^2 = p_2^2 - 2r_2^2,$$

et on la multipliera par l'équation (b) [s'il y avait plus d'une de ces équations *secondaires* (b), il faudrait multiplier l'équation dont il s'agit successivement par chacune de ces équations]; on aura, par les formules du n° 9, l'équation

$$7q_2^2 = (3p_2 \pm 2r_2)^2 - 2(3r_2 \pm p_2)^2,$$

laquelle, étant comparée à l'équation (B), donnera

$$p_1 = 3p_2 \pm 2r_2, \quad q_1 = 3r_2 \pm p_2, \quad r_1 = q_2,$$

les signes ambigus étant à volonté.

On changera de même l'équation (B) en

$$2q_1^2 = p_1^2 - 7r_1^2,$$

et on la multipliera ensuite par l'équation (a), ce qui donnera

$$109 . 4q_1^2 = (15p_1 \pm 7r_1)^2 - 7(15r_1 \pm p_1)^2;$$

et, comparant cette équation avec l'équation (A), on aura enfin

$$p = 15p_1 \pm 7r_1, \quad q = 15r_1 \pm p_1, \quad r = 2q_1,$$

de sorte qu'il n'y aura plus qu'à substituer successivement les valeurs de p_1, q_1, r_1, et ensuite celles de p_2, q_2, r_2.

Les valeurs de p, q et r étant ainsi trouvées, on aura $u = \dfrac{p}{r}$ et $t = \dfrac{q}{r}$, et l'équation proposée

$$109 = u^2 - 7t^2$$

sera résolue.

Exemple II. — Qu'on propose maintenant l'équation suivante

$$-207 = u^2 - 13t^2.$$

Puisque le nombre 207 est divisible par le carré 9, je supposerai (4)

II.   51

$u = \dfrac{3p}{r}$ et $t = \dfrac{3q}{r}$, ce qui donnera l'équation

(A) $\qquad\qquad\qquad -23r^2 = p^2 - 13q^2.$

Or, en suivant le même procédé que dans l'Exemple précédent, et marquant les équations analogues par les mêmes lettres, on trouvera les équations suivantes

(a) $\qquad\qquad\qquad -23(-1) = 6^2 - 13,$

(B) $\qquad\qquad\qquad 13r_1^2 = p_1^2 + q_1^2,$

(b) $\qquad\qquad\qquad \begin{cases} 13.2 = 5^2 + 1, \\ 2.1 = 1 + 1, \end{cases}$

(C) $\qquad\qquad\qquad -r_2^2 = p_2^2 - q_2^2,$

dont la dernière est, comme on le voit, dans le cas du n° 19. On aura donc $p_2 = x$, $q_2 = y$, $r_2 = z$ et $V = -1$; donc $M = 1$ et $N = -1$; par conséquent,

$$p_2 = m^2 - n^2, \quad q_2 = m^2 + n^2, \quad r_2 = 2mn.$$

Ensuite on mettra la même équation (C) sous la forme des équations (b), en transposant les termes r_2^2 et q_2^2, en sorte que l'on ait $q_2^2 = p_2^2 + r_2^2$, et l'on multipliera successivement cette équation par les deux équations (b). Pour cela, on fera d'abord le produit de ces deux-ci, qui sera exprimé par $13.4 = (5 \pm 1)^2 + (5 \mp 1)^2$, ou bien simplement $13.4 = 6^2 + 4^2$, c'est-à-dire, en divisant par 4, $13 = 3^2 + 2^2$; donc, multipliant l'équation précédente par celle-ci, et comparant le produit à l'équation (B), on aura

$$p_1 = 3p_2 \pm 2r_2, \quad q_1 = 3r_2 \mp 2p_2, \quad r_1 = q_2.$$

On transposera de même le premier et le dernier terme de l'équation (B) pour la réduire à la forme de l'équation (a), et on la multipliera ensuite par cette dernière équation, ce qui donnera une équation semblable à l'équation (A), de sorte qu'on aura enfin

$$p = 6p_1 \pm 13r_1, \quad q = 6r_1 \pm p_1, \quad r = q_1.$$

Ainsi l'équation proposée sera résolue.

Exemple III. — Si l'équation proposée était

$$51 = u^2 - 7t^2,$$

dans laquelle 51 et 7 ne renferment aucun facteur carré, on ferait $u = \dfrac{p}{r}$, $t = \dfrac{q}{r}$, pour avoir

$$51 r^2 = p^2 - 7q^2,$$

et il faudrait d'abord satisfaire à l'équation

$$51 A_1 = \alpha^2 - 7 ;$$

mais, en essayant pour A_1 tous les nombres naturels jusqu'à $\dfrac{51}{4} + 1$, c'est-à-dire jusqu'à 13, on n'en trouve aucun qui, étant multiplié par 51 et augmenté de 7, devienne un carré; d'où il s'ensuit que l'équation proposée n'admet aucune solution rationnelle.

Exemple IV. — Soit encore proposée l'équation

$$1459 = u^2 - 30t^2 ;$$

comme 1459 est un nombre premier, on fera d'abord $u = \dfrac{p}{r}$, $t = \dfrac{q}{r}$ pour avoir l'équation

(A) $$1459 r^2 = p^2 - 30 q^2.$$

Ayant donc ici $1459 = A$, $30 = B$, il faudra d'abord trouver un nombre $\alpha < \dfrac{1459}{2}$ et tel que $\alpha^2 - 30$ soit divisible par 1459, ou bien un nombre $A_1 < \dfrac{1459}{4}$ et tel que $1459 A_1 + 30$ soit égal à un carré, comme nous l'avons dit dans l'Exemple I.

Après quelques essais, je trouve $A_1 = 241$ et $\alpha = 593$, et à l'aide de ces valeurs je forme cette première suite d'équations *secondaires* (**12**)

(a) $$\begin{cases} 1459.241 = 593^2 - 30, \\ 241.\ 51 = 111^2 - 30, \\ 51.\ \ 1 = \ \ 9^2 - 30. \end{cases}$$

Donc, puisque 1 est < 30, on fera $C = 1$ (**15**), et j'aurai cette seconde

51.

équation *principale*

(B) $$30\,r_1^2 = p_1^2 - q_1^2,$$

laquelle est déjà, comme on voit, dans le cas du n° 19.

J'aurai donc $p_1 = x$, $q_1 = y$, $r_1 = z$ et $30 = V$; donc, puisque $30 = 2.3.5$, on aura $M = 1$, $N = 30$, ou $M = 2$, $N = 15$, ou $M = 3$, $N = 10$, où enfin $M = 5$, $N = 6$; de sorte qu'on aura .

$$p_1 = m^2 + 30\,n^2, \quad q_1 = m^2 - 30\,n^2, \quad r_1 = 2mn,$$

ou

$$p_1 = 2m^2 + 15\,n^2, \quad q_1 = 2m^2 - 15\,n^2, \quad r_1 = 2mn,$$

ou

$$p_1 = 3m^2 + 10\,n^2, \quad q_1 = 3m^2 - 10\,n^2, \quad r_1 = 2mn,$$

ou

$$p_1 = 5m^2 + 6\,n^2, \quad q_1 = 5m^2 - 6\,n^2, \quad r_1 = 2mn.$$

Ayant ainsi p_1, q_1 et r_1, on mettra l'équation (B) sous cette forme

$$q_1^2 = p_1^2 - 30\,r_1^2,$$

et on la multipliera successivement par chacune des équations (a). Pour faire cette multiplication plus aisément, on multipliera d'abord la deuxième et la troisième de ces équations ensemble, et faisant, pour abréger, $\mu = 9.111 \pm 30$, $\nu = 111 \pm 9$, on aura

$$241.51^2 = \mu^2 - 3\nu^2;$$

ensuite on multipliera cette équation par la première des équations (a). et faisant encore $\mu_1 = 593\mu \pm 30\nu$, $\nu_1 = 593\nu \pm \mu$, on aura

$$1459(241.51)^2 = \mu_1^2 - 30\nu_1^2,$$

équation qui, étant multipliée maintenant par l'équation

$$q_1^2 = p_1^2 - 30\,r_1^2,$$

donnera celle-ci

$$1459(241.51\,q_1)^2 = (\mu_1 p_1 \pm 30\nu_1 r_1)^2 - (\mu_1 r_1 \pm \nu_1 p_1)^2,$$

laquelle, étant comparée à l'équation (A), donnera enfin

$$p = \mu_1 p_1 \pm 3o\nu_1 r_1,$$
$$q = \mu_1 r_1 \pm \nu_1 p_1,$$
$$r = 241.51q.$$

EXEMPLE V. — Si l'on avait l'équation

$$23 = u^2 + 5t^2,$$

on ferait toujours $u = \dfrac{p}{q}$ et $t = \dfrac{p}{r}$, ce qui donnerait celle-ci

(A) $$23r^2 = p^2 + 5q^2,$$

et en opérant comme ci-dessus, on trouverait d'abord les équations

(a) $$23.3 = 8^2 + 5,$$

(B) $$-5r_1^2 = p_1^2 - 3q_1^2;$$

mais, comme il faudrait ensuite satisfaire à l'équation

$$-5B_1 = \beta^2 - 3,$$

en prenant pour $-B_1$ un nombre $< \dfrac{4}{5} + 1$, c'est-à-dire en faisant $B_1 = -1$ ou -2, et que ni l'une ni l'autre de ces deux valeurs étant multipliée par 5 et augmentée de 3 ne donne un carré, on en conclura que l'équation proposée n'est susceptible d'aucune solution rationnelle; ainsi, quoique le nombre 23 puisse être un diviseur d'une infinité de nombres de la forme $p^2 + 5q^2$, cependant il est impossible que le quotient de cette division soit jamais un carré.

21. Ces Exemples peuvent suffire pour faire connaître l'esprit et l'usage de notre méthode. Nous allons voir maintenant comment il faudra s'y prendre lorsqu'il s'agira d'avoir des solutions en nombres entiers; car quoique les solutions que fournit la méthode précédente soient générales et renferment par conséquent tous les nombres soit entiers, soit

fractionnaires, qui peuvent satisfaire à l'équation $A = u^2 - Bt^2$, cependant, comme les valeurs générales de u et de t se présentent toujours sous une forme fractionnaire, il serait souvent difficile et presque impossible de les réduire à des nombres entiers. De sorte que, pour ne rien laisser à désirer sur cette matière, il est nécessaire de donner aussi une méthode particulière pour résoudre l'équation $A = u^2 - Bt^2$, lorsque u et t doivent être des nombres entiers.

§ III. — *Résolution de l'équation $A = u^2 - Bt^2$ lorsque u et t doivent être des nombres entiers.*

22. Je remarque d'abord que si le nombre A n'a aucun facteur carré, les nombres u et t doivent être nécessairement premiers entre eux; car, si ces nombres avaient un commun diviseur ρ, il est clair que puisque u^2 et t^2 seraient divisibles par ρ^2, il faudrait aussi que A le fût. On voit par là que les nombres t et u ne sauraient avoir d'autres diviseurs communs que ceux dont les carrés sont aussi des diviseurs de A.

Ainsi, si A ne contient qu'un seul facteur carré, comme si $A = al^2$, l étant un nombre premier et a un nombre qui ne contient aucun facteur carré, les nombres u et t pourront être premiers entre eux ou bien pourront avoir le nombre l pour commun diviseur; et dans ce dernier cas, faisant $u = lp$, $t = lq$, l'équation $A = u^2 - Bt^2$ deviendra

$$a = p^2 - Bq^2,$$

p et q étant premiers entre eux. Si $A = al^2 m^2$, l et m étant des nombres premiers, alors u et t pourront être premiers entre eux ou bien pourront être divisibles tous les deux par l, ou par m, ou par lm, de sorte qu'en faisant successivement $u = lp$, $t = lq$, $u = mp$, $t = mq$ et $u = lmp$, $t = lmq$, on aura

$$am^2 = p^2 - Bq^2, \quad \text{ou} \quad al^2 = p^2 - Bq^2, \quad \text{ou} \quad a = p^2 - Bq^2,$$

p et q étant toujours premiers entre eux. En général, si le nombre donné A est divisible par un ou plusieurs nombres carrés, et qu'on désigne chacun de ces nombres par ρ^2, on fera $u = \rho p$, $t = \rho q$, $\dfrac{A}{\rho^2} = a$, et l'équation

$$A = u^2 - B t^2$$

se réduira à des équations de la forme

$$a = p^2 - B q^2,$$

où p et q seront nécessairement premiers entre eux; ainsi, donnant successivement à ρ toutes les valeurs possibles dont la première sera toujours l'unité, on aura toutes les transformées de l'équation proposée, et par ce moyen on n'aura plus à résoudre que des équations de la forme

$$A = p^2 - B q^2,$$

p et q étant premiers entre eux.

23. Soit donc proposée l'équation

$$A = p^2 - B q^2,$$

dans laquelle p et q doivent être des nombres entiers et premiers entre eux. Si B est un nombre positif, nous supposerons :

1º Que B ne soit pas carré, le cas de $B = b^2$ pouvant toujours se résoudre par la méthode du nº 3;

2º Nous supposerons d'abord que A pris positivement soit $> \sqrt{B}$, et nous donnerons ensuite la méthode pour résoudre l'équation proposée lorsque $A < \sqrt{B}$ (nᵒˢ 29 et suiv.).

Si B est un nombre négatif $- b$, alors nous supposerons toujours que A soit $> b$; autrement, l'équation

$$A = p^2 + b q^2$$

ne saurait subsister qu'en faisant $p = 0$ ou $q = 0$; de sorte que ce cas n'aurait aucune difficulté (*voyez* plus bas le nº **27**).

Enfin, nous supposerons que A et B n'aient aucun diviseur commun carré; car si A et B étaient divisibles à la fois par ρ^2, il est clair que p devrait être aussi divisible par ρ, de sorte que le facteur commun ρ^2 s'évanouirait de lui-même par la division.

Cela posé, si l'on multiplie l'équation

$$A = p^2 - Bq^2$$

par $p_1^2 - Bq_1^2$, et qu'on prenne pour p_1 et q_1 des nombres entiers tels, que l'on ait

$$pq_1 - qp_1 = \pm 1,$$

on aura, comme dans le n° 6,

$$A(p_1^2 - Bq_1^2) = (pp_1 - Bqq_1)^2 - B,$$

ou bien, en faisant

$$A_1 = p_1^2 - Bq_1^2, \quad \alpha = pp_1 - Bqq_1,$$

on aura l'équation

$$AA_1 = \alpha^2 - B.$$

Or, soit $\frac{m}{n}$ la fraction que nous avons désignée (7) par $\frac{p_1}{q_1}$, et l'on aura (8), dans l'équation

$$pq_1 - qp_1 = \pm 1,$$

pour les valeurs générales de p_1 et q_1,

$$p_1 = \mu p \pm m, \quad q_1 = \mu q \pm n,$$

μ étant un nombre quelconque entier.

Donc, substituant ces valeurs dans l'expression de α, on aura

$$\alpha = \mu(p^2 - Bq^2) \pm (pm - Bqn),$$

ou bien, en faisant $a = mp - Bnq$,

$$\alpha = \mu A \pm a.$$

De sorte qu'on pourra toujours prendre $\alpha < \frac{A}{2}$ (**10**), ce qui rendra $A_1 < \frac{A}{4}$

si B est positif, et $< \frac{A}{4} + 1$ si B est négatif (13 et 14), et par conséquent toujours $A_1 < A$, en regardant A et A_1 comme positifs.

De là il s'ensuit que, pour que l'équation proposée puisse avoir lieu,
c'est-à-dire que le nombre A soit de la forme $p^2 - Bq^2$, il faut que ce
nombre soit un diviseur d'un nombre tel que $\alpha^2 - B$, α étant $< \frac{A}{2}$
(abstraction faite des signes de α et de A), et que, de plus, le quotient A_1
de la division de $\alpha^2 - B$ par A soit aussi de la forme $p_1^2 - Bq_1^2$.

Donc si, parmi les nombres naturels moindres que $\frac{A}{2}$, on n'en trouve
aucun dont le carré diminué de B soit divisible par A, on en conclura
que l'équation est impossible.

Si l'on en trouve un, on prendra ce nombre pour α, et l'on aura à résoudre une nouvelle équation de cette forme

$$A_1 = p_1^2 - Bq_1^2,$$

dans laquelle A_1 sera $< A$.

Si cette dernière équation est résoluble, alors, connaissant les valeurs
de p_1 et q_1, on trouvera celles de p et q par les deux équations

$$\alpha = pp_1 - Bqq_1 \quad \text{et} \quad pq_1 - qp_1 = \pm 1,$$

lesquelles donnent, à cause de $p_1^2 - Bq_1^2 = A_1$,

$$p = \frac{\alpha p_1 \mp Bq_1}{A_1}, \quad q = \frac{\alpha q_1 \mp p_1}{A_1}.$$

Et si ces expressions donnent des nombres entiers, on aura la résolution
de l'équation proposée; sinon elle ne sera pas résoluble.

Si l'on trouvait plusieurs nombres qu'on pût prendre pour α, alors
chacun d'eux donnerait une équation de la forme

$$A_1 = p_1^2 - Bq_1^2,$$

et chacune de ces équations pourrait donner ensuite une ou plusieurs
solutions de la proposée; d'où l'on voit que, pour avoir toutes les solu-

tions possibles, il est nécessaire de connaître tous les nombres α qui, étant $< \dfrac{A}{2}$, sont tels que $\alpha^2 - B$ soit divisible par A, et d'examiner en particulier chacune des équations $A_1 = p_1^2 - B q_1^2$ qui en résulteront.

Au reste, lorsqu'on aura trouvé un seul nombre α qui ait les conditions requises, on pourra par son moyen trouver tous les autres.

24. Supposons en effet qu'on ait trouvé un nombre $\alpha < \dfrac{A}{2}$, et tel que $\alpha^2 - B$ soit divisible par A, et soit β une autre valeur de α en sorte que l'on ait $\beta < \dfrac{A}{2}$, et $\beta^2 - B$ divisible par A (A, α et β étant supposés positifs); il est clair que, puisque $\alpha^2 - B$ et $\beta^2 - B$ sont divisibles en même temps par A, il faudra que $\beta^2 - \alpha^2$ le soit aussi, c'est-à-dire que $(\beta + \alpha)(\beta - \alpha)$ soit divisible par A.

Donc :

1° Si A est un nombre premier, il faudra que l'un ou l'autre des facteurs $\beta + \alpha$, $\beta - \alpha$ soit divisible par A, ce qui ne se peut tant que $\alpha < \dfrac{A}{2}$ et $\beta < \dfrac{A}{2}$; donc, dans ce cas, il ne pourra absolument y avoir qu'un seul nombre α qui ait les conditions requises;

2° Si A est composé, en sorte que l'on ait $A = ab$, a et b étant deux facteurs quelconques de A, alors il suffit que l'un des facteurs $\beta + \alpha$, $\beta - \alpha$ soit divisible par a et l'autre par b.

Je remarque d'abord qu'on ne peut prendre pour a et b que des nombres premiers entre eux, ou au moins dont le plus grand commun diviseur soit 2.

Car, si a et b avaient un commun diviseur ρ autre que 2, il faudrait que α et β fussent aussi divisibles par ρ; donc, A étant divisible par ρ^2 et α par ρ, il est clair que B devrait être aussi divisible par ρ^2, de sorte que A et B seraient divisibles à la fois par ρ^2, ce qui est contre l'hypothèse (23).

Supposons donc en premier lieu que a et b soient premiers entre eux, on fera $\beta + \alpha = \mu a$, $\beta - \alpha = \nu b$, et l'on aura $2\alpha = \mu a - \nu b$. Soit $\dfrac{a_1}{b_1}$ la fraction la plus proche de $\dfrac{a}{b}$ (8), et les nombres μ et ν seront exprimés en général de cette manière

$$\mu = mb \pm 2\alpha b_1, \quad \nu = ma \pm 2\alpha a_1,$$

m étant un nombre quelconque entier, et le signe supérieur ou l'inférieur ayant lieu suivant que $\frac{a_1}{b_1} <$ ou $> \frac{a}{b}$. Donc, puisque $\beta = \mu . a - \alpha$ et $ab = A$, on aura

$$\beta = mA \pm 2\alpha ab_1 - \alpha.$$

Ainsi, faisant pour plus de simplicité

$$\omega = (1 \mp 2ab_1)\alpha,$$

le signe supérieur étant pour le cas où $\frac{a_1}{b_1} < \frac{a}{b}$ et l'inférieur pour celui où $\frac{a_1}{b_1} > \frac{b}{a}$, on aura

$$\beta = mA - \omega.$$

Si, au lieu de supposer $\beta + \alpha = \mu.a$, $\beta - \alpha = \nu b$, on suppose $\beta + \alpha = \mu.b$, $\beta - \alpha = \nu a$, on trouvera de la même manière

$$\beta = mA + \omega.$$

De sorte que la considération des deux facteurs premiers a et b donnera en général ·

$$\beta = mA \pm \omega,$$

et il n'y aura plus qu'à déterminer m et le signe de ω, en sorte que β soit $< \frac{A}{2}$, ce qui peut toujours se faire, mais d'une seule manière, comme nous l'avons déjà remarqué plus haut.

On voit par là que chaque couple de facteurs de A premiers entre eux donnera un nouveau nombre β et n'en donnera absolument qu'un seul ; de sorte que si A est un nombre premier ou une puissance d'un nombre premier, il ne pourra y avoir qu'une seule valeur de α ; si A a deux facteurs premiers ou qui soient des puissances quelconques de deux nombres premiers, il pourra y avoir seulement deux valeurs de α ; si A contient trois facteurs premiers ou qui soient des puissances quelconques de trois nombres premiers, il ne pourra y avoir que quatre valeurs de α, et ainsi de suite; d'où il s'ensuit en général que, si le nombre des facteurs premiers de A est n, soit que ces facteurs soient des nombres premiers ou des puissances quelconques de nombres premiers, le nombre des valeurs de α sera ou nul, ou égal à 2^{n-1}.

Supposons en second lieu que a et b aient pour plus grand commun diviseur le nombre 2, et faisons $a = 2f$, $b = 2g$, f et g étant premiers entre eux, en sorte que l'on ait $A = 4fg$.

Dans ce cas, on pourra faire $\beta + \alpha = 2\mu f$ et $\beta - \alpha = 2\nu g$, sans que α et β soient divisibles par 2, puisqu'il n'y a qu'à supposer α et β impairs; on aura donc $\alpha = \mu f - \nu g$, d'où, en supposant que $\frac{f_1}{g_1}$ soit la fraction la plus proche de $\frac{f}{g}$, et faisant, pour abréger,

$$\theta = \alpha(1 \mp 2fg_1),$$

le signe supérieur étant pour le cas où $\frac{f_1}{g_1} < \frac{f}{g}$, et le signe inférieur pour le cas où $\frac{f_1}{g_1} > \frac{f}{g}$, on trouvera

$$\beta = \frac{mA}{2} \pm \theta.$$

Ici il est visible qu'on peut déterminer le nombre m et le signe de θ de deux manières différentes, en sorte que l'on ait $\beta < \frac{A}{2}$, ce qui donnera par conséquent deux valeurs de β; mais il peut arriver que ces valeurs se trouvent déjà comprises dans celles qui résultent de la considération des facteurs premiers de A; on pourrait même déterminer en général le cas où les valeurs de β résultantes de cette dernière formule seront toutes, ou en partie seulement, identiques avec celles qu'on pourra déduire de la formule précédente; mais ce détail nous mènerait trop loin, et d'ailleurs il serait plus curieux qu'utile.

Nous nous contenterons de remarquer que, lorsque le nombre A est divisible par 4, alors, si β est une des valeurs de α, $\frac{A}{2} - \beta$ en sera toujours une aussi; car, soient $A = 4E$ et $\beta^2 - B$ divisible par $4E$, prenant au lieu de β le nombre $2E - \beta$, on aura

$$(2E - \beta)^2 - B = 4E^2 - 4E\beta + \beta^2 - B,$$

qui est évidemment divisible par $4E$.

25. Considérons maintenant l'équation du n° **23**,

$$A_1 = p_1^2 - Bq_1^2,$$

et comme les nombres p_1 et q_1 de cette équation sont déterminés (**23**) par la condition que

$$pq_1 - qp_1 = \pm 1,$$

il est facile de voir que ces nombres seront nécessairement premiers entre eux; de sorte que l'équation dont il s'agit sera parfaitement analogue à l'équation précédente

$$A = p^2 - Bq^2,$$

et par conséquent sera susceptible d'opérations semblables. Donc :

1° Si B est positif et que A_1, considéré comme positif, soit $< \sqrt{B}$, cette équation sera déjà dans le cas que nous traiterons plus bas (**29**);

2° Si B est négatif et égal à $- b$, et que $A_1 = b$ ou $< b$, on aura le cas du n° **27**.

Ainsi, nous supposerons encore ici que A_1, regardé comme positif, soit $> \sqrt{B}$ dans le cas de B positif, et $> b$ dans le cas de $B = - b$, et l'on pourra traiter l'équation

$$A_1 = p_1^2 - Bq_1^2$$

comme on a fait ci-dessus l'équation $A = p^2 - Bq^2$.

On multipliera donc cette équation par $p_2^2 - Bq_2^2$, et l'on déterminera p_2 et q_2, en sorte que l'on ait

$$p_1 q_2 - q_1 p_2 = \pm 1;$$

ce qui, en faisant, pour abréger,

$$A_2 = p_2^2 - Bq_2^2, \quad \alpha_1 = p_1 p_2 - Bq_1 q_2,$$

donnera l'équation

$$A_1 A_2 = \alpha_1^2 - B.$$

Or, puisqu'on a déjà (**23**)

$$pq_1 - qp_1 = \pm 1,$$

on aura, en ajoutant cette équation à celle-ci

$$p_1 q_2 - q_1 p_2 = \pm 1,$$

ou, en l'en retranchant,

$$(q_2 \mp q)p_1 - (p_2 \mp p)q_1 = 0,$$

d'où

$$\frac{p_2 \mp p}{q_2 \mp q} = \frac{p_1}{q_1},$$

et par conséquent

$$p_2 = \mu_1 p_1 \pm p, \quad q_2 = \mu_1 q_1 \pm q,$$

μ_1 étant un nombre entier quelconque.

Si l'on substitue ces valeurs de p_2 et q_2 dans l'expression de α_1, on aura

$$\alpha_1 = \mu_1(p_1^2 - Bq_1^2) \pm (pp_1 - Bqq_1),$$

ou bien

$$\alpha_1 = \mu_1 A_1 \pm \alpha.$$

Ainsi l'on pourra déterminer α_1 en sorte que $\alpha_1 < \dfrac{A_1}{2}$, ce qui rendra $A_2 < A_1$ (**13** et **14**), en regardant α_1, A_1 et A_2 comme positifs pour éviter toute équivoque; et il est facile de voir qu'on ne saurait satisfaire à cette condition que d'une seule manière, de sorte que la valeur de μ_1 et le signe de α se trouveront par là entièrement déterminés; et comme les signes ambigus de p et q dans les expressions de p_2 et q_2 doivent être les mêmes que celui de α dans l'expression de α_1, il ne restera plus rien d'arbitraire dans ces expressions.

Par ce moyen la résolution de l'équation

$$A_1 = p_1^2 - Bq_1^2$$

sera réduite à celle de l'équation

$$A_2 = p_2^2 - B q_2^2,$$

dans laquelle $A_2 < A_1$ (abstraction faite des signes de A_1 et de A_2).

En effet, dès qu'on aura trouvé les valeurs de p_2 et de q_2, il n'y aura qu'à chercher celles de p_1 et q_1 à l'aide des équations

$$\alpha_1 = p_1 p_2 - B q_1 q_2, \quad p_1 q_2 - q_1 p_2 = \pm 1,$$

lesquelles donnent

$$p_1 = \frac{\alpha_1 p_2 \mp B q_2}{A_2}, \quad q_1 = \frac{\alpha_1 q_2 \mp p_2}{A_2};$$

si ces expressions donnent (en prenant à volonté les signes supérieurs ou inférieurs) des nombres entiers, alors on aura par les expressions de p_2 et q_2 trouvées ci-dessus

$$\pm p = p_1 - \mu_1 p_1, \quad \pm q = q_1 - \mu_1 q_1,$$

et le Problème sera résolu.

Mais, si les expressions de p_1 et q_1 ne donnent que des nombres rompus, ce sera une marque que l'équation proposée n'est point résoluble en entiers.

Maintenant, puisque l'on a $p_1 q_2 - q_1 p_2 = \pm 1$, il est visible que p_2 et q_2 seront premiers entre eux; d'où il s'ensuit que l'équation

$$A_2 = p_2^2 - B q_2^2$$

sera parfaitement semblable à l'équation

$$A_1 = p_1^2 - B q_1^2,$$

et que par conséquent on y pourra appliquer les mêmes raisonnements et les mêmes opérations que nous venons de faire sur celle-ci, et ainsi de suite.

26. Donc, si l'on fait comme dans le n° 12

$$(\alpha) \quad \begin{cases} A\,A_1 = \alpha^2 - B, \quad \alpha < \dfrac{A}{2}, \\[2mm] A_1 A_2 = \alpha_1^2 - B, \quad \alpha_1 = \mu_1 A_1 \pm \alpha < \dfrac{A_1}{2}, \\[2mm] A_2 A_3 = \alpha_2^2 - B, \quad \alpha_2 = \mu_2 A_2 \pm \alpha_1 < \dfrac{A_2}{2}, \\[2mm] \dots\dots\dots\dots\dots, \quad \dots\dots\dots\dots\dots\dots, \end{cases}$$

$\Big($c'est-à-dire $\alpha < \dfrac{A}{2}$, $\alpha_1 < \dfrac{A_1}{2}$, $\alpha_2 < \dfrac{A_2}{2}, \dots$, en regardant α, α_1, $\alpha_2, \dots$,

A, A_1, $A_2, \dots$ comme tous positifs$\Big)$, on aura cette suite d'équations

$$(\beta) \quad \begin{cases} A = p^2 - B q^2, \\ A_1 = p_1^2 - B q_1^2, \\ A_2 = p_2^2 - B q_2^2, \\ A_3 = p_3^2 - B q_3^2, \\ \dots\dots\dots\dots \end{cases}$$

dans lesquelles

$$(\gamma) \quad \begin{cases} \pm p = p_2 - \mu_1 p_1, \quad \pm q = q_2 - \mu_1 q_1, \\ \pm p_1 = p_3 - \mu_2 p_2, \quad \pm q_1 = q_3 - \mu_2 q_2, \\ \pm p_2 = p_4 - \mu_3 p_3, \quad \pm q_2 = q_4 - \mu_3 q_3, \\ \dots\dots\dots\dots\dots\dots, \quad \dots\dots\dots\dots\dots\dots, \end{cases}$$

où il faudra toujours se souvenir que les signes ambigus de p, q et α doivent être les mêmes, ainsi que ceux de p_1, q_1, $\alpha_1, \dots$.

De plus on aura aussi, en général, les équations

$$(\delta) \quad \begin{cases} p_{n-1} = \dfrac{\alpha_{n-1}\, p_n \pm B q_n}{A_n}, \\[3mm] q_{n-1} = \dfrac{\alpha_{n-1}\, q_n \pm p_n}{A_n}, \end{cases}$$

les signes ambigus étant à volonté, pourvu qu'on les prenne de même dans les deux équations.

Donc, si l'on peut résoudre une quelconque des équations (β), comme

$$A_n = p_n^2 - B q_n^2,$$

c'est-à-dire trouver les valeurs de p_n et q_n, on pourra trouver aussi par les équations (δ) les valeurs des quantités précédentes p_{n-1} et q_{n-1}, et, ces quatre valeurs étant connues, on pourra par le moyen des formules (γ) remonter aux valeurs de p et q qui résolvent l'équation

$$A = p^2 - Bq^2,$$

et qui seront nécessairement des nombres entiers si p_n, q_n, p_{n-1} et q_{n-1} le sont.

Réciproquement, si l'équation

$$A_n = p_n^2 - Bq_n^2$$

n'admet point de solution en nombres entiers, ou que les expressions de p_{n-1}, q_{n-1} ne donnent point de nombres entiers, on en devra conclure que l'équation

$$A = p^2 - Bq^2$$

n'est point résoluble en nombres entiers.

Au reste, il faut remarquer que, comme on peut prendre également α positif ou négatif, chaque valeur de α donnera deux suites différentes de formules telles que (α) et (γ), qu'il faudra considérer chacune en particulier pour avoir toutes les solutions possibles de l'équation

$$A = p^2 - Bq^2;$$

mais, sans être obligé de faire un nouveau calcul, il suffira d'observer qu'en prenant α négatif, les formules (α) resteront les mêmes en changeant simplement les signes de α_1, α_2,... et de μ_1, μ_2,..., d'où il s'ensuit qu'il n'y aura d'autre changement à faire aux formules (γ) que de prendre μ_1, μ_2, μ_3,... avec des signes contraires.

Analyse du cas où B est négatif.

27. Considérons d'abord le cas de B négatif, parce qu'il est plus facile à résoudre que celui de B positif, et l'on prouvera, comme on a fait (14), que la série des quantités A', A_1, A_2, A_3,... pourra être continuée jus-

qu'à ce que l'on arrive à un terme comme A_n, lequel soit égal ou moindre que B considéré comme positif, c'est-à-dire qu'en supposant $B = -b$ on aura $A_n = b$ ou $< b$.

1° Soit $A_n = b$, et l'équation

$$A_n = p_n^2 + b\,q_n^2$$

ne pourra subsister, à moins que p_n^2 ne soit divisible par b; donc, si $b = c^2 d$, on aura nécessairement $p_n = cdr$, et l'équation

$$b = p_n^2 + b\,q_n^2$$

deviendra, en divisant par b,

$$1 = dr^2 + q_n^2,$$

laquelle donne ou $r = 0$, et par conséquent $p_n = 0$ et $q_n = 1$, ou $q_n = 0$ et $dr^2 = 1$, c'est-à-dire $r = 1$ et $d = 1$; donc $p_n = c$; de sorte que ce second cas ne peut avoir lieu à moins que b ne soit carré; or, si l'on cherche dans ce même cas les valeurs de p_{n-1} et q_{n-1} par les formules du numéro précédent, on trouvera $q_{n-1} = \pm \dfrac{c}{c^2} = \pm \dfrac{1}{c}$; d'où l'on voit que q_{n-1} ne saurait être un nombre entier, à moins que c ne soit égal à 1, et qu'ainsi le Problème ne peut être résolu dans le cas dont il s'agit que lorsque $c = 1$, ce qui donne $b = 1$ et $p_n = 1$, $q_n = 0$. Or, lorsque $b = 1$, il est clair que dans l'équation

$$A_n = p_n^2 + q_n^2,$$

les quantités p_n et q_n peuvent s'échanger entre elles, et que la même chose a lieu aussi à l'égard des autres équations analogues; de sorte que la supposition de $p_n = 1$ et $q_n = 0$ rentre dans celle de $p_n = 0$ et $q_n = 1$, que nous allons examiner.

On aura donc en général, lorsque $A_n = b$, $p_n = 0$ et $q_n = 1$, d'où l'on trouvera (numéro précédent)

$$p_{n-1} = \pm 1, \quad q_{n-1} = \frac{\alpha_{n-1}}{b};$$

de sorte qu'il faudra dans ce cas, pour que le Problème soit résoluble, que α_{n-1} soit divisible par b; si cette condition a lieu, alors on aura

$$p_n = 0, \qquad q_n = 1,$$
$$p_{n-1} = 1, \qquad q_{n-1} = \frac{\alpha_{n-1}}{b},$$

et l'on pourra en remontant trouver les valeurs de p et q; sur quoi il est bon de remarquer que, quoique l'on ait trouvé $p_{n-1} = \pm 1$, il serait cependant inutile de faire $p_{n-1} = -1$, parce qu'il est facile de voir qu'à cause de $p_n = 0$ les valeurs de $p_{n-2}, p_{n-3}, \ldots, p$ ne différeraient que par les signes de celles qu'on a en faisant $p_{n-1} = 1$.

2° Soit $A_n < b$; dans ce cas il est visible que l'équation

$$A_n = p_n^2 + b\,q_n^2$$

ne saurait avoir lieu, à moins que l'on n'ait $q_n = 0$ et $A_n = p_n^2$, ce qui donnera

$$p_{n-1} = \frac{\alpha_{n-1}}{p_n}, \qquad q_{n-1} = \pm \frac{1}{p_n};$$

d'où l'on voit qu'à moins que l'on n'ait $p_n = 1$, et par conséquent aussi $A_n = 1$, les valeurs de p_{n-1} et de q_{n-1} ne pourront être des nombres entiers.

Donc, si l'on pousse la série des nombres A, A_1, A_2,… jusqu'à ce que l'on parvienne à un terme A_n moindre que b, et que ce terme soit différent de l'unité, on en devra conclure que l'équation proposée

$$A = p^2 + bq^2$$

n'est point résoluble en nombres entiers.

Si au contraire on a $A_n = 1$, alors on aura, en ne donnant à q_{n-1} que le signe $+$, par une raison semblable à celle que nous avons dite ci-dessus à l'égard de p_{n-1},

$$p_n = 1, \qquad q_n = 0,$$
$$p_{n-1} = \alpha_{n-1}, \qquad q_{n-1} = 1,$$

et l'on pourra en remontant trouver les valeurs cherchées de p et q.

De là on voit que chaque valeur de α (23) ne pourra donner qu'une seule solution de l'équation

$$A = p^2 - Bq^2,$$

lorsque B est négatif, de sorte que, comme le nombre des valeurs que peut avoir la quantité α est nécessairement limité, celui des solutions de l'équation

$$A = p^2 + bq^2$$

le sera aussi.

Ainsi, si A est un nombre premier ou une puissance quelconque d'un nombre premier autre que 2, l'équation

$$A = p^2 + bq^2$$

ne pourra avoir qu'une seule solution en nombres entiers (*voyez* plus haut le n° 24).

Quant aux valeurs négatives de α, il est facile de voir, par les formules (γ), qu'en changeant les signes de μ_1, μ_2, μ_3,... et de α_{n-1} les valeurs de p et q demeureront les mêmes ou changeront simplement de signe, à cause que l'on a

$$p_n = 0, \quad p_{n-1} = 1, \quad q_n = 1, \quad q_{n-1} = -\frac{\alpha_{n-1}}{b},$$

ou

$$p_n = 1, \quad p_{n-1} = -\alpha_{n-1}, \quad q_n = 0, \quad q_{n-1} = 1.$$

Ainsi la considération de α négatif sera tout à fait inutile lorsque B est un nombre négatif.

Analyse du cas où B est positif.

28. Supposons présentement que B soit un nombre positif; on prouvera d'abord, par un raisonnement semblable à celui du n° 13, que les nombres α, α_1, α_2,... iront en diminuant jusqu'à ce que l'on arrive à un nombre comme α_n qui soit $= \sqrt{B}$ ou $< \sqrt{B}$; mais, comme B est supposé non carré (23), il est impossible que $\alpha_n = \sqrt{B}$, de sorte qu'on aura nécessairement $\alpha_n < \sqrt{B}$.

On aura donc (26) une équation de cette forme

$$A_n A_{n+1} = \alpha_n^2 - B, \quad \text{ou bien} \quad - A_n A_{n+1} = B - \alpha_n^2,$$

dans laquelle, à cause de $\alpha_n^2 < B$, il est clair que les nombres A_n et A_{n+1} devront être de signes différents, et que de plus l'un de ces nombres, abstraction faite de son signe, devra être $< \sqrt{B}$.

Faisons pour plus de simplicité $\alpha_n = e$, et nommons $\pm E$ l'un des nombres A_n, A_{n+1} et $\mp D$ l'autre, D et E étant des nombres positifs et E étant $< \sqrt{B}$, en sorte que l'on ait l'équation

$$DE = B - e^2,$$

et comme on a, par les formules (β),

$$A_n = p_n^2 - B q_n^2 \quad \text{et} \quad A_{n+1} = p_{n+1}^2 - B q_{n+1}^2,$$

il est clair que les nombres D et E seront de ces formes

$$\mp D = \rho^2 - B \sigma^2, \quad \pm E = r^2 - B s^2.$$

Ainsi la question se réduit à résoudre ces deux équations dans lesquelles $DE < B$; en effet, les valeurs de ρ, σ, r et s étant connues, on aura celles de p_n, q_n, p_{n+1}, q_{n+1}, et l'on pourra à l'aide des formules (γ) remonter aux valeurs de p et q.

Il suffit même de résoudre l'une de ces deux équations; car il est facile de voir par les n⁰ˢ 23 et 25 que les quantités ρ, σ, r et s doivent être telles que l'on ait

$$(\varepsilon) \qquad \begin{cases} r\sigma - s\rho = \pm 1, \\ r\rho - B s\sigma = e, \end{cases}$$

par où l'on pourra déterminer ρ et σ dès qu'on aura r et s, ou *vice versâ*.

Il faut remarquer ici que l'ambiguïté des signes dans l'équation

$$r\sigma - s\rho = \pm 1$$

n'est point arbitraire, mais qu'elle doit répondre à celle de l'équation

$$\pm E = r^2 - B s^2;$$

en effet cette équation, étant combinée avec l'équation

$$\mp D = \rho^2 - B\sigma^2,$$

donne

$$\pm(E\sigma^2 + Ds^2) = r^2\sigma^2 - s^2\rho^2 = (r\sigma + s\rho)(r\sigma - s\rho),$$

d'où l'on voit que la quantité $r\sigma - s\rho$ doit être nécessairement positive ou négative suivant que l'on a le signe supérieur ou l'inférieur, dans l'équation dont il s'agit.

A l'égard de e, c'est-à-dire de z_n, elle peut être positive ou négative, et il faudra même la faire successivement positive et négative pour avoir toutes les solutions possibles de l'équation proposée (26), en ayant attention, comme nous l'avons fait observer dans ce numéro, de changer les signes de μ_1, μ_2, μ_3,... dans les formules (γ) lorsqu'on prendra e négative, tout le reste demeurant d'ailleurs le même.

29. Considérons donc l'équation

$$\pm E = r^2 - Bs^2,$$

dans laquelle $E < \sqrt{B}$, et supposons pour un moment que l'on connaisse déjà les nombres entiers r et s qui y satisfont; il est d'abord clair que ces nombres seront premiers entre eux en vertu de la première des équations (ε) du numéro précédent; ensuite il est facile de prouver que l'on pourra toujours former deux suites décroissantes de nombres entiers comme r, r_1, r_2, r_3,... et s, s_1, s_2, s_3,... dont la première commence par r et se termine par 1, et dont la seconde commence par s et se termine par 0, et qui soient de plus telles que l'on ait

$$rs_1 - sr_1 = \pm 1, \quad r_1 s_2 - s_1 r_2 = \mp 1, \quad r_2 s_3 - s_2 r_3 = \pm 1, \ldots;$$

car, si l'on divise le nombre r par le nombre s $\Big($il est clair que r doit être $> s$, à cause que l'équation $\pm E = r^2 - Bs^2$ donne $\dfrac{r}{s} = \sqrt{B \pm \dfrac{E}{s^2}}$, et que $E < \sqrt{B}\Big)$, qu'ensuite on divise s par le reste de la première division,

et qu'on continue toujours de diviser le reste précédent par le dernier
reste jusqu'à ce que l'on arrive à une division exacte, et qu'on nomme α,
β, γ, δ,...., ω les quotients qui en résultent, on aura, comme on sait,

$$\frac{r}{s} = \alpha + \cfrac{1}{\beta + \cfrac{1}{\gamma + \cfrac{1}{\delta + \cdots + \cfrac{1}{\omega}}}},$$

où l'on remarquera qu'à cause que les nombres r et s sont premiers entre
eux le dernier reste sera nécessairement l'unité, et par conséquent le
dernier quotient sera plus grand que l'unité, de sorte qu'on aura $\omega = 2$
ou > 2.

Cette fraction continue étant coupée successivement au premier, au
second, au troisième,... de ses termes, donnera autant de fractions particulières, lesquelles, en y ajoutant au commencement la fraction $\frac{1}{0}$, formeront cette suite de fractions

$$\frac{1}{0}, \quad \frac{a}{b}, \quad \frac{c}{d}, \quad \frac{e}{f}, \cdots, \quad \frac{m}{n}, \quad \frac{p}{q}, \quad \frac{r}{s},$$

où l'on aura

$$a = \alpha, \qquad b = 1,$$
$$c = \beta a + 1, \quad d = \beta b,$$
$$e = \gamma c + a, \quad f = \gamma d + b,$$
$$\cdots\cdots\cdots, \qquad \cdots\cdots\cdots,$$
$$r = \omega p + m, \quad s = \omega q + n,$$

de sorte qu'on aura aussi

$$1b - 0a = 1,$$
$$ad - bc = -1,$$
$$cf - de = 1,$$
$$\cdots\cdots\cdots\cdots,$$
$$mq - np = \pm 1,$$
$$ps - qr = \mp 1.$$

De plus, ces fractions seront convergentes vers la fraction $\frac{r}{s}$, avec cette différence que les fractions $\frac{1}{o}$, $\frac{c}{d}$, $\ldots$, qui occupent les places impaires,

seront toujours plus grandes que $\frac{r}{s}$, et qu'au contraire les fractions qui

occupent les places paires, comme $\frac{a}{b}$, $\frac{e}{f}$, $\ldots$, seront toujours plus petites

que $\frac{r}{s}$, comme il est facile de le démontrer par la nature même de ces

fractions. Au reste, nous n'aurons pas besoin de trouver ces fractions;

il nous suffira de considérer qu'il est toujours possible de les trouver,

quelle que soit la fraction donnée $\frac{r}{s}$.

M. Huyghens est, je crois, le premier qui ait imaginé de réduire une
fraction quelconque en une fraction continue, et d'en déduire une suite
de fractions particulières convergentes vers la fraction donnée (*voyez*
son Traité *De Automato planetario*). D'autres Géomètres ont ensuite
étendu et perfectionné cette théorie, surtout M. Euler, dans son *Intro-
ductio in Analysin*, et dans plusieurs excellents Mémoires imprimés
parmi ceux de l'Académie de Pétersbourg. Cette matière se trouve aussi
très-bien développée dans l'*Algèbre* de M. Saunderson, qui emploie une
méthode indépendante des fractions continues.

Maintenant, si, dans l'équation

$$\pm E = r^2 - B s^2,$$

c'est le signe supérieur qui a lieu, en sorte que l'on doive avoir

$$rs_1 - sr_1 = 1, \quad r_1 s_2 - s_1 r_2 = -1, \quad r_2 s_3 - s_2 r_3 = 1, \ldots,$$

et que le nombre des termes dans la série

$$\frac{1}{o}, \quad \frac{a}{b}, \quad \frac{c}{d}, \ldots, \quad \frac{p}{q}, \quad \frac{r}{s}$$

soit impair, il est clair qu'il n'y aura qu'à faire

$$r_1 = p, \quad r_2 = m, \ldots, \quad s_1 = q, \quad s_2 = n, \ldots;$$

mais, si le nombre des termes est pair, alors on fera

$$r_1 = r - p, \quad r_2 = p, \quad r_3 = m, \ldots, \quad s_1 = s - q, \quad s_2 = q, \quad s_3 = n, \ldots;$$

en effet, on aura dans ce cas $mq - np = -1$, $ps - qr = 1$; donc

$$rs_1 - sr_1 = -rq + sp = 1,$$
$$r_1 s_2 - s_1 r_2 = rq - sp = -1,$$
$$r_2 s_3 - s_2 r_3 = pn - qm = 1,$$
$$\cdots\cdots\cdots\cdots\cdots\cdots;$$

or, comme $r = \omega p + m$ et $s = \omega q + n$, et comme $\omega = $ ou > 2, on aura, en faisant $\omega - 1 = \psi$,

$$r_1 = \psi p + m, \quad s_1 = \psi q + n, \quad \text{et} \quad r = r_1 + r_2, \quad s = s_1 + s_2,$$

ψ étant un nombre positif.

On résoudra de même le cas où ce serait le signe inférieur qui devrait avoir lieu, et l'on en conclura qu'il est toujours possible de trouver des nombres r_1, r_2, r_3,.... et s_1, s_2, s_3,.... qui aient les propriétés requises, et que ces nombres peuvent être supposés tels, que l'on ait

$$(\zeta) \quad \begin{cases} r = \lambda_1 r_1 + r_2, & s = \lambda_1 s_1 + s_2, \\ r_1 = \lambda_2 r_2 + r_3, & s_1 = \lambda_2 s_2 + s_3, \\ r_2 = \lambda_3 r_3 + r_4, & s_2 = \lambda_3 s_3 + s_4, \\ r_3 = \lambda_4 r_4 + r_5, & s_3 = \lambda_4 s_4 + s_5, \\ \cdots\cdots\cdots\cdots, & \cdots\cdots\cdots\cdots, \end{cases}$$

λ_1, λ_2, λ_3,... étant des nombres entiers et positifs.

On voit de plus que les deux derniers termes de la série r, r_1, r_2, r_3,... seront α, 1 (α étant le nombre entier qui approchera le plus de la fraction $\frac{r}{s}$), et que les deux derniers termes de la série s, s_1, s_2, s_3,... seront 1, 0; de sorte que, si l'on connaissait les nombres λ, λ_1, λ_2,... avec le nombre α, on pourrait, en remontant par les formules précédentes, trouver les nombres cherchés r et s.

Les conditions par lesquelles on doit déterminer les nombres λ, λ_1, λ_2...

II.

sont que ces nombres soient tous entiers positifs et tels, que l'on ait

$$(\eta) \quad \begin{cases} r\,s_1 - s\,r_1 = \pm 1, \\ r_1 s_2 - s_1 r_2 = \mp 1, \\ r_2 s_3 - s_2 r_3 = \pm 1, \\ r_3 s_4 - s_3 r_4 = \mp 1, \\ \dots\dots\dots\dots\dots, \end{cases}$$

en prenant les signes supérieurs ou inférieurs, suivant que l'on aura le signe supérieur ou l'inférieur dans l'équation

$$\pm E = r^2 - B s^2.$$

Or, il est facile de voir que si la première équation

$$r s_1 - s r_1 = \pm 1$$

a lieu, les suivantes auront lieu d'elles-mêmes, en vertu des formules (ζ); en effet, on aura par ces formules

$$r_2 = r - \lambda_1 r_1, \quad s_2 = s - \lambda_1 s_1,$$

donc

$$r_1 s_2 - s_1 r_2 = r_1 s - s_1 r = \mp 1,$$

et ainsi des autres.

30. Cela posé, reprenons l'équation

$$\pm E = r^2 - B s^2,$$

et soit d'abord le signe supérieur, en sorte que l'on ait

$$E = r^2 - B s^2;$$

donc, divisant par s^2, on aura

$$\frac{r^2}{s^2} - B = \frac{E}{s^2},$$

et divisant encore par $\frac{r}{s} + \sqrt{B}$,

$$\frac{r}{s} - \sqrt{B} = \frac{E}{s^2 \left(\dfrac{r}{s} + \sqrt{B} \right)};$$

donc, puisque $E < \sqrt{B}$ (par hypothèse), on aura à plus forte raison $E < \sqrt{B} + \frac{r}{s}$; donc $\frac{r}{s} - \sqrt{B} > 0$ et $< \frac{1}{s^2}$.

Or, l'équation

$$rs_1 - sr_1 = 1$$

donne

$$\frac{r}{s} - \frac{r_1}{s_1} = \frac{1}{ss_1};$$

donc, ayant $\frac{r}{s} - \sqrt{B} < \frac{1}{s^2}$, on aura aussi $\frac{r_1}{s_1} - \sqrt{B} < \frac{1}{s^2} - \frac{1}{ss_1}$; mais, à cause de $s_1 < s$, il est clair que $\frac{1}{s^2} - \frac{1}{ss_1} < 0$; donc aussi $\frac{r_1}{s_1} - \sqrt{B} < 0$, et multipliant par $\frac{r_1}{s_1} + \sqrt{B}$, $\frac{r_1^2}{s_1^2} - B < 0$, et par conséquent $r_1^2 - Bs_1^2 < 0$; ainsi l'on aura

$$r_1^2 - Bs_1^2 = -E_1,$$

E_1 étant un nombre positif.

De même, l'équation

$$r_1 s_2 - s_1 r_2 = -1$$

donnera celle-ci

$$\frac{r_1}{s_1} - \frac{r_2}{s_2} = -\frac{1}{s_1 s_2},$$

laquelle étant ajoutée à l'équation ci-dessus

$$\frac{r}{s} - \frac{r_1}{s_1} = \frac{1}{ss_1},$$

on aura

$$\frac{r}{s} - \frac{r_2}{s_2} = \frac{1}{ss_1} - \frac{1}{s_1 s_2};$$

mais, ayant $s_1 < s$ et $s_2 < s_1$, il est clair que $\frac{1}{ss_1} < \frac{1}{s_1 s_2}$; donc $\frac{r}{s} - \frac{r_2}{s_2} < 0$, c'est-à-dire $\frac{r_2}{s_2} - \frac{r}{s} > 0$. Or, on a aussi $\frac{r}{s} - \sqrt{B} > 0$; donc on aura encore $\frac{r_2}{s_2} - \sqrt{B} > 0$, et multipliant par $\frac{r_2}{s_2} + \sqrt{B}$, $\frac{r_2^2}{s_2^2} - B > 0$ et $r_2^2 - Bs_2^2 > 0$; donc

$$r_2^2 - Bs_2^2 = E_2,$$

E_2 étant un nombre positif.

L'équation

$$r_2 s_3 - s_2 r_3 = 1$$

donnera pareillement

$$\frac{r_2}{s_2} - \frac{r_3}{s_3} = \frac{1}{s_2 s_3},$$

et ajoutant l'équation

$$\frac{r}{s} - \frac{r_2}{s_2} = \frac{1}{ss_1} - \frac{1}{s_1 s_2},$$

on aura

$$\frac{r}{s} - \frac{r_3}{s_3} = \frac{1}{ss_1} - \frac{1}{s_1 s_2} + \frac{1}{s_2 s_3};$$

donc, puisque $\frac{r}{s} - \sqrt{B} < \frac{1}{s^2}$, on aura

$$\frac{r_3}{s_3} - \sqrt{B} < \frac{1}{s^2} - \frac{1}{ss_1} + \frac{1}{s_1 s_2} - \frac{1}{s_2 s_3};$$

or, à cause de $s_1 < s$, $s_2 < s_1$, $s_3 < s_2$, on aura

$$\frac{1}{s^2} - \frac{1}{ss_1} < 0 \quad \text{et} \quad \frac{1}{s_1 s_2} - \frac{1}{s_2 s_3} < 0;$$

donc aussi $\frac{r_3}{s_3} - \sqrt{B} < 0$; donc $r_3^2 - B s_3^2 < 0$, donc on aura

$$r_3^2 - B s_3^2 = - E_3,$$

E_3 étant un nombre positif, et ainsi de suite.

Supposons en second lieu que l'on ait

$$- E = r^2 - B s^2,$$

donc

$$\frac{r^2}{s^2} - B = - \frac{E}{s^2} \quad \text{et} \quad \frac{r}{s} - \sqrt{B} = - \frac{E}{s^2 \left(\frac{r}{s} + \sqrt{B} \right)};$$

donc, à cause de $E < \sqrt{B}$, on aura $\frac{r}{s} - \sqrt{B} < 0$ et $> - \frac{1}{s^2}$. Or, on a dans ce cas

$$rs_1 - sr_1 = - 1;$$

donc

$$\frac{r}{s} - \frac{r_1}{s_1} = - \frac{1}{ss_1};$$

donc, à cause de $\frac{r}{s} - \sqrt{B} > -\frac{1}{s^2}$, on aura aussi $\frac{r_1}{s_1} - \sqrt{B} > \frac{1}{ss_1} - \frac{1}{s^2}$;

mais, puisque $s_1 < s$, on a $\frac{1}{ss_1} - \frac{1}{s^2} > 0$, donc $\frac{r_1}{s_1} - \sqrt{B} > 0$, donc aussi $r_1^2 - Bs_1^2 > 0$; donc on aura

$$r_1^2 - Bs_1^2 = E_1,$$

E_1 étant un nombre positif.

On aura ensuite

$$r_1 s_2 - s_1 r_2 = 1,$$

donc

$$\frac{r_1}{s_1} - \frac{r_2}{s_2} = \frac{1}{s_1 s_2};$$

donc, puisque

$$\frac{r}{s} - \frac{r_1}{s_1} = -\frac{1}{ss_1},$$

on aura aussi

$$\frac{r}{s} - \frac{r_2}{s_2} = -\frac{1}{ss_1} + \frac{1}{s_1 s_2} > 0,$$

à cause de $s_1 < s$ et $s_2 < s_1$; donc $\frac{r}{s} - \frac{r_2}{s_2} > 0$, et par conséquent $\frac{r_2}{s_2} - \frac{r}{s} < 0$; mais $\frac{r}{s} - \sqrt{B} < 0$; donc on aura aussi $\frac{r_2}{s_2} - \sqrt{B} < 0$; donc $r_2^2 - Bs_2^2 < 0$; donc

$$r_2^2 - Bs_2^2 = -E_2,$$

E_2 étant un nombre positif.

On prouvera de même que l'on aura

$$r_3^2 - Bs_3^2 = E_3,$$

E_3 étant positif, et ainsi de suite.

Donc, en combinant les deux cas, on aura en général les formules suivantes

(θ)
$$\begin{cases} \pm E = r^2 - Bs^2, \\ \mp E_1 = r_1^2 - Bs_1^2, \\ \pm E_2 = r_2^2 - Bs_2^2, \\ \mp E_3 = r_3^2 - Bs_3^2, \\ \dots\dots\dots\dots\dots, \end{cases}$$

dans lesquelles E est positif et moindre que $\sqrt{B}$ par l'hypothèse, et E_1, E_2, E_3,... sont aussi nécessairement positifs.

31. Qu'on multiplie présentement les équations (θ) deux à deux, on aura (9) :

$$1° \qquad\qquad - EE_1 = (rr_1 - Bss_1)^2 - B(rs_1 - sr_1)^2;$$

mais on a par les formules (η)

$$rs_1 - sr_1 = \pm 1;$$

donc, si l'on fait

$$rr_1 - Bss_1 = \mp \varepsilon,$$

on aura l'équation

$$- EE_1 = \varepsilon^2 - B, \quad \text{ou bien} \quad EE_1 = B - \varepsilon^2.$$

$$2° \qquad\qquad - E_1 E_2 = (r_1 r_2 - Bs_1 s_2)^2 - B(r_1 s_2 - s_1 r_2)^2;$$

mais

$$r_1 s_2 - s_1 r_2 = \mp 1;$$

donc, faisant

$$r_1 r_2 - Bs_1 s_2 = \pm \varepsilon_1,$$

on aura

$$- E_1 E_2 = \varepsilon_1^2 - B, \quad \text{ou bien} \quad E_1 E_2 = B - \varepsilon_1^2.$$

3° Faisant de même

$$r_2 r_3 - Bs_2 s_3 = \mp \varepsilon_2,$$

on trouvera

$$- E_2 E_3 = \varepsilon_2^2 - B, \quad \text{ou bien} \quad E_2 E_3 = B - \varepsilon_2^2,$$

et ainsi de suite.

Maintenant on a, par les formules (ζ),

$$r_2 = r - \lambda_1 r_1, \quad s_2 = s - \lambda_1 s_1,$$

donc

$$r_1 r_2 - Bs_1 s_2 = rr_1 - Bss_1 - \lambda (r_1^2 - Bs_1^2);$$

donc

$$\pm \varepsilon_1 = \mp \varepsilon \pm \lambda_1 E_1, \quad \text{savoir} \quad \varepsilon_1 = \lambda_1 E_1 - \varepsilon.$$

On a de même

$$r_3 = r_1 - \lambda_2 r_2, \quad s_3 = s_1 - \lambda_2 s_2,$$

donc

$$r_2 r_3 - B s_2 s_3 = r_1 r_2 - B s_1 s_2 - \lambda_2 (r_2^2 - B s_2^2),$$

savoir

$$\mp \varepsilon_2 = \pm \varepsilon_1 \mp \lambda_2 E_2, \quad \text{ou bien} \quad \varepsilon_2 = \lambda_2 E_2 - \varepsilon_1,$$

et ainsi des autres.

De sorte qu'on aura les équations

$$(\varkappa) \quad \begin{cases} E\, E_1 = B - \varepsilon^2, \\ E_1 E_2 = B - \varepsilon_1^2, \\ E_2 E_3 = B - \varepsilon_2^2, \\ E_3 E_4 = B - \varepsilon_3^2, \\ \dots\dots\dots\dots, \end{cases}$$

dans lesquelles

$$(\lambda) \quad \begin{cases} \varepsilon_1 = \lambda_1 E_1 - \varepsilon, \\ \varepsilon_2 = \lambda_2 E_2 - \varepsilon_1, \\ \varepsilon_3 = \lambda_3 E_3 - \varepsilon_2, \\ \dots\dots\dots\dots \end{cases}$$

32. Nous avons vu (30) que les nombres E_1, E_2, E_3,... sont nécessairement tous positifs; donc, pour que les équations $(\varkappa)$ puissent subsister, il faudra que les carrés ε^2, ε_1^2, ε_2^2,... soient tous moindres que B.

Or, je vais prouver d'abord que, pour que ces conditions puissent avoir lieu, il faut que les nombres ε, ε_1, ε_2,... dans les équations (λ) soient tous positifs.

Car : 1° supposons, s'il est possible, $\varepsilon = -\eta$, η étant un nombre positif, on aura donc $\varepsilon_1 = \lambda_1 E_1 + \eta$ et par conséquent ε_1 positif à cause de λ_1 et E_1 positif; mais il faut que $\varepsilon_1^2 < B$, donc $\lambda_1 E_1 + \eta < \sqrt{B}$, et par conséquent $\lambda_1 < \dfrac{\sqrt{B} - \eta}{E_1}$; mais λ_1 doit être entier positif, donc il faut que $E_1 < \sqrt{B} - \eta$; or, on a

$$E E_1 = B - \eta^2 = (\sqrt{B} + \eta)(\sqrt{B} - \eta),$$

donc E_1 ne peut être $< \sqrt{B} - \eta$ que E ne soit en même temps $> \sqrt{B} + \eta$; mais $E < \sqrt{B}$ (par hypothèse), donc il est impossible que ε soit négatif.

2° Supposons $\varepsilon_1 = - \eta_1$, η_1 étant positif, on aura $\varepsilon_2 = \lambda_2 E_2 + \eta_1$, et par conséquent ε_2 positif; mais on doit avoir $\varepsilon_2^2 < B$, donc il faudra que $\lambda_2 E_2 + \eta_1 < \sqrt{B}$ et par conséquent $\lambda_2 < \dfrac{\sqrt{B} - \eta_1}{E_2}$; donc, pour que λ_2 puisse être entier positif, comme il le doit, il faut que $E_2 < \sqrt{B} - \eta_1$; or,

$$E_1 E_2 = B - \eta_1^2 = (\sqrt{B} + \eta_1)(\sqrt{B} - \eta_1),$$

donc E_2 ne saurait être $< \sqrt{B} - \eta_1$ que E_1 ne soit $> \sqrt{B} + \eta_1$, et à plus forte raison $E_1 > \sqrt{B}$; mais l'équation $\varepsilon_1 = \lambda_1 E_1 - \varepsilon$ donne, à cause de $\varepsilon_1 = - \eta_1$, $\lambda_1 E_1 = \varepsilon - \eta_1$, et par conséquent, puisque $\varepsilon < \sqrt{B}$, $\lambda_1 E_1 < \sqrt{B}$; ce qui répugne tant que λ_1 est entier positif.

Donc ε_1 sera nécessairement positif, et l'on démontrera de même que les nombres $\varepsilon_2, \varepsilon_3, \ldots$, dans les équations (λ), devront être aussi tous positifs.

33. Maintenant, puisqu'on doit avoir ε^2, ε_1^2, $\varepsilon_2^2, \ldots$ moindres que B, il est clair qu'il faudra que ε, ε_1, ε_2, $\varepsilon_3, \ldots$ soient tous $< \sqrt{B}$.

Supposons donc que ε soit en effet $< \sqrt{B}$, et voyons comment on doit déterminer les nombres λ_1, λ_2, $\lambda_3, \ldots$ dans les équations (λ) pour que les nombres ε_1, ε_2, $\varepsilon_3, \ldots$ soient tous moindres que $\sqrt{B}$.

1° Soit $\varepsilon_1 < \sqrt{B}$, donc $\lambda_1 E_1 - \varepsilon < \sqrt{B}$, donc

$$\lambda_1 < \frac{\sqrt{B} + \varepsilon}{E_1}.$$

Mais, comme λ_1 doit être un nombre entier positif, il faudra que $E_1 < \sqrt{B} + \varepsilon$, et par conséquent, à cause de

$$E E_1 = B - \varepsilon^2 = (\sqrt{B} + \varepsilon)(\sqrt{B} - \varepsilon),$$

que E soit $> \sqrt{B} - \varepsilon$; ainsi, le nombre ε devra être $< \sqrt{B}$ et $> \sqrt{B} - E$.

2^0 Soit $\varepsilon_2 < \sqrt{B}$, donc $\lambda_2 E_2 - \varepsilon_1 < \sqrt{B}$, et de là

$$\lambda_2 < \frac{\sqrt{B} + \varepsilon_1}{E_2}.$$

Mais, pour que λ_2 puisse être entier positif, il faudra que $E_2 < \sqrt{B} + \varepsilon_1$, et par conséquent, à cause de

$$E_1 E_2 = B - \varepsilon_1^2 = \left(\sqrt{B} + \varepsilon_1\right)\left(\sqrt{B} - \varepsilon_1\right),$$

que E_1 soit $> \sqrt{B} - \varepsilon_1$, ou bien $\varepsilon_1 > \sqrt{B} - E_1$; donc $\lambda_1 E_1 - \varepsilon > \sqrt{B} - E_1$, et par conséquent

$$\lambda_1 + 1 > \frac{\sqrt{B} + \varepsilon}{E_1}.$$

3^0 Soit $\varepsilon_3 < \sqrt{B}$, donc $\lambda_3 E_3 - \varepsilon_2 < \sqrt{B}$, et par conséquent

$$\lambda_3 < \frac{\sqrt{B} + \varepsilon_2}{E_3}.$$

Or, puisque λ_3 doit être entier et positif, il faudra que $E_3 < \sqrt{B} + \varepsilon_2$; par conséquent, à cause de

$$E_2 E_3 = B - \varepsilon_2^2 = \left(\sqrt{B} + \varepsilon_2\right)\left(\sqrt{B} - \varepsilon_2\right),$$

il faudra que $E_2 > \sqrt{B} - \varepsilon_2$, c'est-à-dire $\varepsilon_2 > \sqrt{B} - E_2$; donc

$$\lambda_2 E_2 - \varepsilon_1 > \sqrt{B} - E_2,$$

et par conséquent

$$\lambda_2 + 1 > \frac{\sqrt{B} + \varepsilon_1}{E_2};$$

et ainsi de suite.

Si la quantité E_4 était la dernière de la série $E, E_1, E_2,\ldots$, en sorte que l'équation

$$E_3 E_4 = B - \varepsilon_3^2$$

fût la dernière des équations $(\varkappa)$, alors on aurait seulement, pour la détermination de λ_3, la condition $\lambda_3 < \dfrac{\sqrt{B} + \varepsilon_2}{E_3}$; mais, si l'on veut de plus que le dernier terme de la série E, E_1, E_2,... soit $< \sqrt{B}$, alors, en supposant que ce soit E_4, on aura $E_4 < \sqrt{B}$, et à plus forte raison $E_4 < \sqrt{B} - \varepsilon_3$; donc, à cause de

$$E_3 E_4 = (\sqrt{B} + \varepsilon_3)(\sqrt{B} - \varepsilon_3),$$

$E_3 > \sqrt{B} - \varepsilon_3$, c'est-à-dire $\varepsilon_3 > \sqrt{B} - E_3$, et par conséquent

$$\lambda_3 E_3 - \varepsilon_2 > \sqrt{B} - E_3,$$

d'où

$$\lambda_3 + 1 > \frac{\sqrt{B} + \varepsilon_2}{E_3}.$$

C'est la même condition qu'on aurait par la considération de l'équation suivante

$$E_4 E_5 = B - \varepsilon_4^2,$$

si le terme E_4 n'était pas le dernier.

Donc, en général, si la série des nombres E, E_1, E_2,... est supposée continuée jusqu'à un terme $< \sqrt{B}$, il faudra, pour que les équations $(\varkappa)$ et (λ) puissent subsister en ne prenant pour E, E_1, E_2,... et pour λ_1, λ_2, λ_3,... que des nombres entiers positifs, il faudra, dis-je, que l'on ait d'abord

$$\varepsilon < \sqrt{B} \quad \text{et} \quad \varepsilon > \sqrt{B} - E,$$

et ensuite

$$(\mu) \quad \begin{cases} \lambda_1 < \dfrac{\sqrt{B} + \varepsilon}{E_1}, \quad \lambda_1 > \dfrac{\sqrt{B} - \varepsilon}{E_1} - 1, \\[2ex] \lambda_2 < \dfrac{\sqrt{B} + \varepsilon_1}{E_2}, \quad \lambda_2 > \dfrac{\sqrt{B} + \varepsilon_1}{E_2} - 1, \\[2ex] \lambda_3 < \dfrac{\sqrt{B} + \varepsilon_2}{E_3}, \quad \lambda_3 > \dfrac{\sqrt{B} + \varepsilon_2}{E_3} - 1, \\[1ex] \dots\dots\dots\dots, \quad \dots\dots\dots\dots \end{cases}$$

On voit par là que les nombres λ_1, λ_2, λ_3,... seront absolument déterminés, de sorte que, les nombres E et ε étant connus, tous les autres le seront aussi par le moyen des formules $(\varkappa)$, (λ) et (μ).

En effet, connaissant E et ε, on aura E_1 par l'équation

$$EE_1 = B - \varepsilon^2;$$

ensuite, à cause de $\lambda_1 < \dfrac{\sqrt{B} + \varepsilon}{E_1}$ et $> \dfrac{\sqrt{B} + \varepsilon}{E_1} - 1$, il est clair qu'on ne pourra prendre pour λ_1 que le nombre entier qui est immédiatement plus petit que $\dfrac{\sqrt{B} + \varepsilon}{E_1}$, et il est facile de voir que ce nombre sera nécessairement positif; car, à cause de $E > \sqrt{B} - \varepsilon$ (par hypothèse), on aura $E_1 < \sqrt{B} + \varepsilon$, en vertu de l'équation

$$EE_1 = B - \varepsilon^2 = (\sqrt{B} + \varepsilon)(\sqrt{B} - \varepsilon);$$

le nombre λ_1 étant ainsi connu, en aura $\varepsilon_1 = \lambda_1 E_1 - \varepsilon$; après quoi l'on tirera E_2 de l'équation

$$E_1 E_2 = B - \varepsilon_1^2,$$

et comme $\lambda_2 < \dfrac{\sqrt{B} + \varepsilon_1}{E_2}$ et $> \dfrac{\sqrt{B} + \varepsilon_1}{E_2} - 1$, il faudra prendre nécessairement pour λ_2 le nombre entier qui sera immédiatement moindre que $\dfrac{\sqrt{B} + \varepsilon_1}{E_2}$, et il est clair que ce nombre sera positif, à cause que, λ_1 étant $> \dfrac{\sqrt{B} + \varepsilon}{E_1} - 1$, on a

$$\lambda_1 E_1 - \varepsilon = \varepsilon_1 > \sqrt{B} - E_1,$$

et par conséquent

$$E_1 > \sqrt{B} - \varepsilon_1 \quad \text{et} \quad E_2 < \sqrt{B} + \varepsilon_1,$$

en vertu de l'équation

$$E_1 E_2 = B - \varepsilon_1^2 = (\sqrt{B} + \varepsilon_1)(\sqrt{B} - \varepsilon_1),$$

et ainsi de suite.

34. Ainsi, pour résoudre l'équation

$$\pm E = r^2 - Bs^2,$$

où $E < \sqrt{B}$, on commencera par chercher un nombre entier $\varepsilon < \sqrt{B}$ et $> \sqrt{B} - E$, et tel que $B - \varepsilon^2$ soit divisible par E; si aucun des nombres qui tombent entre $\sqrt{B} - E$ et $\sqrt{B}$ ne satisfait à cette condition, ce sera une marque que l'équation proposée n'est point résoluble en entiers.

Ayant trouvé une ou plusieurs valeurs de ε, on formera d'après chacune de ces valeurs, et par le moyen des formules du numéro précédent, les séries E, E_1, E_2, E_3,..., ε_1, ε_2, ε_3,.. et λ_1, λ_2, λ_3,..., et si l'équation proposée est résoluble en nombres entiers, on parviendra nécessairement à un terme de la série E_1, E_2, E_3,..., qui sera égal à l'unité, et qui occupera une place paire ou impaire suivant que, dans l'équation

$$\pm E = r^2 - B s^2,$$

ce sera le signe supérieur ou l'inférieur qui aura lieu. En effet, nous avons vu (29) qu'en continuant les séries des nombres r, r_1, r_2,... et s, s_1, s_2,..., on arrivera nécessairement à des termes comme r_m et s_m, tels que $r_m = 1$ et $s_m = 0$; or on a, par les formules (ϑ),

$$r_m^2 - B s_m^2 = \pm E_m$$

lorsque le quantième m est pair, et

$$r_m^2 - B s_m^2 = \mp E_m$$

lorsque le quantième m est impair; donc on aura dans le premier cas $\pm E_m = 1$, et dans le second $\mp E_m = 1$; d'où l'on voit que le premier cas ne peut avoir lieu qu'en prenant le signe supérieur et faisant $E_m = 1$, et le second ne peut avoir lieu qu'en prenant le signe inférieur et faisant de même $E_m = 1$, à cause que E_m doit être positif (30).

Donc, lorsque l'équation

$$\pm E = r^2 - B s^2$$

peut se résoudre en nombres entiers, il doit y avoir dans la série E, E_1, E_2,... un terme comme $E_m = 1$, le quantième m étant pair ou impair suivant qu'on aura le signe supérieur ou l'inférieur dans l'équation dont il s'agit; et comme 1 est toujours $< \sqrt{B}$, il est clair qu'on doit parvenir à ce terme E_m par la méthode du numéro précédent, et alors on fera $r_m = 1$ et $s_m = 0$. De plus, il est clair par les formules (η) que l'on doit avoir

$$r_{m-1} s_m - s_{m-1} r_m = \mp 1$$

si m est pair, et

$$r_{m-1} s_m - s_{m-1} r_m = \pm 1$$

si m est impair, c'est-à-dire (à cause que le quantième m doit être pair pour le signe supérieur et impair pour l'inférieur)

$$r_{m-1} s_m - s_{m-1} r_m = -1,$$

d'où, en faisant $r_m = 1$ et $s_m = 0$, on aura $s_{m-1} = 1$; enfin, il est facile de voir par les formules du n° 31 qu'on aura aussi

$$r_{m-1} r_m - B s_{m-1} s_m = \pm \varepsilon_{m-1}$$

lorsque m est pair, et

$$r_{m-1} r_m - B s_{m-1} s_m = \mp \varepsilon_{m-1}$$

lorsque m est impair, c'est-à-dire, par la remarque précédente,

$$r_{m-1} r_m - B s_{m-1} s_m = \varepsilon_{m-1},$$

d'où, à cause de $r_m = 1$ et $s_m = 0$, on aura $r_{m-1} = \varepsilon_{m-1}$; de sorte qu'on aura ces quatre valeurs

$$r_m = 1, \qquad s_m = 0,$$
$$r_{m-1} = \varepsilon_{m-1}, \quad s_{m-1} = 1,$$

à l'aide desquelles on pourra, en remontant par les formules (ζ) du n° 29, trouver les valeurs cherchées de r et s.

35. Comme tout se réduit à trouver un terme de la série E, E_1, E_2,... qui soit égal à l'unité, considérons plus particulièrement la loi de cette série. Et d'abord il est clair, par ce qu'on a enseigné (33), que cette série peut être poussée aussi loin que l'on veut, parce que les opérations par lesquelles les nombres E_1, E_2, E_3,..., ε_1, ε_2, ε_3,... et λ_1, λ_2, λ_3,... doivent être déterminés peuvent être continuées tant qu'on voudra.

D'autre part, il est évident par les formules $(\varkappa)$ que les nombres E, E_1, E_2, E_3,... doivent être nécessairement moindres que B; de sorte que, comme ces nombres doivent être en même temps entiers, ils ne pourront avoir qu'un nombre limité de valeurs différentes, et qu'ainsi, en supposant la série poussée à l'infini, il faudra absolument que le même terme revienne une infinité de fois; par conséquent, il faudra aussi que la même combinaison de deux termes consécutifs revienne une infinité de fois.

Supposons donc que dans la série

$$E, E_1, E_2, E_3, E_4, E_5, E_6, E_7, E_8, E_9, E_{10}, \ldots,$$

les deux termes consécutifs E_7, E_8 soient les mêmes que les termes E_3, E_4, c'est-à-dire que l'on ait $E_7 = E_3$ et $E_8 = E_4$, il est facile de voir que l'on aura aussi nécessairement $E_9 = E_5$, $E_{10} = E_6$,....

En effet, puisque $E_7 = E_3$ et $E_8 = E_4$, on aura, par les formules $(\varkappa)$, $\varepsilon_7 = \varepsilon_3$; donc, par les formules (μ), $\lambda_8 = \lambda_4$, et, par les formules (λ), $\varepsilon_8 = \varepsilon_4$; donc, par les formules $(\varkappa)$, $E_9 = E_5$, et ainsi de suite. En général, il est évident que, deux termes consécutifs étant donnés, tous les suivants le seront aussi par les formules $(\varkappa)$, (λ) et (μ); de sorte que, dès que la même combinaison de deux termes consécutifs reviendra après un certain nombre de termes, tous les termes suivants reviendront les mêmes aussi, et par conséquent la série ne sera plus qu'une suite de périodes identiques à la première.

Mais il y a plus : je vais démontrer qu'en supposant les termes consécutifs E_7, E_8 identiques avec les termes E_3, E_4, les termes précédents E_6, E_5,... seront les mêmes aussi que les termes E_2, E_1....

Pour démontrer cette proposition, il est clair qu'il suffit de faire voir que, lorsque deux termes quelconques consécutifs comme E_3, E_4 sont donnés, tous les précédents le seront aussi. Or, il est visible par les formules $(\varkappa)$ que, E_3 et E_4 étant donnés, ε_3 le sera aussi; mais on doit avoir $\varepsilon_2 < \sqrt{B}$, donc par les formules (λ) il faudra que $\lambda_3 E_3 - \varepsilon_3 < \sqrt{B}$, et par conséquent

$$\lambda_3 < \frac{\sqrt{B} + \varepsilon_3}{E_3}.$$

De même, on doit avoir $\varepsilon_1 < \sqrt{B}$, donc $\lambda_2 E_2 - \varepsilon_2 < \sqrt{B}$, et de là

$$\lambda_2 < \frac{\sqrt{B} + \varepsilon_2}{E_2};$$

or, λ_2 devant être un nombre entier positif, il faudra que E_2 soit

$< \sqrt{B} + \varepsilon_2$; donc, à cause de

$$E_2 E_3 = B - \varepsilon_2^2 = (\sqrt{B} + \varepsilon_2)(\sqrt{B} - \varepsilon_2),$$

il faudra que $E_3 > \sqrt{B} - \varepsilon_2$, savoir $\varepsilon_2 > \sqrt{B} - E_3$, et comme $\varepsilon_2 = \lambda_3 E_3 - \varepsilon_3$, il faudra que $(\lambda_3 + 1) E_3 > \sqrt{B} + \varepsilon_3$, d'où

$$\lambda_3 > \frac{\sqrt{B} + \varepsilon_3}{E_3} - 1.$$

On trouvera de même, par la considération de la condition $\varepsilon < \sqrt{B}$, ces deux conditions.

$$\lambda_1 < \frac{\sqrt{B} + \varepsilon_1}{E_1},$$

$$\lambda_2 > \frac{\sqrt{B} + \varepsilon_2}{E_2} - 1.$$

Ensuite, comme E est $< \sqrt{B}$ (par hypothèse), on aura à plus forte raison $E < \sqrt{B} + \varepsilon$, et par conséquent, en vertu de l'équation

$$EE_1 = B - \varepsilon^2 = (\sqrt{B} + \varepsilon)(\sqrt{B} - \varepsilon),$$

$E_1 > \sqrt{B} - \varepsilon$, savoir, à cause de $\varepsilon = \lambda_1 E_1 - \varepsilon_1$, $(\lambda_1 + 1) E_1 > \sqrt{B} + \varepsilon_1$, d'où

$$\lambda_1 > \frac{\sqrt{B} + \varepsilon_1}{E_1} - 1.$$

Ainsi l'on aura, en considérant les séries $\lambda_1, \lambda_2, \lambda_3, \ldots, \varepsilon_1, \varepsilon_2, \varepsilon_3, \ldots$ et $E, E_1, E_2, E_3, \ldots$ à rebours, les conditions suivantes

(ν)
$$\begin{cases} \ldots\ldots\ldots\ldots, & \ldots\ldots\ldots\ldots, \\[2mm] \lambda_3 < \frac{\sqrt{B} + \varepsilon_3}{E_3}, & \lambda_3 > \frac{\sqrt{B} + \varepsilon_3}{E_3} - 1, \\[2mm] \lambda_2 < \frac{\sqrt{B} + \varepsilon_2}{E_2}, & \lambda_2 > \frac{\sqrt{B} + \varepsilon_2}{E_2} - 1, \\[2mm] \lambda_1 < \frac{\sqrt{B} + \varepsilon_1}{E_1}, & \lambda_1 > \frac{\sqrt{B} + \varepsilon_1}{E_1} - 1, \end{cases}$$

lesquelles étant combinées avec les formules $(\varkappa)$ et (λ) serviront à déterminer tous les termes de ces mêmes séries, en supposant deux termes consécutifs comme E_3, E_4 donnés. Car E_4 et E_3 étant donnés, ε_3 le sera aussi; par conséquent λ_3 sera aussi donné, à cause que, λ_3 devant être entier, on ne pourra prendre pour λ_3 que le nombre entier qui sera immédiatement moindre que $\dfrac{\sqrt{B} + \varepsilon_3}{E_3}$; ayant ainsi λ_3, on aura ε_2 par la formule

$$\varepsilon_3 = \lambda_3 E_3 - \varepsilon_2, \quad \text{savoir} \quad \varepsilon_2 = \lambda_3 E_3 - \varepsilon_3,$$

et ensuite E_2 par l'équation

$$E_2 E_3 = B - \varepsilon_2^2;$$

or, E_2 et ε_2 étant donnés, λ_2 le sera aussi, parce que l'on ne pourra prendre pour λ_2 que le nombre entier qui sera immédiatement moindre que $\dfrac{\sqrt{B} + \varepsilon_2}{E_2}$, et ainsi de suite.

Il résulte de là que, dans la suite E, E_1, E_2, E_3, E_4,..., une combinaison quelconque de deux termes consécutifs comme E_3, E_4 ne peut revenir, que toutes les combinaisons précédentes E_2, E_3, E_1, E_2,... ne soient déjà revenues, de sorte que la première combinaison E, E_1 devra nécessairement être aussi la première à revenir. Donc, puisqu'il est absolument nécessaire qu'une combinaison quelconque revienne, à cause du nombre limité des valeurs que peuvent avoir les nombres E, E_1, E_2,..., comme nous l'avons observé dans le numéro précédent, il est évident que la première combinaison E, E_1 devra revenir nécessairement, aussitôt que toutes les autres combinaisons possibles seront épuisées, et alors toute la série devra aussi revenir la même par le numéro précédent; de sorte qu'après la première période, le reste de la série, quelque loin qu'elle soit poussée, ne sera plus composé que d'une suite de périodes identiques à la première.

Ainsi, par exemple, si l'on trouve $E_5 = E$ et $E_6 = E_1$, la série sera de cette forme

$$E, E_1, E_2, E_3, E_4, \quad E, E_1, E_2, E_3, E_4, \quad E, E_1, E_2, E_3, E_4, \ldots$$

à l'infini; de sorte que les termes qui ne se trouveront point dans la première période E, E$_1$, E$_2$, E$_3$, E$_4$ ne se trouveront pas non plus dans tout le reste de la série continuée même à l'infini.

36. Donc, pour pouvoir résoudre l'équation

$$\pm E = r^2 - B s^2,$$

il ne s'agira que de continuer la série E, E$_1$, E$_2$, E$_3$,... jusqu'à ce que les deux premiers termes reparaissent dans le même ordre, ce qui arrivera nécessairement avant qu'aucune autre couple de deux termes consécutifs puisse reparaître; et si dans cette première période de la série il ne se trouve aucun terme égal à l'unité, on en devra conclure que cette équation n'admet point de solution en nombres entiers.

Mais si l'on trouve dans la première période un terme comme E$_m$ = 1, alors ce terme donnera d'abord une solution de l'équation proposée (34), pourvu que le quantième m soit pair ou impair suivant que dans cette équation on prendra le signe supérieur ou l'inférieur. Si l'exposant m du rang n'est pas tel, alors on continuera la série, et comme le terme 1 doit reparaître dans les périodes suivantes, on verra s'il se trouve avec un exposant qui ait les conditions requises; et alors ce nouveau terme donnera de même une solution de l'équation dont il s'agit; ensuite, en continuant toujours la série, on pourra retrouver ce même terme autant de fois qu'on voudra, et par conséquent en tirer encore d'autres solutions à l'infini.

D'où l'on voit que si l'équation

$$\pm E = r^2 - B s^2$$

admet une solution quelconque en nombres entiers, il faut aussi qu'elle en admette une infinité d'autres.

37. On a vu (33) que les séries E, E$_1$, E$_2$,..., ε, ε_1, ε_2... et λ_1, λ_2,... sont entièrement déterminées par les deux termes E et E$_1$, parce que, E et E$_1$ étant donnés, ε l'est aussi, et ainsi des autres; d'où il s'ensuit que

II.

lorsque la série $E, E_1, E_2,\ldots$ recommence, les deux autres doivent recommencer aussi.

Supposons donc que dans la série $E, E_1, E_2,\ldots$ le terme E_μ soit égal à E et le terme suivant $E_{\mu+1}$ égal à E_1; alors on aura en général (35) $E_{\mu+\nu} = E_\nu$, et par conséquent $E_{2\mu} = E_\mu = E$, $E_{2\mu+\nu} = E_\nu,\ldots$; donc aussi

$$E_{n\mu+\nu} = E_\nu,$$

n étant un nombre quelconque positif et entier.

De même on aura $\varepsilon_{\mu+\nu} = \varepsilon_\nu$, et en général

$$\varepsilon_{n\mu+\nu} = \varepsilon_\nu,$$

et pareillement $\lambda_{\mu+\nu} = \lambda_\nu$, et en général

$$\lambda_{n\mu+\nu} = \lambda_\nu;$$

ainsi, connaissant les termes $E, E_1, E_2,\ldots, E_{\mu-1}, \varepsilon, \varepsilon_1, \varepsilon_2,\ldots, \varepsilon_{\mu-1}$, et λ_1, $\lambda_2, \lambda_3,\ldots, \lambda_\mu$, on connaitra tous les termes suivants à l'infini.

Soit maintenant $E_m = 1$, m étant $< \mu$; on aura donc aussi $E_{\mu+m} = 1$, $E_{2\mu+m} = 1,\ldots$, et en général

$$E_{n\mu+m} = 1;$$

donc, si le quantième $n\mu + m$ est pair ou impair suivant que dans l'équation

$$\pm E = r^2 - B s^2$$

on aura le signe supérieur ou l'inférieur, on pourra faire, comme dans le n° 34 (en mettant $n\mu + m$ à la place de m),

$$r_{n\mu+m} = 1, \qquad s_{n\mu+m} = 0,$$
$$r_{n\mu+m-1} = \varepsilon_{n\mu+m-1}, \quad s_{n\mu+m-1} = 1,$$

d'où, en rétrogradant, on trouvera r et s par les formules (ζ), et il est clair que ces valeurs seront toujours d'autant plus grandes que n sera un plus grand nombre; de sorte que pour avoir les plus petites valeurs possibles de r et s, il faudra prendre n le plus petit possible; ensuite, en augmentant successivement n, on aura par ordre toutes les autres valeurs de r et s qui peuvent satisfaire à l'équation dont il s'agit, à moins que dans la première période, E, E_1, E_2,..., $E_{\mu-1}$, il ne se trouve plus d'un terme E_m égal à l'unité, auquel cas il faudra faire successivement m égal à l'exposant du quantième de ces termes.

Donc, puisque $n\mu + m$ doit toujours être pair ou impair suivant que dans l'équation

$$\pm E = r^2 - B s^2$$

on veut prendre le signe supérieur ou l'inférieur, il s'ensuit :

1° Que, si l'équation est

$$E = r^2 - B s^2,$$

elle ne sera pas soluble en nombres entiers, à moins que l'on n'ait m pair ou m et μ impairs à la fois; car il est évident que $n\mu + m$ ne peut être pair, que $n\mu$ et m ne soient tous deux pairs ou impairs. Si m est pair et que μ le soit aussi, alors n pourra être un nombre quelconque entier positif; mais si m étant pair μ est impair, alors il faudra que n soit pair, de sorte qu'on ne pourra prendre pour n que des nombres positifs pairs. Mais si m est impair, alors il faudra que $n\mu$ soit aussi impair, et par conséquent que μ et n soient tous deux impairs; ainsi m et μ étant impairs en même temps, on ne pourra prendre pour n que des nombres quelconques positifs impairs.

2° Que, si l'équation est

$$-E = r^2 - B s^2,$$

alors elle ne sera pas résoluble, à moins que m ne soit impair, ou que m ne soit pair et μ impair. Car, puisque $n\mu + m$ doit être impair dans ce cas, il faudra nécessairement que $n\mu$ et m soient l'un pair et l'autre impair. Donc, si m est impair, il faudra que $n\mu$ soit pair; par conséquent, si μ est pair, on pourra prendre pour n des nombres quelconques entiers positifs; et si μ est impair, il ne faudra prendre pour n que des nombres positifs pairs. Mais si m est pair, alors il faudra que $n\mu$ soit impair; par conséquent il faudra que n et μ le soient aussi chacun en particulier; de sorte que, m étant pair et μ impair, le Problème sera résoluble, pourvu qu'on ne prenne pour n que des nombres quelconques pairs positifs.

38. Nous avons vu (30 et 31) que $rr_1 - Bss_1 = \mp \varepsilon$ et $rs_1 - sr_1 = \pm 1$; donc on aura

$$\mp (\varepsilon + \sqrt{B}) = (r + s\sqrt{B})(r_1 - s_1\sqrt{B});$$

de même, à cause de $r_1 r_2 - Bs_1 s_2 = \pm \varepsilon_1$ et $r_1 s_2 - s_1 r_2 = \mp 1$, on aura

$$\pm (\varepsilon_1 + \sqrt{B}) = (r_1 + s_1\sqrt{B})(r_2 - s_2\sqrt{B}),$$

et pareillement

$$\mp (\varepsilon_2 + \sqrt{B}) = (r_2 + s_2\sqrt{B})(r_3 - s_3\sqrt{B}),$$
$$\pm (\varepsilon_3 + \sqrt{B}) = (r_3 + s_3\sqrt{B})(r_4 - s_4\sqrt{B}),$$

et ainsi de suite.

Donc, multipliant ces équations successivement entre elles, et faisant attention que

$$(r_1 - s_1\sqrt{B})(r_1 + s_1\sqrt{B}) = r_1^2 - Bs_1^2 = \mp E_1,$$
$$(r_2 - s_2\sqrt{B})(r_2 + s_2\sqrt{B}) = r_2^2 - Bs_2^2 = \pm E_2,$$

et ainsi des autres, on aura

$$(\varepsilon + \sqrt{B})(\varepsilon_1 + \sqrt{B}) = \pm E_1(r + s\sqrt{B})(r_2 - s_2\sqrt{B}),$$
$$(\varepsilon + \sqrt{B})(\varepsilon_1 + \sqrt{B})(\varepsilon_2 + \sqrt{B}) = \mp E_1 E_2(r + s\sqrt{B})(r_3 - s_3\sqrt{B}),$$
$$(\varepsilon + \sqrt{B})(\varepsilon_1 + \sqrt{B})(\varepsilon_2 + \sqrt{B})(\varepsilon_3 + \sqrt{B}) = \pm E_1 E_2 E_3(r + s\sqrt{B})(r_4 - s_4\sqrt{B}),$$

et en général

$$(\varepsilon + \sqrt{B})(\varepsilon_1 + \sqrt{B})(\varepsilon_2 + \sqrt{B})\ldots(\varepsilon_{u-1} + \sqrt{B}) = \pm E_1 E_2 E_3 \ldots E_{u-1}(r + s\sqrt{B})(r_u - s_u\sqrt{B}),$$

les signes ambigus devant être les mêmes que dans l'équation

$$\pm E = r^2 - Bs^2$$

lorsque u est pair, et différents lorsque u est impair.

Supposons maintenant $u = n\mu + m$, et l'on aura (37) $r_u = 1$, $s_u = 0$, pourvu que $n\mu + m$ soit pair ou impair, suivant que le signe supérieur ou l'inférieur aura lieu dans l'équation $\pm E = r^2 - Bs^2$; donc la formule précédente deviendra, en conservant u à la place de $n\mu + m$ pour plus de simplicité,

$$(\varepsilon + \sqrt{B})(\varepsilon_1 + \sqrt{B})(\varepsilon_2 + \sqrt{B})\dots(\varepsilon_{u-1} + \sqrt{B}) = E_1 E_2 E_3 \dots E_{u-1}(r + s\sqrt{B}),$$

équation d'où, à cause de l'ambiguïté naturelle du signe du radical $\sqrt{B}$, on pourra tirer r et s.

Maintenant, puisque $u = n\mu + m$ et que nous avons vu (37) que l'on a en général $E_{n\mu+\nu} = E_\nu$ et $\varepsilon_{n\mu+\nu} = \varepsilon_\nu$, il est facile de voir que l'équation précédente peut se ramener à celle-ci

$$[(\varepsilon + \sqrt{B})(\varepsilon_1 + \sqrt{B})(\varepsilon_2 + \sqrt{B})\dots(\varepsilon_{m-1} + \sqrt{B})]$$
$$\times [(\varepsilon + \sqrt{B})(\varepsilon_1 + \sqrt{B})(\varepsilon_2 + \sqrt{B})\dots(\varepsilon_{\mu-1} + \sqrt{B})]^n$$
$$= E_1 E_2 E_3 \dots E_{m-1}(E E_1 E_2 \dots E_{\mu-1})^n (r + s\sqrt{B}).$$

De sorte que si l'on fait, pour abréger,

$$\frac{(\varepsilon + \sqrt{B})(\varepsilon_1 + \sqrt{B})(\varepsilon_2 + \sqrt{B})\dots(\varepsilon_{m-1} + \sqrt{B})}{E_1 E_2 E_3 \dots E_{m-1}} = R + S\sqrt{B},$$

$$\frac{(\varepsilon + \sqrt{B})(\varepsilon_1 + \sqrt{B})(\varepsilon_2 + \sqrt{B})\dots(\varepsilon_{\mu-1} + \sqrt{B})}{E E_1 E_2 \dots E_{\mu-1}} = X + Y\sqrt{B}$$

(car il est évident qu'en développant les produits continuels de $\varepsilon + \sqrt{B}$, $\varepsilon_1 + \sqrt{B}$,..., on doit avoir des quantités composées d'une partie toute rationnelle et d'une autre partie toute multipliée par $\sqrt{B}$), on aura

$$(R + S\sqrt{B})(X + Y\sqrt{B})^n = r + s\sqrt{B}.$$

Et si l'on fait de plus

$$(X + Y\sqrt{B})^n = \xi + \psi\sqrt{B},$$

ce qui donne, en général, à cause de l'ambiguïté de $\sqrt{B}$,

$$\xi = \frac{(X + Y\sqrt{B})^n + (X - Y\sqrt{B})^n}{2},$$

$$\psi = \frac{(X + Y\sqrt{B})^n - (X - Y\sqrt{B})^n}{2\sqrt{B}},$$

on aura

$$(R + S\sqrt{B})(\xi + \psi\sqrt{B}) = r + s\sqrt{B},$$

savoir

$$R\xi + BS\psi + (R\psi + S\xi)\sqrt{B} = r + s\sqrt{B},$$

d'où, en comparant la partie rationnelle avec la rationnelle et l'irrationnelle avec l'irrationnelle, on aura enfin

$$r = R\xi + BS\psi, \quad s = R\psi + S\xi.$$

C'est l'expression générale des nombres r et s qui peuvent satisfaire à l'équation

$$\pm E = r^2 - Bs^2.$$

Si l'on voulait avoir aussi les expressions de r_1 et s_1 dans l'équation suivante

$$\mp E_1 = r_1^2 - Bs_1^2,$$

il n'y aurait qu'à remarquer que, puisqu'on a trouvé ci-dessus

$$\mp(\varepsilon + \sqrt{B}) = (r + s\sqrt{B})(r_1 - s_1\sqrt{B}),$$

on aura

$$\mp(\varepsilon + \sqrt{B})(r_1 + s_1\sqrt{B}) = (r + s\sqrt{B})(r_1^2 - Bs_1^2) = \mp E_1(r + s\sqrt{B}),$$

d'où

$$r_1 + s_1\sqrt{B} = \frac{E_1}{\varepsilon + \sqrt{B}}(r + s\sqrt{B}).$$

Donc, si l'on fait

$$\frac{(\varepsilon_1 + \sqrt{B})(\varepsilon_2 + \sqrt{B})\ldots(\varepsilon_{m-1} + \sqrt{B})}{E_2 E_3 \ldots E_{m-1}} = R_1 + S_1\sqrt{B},$$

on trouvera comme ci-dessus

$$(R_1 + S_1 \sqrt{B})(\xi + \psi \sqrt{B}) = r_1 + s_1 \sqrt{B},$$

d'où

$$r_1 = R_1 \xi + BS_1 \psi, \quad s_1 = R_1 \psi + S_1 \xi.$$

Ces valeurs serviront (**29**) à trouver celles de ρ et σ dans l'équation

$$\mp D = \rho^2 - B\sigma^2,$$

comme nous le ferons voir ci-après (**43**).

39. Quoiqu'il soit facile de trouver les valeurs de **R**, **S**, **X** et **Y** par le développement des produits de $(\varepsilon + \sqrt{B})$, $(\varepsilon_1 + \sqrt{B})$,...., voici une manière beaucoup plus simple et plus commode d'y parvenir.

On a, par les formules (λ) du n° **31**,

$$\varepsilon = \lambda_1 E_1 - \varepsilon_1,$$

donc

$$\varepsilon + \sqrt{B} = \lambda_1 E_1 + \sqrt{B} - \varepsilon_1;$$

donc

$$(\varepsilon + \sqrt{B})(\varepsilon_1 + \sqrt{B}) = \lambda_1 E_1 (\varepsilon_1 + \sqrt{B}) + B - \varepsilon_1^2$$
$$= \lambda_1 E_1 (\varepsilon_1 + \sqrt{B}) + E_1 E_2,$$

à cause de $B - \varepsilon_1^2 = E_1 E_2$; savoir, en divisant par E_1,

$$\frac{(\varepsilon + \sqrt{B})(\varepsilon_1 + \sqrt{B})}{E_1} = E_2 + \lambda_1 (\varepsilon_1 + \sqrt{B}).$$

De même, à cause de

$$\varepsilon_1 = \lambda_2 E_2 - \varepsilon_2,$$

on aura

$$E_2 + \lambda_1 (\varepsilon_1 + \sqrt{B}) = (\lambda_2 \lambda_1 + 1) E_2 + \lambda_1 (\sqrt{B} - \varepsilon_2);$$

donc, multipliant par $\varepsilon_2 + \sqrt{B}$, mettant $E_2 E_3$ à la place de $B - \varepsilon_2^2$ et divisant ensuite par E_2, on aura

$$\frac{(\varepsilon + \sqrt{B})(\varepsilon_1 + \sqrt{B})(\varepsilon_2 + \sqrt{B})}{E_1 E_2} = \lambda_1 E_3 + (\lambda_2 \lambda_1 + 1)(\varepsilon_2 + \sqrt{B}).$$

Substituant de nouveau $\lambda_3 E_3 - \varepsilon_3$ à la place de ε_2, multipliant ensuite par $\varepsilon_3 + \sqrt{B}$ et divisant par E_3, après avoir mis $E_3 E_4$ pour $B - \varepsilon_3^2$, on aura

$$\frac{(\varepsilon + \sqrt{B})(\varepsilon_1 + \sqrt{B})(\varepsilon_2 + \sqrt{B})(\varepsilon_3 + \sqrt{B})}{E_1 E_2 E_3} = (\lambda_2 \lambda_1 + 1) E_4 + [\lambda_3(\lambda_2 \lambda_1 + 1) + \lambda_1](\varepsilon_3 + \sqrt{B}),$$

et ainsi de suite.

D'où il est facile de conclure que, si l'on forme la série suivante

$$(\varpi) \qquad \begin{cases} l = 1, \\ l_1 = \lambda_1 l, \\ l_2 = \lambda_2 l_1 + l, \\ l_3 = \lambda_3 l_2 + l_1, \\ l_4 = \lambda_4 l_3 + l_2, \\ l_5 = \lambda_5 l_4 + l_3, \\ \dots\dots\dots\dots, \end{cases}$$

on aura en général

$$\frac{(\varepsilon + \sqrt{B})(\varepsilon_1 + \sqrt{B})(\varepsilon_2 + \sqrt{B})\dots(\varepsilon_\rho + \sqrt{B})}{E_1 E_2 E_3 \dots E_\rho} = l_{\rho-1} E_{\rho+1} + l_\rho(\varepsilon_\rho + \sqrt{B}).$$

40. Donc, puisqu'on a, par les formules du n° 38,

$$R + S\sqrt{B} = \frac{(\varepsilon + \sqrt{B})(\varepsilon_1 + \sqrt{B})\dots(\varepsilon_{m-1} + \sqrt{B})}{E_1 E_2 \dots E_{m-1}},$$

si l'on fait dans la dernière formule du numéro précédent $\rho = m - 1$, on aura

$$R + S\sqrt{B} = l_{m-2} E_m + l_{m-1}(\varepsilon_{m-1} + \sqrt{B});$$

mais on a, par l'hypothèse (37), $E_m = 1$; de plus, on a vu (35) que les quantités E_1, E_2,... doivent être telles, que l'on ait $E_1 > \sqrt{B} - \varepsilon$, $E_2 > \sqrt{B} - \varepsilon_1$,..., de sorte qu'il faudra aussi qu'on ait

$$E_m = 1 > \sqrt{B} - \varepsilon_{m-1},$$

et par conséquent

$$\varepsilon_{m-1} > \sqrt{B} - 1;$$

donc, puisque ε_{m-1} doit être en même temps un nombre entier positif $< \sqrt{B}$ (32), il est clair qu'on ne peut prendre pour ε_{m-1} que le nombre entier qui est immédiatement moindre que $\sqrt{B}$.

Donc, si l'on dénote ce nombre par β, en sorte que β soit la racine carrée approchée de B, on aura $\varepsilon_{m-1} = \beta$, et par conséquent

$$R + S\sqrt{B} = l_{m-2} + l_{m-1}(\beta + \sqrt{B});$$

donc

$$R = \beta l_{m-1} + l_{m-2}, \quad S = l_{m-1}.$$

Ainsi l'on connaîtra aisément R et S par le moyen des formules (ϖ). Il y a cependant deux cas qui paraissent devoir souffrir quelque exception; l'un est celui où $m = 0$ et l'autre celui où $m = 1$; en effet, dans ces cas on aurait des exposants de l négatifs, ce qui n'a point lieu dans les formules (ϖ) du numéro précédent.

Or : 1° si $m = 0$, ce qui arrive lorsque $E = 1$, on aura, dans les formules du n° 38, $u = n\mu$, et l'on trouvera simplement l'équation

$$\left[(\varepsilon + \sqrt{B})(\varepsilon_1 + \sqrt{B})(\varepsilon_2 + \sqrt{B})\ldots(\varepsilon_{\mu-1} + \sqrt{B})\right]^n = (EE_1 E_2 \ldots E_{\mu-1})^n (r + s\sqrt{B}),$$

savoir

$$(X + Y\sqrt{B})^n = r + s\sqrt{B},$$

laquelle, étant comparée à l'équation générale

$$(R + S\sqrt{B})(X + Y\sqrt{B})^n = r + s\sqrt{B},$$

donne $R + S\sqrt{B} = 1$, et par conséquent $R = 1$, $S = 0$. Ainsi l'on aura d'abord dans ce cas $r = \xi$ et $s = \psi$ (38).

2° Si $m = 1$, ce qui arrivera lorsque $E_1 = 1$, il est clair que la formule générale

$$\frac{(\varepsilon + \sqrt{B})(\varepsilon_1 + \sqrt{B})\ldots(\varepsilon_{m-1} + \sqrt{B})}{E_1 E_2 \ldots E_{m-1}} = R + S\sqrt{B}$$

se réduira à celle-ci

$$\varepsilon + \sqrt{B} = R + S\sqrt{B},$$

d'où l'on aura $R = \varepsilon$ et $S = 1$; et comme $\varepsilon = \varepsilon_{m-1} = \beta$, on aura dans ce cas $R = \beta$ et $S = 1$.

II.

41. Faisons maintenant $\rho = \mu - 1$, et l'on aura par les formules des n°s 38 et 39

$$X + Y\sqrt{B} = \frac{l_{\mu-2}E_\mu + l_{\mu-1}(\varepsilon_{\mu-1} + \sqrt{B})}{E}.$$

Or on a, par les formules (λ),

$$\varepsilon_{\mu-1} = \lambda_\mu E_\mu - \varepsilon_\mu \,;$$

donc, à cause de $E_\mu = E$, $\varepsilon_\mu = \varepsilon$ (37) et $l_\mu = \lambda_\mu l_{\mu-1} + l_{\mu-2}$ par les formules (ϖ), on aura

$$X + Y\sqrt{B} = l_\mu + \frac{l_{\mu-1}(\sqrt{B} - \varepsilon)}{E},$$

d'où

$$X = l_\mu - \frac{\varepsilon l_{\mu-1}}{E}, \quad Y = \frac{l_{\mu-1}}{E}.$$

Or, quoique ces expressions de X et de Y soient sous une forme fractionnaire, on peut néanmoins être assuré qu'elles donneront toujours des nombres entiers; autrement, les nombres p et q ne seraient pas toujours entiers, ce qui est contre la nature de nos formules.

Mais, pour ne laisser aucun doute là-dessus, je vais donner d'autres expressions de X et de Y, où il n'y aura point de fractions.

Pour cela, j'observe (37) qu'à cause de

$$E_\mu = E, \quad E_{\mu+1} = E_1, \ldots, \quad \varepsilon_\mu = \varepsilon, \quad \varepsilon_{\mu+1} = \varepsilon_1, \ldots,$$

la quantité

$$\frac{(\varepsilon + \sqrt{B})(\varepsilon_1 + \sqrt{B})(\varepsilon_2 + \sqrt{B})\ldots(\varepsilon_{\mu-1} + \sqrt{B})}{EE_1 E_2 \ldots E_{\mu-1}}$$

peut se mettre aussi sous cette forme

$$\frac{(\varepsilon_m + \sqrt{B})(\varepsilon_{m+1} + \sqrt{B})(\varepsilon_{m+2} + \sqrt{B})\ldots(\varepsilon_{m+\mu-1} + \sqrt{B})}{E_m E_{m+1} E_{m+2} \ldots E_{m+\mu-1}},$$

et l'on prouvera d'une manière semblable à celle du n° 39 que l'on aura

$$\frac{(\varepsilon_m + \sqrt{B})(\varepsilon_{m+1} + \sqrt{B})}{E_{m+1}} = E_{m+2} + \lambda_{m+1}(\varepsilon_{m+1} + \sqrt{B}),$$

$$\frac{(\varepsilon_m + \sqrt{B})(\varepsilon_{m+1} + \sqrt{B})(\varepsilon_{m+2} + \sqrt{B})}{E_{m+1}E_{m+2}} = \lambda_{m+1}E_{m+3} + (\lambda_{m+2}\lambda_{m+1} + 1)(\varepsilon_{m+2} + \sqrt{B}),$$

et ainsi de suite; de sorte que si l'on considère la série

$$\lambda_{m+1}, \quad \lambda_{m+2}, \quad \lambda_{m+3}, \ldots, \quad \lambda_{m+\mu},$$

laquelle, à cause de $\lambda_{\mu+1} = \lambda_1$, $\lambda_{\mu+2} = \lambda_2, \ldots$, revient à celle-ci

$$\lambda_{m+1}, \quad \lambda_{m+2}, \quad \lambda_{m+3}, \ldots, \quad \lambda_\mu, \quad \lambda_1, \quad \lambda_2, \quad \lambda_3, \ldots, \quad \lambda_m,$$

et qu'on la représente, pour plus de simplicité, ainsi

$$\Lambda_1, \quad \Lambda_2, \quad \Lambda_3, \ldots, \quad \Lambda_\mu,$$

qu'ensuite on forme par son moyen la série suivante

$$(\rho) \quad \begin{cases} L = 1, \\ L_1 = \Lambda_1 L, \\ L_2 = \Lambda_2 L_1 + L, \\ L_3 = \Lambda_3 L_2 + L_1, \\ \cdots\cdots\cdots\cdots, \end{cases}$$

on aura

$$X + Y\sqrt{B} = \frac{L_{\mu-2}E_{m+\mu} + L_{\mu-1}(\varepsilon_{m+\mu-1} + \sqrt{B})}{E_m}.$$

Mais

$$E_m = 1, \quad E_{m+\mu} = E_m = 1, \quad \varepsilon_{m+\mu-1} = \varepsilon_{m-1} = \beta,$$

donc

$$X + Y\sqrt{B} = L_{\mu-2} + L_{\mu-1}(\beta + \sqrt{B}),$$

d'où

$$X = \beta L_{\mu-1} + L_{\mu-2}, \quad Y = L_{\mu-1}.$$

Il est bon de remarquer que les quantités X et Y ne dépendent que de la valeur de B et nullement de celle de E, de sorte que, ces quantités étant une fois trouvées, elles serviront pour résoudre toutes les équations de la forme

$$\pm E = r^2 - B s^2,$$

où la valeur de B sera la même.

En effet, si l'on considère l'équation

$$\pm E_{m-1} E_m = B - \varepsilon_{m-1}^2,$$

qui est une des équations $(\varkappa)$ du n° 31, on aura (à cause de $E_m = 1$ et $\varepsilon_{m-1} = \beta$)

$$\pm E_{m-1} = B - \beta^2,$$

de sorte que E_m et E_{m-1} seront donnés indépendamment de la valeur de E; donc, si l'on forme par la méthode du n° 33 les suites E_m, E_{m+1}, $E_{m+2}, \ldots$ et ε_m, ε_{m+1}, $\varepsilon_{m+2}, \ldots$, ces suites seront aussi toutes données (35); donc la quantité

$$\frac{\left(\varepsilon_m + \sqrt{B}\right)\left(\varepsilon_{m+1} + \sqrt{B}\right)\left(\varepsilon_{m+2} + \sqrt{B}\right)\ldots\left(\varepsilon_{m+\mu-1} + \sqrt{B}\right)}{E_m E_{m+1} E_{m+2} \ldots E_{m+\mu-1}}$$

sera aussi donnée; donc $X + Y\sqrt{B}$ sera donné, par conséquent X et Y le seront aussi.

Maintenant, je dis que les quantités X et Y sont telles que

$$X^2 - BY^2 = \pm 1.$$

Car on a (38)

$$X + Y\sqrt{B} = \frac{\left(\varepsilon + \sqrt{B}\right)\left(\varepsilon_1 + \sqrt{B}\right)\left(\varepsilon_2 + \sqrt{B}\right)\ldots\left(\varepsilon_{\mu-1} + \sqrt{B}\right)}{E E_1 E_2 \ldots E_{\mu-1}};$$

donc, prenant le radical $\sqrt{B}$ en $-$, on aura aussi

$$X - Y\sqrt{B} = \frac{\left(\varepsilon - \sqrt{B}\right)\left(\varepsilon_1 - \sqrt{B}\right)\left(\varepsilon_2 - \sqrt{B}\right)\ldots\left(\varepsilon_{\mu-1} - \sqrt{B}\right)}{E E_1 E_2 \ldots E_{\mu-1}};$$

donc, multipliant ces deux équations ensemble, il viendra

$$X^2 - BY^2 = \frac{(\varepsilon^2 - B)(\varepsilon_1^2 - B)(\varepsilon_2^2 - B)\ldots(\varepsilon_{\mu-1}^2 - B)}{E^2 E_1^2 E_2^2 \ldots E_{\mu-1}^2}.$$

Mais on a, par les formules $(\varkappa)$,

$$\varepsilon^2 - B = -EE_1, \quad \varepsilon_1^2 - B = -E_1 E_2, \ldots;$$

donc

$$X^2 - BY^2 = \pm \frac{EE_1 E_1 E_2 E_2 E_3 \ldots E_{\mu-1} E_\mu}{E^2 E_1^2 E_2^2 \ldots E_{\mu-1}^2},$$

savoir

$$X^2 - BY^2 = \pm \frac{E_\mu}{E} = \pm 1,$$

e signe supérieur étant pour le cas où μ est pair, et l'inférieur pour celui où μ est impair.

42. A l'égard des valeurs de R_1 et S_1 qui entrent dans les expressions de r_1 et s_1, on peut les trouver de la même manière que celles de R et S, par le développement de la quantité

$$\frac{(\varepsilon_1 + \sqrt{B})(\varepsilon_2 + \sqrt{B})\ldots(\varepsilon_{m-1} + \sqrt{B})}{E_2 E_3 \ldots E_{m-1}},$$

et il est facile de voir qu'on aura les mêmes expressions que pour R et S, en augmentant seulement dans les formules (ϖ) les exposants d'une unité, c'est-à-dire en y mettant $l_1, l_2, l_3,\ldots$ à la place de $l, l_1, l_2,\ldots$, et λ_2, $\lambda_3,\ldots$ à la place de $\lambda_1, \lambda_2,\ldots$; ainsi l'on aura nécessairement pour R_1 et S_1 des nombres entiers, ainsi que pour R et S; mais, pour ne pas avoir de nouvelles formules à calculer, il suffira de prendre l'équation du n° 38, savoir

$$r_1 + s_1 \sqrt{B} = \frac{E_1 (r + s \sqrt{B})}{\varepsilon + \sqrt{B}},$$

laquelle, à cause de $B - \varepsilon^2 = EE_1$, se change en celle-ci

$$r_1 + s_1 \sqrt{B} = \frac{(\sqrt{B} - \varepsilon)(r + s\sqrt{B})}{E} = \frac{Bs - \varepsilon r + (r - \varepsilon s)\sqrt{B}}{E};$$

d'où

$$r_1 = \frac{Bs - \varepsilon r}{E}, \quad s_1 = \frac{r - \varepsilon s}{E}.$$

Ainsi, connaissant les valeurs de r et s, on connaîtra sur-le-champ celles de r_1 et s_1, et quoique ces expressions soient sous une forme fractionnaire, on peut être assuré qu'elles donneront toujours des nombres entiers, parce que ces expressions doivent être équivalentes à celles du n° 38, lesquelles donnent évidemment des nombres entiers, puisque R_1, S_1, X et Y sont toujours des nombres entiers, comme nous venons de le voir.

43. Nous avons donc donné une méthode directe et générale pour résoudre en nombres entiers (lorsque cela est possible) toute équation de la forme

$$\pm E = r^2 - Bs^2,$$

E étant $< \sqrt{B}$, et r et s premiers entre eux, de sorte qu'on est maintenant en état de résoudre aussi toute équation de la forme

$$A = p^2 - Bq^2,$$

A étant un nombre quelconque entier positif ou négatif (**28**).

Pour cela on remarquera que l'on a, par les formules (ε) et (η),

$$r\sigma - s\rho = \pm 1 \quad \text{et} \quad rs_1 - sr_1 = \pm 1,$$

d'où l'on tire

$$r(\sigma - s_1) - s(\rho - r_1) = 0$$

et de là

$$\frac{r}{s} = \frac{\rho - r_1}{\sigma - s_1},$$

de sorte que, comme r et s sont premiers entre eux, on aura nécessairement

$$\rho - r_1 = \lambda r, \quad \sigma - s_1 = \lambda s,$$

et de là

$$\rho = \lambda r + r_1, \quad \sigma = \lambda s + s_1,$$

λ étant un nombre quelconque entier.

De plus on a, par les mêmes formules (ε),

$$r\rho - Bs\sigma = e;$$

donc, mettant à la place de ρ et σ les valeurs précédentes, on aura

$$e = \lambda(r^2 - Bs^2) + rr_1 - Bss_1;$$

or, $r^2 - Bs^2 = \pm E$ et $rr_1 - Bss_1 = \mp \varepsilon$ (31), donc on aura

$$\pm e = \lambda E - \varepsilon, \quad \text{d'où} \quad \varepsilon = \lambda E \mp e.$$

Or il faut de plus (33) que l'on ait

$$\varepsilon < \sqrt{B} \quad \text{et} \quad > \sqrt{B} - E;$$

donc $\lambda E \mp e < \sqrt{B}$ et $\lambda E \mp e > \sqrt{B} - E$, ce qui donne ces deux conditions

$$\lambda < \frac{\sqrt{B} \pm e}{E}, \quad \lambda > \frac{\sqrt{B} \pm e}{E} - 1,$$

par lesquelles on pourra déterminer λ, parce que, λ devant être un nombre entier, il est visible qu'il ne pourra être autre chose que le nombre entier qui sera immédiatement plus petit que $\frac{\sqrt{B} \pm e}{E}$.

Ainsi, puisque E et e sont connus (28), on connaîtra λ et ε sans avoir besoin d'aucun tâtonnement.

Maintenant, puisqu'on a (42)

$$r_1 = \frac{Bs - \varepsilon r}{E}, \quad s_1 = \frac{r - \varepsilon s}{E},$$

et que

$$\rho = \lambda r + r_1, \quad \sigma = \lambda s + s_1,$$

on aura

$$\rho = \frac{(\lambda E - \varepsilon)r + Bs}{E}, \quad \sigma = \frac{(\lambda E - \varepsilon)s + r}{E}:$$

savoir, à cause de $\lambda E - \varepsilon = \pm e$,

$$\rho = \frac{Bs \pm er}{E}, \quad \sigma = \frac{r \pm es}{E},$$

expressions qui donneront toujours des nombres entiers, puisque, r, s, r_i et s_i étant entiers aussi bien que λ, il est nécessaire que ρ et σ le soient aussi. Or, connaissant r, s, ρ et σ, on pourra, en rétrogradant, trouver p et q (**28**).

Il faut remarquer que le signe ambigu de e dans les formules précédentes se rapporte à celui de E dans l'équation

$$\pm E = r^2 - B s^2;$$

mais nous avons vu (**28**) que, pour avoir toutes les solutions possibles de l'équation

$$A = p^2 - B q^2,$$

il faut prendre successivement e positif et négatif, en changeant dans ce dernier cas les signes de μ_1, μ_2, μ_3,... dans les formules (γ), de sorte que chaque valeur de e donnera toujours deux valeurs de ε (à moins qu'elles ne reviennent au même), et par conséquent deux valeurs de R, S, de r, s et de ρ et σ, d'où l'on tirera deux expressions générales de p et q.

44. Comme on a par le n° **38**

$$r = R\xi + BS\psi, \quad s = R\psi + S\xi,$$

et par le numéro précédent

$$\rho = \frac{Bs \pm er}{E}, \quad \sigma = \frac{r \pm es}{E},$$

si l'on fait, pour abréger,

$$T = \frac{BS \pm eR}{E}, \quad V = \frac{R \pm eS}{E},$$

on aura

$$\rho = T\xi + BV\psi, \quad \sigma = T\psi + V\xi,$$

et il est facile de voir, par la nature des formules (γ), que ces valeurs de r, s, ρ et σ, savoir de p_n, q_n, p_{n+1}, q_{n+1} (**28**), donneront pour p et q des expressions de cette forme

$$p = (f\mathrm{R} + g\mathrm{T})\xi + \mathrm{B}(f\mathrm{S} + g\mathrm{V})\psi,$$
$$q = (f\mathrm{R} + g\mathrm{T})\psi + (f\mathrm{S} + g\mathrm{V})\xi,$$

f et g étant des nombres entiers dépendant des nombres μ_1, μ_2, μ_3,....
Donc, puisqu'on a (**28**)

$$\xi = \frac{(\mathrm{X} + \mathrm{Y}\sqrt{\mathrm{B}})^n + (\mathrm{X} - \mathrm{Y}\sqrt{\mathrm{B}})^n}{2},$$

$$\psi = \frac{(\mathrm{X} + \mathrm{Y}\sqrt{\mathrm{B}^2})^n - (\mathrm{X} - \mathrm{Y}\sqrt{\mathrm{B}})^n}{2\sqrt{\mathrm{B}}},$$

ou bien, en développant les puissances $n^{ièmes}$,

$$\xi = \mathrm{X}^n + \frac{n(n-1)}{2}\mathrm{X}^{n-2}\mathrm{Y}^2\mathrm{B} + \frac{n(n-1)(n-2)(n-3)}{2.3.4}\mathrm{X}^{n-4}\mathrm{Y}^4\mathrm{B}^2 + \ldots,$$

$$\psi = n\mathrm{X}^{n-1}\mathrm{Y} + \frac{n(n-1)(n-2)}{2.3}\mathrm{X}^{n-3}\mathrm{Y}^3\mathrm{B} + \ldots,$$

et que n peut être un nombre quelconque entier positif tel, que $n\mu + m$ soit pair ou impair, suivant que le signe supérieur ou l'inférieur aura lieu (**37**) dans l'équation

$$\pm\mathrm{E} = r^2 - \mathrm{B}s^2,$$

il est clair que toute équation de la forme

$$\mathrm{A} = p^2 - \mathrm{B}q^2,$$

B étant positif, lorsqu'elle est résoluble en nombres entiers, admet nécessairement une infinité de solutions; de sorte que le nombre des solutions de ces sortes d'équations sera toujours nul ou infini, au lieu que ce nombre est toujours nécessairement limité lorsque B est négatif (**27**).

45. M. Euler a donné, dans le tome IX des Nouveaux *Commentaires de Pétersbourg*, une très-belle méthode pour trouver une infinité de solutions en nombres entiers des équations de la forme

$$\mathrm{A} + \mathrm{C}q + \mathrm{B}q^2 = p^2$$

lorsqu'on en connait une seule. Suivant cette méthode, si l'on fait pour plus de simplicité $C = 0$, et qu'on nomme P et Q les valeurs connues de p et q, en sorte que l'on ait $P^2 - BQ^2 = A$, et que X et Y soient des nombres entiers tels que $X^2 - BY^2 = 1$, on aura en général, en conservant les expressions de ξ et ψ du numéro précédent,

$$p = \pm P\xi + BQ\psi, \quad q = \pm P\psi + Q\xi,$$

l'exposant n des quantités ψ et ξ pouvant être un nombre quelconque, positif ou négatif.

Il ne serait pas difficile de faire voir *à priori* que toutes les solutions que peuvent fournir ces formules se trouveront nécessairement parmi celles que donnera notre méthode; cela suit évidemment de ce que cette méthode doit donner absolument toutes les solutions possibles. Mais on aurait tort de croire que les formules dont il s'agit puissent donner toujours toutes les solutions possibles lorsqu'on ne connaît qu'une seule valeur de P et Q.

Pour le faire voir d'une manière générale, nous commencerons par remarquer qu'en faisant n négatif on n'a point de nouvelles valeurs de ξ et de ψ, mais que la quantité ξ demeure la même, et que celle de ψ devient simplement négative. En effet, en mettant $-n$ au lieu de n, on aura (44)

$$\xi = \frac{1}{2\,(X + Y\sqrt{B})^n} + \frac{1}{2\,(X - Y\sqrt{B})^n} = \frac{(X - Y\sqrt{B})^n + (X + Y\sqrt{B})^n}{2\,(X^2 - BY^2)^n},$$

et de même

$$\psi = \frac{(X - Y\sqrt{B})^n - (X + Y\sqrt{B})^n}{2\,(X^2 - BY^2)^n\,\sqrt{B}} :$$

mais on a par hypothèse $X^2 - BY^2 = 1$; donc

$$\xi = \frac{(X + Y\sqrt{B})^n + (X - Y\sqrt{B})^n}{2},$$

$$\psi = -\,\frac{(X + Y\sqrt{B})^n - (X - Y\sqrt{B})^n}{2\,\sqrt{B}}.$$

De sorte qu'au lieu de supposer n positif et négatif, il suffira de faire n positif et de prendre ψ en plus et en moins. Cela posé, supposons que P_1 et Q_1 soient de nouvelles valeurs de p et q dans l'équation

$$p^2 - Bq^2 = A,$$

en sorte que l'on ait aussi

$$P_1^2 - BQ_1^2 = A,$$

et voyons si ces valeurs seront nécessairement renfermées dans les expressions précédentes de p et q. Soit donc

$$P_1 = \pm P\xi + BQ\psi, \quad Q_1 = \pm P\psi + Q\xi,$$

et tirant les valeurs de ξ et ψ, on aura, à cause de $P^2 - BQ^2 = A$,

$$\xi = \frac{\pm PP_1 - BQQ_1}{A}, \quad \psi = \frac{\pm PQ_1 - QP_1}{A}.$$

Donc, puisque les nombres ξ et ψ sont toujours entiers, à cause que X et Y sont des nombres entiers par l'hypothèse, et que n est aussi un nombre entier positif, il faudra que les deux quantités $\pm PP_1 - BQQ_1$ et $\pm PQ_1 - QP_1$ soient toujours divisibles par A, en prenant l'un ou l'autre des signes ambigus. Or, j'observe d'abord que, si la seconde de ces quantités est divisible par A, la première le sera aussi; car, puisqu'on a

$$A = P^2 - BQ^2 \quad \text{et} \quad A = P_1^2 - BQ_1^2,$$

on aura aussi (9)

$$A^2 = (PP_1 \pm BQQ_1)^2 - B(PQ_1 \pm QP_1)^2;$$

d'où l'on voit que, si $PQ_1 \pm QP_1$ est divisible par A, $PP_1 \pm BQQ_1$ le sera aussi. Ainsi tout se réduit à savoir si la quantité $PQ_1 \pm QP_1$ sera toujours divisible par A, supposé qu'on ait $P^2 - BQ^2 = A$ et $P_1^2 - BQ_1^2 = A$; or, comme ces deux équations de condition renferment le nombre B, qui ne se trouve point dans la quantité $PQ_1 \pm QP_1$, on aura, en chassant B, cette condition unique

$$A(Q_1^2 - Q^2) = P^2 Q_1^2 - Q^2 P_1^2 = (PQ_1 + QP_1)(PQ_1 - QP_1),$$

58.

par laquelle on voit qu'il n'est pas absolument nécessaire que l'une ou l'autre des quantités $PQ_i + QP_i$, $PQ_i - QP_i$ soit divisible par A, à moins que A ne soit un nombre premier. Ainsi, toutes les fois que A ne sera pas un nombre premier, l'équation

$$A = p^2 - B q^2$$

pourra avoir des solutions qui ne sauraient être contenues dans les formules de M. Euler.

Pour s'en convaincre par un Exemple, soit $A = ab$, et supposons $a = f^2 - B g^2$, $b = h^2 - B l^2$, on aura

$$A = (fh \pm B lg)^2 - B (fl \pm hg)^2;$$

de sorte qu'on pourra prendre

$$P = fh + B lg, \quad Q = fl + hg,$$
$$P_i = fh - B lg, \quad Q_i = fl - hg,$$

et alors on aura

$$PQ_i + QP_i = 2lh(f^2 - B g^2), \quad PQ_i - QP_i = -2fg(h^2 - B l^2),$$

savoir

$$PQ_i + QP_i = 2lha, \qquad PQ_i - QP_i = -2fgb;$$

donc, pour que l'une ou l'autre de ces deux quantités soit divisible par $A = ab$, il faudra, ou que $2lh$ soit divisible par b, ou que $2fg$ le soit par a; or c'est ce qui n'aura point lieu dans une infinité de cas, et surtout si a et b sont des nombres premiers différents de 2, parce qu'alors il sera impossible, à cause des équations $a = f^2 - B g^2$ et $b = h^2 - B l^2$, que f ou g soit divisible par a, ou que h ou l le soit par b.

On voit par là que, pour que les formules de M. Euler pussent donner toutes les solutions possibles, il faudrait que les valeurs de ξ et de ψ pussent être rompues; en effet, ce grand Géomètre remarque lui-même, au n° 25 du premier Mémoire du tome cité, qu'en prenant, lorsque cela est possible, pour X et Y des nombres rompus dont le dénominateur soit 2, on trouvera souvent beaucoup plus de solutions qu'en ne prenant pour X et Y que des nombres entiers, et il paraît croire qu'on pourra avoir de cette manière toutes les solutions possibles de l'équation dont il s'agit. Supposons donc en général que X et Y soient des fractions dont le dénominateur soit 2, ou bien mettons $\frac{X}{2}$ et $\frac{Y}{2}$ à la place de X et Y dans les expressions de ξ et ψ, et il est clair que ces quantités deviendront $\frac{\xi}{2^n}$ et $\frac{\psi}{2^n}$; de sorte qu'on aura dans ce cas

$$\frac{\xi}{2^n} = \frac{\pm PP_1 - BQQ_1}{A}, \quad \frac{\psi}{2^n} = \frac{\pm PQ_1 - QP_1}{A},$$

ou bien

$$\xi = \frac{2^n(PP_1 - BQQ_1)}{A}, \quad \psi = \frac{2^n(\pm PQ_1 - QP_1)}{A};$$

d'où, à moins que A ne soit une puissance de 2, on pourra tirer les mêmes conclusions que ci-dessus. Ainsi cette généralisation ne suffit pas encore pour avoir toutes les solutions possibles dans tous les cas.

EXEMPLES.

46. Donnons à présent quelques Exemples pour montrer l'usage des méthodes précédentes. Nous considérerons d'abord le cas où B est un nombre négatif, ensuite celui où B est positif.

Exemple I. — Soit proposé de résoudre l'équation

$$109 = u^2 + 7 t^2,$$

en supposant que u et t soient des nombres entiers.

Je remarque d'abord que, comme le nombre 109 ne contient aucun facteur carré, les nombres u et t seront nécessairement premiers entre eux (22); ainsi l'on fera $u = p$, $t = q$, A = 109 et B = -7, pour avoir l'équation du n° 23; de sorte qu'on n'aura à résoudre que cette seule équation

$$109 = p^2 + 7 q^2.$$

On commencera donc par chercher un nombre $\alpha < \frac{109}{2}$, et tel que $\alpha^2 + 7$ soit divisible par 109, ou bien on cherchera un multiple de 109 qui soit de la forme $\alpha^2 + 7$ (n° **20**, Exemple I), et l'on trouvera

$$109.23 = 50^2 + 7;$$

de sorte que $\alpha = 50$. La valeur de α étant connue, on formera une suite d'équations analogues à celles du n° **26**, jusqu'à ce que l'on parvienne à un terme $A_n =$ ou < 7, et l'on aura

$$109.23 = 50^2 + 7, \quad \alpha = 50, \quad A_1 = 23,$$
$$23.1 = 4^2 + 7, \quad \alpha_1 = -2A_1 + \alpha = 4, \quad A_2 = 1 = A_n,$$

ensuite

$$p = p_2 + 2p_1, \quad Q = q_2 + 2q_1,$$

et comme on a trouvé $A_n = 1 = A_2$, on aura (**27**)

$$p_2 = 1, \qquad q_2 = 0,$$
$$p_1 = \alpha_1 = 4, \quad q_1 = 1.$$

Donc

$$p = 9, \qquad q = 2.$$

Or, 109 étant un nombre premier, il n'existe point d'autre nombre α qui ait les conditions requises (**24**); donc l'équation proposée n'est susceptible que d'une seule solution en nombres entiers, laquelle est $u = 9$ et $t = 2$.

EXEMPLE II. — Soit proposée l'équation

$$909 = u^2 + 17 t^2,$$

u et t devant être des nombres entiers.

Comme le nombre 909 n'est pas premier, on verra d'abord s'il renferme quelque facteur carré; or, $909 = 101.9$, 101 étant premier; ainsi, on pourra faire (**22**) deux suppositions, savoir $u = p$, $t = q$, $A = 909$, ce qui donnera l'équation

(A) $$909 = p^2 + 17 q^2,$$

ensuite $p = 3$, et par conséquent $u = 3p$, $t = 3q$, $A = 101$, ce qui donnera cette autre équation

(B) $$101 = p^2 + 17 q^2.$$

Commençons par l'équation (A), et il faudra chercher un nombre $\alpha < \frac{909}{2}$ tel, que $\alpha^2 + 17$ soit divisible par 909, ou, ce qui revient au même, un nombre $A_1 < \frac{A}{4} + 1 < 229$ qui, multipliant 909, donne un carré plus 17 (20).

Après quelques essais, je trouve $A_1 = 149$ et $\alpha = 368$, et à l'aide de ces valeurs je forme les équations suivantes, analogues à celles du n° 26,

$$909 . 149 = 368^2 + 17, \quad \alpha = 368, \qquad A_1 = 149,$$
$$149 . 33 = 70^2 + 17, \quad \alpha_1 = -2A_1 + \alpha = 70, \quad A_2 = 33,$$
$$33 . 1 = 4^2 + 17, \quad \alpha_2 = -2A_2 + \alpha_1 = 4, \quad A_3 = 1 = A_n;$$

et par conséquent

$$p = p_2 + 2p_1, \quad q = q_2 + 2q_1,$$
$$p_1 = p_3 + 2p_2, \quad q_1 = q_3 + 2q_2;$$

et comme $A_3 = 1$, on aura (27)

$$p_3 = 1, \qquad q_3 = 0,$$
$$p_2 = \alpha_2 = 4, \quad q_2 = 1.$$

Donc

$$p_1 = 9, \quad q_1 = 2,$$
$$p = 22, \quad q = 5,$$

ce qui donne cette première solution de l'équation proposée

$$u = 22, \quad t = 5.$$

Maintenant, comme 909 n'est pas premier, on pourra (24) trouver encore d'autres valeurs de α; or, résolvant 909 en ses facteurs premiers, on aura $101 . 3 . 3$, de sorte qu'on ne pourra faire que $a = 101$ et $b = 9$, ce qui ne donnera qu'une seule valeur de α (numéro cité). On cherchera donc la dernière des fractions convergentes vers $\frac{a}{b} = \frac{101}{9}$ (29), et l'on trouvera $\frac{45}{4}$, de sorte qu'on aura $a_1 = 45$, $b_1 = 4$, et comme $\frac{45}{4} > \frac{101}{9}$, on aura

$$\omega = (1 + 2 . 101 . 4)\alpha;$$

c'est-à-dire, à cause de $\alpha = 368$,

$$\omega = 297712.$$

Ainsi l'on aura, à cause de $A = 909$,

$$\beta = 909\,m \pm 297712 = 440,$$

en prenant le signe inférieur et faisant $m = 328$, afin que la valeur de β devienne $< \dfrac{A}{2}$; c'est la nouvelle valeur de α, et la seule qu'on puisse trouver de cette manière, de sorte qu'il serait inutile d'en chercher encore d'autres.

Mettant donc en œuvre cette valeur, on trouvera les équations

$$909 . 213 = 440^2 + 17, \quad \alpha = 440, \qquad\qquad A_1 = 213,$$
$$213 . \ 1 = 14^2 + 17, \quad \alpha_1 = -2A_1 + \alpha = 14, \quad A_2 = 1,$$

et de là

$$p = p_2 + 2p_1, \quad q = q_2 + 2q_1,$$

et comme $A_2 = 1$, on aura (**27**)

$$p_2 = 1, \qquad q_2 = 0,$$
$$p_1 = \alpha_1 = 14, \quad q_1 = 1.$$

Donc

$$p = 29, \quad q = 2.$$

Ainsi l'on aura cette seconde solution

$$u = 29, \quad t = 2.$$

Or, comme on ne saurait trouver d'autres valeurs de α, l'équation (A) ne fournira pas non plus d'autres solutions; c'est pourquoi nous passerons à l'équation (B).

Ayant ici $A = 101$, on cherchera une valeur de α telle, que $\alpha^2 + 17$ soit divisible par 101, et qui soit en même temps $< \dfrac{A}{2} < 51$; or, ayant déjà trouvé ci-dessus que $368^2 + 17$ est divisible par 909 et par conséquent aussi par 101, il n'y aura qu'à faire $\alpha = 101m \pm 368$, et déterminer ensuite m et le signe ambigu en sorte que $\alpha < \frac{101}{2}$; on fera donc $m = 4$, et l'on prendra le signe inférieur, ce qui donnera $\alpha = 36$.

Au moyen de cette valeur, on formera les équations

$$101.13 = 36^2 + 17, \quad \alpha = 36, \quad A_1 = 13 < 17,$$

d'où l'on voit d'abord, à cause que A_1 est moindre que 17 et en même temps différent de l'unité, que l'équation (B) n'est point résoluble, au moins d'après la valeur de α que nous venons de trouver (**27**), et comme le nombre 101 est premier, il s'ensuit que l'équation (B) n'admet absolument aucune solution en nombres entiers. De sorte que l'équation proposée

$$909 = u^2 + 17t^2$$

n'est susceptible que des deux solutions que nous avons trouvées ci-dessus.

Supposons maintenant que B soit un nombre positif.

EXEMPLE III. — Soit proposé de résoudre l'équation de l'Exemple I du n° **20**, savoir

$$109 = u^2 - 7t^2,$$

avec cette condition que u et t soient des nombres entiers.

Puisque 109 est un nombre premier, on ne pourra faire que $u = p$, $t = q$; donc $A = 109$, $B = 7$, de sorte qu'on n'aura à résoudre que cette seule équation

$$109 = p^2 - 7q^2.$$

Or, ayant déjà trouvé dans l'Exemple cité $\alpha = 15$, $A_1 = 2$, on aura

$$109.2 = 15^2 - 7, \quad \alpha = 15, \qquad\qquad A_1 = 2,$$
$$2.(-3) = 1 - 7, \quad \alpha_1 = -7A_1 + \alpha = 1, \quad A_2 = -3,$$

et de là

$$p = p_2 + 7p_1, \quad q = q_2 + 7q_1.$$

Donc, puisque $\alpha_1 < \sqrt{B}$, et aussi $A_1 < \sqrt{B}$, on fera (**28**)

$$\alpha_1 = e = 1, \quad A_1 = \pm E = 2, \quad A_2 = \mp D = -3;$$

II. 59

donc $E = 2$, $D = -3$, avec les signes supérieurs; et par conséquent

$$p_1 = r, \quad q_1 = s, \quad p_2 = \rho, \quad q_2 = \sigma,$$

de sorte qu'on aura à résoudre l'équation

$$2 = r^2 - 7s^2.$$

Or, ayant $E = 2$, $B = 7$ et $e = 1$, on aura (43) $\lambda < \dfrac{\sqrt{7} + 1}{2}$ et $> \dfrac{\sqrt{7} + 1}{2} - 1$; donc, à cause que la racine approchée de 7 est 2,

$$\lambda = 1 \quad \text{et de là} \quad \varepsilon = E - e = 1.$$

Ayant trouvé ε on formera, à l'aide des formules $(\varkappa)$, (λ) et (μ) des n°s 31 et 32, les séries suivantes, où le signe $<$ indique qu'il faut prendre le nombre entier qui est immédiatement moindre,

$$E = 2, \qquad\qquad\qquad\qquad \varepsilon = 1,$$

$$E_1 = \frac{7-1}{2} = 3, \quad \lambda_1 < \frac{\sqrt{7}+1}{3} = 1, \quad \varepsilon_1 = 1.3 - 1 = 2,$$

$$E_2 = \frac{7-4}{3} = 1, \quad \lambda_2 < \frac{\sqrt{7}+2}{1} = 4, \quad \varepsilon_2 = 4.1 - 2 = 2,$$

$$E_3 = \frac{7-4}{1} = 3, \quad \lambda_3 < \frac{\sqrt{7}+2}{3} = 1, \quad \varepsilon_3 = 1.3 - 2 = 1,$$

$$E_4 = \frac{7-1}{3} = 2, \quad \lambda_4 < \frac{\sqrt{7}+1}{2} = 1, \quad \varepsilon_4 = 1.2 - 1 = 1,$$

$$E_5 = \frac{7-1}{2} = 3, \quad \lambda_5 < \frac{\sqrt{7}+1}{3} = 1, \quad \varepsilon_5 = 1.3 - 1 = 2.$$

Donc, puisque $E_4 = E$ et $E_5 = E_1$, on fera (37) $E_4 = E_\mu$, savoir $\mu = 4$, et comme $E_2 = 1$, on fera $E_2 = E_m$, savoir $m = 2$; donc, à cause que l'on a pris les signes supérieurs et que m est pair, on en conclura que l'équation est résoluble (37).

On cherchera donc les valeurs de l, l_1, l_2,..., l_μ, comme dans les formules (ϖ) du n° 39, et l'on aura

$$l = 1,$$
$$l_1 = 1\,l = 1,$$
$$l_2 = 4\,l_1 + l = 5,$$
$$l_3 = 1\,l_2 + l_1 = 6,$$
$$l_4 = 1\,l_3 + l_2 = 11;$$

d'où, par les formules des n°s **40** et **41**, on trouvera d'abord, à cause de $\beta = 2$ qui est le nombre entier immédiatement moindre que $\sqrt{7}$,

$$\mathrm{R} = 2\,l_1 + l = 3, \quad \mathrm{S} = l_1 = 1,$$
$$\mathrm{X} = l_4 + \frac{l_3}{2} = 8, \quad \mathrm{Y} = \frac{l_3}{2} = 3;$$

donc (**38**)

$$\xi = \frac{(8 + 3\sqrt{7})^n + (8 - 3\sqrt{7})^n}{2},$$

$$\psi = \frac{(8 + 3\sqrt{7})^n - (8 - 3\sqrt{7})^n}{2\sqrt{7}},$$

où n pourra être un nombre quelconque positif entier tel que $n\mu + m$ soit pair, c'est-à-dire que $4n + 2$ soit pair, d'où l'on voit que n pourra être un nombre quelconque entier positif. Donc (**38**)

$$r = 3\xi + 7\psi, \quad s = 3\psi + \xi;$$

et ensuite, par le n° **44**, en prenant toujours les signes supérieurs,

$$\mathrm{T} = \frac{7 + 3}{2} = 5, \quad \mathrm{V} = \frac{3 + 1}{2} = 2,$$

de sorte qu'on aura

$$p = 5\xi + 14\psi, \quad \sigma = 5\psi + 2\xi.$$

Donc, puisque $r = p_1$, $s = q_1$, $\rho = p_2$, $\sigma = q_2$, on aura

$$p = \rho + 7r = 26\xi + 63\psi,$$
$$q = \sigma + 7s = 26\psi + 9\xi.$$

Nous avons pris $e = 1$, c'est-à-dire positif; prenons maintenant $e = -1$, et l'on aura dans ce cas (**43**)

$$p = p_2 - 7p_1, \quad q = q_2 - 7q_1.$$

Or, faisant $e = -1$, on aura $\lambda < \dfrac{\sqrt{7}-1}{2}$ et $> \dfrac{\sqrt{7}-1}{2} - 1$; donc

$$\lambda = 0 \quad \text{et de là} \quad \varepsilon = -e = 1,$$

comme plus haut; ainsi on aura les mêmes valeurs de R, S et de X, Y, et par conséquent de ξ, ψ et de r, s.

Maintenant on aura

$$\mathrm{T} = \frac{7-3}{2} = 2, \quad \mathrm{V} = \frac{3-1}{2} = 1,$$

donc

$$\rho = 2\xi + 7\psi, \quad \sigma = 2\psi + \xi;$$

d'où l'on trouvera encore

$$p = \rho - 7r = -19\xi - 42\psi,$$
$$q = \sigma - 7s = -19\psi - 6\xi,$$

ou bien, en changeant les signes,

$$p = 19\xi + 42\psi, \quad q = 19\psi + 6\xi.$$

Or, comme 109 est un nombre premier, on ne pourra trouver aucune autre valeur de α (**24**), de sorte que les expressions précédentes renfermeront nécessairement toutes les solutions possibles de l'équation proposée.

EXEMPLE IV. — Soit proposée l'équation

$$1459 = u^2 - 30\,t^2.$$

Comme 1459 est un nombre premier, on ne pourra faire que

$$p = u, \quad q = t, \quad \mathrm{A} = 1459, \quad \mathrm{B} = 30,$$

de sorte qu'on n'aura que l'équation

$$1459 = p^2 - 30\,q^2.$$

On cherchera donc un nombre $\alpha < \dfrac{1459}{2}$, et tel que $\alpha^2 - 30$ soit divisible par 1459; ou bien on cherchera, comme dans l'Exemple IV du n° **20**, un nombre $A_1 < \dfrac{A}{2} < \dfrac{1459}{4}$ dont le produit par 1459 étant augmenté de 30 soit un carré, et l'on trouvera $A_1 = 241$ et $\alpha = 593$, moyennant quoi on formera les équations

$$1459 . 241 = 593^2 - 30, \quad \alpha = 593, \qquad\qquad A_1 = 241,$$
$$241 . \ 51 = 111^2 - 30, \quad \alpha_1 = -2A_1 + \alpha = 111, \quad A_2 = 51,$$
$$51 . \quad 1 = \quad 9^2 - 30, \quad \alpha_2 = -2A_2 + \alpha_1 = 9, \quad A_3 = 1,$$
$$1 .(-5) = \quad 5^2 - 30, \quad \alpha_3 = -4A_3 + \alpha_2 = 5, \quad A_4 = -5;$$

et de là

$$p = p_2 + 2p_1, \quad q = q_2 + 2q_1,$$
$$p_1 = p_3 + 2p_2, \quad q_1 = q_3 + 2q_2,$$
$$p_2 = p_4 + 4p_3, \quad q_2 = q_4 + 4q_3.$$

Or, puisque $\alpha_3 < \sqrt{B}$, et que A_3 et A_4 sont aussi chacun $< \sqrt{B}$, on fera

$$\alpha_3 = 5 = e, \quad A_3 = \pm E = 1, \quad A_4 = \mp D = -5;$$

donc $E = 1$ et $D = 5$ avec les signes supérieurs. Ensuite on fera

$$p_3 = r, \quad q_3 = s, \quad p_4 = \rho, \quad q_4 = \sigma,$$

et l'on aura à résoudre l'équation

$$1 = r^2 - 30 s^2.$$

Maintenant, à cause de $E = 1$, $B = 30$ et $e = 5$, on aura (**43**) $\lambda < \dfrac{\sqrt{30} + 5}{1}$ et $> \dfrac{\sqrt{30} + 5}{1} - 1$, donc

$$\lambda = 10 \quad \text{et} \quad \varepsilon = \lambda E - e = 5.$$

Ayant ainsi ε, on formera les séries suivantes (**31** et **33**)

$$E = 1, \qquad\qquad\qquad\qquad\qquad\qquad \varepsilon = 5,$$
$$E_1 = \frac{30 - 25}{1} = 5, \quad \lambda_1 < \frac{\sqrt{30} + 5}{5} = 2, \quad \varepsilon_1 = 2 . 5 - 5 = 5,$$
$$E_2 = \frac{30 - 25}{5} = 1, \quad \lambda_2 < \frac{\sqrt{30} + 5}{1} = 10, \quad \varepsilon_2 = 10 . 1 - 5 = 5,$$
$$E_3 = \frac{30 - 25}{1} = 5, \quad \lambda_3 < \frac{\sqrt{30} + 5}{10} = 1, \quad \varepsilon_3 = 1 . 5 - 5 = 0.$$

Donc, comme $E_2 = E$ et $E_3 = E_1$, on fera (**37**) $E_2 = E_\mu$, c'est-à-dire $\mu = 2$, et comme on a en même temps $E = 1$, on fera $E_m = E$, savoir $m = 0$, ce qui donnera sur-le-champ $R = 1$, $S = 0$, et par conséquent $r = \xi$, $s = \psi$ (**40**).

On formera donc la série l, l_1, l_2 (**39**)

$$l = 1,$$
$$l_1 = 2l = 2,$$
$$l_2 = 10l_1 + l = 21,$$

et l'on aura (**41**), à cause de $\mu = 2$, les valeurs suivantes

$$X = l_2 - 5l_1 = 11, \quad Y = l_1 = 2;$$

donc (**38**)

$$\xi = \frac{(11 + 2\sqrt{30})^n + (11 - 2\sqrt{30})^n}{2},$$

$$\psi = \frac{(11 + 2\sqrt{30})^n - (11 - 2\sqrt{30})^n}{2\sqrt{30}},$$

n étant tel que $n\mu + m$, savoir $2n$, soit pair, de sorte que n pourra être un nombre entier positif quelconque (**37**). Maintenant, puisque $R = 1$, $S = 0$, $E = 1$ et $e = 5$, on aura (**44**)

$$T = 5, \quad V = 1;$$

d'où

$$\rho = 5\xi + 30\psi, \quad \sigma = 5\psi + \xi.$$

Donc, ayant

$$p_3 = r, \quad q_3 = s, \quad p_4 = \rho, \quad q_4 = \sigma,$$

on trouvera en remontant

$$p_2 = \rho + 4r = 9\xi + 30\psi, \quad q_2 = \sigma + 4s = 9\psi + \xi,$$
$$p_1 = r + 2p_2 = 19\xi + 60\psi, \quad q_1 = s + 2q_2 = 19\psi + 2\xi,$$
$$p = p_2 + 2p_1 = 47\xi + 150\psi, \quad q = q_2 + 2q_1 = 47\psi + 5\xi.$$

Faisons maintenant e négatif (**43**), c'est-à-dire $e = -5$, et l'on aura dans ce cas

$$p = p_2 - 2p_1, \quad q = q_2 - 2q_1,$$
$$p_1 = p_3 - 2p_2, \quad q_1 = q_3 - 2q_2,$$
$$p_2 = p_4 - 4p_3, \quad q_2 = q_4 - 4q_3.$$

Ensuite on aura $\lambda < \dfrac{\sqrt{30} - 5}{1} > \dfrac{\sqrt{30} - 5}{1} - 1$, donc

$$\lambda = 0, \quad \text{et par conséquent} \quad \varepsilon = \lambda E - e = 5,$$

comme ci-dessus; de sorte que les valeurs de ξ et ψ seront les mêmes que nous avons déjà trouvées. A l'égard de T et V, on aura (à cause de $R = 1$, $S = 0$, $e = -5$, $E = 1$)

$$T = -5, \quad V = 1;$$

donc

$$\rho = -5\xi + 30\psi, \quad \sigma = -5\psi + \xi;$$

donc

$$p_2 = \rho - 4r = -9\xi + 30\psi, \quad q_2 = \sigma - 4s = -9\psi + \xi,$$
$$p_1 = r - 2p_2 = +19\xi - 60\psi, \quad q_1 = s - 2q_2 = +19\psi - 2\xi,$$
$$p = p_2 - 2p_1 = -47\xi + 150\psi, \quad q = q_2 - 2q_1 = -47\psi + 5\xi.$$

Ainsi, en combinant les deux formules, on aura en général

$$p = \pm 47\xi + 150\psi, \quad q = \pm 47\psi + 5\xi.$$

Et comme 1459 est un nombre premier, il n'y aurait pas d'autres solutions que celles que nous venons de trouver.

EXEMPLE V. — Étant proposée l'équation

$$210 = u^2 - 46t^2$$

dont on connaît déjà cette solution : $u = 292$ et $t = 43$, on demande toutes les autres solutions possibles en nombres entiers.

Comme 210 ne contient aucun facteur carré, u et t devront être toujours premiers entre eux (**22**); ainsi l'on fera

$$u = p, \quad t = q, \quad A = 210, \quad B = 46,$$

de sorte que l'équation à résoudre sera

$$210 = p^2 - 46q^2.$$

Maintenant, puisqu'on connait déjà une valeur de p et q, savoir $p = 292$ et $q = 43$, on pourra s'en servir pour trouver la valeur de α dans l'équation

$$AA_1 = \alpha^2 - B, \quad \text{savoir} \quad 210 A_1 = \alpha^2 - 46.$$

Pour cela, il n'y aura qu'à chercher la fraction $\dfrac{m}{n}$, qui précédera immédiatement la fraction $\dfrac{p}{q}$ dans la suite des fractions convergentes vers $\dfrac{p}{q}$ (29), et faisant $a = mp - Bnq$, on aura en général (23)

$$\alpha = \mu A \pm a.$$

Divisant 292 par 43, ensuite 43 par le reste 34, et ainsi successivement, on aura les quotients

$$6, \; 1, \; 3, \; 1, \; 3, \; 2,$$

à l'aide desquels on formera les fractions

$$\frac{1}{0}, \; \frac{6}{1}, \; \frac{7}{1}, \; \frac{27}{4}, \; \frac{34}{5}, \; \frac{129}{19}, \; \frac{292}{43};$$

ainsi l'on aura $m = 129$, $n = 19$, donc $a = 86$; de sorte que, comme 86 est $< \dfrac{A}{2}$, on fera $\mu = 0$ et l'on aura $\alpha = a = 86$, et de là on trouvera $A_1 = 35$. On formera donc les équations suivantes

$$210.35 = (86)^2 - 46, \quad \alpha = 86, \qquad\qquad A_1 = 35,$$
$$35. \; 6 = (16)^2 - 46, \quad \alpha_1 = -2A_1 + \alpha = 16, \quad A_2 = 6,$$
$$6.(-7) = (2)^2 - 46, \quad \alpha_2 = 3A_2 - \alpha_1 = 2, \qquad A_3 = -7,$$

et par conséquent

$$p = p_2 + 2p_1, \qquad q = q_2 + 2q_1,$$
$$-p_1 = p_3 - 3p_2, \quad -q_1 = q_3 - 3q_2.$$

Donc, puisque $\alpha_2 < \sqrt{B}$ et que A_2 est aussi $< \sqrt{B}$, on fera

$$\alpha_2 = e = 2, \quad A_2 = \pm E = 6, \quad A_3 = \mp D = -7;$$

donc $E = 6$, $D = 7$, avec les signes supérieurs. Ensuite on fera

$$p_2 = r, \quad q_2 = s, \quad p_3 = \rho, \quad q_3 = \sigma,$$

et l'on aura à résoudre l'équation

$$6 = r^2 + 46 s^2.$$

Or, puisque $B = 46$, $E = 6$, $e = 2$, on aura (**43**) $\lambda < \dfrac{\sqrt{46} + 2}{6}$ et $> \dfrac{\sqrt{46} + 2}{6} - 1$; donc

$$\lambda = 1 \quad \text{et} \quad \varepsilon = \lambda E - e = 4.$$

Ayant ε, on formera (**31** et **33**) les séries suivantes, où le signe $<$ indique qu'il faut prendre les nombres entiers qui sont immédiatement plus petits,

$$E = 6, \qquad\qquad\qquad\qquad \varepsilon = 4,$$

$$E_1 = \frac{46 - 16}{6} = 5, \quad \lambda_1 < \frac{\sqrt{46} + 4}{5} = 2, \quad \varepsilon_1 = 2.\,5 - 4 = 6,$$

$$E_2 = \frac{46 - 36}{5} = 2, \quad \lambda_2 < \frac{\sqrt{46} + 6}{2} = 6, \quad \varepsilon_2 = 6.\,2 - 6 = 6,$$

$$E_3 = \frac{46 - 36}{2} = 5, \quad \lambda_3 < \frac{\sqrt{46} + 6}{5} = 2, \quad \varepsilon_3 = 2.\,5 - 6 = 4,$$

$$E_4 = \frac{46 - 16}{5} = 6, \quad \lambda_4 < \frac{\sqrt{46} + 4}{6} = 1, \quad \varepsilon_4 = 1.\,6 - 4 = 2,$$

$$E_5 = \frac{46 - 4}{6} = 7, \quad \lambda_5 < \frac{\sqrt{46} + 2}{7} = 1, \quad \varepsilon_5 = 1.\,7 - 2 = 5,$$

$$E_6 = \frac{46 - 25}{7} = 3, \quad \lambda_6 < \frac{\sqrt{46} + 5}{3} = 3, \quad \varepsilon_6 = 3.\,3 - 5 = 4,$$

$$E_7 = \frac{46 - 16}{3} = 10, \quad \lambda_7 < \frac{\sqrt{46} + 4}{10} = 1, \quad \varepsilon_7 = 1.\,10 - 4 = 6,$$

$$E_8 = \frac{46 - 36}{10} = 1, \quad \lambda_8 < \frac{\sqrt{46} + 6}{1} = 12, \quad \varepsilon_8 = 12.\,1 - 6 = 6,$$

$$E_9 = \frac{46 - 36}{1} = 10, \quad \lambda_9 = \frac{\sqrt{46} + 6}{10} = 1, \quad \varepsilon_9 = 1.\,10 - 6 = 4,$$

$$E_{10} = \frac{46 - 16}{10} = 3, \quad \lambda_{10} = \frac{\sqrt{46} + 4}{3} = 3, \quad \varepsilon_{10} = 3.\,3 - 4 = 5,$$

$$E_{11} = \frac{46 - 25}{3} = 7, \quad \lambda_{11} = \frac{\sqrt{46} + 5}{7} = 1, \quad \varepsilon_{11} = 1.\,7 - 5 = 2,$$

$$E_{12} = \frac{46 - 4}{7} = 6, \quad \lambda_{12} = \frac{\sqrt{46} + 2}{6} = 1, \quad \varepsilon_{12} = 1.\,6 - 2 = 4,$$

$$E_{13} = \frac{46 - 16}{6} = 5, \quad \lambda_{13} = \frac{\sqrt{46} + 4}{5} = 2, \quad \varepsilon_{13} = 2.\,5 - 4 = 6,$$

$$\dots\dots\dots\dots, \qquad \dots\dots\dots\dots, \qquad \dots\dots\dots\dots$$

II.

Donc, puisque $E_{12} = E$ et $E_{13} = E_1$, on fera $E_{12} = E_\mu$, savoir $\mu = 12$, et comme $E_8 = 1$, on fera $E_8 = E_m$, savoir $m = 8$.

On formera donc, par les formules (ϖ) du n° 39, la série $l, l_1, l_2, \ldots$, jusqu'à l_{12}, en cette sorte

$$l = 1,$$
$$l_1 = 2l = 2,$$
$$l_2 = 6l_1 + l = 13,$$
$$l_3 = 2l_2 + l_1 = 28,$$
$$l_4 = 1l_3 + l_2 = 41,$$
$$l_5 = 1l_4 + l_3 = 69,$$
$$l_6 = 3l_5 + l_4 = 248,$$
$$l_7 = 1l_6 + l_5 = 317,$$
$$l_8 = 12l_7 + l_6 = 4052,$$
$$l_9 = 1l_8 + l_7 = 4369,$$
$$l_{10} = 3l_9 + l_8 = 17159,$$
$$l_{11} = 1l_{10} + l_9 = 21528,$$
$$l_{12} = 1l_{11} + l_{10} = 38687,$$

et l'on aura $(40, 41)$

$$R = \beta l_7 + l_6, \quad S = l_7, \quad X = l_{12} - \frac{\varepsilon l_{11}}{E}, \quad Y = \frac{l_{11}}{E},$$

savoir, à cause de $\beta = 6$,

$$R = 2150, \quad S = 317, \quad X = 24335, \quad Y = 3588.$$

Donc, supposant en général

$$\xi = \frac{(X + Y\sqrt{B})^n + (X - Y\sqrt{B})^n}{2}, \quad \psi = \frac{(X + Y\sqrt{B})^n - (X - Y\sqrt{B})^n}{2\sqrt{B}},$$

on aura (38)

$$r = 2150\xi + 317 \times 46\psi, \quad s = 2150\psi + 317\xi,$$

et l'exposant n pourra être quelconque, pourvu que $n\mu + m = 16n + 8$ soit positif et pair; de sorte que n pourra être un nombre quelconque entier positif (37).

Maintenant on aura (44), en prenant les signes supérieurs,

$$T = \frac{BS + eR}{E} = 3147, \quad V = \frac{R + eS}{E} = 464,$$

et par conséquent

$$\rho = 3147\xi + 464 \times 46\psi, \quad \sigma = 3147\psi + 464\xi.$$

Donc, puisque $p_2 = r$, $q_2 = s$, $p_3 = \rho$, $q_3 = \sigma$, on aura

$$p_1 = -\rho + 3r = 3303\xi + 487 \times 46\psi, \quad q_1 = -\sigma + 3s = 3303\psi + 487\xi,$$
$$p = r + 2p_1 = 8756\xi + 1291 \times 46\psi, \quad q = s + 2q_1 = 8756\psi + 1291\xi.$$

Faisons à présent e négatif (43), et l'on aura dans ce cas $\lambda < \frac{\sqrt{46} - 2}{6}$ et $> \frac{\sqrt{46} - 2}{6} - 1$; donc

$$\lambda = 0, \quad \text{donc} \quad \varepsilon = -e = 2.$$

Ainsi, en prenant $E = 6$ et $\varepsilon = 2$, on formera de nouvelles séries semblables aux précédentes.

Mais, sans se donner cette peine, il suffira de remarquer que les valeurs de E et de ε répondent à celles de E_4 et de ε_4 des séries précédentes; d'où il s'ensuit que celles de E, E_1, E_2,..., ε, ε_1, ε_2,... et λ_1, λ_2,..., dont il s'agit ici, répondront à celles de E_4, E_5, E_6,..., ε_4, ε_5, ε_6,... et λ_5, λ_6,... des séries déjà trouvées, et qu'ainsi il n'y aura qu'à diminuer dans ces mêmes séries tous les exposants de 4 pour les accommoder au cas présent; et comme les termes qui ont 12 et 13 pour exposants sont les mêmes que ceux qui ont 0 et 1, il est évident que pour continuer les séries il n'y aura qu'à les recommencer après les termes dont l'exposant sera 11 (*voyez* l'Exemple suivant et la Remarque du n° 47); de cette manière on trouvera dans le cas présent

$$E = 6, \quad E_1 = 7, \quad E_2 = 3,\ldots, \quad E_4 = 1,\ldots, \quad E_{12} = 6, \quad E_{13} = 7,$$

et

$$\lambda_1 = 1, \quad \lambda_2 = 3, \quad \lambda_3 = 1, \quad \lambda_4 = 12,\ldots;$$

donc $m = 4$ et $\mu = 12$ comme plus haut. Or, puisque les quantités X et Y sont toujours les mêmes pour la même valeur de B (41), il suffira de chercher R et S en faisant la série

$$l = 1,$$
$$l_1 = 1\,l = 1,$$
$$l_2 = 3\,l_1 + l = 4,$$
$$l_3 = 1\,l_2 + l_1 = 5;$$

d'où l'on aura

$$R = \beta l_3 + l_2 = 34, \quad S = l_3 = 5,$$

et par conséquent

$$r = 34\xi + 5 \times 46\psi, \quad s = 34\psi + 5\xi,$$

l'exposant n pouvant être de même un nombre quelconque entier positif, à cause que $12n + 4$ est toujours pair.

Or, à cause de $e = -2$, on aura $T = 27$ et $S = 4$; donc

$$\rho = 27\xi + 4 \times 46\psi, \quad \sigma = 27\psi + 4\xi.$$

Donc (**28**)

$$p_1 = -\rho - 3r = -129\xi - 19 \times 46\psi, \quad q_1 = -\sigma - 3s = -129\psi - 19\xi,$$
$$p = r - 2p_1 = 292\xi + 43 \times 46\psi, \qquad q = s - 2q_1 = 292\psi + 43\xi.$$

Les expressions de p et q que nous venons de trouver résultent de la supposition de $\alpha = 86$; or, comme le nombre $A = 210$ n'est pas premier, il est clair qu'on pourra encore trouver d'autres valeurs de α (24). Pour cela, on décomposera le nombre 210 en deux facteurs a et b premiers entre eux, et comme $210 = 2.3.5.7$, on aura

$$a = 15, \quad 21, \quad 30, \quad 35, \quad 42, \quad 70, \quad 105,$$
$$b = 14, \quad 10, \quad 7, \quad 6, \quad 5, \quad 3, \quad 2,$$

de sorte qu'on pourra trouver encore sept autres valeurs de α.

1° Soit $a = 15$, $b = 14$; on cherchera, suivant la méthode que nous avons déjà pratiquée ci-dessus, la fraction $\dfrac{a_1}{b_1}$, qui précédera immédiatement la fraction donnée $\dfrac{a}{b}$; et l'on trouvera $a_1 = 1$, $b_1 = 1$; et comme

$\frac{a_i}{b_i} < \frac{a}{b}$, on aura

$$\omega = (1 - 2ab_i)\alpha = -29 \times 86;$$

donc

$$\beta = mA \pm \omega = 210m \pm 2494;$$

donc, faisant $m = 12$ et prenant le signe $-$, pour que la valeur de β soit $< \frac{210}{2}$, on aura $\beta = 26$.

2° Soit $a = 21$, $b = 10$, on trouvera $a_i = 2$, $b_i = 1$, et comme $\frac{a_i}{b_i} < \frac{a}{b}$, on aura

$$\omega = (1 - 2ab_i)\alpha = -41 \times 86 = -3526;$$

donc

$$\beta = 210m \pm 3526,$$

et, faisant $m = 17$ et prenant le signe inférieur, $\beta = 44$.

3° Soit $a = 30$, $b = 7$, on trouvera $a_i = 13$, $b_i = 3$; donc, comme $\frac{13}{3} > \frac{30}{7}$, on aura

$$\omega = (1 + 2ab_i)\alpha = 181 \times 86 = 15566;$$

donc

$$\beta = 210m \pm 15566;$$

donc, faisant $m = -74$ et prenant le signe $+$, on aura $\beta = 26$, comme dans le premier cas.

4° Soit $a = 35$, $b = 6$, on trouvera $a_i = 6$, $b_i = 1$; donc, puisque $\frac{6}{1} > \frac{35}{6}$, on aura

$$\omega = (1 + 2ab_i)\alpha = 71 \times 86 = 6106;$$

donc

$$\beta = 210m \pm 6106;$$

donc, prenant $m = -29$ avec le signe supérieur, on aura $\beta = 16$.

5° Soit $a = 42$, $b = 5$, on trouvera $a_i = 17$, $b_i = 2$; donc, comme $\frac{17}{2} > \frac{42}{5}$, on aura

$$\omega = (1 + 2ab_i)\alpha = 169 \times 86 = 14534;$$

donc

$$\beta = 210m \pm 14534,$$

et prenant $m = -69$ avec le signe supérieur, on aura $\beta = 44$, comme dans le deuxième cas.

6° Soit $a = 70$, $b = 3$, on trouvera $a_1 = 21$, $b_1 = 1$; donc, à cause que $\frac{21}{1} < \frac{70}{3}$,

$$\omega = (1 - 2ab_1)\alpha = -139 \times 86 = -11954,$$

donc

$$\beta = 210m \pm 11954;$$

donc, prenant $m = 57$ avec le signe inférieur, on aura $\beta = 16$, comme dans le quatrième cas.

7° Soit $a = 105$, $b = 2$, on trouvera $a_1 = 52$, $b_1 = 1$; et comme $\frac{52}{1} < \frac{105}{2}$, on aura

$$\omega = (1 - 2ab_1)\alpha = -209 \times 86 = -17974;$$

donc

$$\beta = 210m \pm 17974;$$

donc, faisant $m = 86$, et prenant le signe inférieur, on aura $\beta = 86$.

Ainsi les valeurs de β, c'est-à-dire les nouvelles valeurs de α, seront (en excluant 86, qui est la valeur de α dont nous avons déjà fait usage) 26, 44 et 16; et mettant ces valeurs dans l'équation

$$AA_1 = \alpha^2 - B, \quad \text{savoir} \quad 210A_1 = \alpha^2 - 46,$$

on trouvera que les valeurs correspondantes de A_1 seront 3, 9 et 1.

Faisons en premier lieu $\alpha = 26$ et $A_1 = 3$, on aura les équations

$$210.3 = (26)^2 - 46, \qquad \alpha = 26, \qquad\qquad A_1 = 3,$$
$$3.(-14) = (2)^2 - 46, \qquad \alpha_1 = -8A_1 + \alpha = 2, \quad A_2 = -14,$$

et

$$p = p_2 + 8p_1, \quad q = q_2 + 8q_1.$$

Donc, comme $\alpha_1 < \sqrt{B}$ et $A_1 < \sqrt{B}$, on fera

$$\alpha_1 = e = 2, \quad A_1 = \pm E = 3, \quad A_2 = \mp D = -14,$$

et par conséquent, en prenant les signes supérieurs, $E = 3$, $D = 14$; ensuite on fera

$$p_1 = r, \quad q_1 = s, \quad p_2 = \rho, \quad q_2 = \sigma,$$

et l'on aura à résoudre l'équation

$$3 = r^2 - 46 s^2.$$

Or on a (43) $\lambda < \dfrac{\sqrt{B} + e}{E}$ et $> \dfrac{\sqrt{B} + e}{E} - 1$; donc

$$\lambda = 2, \quad \text{donc} \quad \varepsilon = \lambda E - e = 4.$$

Ayant donc $E = 3$ et $\varepsilon = 4$, on verra si dans les séries précédentes il se trouve deux termes comme E_ν, ε_ν, tels que $E_\nu = 3$, $\varepsilon_\nu = 4$ (*voyez* plus bas la Remarque du n° 47); or, on trouve précisément $E_6 = 3$ et $\varepsilon_6 = 4$, de sorte que $\nu = 6$; ainsi il n'y aura qu'à diminuer dans ces séries tous les indices de 6 à l'imitation de ce que nous avons déjà fait ci-dessus; de cette manière on aura pour le cas présent

$$E = 3, \quad E_1 = 10, \quad E_2 = 1, \dots;$$

donc $m = 2$, et ensuite

$$\lambda_1 = 1, \quad \lambda_2 = 12, \dots;$$

donc

$$l = 1,$$
$$l_1 = 1\,l = 1;$$

donc

$$R = \beta l_1 + l = 7, \quad S = l_1 = 1,$$

et par conséquent

$$r = 7\xi + 46\psi, \quad s = 7\psi + \xi.$$

Or

$$T = \frac{BS + eR}{E} = 20, \quad V = \frac{R + eS}{E} = 3,$$

donc

$$\rho = 20\xi + 3 \times 46\psi, \quad \sigma = 20\psi + 3\xi.$$

Donc, puisque $p_1 = r$, $q_1 = s$, $p_2 = \rho$, $q_2 = \sigma$, on aura

$$p = \rho + 8r = 76\xi + 11 \times 46\psi, \quad q = \sigma + 8s = 76\psi + 11\xi.$$

A l'égard de l'exposant n de ξ et ψ, il pourra être un nombre quelconque entier positif, à cause que m est égal à 2, et que μ est toujours égal à 16, comme nous le démontrerons en général (47); de sorte que $\mu n + m$ sera toujours pair.

Soit maintenant e négatif et égal à -2, on aura $\lambda = 1$ et $\varepsilon = 5$; or on trouve dans les séries précédentes $E_{10} = 3$, $\varepsilon_{10} = 5$; donc, diminuant tous les indices de 10, et recommençant les séries après les termes E_{11}, ε_{11}, comme nous l'avons déjà dit plus haut, on aura dans le cas présent

$$E = 3, \quad E_1 = 7, \quad E_2 = 6, \ldots, \quad E_{10} = 1,$$

par conséquent $m = 10$, et

$$\lambda_1 = 1, \quad \lambda_2 = 1, \quad \lambda_3 = 2, \quad \lambda_4 = 6, \quad \lambda_5 = 2,$$
$$\lambda_6 = 1, \quad \lambda_7 = 1, \quad \lambda_8 = 3, \quad \lambda_9 = 1, \quad \lambda_{10} = 12, \ldots;$$

donc

$$l = 1,$$
$$l_1 = 1\,l = 1,$$
$$l_2 = 1\,l_1 + l = 2,$$
$$l_3 = 2\,l_2 + l_1 = 5,$$
$$l_4 = 6\,l_3 + l_2 = 32,$$
$$l_5 = 2\,l_4 + l_3 = 69,$$
$$l_6 = 1\,l_5 + l_4 = 101,$$
$$l_7 = 1\,l_6 + l_5 = 170,$$
$$l_8 = 3\,l_7 + l_6 = 611,$$
$$l_9 = 1\,l_8 + l_7 = 781,$$

donc

$$R = \beta\,l_9 + l_8 = 5297, \quad S = l_9 = 781,$$

et de là

$$r = 5297\,\xi + 781 \times 46\,\psi, \quad s = 5297\,\psi + 781\,\xi.$$

Or, à cause de $e = -2$, on aura

$$T = \frac{BS + eR}{E} = 8444, \quad V = \frac{R + eS}{E} = 1245;$$

donc

$$\rho = 8444\,\xi + 1245 \times 46\,\psi, \quad \sigma = 8444\,\psi + 1245\,\xi,$$

donc

$$p = \rho - 8r = -33\,932\xi - 5\,003 \times 46\psi, \quad q = \sigma - 8s = -33\,932\psi - 5\,003\xi.$$

Quant à l'exposant n, il pourra être de même un nombre quelconque entier positif, à cause que m et μ sont pairs.

Faisons en second lieu $\alpha = 44$, $A_1 = 9$, on trouvera les équations

$$210.9 = (44)^2 - 46, \quad \alpha = 44, \qquad\qquad A_1 = 9,$$
$$9.(-5) = 1 - 46, \quad \alpha_1 = 5A_1 - \alpha = 1, \quad A_2 = -5,$$

et par conséquent

$$-p = p_2 - 5p_1, \quad -q = q_2 - 5q_1.$$

Donc, ayant $\alpha_1 < \sqrt{B}$ et $A_2 < \sqrt{B}$, on fera

$$\alpha_1 = e = 1, \quad A_2 = \pm E = -5, \quad A_1 = \mp D = 9,$$

et par conséquent $E = 5$ et $D = 9$ avec les signes inférieurs; ensuite de quoi on fera

$$p_2 = r, \quad q_2 = s, \quad p_1 = \rho, \quad q_1 = \sigma,$$

et la nouvelle équation à résoudre sera

$$-5 = r^2 - 46s^2.$$

Or, puisqu'on a ici les signes inférieurs, on aura $\lambda < \dfrac{\sqrt{B} - e}{E}$ et $> \dfrac{\sqrt{B} - e}{E} - 1$; donc

$$\lambda = 1, \quad \text{donc} \quad \varepsilon = \lambda E + e = 6.$$

En examinant les séries précédentes, on trouvera justement $E_1 = 5$ et $\varepsilon_1 = 6$; ainsi il n'y aura qu'à diminuer tous les indices de 1, et l'on aura dans le cas présent

$$E = 5, \quad E_1 = 2, \quad E_2 = 5, \ldots, \quad E_7 = 1;$$

donc $m = 7$: et ensuite

$$\lambda_1 = 6, \quad \lambda_2 = 2, \quad \lambda_3 = 1, \quad \lambda_4 = 1, \quad \lambda_5 = 3, \quad \lambda_6 = 1, \ldots;$$

II.

donc

$$l = 1,$$
$$l_1 = 6l = 6,$$
$$l_2 = 2l_1 + l = 13,$$
$$l_3 = 1\,l_2 + l_1 = 19,$$
$$l_4 = 1\,l_3 + l_2 = 32,$$
$$l_5 = 3l_4 + l_3 = 115,$$
$$l_6 = 1\,l_5 + l_4 = 147;$$

donc

$$R = \beta l_6 + l_5 = 997, \quad S = l_6 = 147,$$

et de là

$$r = 997\xi + 147 \times 46\psi, \quad s = 997\psi + 147\xi.$$

Or, ayant pris les signes inférieurs, on aura

$$T = \frac{BS - eR}{E} = 1153, \quad V = \frac{R - eS}{E} = 170;$$

donc

$$\rho = 1153\xi + 170 \times 46\psi, \quad \sigma = 1153\psi + 170\xi.$$

Donc, comme $p_2 = r$, $q_2 = s$, $p_1 = \rho$, $q_1 = \sigma$, on aura

$$p = -r + 5\rho = 4768\xi + 703 \times 46\psi, \quad q = -s + 5\sigma = 4768\psi + 703\xi.$$

Quant à l'exposant n des quantités ξ et ψ, il faudra que $\mu.n + m$ soit impair, à cause qu'on a pris les signes inférieurs (37); or, μ est toujours égal à 16, comme on peut s'en assurer en continuant la série E, E₁,...., jusqu'à ce que l'on retrouve les deux premiers termes (*voyez* aussi plus bas le n° 47), et m est égal à 7; d'où l'on voit que, quelque valeur entière qu'on donne à n, $\mu.n + m$ sera toujours impair; ainsi n pourra être un nombre quelconque entier positif.

Prenons à présent e négatif, savoir $e = -1$, on aura $\lambda = 1$ et $\varepsilon = 4$. Or, dans les séries précédentes, on trouve $E_3 = 5$ et $\varepsilon_3 = 4$; donc, diminuant tous les indices de 3, on aura pour le cas présent

$$E = 5, \quad E_1 = 6, \quad E_2 = 7, \ldots, \quad E_5 = 1;$$

donc $m = 5$, et ensuite

$$\lambda_1 = 1, \quad \lambda_2 = 1, \quad \lambda_3 = 3, \quad \lambda_4 = 1, \quad \lambda_5 = 12, \ldots,$$

d'où

$$l = 1,$$
$$l_1 = 1 \, l = 1,$$
$$l_2 = 1 \, l_1 + l = 2,$$
$$l_3 = 3 \, l_2 + l_1 = 7,$$
$$l_4 = 1 \, l_3 + l_2 = 9;$$

donc

$$R = \beta l_4 + l_3 = 61, \quad S = l_4 = 9,$$

et de là

$$r = 61\xi + 9 \times 46\psi, \quad s = 61\psi + 9\xi.$$

Or

$$T = \frac{BS - eR}{E} = 95, \quad V = \frac{R - eS}{E} = 14,$$

donc

$$\rho = 95\xi + 14 \times 46\psi, \quad \sigma = 95\psi + 14\xi,$$

donc

$$p = -r - 5\rho = -536\xi - 79 \times 46\psi, \quad q = -s - 5\sigma = -536\psi - 79\xi.$$

Ici l'exposant n pourra être aussi un nombre quelconque entier positif, à cause que $m = 5$ et que $\mu = 16$, ce qui rendra toujours $n\mu + m$ impair.

Soit enfin $\alpha = 16$ et $A_1 = 1$, on aura

$$210.1 = (16)^2 - 46, \quad \alpha = 16, \qquad\qquad A_1 = 1,$$
$$1 . (-45) = 1 - 46, \quad \alpha_1 = -15 A_1 + \alpha = 1, \quad A_2 = -45,$$

et

$$p = p_2 + 15 p_1, \quad q = q_2 + 15 q_1.$$

Donc, comme α_1 et A_1 sont $< \sqrt{B}$, on fera

$$\alpha_1 = e = 1, \quad A_1 = \pm E = 1, \quad A_2 = \mp D = -45;$$

donc $E = 1$, $D = 45$, avec les signes supérieurs; ensuite on fera

$$p_1 = r, \quad q_1 = s, \quad p_2 = \rho, \quad q_2 = \sigma,$$

et l'on aura à résoudre l'équation

$$1 = r^2 - 46s^2.$$

Or, ayant $E = 1$, on aura d'abord $m = 0$, donc (40) $R = 1$, $S = 0$, et de là

$$r = \xi, \quad s = \psi.$$

De plus on aura

$$T = \frac{BS + eR}{E} = 1, \quad V = \frac{R + eS}{E} = 1;$$

donc

$$\rho = \xi + 46\psi, \quad \sigma = \psi + \xi.$$

Donc

$$p = \rho + 15r = 16\xi + 46\psi, \quad q = \sigma + 15s = 16\psi + \xi.$$

Faisant ensuite e négatif et égal à -1, on aura toujours $m = 0$, et par conséquent

$$R = 1, \quad S = 0, \quad \text{et} \quad r = \xi, \quad s = \psi;$$

mais on trouvera

$$T = -1, \quad V = 1;$$

de sorte qu'on aura

$$\rho = -\xi + 46\psi, \quad \sigma = -\psi + \xi,$$

et ensuite

$$p = \rho - 15r = -16\xi + 46\psi, \quad q = \sigma - 15s = -16\psi + \xi.$$

Quant à l'exposant n, il pourra être de même un nombre quelconque entier positif, à cause de $m = 0$ et de $\mu = 16$, ce qui rendra toujours $n\mu$ pair.

Rassemblant toutes les formules que nous venons de trouver, on aura, pour la solution de l'équation proposée

$$210 = p^2 - 46q^2,$$

les expressions suivantes

$$p = 16\xi - 46\psi, \qquad q = 16\psi - \xi,$$
$$p = 16\xi + 46\psi, \qquad q = 16\psi + \xi,$$
$$p = 76\xi + 11 \times 46\psi, \qquad q = 76\psi + 11\xi,$$
$$p = 292\xi + 43 \times 46\psi, \qquad q = 292\psi + 43\xi,$$
$$p = 536\xi + 79 \times 46\psi, \qquad q = 536\psi + 79\xi,$$
$$p = 4\,768\xi + 703 \times 46\psi, \qquad q = 4\,768\psi + 703\xi,$$
$$p = 8\,756\xi + 1\,291 \times 46\psi, \qquad q = 8\,756\psi + 1\,291\xi,$$
$$p = 33\,932\xi + 5\,003 \times 46\psi, \qquad q = 33\,932\psi + 5\,003\xi,$$

où

$$\xi = \frac{(24\,335 + 3\,588\sqrt{46})^n + (24\,335 - 3\,588\sqrt{46})^n}{2},$$

$$\psi = \frac{(24\,335 + 3\,588\sqrt{46})^n - (24\,335 - 3\,588\sqrt{46})^n}{2\sqrt{46}},$$

n étant un nombre quelconque entier positif.

Et ces formules renfermeront nécessairement toutes les solutions possibles de l'équation dont il s'agit.

Si l'on fait $n = 0$, on aura $\xi = 1$ et $\psi = 0$, et les valeurs de p et q deviendront

$$p = 16, \qquad q = 1,$$
$$p = 76, \qquad q = 11,$$
$$p = 292, \qquad q = 43,$$
$$p = 536, \qquad q = 79,$$
$$p = 4\,768, \qquad q = 703,$$
$$p = 8\,756, \qquad q = 1\,291,$$
$$p = 33\,932, \qquad q = 5\,003,$$

qui sont les plus petites qui puissent avoir lieu; ensuite, faisant successivement $n = 1, 2, 3, \ldots$, on trouvera des valeurs de p et q toujours plus grandes.

EXEMPLE VI. — Soit encore proposée l'équation

$$10 = u^2 - 431\,t^2.$$

Puisque 10 ne contient aucun facteur carré, et qu'il est en même temps $< \sqrt{431}$, on fera d'abord

$$u = r, \quad t = s, \quad E = 10, \quad B = 31,$$

et l'on aura une équation de l'espèce de celle du n° 34.

Suivant la méthode de ce numéro, on cherchera premièrement un ou plusieurs nombres $\varepsilon < \sqrt{B}$ et $> \sqrt{B} - E$, tels que $B - \varepsilon^2$ soit divisible par E; donc, puisque $\sqrt{431}$ est à peu près égal à 20, il est clair, par les deux premières conditions, que ε devra être < 21 et > 10; ainsi, en essayant pour ε tous les nombres naturels depuis 10 jusqu'à 21 inclusivement, on n'en trouvera que deux qui satisfassent à la troisième condition, lesquels sont 11 et 19; de sorte qu'il faudra faire successivement $\varepsilon = 11$ et $\varepsilon = 19$.

1° Soit $\varepsilon = 11$, on formera les séries suivantes

$$E = 10, \qquad\qquad\qquad \varepsilon = 11,$$

$$E_1 = \frac{431 - 11^2}{10} = 31, \quad \lambda_1 < \frac{\sqrt{431} + 11}{31} = 1, \quad \varepsilon_1 = 1.31 - 11 = 20,$$

$$E_2 = \frac{431 - 20^2}{31} = 1, \quad \lambda_2 < \frac{\sqrt{431} + 20}{1} = 40, \quad \varepsilon_2 = 40.\,1 - 20 = 20,$$

$$E_3 = \frac{431 - 20^2}{1} = 31, \quad \lambda_3 < \frac{\sqrt{431} + 20}{40} = 1, \quad \varepsilon_3 = 1.31 - 20 = 11,$$

$$E_4 = \frac{431 - 11^2}{31} = 10, \quad \lambda_4 < \frac{\sqrt{431} + 11}{10} = 3, \quad \varepsilon_4 = 3.10 - 11 = 19,$$

$$E_5 = \frac{431 - 19^2}{10} = 7, \quad \lambda_5 < \frac{\sqrt{431} + 19}{7} = 5, \quad \varepsilon_5 = 5.\,7 - 19 = 16,$$

$$E_6 = \frac{431 - 16^2}{7} = 25, \quad \lambda_6 < \frac{\sqrt{431} + 16}{25} = 1, \quad \varepsilon_6 = 1.25 - 16 = 9,$$

$$E_7 = \frac{431 - 9^2}{25} = 14, \quad \lambda_7 < \frac{\sqrt{431} + 9}{14} = 2, \quad \varepsilon_7 = 2.14 - 9 = 19,$$

$$E_8 = \frac{431 - 19^2}{14} = 5, \quad \lambda_8 < \frac{\sqrt{431} + 19}{5} = 7, \quad \varepsilon_8 = 7.\,5 - 19 = 16,$$

$$E_9 = \frac{431 - 16^2}{5} = 35, \quad \lambda_9 < \frac{\sqrt{431} + 16}{35} = 1, \quad \varepsilon_9 = 1.35 - 16 = 19,$$

$$E_{10} = \frac{431 - 19^2}{35} = 2, \quad \lambda_{10} < \frac{\sqrt{431} + 19}{2} = 19, \quad \varepsilon_{10} = 19.2 - 19 = 19,$$

$$E_{11} = \frac{431 - 19^2}{2} = 35, \quad \lambda_{11} < \frac{\sqrt{431} + 19}{35} = 1, \quad \varepsilon_{11} = 1.35 - 19 = 16,$$

$$E_{12} = \frac{431 - 16^2}{35} = 5, \quad \lambda_{12} < \frac{\sqrt{431} + 16}{5} = 7, \quad \varepsilon_{12} = 7.5 - 16 = 19,$$

$$E_{13} = \frac{431 - 19^2}{5} = 14, \quad \lambda_{13} < \frac{\sqrt{431} + 19}{14} = 1, \quad \varepsilon_{13} = 2.14 - 19 = 9,$$

$$E_{14} = \frac{431 - 9^2}{14} = 25, \quad \lambda_{14} < \frac{\sqrt{431} + 9}{25} = 1, \quad \varepsilon_{14} = 1.25 - 9 = 16,$$

$$E_{15} = \frac{431 - 16^2}{25} = 7, \quad \lambda_{15} < \frac{\sqrt{431} + 16}{7} = 5, \quad \varepsilon_{15} = 5.7 - 16 = 19,$$

$$E_{16} = \frac{431 - 19^2}{7} = 10, \quad \lambda_{16} < \frac{\sqrt{431} + 19}{10} = 3, \quad \varepsilon_{16} = 3.10 - 19 = 11,$$

$$E_{17} = \frac{431 - 11^2}{10} = 31, \quad \lambda_{17} < \frac{\sqrt{431} + 11}{31} = 1, \quad \varepsilon_{17} = 1.31 - 11 = 20,$$

.................., ...

Donc, puisque $E_{16} = E$, $E_{17} = E_1$, on aura $E_{16} = E_\mu$, c'est-à-dire $\mu = 16$; et comme $E_2 = 1$, on aura $E_2 = E_m$, et par conséquent $m = 2$; de sorte que l'équation est résoluble (37).

Ainsi l'on formera, suivant les formules (ϖ), la série $l, l_1, l_2, l_3, \ldots$ jusqu'au terme l_{16}, et l'on trouvera

$$l = 1,$$
$$l_1 = 1l = 1,$$
$$l_2 = 40l_1 + l = 41,$$
$$l_3 = 1l_2 + l_1 = 42,$$
$$l_4 = 3l_3 + l_2 = 167,$$
$$l_5 = 5l_4 + l_3 = 877,$$
$$l_6 = 1l_5 + l_4 = 1044,$$
$$l_7 = 2l_6 + l_5 = 2965,$$
$$l_8 = 7l_7 + l_6 = 21799,$$
$$l_9 = 1l_8 + l_7 = 24764,$$

$$l_{10} = 19 l_9 + l_8 = 492\,315,$$

$$l_{11} = 1 l_{10} + l_9 = 517\,079,$$

$$l_{12} = 7 l_{11} + l_{10} = 4\,111\,868,$$

$$l_{13} = 2 l_{12} + l_{11} = 8\,740\,815,$$

$$l_{14} = 1 l_{13} + l_{12} = 12\,852\,683,$$

$$l_{15} = 5 l_{14} + l_{13} = 73\,004\,230,$$

$$l_{16} = 3 l_{15} + l_{14} = 231\,865\,373.$$

Donc : 1° on aura, par le n° **40**,

$$R = \beta l_1 + l \quad \text{et} \quad S = l_1,$$

c'est-à-dire, à cause de $\beta = 20$ racine approchée de 431,

$$R = 21, \quad S = 1.$$

2° On aura, par le n° **41**,

$$X = l_{16} - \frac{\varepsilon l_{15}}{E}, \quad Y = \frac{l_{15}}{E},$$

savoir, à cause de $E = 10$ et $\varepsilon = 11$,

$$X = 151\,560\,720, \quad Y = 7\,300\,423.$$

Donc, faisant

$$\xi = \frac{\left(X + Y \sqrt{431}\right)^n + \left(X - Y \sqrt{431}\right)^n}{2},$$

$$\psi = \frac{\left(X + Y \sqrt{431}\right)^n - \left(X - Y \sqrt{431}\right)^n}{2 \sqrt{431}},$$

on aura en général (**38**)

$$r = 21 \xi + 431 \psi, \quad s = 21 \psi + \xi,$$

n étant un nombre quelconque positif entier, tel que $n\mu + m$, savoir $16n + 2$, soit pair, de sorte que n pourra être un nombre positif entier quelconque.

$2°$ Soit $\varepsilon = 19$, on formera de même les séries

$$\mathbf{E} = 10, \qquad\qquad\qquad\qquad\qquad\qquad \varepsilon = 19,$$

$$\mathbf{E_1} = \frac{431 - 19^2}{10} = 7, \quad \lambda_1 < \frac{\sqrt{431} + 19}{7} = 5, \quad \varepsilon_1 = 5 \cdot 7 - 19 = 16,$$

$$\mathbf{E_2} = \frac{431 - 16^2}{7} = 25, \quad \lambda_2 < \frac{\sqrt{431} + 16}{25} = 1, \quad \varepsilon_2 = 1 \cdot 25 - 16 = 19,$$

$$\dots\dots\dots\dots\dots, \quad \dots\dots\dots\dots\dots, \quad \dots\dots\dots\dots$$

Or, comme les termes $\mathbf{E}$ et $\mathbf{E_1}$ sont les mêmes que les termes $\mathbf{E_4}$ et $\mathbf{E_5}$ des séries précédentes, il est clair que tous les termes suivants seront les mêmes aussi (**35**), de sorte que, pour avoir les valeurs de $\mathbf{E}$, $\mathbf{E_1}$, $\mathbf{E_2}$,..., ε, ε_1, ε_2,..., λ_1, λ_2, λ_3,..., dans le cas de $\varepsilon = 19$, il n'y aura qu'à prendre celles que nous avons trouvées ci-dessus en diminuant tous les indices de 4, afin que le terme $\mathbf{E_4}$ devienne $\mathbf{E}$; mais, comme les deux premiers termes de $\mathbf{E}$ et $\mathbf{E_1}$ sont ici 10 et 7, il faudra continuer les séries précédentes jusqu'à ce qu'on retrouve les mêmes termes. Or, pour cela il suffit de remarquer que, puisque les deux derniers termes $\mathbf{E_{16}}$ et $\mathbf{E_{17}}$ sont les mêmes que les deux premiers $\mathbf{E}$, $\mathbf{E_1}$, le terme $\mathbf{E_{18}}$ sera le même que le terme $\mathbf{E_2}$, et ainsi des autres. De là il est aisé de voir qu'en prenant $\mathbf{E_4}$ pour $\mathbf{E}$, $\mathbf{E_5}$ pour $\mathbf{E_1}$,..., on aura $\mathbf{E_{14}} = 1$, $\mathbf{E_{16}} = 10$, $\mathbf{E_{17}} = 7$, par conséquent $m = 14$ et $\mu = 16$, et que les valeurs de λ_1, λ_2,... jusqu'à λ_{13} seront

$$\lambda_1 = 5, \quad \lambda_2 = 1, \quad \lambda_3 = 2, \quad \lambda_4 = 7, \quad \lambda_5 = 1, \quad \lambda_6 = 19,$$

$$\lambda_7 = 1, \quad \lambda_8 = 7, \quad \lambda_9 = 2, \quad \lambda_{10} = 1, \quad \lambda_{11} = 5, \quad \lambda_{12} = 3, \quad \lambda_{13} = 1,$$

à l'aide desquelles, si l'on forme la nouvelle série l, l_1, l_2,..., l_{13},

$$l = 1,$$

$$l_1 = 5l = 5,$$

$$l_2 = 1 l_1 + l = 6,$$

$$l_3 = 2 l_2 + l_1 = 17,$$

$$l_4 = 7 l_3 + l_2 = 125,$$

$$l_5 = 1 l_4 + l_3 = 142,$$

$$l_6 = 19 l_5 + l_4 = 2823,$$

$$l_7 = 1\,l_6 + l_5 = 2\,965,$$

$$l_8 = 7\,l_7 + l_6 = 23\,578,$$

$$l_9 = 2\,l_8 + l_7 = 50\,121,$$

$$l_{10} = 1\,l_9 + l_8 = 73\,699,$$

$$l_{11} = 5\,l_{10} + l_9 = 418\,616,$$

$$l_{12} = 3\,l_{11} + l_{10} = 1\,329\,547,$$

$$l_{13} = 1\,l_{12} + l_{11} = 1\,748\,163,$$

on aura

$$R = \beta l_{13} + l_{12} \quad \text{et} \quad S = l_{13},$$

et par conséquent, β étant égal à 20,

$$R = 36\,292\,807, \quad S = 1\,748\,163,$$

d'où

$$r = 36\,292\,807\,\xi + 753\,458\,253\,\psi, \quad s = 36\,292\,807\,\psi + 1\,748\,163\,\xi.$$

A l'égard des valeurs de ξ et ψ, elles seront les mêmes que ci-dessus, car X et Y sont toujours les mêmes pour une même valeur de B (41), et, quant au nombre n, il pourra être de même un nombre quelconque entier positif, parce que, à cause de $\mu = 16$ et $m = 14$, $\mu.n + m$ sera toujours pair comme il le faut (37).

On voit par là que les plus petits nombres qui résolvent l'équation proposée sont

$$r = 21, \quad s = 1,$$

qui résultent de la première formule en y faisant $n = 0$, ce qui donne $\xi = 1$ et $\psi = 0$; ensuite, en faisant de même $n = 0$ dans la seconde formule, on aura les nombres immédiatement plus grands qui peuvent résoudre la même équation, et qui sont

$$r = 36\,292\,807, \quad s = 1\,748\,163,$$

et l'on peut être assuré qu'entre ces nombres-ci et ceux-là il n'y en a pas d'autres qui puissent satisfaire à l'équation dont il s'agit.

Au reste, puisqu'on a trouvé μ et m pairs à la fois, il s'ensuit que cette équation

$$- 10 = r^2 - 431 s^2$$

n'est point résoluble en nombres entiers (37).

47. REMARQUE. — Quand on a une fois trouvé, pour une équation quelconque,

$$\pm E = r^2 - B s^2,$$

les valeurs de E_1, E_2, E_3,... jusqu'à E_μ (E_μ étant égal à E et $E_{\mu+1} = E_1$), ainsi que celles de λ_1, λ_2, λ_3,..., λ_μ, et que dans la période E, E_1, E_2,..., $E_{\mu-}$, il se trouve un terme égal à l'unité, ce qui est nécessaire pour que l'équation $\pm E = r^2 - B s^2$ soit résoluble, alors les mêmes valeurs peuvent servir pour résoudre aussi toute autre équation comme

$$\pm F = r^2 - B s^2,$$

F étant $< \sqrt{B}$. Car nous avons déjà démontré (41) que les valeurs de X et de Y sont toujours les mêmes pour une même valeur de B, et nous y avons vu que la série E_m, E_{m+1}, E_{m+2},..., $E_{m+\mu-1}$ (E_m étant égal à 1) est toujours aussi nécessairement la même, pour la même valeur de B; d'où il s'ensuit, à cause de $E_\mu = E$, $E_{\mu+1} = E_1$,..., que la série E_m, E_{m+1},..., $E_{\mu-1}$, E, E_1,..., E_{m-1} sera aussi toujours la même, et que par conséquent la série E, E_1, E_2,..., $E_{\mu-1}$ contiendra toujours nécessairement les mêmes termes, quel que soit le premier terme E, pourvu qu'il s'y trouve un terme comme E_m égal à l'unité.

Ainsi, étant proposée l'équation

$$\pm F = r^2 - B s^2,$$

on verra si le nombre F se trouve parmi les valeurs de E, E_1, E_2,..., $E_{\mu-1}$; si l'on trouve, par exemple, $F = E_\rho$, alors il n'y aura qu'à prendre ce terme E_ρ le premier, et continuer la suite E_ρ, $E_{\rho+1}$,... jusqu'à ce qu'on retrouve deux termes consécutifs identiques avec E_ρ et $E_{\rho+1}$, en recommençant toujours la série E, E_1, E_2,... quand on sera parvenu au dernier terme $E_{\mu-1}$, ou bien, pour que le premier terme soit toujours désigné par E, il n'y aura qu'à diminuer, dans la série déjà trouvée E, E_1, E_2,...., $E_{\mu-1}$, tous les indices du nombre ρ, en les augmentant de μ lorsqu'ils deviendront négatifs.

On en fera de même à l'égard de la série correspondante λ_1, λ_2, λ_3,...., λ_μ, et l'on aura par ce moyen les nouvelles séries E, E_1, E_2,..., $E_{\mu-1}$, et λ_1, λ_2, λ_3,..., λ_μ relatives à l'équation

$$\pm F = r^2 - B s^2,$$

et à l'aide desquelles on cherchera seulement les nombres R et S, puisqu'on connaît déjà les nombres X et Y. Il faudra cependant, pour que le Problème soit soluble, que les nouveaux indices m et μ aient les conditions requises (37); c'est ce qu'il faudra d'abord examiner pour ne pas faire des calculs inutiles. Quant à μ, il aura toujours la même valeur, parce que chaque période de la série contenant toujours nécessairement les mêmes termes, il faudra aussi que le nombre μ de ces termes soit toujours le même; ainsi il ne s'agira que d'avoir m. Or, si l'on appelle m' l'exposant du terme qui était égal à l'unité dans la première série, il est clair qu'on aura $m = m' - \rho$ si $m' > \rho$, ou $m = \mu + m' - \rho$ si $m' < \rho$; de cette manière on connaîtra sur-le-champ si la nouvelle équation est résoluble ou non.

Si au contraire le nombre F ne se trouve point dans la série E, E_1, E_2,..., $E_{\mu-1}$, alors ce sera une marque sûre que l'équation

$$\pm F = r^2 - B s^2$$

n'est point résoluble; car si l'on formait d'après le nombre F la série F, F_1, F_2,...., analogue à la série E, E_1, E_2,...., on n'y trouverait point de terme égal à l'unité.

Il s'ensuit aussi de ce que nous venons de dire que, lorsqu'on a calculé la série E, E_1, E_2,...., $E_{\mu-1}$ d'après une valeur de ε, alors on peut se dispenser de chercher d'autres valeurs de ε (34), et il n'y aura qu'à voir si dans cette série il y a d'autres termes égaux à E, et former ensuite de nouvelles séries dont ces termes soient les premiers, comme nous venons de l'expliquer; par exemple, si $E_\rho = E$, ρ étant $< \mu - 1$, on diminuera tous les indices de ρ, en ajoutant μ lorsque les restes deviendront négatifs, et l'on aura les nouvelles séries E_1, E_2, E_3,..., λ_1, λ_2, λ_3,..., à l'aide desquelles on trouvera de nouvelles valeurs de R et S : c'est ainsi que nous en avons déjà usé dans l'Exemple V.

Ayant résolu plus haut l'équation

$$10 = r^2 - 431 s^2,$$

supposons maintenant qu'il s'agisse de résoudre encore l'équation

$$2 = r^2 - 431 s^2.$$

Je trouve, en examinant les valeurs des termes E, E_1, E_2,..., E_{16}, trouvées ci-dessus, que $E_{10} = 2$; or, comme on avait $m = 2$ et $\mu = 16$, la nouvelle valeur de m sera (à cause de $\rho = 2$ et $m' = 2$) $16 + 2 - 10 = 8$, d'où je conclus que l'équation dont il s'agit est résoluble (37).

Je diminuerai donc tous les indices de 10, en y ajoutant 16 lorsqu'il viendra des restes négatifs, et j'aurai les valeurs suivantes de $\lambda_1, \lambda_2, \lambda_3,...$, jusqu'à λ_7, c'est-à-dire λ_{m-1}, qui sont les seules dont nous ayons besoin pour trouver R et S,

$$\lambda_1 = 1, \qquad l_1 = 1,$$
$$\lambda_2 = 7, \qquad l_2 = 8,$$
$$\lambda_3 = 2, \qquad l_3 = 17,$$
$$\lambda_4 = 1, \quad \text{d'où} \quad l_4 = 25,$$
$$\lambda_5 = 5, \qquad l_5 = 142,$$
$$\lambda_6 = 3, \qquad l_6 = 451,$$
$$\lambda_7 = 1, \qquad l_7 = 593.$$

Ainsi, à cause de $\beta = 20$, on trouvera

$$R = \beta l_7 + l_6 = 12\,311, \quad S = l_7 = 593;$$

de sorte qu'on aura ici

$$r = 12\,311\,\xi + 255\,583\,\psi, \quad s = 12\,311\,\psi + 593\,\xi,$$

les valeurs de ξ et ψ étant exprimées comme dans l'Exemple VI.

De même, si j'avais à résoudre l'équation

$$2 = r^2 - 30s^2,$$

je verrais si le nombre 2 se trouve dans la série E, E₁,... de l'Exemple IV; et comme il ne s'y trouve point, j'en conclus sur-le-champ qu'une telle équation n'est point résoluble en nombres entiers.

En effet, si l'on fait $E = 2$, et qu'on cherche les termes suivants E_1, E_2,... par la méthode générale, il faudra d'abord trouver un nombre $\varepsilon < \sqrt{30}$ et $> \sqrt{30} - 2$, et qui soit tel que $30 - \varepsilon_2$ soit divisible par 2; d'où l'on voit qu'on ne peut prendre que $\varepsilon = 4$. Soient donc

$$E = 2, \qquad\qquad\qquad \varepsilon = 4,$$

$$E_1 = \frac{30 - 16}{2} = 7, \quad \lambda_1 < \frac{\sqrt{30} + 2}{7} = 1, \quad \varepsilon_1 = 7 - 4 = 3,$$

$$E_2 = \frac{30 - 9}{7} = 3, \quad \lambda_2 < \frac{\sqrt{30} + 3}{3} = 2, \quad \varepsilon_2 = 6 - 3 = 3,$$

$$E_3 = \frac{30 - 9}{3} = 7, \quad \lambda_3 < \frac{\sqrt{30} + 3}{7} = 1, \quad \varepsilon_3 = 7 - 3 = 4,$$

$$E_4 = \frac{30 - 16}{7} = 2, \quad \lambda_4 < \frac{\sqrt{30} + 4}{2} = 4, \quad \varepsilon_4 = 8 - 4 = 4,$$

$$E_5 = \frac{30 - 16}{2} = 7,$$

où l'on voit que dans la série E, E₁,... il n'y a aucun terme égal à l'unité.

Application à l'équation $\pm 1 = r^2 - Bs^2$, B étant un nombre positif non carré.

48. Comme 1 est $< \sqrt{B}$, cette équation sera toujours dans le cas de celle du n° 34, en faisant $E = 1$.

On commencera donc par chercher un nombre entier positif $\varepsilon < \sqrt{B}$ et $> \sqrt{B} - 1$, tel que $B - \varepsilon_2$ soit divisible par 1; d'où l'on voit que ε ne pourra être que le nombre entier qui est immédiatement moindre que

$\sqrt{B}$, et que nous avons déjà désigné en général par β (40), de sorte qu'on aura nécessairement $\varepsilon = \beta$.

Connaissant ainsi ε et E, on formera les séries E, E_1, E_2,..., ε_1, ε_2,... et λ_1, λ_2,..., à l'aide des formules $(\varkappa)$, (λ) et (μ), et l'on poussera ces séries jusqu'à ce que l'on trouve deux termes consécutifs comme E_μ, $E_{\mu+1}$, identiques avec les deux premiers E, E_1, ce qui arrivera toujours nécessairement, comme nous l'avons démontré en général dans le n° 35; alors il n'y aura plus qu'à chercher les valeurs de X et Y par les formules du n° 41, et comme on a E = 1 et par conséquent $E_m = E$ (37), savoir $m = 0$, on remarquera que la série Λ_1, Λ_2, Λ_3,... sera la même que la série λ_1, λ_2, λ_3,..., et que par conséquent la série L, L_1, L_2,... sera aussi la même que la série l, l_1, l_2,... du n° 39; de sorte qu'ayant formé cette dernière série par les formules (ϖ), on aura sur-le-champ

$$Y = \beta l_{\mu-1} + l_{\mu-2}, \quad Y = l_{\mu-1}.$$

Or, puisque $m = 0$, on aura (40)

$$R = 1, \quad S = 0,$$

et de là

$$r = \xi, \quad s = \psi;$$

donc on aura en général (38)

$$r = \frac{(X + Y\sqrt{B})^n + (X - Y\sqrt{B})^n}{2},$$

$$s = \frac{(X + Y\sqrt{B})^n - (X - Y\sqrt{B})^n}{2\sqrt{B}},$$

n étant un nombre entier positif tel, que $n\mu$ soit pair ou impair, suivant que l'équation sera (37)

$$1 = r^2 - Bs^2 \quad \text{ou} \quad -1 = r^2 - Bs^2.$$

Donc : 1° si l'équation est

$$1 = r^2 - Bs^2,$$

$n\mu$ devra être pair; donc, si μ est pair, on pourra prendre pour n un nombre quelconque entier positif; si μ est impair, il ne faudra prendre pour n que des nombres pairs; ainsi, toute équation de la forme

$$1 = r^2 - B s^2$$

est toujours résoluble en nombres entiers.

2° Si l'équation est

$$- 1 = r^2 - B s^2,$$

il faudra que $n\mu$ soit impair, ce qui ne saurait être à moins que μ ne soit aussi impair, d'où il s'ensuit que si l'indice ou le quantième μ est un nombre pair, alors l'équation

$$- 1 = p^2 - B q^2$$

n'est jamais résoluble en nombres entiers; au contraire, si l'indice μ est impair, alors l'équation peut se résoudre par les formules précédentes, en ne prenant pour n que des nombres impairs.

49. J'avais déjà donné ailleurs (*voyez* le tome IV des *Recueils de l'Académie de Turin*) (*) une démonstration de cette proposition, que toute équation de la forme

$$1 = p^2 - B q^2,$$

B étant positif non carré, est toujours résoluble en nombres entiers d'une infinité de manières, et j'y avais aussi joint une méthode générale pour trouver en même temps toutes les solutions dont une telle équation peut être susceptible. Celle que je viens de donner est non-seulement plus directe et plus simple, mais elle a encore l'avantage de faire voir que l'équation dont il s'agit est toujours résoluble quel que soit B, ce que je n'avais pu démontrer alors que par un assez long circuit.

Au reste, il est clair que les séries E, E_1, E_2,..., $E_{\mu-1}$ et λ_1, λ_2, λ_3,..., λ_μ, qui résultent de la supposition de $E = 1$, serviront pour résoudre ab-

_____
(*) *OEuvres de Lagrange*, t. I, p. 671.

solument toutes les équations de la forme

$$\pm E = r^2 - Bs^2,$$

quelle que soit la valeur de E, pourvu qu'elle soit $< \sqrt{B}$, par la Remarque du n° 47, parce que, dans ce cas, l'unité se trouve nécessairement parmi les termes de la période E, E_1, E_2,....

§ IV. — *Méthode générale pour reconnaître quand un nombre quelconque donné* A *peut être un diviseur d'un nombre de la forme* $\alpha^2 - B$, B *étant aussi donné, et pour trouver la valeur de* α *dans un très-grand nombre de cas.*

50. Les méthodes que nous venons de donner dans les §§ II et III demandent toujours qu'on trouve un nombre α moindre que $\frac{A}{2}$, et tel que $\alpha^2 - B$ soit divisible par A; pour y parvenir, nous avons proposé d'essayer successivement pour α tous les nombres naturels moindres que $\frac{A}{2}$, ce qui est très-facile; mais, comme cette opération serait souvent très-longue, surtout lorsqu'il n'existe point de pareil nombre α, auquel cas il faudrait essayer successivement tous les nombres moindres que $\frac{A}{2}$, pour pouvoir s'assurer qu'aucun d'eux ne puisse être pris pour α, j'ai cru qu'il ne serait pas inutile de donner ici quelques règles générales pour reconnaître *à priori* si un nombre quelconque donné A peut être un diviseur de $\alpha^2 - B$; nous y joindrons d'ailleurs une méthode pour trouver la valeur de α dans un très-grand nombre de cas.

51. Il est d'abord évident que, si A n'est pas un nombre premier, il faut que $\alpha^2 - B$ soit divisible par chacun des facteurs premiers de A en particulier. Voyons donc à quel caractère on peut connaître si un nombre premier donné a peut être un diviseur d'un nombre de cette forme $\alpha^2 - B$, B étant un nombre donné positif ou négatif.

II.

Si a est un diviseur de B, il est visible qu'il peut l'être aussi de $\alpha^2 - B$, puisqu'il ne s'agit que de prendre pour α un multiple de a. De plus, si a est égal à 2 et que B soit impair, il est clair aussi que $\alpha^2 - B$ peut toujours être divisible par a, car il n'y aura qu'à prendre pour α un nombre quelconque impair.

Ainsi, la difficulté se réduit au cas où a est un nombre premier qui ne soit pas un diviseur de B et qui soit en même temps différent de 2.

Or je dis que, dans ce cas, $\alpha^2 - B$ ne peut être divisible par a à moins que $B^{\frac{a-1}{2}} - 1$ ne le soit aussi.

Pour démontrer ce théorème, je fais $\frac{a-1}{2} = m$, et je multiplie $\alpha^2 - B$ par la quantité suivante

$$\alpha^{2(m-1)} + \alpha^{2(m-2)} B + \alpha^{2(m-3)} B^2 + \ldots + B^{m-1},$$

que je nommerai P; j'aurai

$$(\alpha^2 - B) P = \alpha^{2m} - B^m = \alpha^{a-1} - B^m = \alpha^{a-1} - 1 - (B^m - 1).$$

Or, puisque B (par hypothèse) n'est pas divisible par a, il est clair que, pour que $\alpha^2 - B$ soit divisible par a, α ne doit pas l'être; de plus, a est un nombre premier (par hypothèse), donc, par le théorème connu de Fermat (*voyez* la page 163 de ses *OEuvres mathématiques*), que M. Euler a démontré dans les *Commentaires de Pétersbourg*, le nombre $\alpha^{a-1} - 1$ sera toujours divisible par a; donc, si $\alpha^2 - B$ est divisible par a, il faudra nécessairement que $B^m - 1$ ou bien $B^{\frac{a-1}{2}} - 1$ le soit aussi.

Il en sera de même si $u^2 - B t^2$ doit être divisible par a, en supposant u et t premiers à a; car, mettant $B t^2$ à la place de B, on aura d'abord $B^{\frac{a-1}{2}} t^{a-1} - 1$ divisible par a, mais $t^{a-1} - 1$ est toujours divisible par a, donc il faudra que $B^{\frac{a-1}{2}} - 1$ le soit aussi.

52. Je dis maintenant que, si a est tel que $B^{\frac{a-1}{2}} - 1$ soit divisible par a, on pourra toujours trouver un nombre α tel que $\alpha^2 - B$ soit aussi divisible par a.

En effet, l'équation

$$(\alpha^2 - B)P = \alpha^{a-1} - 1 - (B^m - 1)$$

du numéro précédent fait voir que, si $B^m - 1$ est divisible par a, $(\alpha^2 - B)P$ le sera aussi, à cause que $\alpha^{a-1} - 1$ est toujours divisible par a; donc, puisque a est un nombre premier, il faut que l'un ou l'autre des deux facteurs $\alpha^2 - B$ et P soit divisible par a; par conséquent, si l'on peut trouver une valeur de α telle que P ne soit pas divisible par a, cette valeur rendra nécessairement $\alpha^2 - B$ divisible par ce même nombre a.

Or, en mettant $\dfrac{a-1}{2}$ à la place de m, on a

$$P = \alpha^{a-3} + B\alpha^{a-5} + B^2\alpha^{a-7} + \ldots + B^{\frac{a-3}{2}};$$

qu'on substitue successivement dans cette quantité les nombres $1, 2, 3, \ldots$ jusqu'à $a - 2$ à la place de α, et qu'on désigne les valeurs correspondantes de P par $P_1, P_2, P_3, \ldots$, il est facile de voir par la théorie des différences que l'on aura

$$P_1 - (a-3)P_2 + \frac{(a-3)(a-4)}{2}P_3 - \ldots + P_{a-2} = 1.2.3.4\ldots(a-3).$$

Donc, si tous les nombres $P_1, P_2, P_3, \ldots$ jusqu'à P_{a-2} inclusivement étaient divisibles par a, il faudrait que le nombre $1.2.3\ldots(a-3)$ le fût aussi; ce qui ne pouvant être, à cause que a est un nombre premier, il s'ensuit qu'il y aura nécessairement quelqu'un des nombres $P_1, P_2, P_3, \ldots$ qui ne sera pas divisible par a; par conséquent, il y aura toujours nécessairement au moins un nombre moindre que $a - 1$, lequel étant pris pour α rendra P non divisible par a; donc ce nombre sera tel que $\alpha^2 - B$ sera divisible par a.

Ces deux théorèmes sont dus à M. Euler (*voyez* les tomes I et VI des *Nouveaux Commentaires de Pétersbourg*), mais il ne parait pas que ce grand Géomètre ait jamais pensé à l'usage dont ils peuvent être dans la résolution des équations de la forme $A = u^2 - Bt^2$ (*voyez* le tome IX des mêmes *Commentaires*).

53. Nommons ξ cette valeur de α; il est clair que, si $\xi > \dfrac{a}{2}$, $a - \xi$ sera $< \dfrac{a}{2}$ à cause de $\xi < a$; ainsi l'on trouvera toujours une autre valeur de α moindre que $\dfrac{a}{2}$. En général, quel que soit ξ, il n'y aura qu'à prendre $\alpha = \mu a \pm \xi$ (10), et l'on pourra toujours déterminer le nombre indéterminé μ et le signe de ξ, en sorte que α soit moindre que $\dfrac{a}{2}$.

Ainsi, dès qu'on aura reconnu que $B^{\frac{a-1}{2}} - 1$ est divisible par a, on sera sûr qu'il existe toujours un nombre $\alpha < \dfrac{a}{2}$ tel que $\alpha^2 - B$ soit divisible par a; de sorte que, pour trouver ce nombre, il n'y aura qu'à essayer successivement tous les nombres naturels moindres que $\dfrac{a}{2}$.

54. Si a est de la forme $4n + 3$, alors comme $B^{\frac{a-1}{2}} - 1$ est divisible par a, $B^{2n+1} - 1$ le sera; donc $B^{2(n+1)} - B$ le sera aussi; donc, si l'on fait

$$\xi = B^{n+1} = B^{\frac{a+1}{4}},$$

on trouvera par la formule $\alpha = \mu a \pm \xi$ une valeur de $\alpha < \dfrac{a}{2}$ telle que $\alpha^2 - B$ soit divisible par a; ainsi l'on peut toujours dans ce cas trouver la valeur de α; il n'en est pas de même lorsque a est de la forme de $4n + 1$, à moins que l'on ne trouve par hasard une puissance impaire de B comme B^{2r+1} telle que $B^{2r+1} - 1$ soit divisible par a, auquel cas on pourra faire $\xi = B^{r+1}$.

55. Supposons maintenant que l'on ait trouvé un nombre ξ tel que $\xi^2 - B$ soit divisible par a (nous supposons toujours que a est différent de 2 et qu'il n'est pas un diviseur de B), je dis qu'on pourra toujours trouver un nombre ξ_1 tel que $\xi_1^2 - B$ soit divisible par a^2.

Car, soit

$$\xi_1 = \xi + \lambda a,$$

on aura

$$\xi_1^2 - B = \lambda^2 a^2 + 2\lambda a \xi + \xi^2 - B;$$

or, $\xi^2 - B$ étant divisible par a, on a $\xi^2 - B = \varpi a$; donc

$$\xi_1^2 - B = \lambda^2 a^2 + (2\lambda\xi + \varpi)a;$$

d'où l'on voit que cette quantité sera divisible par a^2, si $2\lambda\xi + \varpi$ est un multiple de a, c'est-à-dire si $2\lambda\xi + \varpi = \mu.a$; ainsi il ne s'agira que de déterminer λ et μ, en sorte qu'ils satisfassent à cette équation

$$\mu.a - 2\lambda\xi = \varpi,$$

ce qui, à cause de a et 2ξ premiers entre eux, est toujours possible par la méthode du n° 8.

On pourra trouver de même, à l'aide du nombre ξ_1, un autre nombre ξ_2 tel que $\xi_2^2 - B$ soit divisible par a^3; car, soit $\xi_2^2 - B = \varpi_1 a^2$, et qu'on fasse

$$\xi_2 = \xi_1 + \lambda_1 a^2,$$

on aura

$$\xi_2^2 - B = \lambda_1^2 a^4 + 2\lambda_1 \xi_1 a^2 + \xi_1^2 - B = \lambda_1^2 a^4 + (2\lambda_1 \xi_1 + \varpi_1)a^2,$$

de sorte qu'il n'y aura qu'à déterminer λ_1 en sorte que l'on ait

$$2\lambda_1 \xi_1 + \varpi_1 = \mu_1 a;$$

c'est-à-dire qu'on n'aura qu'à résoudre l'équation

$$\mu_1 a - 2\lambda_1 \xi_1 = \varpi_1,$$

laquelle, à cause de a et $2\xi_1$ premiers entre eux, est susceptible de la même méthode du n° 8.

Donc, en général, on pourra toujours trouver un nombre ξ tel que $\xi^2 - B$ soit divisible par a^n; et faisant ensuite

$$x = \mu.a^n \pm \xi,$$

on aura aussi $x^2 - B$ divisible par a^n; de sorte qu'on pourra toujours prendre x moindre que $\dfrac{a^n}{2}$.

56. Si a n'est pas premier à B, c'est-à-dire si B est divisible par a ou

en général par une puissance quelconque de a, que je dénoterai par a^r, il est clair que, tant que n ne sera pas plus grand que r, $\xi^2 - B$ sera divisible par a^n en prenant ξ tel que ξ^2 soit divisible par a^n.

Mais, lorsque r sera $< n$, il faudra distinguer deux cas, l'un où r est un nombre pair et l'autre où r est impair.

$1°$ Soit $r = 2s$, et puisque B est divisible par a^{2s}, il faudra que ξ^2 le soit aussi, et par conséquent que ξ soit divisible par a^s; faisant donc

$$\xi = a^s \xi_1 \quad \text{et} \quad B = a^{2s} B_1,$$

on aura

$$\xi^2 - B = a^{2s}(\xi_1^2 - B_1),$$

expression qui devant être divisible par a^n, il faudra que $\xi_1^2 - B_1$ soit divisible par a^{n-2s}, de sorte que, comme B_1 n'est pas divisible par a, la question sera réduite au cas du numéro précédent.

$2°$ Soit $r = 2s - 1$, et il faudra de même que ξ^2 soit divisible par a^{2s-1}, ce qui ne peut être à moins que ξ ne soit divisible par a^s; donc, faisant

$$\xi = a^s \xi_1 \quad \text{et} \quad B = a^{2s-1} B_1,$$

on aura

$$\xi^2 - B = a^{2s-1}(a \xi_1^2 - B_1);$$

de sorte que, pour que cette quantité soit divisible par a^n, il faudra que $a \xi_1^2 - B_1$ le soit par a^{n-r}; par conséquent $a \xi_1^2 - B_1$ devra être d'abord divisible par a, ce qui est impossible à cause que le terme $a \xi_1^2$ est divisible par a, et que l'autre terme B_1 ne l'est pas. Donc il sera impossible dans ce cas de trouver un nombre ξ tel que $\xi^2 - B$ soit divisible par a^n.

57. Il reste encore à examiner le cas où a serait égal à 2. Or, soit d'abord B impair, il est clair que ξ devra être impair aussi; ainsi l'on fera

$$\xi = 2z + 1,$$

ce qui donnera

$$\xi^2 - B = 4z(z + 1) + 1 - B,$$

quantité qui doit être divisible par 2^n.

Pour cela on remarquera que, comme $z(z+1)$ est toujours nécessairement un nombre pair, soit que z soit pair ou impair, le terme $4z(z+1)$ sera toujours divisible par 2^3, c'est-à-dire par 2^3; d'où il s'ensuit que, tant que n ne surpassera pas 3, il faudra que $1-B$ soit aussi divisible par a^n, et que lorsque n surpassera 3, il faudra que $1-B$ soit d'abord divisible par 2^3; sans cela il sera impossible de trouver un nombre ξ qui satisfasse à la question.

Soient maintenant $n>3$ et $1-B$ divisible par 2^r, r étant aussi >3; il est clair que, si r n'est pas $<n$, il suffira de prendre pour z un nombre de cette forme $2^{n-2}\zeta$, ζ étant un nombre quelconque.

Si $r<n$, il faudra d'abord que $4z(z+1)$ soit divisible par 2^r, c'est-à-dire que $z(z+1)$ le soit par 2^{r-2}; donc

$$z=2^{r-2}\zeta \quad \text{ou} \quad =2^{r-2}\zeta-1;$$

donc, faisant $1-B=2^r\beta$, il faudra que $2^r[\zeta(2^{r-2}\zeta\pm1)+\beta]$ soit divisible par 2^n, c'est-à-dire que $\zeta(2^{r-2}\zeta\pm1)+\beta$ soit divisible par 2^{n-r}.

Donc, si $n-r$ n'est pas $>r-2$, c'est-à-dire si n n'est pas $>2(r-1)$, il suffira que $\zeta\pm\beta$ soit divisible par 2^{n-r}; par conséquent

$$\zeta=2^{n-r}\rho\mp\beta,$$

ρ étant un nombre entier quelconque.

Si $n-r>r-2$, c'est-à-dire si $n>2(r-1)$, il faudra d'abord que $\zeta\pm\beta$ soit divisible par 2^{r-2}, et par conséquent que

$$\zeta=2^{r-2}\rho\mp\beta,$$

ce qui, étant substitué dans l'expression

$$2^{r-2}\zeta^2\pm\zeta+\beta,$$

donnera

$$2^{r-2}[(2^{r-2}\rho\mp\beta)^2\pm\rho],$$

ce qui devant être divisible par 2^{n-r}, il faudra que $(2^{r-2}\rho\mp\beta)^2\pm\rho$, c'est-à-dire $2^{2(r-2)}\rho^2\mp2^{r-1}\rho\beta+\beta^2\pm\rho$ soit divisible par $2^{n-2(r-1)}$.

Donc, si $n-2(r-1)$ n'est pas $>r-1$, c'est-à-dire si n n'est pas

$> 3(r-1)$, il suffira que $\rho \pm \beta^2$ soit divisible par $2^{n-2(r-1)}$, c'est-à-dire que l'on ait

$$\rho = 2^{n-2(r-1)} \varpi \mp \beta^2.$$

Si $n - 2(r-1) > r - 1$, savoir si $n > 3(r-1)$, alors il faudra d'abord que $\rho \pm \beta^2$ soit divisible par 2^{r-1}, ce qui donnera

$$\rho = 2^{r-1} \varpi \mp \beta^2;$$

ensuite il faudra que $2^{r-3} \rho^2 \mp \rho \beta \pm \varpi$, c'est-à-dire

$$2^{3r-5} \varpi^2 \mp 2^{2r-3} \beta^2 \varpi \mp 2^{r-1} \beta \varpi + 2^{r-3} \beta^4 + \beta^3 \pm \varpi,$$

soit divisible par $2^{n-3(r-1)}$; donc,....

Enfin, si B était un nombre pair, comme $a = 2$, on aurait le cas du n° **51**; ainsi, faisant $B = 2^r B_1$, si r n'est pas $< n$, il suffira de prendre ξ tel que ξ^2 soit divisible par 2^n; si $r < n$ et impair, il n'y aura aucun nombre qui puisse être pris pour ξ; et si $r < n$ et pair, on fera $\xi = 2^{\frac{r}{2}} \xi_1$, et la question se réduira à déterminer ξ_1, en sorte que $\xi_1^2 - B_1$ soit divisible par 2^{n-r}, B_1 étant maintenant un nombre impair; de sorte que ce cas rentre dans celui que nous venons d'examiner plus haut.

58. Maintenant, soient f et g deux nombres quelconques premiers entre eux, et supposons que $\xi^2 - B$ soit divisible par f et que $\psi^2 - B$ le soit par g. Qu'on prenne

$$x = \mu f \pm \xi = \nu g \pm \psi,$$

et il est clair que $x^2 - B$ sera divisible à la fois par f et par g, et par conséquent par fg, à cause que f et g sont premiers entre eux. Ainsi il ne s'agira que de déterminer μ et ν, en sorte que l'on ait

$$\mu f \pm \xi = \nu g \pm \psi, \quad \text{c'est-à-dire} \quad \mu f - \nu g = \pm \psi \pm \xi,$$

les signes de ψ et de ξ étant à volonté; ce qui, à cause de f et g premiers entre eux, se fera aisément par la méthode du n° **8**.

Donc, lorsqu'on aura trouvé des nombres ξ, ξ_1, ξ_2,... tels que $\xi^2 - B$, $\xi_1^2 - B$, $\xi_2^2 - B$,... soient divisibles respectivement par a^n, b^p, c^q,..., a,

b, c,... étant premiers entre eux, on pourra trouver un nombre x tel que $x^2 - B$ soit divisible par $a^n b^p c^q$.... Ainsi, faisant

$$A = a^n b^p c^q \dots \quad \text{et} \quad \alpha = \mu A \pm x,$$

on aura $\alpha^2 - B$ divisible par A, et l'on pourra déterminer α en sorte qu'il soit $< \dfrac{A}{2}$.

59. De là, et de ce que nous avons démontré plus haut, je tire les conclusions suivantes.

Pour savoir s'il est possible de trouver un nombre α tel que $\alpha^2 - B$ soit divisible par A (A et B étant donnés), on résoudra le nombre A en ses facteurs premiers, et supposant que a soit un quelconque de ces facteurs, lequel soit élevé à la puissance n, on distinguera trois cas suivant que a sera égal à 2 ou différent de 2 et premier à B ou non.

1° Lorsque a est différent de 2 et premier à B, il faudra que $B^{\frac{a-1}{2}} - 1$ soit divisible par a, c'est-à-dire que le reste de la division de B, élevé à la puissance $\dfrac{a-1}{2}$, soit l'unité. Si cette condition n'a point lieu par rapport à chacun des facteurs a dont nous parlons, il sera impossible que $\alpha^2 - B$ soit divisible par A, quel que soit α; par conséquent, on sera d'abord assuré que l'équation

$$A = u^2 - B t^2$$

n'admet absolument aucune solution rationnelle.

2° Lorsque a sera égal à 2, ou qu'il sera un diviseur de B, on verra, par les règles données dans les nos 56 et 57, si l'on peut trouver un nombre ξ tel que $\xi^2 - B$ soit divisible par a^n; si cela ne se peut pas, on en conclura pareillement qu'il n'y aura aucun nombre α tel que $\alpha^2 - B$ soit divisible par A, et qu'ainsi l'équation

$$A = u^2 - B t^2$$

ne sera susceptible d'aucune solution rationnelle.

II.

Supposons maintenant que l'on ait reconnu que chacun des diviseurs premiers a du nombre A a les conditions prescrites; alors on sera assuré de pouvoir trouver un nombre α moindre que $\dfrac{A}{2}$, et qui soit tel que $\alpha^2 - B$ soit divisible par A.

De plus, lorsque, parmi les facteurs premiers de A qui ne sont pas communs à B, il ne s'en trouve aucun de la forme de $4m + 1$, on pourra toujours trouver le nombre α dont il s'agit, sans tâtonnement, par les méthodes que nous avons données plus haut (n°s 54 et suiv.). Et quand, parmi les facteurs dont nous parlons, il s'en trouvera un ou plusieurs de la forme de $4m + 1$, alors il suffira de chercher, en tâtonnant, par rapport à chacun d'eux, un nombre ξ moindre que la moitié du facteur donné, et tel que $\xi^2 - B$ soit divisible par ce même facteur. Après quoi on pourra trouver le nombre α par les méthodes données (n°s 55 et suiv.). On pourra même souvent s'exempter du tâtonnement, lorsqu'on aura trouvé une puissance impaire de B, qui, étant divisée par le facteur dont il s'agit, donnera l'unité de reste (54).

60. Soient, par exemple, $A = 51$ et $B = 7$, comme dans le n° 20; puisque $51 = 3.17$, il faudra voir si $7^{\frac{3-1}{2}} - 1$ est divisible par 3, et si $7^{\frac{17-1}{2}} - 1$ est divisible par 17, c'est-à-dire si $7 - 1$ est divisible par 3 et $7^8 - 1$ par 17; or $7 - 1 = 6$, et par conséquent divisible par 3, et $7^8 - 1 = 5\,764\,800$, qui n'est pas divisible par 17, parce qu'il donne 15 de reste; donc il n'existe point de nombre α tel que $\alpha^2 - 7$ soit divisible par 51.

Si, A étant toujours égal à 51, B était égal à -7, il faudrait voir si $(-7)^{\frac{3-1}{2}} - 1$ est divisible par 3, et si $(-7)^{\frac{17-1}{2}} - 1$ l'est par 17, c'est-à-dire si $-7 - 1$ est divisible par 3 et si $7^8 - 1$ est divisible par 17; et comme ni l'une ni l'autre de ces divisions n'est possible, c'est une marque qu'il n'existe pas non plus de nombre α tel que $\alpha^2 + 7$ soit divisible par 51.

61. Il est bon de remarquer que, pour savoir si $7^8 - 1$ est divisible

par 17, on aurait pu se dispenser de chercher la puissance huitième de 7, d'en retrancher l'unité et de diviser le reste par 17, comme nous avons fait, ce qui exige des opérations assez longues et pénibles; car, comme tout se réduit à voir si la puissance huitième de 7 étant divisée par 17 donne 1 de reste, il n'y aura qu'à considérer d'abord le carré de 7 qui est 49, et qui, étant divisé par 17, donne le reste 15 ou bien — 2 complément de 15 à 17, pour avoir un reste plus petit; donc le carré de 49, c'est-à-dire la quatrième puissance de 7, étant divisée par le même nombre 17, donnera pour reste le carré de — 2, c'est-à-dire 4; et enfin le carré de cette dernière puissance, c'est-à-dire la puissance huitième de 7, donnera pour reste le carré de 4, c'est-à-dire 16; d'où l'on voit que $7^8 - 1$ n'est pas divisible par 17, le reste de cette division étant 15, comme on l'a trouvé plus haut.

Cette opération est fondée, comme on voit, sur ce principe que, si a^m étant divisé par b donne le reste r, a^{mn} étant divisé aussi par b donnera le reste r^n (j'entends par reste en général tout nombre qui, étant retranché du dividende, rend la division possible, d'où l'on voit que le reste peut être augmenté ou diminué à volonté d'un multiple quelconque du diviseur). En effet, puisque

$$a^m = \mu.b + r,$$

μ étant le quotient de la division de a^m par b, on aura

$$a^{mn} = (\mu.b + r)^n = \nu b + r^n,$$

à cause que tous les termes de $(\mu.b + r)^n$ sont divisibles par b à l'exception du dernier r^n.

En général, soient r le reste de la division de f par b, et s le reste de la division de g par b, rs sera celui de la division de fg par b; car

$$f = \mu.b + r, \quad g = \nu b + s;$$

donc

$$fg = \mu.\nu b^2 + \mu.sb + \nu rb + rs = \lambda b + rs.$$

64.

62. Soient encore A = 109 et B = 7; comme 109 est un nombre premier, il faudra voir si 7^{54} étant divisé par 109 donne le reste 1.

Pour cela je décompose l'exposant 54 en ses facteurs premiers qui sont 3, 3, 3, 2, et je commence par prendre le cube de 7 qui est 343 et qui, étant divisé par 109, donne le reste 16; je prends ensuite le cube de ce reste qui est 4 096, et qui donnera 63 ou bien −46 de reste; je prends derechef le cube de −46 qui est −97 336, et j'aurai pour reste −108 ou bien 1; enfin je prends le carré de ce dernier reste, et j'ai encore 1, qui sera par conséquent le reste de la division de 7^{54} par 109, de sorte que $7^{54} - 1$ sera nécessairement divisible par 109.

Au reste, quoique 109 soit un nombre premier de la forme $4n + 1$, et que par conséquent on ne puisse pas faire usage directement de la méthode du n° **51**, pour trouver un nombre ξ tel que $\xi^2 - 17$ soit divisible par 109; cependant, comme on a trouvé que le reste de la division de 7^{27} par 109 est 1, on pourra faire $\xi = 7^{14}$, ou bien ξ égal au reste de la division de 7^{14} par 109.

Pour trouver ce reste, je me rappelle que 7^3 donne 16 de reste et que 7^9 donne −46 de reste; d'où il s'ensuit que 7^{12} donnera un reste égal à $-16 \times 46 = -736$; or, le reste de la division de −736 par 109 est −82 ou bien 27; de sorte que 27 sera aussi le reste de la division de 7^{12} par 109; or, 7^2 étant égal à 49, on multipliera encore 27 par 49, et le produit 1 323, ou plutôt le reste 15 de la division de 1 323 par 109, sera aussi le reste de la division de 7^{14} par le même nombre 109; ainsi l'on aura $\xi = 15$, ce qui s'accorde avec ce que nous avons trouvé dans le n° **20**.

On voit par là que, lorsqu'il s'agira de chercher le reste de la division de $B^{\frac{a-1}{2}}$ par le nombre premier a, il sera toujours plus utile de commencer par chercher les restes des puissances impaires de B, dont les exposants sont des diviseurs de $\frac{a-1}{2}$, parce que, si l'on en trouve une qui donne 1 de reste, on pourra ensuite par son moyen trouver le nombre ξ.

§ V. — *Manière de trouver toutes les solutions possibles en nombres entiers des équations du second degré à deux inconnues.*

63. Nous avons .donné dans le § III la méthode de trouver toutes les solutions possibles en nombres entiers, dont une équation quelconque de la forme

$$A = u^2 - Bt^2$$

peut être susceptible; mais, lorsqu'il s'agit de résoudre en nombres entiers une équation quelconque du second degré à deux inconnues, telle que celle du n° 1, il ne suffit pas que, dans la réduite $A = u^2 - Bt^2$, u et t soient des nombres entiers; il faut de plus que ces deux nombres soient tels que $\pm u - f$ soit divisible par B, et que $\pm t - \delta - \dfrac{\beta(\pm u - f)}{B}$ le soit par 2α, les signes ambigus de u et t étant à volonté (2).

Or, lorsque B est un nombre négatif, nous avons vu (27) que le nombre des solutions de l'équation

$$A = u^2 - Bt^2$$

est toujours limité; de sorte qu'il n'y aura qu'à essayer successivement toutes les valeurs de u et de t qu'on aura trouvées, et l'on verra s'il y en a quelques-unes qui satisfassent aux conditions dont il s'agit; si aucune n'y satisfait, on en pourra conclure que l'équation proposée n'est point résoluble en nombres entiers.

Il n'en est pas de même lorsque B est un nombre positif; car dans ce cas nous avons vu (44) que le nombre des solutions possibles est toujours ou nul ou infini. Il est vrai que, quand l'équation

$$u^2 - Bt^2 = A$$

est résoluble, on peut trouver par nos méthodes des formules générales qui renferment absolument toutes les solutions possibles; ainsi la question se réduit à trouver, parmi cette infinité de valeurs de u et t, toutes celles qui peuvent satisfaire aux conditions prescrites; c'est l'objet des recherches suivantes.

64. Je remarque d'abord que l'on a en général

$$u = \rho p, \quad t = \rho q,$$

ρ^2 étant un facteur quelconque de A (**22**), et les nombres p et q étant de ces formes (44)

$$p = a\xi + \mathrm{B}b\psi, \quad q = a\psi + b\xi,$$

où a et b sont des nombres entiers donnés, et ξ et ψ sont exprimés par

$$\xi = \frac{(\mathrm{X} + \mathrm{Y}\sqrt{\mathrm{B}})^n + (\mathrm{X} - \mathrm{Y}\sqrt{\mathrm{B}})^n}{2},$$

$$\psi = \frac{(\mathrm{X} + \mathrm{Y}\sqrt{\mathrm{B}})^n - (\mathrm{X} - \mathrm{Y}\sqrt{\mathrm{B}})^n}{2\sqrt{\mathrm{B}}},$$

X et Y étant aussi donnés, et n pouvant être un nombre quelconque entier positif, pair ou impair, ou seulement pair, ou seulement impair; de sorte que toute la difficulté consiste à trouver la valeur qu'il faut donner à l'exposant n pour que les deux nombres

$$\frac{f \pm \rho p}{\mathrm{B}}, \quad \frac{\beta(f \pm \rho p) - \mathrm{B}(\delta \pm \rho q)}{2\alpha\mathrm{B}}$$

soient entiers.

Je remarque, en second lieu, que lorsque le quantième μ se trouve pair, l'exposant n peut toujours être un nombre quelconque entier positif (**37**), et que dans ce cas on a (**41**)

$$\mathrm{X}^2 - \mathrm{B}\mathrm{Y}^2 = 1.$$

Mais, si le quantième μ est impair, alors l'exposant n ne pourra être que pair ou impair, et l'on aura (numéros cités)

$$\mathrm{X}^2 - \mathrm{B}\mathrm{Y}^2 = -1.$$

Supposons que l'exposant n doive être toujours impair, on aura donc

$n = 2n' + 1$; donc, en supposant

$$\xi_1 = \frac{(X + Y\sqrt{B})^{2n'} + (X - Y\sqrt{B})^{2n'}}{2},$$

$$\psi_1 = \frac{(X + Y\sqrt{B})^{2n'} - (X - Y\sqrt{B})^{2n'}}{2\sqrt{B}},$$

on aura

$$\xi = X\xi_1 + BY\psi_1, \quad \psi = X\psi_1 + Y\xi_1,$$

et, par conséquent,

$$p = (aX + BbY)\xi_1 + B(aY + bX)\psi_1,$$
$$q = (aX + BbY)\psi_1 + (aY + bX)\xi_1,$$

expressions qui sont de la même forme que les précédentes, mais dans lesquelles l'exposant de $X \pm Y\sqrt{B}$ sera toujours pair.

Or, le cas où cet exposant est toujours un nombre pair se ramène aisément au cas où il peut être un nombre quelconque pair ou impair; en effet, puisqu'on a

$$(X \pm Y\sqrt{B})^2 = X^2 + BY^2 \pm 2XY\sqrt{B},$$

il est clair que si l'on fait

$$X_1 = X^2 + BY^2, \quad Y_1 = 2XY,$$

on aura en général

$$(X \pm Y\sqrt{B})^{2n'} = (X_1 \pm Y_1\sqrt{B})^{n'},$$

de sorte qu'il n'y aura dans ce cas qu'à mettre X_1 et Y_1 à la place de X et Y, et alors l'exposant pourra être un nombre quelconque pair ou impair.

De plus, on aura

$$X_1^2 - BY_1^2 = (X^2 + BY^2)^2 - B(2XY)^2 = (X^2 - BY^2)^2 = 1,$$

comme dans le cas où l'indice μ est pair.

De là il s'ensuit que, soit que μ soit pair ou impair, les quantités p et q peuvent toujours se réduire à la forme

$$p = a\xi + Bb\psi, \quad q = a\psi + b\xi,$$

les quantités ξ et ψ étant exprimées comme ci-dessus, l'exposant n pouvant être un nombre quelconque entier positif, et les quantités X et Y étant telles que $X^2 - BY^2 = 1$.

65. Cela posé, nous allons examiner en général quel doit être l'exposant n pour qu'un nombre quelconque de la forme $F + Gp + Hq$ soit divisible par un nombre quelconque entier R (F, G, H étant des nombres quelconques entiers donnés, et non divisibles par R).

Pour cela il faut démontrer le théorème suivant :

Soient r un nombre premier quelconque, et X et Y des nombres entiers tels que $X^2 - BY^2 = 1$; je dis que : 1° si B est divisible par r, $(X \pm Y\sqrt{B})^{2r} - 1$ le sera aussi; 2° si B n'est pas divisible par r (auquel cas $B^{r-1} - 1$ le sera nécessairement par le théorème de Fermat), je distingue deux cas, l'un lorsque $B^{\frac{r-1}{2}} + 1$ sera divisible par r, et l'autre lorsque $B^{\frac{r-1}{2}} - 1$ le sera (car, puisque r est premier, il est clair que $B^{r-1} - 1$ ne peut être divisible par r, à moins que l'un ou l'autre de ses deux facteurs $B^{\frac{r-1}{2}} - 1$, $B^{\frac{r-1}{2}} + 1$ ne le soit). Dans le premier cas, je dis que $(X \pm Y\sqrt{B})^{r+1} - 1$ sera divisible par r, et dans le second, je dis que $(X \pm Y\sqrt{B})^{r-1} - 1$ le sera.

Qu'on considère la quantité $(X \pm Y\sqrt{B})^r$ et qu'on la développe en série suivant le théorème de Newton, on aura, à cause que r est impair,

$$X^r \pm rX^{r-1}Y\sqrt{B} + \frac{r(r-1)}{2}X^{r-2}Y^2B$$

$$\pm \frac{r(r-1)(r-2)}{2.3}X^{r-3}Y^3B\sqrt{B} + \ldots \pm Y^r B^{\frac{r-1}{2}}\sqrt{B}.$$

Or, r étant un nombre premier, il est facile de prouver que les coefficients du binôme r, $\frac{r(r-1)}{2}$, $\frac{r(r-1)(r-2)}{2.3}$,...., sont tous divisibles par r (*voyez* le tome I des *Nouveaux Commentaires de Pétersbourg*, p. 22); donc

$$(X \pm Y\sqrt{B})^r - X^r \mp Y^r B^{\frac{r-1}{2}}\sqrt{B}$$

sera nécessairement divisible par r, quels que soient les nombres X, Y et B. Mais, par le théorème de Fermat déjà cité (51), $X^{r-1} - 1$ est toujours divisible par r lorsque X ne l'est pas, de sorte que $X^r - X$ sera toujours divisible par r, quel que soit X; de même $Y^r - Y$ sera aussi toujours divisible par r, et par conséquent

$$(Y^r - Y) B^{\frac{r-1}{2}} \sqrt{B}$$

le sera aussi; donc, ajoutant ou ôtant ces quantités de la précédente, il s'ensuit que

$$(X \pm Y\sqrt{B})^r - X^r \mp YB^{\frac{r-1}{2}} \sqrt{B}$$

sera toujours divisible par r.

Donc : 1º si B est divisible par r, il faudra que $(X \pm Y\sqrt{B})^r - X$ le soit aussi; donc, le produit de cette quantité par celle-ci $(X \pm Y\sqrt{B})^r + X$, savoir

$$(X \pm Y\sqrt{B})^{2r} - X^2$$

le sera aussi; mais on a $X^2 - BY^2 = 1$ (par hypothèse), donc $X^2 - 1$ sera aussi divisible par r; donc, ajoutant

$$X^2 - 1$$

à la quantité précédente, on aura la quantité

$$(X \pm Y\sqrt{B})^{2r} - 1,$$

qui sera nécessairement divisible par r.

2º Si B n'est pas divisible par r, et que $B^{\frac{r-1}{2}} + 1$ le soit,

$$YB^{\frac{r-1}{2}} \sqrt{B} + Y\sqrt{B}$$

le sera aussi; donc, ajoutant ou retranchant cette quantité de

$$(X \pm Y\sqrt{B})^r - X \mp YB^{\frac{r-1}{2}} \sqrt{B},$$

on aura la quantité

$$(X \pm Y\sqrt{B})^r - X \pm Y\sqrt{B},$$

II. 65

qui sera aussi divisible par r; donc, multipliant par $X \pm Y\sqrt{B}$, on aura le produit

$$(X \pm Y\sqrt{B})^{r+1} - (X^2 - BY^2),$$

qui sera encore divisible par r; mais $X^2 - BY^2 = 1$; donc la quantité

$$(X \pm Y\sqrt{B})^{r+1} - 1$$

sera divisible par r.

3° Si $B^{\frac{r-1}{2}} + 1$ n'est pas divisible par r, $B^{\frac{r-1}{2}} - 1$ le sera (B ne l'étant pas); donc

$$Y B^{\frac{r-1}{2}} \sqrt{B} - Y\sqrt{B}$$

le sera aussi; donc, ajoutant ou retranchant cette quantité de la quantité

$$(X \pm Y\sqrt{B})^r - X \mp YB^{\frac{r-1}{2}}\sqrt{B},$$

on aura celle-ci

$$(X \pm Y\sqrt{B})^r - X \mp Y\sqrt{B},$$

qui sera aussi divisible par r; donc, multipliant par $X \mp Y\sqrt{B}$, le produit le sera aussi; mais ce produit est

$$(X^2 - BY^2)\left[(X \pm Y\sqrt{B})^{r-1} - 1\right];$$

donc, à cause de $X^2 - BY^2 = 1$, la quantité

$$(X \pm Y\sqrt{B})^{r-1} - 1$$

sera nécessairement divisible par r.

66. Si r était égal à 2, alors $(X \pm Y\sqrt{B})^r - 1$ serait toujours divisible par r; car

$$(X \pm Y\sqrt{B})^2 - 1 = X^2 + BY^2 \pm 2XY\sqrt{B} - 1 = 2BY^2 \pm 2XY\sqrt{B},$$

à cause de $X^2 - BY^2 = 1$.

67. Nous désignerons dorénavant par ρ l'exposant de $X \pm Y\sqrt{B}$, tel que $(X \pm Y\sqrt{B})^\rho - 1$ soit divisible par un nombre premier quelconque r.

Ainsi, si B est divisible par r, ρ sera égal à $2r$; si B n'est pas divisible par r, et que $B^{\frac{r-1}{2}} + 1$ le soit, on aura $\rho = r + 1$; si $B^{\frac{r-1}{2}} - 1$ est divisible par r, on aura $\rho = r - 1$; enfin, si $r = 2$, on aura $\rho = r$.

68. Soit en général $a^\rho - 1$ divisible par r, je dis que $a^{r\rho} - 1$ le sera par r^2, $a^{r^2\rho} - 1$ le sera par r^3,....

En effet, puisque $a^\rho - 1$ est divisible par r (par hypothèse), il est clair que $a^{m\rho} - 1$ le sera aussi, m étant un nombre quelconque entier positif; donc les quantités suivantes seront toutes divisibles par r,

$$a^\rho - 1,$$
$$a^{2\rho} + a^\rho - 2,$$
$$a^{3\rho} + a^{2\rho} + a^\rho - 3,$$
$$\dots\dots\dots\dots\dots\dots$$

Donc

$$a^{r\rho} + a^{(r-1)\rho} + a^{(r-2)\rho} + \dots + a^\rho - r$$

le sera aussi. Donc

$$a^\rho\left[a^{(r-1)\rho} + a^{(r-2)\rho} + \dots + 1\right]$$

le sera; et, comme a^ρ ne peut pas l'être, à cause que $a^\rho - 1$ l'est, il s'ensuit que

$$a^{(r-1)\rho} + a^{(r-2)\rho} + a^{(r-3)\rho} + \dots + 1$$

le sera nécessairement; donc, multipliant cette quantité par $a^\rho - 1$, qui est aussi divisible par r, le produit $a^{r\rho} - 1$ sera nécessairement divisible par r^2.

On prouvera de même que

$$a^{(r-1)r\rho} + a^{(r-2)r\rho} + a^{(r-3)r\rho} + \dots + 1$$

sera divisible par r; de sorte qu'en multipliant cette quantité par $a^{r\rho} - 1$, on aura le produit $a^{r^2\rho} - 1$, qui sera divisible par r^3, et ainsi de suite.

69. Donc $\left(X \pm Y \sqrt{B} \right)^{p} - 1$ étant divisible par r, $\left(X \pm Y \sqrt{B} \right)^{rp} - 1$ le sera par r^{2}, $\left(X \pm Y \sqrt{B} \right)^{r^{2}p} - 1$ le sera par r^{3}, et en général

$$\left(X \pm Y \sqrt{B} \right)^{r^{m-1}p} - 1$$

sera divisible par r^{m}.

70. Considérons maintenant la quantité

$$F + Gp + Hq,$$

qui doit être divisible par R (65). Il est clair que, quel que soit le nombre R, on peut toujours le mettre sous cette forme $r^{m} r_{1}^{m_{1}} r_{2}^{m_{2}} \ldots$ (r, r_{1}, $r_{2}, \ldots$ étant des nombres premiers); de plus, il est évident que, pour que la quantité dont il s'agit soit divisible par R, il faut qu'elle le soit en particulier par chacun des facteurs r^{m}, $r_{1}^{m_{1}}$, $r_{2}^{m_{2}}, \ldots$, et *vice versâ*. Il est facile de voir que, dès que la même quantité sera divisible par chacun de ces facteurs, elle le sera aussi nécessairement par leur produit R; d'où il s'ensuit que la question se réduit à rechercher les conditions nécessaires pour que la quantité

$$F + Gp + Hq$$

soit divisible par autant de nombres qu'on voudra de la forme r^{m}, r étant un nombre premier quelconque.

Or, si l'on substitue les valeurs de p et q, et ensuite celles de ξ et ψ (64), la quantité dont il s'agit deviendra de cette forme

$$F + P \left(X + Y \sqrt{B} \right)^{n} + Q \left(X - Y \sqrt{B} \right)^{n},$$

n pouvant être un nombre quelconque entier positif.

Supposons qu'il y ait un nombre n tel que cette quantité soit divisible par r^{m}, je dis que, si n est plus grand que $r^{m-1} \rho$, ρ ayant la valeur que nous lui avons assignée (67), et qu'on prenne le reste de la division de n par $r^{m-1} \rho$, lequel soit dénoté par N, la même quantité sera aussi nécessairement divisible par r^{m}, en prenant le nombre N à la place du nombre n.

Car, soit

$$n = \mu . r^{m-1} \rho + N; \cdot$$

μ étant le quotient de la division de n par $r^{m-1}\rho$, puisque

$$(\mathrm{X} \pm \mathrm{Y}\sqrt{\mathrm{B}})^{r^{m-1}\rho} - 1$$

est divisible par r^m (69),

$$(\mathrm{X} \pm \mathrm{Y}\sqrt{\mathrm{B}})^{\mu r^{m-1}\rho} - 1$$

le sera aussi; donc, multipliant par $(\mathrm{X} \pm \mathrm{Y}\sqrt{\mathrm{B}})^{\mathrm{N}}$, le produit

$$(\mathrm{X} \pm \mathrm{Y}\sqrt{\mathrm{B}})^{n} - (\mathrm{X} \pm \mathrm{Y}\sqrt{\mathrm{B}})^{\mathrm{N}}$$

sera aussi divisible par r^m; donc

$$\mathrm{P}(\mathrm{X} + \mathrm{Y}\sqrt{\mathrm{B}})^{n} - \mathrm{P}(\mathrm{X} + \mathrm{Y}\sqrt{\mathrm{B}})^{\mathrm{N}} \quad \text{et} \quad \mathrm{Q}(\mathrm{X} - \mathrm{Y}\sqrt{\mathrm{B}})^{n} - \mathrm{Q}(\mathrm{X} - \mathrm{Y}\sqrt{\mathrm{B}})^{\mathrm{N}}$$

seront tous les deux divisibles par r^m; donc, retranchant ces quantités de la quantité

$$\mathrm{F} + \mathrm{P}(\mathrm{X} + \mathrm{Y}\sqrt{\mathrm{B}})^{n} + \mathrm{Q}(\mathrm{X} - \mathrm{Y}\sqrt{\mathrm{B}})^{n},$$

on aura la quantité

$$\mathrm{F} + \mathrm{P}(\mathrm{X} + \mathrm{Y}\sqrt{\mathrm{B}})^{\mathrm{N}} + \mathrm{Q}(\mathrm{X} - \mathrm{Y}\sqrt{\mathrm{B}})^{\mathrm{N}},$$

qui sera pareillement divisible par r^m.

71. De là il s'ensuit que, si la quantité

$$\mathrm{F} + \mathrm{G}p + \mathrm{H}q$$

est divisible par r^m, en donnant à l'exposant n de ξ et ψ une certaine valeur quelconque, il faudra aussi nécessairement que la même quantité soit divisible par r^m, en prenant n moindre que $r^{m-1}\rho$.

Ainsi, pour reconnaître si la quantité dont il s'agit peut être divisible par r^m, il n'y aura qu'à faire successivement

$$n = 0, 1, 2, \ldots, r^{m-1}\rho;$$

et si aucune de ces suppositions ne rend la proposée divisible par r^m, ce sera une marque sûre qu'elle ne le deviendra jamais, quelque valeur qu'on puisse donner à n; de sorte qu'on en pourra conclure que la quantité dont il s'agit ne peut jamais être divisible par r^m.

Mais, si l'on trouve une ou plusieurs valeurs de n moindres que $r^{m-1}\rho$, qui rendent la quantité proposée divisible par r^m, alors, nommant N l'une quelconque de ces valeurs, toutes les autres valeurs possibles de n qui auront la même propriété seront comprises dans cette formule

$$n = \mu\, r^{m-1}\rho + N,$$

μ étant un nombre quelconque entier positif.

72. Donc, pour que la quantité

$$F + Gp + Hq$$

puisse être divisible par R, il faudra (70 et 71) qu'elle le soit par r^m en prenant $n < r^{m-1}\rho$, par $r_1^{m_1}$ en prenant $n < r_1^{m_1-1}\rho_1,\ldots$

Si une seule de ces conditions manquait, il en faudrait conclure qu'il serait impossible que la quantité dont il s'agit pût jamais être divisible par R, quelque valeur qu'on donnât à n.

Supposons donc que toutes ces conditions se trouvent remplies, et soit N la valeur ou les valeurs (s'il y en a plus d'une) de n moindres que $r^{m-1}\rho$ qui rendent la quantité $F + Gp + Hq$ divisible par r^m, N_1 celles qui rendent la même quantité divisible par $r_1^{m_1}$ (N_1 étant $< r_1^{m_1-1}\rho_1$), et ainsi des autres, on aura en général, en prenant des nombres quelconques entiers $\mu, \mu_1, \mu_2,\ldots$,

$$n = \mu\, r^{m-1}\rho + N,$$
$$n_1 = \mu_1 r_1^{m_1-1}\rho_1 + N_1,$$
$$n_2 = \mu_2 r_2^{m_2-1}\rho_2 + N_2,$$
$$\cdots\cdots\cdots\cdots\cdots$$

De sorte que, pour trouver les valeurs de l'exposant n qui rendront la quantité proposée divisible par R, il ne s'agira que de déterminer les nombres $\mu, \mu_1, \mu_2,\ldots$, en sorte que l'on ait

$$\mu\, r^{m-1}\rho + N = \mu_1 r_1^{m_1-1}\rho_1 + N_1,$$
$$\mu\, r^{m-1}\rho + N = \mu_2 r_2^{m_2-1}\rho_2 + N_2,$$
$$\cdots\cdots\cdots\cdots\cdots\cdots\cdots,$$

ce que l'on peut exécuter par la méthode du n° 8.

En général, on voit que la question se réduit à trouver un nombre n qui, étant divisé par $r^{m-1}\rho$, donne le reste N; étant divisé par $r_1^{m_1-1}\rho_1$, donne le reste N_1; étant divisé par $r_2^{m_2-1}\rho_2$, donne le reste N_2, et ainsi de suite. Or, on a plusieurs méthodes abrégées pour résoudre ces sortes de Problèmes.

La plus simple est celle-ci : soient les diviseurs M, M_1, M_2,..., en sorte que l'on ait dans nôtre cas $M = r^{m-1}\rho$, $M_1 = r_1^{m_1-1}\rho_1$,...., et les restes N, N_1, N_2,.... On cherchera d'abord le plus petit multiple commun de tous les diviseurs M, M_1, M_2,..., et on l'appellera P. On cherchera ensuite le plus petit multiple commun de M, M_2, M_3,..., savoir de tous les diviseurs à l'exception de M_1, et l'on appellera ce multiple Q; on cherchera de même le plus petit multiple commun de M, M_1, M_3,..., c'est-à-dire de tous les diviseurs moins M_2, et on l'appellera Q_1, et ainsi de suite. Enfin on cherchera par la méthode du n° 8 des nombres entiers μ, ν, μ_1, ν_1, μ_2, ν_2,..., tels que

$$\mu\, Q - \nu\, M_1 = N_1 - N,$$
$$\mu_1\, Q_1 - \nu_1\, M_2 = N_2 - N,$$
$$\mu_2\, Q_2 - \nu_2\, M_3 = N_3 - N,$$
$$\dots\dots\dots\dots\dots\dots$$

(le nombre de ces équations doit être égal à celui des diviseurs M, M_1,... moins un), et faisant, pour abréger,

$$N + \mu Q + \mu_1 Q_1 + \mu_2 Q_2 + \dots = L,$$

on aura en général

$$n = \lambda P + L,$$

λ étant un nombre entier quelconque.

La démonstration est facile à déduire du n° 8; ainsi nous ne nous y arrêterons pas.

Si les nombres Q et M_1 sont premiers entre eux, il est toujours possible de résoudre l'équation

$$\mu Q - \nu M_1 = N_1 - N,$$

et même d'une infinité de manières (8); mais il suffira pour notre objet d'avoir une seule valeur de μ, pour la substituer dans la quantité L.

Mais, si les nombres Q et M_1 ne sont pas premiers entre eux, alors, pour que l'équation

$$\mu Q - \nu M_1 = N_1 - N$$

soit résoluble en nombres entiers, il faudra que $N_1 - N$ soit divisible par la plus grande commune mesure de Q et M_1 (numéro cité), de sorte que, si cette condition n'a point lieu, il en faudra conclure qu'il est impossible de trouver un nombre n qui ait les propriétés requises, et que par conséquent la quantité

$$F + Gp + Hq$$

ne pourra jamais être divisible par R. On dira la même chose par rapport aux autres équations

$$\mu_1 Q_1 - \nu_1 M_2 = N_2 - N, \ldots$$

auxquelles il faut satisfaire.

Ainsi, pour pouvoir s'assurer si la quantité

$$F + Gp + Hq$$

peut être divisible par R, et pour trouver en même temps les valeurs de l'exposant n qui peuvent la rendre telle, il suffira d'examiner successivement toutes les valeurs de cette quantité qui répondent à

$$n = 0, 1, 2, \ldots$$

jusqu'au plus grand des nombres

$$r^{m-1} \rho, \quad r_1^{m_1-1} \rho_1, \quad r_2^{m_2-1} \rho_2, \ldots;$$

d'où l'on voit que ce tâtonnement sera toujours limité.

73. Supposons maintenant qu'on ait une autre quantité telle que

$$F_1 + G_1 p + H_1 q,$$

qui doive être divisible par R_1; on trouvera de la même manière que ci-dessus que l'exposant n, qui peut la rendre telle (s'il y en a un), sera exprimé en général par

$$n = \lambda_{\iota} P_{\iota} + L_{\iota},$$

P_{ι} et L_{ι} étant des nombres connus, et λ_{ι} un nombre quelconque entier.

Donc, si l'on veut que les quantités

$$F + Gp + Hq \quad \text{et} \quad F_{\iota} + G_{\iota} p + H_{\iota} q$$

soient en même temps divisibles, la première par R et la seconde par R_{ι}, il faudra que n soit en même temps de ces deux formes : $\lambda P + L$ et $\lambda_{\iota} P_{\iota} + L_{\iota}$, de sorte qu'il ne s'agira que de trouver des nombres entiers λ et λ_{ι} tels que l'on ait

$$\lambda P + L = \lambda_{\iota} P_{\iota} + L_{\iota},$$

Problème que l'on résoudra par la méthode du nº 8; et l'on trouvera que la valeur de n sera de cette forme

$$n = \varpi \Pi + \Lambda,$$

Π étant le plus petit multiple commun de P et P_{ι}, Λ étant un nombre donné et ϖ un nombre quelconque entier; de sorte qu'il y aura toujours une infinité de valeurs de n qui satisferont à ces deux conditions.

74. Donc, puisque les valeurs des inconnues x et y d'une équation quelconque du second degré (2 et 64) se réduisent toujours, lorsque u et t sont des nombres entiers et que B est un nombre positif, à ces formes

$$x = \frac{F + Gp + Hq}{R}, \quad y = \frac{F_{\iota} + G_{\iota} p + H_{\iota} q}{R_{\iota}},$$

l'exposant n des quantités $X \pm Y \sqrt{B}$ qui entrent dans les expressions de p et q pouvant être un nombre quelconque entier positif, on reconnaîtra aisément par les méthodes précédentes si les inconnues x et y peuvent être des nombres entiers; et dans ce cas on trouvera aussi toutes les valeurs possibles de l'exposant n qui peuvent rendre x et y des nombres entiers, valeurs dont le nombre sera toujours infini.

De sorte que le nombre des solutions en nombres entiers, dont une

II.   66

équation quelconque du second degré à deux inconnues est susceptible, sera toujours nécessairement ou nul ou infini.

Il resterait à donner quelques exemples pour montrer l'application des méthodes précédentes, mais comme elle ne peut avoir aucune difficulté, nous croyons pouvoir nous dispenser d'entrer dans ce détail, pour ne pas rendre ce Mémoire trop long.

§ VI. — *Remarques particulières.*

I.

La quantité $p^2 - Bq^2$ peut être regardée comme le produit de ces deux-ci : $p + q\sqrt{B}$ et $p - q\sqrt{B}$; d'où il s'ensuit que, si l'on multiplie cette quantité par une autre quantité de la même forme, telle que $p_1^2 - Bq_1^2$, on aura le produit de ces quatre quantités

$$p + q\sqrt{B}, \quad p - q\sqrt{B}, \quad p_1 + q_1\sqrt{B}, \quad p_1 - q_1\sqrt{B};$$

or, le produit de $p + q\sqrt{B}$ par $p_1 + q_1\sqrt{B}$ est

$$pp_1 + Bqq_1 + (pq_1 + qp_1\sqrt{B}),$$

et celui de $p - q\sqrt{B}$ par $p_1 - q_1\sqrt{B}$ est de même

$$pp_1 + Bqq_1 - (pq_1 + qp_1)\sqrt{B},$$

c'est-à-dire qu'en faisant

$$pp_1 + Bqq_1 = P, \quad pq_1 + qp_1 = Q,$$

ces produits sont

$$P + Q\sqrt{B} \quad \text{et} \quad P - Q\sqrt{B};$$

donc le produit de $p^2 - Bq^2$ par $p_1^2 - Bq_1^2$ sera égal à celui de $P + Q\sqrt{B}$ par $P - Q\sqrt{B}$, c'est-à-dire égal à $P^2 - BQ^2$.

Si, au lieu de multiplier d'abord $p + q\sqrt{B}$ par $p_1 + q_1\sqrt{B}$, et $p - q\sqrt{B}$

par $p_1 - q_1 \sqrt{B}$, on multipliait $p + q \sqrt{B}$ par $p_1 - q_1 \sqrt{B}$, et $p - q \sqrt{B}$ par $p_1 + q_1 \sqrt{B}$, on aurait les produits

$$P + Q \sqrt{B} \quad \text{et} \quad P - Q \sqrt{B},$$

dans lesquels

$$P = pp_1 - Bqq_1, \quad Q = pq_1 - qp_1;$$

de sorte qu'on aura en général

$$(p^2 - Bq^2)(p_1^2 - Bq_1^2) = P^2 - BQ^2,$$
$$P = pp_1 \pm Bqq_1, \quad Q = pq_1 \pm qp_1,$$

comme nous l'avons vu (9).

Cette analyse a l'avantage de faire voir clairement pourquoi le produit de deux quantités de la forme $p^2 - Bq^2$ ne peut être que deux fois de la même forme; en effet, en réduisant l'équation

$$(p^2 - Bq^2)(p_1^2 - Bq_1^2) = P^2 - PQ^2$$

à la forme

$$(p + q \sqrt{B})(p - q \sqrt{B})(p_1 + q_1 \sqrt{B})(p_1 - q_1 \sqrt{B}) = (P + Q \sqrt{B})(P - Q \sqrt{B}),$$

il est visible qu'on n'y peut satisfaire que par ces deux suppositions

$$P \pm Q \sqrt{B} = (p \pm q \sqrt{B})(p_1 \pm q_1 \sqrt{B})$$

ou

$$P \pm Q \sqrt{B} = (p \pm q \sqrt{B})(p_1 \mp q_1 \sqrt{B}),$$

ce qui donne les deux valeurs de P et Q que nous avons trouvées.

Donc, puisque le produit de deux quantités de la forme $p^2 - Bq^2$ est deux fois de la même forme, le produit de trois de ces quantités sera quatre fois de la même forme, le produit de quatre quantités sera huit fois de la même forme, et ainsi de suite; à moins que quelques-unes de ces formes ne soient détruites par l'évanouissement des quantités Q, ce qui doit arriver nécessairement lorsqu'on multiplie ensemble des quantités égales.

66.

En effet, si l'on fait $p_1 = p$ et $q_1 = q$, en sorte que

$$\mathrm{P}^2 - \mathrm{B}\mathrm{Q}^2 = (p^2 - \mathrm{B}q^2)^2,$$

les doubles valeurs de P et Q se réduiront à celles-ci

$$\mathrm{P} = p^2 + \mathrm{B}q^2, \quad \mathrm{Q} = 2pq,$$

et

$$\mathrm{P} = p^2 - \mathrm{B}q^2, \quad \mathrm{Q} = 0,$$

dont les dernières ne nous apprennent rien; de sorte que dans ce cas on n'aura, à proprement parler, qu'une seule valeur de P et une de Q.

Mais voyons en général quelles sont les expressions de P et Q qui peuvent satisfaire à l'équation

$$(p^2 - \mathrm{B}q^2)^m = \mathrm{P}^2 - \mathrm{B}\mathrm{Q}^2.$$

Suivant notre méthode, on réduira cette équation à la forme

$$(p + q\sqrt{\mathrm{B}})^m (p - q\sqrt{\mathrm{B}})^m = (\mathrm{P} + \mathrm{Q}\sqrt{\mathrm{B}})(\mathrm{P} - \mathrm{Q}\sqrt{\mathrm{B}}),$$

et l'on fera

$$\mathrm{P} + \mathrm{Q}\sqrt{\mathrm{B}} = (p + q\sqrt{\mathrm{B}})^m,$$
$$\mathrm{P} - \mathrm{Q}\sqrt{\mathrm{B}} = (p - q\sqrt{\mathrm{B}})^m,$$

d'où l'on aura

$$\mathrm{P} = \frac{(p + q\sqrt{\mathrm{B}})^m + (p - q\sqrt{\mathrm{B}})^m}{2},$$

$$\mathrm{Q} = \frac{(p + q\sqrt{\mathrm{B}})^m - (p - q\sqrt{\mathrm{B}})^m}{2\sqrt{\mathrm{B}}},$$

expressions qui seront toujours rationnelles, comme il est facile de s'en assurer par le développement des puissances de $p + q\sqrt{\mathrm{B}}$ et de $p - q\sqrt{\mathrm{B}}$.

Si l'on faisait

$$\mathrm{P} + \mathrm{Q}\sqrt{\mathrm{B}} = (p - q\sqrt{\mathrm{B}})^m,$$
$$\mathrm{P} - \mathrm{Q}\sqrt{\mathrm{B}} = (p + q\sqrt{\mathrm{B}})^m,$$

on aurait les mêmes valeurs de P et de Q que nous venons de trouver, à l'exception que celle de Q serait négative, ce qui est indifférent ici.

II.

Si l'on avait à multiplier ensemble deux quantités de cette forme

$$p^2 - Bq^2 - Cr^2 + BCs^2,$$

on pourrait démontrer par la méthode précédente que le produit serait aussi de la même forme.

Car soient

$$p^2 - Bq^2 - Cr^2 + BCs^2,$$
$$p_1^2 - Bq_1^2 - Cr_1^2 + BCs_1^2$$

les deux quantités qu'il s'agit de multiplier l'une par l'autre : en faisant, pour abréger,

$$p + q\sqrt{B} = \alpha, \quad p - q\sqrt{B} = \beta,$$
$$r + s\sqrt{B} = \gamma, \quad r - s\sqrt{B} = \delta,$$

et de même

$$p_1 + q_1\sqrt{B} = \alpha_1, \quad p_1 - q_1\sqrt{B} = \beta_1,$$
$$r_1 + s_1\sqrt{B} = \gamma_1, \quad r_1 - s_1\sqrt{B} = \delta_1,$$

elles deviendront

$$\alpha\beta - C\gamma\delta \quad \text{et} \quad \alpha_1\beta_1 - C\gamma_1\delta_1,$$

dont le produit peut se réduire à cette forme

$$(\alpha\alpha_1 \pm C\gamma\gamma_1)(\beta\beta_1 \pm C\delta\delta_1) - C(\alpha\delta_1 \pm \gamma\beta_1)(\beta\gamma_1 \pm \delta\alpha_1).$$

Or, il est facile de voir qu'on aura

$$\alpha\alpha_1 \pm C\gamma\gamma_1 = P + Q\sqrt{B},$$
$$\beta\beta_1 \pm C\delta\delta_1 = P - Q\sqrt{B},$$
$$\alpha\delta_1 \pm \gamma\beta_1 = R + S\sqrt{B},$$
$$\beta\gamma_1 \pm \delta\alpha_1 = R - S\sqrt{B},$$

en faisant

$$P = pp_1 + Bqq_1 \pm C(rr_1 + Bss_1),$$
$$Q = pq_1 + qp_1 \pm C(rs_1 + sr_1),$$
$$R = pr_1 - Bqs_1 \pm (rp_1 - Bsq_1),$$
$$S = qr_1 - ps_1 \pm (sp_1 - rq_1),$$

d'où il s'ensuit que le produit des deux quantités données sera

$$P^2 - BQ^2 - CR^2 + BCS^2,$$

et par conséquent de la même forme que ces mêmes quantités.

Si l'on voulait avoir le carré de

$$p^2 - Bq^2 - Cr^2 + BCs^2,$$

il n'y aurait qu'à supposer dans les formules précédentes $p_1 = p$, $q_1 = q$, $r_1 = r$, $s_1 = s$, et l'on aurait, en prenant le signe supérieur,

$$P = p^2 + Bq^2 + C(r^2 + Bs^2),$$
$$Q = 2pq + 2Crs,$$
$$R = 2pr - 2Bqs,$$
$$S = 0;$$

et, en prenant l'inférieur,

$$P = p^2 + Bq^2 - C(r^2 + Bs^2),$$
$$Q = 2pq - 2Crs,$$
$$R = 0,$$
$$S = 2rq - 2ps.$$

On pourra trouver de même le cube et les puissances plus hautes de

$$p^2 - Bq^2 - Cr^2 + BCs^2,$$

lesquelles seront toujours aussi de la même forme, de sorte qu'on pourra résoudre en général l'équation

$$(p^2 - Bq^2 - Cr^2 + BCs^2)^m = P^2 - BQ^2 - CR^2 + BCs^2.$$

Au reste, il faut remarquer que, pour avoir toutes les valeurs possibles de P, Q, R et S, il faudra faire successivement chacune des quantités p, q, r, s positive et négative, à cause qu'il n'y a que les carrés de ces quantités qui entrent dans la quantité donnée $p^2 - Bq^2 - Cr^2 + BCs^2$

III.

Si l'on voulait trouver des fonctions de plus de deux dimensions qui eussent la même propriété, que le produit de deux fonctions semblables fût aussi une fonction semblable, on y parviendrait aisément par la considération suivante.

Que l'on considère la quantité irrationnelle

$$t + ua\sqrt[n]{A} + xa^2\sqrt[n]{A^2} + ya^3\sqrt[n]{A^3} + \ldots = p,$$

a étant une des racines $n^{ièmes}$ de l'unité, il est facile de voir que, si l'on multiplie ensemble deux expressions semblables, le produit sera aussi de la même forme.

Or, si l'on désigne par $a_1, a_2, a_3,\ldots$ les différentes valeurs de a, c'est-à-dire les différentes racines de l'équation $a^n - 1 = 0$, et par $p_1, p_2, p_3,\ldots$ les valeurs correspondantes de p, on sait que le produit $p_1 p_2 p_3\ldots$, sera toujours une quantité rationnelle; donc cette quantité aura la propriété requise.

En effet, soit

$$\theta + \upsilon a\sqrt[n]{A} + \xi a^2\sqrt[n]{A^2} + \psi a^3\sqrt[n]{A^3} + \ldots = \varpi,$$

et la quantité $\varpi_1 \varpi_2 \varpi_3\ldots$ sera rationnelle et semblable à la quantité $p_1 p_2 p_3\ldots$; donc, si l'on fait

$$P = p_1 p_2 p_3\ldots, \quad \Pi = \varpi_1 \varpi_2 \varpi_3\ldots,$$

on aura $P\Pi = p_1 \varpi_1 p_2 \varpi_2 p_3 \varpi_3\ldots$; mais en multipliant p par ϖ et nommant le produit q, on trouvera, à cause de $a^n = 1$,

$$T + Va\sqrt[n]{A} + Xa^2\sqrt[n]{A^2} + Ya^3\sqrt[n]{A^3} + \ldots = q,$$

T, V, X.... étant des fonctions rationnelles de $t, u, x,\ldots, \theta, \upsilon, \xi,\ldots$ et A; donc si l'on fait de même

$$Q = q_1 q_2 q_3\ldots,$$

la quantité Q sera rationnelle et semblable à P et à Π, et l'on aura $Q = P\Pi$.

De là on voit que, si l'on multiplie ensemble autant de fonctions semblables à P qu'on voudra, le produit sera toujours aussi une fonction semblable.

Donc, si l'on élève P à une puissance quelconque, cette puissance sera toujours aussi une fonction semblable à sa racine.

Pour trouver en général l'expression d'une puissance quelconque P^m, il faudra trouver d'abord celle de p^m, qui sera nécessairement de la forme

$$T + V a \sqrt[n]{A} + X a^2 \sqrt[n]{A^2} + Y a^3 \sqrt[n]{A^3} + \ldots,$$

et alors on aura $P^m = p_1^m p_2^m p_3^m \ldots$

Soit donc en général

$$p^m = T + V a \sqrt[n]{A} + X a^2 \sqrt[n]{A^2} + Y a^3 \sqrt[n]{A^3} + \ldots;$$

comme cette équation doit être identique, et par conséquent avoir lieu pour toutes les valeurs de a, on aura celles-ci

$$p_1^m = T + V a_1 \sqrt[n]{A} + X a_1^2 \sqrt[n]{A^2} + Y a_1^3 \sqrt[n]{A^3} + \ldots,$$
$$p_2^m = T + V a_2 \sqrt[n]{A} + X a_2^2 \sqrt[n]{A^2} + Y a_2^3 \sqrt[n]{A^3} + \ldots,$$
$$p_3^m = T + V a_3 \sqrt[n]{A} + X a_3^2 \sqrt[n]{A^2} + Y a_3^3 \sqrt[n]{A^3} + \ldots,$$
$$\ldots\ldots\ldots\ldots\ldots\ldots\ldots\ldots\ldots\ldots\ldots\ldots,$$

qui seront au nombre de n; donc, comme les quantités T, V, X, Y,... sont aussi au même nombre, on pourra les déterminer à l'aide de ces mêmes équations, et il est facile de voir qu'à cause que a_1, a_2, a_3,... sont les racines de l'équation $a^n - 1 = 0$, dont tous les termes intermédiaires manquent, on aura

$$T = \frac{p_1^m + p_2^m + p_3^m + \ldots}{n},$$

$$V = \frac{a_1^{n-1} p_1^m + a_2^{n-1} p_2^m + a_3^{n-1} p_3^m + \ldots}{n \sqrt[n]{A}},$$

$$X = \frac{a_1^{n-2} p_1^m + a_2^{n-2} p_2^m + a_3^{n-2} p_3^m + \ldots}{n \sqrt[n]{A^2}},$$

$$Y = \frac{a_1^{n-3} p_1^m + a_2^{n-3} p_2^m + a_3^{n-3} p_3^m + \ldots}{n \sqrt[n]{A^3}},$$

$$\ldots\ldots\ldots\ldots\ldots\ldots\ldots\ldots\ldots\ldots\ldots\ldots,$$

expressions qui deviendront rationnelles par la substitution des valeurs de p_1^m, p_2^m, p_3^m,..., comme il est facile de s'en convaincre par cette considération que l'on a

$$a_1 + a_2 + a_3 + \ldots = 0,$$

$$a_1^2 + a_2^2 + a_3^2 + \ldots = 0,$$

$$a_1^3 + a_2^3 + a_3^3 + \ldots = 0,$$

$$\ldots\ldots\ldots\ldots\ldots\ldots\ldots,$$

$$a_1^n + a_2^n + a_3^n + \ldots = n,$$

$$a_1^{n+1} + a_2^{n+1} + a_3^{n+1} + \ldots = 0,$$

$$\ldots\ldots\ldots\ldots\ldots\ldots\ldots,$$

$$a_1^{2n} + a_2^{2n} + a_3^{2n} + \ldots = n,$$

et ainsi de suite; de sorte qu'on pourra avoir les valeurs de T, V, X,..., indépendamment des racines a_1, a_2, a_3,....

Cette même considération suffit aussi pour faire trouver en général la valeur de $\mathrm{P} = p_1 p_2 p_3 \ldots$ sans connaître les racines a_1, a_2, a_3,...; car, si l'on fait

$$p_1 + p_2 + p_3 + \ldots = \alpha,$$

$$p_1^2 + p_2^2 + p_3^2 + \ldots = \beta,$$

$$p_1^3 + p_2^3 + p_3^3 + \ldots = \gamma,$$

$$\ldots\ldots\ldots\ldots\ldots\ldots\ldots,$$

et ensuite

$$b = \frac{\alpha^2 - \beta}{2},$$

$$c = \frac{\alpha b - \beta\alpha + \gamma}{3},$$

$$d = \frac{\alpha c - \beta b + \gamma\alpha - \delta}{4},$$

$$\ldots\ldots\ldots\ldots\ldots\ldots\ldots,$$

la quantité P sera égale, comme on sait, au terme $n^{\text{ième}}$ de la série a, b, c, d....; mais il est facile de voir que les valeurs de α, β, γ,... ne peuvent contenir d'autres fonctions des racines a_1, a_2, a_3,... que la somme de ces racines, ou de leurs carrés, ou de leurs cubes, etc.; donc, etc.

En général, il est évident que la quantité P n'est autre chose que le dernier terme de l'équation dont les racines seraient $p_1, p_2, p_3, \ldots$, c'est-à-dire de l'équation qui résultera de celle-ci

$$t + ua\sqrt[n]{A} + xa^2\sqrt[n]{A^2} + \ldots = p,$$

en la délivrant des quantités radicales et l'ordonnant ensuite par rapport à p, ou bien (ce qui revient au même) de l'équation résultante de l'élimination de ω dans ces deux-ci

$$t + u\omega + x\omega^2 + y\omega^3 + \ldots = p,$$
$$\omega^n - A = 0.$$

Soit $n = 2$, en sorte que

$$p = t + ua\sqrt{A} \quad \text{et} \quad a^2 - 1 = 0,$$

on trouvera

$$P = t^2 - Au^2;$$

c'est le cas que nous avons examiné plus haut (**1**).

Soit $n = 3$, en sorte que

$$p = t + ua\sqrt[3]{A} + xa^2\sqrt[3]{A^2} \quad \text{et} \quad a^3 - 1 = 0,$$

on trouvera

$$P = t^3 + Au^3 - 3Atux + A^2x^3.$$

Donc, si l'on fait de même

$$\Pi = \theta^3 + A\upsilon^3 - 3A\theta\upsilon\xi + A^2\xi^3,$$

le produit $P\Pi$ sera de la même forme, c'est-à-dire qu'on aura

$$P\Pi = T^3 + AV^3 - 3ATVX + A^2X^3,$$

et pour avoir les valeurs de T, V et X on considérera que

$$\varpi = \theta + \upsilon a\sqrt[3]{A} + \xi a^2\sqrt[3]{A^2},$$
$$p\varpi = T + V a\sqrt[3]{A} + X a^2\sqrt[3]{A^2},$$

d'où l'on aura

$$T = t\theta + A(u\xi + \upsilon x),$$
$$V = t\upsilon + \theta u + Ax\xi,$$
$$X = t\xi + \theta x + u\upsilon.$$

Si l'on faisait $x = 0$ et $\xi = 0$, les quantités P et Π deviendraient

$$t^3 + A u^3 \quad \text{et} \quad \theta^3 + A \upsilon^3,$$

mais leur produit ne serait plus de la même forme, à cause que la quantité X ne deviendrait pas nulle.

Soit $n = 4$, en sorte que

$$p = t + ua \sqrt[4]{A} + xa^2 \sqrt[4]{A^2} + ya^3 \sqrt[4]{A^3} \quad \text{et} \quad a^4 - 1 = 0,$$

on trouvera

$$P = t^4 - A\left[2t^2(x^2 + uy) - 4tu^2x + u^4\right] + A^2(4txy^2 + x^4 - 4ux^2y + 2u^2y^2) - A^3y^4,$$

et le produit d'autant de fonctions de cette forme qu'on voudra sera toujours une fonction de la même forme, et ainsi de suite.

IV.

Si l'on avait à résoudre l'équation

$$r^n - As^n = q^m,$$

il est évident qu'on y parviendrait si l'on pouvait rendre chaque facteur de $r^n - As^n$, comme $r - as\sqrt[n]{A}$, égal à une puissance $m^{\text{ième}}$, a étant toujours une des racines de l'équation $a^n - 1 = 0$.

Soit donc en général

$$r - sa\sqrt[n]{A} = p^m,$$

en sorte que

$$p = \sqrt[m]{r - sa\sqrt[n]{A}},$$

il est facile de concevoir que la valeur de p ne peut être exprimée que de cette manière

$$p = t + ua\sqrt[n]{A} + xa^2\sqrt[n]{A^2} + ya^3\sqrt[n]{A^3} + \ldots + za^{n-1}\sqrt[n]{A^{n-1}};$$

cette quantité étant élevée à la puissance m, on aura (numéro précédent)

$$p^m = T + Va\sqrt[n]{A} + Xa^2\sqrt[n]{A^2} + Ya^3\sqrt[n]{A^3} + \ldots + Za^{n-1}\sqrt[n]{A^{n-1}};$$

67.

donc
$$r = \mathrm{T}, \quad s = -\mathrm{V} \quad \text{et} \quad \mathrm{X} = \mathrm{o}, \quad \mathrm{Y} = \mathrm{o}, \quad \mathrm{Z} = \mathrm{o}, \ldots,$$

et la valeur de q sera égale à $p_1 p_2 p_3 \cdots$.

Donc le Problème sera résoluble, au moins par cette méthode, toutes les fois qu'on pourra satisfaire aux équations

$$\mathrm{X} = \mathrm{o}, \quad \mathrm{Y} = \mathrm{o}, \quad \mathrm{Z} = \mathrm{o}, \ldots;$$

mais, quoique ces équations ne soient qu'au nombre de $n - 2$, et que les indéterminées $t, u, x, \ldots$ soient au nombre de n, il arrivera bien souvent qu'il ne sera pas possible de les résoudre rationnellement.

Le cas de $n = 2$ ayant déjà été examiné (1), faisons $n = 3$, et l'on aura

$$p = t + ua\sqrt[3]{\mathrm{A}} + xa^2\sqrt[3]{\mathrm{A}^2}.$$

Soit maintenant $m = 2$, en sorte qu'il s'agisse de résoudre l'équation

$$r^3 - \mathrm{A}s^3 = q^2,$$

et faisant le carré de p, on aura

$$p^2 = t^2 + 2ux\mathrm{A} + (\mathrm{A}x^2 + 2tu)a\sqrt[3]{\mathrm{A}} + (u^2 + 2tx)a^2\sqrt[3]{\mathrm{A}^2},$$

en sorte qu'on aura

$$\mathrm{T} = t^2 + 2\mathrm{A}ux,$$
$$\mathrm{V} = \mathrm{A}x^2 + 2tu,$$
$$\mathrm{X} = u^2 + 2tx;$$

par conséquent,

$$r = t^2 + 2\mathrm{A}ux,$$
$$s = -\mathrm{A}x^2 - 2tu,$$

et l'équation à laquelle il faudra satisfaire sera

$$u^2 + 2tx = \mathrm{o},$$

laquelle donne sur-le-champ

$$x = -\frac{u^2}{2t};$$

de sorte qu'en substituant cette valeur de x dans celles de r et s, on aura

$$r = t^2 - \frac{A\,u^3}{t},$$

$$s = -\frac{A\,u^4}{4\,t^2} - 2\,tu.$$

A l'égard de $q = p_1\,p_2$, on trouvera, comme dans le numéro précédent,

$$q = t^3 + A\,u^3 - 3A\,tux + A^2\,x^3,$$

ou bien, en substituant pour x sa valeur $-\dfrac{u^2}{2\,t}$,

$$q = t^3 + \frac{5A\,u^3}{2} - \frac{A^2\,u^6}{8\,t^3}.$$

Si l'on voulait éviter les fractions, il n'y aurait qu'à multiplier r et s par le carré $4t^2$, et q par le cube $8t^3$, et l'on aurait plus simplement

$$r = 4t(t^3 - A\,u^3),$$
$$s = -u(8t^3 + A\,u^3),$$
$$q = 8t^6 + 20A\,t^3 u^3 - A^2\,u^6.$$

Soit $m = 3$, en sorte que l'équation à résoudre soit

$$r^3 - A\,s^3 = q^3;$$

on fera le cube de p, et l'on aura

$$p^3 = t^3 + A\,u^3 + 6A\,tux + A^2\,x^3$$
$$+ 3(t^2 u + A\,u^2 x + A\,tx^2)a\sqrt[3]{A} + 3(tu^2 + t^2 x + A\,ux^2)a^2\sqrt[3]{A^2},$$

d'où

$$T = t^3 + A\,u^3 + 6A\,tux + A^2\,x^3,$$
$$V = 3t^2 u + 3A(u^2 x + tx^2),$$
$$X = 3(tu^2 + tx^2 + A\,ux^2);$$

ainsi l'on aura

$$r = t^3 + A\,u^3 + 6A\,tux + A^2\,x^3,$$
$$s = -3t^2 u - 3A(tx^2 + u^2 x),$$

et il faudra qu'on ait $X = 0$, savoir

$$tu^2 + t^2 x + \mathrm{A}\, ux^2 = 0;$$

quant à la valeur de q, elle sera la même que ci-dessus, savoir

$$q = t^3 + \mathrm{A}\, u^3 - 3\,\mathrm{A}\, tux + \mathrm{A}^2 x^3.$$

Ainsi, toute la difficulté se réduit à résoudre l'équation

$$tu^2 + t^2 x + \mathrm{A}\, ux^2 = 0,$$

c'est-à-dire à trouver une valeur quelconque rationnelle de t, ou de u, ou de x, qui satisfasse à cette équation.

Pour la mettre sous une forme plus simple, faisons $u = ft$, $x = fgt$, et divisant par ft^2, on aura

$$f + g + \mathrm{A} f^2 g^2 = 0;$$

ou bien, divisant par fg,

$$\frac{1}{f} + \frac{1}{g} = \mathrm{A} fg;$$

soit de plus $\dfrac{1}{f} + \dfrac{1}{g} = h$, $\dfrac{1}{f} - \dfrac{1}{g} = l$, on aura

$$\frac{4}{fg} = h^2 - l^2;$$

donc l'équation précédente deviendra celle-ci

$$h = \frac{4\mathrm{A}}{h^2 - l^2},$$

c'est-à-dire

$$4\mathrm{A} = h\,(h + l)(h - l);$$

soit encore $l = kh$, et l'on aura

$$4\mathrm{A} = h^3 (1 - k^2),$$

c'est-à-dire que $\dfrac{4\mathrm{A}}{1 - k^2}$ devra être un cube, et par conséquent que $2\mathrm{A}^2 (1 - k^2)$ devra en être un aussi, dont la racine sera $\dfrac{2\mathrm{A}}{h}$.

Mais, comme nous ne nous proposons pas ici de traiter cette matière à fond, nous ne nous y arrêterons pas davantage quant à présent; nous observerons seulement que M. de Fermat prétend, dans ses *Remarques sur Diophante*, avoir démontré en général ce théorème, que l'équation

$$r^n + s^n = q^n$$

n'est jamais résoluble d'une manière rationnelle lorsque n surpasse 2; mais ce Savant ne nous a pas laissé sa démonstration, et il ne paraît pas que personne l'ait encore trouvée jusqu'à présent. M. Euler a, à la vérité, démontré ce théorème dans le cas de $n = 3$ et de $n = 4$, par une analyse particulière et très-ingénieuse, mais qui ne paraît pas applicable en général à tous les autres cas; ainsi, ce théorème est un de ceux qui restent encore à démontrer, et qui méritent le plus l'attention des Géomètres.

SUR LA RÉSOLUTION

DES

ÉQUATIONS NUMÉRIQUES.

SUR LA RÉSOLUTION

DES

ÉQUATIONS NUMÉRIQUES[*].

(*Mémoires de l'Académie royale des Sciences et Belles-Lettres
de Berlin*, t. XXIII, 1769.)

Viète est le premier qui ait tâché de donner une méthode générale pour résoudre les équations numériques; mais, quoique cette méthode ait été ensuite perfectionnée et simplifiée à quelques égards par Harriot, Ougtred, Pell, etc., elle est encore si compliquée et si rebutante par le grand nombre d'opérations qu'elle demande, que les Géomètres paraissent l'avoir entièrement abandonnée. Celle que l'on suit communément est due à Newton, et elle est très-facile et très-simple. Il faut supposer seulement qu'on ait déjà trouvé la valeur de la racine qu'on cherche, approchée au moins jusqu'à sa dixième partie près; alors on égale cette valeur, plus une nouvelle inconnue, à celle de l'équation proposée, et, faisant la substitution, on a une seconde équation dont la racine est ce qu'il faudrait ajouter à la première racine approchée pour avoir la racine exacte; mais comme, par l'hypothèse, ce qui reste à ajouter à la première valeur de la racine est moindre qu'un dixième de cette racine, on peut, dans l'équation dont il s'agit, négliger le carré et les puissances plus hautes de l'inconnue; de sorte que, l'équation étant ainsi réduite au premier degré, on aura sur-le-champ la valeur de l'inconnue en déci-

(*) Lu à l'Académie le 20 avril 1769.

males; cette valeur ne sera qu'approchée, mais on pourra s'en servir pour en trouver une autre plus exacte en faisant sur la seconde équation la même opération que sur la première, et ainsi de suite. De cette manière, on trouve à chaque opération de nouvelles décimales à ajouter ou à retrancher de la valeur de la racine déjà trouvée, et l'on a par conséquent cette racine d'autant plus exactement qu'on pousse le calcul plus loin.

On peut aussi, comme l'a pratiqué Halley, revenir toujours à la première équation proposée, en y substituant à la place de l'inconnue la valeur de la racine de plus en plus approchée et augmentée d'un reste inconnu, ce qui paraît en quelque façon plus simple et plus commode.

Telle est la méthode usitée pour résoudre les équations numériques par approximation. Plusieurs savants Géomètres se sont appliqués à la rendre encore plus exacte et plus facile, soit en ayant égard aux termes où l'inconnue est au second degré, soit en donnant des formules générales à l'aide desquelles on puisse trouver sur-le-champ la valeur de la fraction qui est le reste à ajouter à la racine approchée; mais aucun d'eux ne paraît avoir fait attention aux inconvénients ou plutôt aux imperfections qui se trouvent encore dans cette méthode; du moins personne, que je sache, n'a donné jusqu'à présent les moyens d'y remédier.

La première et la principale de ces imperfections consiste en ce qu'il faut supposer qu'on ait déjà trouvé la valeur de la racine cherchée, approchée jusqu'à sa dixième partie près; car, comme on n'a point encore de règle générale et sûre pour trouver, dans une équation quelconque, la valeur approchée de chacune de ses racines réelles, la méthode dont il s'agit n'est proprement applicable qu'aux cas où l'on connaît d'avance à peu près la valeur de la racine qu'on cherche. Il est vrai que Rolle a donné une méthode, qu'on appelle *des cascades,* pour approcher des racines des équations numériques aussi près que l'on veut; mais cette méthode n'est pas toujours sûre, surtout lorsqu'il y a dans l'équation des racines imaginaires, auquel cas elle laisse toujours en doute si ces racines sont réelles ou non. (*Voyez* l'*Algèbre* de Rolle, chap. III et VI du livre II.)

Une seconde imperfection regarde la nature même de la méthode par laquelle on approche de la valeur de la racine cherchée; suivant cette méthode, on néglige, à chaque opération, des termes dont on ne connaît pas la valeur; de sorte qu'il est impossible de pouvoir juger de la quantité de l'approximation, et de s'assurer du degré d'exactitude qui doit résulter de chaque correction.

D'ailleurs, ne pourrait-il pas arriver que la série qui donne la racine cherchée fût très-peu convergente, ou même qu'elle devînt divergente après avoir été convergente dans ses premiers termes? Au moins, il n'est pas démontré que cela ne puisse jamais avoir lieu dans la méthode dont nous parlons.

Enfin, quand même la série serait toujours convergente, il est clair qu'elle ne donnerait jamais qu'une valeur approchée de la racine dans le cas même où elle serait égale à un nombre commensurable. Il est vrai que l'on a des méthodes particulières pour trouver les racines commensurables; mais c'est toujours une grande imperfection de la méthode dont il s'agit de ne pas donner la valeur exacte de ces racines.

§ I. — *Méthode pour trouver, dans une équation numérique quelconque, la valeur entière la plus approchée de chacune de ses racines réelles.*

1. Thorème I. — *Si l'on a une équation quelconque, et que l'on trouve deux nombres tels, qu'étant substitués successivement à la place de l'inconnue de cette équation, ils donnent deux résultats de signe contraire, l'équation aura nécessairement au moins une racine réelle dont la valeur sera entre ces deux nombres.*

Ce théorème est connu depuis longtemps, et l'on a coutume de le démontrer par la théorie des lignes courbes; mais on peut aussi le démontrer directement par la théorie des équations, en cette sorte. Soient x l'inconnue de l'équation, et α, β, γ,..., ses racines; l'équation se réduira, comme on sait, à cette forme

$$(x - \alpha)(x - \beta)(x - \gamma)\ldots = 0.$$

Or, soient p et q les nombres qui, substitués par x, donneront des résultats de signe contraire, il faudra donc que ces deux quantités

$$(p - \alpha)(p - \beta)(p - \gamma)\ldots,$$
$$(q - \alpha)(q - \beta)(q - \gamma)\ldots,$$

soient de signes différents; par conséquent, il faudra qu'il y ait au moins deux facteurs correspondants comme $p - \alpha$ et $q - \alpha$, qui soient de signes contraires; donc il y aura au moins une des racines de l'équation, comme α, qui sera entre les nombres p et q, c'est-à-dire plus petite que le plus grand de ces deux nombres, et plus grande que le plus petit d'entre eux; donc cette racine sera nécessairement réelle.

2. COROLLAIRE I. — Donc, si les nombres p et q ne diffèrent l'un de l'autre que de l'unité ou d'une quantité moindre que l'unité, le plus petit de ces nombres, s'il est entier, ou le nombre entier qui sera immédiatement moindre que le plus petit de ces deux nombres, s'il n'est pas entier, sera la valeur entière la plus approchée d'une des racines de l'équation. Si la différence entre p et q est plus grande que l'unité, alors, nommant n, $n + 1$, $n + 2$,..., les nombres entiers qui tombent entre p et q, il est clair que si l'on substitue successivement, à la place de l'inconnue, les nombres

$$p, \quad n, \quad n + 1. \quad n + 2,\ldots, \quad q,$$

on trouvera nécessairement deux substitutions consécutives qui donneront des résultats de signes différents; donc, puisque les nombres qui donneront ces deux résultats ne diffèrent entre eux que de l'unité, on trouvera, comme ci-dessus, la valeur entière la plus approchée d'une des racines de l'équation.

3. COROLLAIRE II. — Toute équation dont le dernier terme est négatif, en supposant le premier positif, a nécessairement une racine réelle

positive, dont on pourra trouver la valeur entière la plus approchée en substituant, à la place de l'inconnue, les nombres $0, 1, 2, 3, \ldots$, jusqu'à ce que l'on rencontre deux substitutions qui donnent des résultats de signe contraire.

Car, en supposant le premier terme x^m, et le dernier $- H$ (H étant un nombre positif), on aura, en faisant $x = 0$, le résultat négatif $-H$, et en faisant $x = \infty$, le résultat positif ∞^m; donc on aura ici $p = 0$ et $q = \infty$, donc les nombres entiers intermédiaires seront tous les nombres naturels $1, 2, 3, \ldots$; donc, etc. (Corollaire précédent).

De là on voit :

1° Que toute équation d'un degré impair, dont le dernier terme est négatif, a nécessairement une racine réelle positive;

2° Que toute équation d'un degré impair, dont le dernier terme est positif, a nécessairement une racine réelle négative; car, en changeant x en $-x$, le premier terme de l'équation deviendra négatif; donc, changeant tous les signes pour rendre de nouveau le premier terme positif, le dernier deviendra négatif; donc l'équation aura alors une racine réelle positive; par conséquent, l'équation primitive aura une racine réelle négative;

3° Que toute équation d'un degré pair, dont le dernier terme est négatif, a nécessairement deux racines réelles, l'une positive et l'autre négative; car premièrement elle aura une racine réelle positive; ensuite, comme en changeant x en $-x$ le premier terme demeure positif, la transformée aura aussi une racine réelle positive; donc l'équation primitive en aura une réelle et négative.

4. REMARQUE. — Comme on peut toujours changer les racines négatives d'une équation quelconque en positives en changeant seulement le signe de l'inconnue, nous ne considérerons dans la suite, pour plus de simplicité, que les racines positives; ainsi, quand il s'agira d'examiner les racines d'une équation donnée, on considérera d'abord les racines positives de cette équation, ensuite on y changera les signes de tous les termes où l'inconnue se trouvera élevée à une puissance impaire, et l'on

considérera de même les racines positives de cette nouvelle équation ; ces racines prises en moins seront les racines négatives de la proposée.

5. Théorème II. — *Si, dans une équation quelconque qui ait une ou plusieurs racines réelles et inégales, on substitue successivement à la place de l'inconnue deux nombres dont l'un soit plus grand et dont l'autre soit plus petit que l'une de ces racines, et qui diffèrent en même temps l'un de l'autre d'une quantité moindre que la différence entre cette racine et chacune des autres racines réelles de l'équation, ces deux substitutions donneront nécessairement deux résultats de signes contraires.*

En effet, soient α une des racines réelles et inégales de l'équation, et β, γ, δ,... les autres racines quelconques ; soit de plus ρ la plus petite des différences entre la racine α et chacune des autres racines réelles de l'équation : il est clair qu'en prenant $p > \alpha$, $q < \alpha$ et $p - q < \rho$, les quantités $p - \alpha$, $q - \alpha$ seront de signes contraires, et que les quantités $p - \beta$, $p - \gamma$,... seront chacune de même signe que sa correspondante $q - \beta$, $q - \gamma$,... ; car, si $p - \beta$ et $q - \beta$ étaient de signes contraires, il faudrait que β fût aussi compris entre p et q, ce qui ne se peut. Donc les deux quantités

$$(p - \alpha)(p - \beta)(p - \gamma)\cdots,$$
$$(q - \alpha)(q - \beta)(q - \gamma)\cdots,$$

c'est-à-dire les résultats des substitutions de p et q à la place de l'inconnue x (1), seront nécessairement de signes contraires.

6. Corollaire I. — Donc, si dans une équation quelconque on substitue successivement à la place de l'inconnue les nombres en progression arithmétique

(A) $\qquad\qquad$ o, Δ, 2Δ, 3Δ, 4Δ,...,

les résultats correspondants formeront une suite dans laquelle il y aura autant de variations de signes que l'équation proposée aura de racines réelles positives et inégales, mais dont les différences ne soient pas moindres que la différence Δ de la progression. De sorte que, si l'on prend Δ égale ou moindre que la plus petite des différences entre les différentes racines positives et inégales de l'équation, la suite dont il s'agit aura nécessairement autant de variations de signe que l'équation contiendra de racines réelles positives et inégales.

Donc, si la différence Δ est en même temps égale ou moindre que l'unité, on trouvera aussi par ce moyen la valeur entière approchée de chacune des racines réelles positives et inégales de l'équation (2).

Si l'équation ne peut avoir qu'une seule racine réelle et positive, ou si elle en a plusieurs, mais dont les différences ne soient pas moindres que l'unité, il est clair qu'on pourra faire Δ = 1, c'est-à-dire qu'on pourra prendre les nombres naturels 0, 1, 2, 3,…, pour les substituer à la place de l'inconnue; mais, s'il y a dans l'équation des racines inégales dont les différences soient moindres que l'unité, alors il faudra prendre Δ moindre que l'unité et telle qu'elle soit égale ou moindre que la plus petite des différences entre les racines dont il s'agit; ainsi, la difficulté se réduit à trouver la valeur qu'on doit donner à Δ, en sorte qu'on soit assuré qu'elle ne surpasse pas la plus petite des différences entre les racines positives et inégales de l'équation proposée. C'est l'objet du Problème suivant.

7. Corollaire II. — Toute équation qui n'a qu'un seul changement de signe ne peut avoir qu'une seule racine réelle positive.

Il est d'abord clair que l'équation aura nécessairement une racine réelle positive, à cause que son dernier terme sera de signe différent du premier (3).

Or, soient (en supposant le premier terme positif comme à l'ordinaire) X la somme de tous les termes positifs de l'équation, et Y la somme de tous les négatifs, en sorte que l'équation soit $X - Y = 0$; et, puisqu'il n'y a par l'hypothèse qu'un seul changement de signe, il est clair que les puissances de l'inconnue x du polynôme X seront toutes plus hautes que celles du polynôme Y; de sorte que, si x^r est la plus petite puissance de x dans le polynôme X, et qu'on divise les deux polynômes X et Y par x^r, la quantité $\dfrac{X}{x^r}$ ne contiendra que des puissances positives de x, et

la quantité $\dfrac{Y}{x^r}$ ne contiendra que des puissances négatives de x; d'où il

s'ensuit que, x croissant, la valeur de $\dfrac{X}{x^r}$ devra croître aussi, et, x dimi-

nuant, $\dfrac{X}{x^r}$ diminuera aussi, à moins que le polynôme X ne contienne

que le seul terme x^r, auquel cas $\dfrac{X}{x^r}$ sera toujours une quantité constante;

au contraire, x croissant, la valeur de $\dfrac{Y}{x^r}$ diminuera nécessairement, et,

x diminuant, $\dfrac{Y}{x^r}$ ira en augmentant. Or, soit a la racine réelle et positive

de l'équation, on aura donc, lorsque $x = a$, $X = Y$; donc aussi $\dfrac{X}{x^r} = \dfrac{Y}{x^r}$;

donc, en substituant au lieu de x des nombres quelconques plus grands

que a, on aura toujours $\dfrac{X}{x^r} > \dfrac{Y}{x^r}$, et par conséquent $X - Y$ égal à un

nombre positif; et, en substituant au lieu de x des nombres moindres

que a, on aura toujours $\dfrac{X}{x^r} < \dfrac{Y}{x^r}$, et par conséquent $X - Y$ égal à un

nombre négatif; donc il sera impossible que l'équation ait des racines
réelles positives plus grandes ou plus petites que a.

8. Problème. — *Une équation quelconque étant donnée, trouver une
autre équation dont les racines soient les différences entre les racines de
l'équation donnée.*

Soit donnée l'équation

(B) $$x^m - A x^{m-1} + B x^{m-2} - C x^{m-3} + \ldots = 0.$$

On sait que x peut être indifféremment égal à une quelconque de ses racines; or, soit x_1 une autre racine quelconque de la même équation, en
sorte que l'on ait aussi

$$x_1^m - A x_1^{m-1} + B x_1^{m-2} - C x_1^{m-3} + \ldots = 0,$$

et soit u la différence entre les deux racines x et x_1, de manière que l'on ait $x_1 = x + u$; substituant cette valeur de x_1 dans la dernière équation, et ordonnant les termes par rapport à u, on aura une équation en u du même degré m, laquelle, en commençant par les derniers termes, sera de cette forme

$$X + Yu + Zu^2 + Vu^3 + \ldots + u^m = 0,$$

les coefficients X, Y, Z,... étant des fonctions de x telles que

$$X = x^m - Ax^{m-1} + Bx^{m-2} - Cx^{m-3} + \ldots,$$

$$Y = mx^{m-1} - (m-1)Ax^{m-2} + (m-2)Bx^{m-3} - \ldots,$$

$$Z = \frac{m(m-1)}{2}x^{m-2} - \frac{(m-1)(m-2)}{2}Ax^{m-3} + \ldots,$$

$$\ldots \ldots \ldots \ldots \ldots \ldots \ldots \ldots \ldots \ldots \ldots \ldots,$$

c'est-à-dire

$$Y = \frac{dX}{dx}, \quad Z = \frac{1}{2}\frac{d^2X}{dx^2}, \quad V = \frac{1}{2.3}\frac{d^3X}{dx^3}, \ldots$$

Donc, puisque par l'équation donnée (B) on a $X = 0$, l'équation précédente étant divisée par u deviendra celle-ci

(C)
$$Y + Zu + Vu^2 + \ldots + u^{m-1} = 0.$$

Cette équation, si l'on y substitue pour x une quelconque des racines de l'équation (B), aura pour racines les différences entre cette racine et toutes les autres de la même équation (B); donc, si l'on combine les équations (B) et (C) en éliminant x, on aura une équation en u dont les racines seront les différences entre chacune des racines de l'équation (B) et toutes les autres racines de la même équation; ce sera l'équation cherchée.

Mais, sans exécuter cette élimination qui serait souvent fort laborieuse, il suffira de considérer :

1° Que α, β, γ,... étant les racines de l'équation en x, celles de l'équation en u seront

$$\alpha - \beta, \quad \alpha - \gamma, \ldots, \quad \beta - \alpha, \quad \beta - \gamma, \ldots, \quad \gamma - \alpha, \quad \gamma - \beta, \ldots,$$

d'où l'on voit que ces racines seront au nombre de $m(m-1)$, et que de plus elles seront égales deux à deux, et de signes contraires; de sorte que l'équation en u manquera nécessairement de toutes les puissances impaires de u. Donc, en faisant $\frac{m(m-1)}{2} = n$ et $u^2 = v$, l'équation dont il s'agit sera de cette forme

(D) $$v^n - av^{n-1} + bv^{n-2} - cv^{n-3} + \ldots = 0;$$

2° Que $(\alpha - \beta)^2$, $(\alpha - \gamma)^2$, $(\beta - \gamma)^2$,... étant les différentes valeurs de v dans l'équation (D), le coefficient a sera égal à leur somme, le coefficient b à la somme de tous leurs produits deux à deux, etc. Or il est facile de voir que

$$(\alpha - \beta)^2 + (\alpha - \gamma)^2 + (\beta - \gamma)^2 + \ldots = (m-1)(\alpha^2 + \beta^2 + \gamma^2 + \ldots)$$
$$- 2(\alpha\beta + \alpha\gamma + \beta\gamma + \ldots);$$

mais on sait que

$$\alpha\beta + \alpha\gamma + \beta\gamma + \ldots = B,$$
$$\alpha^2 + \beta^2 + \gamma^2 + \ldots = A^2 - 2B;$$

donc on aura

$$a = (m-1)(A^2 - 2B) - 2B,$$

savoir

$$a = (m-1)A^2 - 2mB;$$

et l'on pourra de la même manière trouver la valeur des autres coefficients b, c,...

Pour y parvenir plus facilement, supposons

$$A_1 = \alpha + \beta + \gamma + \ldots,$$
$$A_2 = \alpha^2 + \beta^2 + \gamma^2 + \ldots,$$
$$A_3 = \alpha^3 + \beta^3 + \gamma^3 + \ldots.$$
$$\ldots\ldots\ldots\ldots\ldots\ldots\ldots,$$

et l'on aura, comme on sait,

$$A_1 = A,$$
$$A_2 = AA_1 - 2B,$$
$$A_3 = AA_2 - BA_1 + 3C,$$
$$A_4 = AA_3 - BA_2 + CA_1 - 4D,$$
$$\ldots\ldots\ldots\ldots\ldots\ldots\ldots\ldots$$

Supposons de plus

$$a_1 = (\alpha - \beta)^2 + (\alpha - \gamma)^2 + (\beta - \gamma)^2 + \ldots,$$
$$a_2 = (\alpha - \beta)^4 + (\alpha - \gamma)^4 + (\beta - \gamma)^4 + \ldots,$$
$$a_3 = (\alpha - \beta)^6 + (\alpha - \gamma)^6 + (\beta - \gamma)^6 + \ldots,$$
$$\ldots\ldots\ldots\ldots\ldots\ldots\ldots\ldots\ldots\ldots\ldots,$$

il est facile de voir que l'on aura

$$a_1 = (m-1)A_2 - 2\left(\frac{A_1^2 - A_2}{2}\right),$$
$$a_2 = (m-1)A_4 - 4(A_1 A_3 - A_4) + 6\left(\frac{A_2^2 - A_4}{2}\right),$$
$$a_3 = (m-1)A_6 - 6(A_1 A_5 - A_6) + 15(A_2 A_4 - A_6) - 20\left(\frac{A_3^2 - A_6}{2}\right),$$
$$\ldots\ldots\ldots\ldots\ldots\ldots\ldots\ldots\ldots\ldots\ldots\ldots\ldots,$$

ou bien

$$a_1 = mA_2 - 2\frac{A_1^2}{2},$$
$$a_2 = mA_4 - 4A_1 A_3 + 6\frac{A_2^2}{2},$$
$$a_3 = mA_6 - 6A_1 A_5 + 15A_2 A_4 - 20\frac{A_3^2}{2},$$
$$\ldots\ldots\ldots\ldots\ldots\ldots\ldots\ldots\ldots\ldots,$$

et en général

$$a_\mu = mA_{2\mu} - 2\mu A_1 A_{2\mu-1} + \frac{2\mu(2\mu-1)}{2}A_2 A_{2\mu-2} - \ldots$$
$$\pm \frac{2\mu(2\mu-1)(2\mu-2)\ldots(\mu+1)}{1.2.3\ldots\mu}\frac{A_\mu^2}{2}.$$

Les quantités a_1, a_2, a_3,... étant ainsi connues, on aura sur-le-champ les valeurs des coefficients a, b, c,... de l'équation (D) par les formules

$$a = a_1,$$
$$b = \frac{aa_1 - a_2}{2},$$
$$c = \frac{ba_1 - aa_2 + a_3}{3},$$
$$d = \frac{ca_1 - ba_2 + aa_3 - a_4}{4},$$
$$\ldots\ldots\ldots\ldots\ldots\ldots$$

Ainsi l'on pourra déterminer directement les coefficients a, b, c,... de l'équation (C) par ceux de l'équation donnée (B). Pour cela on cherchera d'abord par les formules ci-dessus les valeurs des quantités A_1, A_2, A_3,... jusqu'à A_{2n}; ensuite, à l'aide de celles-ci, on cherchera celles des quantités a_1, a_2, a_3,... jusqu'à a_n, et enfin par ces dernières on trouvera les valeurs cherchées des coefficients a, b, c,....

9. REMARQUE. — Il est bon de remarquer que l'équation (D) exprime également les différences entre les racines positives et négatives de l'équation (B), de sorte que la même équation aura lieu aussi lorsqu'on changera x en $-x$ pour avoir les racines négatives (4).

De plus il est clair que l'équation (D) sera toujours la même, soit qu'on augmente ou qu'on diminue toutes les racines de l'équation proposée d'une même quantité quelconque; donc, si cette équation a son second terme, on pourra le faire disparaître, et cherchant ensuite l'équation en v qui en résultera, on aura la même équation qu'on aurait eue si l'on n'avait pas fait évanouir le second terme; mais l'évanouissement de ce terme rendra toujours la recherche des coefficients a, b, c,... un peu plus facile, parce qu'on aura $A = 0$, et par conséquent aussi $A_1 = 0$, de sorte que les formules du numéro précédent deviendront

$$A_1 = 0,$$
$$A_2 = -2\,B,$$
$$A_3 = 3\,C,$$
$$A_4 = -B A_2 - 4\,D,$$
$$\dots\dots\dots\dots\dots,$$
$$a_1 = m A_2,$$
$$a_2 = m A_4 + 6\,\frac{A_2^2}{2},$$
$$a_3 = m A_6 + 15\,A_2 A_4 - 20\,\frac{A_3^2}{2},$$
$$\dots\dots\dots\dots\dots\dots\dots,$$
$$a = a_1,$$
$$b = \frac{a a_1 - a_2}{2},$$
$$c = \frac{b a_1 - a a_2 + a_3}{3},$$
$$\dots\dots\dots\dots\dots$$

10. Corollaire I. — Puisque les racines de l'équation (D) sont les carrés des différences entre les racines de l'équation proposée (B), il est clair que si cette équation (D) avait tous ses termes de même signe, auquel cas elle n'aurait aucune racine réelle et positive, il est clair, dis-je, que, dans ce cas, les différences entre les racines de l'équation (B) seraient toutes imaginaires; de sorte que cette équation ne pourrait avoir qu'une seule racine réelle, ou bien plusieurs racines réelles et égales entre elles; si ce dernier cas a lieu, on le reconnaîtra et on le résoudra par les méthodes connues (*voyez* aussi plus bas le § II); à l'égard du premier cas, il s'ensuit du n° 6 qu'on pourra prendre $\Delta = 1$.

11. Corollaire II. — Si l'équation (B) a un ou plusieurs couples de racines égales, il est clair que l'équation (D) aura une ou plusieurs valeurs de v égales à zéro, de sorte qu'elle sera alors divisible une ou plusieurs fois par v; cette division faite, lorsqu'elle a lieu, soit l'équation restante disposée à rebours de cette manière

$$(E) \qquad 1 + \alpha v + \beta v^2 + \gamma v^3 + \ldots + \varpi v^r = 0,$$

r étant $=$ ou $< n$; qu'on fasse $v = \frac{1}{y}$, et ordonnant l'équation par rapport à y, on aura

$$(F) \qquad y^r + \alpha y^{r-1} + \beta y^{r-2} + \gamma y^{r-3} + \ldots + \varpi = 0.$$

Qu'on cherche par les méthodes connues la limite des racines positives de cette équation, et soit l cette limite, en sorte que l surpasse chacune des valeurs positives de y; donc $\frac{1}{l}$ sera moindre que chacune des valeurs positives de $\frac{1}{y}$ ou de v, et par conséquent moindre que chacune des valeurs de u^2, à cause de $v = u^2$ (Problème précédent).

Donc $\frac{1}{\sqrt{l}}$ sera nécessairement moindre qu'aucune des valeurs de u, c'est-à-dire qu'aucune des différences entre les racines réelles et inégales de l'équation proposée (B).

Donc :

1° Si $\sqrt{l} < 1$, alors on sera sûr que l'équation (B) n'aura point de racines réelles dont les différences soient moindres que l'unité; ainsi dans ce cas on pourra faire sans scrupule $\Delta = 1$ (6);

2° Mais si $\sqrt{l} = $ ou > 1, alors il peut se faire qu'il y ait dans l'équation (B) des racines dont les différences soient moindres que l'unité; mais, comme la plus petite de ces différences sera toujours nécessairement plus grande que $\frac{1}{\sqrt{l}}$, on pourra toujours prendre Δ égal ou $< \frac{1}{\sqrt{l}}$ (numéro cité).

En général, soit k le nombre entier qui est égal ou immédiatement plus grand que $\sqrt{l}$, et l'on pourra toujours prendre $\Delta = \frac{1}{k}$.

12. Scolie I. — Quant à la manière de trouver la limite des racines d'une équation, la plus commode et la plus exacte est celle de Newton, laquelle consiste à trouver un nombre dont les racines de l'équation proposée étant diminuées, l'équation résultante n'ait aucune variation de signe; car alors cette équation ne pourra avoir que des racines négatives; par conséquent le nombre dont les racines de la proposée auront été diminuées surpassera nécessairement la plus grande de ces racines.

Ainsi, pour chercher la limite l des racines de l'équation

$$(F) \qquad y^r + \alpha y^{r-1} + \beta y^{r-2} + \gamma y^{r-3} + \ldots + \varpi = 0,$$

on y mettra $y + l$ au lieu de y, et ordonnant l'équation résultante par rapport à y, elle deviendra

$$P + Qy + Ry^2 + Sy^3 + \ldots + y^r = 0,$$

dans laquelle

$$P = l^r + \alpha l^{r-1} + \beta l^{r-2} + \gamma l^{r-3} + \ldots + \varpi,$$

$$Q = r l^{r-1} + (r-1)\alpha l^{r-2} + (r-2)\beta l^{r-3} + \ldots,$$

$$R = \frac{r(r-1)}{2} l^{r-2} + \frac{(r-1)(r-2)}{2} \alpha l^{r-3} + \ldots,$$

$$S = \frac{r(r-1)(r-2)}{2.3} l^{r-3} + \ldots,$$

$$\ldots\ldots\ldots\ldots\ldots\ldots\ldots\ldots\ldots\ldots\ldots,$$

et il n'y aura qu'à chercher une valeur de l qui, étant substituée dans les quantités P, Q, R,..., les rende toutes positives; en commençant par la dernière de ces quantités, laquelle n'aura que deux termes, et remontant successivement aux quantités précédentes, on déterminera facilement le plus petit nombre entier qui pourra être pris pour l, et qui sera la limite la plus proche cherchée.

Si l'on voulait éviter tout tâtonnement, il n'y aurait qu'à prendre pour l le plus grand coefficient des termes négatifs de l'équation (F) augmenté d'une unité; car il est facile de prouver qu'en donnant à l cette valeur, les quantités P, Q, R,... seront toujours positives.

Cette manière d'avoir la limite des racines d'une équation quelconque est due, je crois, à Maclaurin; mais en voici une autre qui donnera le plus souvent des limites plus approchées.

Soient

$$- \mu y^{r-m} - \nu y^{r-n} - \varpi y^{r-p} - \ldots,$$

les termes négatifs de l'équation (F); on prendra pour l la somme des deux plus grandes des quantités

$$\sqrt[m]{\mu}, \quad \sqrt[n]{\nu}, \quad \sqrt[p]{\varpi}, \ldots,$$

ou un nombre quelconque plus grand que cette somme. Cette proposition peut se démontrer de la même manière que la précédente; ainsi nous ne nous y arrêterons pas.

Au reste, il faut observer que les limites trouvées de l'une ou de l'autre de ces deux manières seront rarement les plus prochaines limites; pour en avoir de plus petites on essayera successivement pour l des nombres moindres, et l'on prendra le plus petit de ceux qui satisferont aux conditions que P, Q, R,... soient des nombres positifs.

13. Scolie II. — Ayant donc trouvé la limite l des racines de l'équation (F), et pris k égal ou immédiatement plus grand que $\sqrt{l}$, on fera $\Delta = \frac{1}{k}$ (10), et l'on substituera successivement dans l'équation proposée,

II.

à la place de l'inconnue, les nombres

$$0, \quad \frac{1}{k}, \quad \frac{2}{k}, \quad \frac{3}{k}, \ldots;$$

les résultats venant de ces substitutions formeront une série dans laquelle il y aura autant de variations de signe que l'équation proposée contiendra de racines réelles positives et inégales, et de plus chacune de ces racines se trouvera entre les deux résultats consécutifs qui seront de signe différent, de sorte que si les nombres $\frac{h}{k}$ et $\frac{h+1}{k}$ donnent des résultats de signe contraire, il y aura une racine entre $\frac{h}{k}$ et $\frac{h+1}{k}$; par conséquent le nombre entier qui approchera le plus de $\frac{h}{k}$ sera la valeur entière approchée de cette racine (2).

Ainsi l'on connaîtra, par ce moyen, non-seulement le nombre des racines positives et inégales de l'équation proposée, mais encore la valeur entière approchée de chacune de ces racines.

Au reste, il est clair que si l'on trouvait un ou plusieurs résultats égaux à zéro, les nombres qui auraient donné ces résultats seraient des racines exactes de l'équation proposée.

Pour faciliter et abréger ce calcul, on fera encore les remarques suivantes :

1° Si l'on cherche par les méthodes des numéros précédents la limite des racines positives de l'équation proposée, il est clair qu'il sera inutile d'y substituer à la place de l'inconnue des nombres plus grands que cette limite; en effet, il est facile de voir qu'en substituant des nombres plus grands que cette limite on aura toujours nécessairement des résultats positifs. Ainsi, nommant λ la limite dont il s'agit, le nombre des substitutions à faire sera égal à λk, et par conséquent toujours limité.

En général, sans chercher la limite λ, il suffira de pousser les substitutions jusqu'à ce que le premier terme de l'équation, ou la somme des premiers termes, s'il y en a plusieurs consécutifs avec le même signe $+$, soit égale ou plus grande que la somme de tous les termes négatifs; car il est facile de prouver, par la méthode du n° 7, qu'en donnant à l'inconnue des valeurs plus grandes on aura toujours à l'infini des résultats positifs.

2º Au lieu de substituer à la place de l'inconnue x les fractions $\frac{1}{k}, \frac{2}{k}, ...,$ on y mettra d'abord $\frac{x}{k}$ à la place de x, ou, ce qui revient au même, on multipliera le coefficient du second terme par k, celui du troisième terme par k^2, et ainsi des autres, et l'on y substituera ensuite à la place de x les nombres naturels 0, 1, 2, 3,..., jusqu'à la limite de cette équation, ou bien jusqu'à ce que le premier terme, ou la somme des premiers, quand il y en a plusieurs consécutifs avec le même signe, soit égale ou plus grande que la somme des négatifs; par ce moyen, les résultats seront tous des nombres entiers, et les racines de l'équation proposée se trouveront nécessairement entre les nombres consécutifs qui donneront des résultats de signe contraire, ces nombres étant divisés par k, comme nous l'avons vu plus haut.

3º Soit m le degré de l'équation dans laquelle il s'agit de substituer successivement les nombres naturels 0, 1, 2, 3,...; je dis que, dès qu'on aura trouvé les $m+1$ premiers résultats, c'est-à-dire ceux qui répondent à $x = 0, 1, 2, ..., m$, on pourra trouver tous les suivants par la seule addition.

Pour cela, il n'y aura qu'à chercher les différences des résultats trouvés, lesquelles seront au nombre de m, ensuite les différences de ces différences, lesquelles ne seront plus qu'au nombre de $m-1$, et ainsi de suite jusqu'à la différence $m^{ième}$.

Cette dernière différence sera nécessairement constante, parce que l'exposant de la plus haute puissance de l'inconnue est m; ainsi, on pourra continuer la suite des différences $m^{ièmes}$ aussi loin qu'on voudra, en répétant seulement la même différence trouvée; ensuite, par le moyen de cette suite on pourra, par la simple addition, continuer celle des différences $(m-1)^{ièmes}$, et, à l'aide de celle-ci, on pourra continuer de même la suite des différences $(m-2)^{ièmes}$, et ainsi de suite, jusqu'à ce que l'on arrive à la première suite, qui sera celle des résultats cherchés.

Il est bon d'observer ici que, si les termes correspondants des différentes suites dont nous parlons étaient tous positifs, les termes suivants dans chaque suite seraient tous aussi positifs. Or, puisque la dernière différence est toujours positive, il est clair qu'on parviendra nécessairement dans chaque suite à des termes tous positifs; ainsi, il suffira de continuer toutes ces suites jusqu'à ce que leurs termes correspondants soient devenus tous positifs, parce qu'alors on sera sûr que la série des résultats, continuée aussi loin qu'on voudra, sera toujours positive, et que par conséquent elle ne contiendra plus aucune variation de signe.

Pour éclaircir ceci par un exemple, soit proposée l'équation

$$x^3 - 63x + 189 = 0;$$

on trouvera d'abord que les résultats qui répondent à $x = 0, 1, 2, 3,\ldots,$ sont 189, 127, 71, 27, d'où l'on pourra tirer les différences premières $-62, -56, -44$, les différences deuxièmes 6, 12, et la différence troisième 6; ainsi, on formera les quatre séries suivantes

6	6	6	6	6	6	6...,
6	12	18	24	30	36	42...,
-62	-56	-44	-26	-2	28	64...,
189	127	71	27	1	-1	27...,

dont la loi est que chaque terme est égal à la somme du terme précédent de la même série et de celui qui y est au-dessus dans la série précédente; de sorte qu'il est très-facile de continuer ces séries aussi loin qu'on voudra.

Or, la dernière de ces quatre séries sera, comme on voit, celle des résultats qui viennent de la substitution des nombres naturels 0, 1, 2,..., à la place de x dans l'équation proposée, et comme les termes de la septième colonne, savoir 6, 42, 64, 27, sont tous positifs, il s'ensuit que les termes suivants seront tous aussi positifs, de sorte que la série des résultats, continuée aussi loin qu'on voudra, n'aura plus aucune variation de signe.

14. REMARQUE. — On avait déjà remarqué que l'on pouvait trouver la valeur approchée de toutes les racines réelles et inégales d'une équation quelconque en y substituant successivement, à la place de l'inconnue,

différents nombres en progression arithmétique; mais cette remarque ne pouvait pas être d'une grande utilité, faute d'avoir une méthode pour déterminer la progression qu'on doit employer dans chaque cas, en sorte que l'on soit assuré qu'elle fasse connaitre toutes les racines réelles et inégales de l'équation proposée. Nous en sommes heureusement venu à bout à l'aide du Problème du n° **8**.

Au reste, nous verrons encore ci-après d'autres usages de ce même Problème par rapport aux racines égales et imaginaires.

§ II. — *De la manière d'avoir les racines égales et imaginaires des équations.*

15. Nous n'avons considéré dans le paragraphe précédent que les racines réelles et inégales de l'équation proposée (B); supposons maintenant que cette équation ait des racines égales; dans ce cas, il faudra (**11**) que l'équation (D) soit divisible autant de fois par v qu'il y aura de combinaisons de racines égales deux à deux; par conséquent, il faudra qu'il y ait dans cette équation (D) autant des derniers termes qui manquent; ainsi, on connaitra d'abord par ce moyen combien de racines égales il y aura dans la proposée.

Or, puisque dans le cas des racines égales on a nécessairement $u = o$ (**8**), l'équation (C) du même numéro donnera pour ce cas $Y = o$; ainsi, il faudra que les deux équations en x, $X = o$ et $Y = o$, aient lieu en même temps lorsque x est égal à une quelconque des racines égales de l'équation (B).

On cherchera donc, par les méthodes connues, le plus grand commun diviseur des deux polynômes X et Y, et, faisant ensuite ce diviseur égal égal à zéro, on aura une équation qui ne sera composée que des racines égales de la proposée, mais élevées à une puissance moindre de l'unité.

Soient R le plus grand commun diviseur de X et de Y, et X_{1} le quotient de X divisé par R, il est facile de voir que l'équation $X_{1} = o$ contiendra toutes les mêmes racines que l'équation proposée $X = o$, avec cette différence que les racines multiples de cette équation seront simples dans l'équation $X_1 = 0$: ainsi, l'équation $X_1 = 0$ sera dans le cas des méthodes précédentes.

On peut encore, si l'on veut, trouver deux équations séparées, dont l'une contienne seulement les racines égales de l'équation $X = 0$, et dont l'autre contienne les racines inégales de la même équation. Pour cela, il n'y aura qu'à chercher encore le plus grand commun diviseur des polynômes X_1 et Y, et, nommant ce diviseur R_1, on prendra le quotient de X_1 divisé par R_1, lequel étant nommé X_2, on fera ces deux équations

$$X_2 = 0 \quad \text{et} \quad R_1 = 0.$$

La première contiendra seulement les racines inégales de l'équation $X = 0$, et la seconde contiendra seulement les racines égales de la même équation, mais chacune une seule fois; de sorte que les deux équations $X_2 = 0$ et $R_1 = 0$ n'auront que des racines inégales, et par conséquent seront susceptibles des méthodes du paragraphe précédent.

16. Connaissant ainsi le nombre des racines réelles tant inégales qu'égales de l'équation proposée, si ce nombre est moindre que le degré de l'équation, on en conclura que les autres racines sont nécessairement imaginaires.

En général, pour que l'équation (B) ait toutes ses racines réelles, il faut que les valeurs de u soient réelles aussi; donc il faudra que les valeurs de u^2 ou de v soient toutes réelles et positives; par conséquent, l'équation (D) du n° 8 doit avoir toutes ses racines réelles et positives; donc il faudra, par la règle connue, que les signes de cette équation soient alternativement positifs et négatifs; de sorte que, si cette condition n'a pas lieu, ce sera une marque sûre que l'équation (B) a nécessairement des racines imaginaires.

Or, on sait que les racines imaginaires vont toujours en nombre pair, et qu'elles peuvent se mettre deux à deux sous cette forme

$$\alpha + \beta \sqrt{-1}, \quad \alpha - \beta \sqrt{-1},$$

α et β étant des quantités réelles; donc on aura

$$u = \pm 2\beta \sqrt{-1},$$

et par conséquent

$$v = -4\beta^2;$$

d'où l'on voit que l'équation (D) aura nécessairement autant de racines réelles négatives qu'il y aura de couples de racines imaginaires dans l'équation (B).

Donc, si l'on fait $v = -w$, ce qui changera l'équation (D) en celle-ci

(G) $\quad w^n - a w^{n-1} + b w^{n-2} - c w^{n-3} + \ldots = 0,$

cette équation aura nécessairement autant de racines réelles positives qu'il y aura de couples de racines imaginaires dans l'équation (B).

Donc, si dans l'équation (G) il n'y a qu'un seul changement de signe, l'équation (B) n'aura que deux racines imaginaires (7).

17. Il suit du numéro précédent que, pour avoir la valeur des racines imaginaires de l'équation (B), il n'y a qu'à chercher les racines réelles positives de l'équation (G). En effet, soient w', w'', w''',... ces racines, on aura d'abord $\frac{\sqrt{w'}}{2}$, $\frac{\sqrt{w''}}{2}$, $\frac{\sqrt{w'''}}{2}$,... pour les valeurs de β; ensuite, pour trouver les valeurs correspondantes de α, on substituera, dans l'équation (B), $\alpha + \beta\sqrt{-1}$ à la place de x, et l'on fera deux équations séparées des termes tous réels et de ceux qui seront multipliés par $\sqrt{-1}$; de cette manière on aura deux équations en α de cette forme

(H) $\quad \begin{cases} \alpha^m + P\alpha^{m-1} + Q\alpha^{m-2} + \ldots = 0, \\ m\alpha^{m-1} + p\alpha^{m-2} + q\alpha^{m-3} + \ldots = 0, \end{cases}$

dans lesquelles les coefficients P, Q,..., p, q,... seront donnés en a, b, c,... et en β.

Donc, si l'on donne à β quelqu'une des valeurs précédentes, il faudra nécessairement que ces deux équations aient lieu en même temps, et par conséquent il faudra qu'elles aient un diviseur commun. On cherchera donc leur plus grand commun diviseur, et, le faisant égal à zéro, on aura une équation en α et β, par laquelle, β étant connu, on trouvera α.

Il est bon de remarquer que si toutes les valeurs de β tirées de l'équation (G) sont inégales entre elles, alors à chaque valeur de β il ne pourra répondre qu'une seule valeur de α; donc, dans ce cas, les deux équations (H) ne pourront avoir qu'une seule racine commune, et par conséquent leur plus grand commun diviseur ne pourra être que du premier degré.

On poussera donc la division jusqu'à ce que l'on parvienne à un reste où α ne se trouve plus qu'à la première dimension, et l'on fera ensuite ce reste égal à zéro, ce qui donnera la valeur cherchée de α.

Mais si, parmi les valeurs de β tirées de l'équation (G), il y en a, par exemple, deux d'égales entre elles, alors, comme à chacune de ces valeurs égales de β il peut répondre des valeurs différentes de α, il faudra qu'en mettant cette valeur double de β dans les équations (H) elles puissent avoir lieu par rapport à l'une et à l'autre des valeurs de α qui y répondent; ainsi, ces deux équations auront nécessairement deux racines communes, et par conséquent leur plus grand commun diviseur sera du second degré. Il faudra donc, dans ce cas, ne pousser la division que jusqu'à ce qu'on arrive à un reste où α se trouve à la seconde dimension seulement, et alors on fera ce reste égal à zéro, ce qui donnera une équation du second degré par laquelle on déterminera les deux valeurs de α, lesquelles seront nécessairement toutes deux réelles.

De même, s'il y avait trois valeurs égales de β, il faudrait, pour trouver les valeurs de α qui répondraient à cette valeur triple de β, ne pousser la division que jusqu'à ce que l'on parvînt à un reste où la plus haute puissance de α fût la troisième; et alors, faisant ce reste égal à zéro, on aurait une équation en α du troisième degré, laquelle donnerait les trois valeurs réelles de α correspondantes à la même valeur de β, et ainsi de suite.

§ III. — *Nouvelle méthode pour approcher des racines des équations numériques.*

18. Soit l'équation

$$(a) \qquad Ax^m + Bx^{m-1} + Cx^{m-2} + \ldots + K = 0,$$

et supposons qu'on ait déjà trouvé par la méthode précédente ou autrement la valeur entière approchée d'une de ses racines réelles et positives; soit cette première valeur p, en sorte que l'on ait

$$x > p \quad \text{et} \quad x < p + 1;$$

on fera

$$x = p + \frac{1}{y},$$

et, substituant cette valeur dans l'équation proposée, à la place de x, on aura, après avoir multiplié toute l'équation par y^m et ordonné les termes par rapport à y, une équation de cette forme

(b) $\qquad A' y^m + B' y^{m-1} + C' y^{m-2} + \ldots + K' = 0.$

Or, comme, par hypothèse, $\frac{1}{y} > 0$ et < 1, on aura $y > 0$; donc l'équation (b) aura nécessairement au moins une racine réelle plus grande que l'unité.

On cherchera donc par les méthodes du § I la valeur entière approchée de cette racine, et, comme cette racine doit être nécessairement positive, il suffira de considérer y comme positif (4).

Ayant trouvé la valeur entière approchée de y, que je nommerai q, on fera ensuite

$$y = q + \frac{1}{z},$$

et, substituant cette valeur de y dans l'équation (b), on aura une troisième équation en z de cette forme

(c) $\qquad A'' z^m + B'' z^{m-1} + C'' z^{m-2} + \ldots + K'' = 0,$

laquelle aura nécessairement au moins une racine réelle plus grande que l'unité, dont on pourra trouver de même la valeur entière approchée.

Cette valeur approchée de z étant nommée r, on fera

$$z = r + \frac{1}{u},$$

et substituant on aura une équation en u qui aura au moins une racine réelle plus grande que l'unité, et ainsi de suite.

II.

En continuant de la même manière, on approchera toujours de plus en plus de la valeur de la racine cherchée; mais, s'il arrive que quelqu'un des nombres p, q,... soit une racine exacte, alors on aura $x = p$ ou $y = q$,..., et l'opération sera terminée; ainsi, dans ce cas, on trouvera pour x une valeur commensurable.

Dans tous les autres cas la valeur de la racine sera nécessairement incommensurable, et l'on pourra seulement en approcher aussi près qu'on voudra.

19. Si l'équation proposée a plusieurs racines réelles positives, on pourra trouver, par les méthodes exposées dans le § I, la valeur entière approchée de chacune de ces racines; et nommant ces valeurs p, p', p'',..., on les emploiera successivement pour approcher davantage de la vraie valeur de chaque racine; il faudra seulement remarquer :

1° Que si les nombres p, p', p'',... sont tous différents l'un de l'autre, alors les transformées (b), (c),... du numéro précédent n'auront chacune qu'une seule racine réelle et plus grande que l'unité; car si, par exemple, l'équation (b) avait deux racines réelles plus grandes que l'unité, telles que y' et y'', on aurait donc

$$x = p + \frac{1}{y'} \quad \text{et} \quad x = p + \frac{1}{y''},$$

de sorte que ces deux valeurs de x auraient la même valeur entière approchée p contre l'hypothèse; il en serait de même si l'équation (c), ou quelqu'une des suivantes, avait deux racines réelles plus grandes que l'unité.

De là il s'ensuit que, pour trouver dans ce cas les valeurs entières approchées q, r,... des racines des équations (b), (c),..., il suffira de substituer successivement à la place de y, z,... les nombres naturels positifs 1, 2, 3,... jusqu'à ce que l'on trouve deux substitutions consécutives qui donnent des résultats de signe contraire (6);

2° Que s'il y a deux valeurs de x qui aient la même valeur entière approchée p, alors, en employant cette valeur, les équations (b), (c),... auront chacune deux racines réelles plus grandes que l'unité, jusqu'à ce que l'on arrive à une équation dont les deux racines plus grandes que l'unité aient des valeurs entières approchées différentes; alors chacune de ces deux valeurs donnera une suite particulière d'équations dont chacune n'aura plus qu'une seule racine réelle plus grande que l'unité.

En effet, puisqu'il y a deux valeurs différentes de x qui ont la même valeur entière approchée p, ces deux valeurs seront représentées par $p + \dfrac{1}{y}$; de sorte qu'il faudra que y ait nécessairement deux valeurs réelles plus grandes que l'unité; or, si ces deux valeurs de y ont la même valeur approchée q, il faudra de nouveau qu'en faisant $y = q + \dfrac{1}{z}$, z ait deux valeurs différentes plus grandes que l'unité, et ainsi de suite.

Mais, si les valeurs entières approchées de y étaient différentes, alors, nommant ces valeurs q et q', on ferait $y = q + \dfrac{1}{z}$ et $y = q' + \dfrac{1}{z}$; et il est clair que z, dans l'une et l'autre de ces deux suppositions, n'aurait plus qu'une seule valeur réelle plus grande que l'unité; autrement les valeurs de y, au lieu d'être seulement doubles, seraient triples ou quadruples, etc.

Donc, quand on sera parvenu à une transformée dont les deux racines plus grandes que l'unité auront des valeurs entières différentes, alors les autres transformées résultantes de chacune de ces deux valeurs n'auront plus qu'une seule racine plus grande que l'unité; par conséquent on pourra trouver la valeur entière approchée de ces racines en y substituant simplement les nombres naturels 1, 2, 3,... jusqu'à ce que l'on ait deux substitutions qui donnent des résultats de signes contraires (6).

On peut faire des remarques analogues sur le cas où il y aurait dans l'équation (a) trois racines ou davantage, qui auraient la même valeur entière approchée.

20. Nous avons supposé (18) que les racines cherchées étaient positives; pour trouver les négatives, il n'y aura qu'à mettre $-x$ à la place de x dans l'équation proposée, et l'on cherchera de même les racines positives de cette dernière équation; ce seront les racines négatives de la proposée (4).

Quant aux racines imaginaires, qui sont toujours exprimées par

$\alpha + \beta \sqrt{-1}$, nous avons donné, dans le § II, le moyen de trouver les équations dont α et β sont les racines; ainsi il n'y aura qu'à chercher les racines réelles de ces équations, et l'on aura la valeur de toutes les racines imaginaires de l'équation proposée.

21. Pour faciliter les substitutions (18) de $p + \dfrac{1}{y}$ au lieu de x, de $q + \dfrac{1}{z}$ au lieu de $y, \ldots$, il est bon de remarquer que les coefficients de la transformée (b) peuvent se déduire immédiatement de ceux de l'équation (a) en cette sorte

$$A' = A\, p^m + B\, p^{m-1} + C\, p^{m-2} + D\, p^{m-3} + \ldots,$$

$$B' = m A\, p^{m-1} + (m-1)\, B\, p^{m-2} + (m-2)\, C\, p^{m-3} + \ldots,$$

$$C' = \frac{m(m-1)}{2}\, A\, p^{m-2} + \frac{(m-1)(m-2)}{2}\, B\, p^{m-3} + \ldots,$$

$$\cdots\cdots\cdots\cdots\cdots\cdots\cdots\cdots\cdots\cdots\cdots\cdots\cdots\cdots\cdots\cdots$$

On aura de même ceux de la transformée (c) par ceux de la transformée (b) en mettant dans les formules précédentes q à la place de p, A'', B'', $C'', \ldots$ à la place de A', B', $C', \ldots$, et A', B', $C', \ldots$ à la place de A, B, $C, \ldots$, et ainsi de suite.

De là il est évident que le premier coefficient A', ou A'', ou$\ldots$, ne sera jamais nul, à moins que le nombre p, ou q, ou$\ldots$, ne soit une racine exacte, auquel cas nous avons vu que la fraction continue se termine à ce nombre (18). En effet, si $A' = 0$, ou $A'' = 0$, ou$\ldots$, on aura $y = \infty$, ou $z = \infty$, ou$\ldots$, donc $x = p$, ou $y = q$, ou$\ldots$.

22. Soient donc p, q, r, s, $t, \ldots$ les valeurs entières approchées des équations (a), (b), $(c), \ldots$, en sorte que l'on ait

$$x = p + \frac{1}{y}, \quad y = q + \frac{1}{z}, \quad z = r + \frac{1}{u}, \ldots,$$

et, substituant successivement ces valeurs dans celle de x, on aura

$$x = p + \cfrac{1}{q + \cfrac{1}{r + \cfrac{1}{s + .}}}$$

Ainsi la valeur de x, c'est-à-dire de la racine cherchée, sera exprimée par une fraction continue. Or, on sait que ces sortes de fractions donnent toujours l'expression la plus simple, et en même temps la plus exacte qu'il est possible, d'un nombre quelconque soit rationnel ou irrationnel.

M. Huygens parait être le premier qui ait remarqué cette propriété des fractions continues, et qui en ait fait usage pour trouver les fractions les plus simples, et en même temps les plus approchantes d'une fraction quelconque donnée (*voyez* son Traité *De Automato planetario*).

Plusieurs habiles Géomètres ont ensuite développé davantage cette théorie, et en ont fait différentes applications ingénieuses et utiles; mais on n'avait pas encore pensé, ce me semble, à s'en servir dans la résolution des équations.

23. Maintenant, si l'on réduit les fractions continues

$$\frac{p}{1}, \quad p + \frac{1}{q}, \quad p + \frac{1}{q + \frac{1}{r}}, \cdots$$

en fractions ordinaires, on aura, en faisant

$$\alpha = p, \qquad \alpha' = 1,$$
$$\beta = q\alpha + 1, \quad \beta' = q\alpha' = q,$$
$$\gamma = r\beta + \alpha, \quad \gamma' = r\beta' + \alpha',$$
$$\delta = s\gamma + \beta, \quad \delta' = s\gamma' + \beta',$$
$$\cdots\cdots\cdots, \qquad \cdots\cdots\cdots,$$

on aura, dis-je, cette suite de fractions particulières

$$\frac{\alpha}{\alpha'}, \quad \frac{\beta}{\beta'}, \quad \frac{\gamma}{\gamma'}, \quad \frac{\delta}{\delta'}, \cdots,$$

lesquelles seront nécessairement convergentes vers la vraie valeur de x, et dont la première sera plus petite que cette valeur, la seconde sera plus grande, la troisième plus petite, et ainsi de suite; de sorte que la valeur cherchée se trouvera toujours entre deux fractions consécutives quelconques; c'est ce qu'il est aisé de déduire de la nature même de la fraction continue d'où celles-ci sont tirées.

Or, il est facile de voir que les valeurs de

$$\alpha, \beta, \gamma, \ldots, \quad \alpha', \beta', \gamma', \ldots$$

sont toujours telles que

$$\beta\alpha' - \alpha\beta' = 1, \quad \beta\gamma' - \gamma\beta' = 1, \quad \delta\gamma' - \gamma\delta' = 1, \ldots;$$

d'où il s'ensuit :

1º Que ces fractions sont déjà réduites à leurs moindres termes ; car, si γ et γ', par exemple, avaient un commun diviseur autre que l'unité, il faudrait, en vertu de l'équation

$$\beta\gamma' - \gamma\beta' = 1,$$

que l'unité fût aussi divisible par ce même diviseur ;

2º Qu'on aura

$$\frac{\beta}{\beta'} - \frac{\alpha}{\alpha'} = \frac{1}{\alpha'\beta'}, \quad \frac{\beta}{\beta'} - \frac{\gamma}{\gamma'} = \frac{1}{\beta'\gamma'}, \quad \frac{\delta}{\delta'} - \frac{\gamma}{\gamma'} = \frac{1}{\gamma'\delta'}, \ldots,$$

de sorte que les fractions

$$\frac{\alpha}{\alpha'}, \quad \frac{\beta}{\beta'}, \quad \frac{\gamma}{\gamma'}, \ldots$$

ne peuvent jamais différer de la vraie valeur de x que d'une quantité respectivement moindre que

$$\frac{1}{\alpha'\beta'}, \quad \frac{1}{\beta'\gamma'}, \quad \frac{1}{\gamma'\delta'}, \ldots;$$

d'où il sera facile de juger de la quantité de l'approximation.

En général, puisque $\beta' > \alpha'$, $\gamma' > \beta', \ldots$, on aura

$$\frac{1}{\alpha'^2} > \frac{1}{\alpha'\beta'}, \quad \frac{1}{\beta'^2} > \frac{1}{\beta'\gamma'}, \ldots;$$

d'où l'on voit que l'erreur de chaque fraction sera toujours moindre que l'unité divisée par le carré du dénominateur de la même fraction ;

3º Que chaque fraction approchera de la valeur de x, non-seulement plus que ne fait aucune des fractions précédentes, mais aussi plus que ne pourrait faire aucune autre fraction quelconque qui aurait un moindre dénominateur. En effet, si la fraction $\frac{\mu}{\mu'}$, par exemple, approchait plus que la fraction $\frac{\delta}{\delta'}$, δ' étant $> \mu'$, il faudrait que la quantité $\frac{\mu}{\mu'}$ se trouvât entre ces deux $\frac{\gamma}{\gamma'}$ et $\frac{\delta}{\delta'}$; donc

$$\frac{\mu}{\mu'} - \frac{\gamma}{\gamma'} < \frac{\delta}{\delta'} - \frac{\gamma}{\gamma'} < \frac{1}{\gamma'\delta'} \quad \text{et} \quad > 0;$$

donc

$$\mu\gamma' - \mu'\gamma < \frac{\mu'}{\delta'} < 1 \quad \text{et} \quad > 0,$$

ce qui ne se peut.

24. Les fractions $\frac{\alpha}{\alpha'}$, $\frac{\beta}{\beta'}$, $\frac{\gamma}{\gamma'}$,... peuvent être appelées fractions *principales*, parce qu'elles convergent le plus qu'il est possible vers la valeur cherchée; mais, quand les nombres p, q, r,... diffèrent de l'unité, on peut encore trouver d'autres fractions convergentes vers la même valeur, et qu'on appellera, si l'on veut, fractions *secondaires*.

Par exemple, si r est > 1, on peut entre les fractions $\frac{\alpha}{\alpha'}$ et $\frac{\gamma}{\gamma'}$, qui sont toutes deux moindres que la valeur de x, insérer autant de fractions secondaires qu'il y a d'unités dans $r - 1$, en mettant successivement 1, 2, 3,..., $r - 1$ au lieu de r. De cette manière, à cause de $\gamma = r\beta + \alpha$ et $\gamma' = r\beta' + \alpha'$, on aura cette suite de fractions

$$\frac{\alpha}{\alpha'}, \quad \frac{\beta+\alpha}{\beta'+\alpha'}, \quad \frac{2\beta+\alpha}{2\beta'+\alpha'}, \quad \frac{3\beta+\alpha}{3\beta'+\alpha'}, \cdots, \quad \frac{r\beta+\alpha}{r\beta'+\alpha'},$$

dont les deux extrêmes sont les deux fractions *principales* $\frac{\alpha}{\alpha'}$, $\frac{\gamma}{\gamma'}$, et dont les intermédiaires sont des fractions *secondaires*.

Or, si l'on prend la différence entre deux fractions consécutives quelconques de cette suite, comme entre $\frac{2\beta+\alpha}{2\beta'+\alpha'}$ et $\frac{3\beta+\alpha}{3\beta'+\alpha'}$, on trouvera $\frac{1}{(2\beta'+\alpha')(3\beta'+\alpha')}$, de sorte que cette différence sera toujours positive et ira en diminuant d'une fraction à l'autre; d'où il s'ensuit que, comme la dernière fraction $\frac{\gamma}{\gamma'}$ est moindre que la vraie valeur de la fraction continue, les fractions dont il s'agit seront toutes plus petites que cette valeur, et seront en même temps convergentes vers cette même valeur.

On fera le même raisonnement par rapport à toutes les autres fractions principales, et si l'on ajoute à ces fractions les deux fractions $\frac{0}{1}$ et $\frac{1}{0}$, dont la première est toujours plus petite, et dont la seconde est plus grande que toute quantité donnée, on pourra former deux séries de fractions convergentes vers la valeur cherchée, dont l'une contiendra toutes les fractions plus petites que cette valeur, et dont l'autre contiendra toutes les fractions plus grandes que la même valeur.

Fractions plus petites.

$$\frac{0}{1}, \qquad \frac{1}{1}, \qquad \frac{2}{1}, \qquad \frac{3}{1}, \ldots, \qquad \frac{p}{1}, \qquad \left(\frac{\alpha}{\alpha'}\right),$$

$$\frac{\beta+\alpha}{\beta'+\alpha'}, \quad \frac{2\beta+\alpha}{2\beta'+\alpha'}, \quad \frac{3\beta+\alpha}{3\beta'+\alpha'}, \ldots, \quad \frac{r\beta+\alpha}{r\beta'+\alpha'}, \qquad \left(\frac{\gamma}{\gamma'}\right),$$

$$\frac{\delta+\gamma}{\delta'+\gamma'}, \quad \frac{2\delta+\gamma}{2\delta'+\gamma'}, \quad \frac{3\delta+\gamma}{3\delta'+\gamma'}, \ldots, \quad \frac{t\delta+\gamma}{t\delta'+\gamma'}, \qquad \left(\frac{\varepsilon}{\varepsilon'}\right),$$

$$\ldots\ldots, \qquad \ldots\ldots, \qquad \ldots\ldots\ldots, \qquad \ldots\ldots, \qquad \ldots\ldots$$

Fractions plus grandes.

$$\frac{1}{0}, \quad \frac{\alpha+1}{\alpha'+1}, \quad \frac{2\alpha+1}{2\alpha'+1}, \quad \frac{3\alpha+1}{3\alpha'+1}, \ldots, \quad \frac{q\alpha+1}{q\alpha'+1}, \qquad \left(\frac{\beta}{\beta'}\right),$$

$$\frac{\gamma+\beta}{\gamma'+\beta'}, \qquad \frac{2\gamma+\beta}{2\gamma'+\beta'}, \qquad \frac{3\gamma+\beta}{3\gamma'+\beta'}, \ldots, \quad \frac{s\gamma+\beta}{s\gamma'+\beta'}, \qquad \left(\frac{\delta}{\delta'}\right),$$

$$\ldots\ldots, \qquad \ldots\ldots, \qquad \ldots\ldots\ldots, \qquad \ldots\ldots, \qquad \ldots\ldots$$

Quant à la nature de ces fractions, il est facile de prouver, comme nous l'avons fait par rapport aux fractions principales : 1° que chacune de ces fractions sera déjà réduite à ses moindres termes; d'où il s'ensuit que, comme les numérateurs et les dénominateurs vont en augmentant, ces fractions se trouveront toujours exprimées par des termes plus grands à mesure qu'elles s'éloigneront du commencement de la série; 2° que chaque fraction de la première série approchera de la valeur de x plus qu'aucune autre fraction quelconque qui serait moindre que cette valeur, et qui aurait un dénominateur plus petit que celui de la même fraction ; et que, de même, chaque fraction de la seconde série approchera plus de la valeur de x que ne pourrait faire toute autre fraction qui serait plus grande que cette valeur, et qui aurait un dénominateur plus petit que celui de la même fraction.

En effet, s'il y avait une fraction comme $\frac{\mu}{\mu'}$ plus petite que la valeur de x, et en même temps plus approchante de cette valeur que la fraction $\frac{3\beta+\alpha}{3\beta'+\alpha'}$, par exemple, en supposant $3\beta'+\alpha' > \mu'$, il faudrait $\Big($à cause que la fraction $\frac{\beta}{\beta'}$ est plus grande que la valeur dont il s'agit$\Big)$ que la quantité $\frac{\mu}{\mu'}$ se trouvât entre les deux quantités

$$\frac{3\beta+\alpha}{3\beta'+\alpha'} \quad \text{et} \quad \frac{\beta}{\beta'};$$

donc la quantité

$$\frac{\beta}{\beta'} - \frac{\mu}{\mu'}$$

devrait être

$$< \frac{\beta}{\beta'} - \frac{3\beta+\alpha}{3\beta'+\alpha'} < \frac{\beta\alpha'-\alpha\beta'}{\beta'(3\beta'+\alpha')} < \frac{1}{\beta'(3\beta'+\alpha')};$$

donc il faudrait que $\mu'\beta - \mu\beta'$ fût $< \frac{\mu'}{3\beta'+\alpha'} < 1$, ce qui ne se peut.

Au reste, il peut arriver qu'une fraction d'une série n'approche pas si près qu'une autre de l'autre série, quoique conçue en termes moins simples; mais cela n'arrive jamais quand la fraction qui a le plus grand dénominateur est une fraction principale (23).

§ IV. — *Application des méthodes précédentes à quelques exemples.*

25. Je prendrai pour premier exemple l'équation que Newton a résolue par sa méthode, savoir

$$x^3 - 2x - 5 = 0.$$

Je commence par chercher par les formules du n° **8** l'équation en v qui résulte de cette équation; je fais donc

$$m = 3, \quad A = 0, \quad B = -2, \quad C = 5;$$

j'aurai

$$n = \frac{3 \cdot 2}{2} = 3,$$

$$A_1 = 0, \quad A_2 = 4, \quad A_3 = 15, \quad A_4 = 8, \quad A_5 = 50, \quad A_6 = 91;$$

donc

$$a_1 = 12, \quad a_2 = 72, \quad a_3 = -1497,$$

et, de là,

$$a = 12, \quad b = 36, \quad c = -643;$$

de sorte que l'équation cherchée sera

$$v^3 - 12v^2 + 36v + 643 = 0.$$

Or, puisque cette équation n'a pas les signes alternativement positifs et négatifs, j'en conclus sur-le-champ que l'équation proposée a nécessairement deux racines imaginaires, et par conséquent une seule réelle (**16**).

Ainsi, les nombres à substituer à la place de x seront les nombres naturels $0, 1, 2, 3, \ldots$ (**6**).

Je suppose d'abord x positif, et je cherche la limite des valeurs de x par les méthodes du n° **12** : je trouve $\sqrt{2} + \sqrt[3]{5} < 3$; ainsi, 3 sera la limite cherchée en nombres entiers, de sorte qu'il suffira de faire successivement $x = 0, 1, 2, 3$, ce qui donnera ces résultats $-5, -6, -1, 16$; d'où l'on voit que la racine réelle de l'équation proposée sera entre les nombres 2 et 3, et qu'ainsi 2 sera la valeur entière la plus approchée de cette racine (**2**).

Je fais maintenant, suivant la méthode du § III, $x = 2 + \dfrac{1}{y}$; j'ai, en substituant et ordonnant les termes par rapport à y, l'équation

$$y^3 - 10y^2 - 6y - 1 = 0,$$

dans laquelle j'ai changé les signes pour rendre le premier terme positif.

Cette équation aura donc nécessairement une seule racine plus grande que l'unité (**19**), de sorte que, pour en trouver la valeur approchée, il n'y aura qu'à substituer les nombres 0, 1, 2, 3,.. , jusqu'à ce que l'on trouve deux substitutions consécutives qui donnent des résultats de signe contraire.

Pour ne pas faire beaucoup de substitutions inutiles, je remarque qu'en faisant $y = 0$ j'ai un résultat négatif, et qu'en faisant $y = 10$ le résultat est encore négatif; je commence donc par le nombre 10, et je fais successivement $y = 10$, 11,.... Je trouve d'abord les résultats $- 61$, 54,...; d'où je conclus que la valeur approchée de y est 10; donc $q = 10$.

Je fais donc $y = 10 + \dfrac{1}{z}$, j'aurai l'équation

$$61 z^3 - 94 z^2 - 20 z - 1 = 0,$$

et, supposant successivement $z = 1$, 2,..., j'aurai les résultats $- 54$, 71,...; donc $r = 1$.

Je fais encore $z = 1 + \dfrac{1}{u}$; j'aurai

$$54 u^3 + 25 u^2 - 89 u - 61 = 0,$$

et, supposant $u = 1$, 2,..., j'aurai les résultats $- 71$, 293,...; donc $s = 1$, et ainsi de suite.

En continuant de cette manière, on trouvera les nombres

$$2, \quad 10, \quad 1, \quad 1, \quad 2, \quad 1, \quad 3, \quad 1, \quad 1, \quad 12,...,$$

de sorte que la racine cherchée sera exprimée par cette fraction continue

$$x = 2 + \cfrac{1}{10 + \cfrac{1}{1 + \cfrac{1}{1 + \cfrac{1}{2 + \cdots}}}},$$

d'où l'on tirera les fractions (23)

$$\frac{2}{1}, \quad \frac{21}{10}, \quad \frac{23}{11}, \quad \frac{44}{21}, \quad \frac{111}{53}, \quad \frac{155}{74}, \quad \frac{576}{275}, \quad \frac{731}{349}, \quad \frac{1307}{624}, \quad \frac{16415}{7837}, \ldots,$$

lesquelles seront alternativement plus petites et plus grandes que la valeur de x.

La dernière fraction $\frac{16415}{7837}$ est plus grande que la racine cherchée; mais l'erreur sera moindre que $\frac{1}{(7837)^2}$ (23, 2°), c'est-à-dire moindre que 0,000 000 016 3; donc, si l'on réduit la fraction $\frac{16415}{7837}$ en fraction décimale, elle sera exacte jusqu'à la septième décimale; or, en faisant la division, on trouve 2,094 551 486 5,...; ainsi, la racine cherchée sera entre les nombres 2,094 551 49 et 2,094 551 47.

Newton a trouvé par sa méthode la fraction 2,094 551 47 (*voyez* sa *Méthode des suites infinies*), d'où l'on voit que cette méthode donne dans ce cas un résultat fort exact; mais on aurait tort de se promettre toujours une pareille exactitude.

26. Quant aux deux autres racines de la même équation, nous avons déjà vu qu'elles doivent être imaginaires; néanmoins, si l'on voulait en trouver la valeur, on le pourrait par la méthode du n° **17**.

Pour cela, on reprendra l'équation en v trouvée ci-dessus, et, en y changeant v en w, on aura

$$w^3 + 12w^2 - 36w - 643 = 0,$$

et il ne s'agira plus que de chercher une racine réelle et positive de cette équation. Or, puisqu'elle a son dernier terme négatif, elle aura nécessairement une telle racine, dont on pourra trouver la valeur entière la plus approchée (3) par la substitution successive des nombres naturels o, 1, 2, 3,.... En effet, en faisant $w = 6$, on aura le résultat -211, et en faisant $w = 7$, on aura $+40$; ainsi, la valeur entière la plus approchée de la racine positive de cette équation sera 6.

On fera donc maintenant $w = 6 + \dfrac{1}{u}$, et, en substituant, on aura, après avoir changé les signes,

$$211\,u^3 - 216\,u^2 - 30\,u - 1 = 0.$$

Faisant successivement $u = 0$, 1, 2,..., on aura les résultats -1, -36, $+53$; donc 1 sera la valeur entière approchée de u.

On fera donc $u = 1 + \dfrac{1}{x}$, et l'on aura, en substituant et changeant les signes,

$$36\,x^3 - 171\,x^2 - 417\,x - 211 = 0.$$

En faisant successivement $x = 0$, 1, 2,..., on trouvera des résultats négatifs jusqu'à la supposition de $x = 7$, qui donne 9 218 pour résultat, de sorte que 6 sera la valeur entière approchée de x.

On fera donc $x = 6 + \dfrac{1}{y}, \ldots$

De cette manière, on approchera de plus en plus de la valeur de w, laquelle sera exprimée par cette fraction continue

$$w = 6 + \cfrac{1}{1 + \cfrac{1}{6 + \cdot_{\cdot_{\cdot}}}}$$

d'où l'on tire les fractions particulières

$$\frac{6}{1}, \quad \frac{7}{1}, \quad \frac{48}{7}, \ldots.$$

Connaissant ainsi w, on aura (17) $\beta = \dfrac{\sqrt{w}}{2}$; ainsi l'on connaitra β.

On substituera maintenant $\alpha + \beta\sqrt{-1}$ à la place de x dans l'équation proposée, et faisant deux équations séparées des termes tout réels et de ceux qui sont affectés de $\sqrt{-1}$, on aura les deux équations

$$\alpha^3 - (3\beta^2 + 2)\alpha - 5 = 0,$$
$$3\alpha^2 - \beta^2 - 2 = 0.$$

On cherchera le plus grand commun diviseur de ces deux équations, et l'on poussera seulement la division jusqu'à ce que l'on arrive à un reste où α ne se trouve qu'à la première puissance (numéro cité); ce reste sera

$$-\frac{8\beta^2 + 4}{3}\alpha - 5,$$

lequel, étant fait $= 0$, donnera

$$\alpha = -\frac{15}{4(2\beta^2 + 1)}.$$

Ainsi l'on aura la valeur des deux racines imaginaires $\alpha + \beta\sqrt{-1}$ et $\alpha - \beta\sqrt{-1}$ de l'équation proposée.

27. Prenons pour second exemple l'équation

$$x^3 - 7x + 7 = 0.$$

On aura encore ici $m = 3$, et par conséquent $n = 3$; ensuite,

$$A = 0, \quad B = -7, \quad C = -7;$$

d'où

$$A_1 = 0, \quad A_2 = 14, \quad A_3 = -21, \quad A_4 = 98, \quad A_5 = -245, \quad A_6 = 833;$$

et, de là,

$$a_1 = 42, \quad a_2 = 882, \quad a_3 = 18669,$$

et enfin

$$a = 42, \quad b = 441, \quad c = 49;$$

de sorte que l'équation en v sera

$$v^3 - 42v^2 + 441v - 49 = 0.$$

Puisque les signes de cette équation sont alternatifs, c'est une marque que la proposée peut avoir toutes ses racines réelles (**16**), et comme d'ailleurs cette équation n'est point divisible par v, il s'ensuit que l'équation en x n'aura point de racines égales (**15**).

On fera maintenant (11) $v = \dfrac{1}{y}$, et, ordonnant l'équation par rapport à y, on aura

$$y^3 - 9y^2 + \frac{42}{49}y - \frac{1}{49} = 0.$$

Le plus grand coefficient négatif étant 9, on pourrait prendre $l = 10$ (12), mais on peut trouver une limite plus proche en cherchant le plus petit nombre entier qui rendra positives ces trois quantités

$$l^3 - 9l^2 + \frac{42}{49}l - \frac{1}{49},$$
$$3l^2 - 18l + \frac{42}{49},$$
$$3l - 9,$$

et l'on trouvera que $l = 9$ satisfait à ces conditions, de sorte qu'on aura $k = 3$ (11), et par conséquent $\Delta = \dfrac{1}{3}$.

On mettra donc (13, 2°), dans l'équation proposée, $\dfrac{x}{3}$ à la place de x, ce qui la réduira à celle-ci

$$x^3 - 63x + 189 = 0,$$

dans laquelle il n'y aura plus qu'à substituer les nombres naturels 0, 1, 2,... à la place de x. Or, suivant la méthode (13, 3°), on trouve que la série des résultats ne contient que deux variations de signes, lesquelles répondent à $x = 4$, 5, 6: de sorte que l'équation proposée n'aura que deux racines positives, lesquelles tomberont, l'une entre les nombres $\dfrac{4}{3}$ et $\dfrac{5}{3}$, et l'autre entre les nombres $\dfrac{5}{3}$ et $\dfrac{6}{3}$; d'où l'on voit que la valeur entière la plus approchée de l'une et de l'autre sera 1 (2).

Faisons maintenant x négatif pour avoir aussi les racines négatives (4), et l'équation se changera en

$$x^3 - 7x - 7 = 0,$$

laquelle, ayant son dernier terme négatif, aura sûrement une racine positive (3), et il est clair qu'elle n'en aura qu'une seule, puisque nous avons déjà trouvé les deux autres; ainsi l'on pourra d'abord trouver la valeur entière approchée de cette racine en substituant, à la place de x, les nombres o, 1, 2,..., jusqu'à ce que l'on rencontre deux substitutions qui donnent des résultats de signe contraire (3); or, on trouve que ces substitutions sont $x = 3$ et $x = 4$; de sorte que 3 sera la valeur entière la plus approchée de x dans l'équation précédente, et par conséquent de $-x$ dans la proposée.

Ayant ainsi trouvé que l'équation a trois racines réelles, deux positives et une négative, et ayant trouvé en même temps leurs valeurs entières approchées, on pourra approcher autant qu'on voudra de la vraie valeur de chacune d'elles par la méthode du § III.

Considérons d'abord les racines positives, et faisons $x = 1 + \dfrac{1}{y}$ dans l'équation

$$x^3 - 7x + 7 = 0,$$

elle deviendra celle-ci

$$y^3 - 4y^2 + 3y + 1 = 0,$$

laquelle, à cause que 1 est la valeur approchée de deux racines, aura nécessairement (19, 2°) deux racines plus grandes que l'unité.

J'essaye d'abord si je peux trouver les valeurs approchées de ces deux racines par la substitution des nombres entiers o, 1, 2,..., et, comme il n'y a que le terme $4y^2$ de négatif, il suffira (13, 1°) de pousser les substitutions jusqu'à ce que l'on ait $y^3 =$ ou $> 4y^2$, c'est-à-dire jusqu'à $y = 4$; or, en faisant $y = 0, 1, 2, 3, 4$, j'ai les résultats 1, 1, -1, 1, 13; d'où je conclus que les racines cherchées sont, l'une entre les nombres 1 et 2, et l'autre entre les nombres 2 et 3; de sorte que les valeurs approchées de y seront 1 et 2.

On fera donc :

1° $y = 1 + \dfrac{1}{z}$, et l'on aura

$$z^3 - 2z^2 - z + 1 = 0,$$

équation qui n'aura plus qu'une racine réelle plus grande que l'unité (19, 2°); ainsi l'on supposera successivement $z = 1, 2,...$, jusqu'à ce que l'on trouve deux substitutions consécutives qui donnent des résultats de signe contraire; or, on trouve que $z = 2$ donne -1, et $z = 3$ donne $+7$; donc 2 sera la valeur entière approchée de z.

On fera donc $z = 2 + \dfrac{1}{u}$, et, substituant, on aura, en changeant les signes,

$$u^3 + 3u^2 - 4u - 1 = 0.$$

On supposera de même $u = 1, 2, \ldots$, et l'on trouvera que la valeur entière approchée de u sera 1.

On fera $u = 1 + \dfrac{1}{w}$, et ainsi de suite;

2° On fera $y = 2 + \dfrac{1}{z}$, et, substituant dans l'équation précédente en y, on aura, après avoir changé les signes,

$$z^3 + z^2 - 2z - 1 = 0;$$

cette équation n'aura, comme la précédente en z, qu'une seule racine réelle plus grande que l'unité; de sorte qu'il n'y aura qu'à faire $z = 1$, $2, \ldots$, ce qui donne les résultats -1, 5, d'où l'on conclut que 1 est la valeur entière approchée de z.

On fera donc $z = 1 + \dfrac{1}{u}$, et l'on aura, en changeant les signes,

$$u^3 - 3u^2 - 4u - 1 = 0,$$

d'où l'on trouvera, de la même manière que ci-dessus, que la valeur entière approchée de u sera 4.

Ainsi l'on fera $u = 4 + \dfrac{1}{u'}$, et ainsi de suite.

Donc les deux racines positives de l'équation proposée seront

$$x = 1 + \cfrac{1}{1 + \cfrac{1}{2 + \cfrac{1}{1 + \cdots}}},$$

$$x = 1 + \cfrac{1}{2 + \cfrac{1}{1 + \cfrac{1}{4 + \cdots}}}.$$

D'où l'on tirera, si l'on veut, des fractions convergentes, comme dans l'Exemple précédent (**23** et **24**).

Pour trouver maintenant la valeur approchée de la racine négative, on reprendra l'équation

$$x^3 - 7x - 7 = 0,$$

dans laquelle on a déjà trouvé que la valeur entière approchée est 3; ainsi l'on fera $x = 3 + \dfrac{1}{y}$, ce qui donnera, en changeant les signes,

$$y^3 - 20y^2 - 9y - 1 = 0,$$

et, comme cette équation ne peut avoir qu'une seule racine réelle plus grande que 1 (**19**, 2°), on en trouvera la valeur approchée en faisant $y = 1, 2, \ldots$, jusqu'à ce que l'on rencontre deux résultats consécutifs de signe contraire, ce qui arrivera lorsque $y = 20, 21$; de sorte que la valeur dont il s'agit sera 20.

On fera donc $y = 20 + \dfrac{1}{u}, \ldots$

De cette manière, la racine négative de l'équation proposée sera

$$x = -3 - \cfrac{1}{20 + \cfrac{1}{3 + .}}$$

ADDITIONS AU MÉMOIRE

SUR LA

RÉSOLUTION DES ÉQUATIONS NUMÉRIQUES.

ADDITIONS AU MÉMOIRE

SUR LA

RÉSOLUTION DES ÉQUATIONS NUMÉRIQUES (*).

(*Mémoires de l'Académie royale des Sciences et Belles-Lettres de Berlin*, t. XXIV, 1770.)

J'ai donné dans ce Mémoire une méthode générale pour résoudre les équations numériques de tous les degrés, matière sur laquelle on n'avait encore que des tentatives et des essais. Ma méthode ne laisse, ce me semble, rien à désirer : non-seulement elle fournit un moyen sûr de reconnaître combien de racines réelles positives ou négatives, égales ou inégales, il y a dans une équation quelconque; elle donne encore le moyen d'approcher d'aussi près que l'on veut, et le plus qu'il est possible en nombres rationnels, de la vraie valeur de chaque racine; et c'est à quoi se réduit, si je ne me trompe, tout ce qu'on peut souhaiter dans la résolution des équations.

Ayant eu occasion de penser encore à cette matière, j'ai fait de nouvelles réflexions qui peuvent servir à perfectionner et à simplifier ma méthode dans plusieurs cas; ce sont ces réflexions que je vais exposer ici : elles me paraissent assez importantes pour mériter quelque attention de la part des Géomètres.

(*) Lu à l'Académie le 25 août 1769 et le 8 mars 1770.

§ I. — *Sur les racines imaginaires des équations.*

REMARQUE I.

*Sur la manière de reconnaître quand toutes les racines d'une équation
sont réelles.*

1. Dans le n° 8 de ce Mémoire, j'ai donné des formules générales pour
déduire d'une équation quelconque une autre équation dont les racines
soient les carrés des différences entre les racines de l'équation proposée.
Or, si toutes les racines d'une équation sont réelles, il est évident que
les carrés de leurs différences seront tous positifs; par conséquent, l'é-
quation dont ces carrés seront les racines, et que nous appellerons dorénavant, pour abréger, *équation des différences*, cette équation, dis-je,
n'ayant que des racines réelles positives, aura nécessairement les signes
de ses termes alternativement positifs et négatifs; de sorte que, si cette
condition n'a pas lieu, ce sera une marque sûre que l'équation primitive
a nécessairement des racines imaginaires.

2. De plus, comme on sait (*voyez* les *Mémoires* de cette Académie
pour l'année 1746 et ceux de la Société de Turin pour l'année 1760)
que les racines imaginaires vont toujours deux à deux, et qu'elles peuvent se mettre sous la forme

$$\alpha + \beta \sqrt{-1}, \quad \alpha - \beta \sqrt{-1},$$

α et β étant des quantités réelles, il s'ensuit que la différence de deux
racines imaginaires correspondantes sera nécessairement de la forme
$2\beta \sqrt{-1}$, de sorte que le carré de cette différence sera $-4\beta^2$, c'est-à-
dire une quantité réelle et négative. Donc, si l'équation proposée a des
racines imaginaires, il faudra nécessairement que l'*équation des différences* ait au moins autant de racines réelles négatives qu'il y aura de
couples de racines imaginaires dans la proposée.

C'est ce que j'avais déjà remarqué dans le § II du Mémoire cité; mais voici une conséquence qui m'avait échappé alors, et qui peut être d'une grande utilité dans la recherche des racines imaginaires.

3. Nous venons de voir que chaque couple de racines imaginaires de la proposée doit donner au moins une racine réelle négative dans l'équation des différences. Or, il est démontré (*voyez les Mémoires de l'Académie des Sciences de Paris* pour l'année 1741) qu'une équation quelconque ne saurait avoir plus de racines positives qu'elle n'a de changements de signes, ni plus de racines négatives qu'elle n'a de successions du même signe. Donc, le nombre des racines imaginaires dans une équation quelconque ne pourra jamais être plus grand que le double de celui des successions de signe dans l'équation des différences.

4. De là et de ce que nous avons dit ci-dessus il s'ensuit que, si l'équation des différences a tous ses termes alternativement positifs et négatifs, l'équation primitive aura nécessairement toutes ses racines réelles, sinon elle aura nécessairement des racines imaginaires. Ainsi l'on pourra toujours juger par ce moyen s'il y a ou non des racines imaginaires dans une équation quelconque donnée.

REMARQUE II.

Où l'on donne des règles pour déterminer le nombre des racines imaginaires d'une équation.

5. Soient

$$a, \quad b, \quad c, \quad d,\dots$$

les racines réelles d'une équation quelconque, et

$$\alpha+\beta\sqrt{-1}, \quad \alpha-\beta\sqrt{-1}, \quad \gamma+\delta\sqrt{-1}, \quad \gamma-\delta\sqrt{-1},\dots$$

les racines imaginaires; les carrés des différences de ces racines seront

$$(a-b)^2, \quad (a-c)^2, \qquad (a-d)^2,\dots,$$
$$(b-c)^2, \quad (b-d)^2,\dots, \quad (c-d)^2,\dots;$$
$$-4\beta^2, \qquad -4\delta^2,\dots,$$

$$(\alpha - a + \beta\sqrt{-1})^2, \quad (\alpha - a - \beta\sqrt{-1})^2,$$
$$(\alpha - b + \beta\sqrt{-1})^2, \quad (\alpha - b - \beta\sqrt{-1})^2,$$
$$(\alpha - c + \beta\sqrt{-1})^2, \quad (\alpha - c - \beta\sqrt{-1})^2,$$
$$(\alpha - d + \beta\sqrt{-1})^2, \quad (\alpha - d - \beta\sqrt{-1})^2,$$
$$\dots\dots\dots\dots, \quad \dots\dots\dots\dots,$$

$$(\gamma - a + \delta\sqrt{-1})^2, \quad (\gamma - a - \delta\sqrt{-1})^2,$$
$$(\gamma - b + \delta\sqrt{-1})^2, \quad (\gamma - b - \delta\sqrt{-1})^2,$$
$$(\gamma - c + \delta\sqrt{-1})^2, \quad (\gamma - c - \delta\sqrt{-1})^2,$$
$$(\gamma - d + \delta\sqrt{-1})^2, \quad (\gamma - d - \delta\sqrt{-1})^2,$$
$$\dots\dots\dots\dots, \quad \dots\dots\dots\dots,$$

$$[\alpha - \gamma + (\beta - \delta)\sqrt{-1}]^2, \quad [\alpha - \gamma - (\beta - \delta)\sqrt{-1}]^2,$$
$$[\alpha - \gamma + (\beta + \delta)\sqrt{-1}]^2, \quad [\alpha - \gamma - (\beta + \delta)\sqrt{-1}]^2,$$
$$\dots\dots\dots\dots, \quad \dots\dots\dots\dots,$$

lesquels seront par conséquent les racines de l'équation des différences.

Soit m le degré de l'équation proposée, qui est égal au nombre des racines

$$a, b, c,\dots, \quad \alpha + \beta\sqrt{-1}, \quad \alpha - \beta\sqrt{-1}, \quad \gamma + \delta\sqrt{-1}, \quad \gamma - \delta\sqrt{-1},\dots;$$

celui de l'équation des différences sera (n° 8 du Mémoire cité)

$$\frac{m(m-1)}{2} = n;$$

or, soit p le nombre des racines réelles a, b, c,... et $2q$ celui des racines imaginaires

$$\alpha + \beta\sqrt{-1}, \quad \alpha - \beta\sqrt{-1}, \quad \gamma + \delta\sqrt{-1}, \quad \gamma - \delta\sqrt{-1},\dots,$$

en sorte que $m = p + 2q$, il est facile de voir par la table précédente que, parmi les n racines de l'équation des différences, il y en aura nécessairement $\frac{p(p-1)}{2}$ de réelles et positives, q de réelles et négatives, et $2q(p+q-1)$ d'imaginaires.

6. Qu'on fasse maintenant le produit de toutes ces racines, et il est

visible que le produit des $\dfrac{p(p-1)}{2}$ racines positives sera toujours positif, que celui des q racines négatives sera positif ou négatif, suivant que le nombre q sera pair ou impair, qu'enfin le produit des $2q(p+q-1)$ racines imaginaires sera toujours positif; en effet, ces dernières racines étant deux à deux de la forme

$$(A + B\sqrt{-1})^2, \quad (A - B\sqrt{-1})^2,$$

leurs produits deux à deux seront de la forme

$$(A^2 + B^2)^2,$$

et par conséquent positifs; donc, le produit de toutes ces racines ensemble sera toujours aussi positif.

Donc le produit total sera nécessairement positif ou négatif, suivant que q sera pair ou impair.

Mais le dernier terme d'une équation est, comme on sait, égal au produit de toutes ses racines avec le signe $+$ ou $-$, suivant que le nombre de ces racines est pair ou impair.

Donc le dernier terme de l'équation des différences dont le degré est n sera nécessairement positif si n et q sont tous deux pairs ou tous deux impairs, et négatif si l'un de ces nombres est pair et l'autre impair.

7. Or, si n et q sont tous deux pairs ou impairs, $n-q$ sera nécessairement pair, et si n et q sont l'un pair et l'autre impair, $n-q$ sera nécessairement impair; mais, à cause de

$$n = \frac{m(m-1)}{2} \quad \text{et de} \quad m = p + 2q,$$

on a

$$n - q = \frac{p(p-1)}{2} + 2q(p+q-1),$$

de sorte que $n - q$ sera toujours pair ou impair, suivant que $\dfrac{p(p-1)}{2}$ le sera.

Donc le dernier terme de l'équation des différences sera nécessairement

II.   74

positif ou négatif, suivant que le nombre $\frac{p(p-1)}{2}$ sera pair ou impair,
c'est-à-dire suivant que le nombre des combinaisons des racines réelles
de la proposée prises deux à deux sera pair ou impair.

8. 1° Supposons que ce dernier terme soit positif, il faudra en ce cas
que $\frac{p(p-1)}{2}$ soit pair; donc, ou

$$\frac{p}{2} = 2\lambda \quad \text{et} \quad p = 4\lambda,$$

ou

$$\frac{p-1}{2} = 2\lambda \quad \text{et} \quad p = 4\lambda + 1;$$

d'où il s'ensuit que, dans ce cas, le nombre des racines réelles de la proposée sera nécessairement multiple de 4 si ce nombre est pair, c'est-à-
dire si le degré de l'équation est pair, ou multiple de 4 plus 1 si le degré
de l'équation est impair. Ainsi, il sera impossible que l'équation ait 2,
ou 3, ou 6, ou 7,... racines réelles.

2° Supposons que le dernier terme de l'équation des différences soit
négatif, il faudra alors que $\frac{p(p-1)}{2}$ soit impair; donc, ou

$$\frac{p}{2} = 2\lambda + 1 \quad \text{et} \quad p = 4\lambda + 2,$$

ou

$$\frac{p-1}{2} = 2\lambda + 1 \quad \text{et} \quad p = 4\lambda + 3;$$

d'où il s'ensuit que, dans ce cas, le nombre des racines réelles de la proposée sera nécessairement multiple de 4 plus 2 si le degré de l'équation
est pair, ou multiple de 4 plus 3 si ce degré est impair. De sorte qu'il
sera impossible que l'équation ait en ce cas 1, ou 4, ou 5, ou 8, ou 9,...
racines réelles.

9. Ainsi, par l'inspection seule des signes de l'équation des différences, on sera en état de juger : 1° si toutes les racines de l'équation
proposée sont réelles ou non; 2° si le nombre des racines réelles est un

de ceux-ci 1, 4, 5, 8, 9, 12, 13,..., ou bien s'il est un de ceux-ci 2, 3, 6, 7, 10, 11,..., ce qui suffira pour déterminer le nombre des racines réelles et des racines imaginaires dans les équations qui ne passent pas le cinquième degré, et dans toutes les équations où l'on saura d'avance que les racines imaginaires ne sauraient être plus de quatre.

Peut-être qu'en poussant plus loin cette théorie on pourrait trouver des règles sûres pour déterminer le nombre des racines réelles dans les équations de degré quelconque, les méthodes qu'on a proposées jusqu'à présent pour cet objet étant ou insuffisantes, comme celles de Newton, Maclaurin, etc., ou impraticables, comme celles de Stirling et de l'abbé de Gua, qui supposent la résolution des équations des degrés inférieurs.

REMARQUE III.

Où l'on applique la théorie précédente aux équations du second, troisième et quatrième degré.

10. Soit l'équation proposée du second degré comme

$$x^2 - Ax + B = 0,$$

l'équation des différences sera du degré $\frac{2 \cdot 1}{2} = 1$, et l'on trouvera par la méthode du n° 8 du Mémoire cité que cette équation sera

$$v - a = 0,$$

où l'on aura

$$4a = A^2 - 4B.$$

Ainsi les racines seront toutes deux réelles ou toutes deux imaginaires suivant que l'on aura $A^2 - 4B > 0$ ou < 0; et elles seront égales lorsque $A^2 = 4B$.

11. Soit proposée l'équation générale du troisième degré

$$x^3 - Ax^2 + Bx - C = 0,$$

l'équation des différences sera ici du degré $\frac{3 \cdot 2}{2} = 3$, et l'on trouvera par la même méthode

$$v^3 - av^2 + bv - c = 0,$$

où

$$4a = 2(A^2 - 3B),$$
$$16b = (A^2 - 3B)^2,$$
$$4^3 c = \frac{4(A^2 - 3B)(B^2 - 3AC) - (9C - AB)^2}{3}.$$

Donc, pour que les racines soient toutes réelles, il faudra que l'on ait

1° $\quad\quad A^2 - 3B > 0,$

2° $\quad\quad 4(A^2 - 3B)(B^2 - 3AC) - (9C - AB)^2 > 0.$

Si l'une de ces deux conditions manque, l'équation aura deux racines imaginaires.

12. Soit maintenant proposée l'équation générale du quatrième degré

$$x^4 \star + Bx^2 - Cx + D = 0$$

dont le second terme est évanoui pour plus de simplicité; le degré de l'équation des différences sera $\frac{4 \cdot 3}{2} = 6$; de sorte que cette équation sera

$$v^6 - av^5 + bv^4 - cv^3 + dv^2 - ev + f = 0,$$

où l'on trouvera par la même méthode

$$4a = -8B,$$
$$16b = 22B^2 + 8D,$$
$$4^3 c = -18B^3 + 16BD + 26C^2,$$
$$4^4 d = 17B^4 + 24B^2D - 7.16D^2 + 3.16BC^2,$$
$$4^5 e = -4B^5 - 2.27C^2B^2 - 8.27C^2D + 3.4^3BD^2 - 2.4^2B^3D,$$
$$4^6 f = 4^4D^3 - 2^3 4^2 B^2 D^2 + 4^2 3^2 C^2 BD + 4^2 B^4 D - 4C^2 B^3 - 3^3 C^4.$$

Donc si la quantité

$$4^4 D^3 - 2^3 4^2 B^2 D^2 + 4^2 3^2 C^2 BD + 4^2 B^4 D - 4C^2 B^3 - 3^3 C^4$$

est négative, la proposée aura nécessairement deux racines réelles et deux imaginaires; mais, si cette quantité est positive, alors la proposée aura toutes ses racines réelles ou toutes imaginaires.

Or, toutes les racines seront réelles si les valeurs de tous les coefficients a, b, c, d, e, f sont positives; donc elles seront toutes imaginaires si, le dernier coefficient f étant positif, quelqu'un des autres se trouve négatif.

Supposons donc le coefficient f positif, en sorte que l'on ait

$$4^4 D^3 - 2^3 4^2 B^2 D^2 + 4^2 3^2 C^2 BD + 4^2 B^4 D - 4 C^2 B^3 - 3^3 C^4 > 0,$$

et l'on trouvera que tous les autres coefficients seront aussi positifs si l'on a en même temps

$$B < 0 \quad \text{et} \quad B^2 - 4D > 0,$$

et qu'au contraire quelqu'un d'eux deviendra nécessairement négatif si

$$B > 0 \quad \text{ou} \quad B^2 - 4D < 0.$$

Ainsi, dans le premier cas, les quatre racines de l'équation seront toutes réelles, et dans le second cas elles seront toutes imaginaires.

On pourrait de même trouver les conditions qui rendent les racines des équations du cinquième degré toutes réelles, ou en partie réelles et en partie imaginaires; mais comme dans ce cas l'équation des différences monterait au degré $\frac{5.4}{2} = 10$, le calcul deviendrait extrêmement prolixe et embarrassant.

Remarque IV.

Sur la manière d'avoir les racines imaginaires des équations.

13. Nous avons vu dans la Remarque II que chaque couple de racines imaginaires correspondantes $\alpha + \beta\sqrt{-1}$, $\alpha - \beta\sqrt{-1}$ donne nécessairement dans l'équation des différences une racine réelle négative $-4\beta^2$; d'où il s'ensuit qu'en cherchant les racines réelles négatives de cette équation, on trouvera nécessairement les valeurs de $-4\beta^2$, d'où l'on aura celles de β, à l'aide desquelles on pourra ensuite trouver les valeurs correspondantes de α, comme nous l'avons enseigné dans le n° **17** du Mémoire cité ; de sorte qu'on aura par ce moyen l'expression de chaque racine imaginaire de l'équation proposée, ce qui est souvent nécessaire, surtout dans le calcul intégral. Voici seulement une observation qui peut servir à répandre un plus grand jour sur cette théorie, et à dissiper en même temps les doutes qu'on pourrait se former sur son exactitude et sa généralité.

14. Lorsque les parties réelles α, γ,... des racines imaginaires

$$\alpha + \beta \sqrt{-1}, \quad \alpha - \beta \sqrt{-1}, \quad \gamma + \delta \sqrt{-1}, \quad \gamma - \delta \sqrt{-1},...,$$

sont inégales tant entre elles qu'avec les racines réelles a, b, c,..., il est évident par la table de la Remarque précédente que l'équation des différences n'aura absolument d'autres racines réelles négatives que celles-ci $-4\beta^2$, $-4\delta^2$,..., de sorte que le nombre de ces racines sera le même que celui des couples de racines imaginaires dans l'équation proposée.

Mais, s'il arrive que parmi les quantités α, γ,... il s'en trouve d'égales entre elles ou d'égales aux quantités a, b, c,..., alors l'équation des différences aura nécessairement plus de racines négatives que la proposée n'aura de couples de racines imaginaires.

En effet, soit $a = \alpha$, et les deux racines imaginaires

$$(\alpha - a + \beta \sqrt{-1})^2, \quad (\alpha - a - \beta \sqrt{-1})^2$$

deviendront $-\beta^2$ et $-\beta^2$, et par conséquent réelles négatives.

De sorte que, si l'équation proposée ne contient, par exemple, que les deux racines imaginaires

$$\alpha + \beta \sqrt{-1} \quad \text{et} \quad \alpha - \beta \sqrt{-1},$$

l'équation des différences contiendra, dans le cas de $\alpha = a$, outre la racine réelle négative $-4\beta^2$, encore ces deux-ci $-\beta^2$, $-\beta^2$ égales entre elles.

D'où l'on voit que lorsque l'équation des différences a trois racines réelles négatives, dont deux sont égales entre elles, alors la proposée peut avoir ou trois couples de racines imaginaires ou un seulement.

Si la proposée contient quatre racines imaginaires

$$\alpha+\beta\sqrt{-1},\quad \alpha-\beta\sqrt{-1},\quad \gamma+\delta\sqrt{-1},\quad \gamma-\delta\sqrt{-1},$$

alors l'équation des différences contiendra d'abord les deux racines réelles négatives $-4\beta^2$, $-4\delta^2$; ensuite, si $\alpha=a$, elle aura encore ces deux-ci $-\beta^2$, $-\beta^2$; si $\gamma=b$, elle aura de même ces deux autres-ci $-\delta^2$, $-\delta^2$; enfin, si l'on avait $\alpha=\gamma$, alors les quatre racines imaginaires

$$[\alpha-\gamma+(\beta-\delta)\sqrt{-1}]^2,\quad [\alpha-\gamma-(\beta-\delta)\sqrt{-1}]^2,$$
$$[\alpha-\gamma+(\beta+\delta)\sqrt{-1}]^2,\quad [\alpha-\gamma-(\beta+\delta)\sqrt{-1}]^2$$

deviendraient

$$-(\beta-\delta)^2,\quad -(\beta-\delta)^2,\quad -(\beta+\delta)^2,\quad -(\beta+\delta)^2,$$

c'est-à-dire réelles négatives et égales deux à deux.

15. De là il est facile de conclure :

1° Que lorsque toutes les racines réelles négatives de l'équation des différences sont inégales entre elles, alors la proposée aura nécessairement autant de couples de racines imaginaires qu'il y aura de ces racines.

Et dans ce cas, nommant $-w$ une quelconque de ces racines, on aura d'abord $\beta=\frac{\sqrt{w}}{2}$; cette valeur étant ensuite substituée dans les deux équations (H) du n° **17** du Mémoire cité, on cherchera leur plus grand commun diviseur en poussant la division jusqu'à ce que l'on parvienne à un reste où α ne se trouve plus qu'à la première dimension; et faisant ce reste égal à zéro, on aura la valeur de α correspondante à celle de β; par ce moyen chaque racine négative $-w$ donnera deux racines imaginaires

$$\alpha+\beta\sqrt{-1}\quad \text{et}\quad \alpha-\beta\sqrt{-1}.$$

2° Que si, parmi les racines réelles négatives de l'équation des différences, il y en a d'égales entre elles, alors chaque racine inégale, s'il y en a, donnera toujours, comme dans le cas précédent, un couple de racines imaginaires; mais chaque couple de racines égales pourra donner aussi deux couples de racines imaginaires, ou n'en donner aucun; ainsi deux racines égales donneront ou quatre racines imaginaires ou aucune; trois racines égales donneront ou six ou deux racines; quatre racines égales donneront ou huit ou quatre racines imaginaires, et ainsi de suite.

16. Or, soient par exemple $-w$ et $-w$ deux racines égales négatives de l'équation des différences, on fera $\beta = \dfrac{\sqrt{w}}{2}$ comme ci-dessus, et substituant cette valeur de β dans les équations (H) du numéro cité, on cherchera leur commun diviseur en ne poussant la division que jusqu'à ce que l'on parvienne à un reste où α ne se trouve qu'à la seconde dimension, à cause que la valeur de β est double, comme nous l'avons déjà remarqué dans l'endroit cité.

Ainsi, faisant ce reste égal à zéro, on aura pour la détermination de α une équation du second degré, laquelle aura par conséquent ou deux racines réelles ou deux imaginaires.

Dans le premier cas, nommant ces deux racines α' et α'', on aura les quatre racines imaginaires

$$\alpha' + \beta\sqrt{-1}, \quad \alpha' - \beta\sqrt{-1}, \quad \alpha'' + \beta\sqrt{-1}, \quad \alpha'' - \beta\sqrt{-1};$$

dans le second cas, les valeurs de α étant imaginaires contre l'hypothèse, ce sera une marque que les deux racines égales $-w$, $-w$ ne donneront point de racines imaginaires dans la proposée.

17. S'il y avait dans l'équation des différences trois racines égales et négatives $-w$, $-w$, $-w$, alors faisant $\beta = \dfrac{\sqrt{w}}{2}$, on poussera seulement la division des équations jusqu'à ce que l'on parvienne à un reste où α se trouve à la troisième dimension; de sorte que, ce reste étant fait $= 0$, on aura une équation du troisième degré en α, d'où l'on tirera, ou trois valeurs réelles de α, ou une réelle et deux imaginaires : dans le premier cas on aura six racines imaginaires; dans le second on n'en aura que deux, les valeurs imaginaires de α devant toujours être rejetées comme contraires à l'hypothèse, et ainsi de suite.

§ II. — *Sur la manière d'approcher de la valeur numérique des racines des équations.*

18. On a vu dans le § III du Mémoire cité comment on peut réduire les racines des équations numériques à des fractions continues, et combien ces sortes de réductions sont préférables à toutes les autres : nous allons encore faire ici quelques remarques pour donner à cette théorie toute la généralité et la simplicité dont elle peut être susceptible.

REMARQUE I.

Sur les fractions continues périodiques.

19. Nous avons déjà remarqué dans le n° 18 du même Mémoire que, lorsque la racine cherchée est égale à un nombre commensurable, la fraction continue doit nécessairement se terminer, de sorte que l'on pourra avoir l'expression exacte de la racine; mais il y a encore un autre cas où l'on peut aussi avoir l'expression exacte de la racine, quoique la fraction continue qui la représente aille à l'infini. Ce cas a lieu lorsque la fraction continue est périodique, c'est-à-dire telle que les mêmes dénominateurs reviennent toujours dans le même ordre à l'infini; par exemple, si l'on avait la fraction

$$p + \cfrac{1}{q + \cfrac{1}{p + \cfrac{1}{q + \cfrac{1}{p + \cdots}}}},$$

il est clair qu'en nommant x la valeur de cette fraction on aurait

$$x = p + \cfrac{1}{q + \cfrac{1}{x}},$$

II.

ce qui donne cette équation

$$qx^2 - pqx - p = 0,$$

par laquelle on pourra déterminer x; il en serait de même si la période était d'un plus grand nombre de termes, et l'on trouverait toujours pour la détermination de x une équation du second degré. Il peut aussi arriver que la fraction continue soit irrégulière dans ses premiers termes, et qu'elle ne commence à devenir périodique qu'après un certain nombre de termes; dans ces cas on pourra trouver de la même manière la valeur de la fraction, et elle dépendra pareillement toujours d'une équation du second degré; car soit, par exemple, la fraction

$$p + \cfrac{1}{q + \cfrac{1}{r + \cfrac{1}{s + \cfrac{1}{r + \cfrac{1}{s + \cfrac{1}{r + \cdots}}}}}};$$

nommons toute la fraction x, et y la partie qui est périodique, savoir

$$r + \cfrac{1}{s + \cfrac{1}{r + \cdots}},$$

on aura

$$x = p + \cfrac{1}{q + \cfrac{1}{y}},$$

d'où l'on tire

$$y = \frac{x - p}{1 - q(x - p)};$$

mais on a

$$y = r + \cfrac{1}{s + \cfrac{1}{y}},$$

ce qui donne

$$s y^2 - rs y - r = 0;$$

donc, substituant pour y sa valeur en x, on aura

$$s(x-p)^2 - rs(x-p)[1-q(x-p)] - r[1-q(x-p)]^2 = 0,$$

équation qui, étant développée et ordonnée par rapport à x, montera au second degré.

20. On voit par ce que nous venons de dire que le cas dont il s'agit doit avoir lieu toutes les fois que dans la suite des équations transformées (a), (b), (c), (d),... du n° 18 du Mémoire cité il s'en trouvera deux qui auront les mêmes racines; car si la racine z, par exemple, de l'équation (c) était la même que la racine x de l'équation (a), on aurait

$$x = p + \cfrac{1}{q + \cfrac{1}{x}},$$

ce qui est le cas que nous avons examiné ci-dessus, et ainsi des autres. Donc, quand on voit que dans une fraction continue certains nombres reviennent dans le même ordre, alors, pour s'assurer si la fraction doit être réellement périodique à l'infini, il n'y aura qu'à examiner si les racines des deux équations, qui ont la même valeur entière approchée, sont parfaitement égales, c'est-à-dire si ces deux équations ont une racine commune; ce qu'on reconnaîtra aisément en cherchant leur plus grand commun diviseur, lequel doit nécessairement renfermer toutes les racines communes aux deux équations, s'il y en a; or, comme nous avons vu que toute fraction continue périodique se réduit à la racine d'une équation du second degré, il s'ensuit que le plus grand diviseur commun dont nous parlons sera nécessairement du second degré.

21. Supposons donc qu'on ait reconnu que, parmi les différentes équations transformées, il s'en trouve deux qui aient la même racine; alors la fraction continue cherchée sera nécessairement périodique à l'infini, de sorte qu'on pourra la continuer aussi loin qu'on voudra en répétant seulement les mêmes nombres. Mais voyons comment on pourra dans ce cas continuer aussi la suite des fractions convergentes du n° 23 du Mémoire cité *sur la résolution des équations numériques*, sans être obligé de les calculer toutes l'une après l'autre par les formules données.

22. Pour cet effet, nous supposerons que l'on ait en général

$$x = \lambda_1 + \frac{1}{x_1}, \quad x_1 = \lambda_2 + \frac{1}{x_2}, \quad x_2 = \lambda_3 + \frac{1}{x_3}, \cdots,$$

en sorte que, x étant la racine cherchée, $x_1, x_2, x_3,\ldots$ soient celles des équations transformées que nous avons désignées ailleurs par $y, z, u,\ldots$, et l'on aura

$$x = \lambda_1 + \cfrac{1}{\lambda_2 + \cfrac{1}{\lambda_3 + \cdot}}_{\textstyle \cdot\,\cdot}$$

Donc, faisant, comme dans le numéro cité,

$$(A) \quad \begin{cases} l = 1, & L = 0, \\ l_1 = \lambda_1, & L_1 = 1, \\ l_2 = \lambda_2 l_1 + l, & L_2 = \lambda_2 L_1, \\ l_3 = \lambda_3 l_2 + l_1, & L_3 = \lambda_3 L_2 + L_1, \\ l_4 = \lambda_4 l_3 + l_2, & L_4 = \lambda_4 L_3 + L_2, \\ \cdots\cdots\cdots, & \cdots\cdots\cdots\cdots, \end{cases}$$

on aura ces fractions convergentes vers x

$$\frac{l}{L}, \quad \frac{l_1}{L_1}, \quad \frac{l_2}{L_2}, \quad \frac{l_3}{L_3}, \quad \frac{l_4}{L_4}, \cdots.$$

23. Maintenant, l'équation

$$x = \lambda_1 + \frac{1}{x_1}$$

donnera

$$x x_1 = x_1 \lambda_1 + 1 = x_1 l_1 + 1;$$

mettons, au lieu de x_1 dans le second membre de cette équation, sa valeur

$$\lambda_2 + \frac{1}{x_2},$$

et multipliant par x_2, on aura

$$x\,x_1\,x_2 = (\lambda_2\,l_1 + l)\,x_2 + l_1 = l_2\,x_2 + l_1\,;$$

on trouvera de même, en substituant dans le second membre de cette équation $\lambda_3 + \frac{1}{x_3}$ à la place de x_2,

$$x\,x_1\,x_2\,x_3 = l_3\,x_3 + l_2,$$

et ainsi de suite.

Pareillement, l'équation

$$x_1 = \lambda_2 + \frac{1}{x_2}$$

donnera

$$x_1\,x_2 = \lambda_2\,x_2 + 1 = L_2\,x_2 + L_1\,;$$

ensuite, substituant dans le second membre $\lambda_3 + \frac{1}{x_3}$ à la place de x_2, et multipliant par x_3, on aura

$$x_1\,x_2\,x_3 = (\lambda_2\,L_2 + L_1)\,x_3 + L_2 = L_3\,x_3 + L_2,$$

et ainsi de suite.

D'où il s'ensuit qu'on aura en général, quelle que soit la fraction continue, soit périodique ou non,

$$(\text{B})\quad \begin{cases} x\,x_1\,x_2\,x_3\ldots x_\rho = l_\rho\,x_\rho + l_{\rho-1}, \\ x_1\,x_2\,x_3\ldots x_\rho = L_\rho\,x_\rho + L_{\rho-1}. \end{cases}$$

24. Cela posé, supposons qu'on ait trouvé, par exemple,

$$x_{\mu+\nu} = x_\mu,$$

c'est-à-dire que la racine de la $(\mu + \nu)^{\text{ième}}$ transformée soit égale à celle de la transformée $\mu^{i\text{ème}}$; alors on aura aussi

$$x_{\mu+\nu+1} = x_{\mu+1}, \quad x_{\mu+\nu+2} = x_{\mu+2}, \ldots, \quad x_{\mu+2\nu} = x_\mu, \ldots,$$

et en général

$$x_{\mu+\nu n+\varpi} = x_{\mu+\varpi};$$

donc aussi

$$\lambda_{\mu+\nu+1} = \lambda_{\mu+1}, \quad \lambda_{\mu+\nu+2} = \lambda_{\mu+2}, \ldots,$$

et en général

$$\lambda_{\mu+\nu n+\varpi} = \lambda_{\mu+\varpi};$$

de sorte qu'on aura

$$x = \lambda_1 + \cfrac{1}{\lambda_2 + \cdot} \\ \quad\quad\quad \cdot + \cfrac{1}{\lambda_{\mu+1} + \cfrac{1}{\lambda_{\mu+2} + \cdot}} \\ \quad\quad\quad\quad\quad\quad \cdot + \cfrac{1}{\lambda_{\mu+\nu} + \cfrac{1}{\lambda_{\mu+1} + \cdot}}$$

25. Maintenant, si l'on suppose en général

$$\rho = \mu + n\nu + \varpi,$$

il est facile de voir que les deux équations (B) du numéro précédent deviendront

$$x x_1 x_2 \ldots x_\mu \times x_{\mu+1} x_{\mu+2} \ldots x_{\mu+\varpi} \times (x_{\mu+1} x_{\mu+2} \ldots x_{\mu+\nu})^n = l_\rho x_{\mu+\varpi} + l_{\rho-1},$$

$$x_1 x_2 \ldots x_\mu \times x_{\mu+1} x_{\mu+2} \ldots x_{\mu+\varpi} \times (x_{\mu+1} x_{\mu+2} \ldots x_{\mu+\nu})^n = L_\rho x_{\mu+\varpi} + L_{\rho-1}.$$

Or on a, en faisant dans les formules (B) du numéro précédent $\rho = \mu$,

$$x x_1 x_2 \ldots x_\mu = l_\mu x_\mu + l_{\mu-1},$$

$$x_1 x_2 \ldots x_\mu = L_\mu x_\mu + L_{\mu-1}.$$

De plus, à cause de

$$x_\mu = \lambda_{\mu+1} + \frac{1}{x_{\mu+1}}, \quad x_{\mu+1} = \lambda_{\mu+2} + \frac{1}{x_{\mu+2}}, \ldots,$$

il est clair que si l'on fait

$$(C) \begin{cases} h = 1, & H = 0, \\ h_1 = \lambda_{\mu+1}, & H_1 = 1, \\ h_2 = \lambda_{\mu+2} h_1 + h, & H_2 = \lambda_{\mu+2} H_1, \\ h_3 = \lambda_{\mu+3} h_2 + h_1, & H_3 = \lambda_{\mu+3} H_2 + H_1, \\ h_4 = \lambda_{\mu+4} h_3 + h_2, & H_4 = \lambda_{\mu+4} H_3 + H_2, \\ \cdots \cdots \cdots, & \cdots \cdots \cdots, \end{cases}$$

on aura en général

$$(D) \begin{cases} x_\mu x_{\mu+1} x_{\mu+2} \cdots x_{\mu+\sigma} = h_\sigma x_{\mu+\sigma} + h_{\sigma-1}, \\ x_{\mu+1} x_{\mu+2} \cdots x_{\mu+\sigma} = H_\sigma x_{\mu+\sigma} + H_{\sigma-1}. \end{cases}$$

Donc on aura

$$x_{\mu+1} x_{\mu+2} \cdots x_{\mu+\varpi} = H_\varpi x_{\mu+\varpi} + H_{\varpi-1},$$

et, à cause de $x_{\mu+\nu} = x_\mu$ (hypothèse),

$$x_{\mu+1} x_{\mu+2} \cdots x_{\mu+\nu} = H_\nu x_\mu + H_{\nu-1}.$$

26. De sorte qu'en faisant ces substitutions dans les deux équations ci-dessus, on aura

$$(l_\mu x_\mu + l_{\mu-1})(H_\varpi x_{\mu+\varpi} + H_{\varpi-1})(H_\nu x_\mu + H_{\nu-1})^n = l_\rho x_{\mu+\varpi} + l_{\rho-1}$$

et

$$(L_\mu x_\mu + L_{\mu-1})(H_\varpi x_{\mu+\varpi} + H_{\varpi-1})(H_\nu x_\mu + H_{\nu-1})^\mu = L_\rho x_{\mu+\varpi} + L_{\rho-1}.$$

27. Or les équations (D), étant divisées l'une par l'autre, donnent

$$(E) \qquad x_\mu = \frac{h_\sigma x_{\mu+\sigma} + h_{\sigma-1}}{H_\sigma x_{\mu+\sigma} + H_{\sigma-1}},$$

d'où l'on tire

$$x_{\mu+\sigma} = \frac{H_{\sigma-1} x_\mu - h_{\sigma-1}}{h_\sigma - H_\sigma x_\mu}.$$

Donc, faisant $\sigma = \varpi$, on aura

$$x_{\mu+\varpi} = \frac{H_{\varpi-1} x_\mu - h_{\varpi-1}}{h_\varpi - H_\varpi x_\mu},$$

et, de là;

$$H_\varpi \, x_{\mu+\varpi} + H_{\varpi-1} = \frac{h_\varpi H_{\varpi-1} - H_\varpi h_{\varpi-1}}{h_\varpi - H_\varpi x_\mu};$$

mais il est facile de voir, par la nature des quantités h, h_1, h_2,..., H, H_1, H_2,..., que l'on a

$$H_1 h - h_1 H = 1, \quad H_2 h_1 - h_2 H_1 = -1, \quad H_3 h_2 - h_3 H_2 = 1, \ldots;$$

d'où l'on aura en général

$$h_\varpi H_{\varpi-1} - H_\varpi h_{\varpi-1} = \pm 1,$$

le signe supérieur ayant lieu lorsque ϖ est un nombre pair, et l'inférieur lorsque ϖ est impair.

Donc, faisant ces substitutions dans les deux équations du n° 26, on aura

$$\pm(l_\mu \, x_\mu + l_{\mu-1})(H_\nu x_\mu + H_{\nu-1})^n = (l_\rho H_{\varpi-1} - l_{\rho-1} H_\varpi) x_\mu + (l_{\rho-1} h_\varpi - l_\rho h_{\varpi-1}),$$

$$\pm(L_\mu x_\mu + L_{\mu-1})(H_\nu x_\mu + H_{\nu-1})^n = (L_\rho H_{\varpi-1} - L_{\rho-1} H_\varpi) x_\mu + (L_{\rho-1} h_\varpi - L_\rho h_{\varpi-1});$$

les signes ambigus dépendant du nombre ϖ, comme nous l'avons vu ci-dessus.

28. Maintenant, si dans l'équation (E) du numéro précédent on fait $\sigma = \nu$, on aura, à cause de $x_{\mu+\nu} = x_\mu$ (hypothèse),

$$x_\mu = \frac{h_\nu \, x_\mu + h_{\nu-1}}{H_\nu \, x_\mu + H_{\nu-1}};$$

d'où l'on tire l'équation en x_μ

(F) $$H_\nu x_\mu^2 - (h_\nu - H_{\nu-1}) x_\mu - h_{\nu-1} = 0,$$

laquelle donne

$$x_\mu = \frac{h_\nu - H_{\nu-1} + \sqrt{(h_\nu - H_{\nu-1})^2 + 4 H_\nu h_{\nu-1}}}{2 H_\nu}.$$

Soit, pour abréger,

$$P = \frac{h_\nu - H_{\nu-1}}{2H_\nu}, \quad Q = P^2 + \frac{h_{\nu-1}}{H_\nu},$$

en sorte que l'on ait

$$x_\mu = P + \sqrt{Q},$$

et, substituant cette valeur dans les deux dernières équations du n° 27, on aura

$$\pm \left(l_\mu P + l_{\mu-1} + l_\mu \sqrt{Q} \right) \left(H_\nu P + H_{\nu-1} + H_\nu \sqrt{Q} \right)^n$$

$$= \left(l_\rho H_{\varpi-1} - l_{\rho-1} H_\varpi \right) \left(P + \sqrt{Q} \right) + \left(l_{\rho-1} h_\varpi - l_\rho h_{\varpi-1} \right),$$

$$\pm \left(L_\mu P + L_{\mu-1} + L_\mu \sqrt{Q} \right) \left(H_\nu P + H_{\nu-1} + H_\nu \sqrt{Q} \right)^n$$

$$= \left(L_\rho H_{\varpi-1} - L_{\rho-1} H_\varpi \right) \left(P + \sqrt{Q} \right) + \left(L_{\rho-1} h_\varpi - L_\rho h_{\varpi-1} \right);$$

d'où, à cause de l'ambiguïté du radical $\sqrt{Q}$, on tirera quatre équations par lesquelles on pourra déterminer l_ρ, $l_{\rho-1}$, L_ρ, $L_{\rho-1}$.

29. En effet, supposons, pour abréger,

$$l_\mu P + l_{\mu-1} = f_\mu,$$

$$L_\mu P + L_{\mu-1} = F_\mu$$

et

$$H_\nu P + H_{\nu-1} = K_\nu,$$

on trouvera ces quatre équations

$$l_\rho H_{\varpi-1} - l_{\rho-1} H_\varpi = \pm \frac{(f_\mu + l_\mu \sqrt{Q})(K_\nu + H_\nu \sqrt{Q})^n - (f_\mu - l_\mu \sqrt{Q})(K_\nu - H_\nu \sqrt{Q})^n}{2\sqrt{Q}},$$

$$l_{\rho-1} h_\varpi - l_\rho h_{\varpi-1} = \pm \frac{(P+\sqrt{Q})(f_\mu - l_\mu \sqrt{Q})(K_\nu - H_\nu \sqrt{Q})^n - (P - \sqrt{Q})(f_\mu + l_\mu \sqrt{Q})(K_\nu + H_\nu \sqrt{Q})^n}{2\sqrt{Q}}$$

$$L_\rho H_{\varpi-1} - L_{\rho-1} H_\varpi = \pm \frac{(F_\mu + L_\mu \sqrt{Q})(K_\nu + H_\nu \sqrt{Q})^n - (F_\mu - L_\mu \sqrt{Q})(K_\nu - H_\nu \sqrt{Q})^n}{2\sqrt{Q}},$$

$$L_{\rho-1} h_\varpi - L_\rho h_{\varpi-1} = \pm \frac{(P+\sqrt{Q})(F_\mu - L_\mu \sqrt{Q})(K_\nu - H_\nu \sqrt{Q})^n - (P - \sqrt{Q})(F_\mu - L_\mu \sqrt{Q})(K_\nu - H_\nu \sqrt{Q})^n}{2\sqrt{Q}}$$

II.

76*

Donc, si l'on ajoute la première multipliée par h_ϖ à la deuxième multipliée par H_ϖ, et de même la troisième multipliée par h_ϖ à la quatrième multipliée par H_ϖ, et qu'on fasse, pour abréger,

$$- H_\varpi P + h_\varpi = G_\varpi,$$

on aura, à cause de $h_\varpi H_{\varpi-1} - H_\varpi h_{\varpi-1} = \pm 1$ (27),

$$l_\rho = \frac{(f_\mu + l_\mu \sqrt{Q})(G_\varpi + H_\varpi \sqrt{Q})(K_\nu + H_\nu \sqrt{Q})^n - (f_\mu - l_\mu \sqrt{Q})(G_\varpi - H_\varpi \sqrt{Q})(K_\varpi - H_\varpi \sqrt{Q})^n}{2\sqrt{Q}},$$

$$L_\rho = \frac{(F_\mu + L_\mu \sqrt{Q})(G_\varpi + H_\varpi \sqrt{Q})(K_\nu + H_\nu \sqrt{Q})^n - (F_\mu - L_\mu \sqrt{Q})(G_\varpi - H_\varpi \sqrt{Q})(K_\varpi - H_\varpi \sqrt{Q})^n}{2\sqrt{Q}},$$

ρ étant $= \mu + n\nu + \varpi$.

30. Ainsi, lorsqu'à l'aide des quantités

$$\lambda_1, \quad \lambda_2, \quad \lambda_3, \ldots, \quad \lambda_{\mu+\nu},$$

on aura calculé, par les formules (A) et (C), les quantités

$$l, \quad l_1, \quad l_2, \ldots, \quad L, \quad L_1, \quad L_2, \ldots,$$

jusqu'à l_μ et L_μ, et les quantités

$$h, \quad h_1, \quad h_2, \ldots, \quad H, \quad H_1, \quad H_2 \ldots,$$

jusqu'à h_ν et H_ν, on pourra, par les formules précédentes, trouver les valeurs de l_ρ et de L_ρ, c'est-à-dire les termes de la fraction $\frac{l_\rho}{L_\rho}$, quel que soit l'exposant du quantième ρ: car pour cela il n'y aura qu'à retrancher μ de ρ, et diviser la différence par ν; le quotient sera le nombre n, qui entre dans les formules précédentes comme exposant, et le reste sera le nombre ϖ, qui sera par conséquent toujours moindre que ν.

31. Au reste, si l'on voulait trouver en général l'équation du second degré par laquelle peut être déterminée la racine x de l'équation proposée, lorsqu'on a $x_{\mu+\nu} = x_\mu$, comme dans le n° 24, il n'y aurait qu'à

remarquer que les équations (B) du n° **23**, étant divisées l'une par l'autre, donnent en général

(G)
$$x = \frac{l_\rho x_\rho + l_{\rho-1}}{L_\rho x_\rho + L_{\rho-1}},$$

d'où l'on tire, en faisant $\rho = \mu$,

$$x_\mu = \frac{L_{\mu-1} x - l_{\mu-1}}{l_\mu - L_\mu x};$$

donc, substituant cette valeur de x_μ dans l'équation (E) du n° **27**, on aura celle-ci

$$H_\nu (L_{\mu-1} x - l_{\mu-1})^2 - (h_\nu - H_{\nu-1})(L_{\mu-1} x - l_{\mu-1})(l_\mu - L_\mu x) - h_{\nu-1}(l_\mu - L_\mu x)^2 = 0,$$

c'est-à-dire

$$\left[H_\nu L_{\mu-1}^2 + (h_\nu - H_{\nu-1}) L_{\mu-1} L_\mu - h_{\nu-1} L_\mu^2 \right] x^2$$
$$- \left[2 H_\nu L_{\mu-1} l_{\mu-1} + (h_\nu + H_{\nu-1})(L_{\mu-1} l_\mu + l_{\mu-1} L_\mu) - 2 h_{\nu-1} l_\mu L_\mu \right] x$$
$$+ H_\nu l_{\mu-1}^2 + (h_\nu - H_{\nu-1}) l_{\mu-1} l_\mu - h_{\nu-1} l_\mu^2 = 0,$$

et cette équation sera nécessairement un diviseur de l'équation proposée.

REMARQUE II.

Où l'on donne une manière très-simple de réduire en fractions continues les racines des équations du second degré.

32. Considérons l'équation générale du second degré

$$E_1 x^2 - 2\varepsilon x - E = 0,$$

dans laquelle E, E_1 et ε sont supposés des nombres entiers, tels que $\varepsilon^2 + EE_1 > 0$, pour que les racines soient réelles; cette équation, étant résolue, donne

$$x = \frac{\varepsilon + \sqrt{\varepsilon^2 + EE_1}}{E_1},$$

où le radical peut être pris positivement ou négativement. Supposons que la racine cherchée soit positive, et soit λ_1 le nombre entier qui sera immédiatement plus petit que la valeur de x; on fera donc

$$x = \lambda_1 + \frac{1}{x_1},$$

et, substituant cette valeur dans l'équation proposée, on aura une équation transformée dont l'inconnue sera x_1; or si, après avoir fait la substitution, on multiplie toute l'équation par x_1^2, qu'ensuite on change les signes et qu'on suppose, pour abréger,

$$\varepsilon_1 = \lambda_1 E_1 - \varepsilon,$$
$$E_2 = E + 2\varepsilon\lambda_1 - E_1\lambda_1^2,$$

on aura la transformée

$$E_2 x_1^2 - 2\varepsilon_1 x_1 - E_1 = 0,$$

laquelle donnera

$$x_1 = \frac{\varepsilon_1 + \sqrt{\varepsilon_1^2 + E_1 E_2}}{E_2}:$$

on cherchera donc le nombre entier λ_2, qui sera immédiatement plus petit que cette valeur de x_1, et l'on fera

$$x_1 = \lambda_2 + \frac{1}{x_2},$$

et ainsi de suite.

Maintenant, je remarque que la quantité $\varepsilon_1^2 + E_1 E_2$, qui est sous le signe dans l'expression de x_1, devient, en substituant les valeurs de ε_1 et de E_2, et ôtant ce qui se détruit, celle-ci : $\varepsilon^2 + EE_1$, qui est la même que celle qui est sous le signe dans l'expression de x; d'où il est facile de conclure que la quantité radicale sera toujours la même dans les expressions de x, x_1, x_2,....

33. Donc si l'on fait, pour abréger,

$$B = \varepsilon^2 + EE_1,$$

et qu'on prenne (le signe $<$ dénote qu'il faut prendre le nombre entier qui est immédiatement moindre)

$$\lambda_1 < \frac{\varepsilon + \sqrt{B}}{E_1}, \quad \varepsilon_1 = \lambda_1 E_1 - \varepsilon,$$

$$E_2 = E + 2\varepsilon\lambda_1 - E_1\lambda_1^2, \quad \lambda_2 < \frac{\varepsilon_1 + \sqrt{B}}{E_2}, \quad \varepsilon_2 = \lambda_2 E_2 - \varepsilon_1,$$

$$E_3 = E_1 + 2\varepsilon_1\lambda_2 - E_2\lambda_2^2, \quad \lambda_3 < \frac{\varepsilon_2 + \sqrt{B}}{E_3}, \quad \varepsilon_3 = \lambda_3 E_3 - \varepsilon_2,$$

$$E_4 = E_2 + 2\varepsilon_2\lambda_3 - E_3\lambda_3^2, \quad \lambda_4 < \frac{\varepsilon_3 + \sqrt{B}}{E_4}, \quad \varepsilon_4 = \lambda_4 E_4 - \varepsilon_3,$$

$$\dots\dots\dots\dots\dots, \quad \dots\dots\dots\dots, \quad \dots\dots\dots\dots,$$

on aura

$$x = \frac{\varepsilon + \sqrt{B}}{E_1} = \lambda_1 + \frac{1}{x_1},$$

$$x_1 = \frac{\varepsilon_1 + \sqrt{B}}{E_2} = \lambda_2 + \frac{1}{x_2},$$

$$x_2 = \frac{\varepsilon_2 + \sqrt{B}}{E_3} = \lambda_3 + \frac{1}{x_3},$$

$$\dots\dots\dots\dots\dots\dots,$$

d'où

$$x = \lambda_1 + \cfrac{1}{\lambda_2 + \cfrac{1}{\lambda_3 + \ddots}}$$

Quant au radical $\sqrt{B}$, il faudra toujours lui donner le même signe qu'on lui a supposé dans la valeur de la racine cherchée x.

On peut observer encore que, comme on a trouvé

$$\varepsilon_1^2 + E_1 E_2 = \varepsilon^2 + E E_1 = B,$$

on aura

$$E_2 = \frac{B - \varepsilon_1^2}{E_1},$$

et, de même,

$$E_3 = \frac{B - \varepsilon_2^2}{E_2}, \quad E_4 = \frac{B - \varepsilon_3^2}{E_3}, \dots$$

Ainsi l'on pourra, si on le juge plus commode, employer ces formules à la place de celles qu'on a données plus haut pour avoir les valeurs de E_2, E_3,...

34. Maintenant je dis que la fraction continue qui exprime la valeur de x sera toujours nécessairement périodique.

Pour pouvoir démontrer ce théorème, nous commencerons par démontrer en général que, quelle que soit l'équation proposée, on doit toujours nécessairement arriver à des équations transformées dont le premier et le dernier terme soient de signes différents. En effet, nous avons vu, dans le n° 19 du *Mémoire sur la résolution des équations numériques*, qu'on doit toujours nécessairement arriver à une équation transformée qui n'ait qu'une seule racine plus grande que l'unité, après quoi chacune des transformées suivantes n'aura aussi qu'une seule racine plus grande que l'unité ; soit donc

$$au^m + bu^{m-1} + cu^{m-2} + \ldots + k = 0,$$

une de ces transformées qui n'ont qu'une seule racine plus grande que l'unité, et soit s la valeur entière approchée de u : on fera, pour avoir la transformée suivante, $u = s + \dfrac{1}{u}$, ce qui, étant substitué, donnera cette transformée, dans laquelle il est aisé de voir que le premier terme sera

$$(as^m + bs^{m-1} + cs^{m-2} + \ldots + k)u^m,$$

et que le dernier sera a. Or, puisque la vraie valeur de u dans la transformée précédente tombe entre ces deux-ci : $u = s$ et $u = \infty$, entre lesquelles il ne se trouve aucune autre valeur de u (hypothèse), il s'ensuit qu'en faisant ces deux substitutions dans l'équation en u on aura nécessairement des résultats de signe contraire ; car il est facile de concevoir qu'il n'y aura en ce cas qu'un seul des facteurs de cette équation qui pourra changer de signe en passant d'une valeur de u à l'autre (n° 5, Mémoire cité). Mais la supposition de $u = \infty$ donne le résultat au^m (tous les autres termes devenant nuls vis-à-vis de celui-ci), lequel est de même signe que le coefficient a; donc il faudra que la supposition de $u = s$ donne un résultat de signe contraire à a; mais ce résultat est égal à

$$as^m + bs^{m-1} + cs^{m-2} + \ldots + k;$$

donc, puisque cette quantité est en même temps le coefficient du premier terme de l'équation transformée en u, dont le dernier terme est a, il s'ensuit que cette transformée aura nécessairement ses deux termes extrêmes de signes différents.

Et l'on peut prouver de la même manière que cela aura lieu à plus forte raison dans toutes les transformées suivantes.

35. Cela posé, puisque l'équation proposée

$$E_1 x^2 - 2\varepsilon x - E = 0$$

donne les transformées (32)

$$E_2 x_1^2 - 2\varepsilon_1 x_1 - E_1 = 0,$$
$$E_3 x_2^2 - 2\varepsilon_2 x_2 - E_2 = 0,$$
$$\ldots\ldots\ldots\ldots\ldots\ldots,$$

il s'ensuit de ce que nous venons de démontrer dans le numéro précédent qu'on parviendra nécessairement à des transformées comme

$$E_{\gamma+1} x_\gamma^2 - 2\varepsilon_\gamma x_\gamma - E_\gamma = 0,$$
$$E_{\gamma+2} x_{\gamma+1}^2 - 2\varepsilon_{\gamma+1} x_{\gamma+1} - E_{\gamma+1} = 0,$$
$$\ldots\ldots\ldots\ldots\ldots\ldots\ldots\ldots\ldots,$$

dont les premiers et derniers termes seront de signes différents; de sorte que les nombres

$$E_\gamma, \quad E_{\gamma+1}, \quad E_{\gamma+2}, \ldots$$

seront tous de même signe. Or, on a (33)

$$B = \varepsilon_\gamma^2 + E_\gamma E_{\gamma+1} = \varepsilon_{\gamma+1}^2 + E_{\gamma+1} E_{\gamma+2} = \ldots;$$

donc, puisque E_γ, $E_{\gamma+1}$, $E_{\gamma+2}, \ldots$ sont de même signe, les produits $E_\gamma E_{\gamma+1}$, $E_{\gamma+1} E_{\gamma+2}, \ldots$ seront nécessairement positifs; d'où il s'ensuit:

1° Que l'on aura

$$\varepsilon_\gamma^2 < B, \quad \varepsilon_{\gamma+1}^2 < B, \dots,$$

c'est-à-dire (en faisant abstraction du signe)

$$\varepsilon_\gamma < \sqrt{B}, \quad \varepsilon_{\gamma+1} < \sqrt{B},$$

et ainsi de suite à l'infini;

2° Que l'on aura aussi, à cause que les nombres $E, E_1, E_2, \dots$ sont tous entiers,

$$E_\gamma < B, \quad E_{\gamma+1} < B, \quad E_{\gamma+2} < B,$$

et ainsi de suite. Donc, comme B est donné, il est clair qu'il n'y aura qu'un certain nombre de nombres entiers qui pourront être moindres que B ou que $\sqrt{B}$; de sorte que les nombres

$$E_\gamma, \ E_{\gamma+1}, \ E_{\gamma+2}, \dots, \quad \varepsilon_\gamma, \ \varepsilon_{\gamma+1}, \ \varepsilon_{\gamma+2}, \dots,$$

ne pourront avoir qu'un certain nombre de valeurs différentes, et qu'ainsi dans l'une et l'autre de ces séries, si on les pousse à l'infini, il faudra nécessairement que les mêmes termes reviennent une infinité de fois; et, par la même raison, il faudra aussi qu'une même combinaison de termes correspondants dans les deux séries revienne une infinité de fois; d'où il s'ensuit qu'on aura nécessairement, par exemple,

$$E_{\gamma+\delta+\nu} = E_{\gamma+\delta} \quad \text{et} \quad \varepsilon_{\gamma+\delta+\nu} = \varepsilon_{\gamma+\delta},$$

ou bien, en faisant $\gamma + \delta = \mu$,

$$E_{\mu+\nu} = E_\mu \quad \text{et} \quad \varepsilon_{\mu+\nu} = \varepsilon_\mu;$$

donc, à cause de

$$B = \varepsilon_\mu^2 + E_\mu E_{\mu+1} = \varepsilon_{\mu+\nu}^2 + E_{\mu+\nu} E_{\mu+\nu+1},$$

on aura aussi

$$E_{\mu+\nu+1} = E_{\mu+1};$$

mais on a

$$x_\mu = \frac{\varepsilon_\mu + \sqrt{B}}{E_{\mu+1}} \quad \text{et} \quad x_{\mu+\nu} = \frac{\varepsilon_{\mu+\nu} + \sqrt{B}}{E_{\mu+\nu+1}};$$

donc $x_{\mu+\nu}=x_\mu$; donc la fraction continue sera nécessairement périodique (24).

36. En effet, on voit, par les formules du n° 33, que si l'on a

$$E_{\mu+\nu}=E_\mu \quad \text{et} \quad \varepsilon_{\mu+\nu}=\varepsilon_\mu,$$

on aura

$$E_{\mu+\nu+1}=E_{\mu+1}, \quad \lambda_{\mu+\nu+1}=\lambda_{\mu+1}, \quad \varepsilon_{\mu+\nu+1}=\varepsilon_{\mu+1},$$

et ainsi de suite; de sorte qu'en général les termes des trois séries

$$E, E_1, E_2,\ldots, \quad \varepsilon, \varepsilon_1, \varepsilon_2,\ldots, \quad \lambda_1, \lambda_2,\ldots,$$

qui auront pour exposant $\mu + n\nu + \varpi$, seront les mêmes que les termes précédents dont les exposants seront $\mu + \varpi$, en prenant pour n un nombre quelconque entier positif.

Ainsi, chacune de ces trois séries deviendra périodique, à commencer par les termes E_μ, ε_μ, $\lambda_{\mu+1}$, et leurs périodes seront de ν termes, après lesquels les mêmes termes reviendront dans le même ordre, à l'infini.

37. Nous venons de démontrer qu'en continuant la série des nombres $E, E_1, E_2,\ldots$ on doit nécessairement trouver des termes consécutifs qui soient de même signe, et qu'ensuite la série doit nécessairement devenir périodique; or, je dis que dès que, dans la même série, on sera parvenu à deux termes consécutifs, comme E_γ, $E_{\gamma+1}$, qui soient de même signe, on sera assuré que l'un de ces deux termes sera déjà un des termes périodiques, lequel reparaîtra nécessairement dans chaque période.

En effet, comme E_γ et $E_{\gamma+1}$ sont de même signe, il est clair que la transformée

$$E_{\gamma+1}\, x_\gamma^2 - 2\varepsilon_\gamma x_\gamma - E_\gamma = 0$$

aura nécessairement une racine positive et l'autre négative, de sorte qu'elle n'en pourra avoir qu'une seule qui soit plus grande que l'unité; donc toutes les transformées suivantes auront nécessairement leurs termes extrêmes de signes différents (34); par conséquent, tous les nombres E_γ, $E_{\gamma+1}$, $E_{\gamma+2}$,... seront de même signe, de sorte que chacun d'eux sera moindre que B, et que chacun des nombres ε_γ, $\varepsilon_{\gamma+1}$, $\varepsilon_{\gamma+2}$,... sera moindre que $\sqrt{B}$ (35).

38. Or, comme on a

$$B = \varepsilon_\gamma^2 + E_\gamma E_{\gamma+1},$$

il est visible que les nombres E_γ, $E_{\gamma+1}$ seront, ou tous les deux moindres que $\sqrt{B}$, ou que, si l'un est plus grand, l'autre en sera nécessairement moindre, de sorte qu'il y en aura au moins toujours un qui sera moindre que $\sqrt{B}$.

Supposons que ce soit E_γ, et je vais prouver que les nombres

$$E_\gamma, E_{\gamma+1}, E_{\gamma+2},\ldots,\quad \varepsilon_\gamma, \varepsilon_{\gamma+1}, \varepsilon_{\gamma+2}\ldots$$

seront tous nécessairement du même signe que le radical $\sqrt{B}$. En effet, puisque les racines x_1, x_2, x_3,... des équations transformées doivent être toutes plus grandes que l'unité par la nature de la fraction continue, on aura donc aussi $x_\gamma > 1$, $x_{\gamma+1} > 1$, et ainsi de suite; donc

$$\frac{\varepsilon_\gamma + \sqrt{B}}{E_{\gamma+1}} > 1, \quad \frac{\varepsilon_{\gamma+1} + \sqrt{B}}{E_{\gamma+2}} > 1,\ldots,$$

et, comme

$$B = \varepsilon_\gamma^2 + E_\gamma E_{\gamma+1} = \varepsilon_{\gamma+1}^2 + E_{\gamma+1} E_{\gamma+2} = \ldots,$$

on aura

$$\frac{\varepsilon_\gamma + \sqrt{B}}{E_{\gamma+1}} = \frac{E_\gamma}{\sqrt{B} - \varepsilon_\gamma}, \quad \frac{\varepsilon_{\gamma+1} + \sqrt{B}}{E_{\gamma+2}} = \frac{E_{\gamma+1}}{\sqrt{B} - \varepsilon_{\gamma+1}},$$

et ainsi des autres; donc aussi

$$\frac{E_\gamma}{\sqrt{B} - \varepsilon_\gamma} > 1, \quad \frac{E_{\gamma+1}}{\sqrt{B} - \varepsilon_{\gamma+1}} > 1,\ldots.$$

Or, comme ε_γ, $\varepsilon_{\gamma+1}$,... sont plus petits que $\sqrt{B}$, il est clair que, quel que soit le signe de ces nombres ε_γ, $\varepsilon_{\gamma+1}$,..., les dénominateurs $\sqrt{B} - \varepsilon_\gamma$, $\sqrt{B} - \varepsilon_{\gamma+1}$,... seront nécessairement du même signe que $\sqrt{B}$; donc il faudra que les numérateurs E_γ, $E_{\gamma+1}$,... soient tous aussi du même signe que $\sqrt{B}$.

Maintenant, supposons, pour plus de simplicité, $\sqrt{B}$ positif, en sorte que E_γ, $E_{\gamma+1}$,... doivent être aussi tous positifs, et je dis que ε_γ, $\varepsilon_{\gamma+1}$, $\varepsilon_{\gamma+2}$,... le seront aussi. Car soit, s'il est possible, $\varepsilon_\gamma = -\eta$ (η étant un nombre positif), et, comme $E_\gamma < \sqrt{B}$ (hypothèse), on aura, à plus forte raison, $E_\gamma < \sqrt{B} + \eta$; donc

$$\frac{E_\gamma}{\sqrt{B} - \varepsilon_\gamma} = \frac{E_\gamma}{\sqrt{B} + \eta}$$

sera < 1, au lieu que cette quantité doit être > 1; donc ε_γ doit être positif. Soit ensuite, s'il est possible, $\varepsilon_{\gamma+1} = -\eta_1$, et comme on a, par les formules du n° 33, $\varepsilon_{\gamma+1} = \lambda_{\gamma+1} E_{\gamma+1} - \varepsilon_\gamma$, on aura $\lambda_{\gamma+1} E_{\gamma+1} = \varepsilon_\gamma - \eta_1$; donc, à cause que ε_γ et η_1 sont des nombres positifs moindres que $\sqrt{B}$, et que $\lambda_{\gamma+1}$ est aussi un nombre entier positif, il est clair que $E_{\gamma+1}$ devra être moindre que $\sqrt{B}$; et, dans ce cas, on prouvera, comme ci-devant, que $\varepsilon_{\gamma+1}$ devra être positif; et ainsi de suite.

Si $\sqrt{B}$ était pris négativement, on prouverait de la même manière que ε_γ, $\varepsilon_{\gamma+1}$,... devraient être négatifs; et même, sans faire un nouveau calcul, il n'y aura qu'à remarquer que les formules du numéro cité demeurent les mêmes en y changeant les signes de toutes les quantités E, E_1, E_2,..., ε, ε_1, ε_2,..., et du radical $\sqrt{B}$; de sorte qu'on pourra toujours regarder ce radical comme positif, en prenant les quantités E, E_1, E_2,..., ε, ε_1, ε_2,... avec des signes contraires.

39. Cela posé, je dis que si deux termes correspondants quelconques des suites E_γ, $E_{\gamma+1}$, $E_{\gamma+2}$,..., ε_γ, $\varepsilon_{\gamma+1}$, $\varepsilon_{\gamma+2}$,... sont donnés, tous les précédents dans les mêmes suites seront nécessairement donnés aussi.

Supposons, par exemple, que $E_{\gamma+3}$ et $\varepsilon_{\gamma+3}$ soient donnés (on verra aisément que la démonstration est générale, quels que soient les termes donnés), et voyons quels doivent être les termes qui précèdent ceux-ci, en vertu des formules du n° 33, et des conditions du numéro précédent.

On aura d'abord

$$\varepsilon_{\gamma+3} = \lambda_{\gamma+3} \, E_{\gamma+3} - \varepsilon_{\gamma+2};$$

donc

$$\varepsilon_{\gamma+2} = \lambda_{\gamma+3} \, E_{\gamma+3} - \varepsilon_{\gamma+3};$$

mais on doit avoir $\varepsilon_{\gamma+2} < \sqrt{B}$; donc il faudra que l'on ait

$$\lambda_{\gamma+3} < \frac{\varepsilon_{\gamma+3} + \sqrt{B}}{E_{\gamma+3}}.$$

On aura de même

$$\varepsilon_{\gamma+1} = \lambda_{\gamma+2} \, E_{\gamma+2} - \varepsilon_{\gamma+2},$$

d'où, à cause de $\varepsilon_{\gamma+1} < \sqrt{B}$, on tirera

$$\lambda_{\gamma+2} < \frac{\varepsilon_{\gamma+2} + \sqrt{B}}{E_{\gamma+2}};$$

mais il faut, par la nature de la fraction continue, que $\lambda_{\gamma+2}$ soit un nombre entier positif; donc il faudra qu'on ait

$$\varepsilon_{\gamma+2} + \sqrt{B} > E_{\gamma+2};$$

or, on a aussi

$$E_{\gamma+2} \, E_{\gamma+3} = B - \varepsilon_{\gamma+2}^2 = \left(\sqrt{B} + \varepsilon_{\gamma+2} \right) \left(\sqrt{B} - \varepsilon_{\gamma+2} \right);$$

donc

$$\sqrt{B} - \varepsilon_{\gamma+2} < E_{\gamma+3};$$

savoir, en mettant pour $\varepsilon_{\gamma+2}$ sa valeur ci-dessus,

$$\sqrt{B} - \lambda_{\gamma+3} \, E_{\gamma+3} + \varepsilon_{\gamma+3} < E_{\gamma+3},$$

d'où

$$\lambda_{\gamma+3} > \frac{\varepsilon_{\gamma+3} + \sqrt{B}}{E_{\gamma+3}} - 1.$$

Donc, puisque le nombre $\lambda_{\gamma+3}$ doit être entier, il est clair qu'il ne pourra être égal qu'au nombre entier qui sera immédiatement plus petit que

$\dfrac{\varepsilon_{\gamma+3} + \sqrt{B}}{E_{\gamma+3}}$; ainsi $\lambda_{\gamma+3}$ sera donné, et de là $\varepsilon_{\gamma+2}$ le sera aussi, et comme

$$E_{\gamma+2} = \frac{B - \varepsilon_{\gamma+2}^2}{E_{\gamma+3}},$$

il est clair que $E_{\gamma+2}$ sera aussi donné. Maintenant on aura

$$\varepsilon_{\gamma} = \lambda_{\gamma+1} E_{\gamma+1} - \varepsilon_{\gamma+1},$$

et par conséquent, à cause de $\varepsilon_{\gamma} < \sqrt{B}$,

$$\lambda_{\gamma+1} < \frac{\varepsilon_{\gamma+1} + \sqrt{B}}{E_{\gamma+1}}.$$

Donc, pour que $\lambda_{\gamma+1}$ soit entier positif tel qu'il doit être, il faudra que

$$\varepsilon_{\gamma+1} + \sqrt{B} > E_{\gamma+1};$$

par conséquent, à cause de

$$E_{\gamma+1} E_{\gamma+2} = B - \varepsilon_{\gamma+1}^2,$$

il faudra que

$$\sqrt{B} - \varepsilon_{\gamma+1} < E_{\gamma+2},$$

ou bien, en mettant pour $\varepsilon_{\gamma+1}$ sa valeur ci-dessus,

$$\sqrt{B} - \lambda_{\gamma+2} E_{\gamma+2} + \varepsilon_{\gamma+2} < E_{\gamma+2};$$

d'où l'on tire

$$\lambda_{\gamma+2} > \frac{\varepsilon_{\gamma+2} + \sqrt{B}}{E_{\gamma+2}} - 1.$$

De sorte que le nombre $\lambda_{\gamma+2}$ ne pourra être que le nombre entier qui sera immédiatement plus petit que la quantité donnée $\dfrac{\varepsilon_{\gamma+2} + \sqrt{B}}{E_{\gamma+2}}$; donc ce nombre sera donné, et par là les nombres $\varepsilon_{\gamma+1}$ et $E_{\gamma+1}$ le seront aussi.

Enfin, puisque E_{γ} est (hypothèse) $< \sqrt{B}$, on aura à plus forte raison $\varepsilon_{\gamma} + \sqrt{B} > E_{\gamma}$;

et de là, à cause de $E_\gamma E_{\gamma+1} = B - \varepsilon_\gamma^2$,

$$\sqrt{B} - \varepsilon_\gamma < E_{\gamma+1},$$

ou bien, en substituant pour ε_γ sa valeur trouvée ci-dessus,

$$\sqrt{B} - \lambda_{\gamma+1} E_{\gamma+1} + \varepsilon_{\gamma+1} < E_{\gamma+1},$$

ce qui donne

$$\lambda_{\gamma+1} > \frac{\varepsilon_{\gamma+1} + \sqrt{B}}{E_{\gamma+1}} - 1.$$

Donc le nombre $\lambda_{\gamma+1}$ ne pourra être que le nombre entier qui est immédiatement moindre que la quantité donnée $\dfrac{\varepsilon_{\gamma+1} + \sqrt{B}}{E_{\gamma+1}}$; et par conséquent ce nombre sera entièrement donné, et par conséquent les nombres ε_γ et E_γ le seront aussi.

40. Or, nous avons vu (35) qu'en continuant les séries E_γ, $E_{\gamma+1}, \ldots$, ε_γ, $\varepsilon_{\gamma+1}, \ldots$, il arrivera nécessairement que deux termes correspondants comme $E_{\gamma+\delta}$, $\varepsilon_{\gamma+\delta}$, reparaîtront après un certain nombre d'autres termes, en sorte que l'on aura, par exemple,

$$E_{\gamma+\nu+\delta} = E_{\gamma+\delta}, \quad \varepsilon_{\gamma+\nu+\delta} = \varepsilon_{\gamma+\delta}.$$

Donc, par ce que nous venons de démontrer (39), on aura aussi en remontant

$$E_{\gamma+\nu+\delta-1} = E_{\gamma+\delta-1}, \quad \varepsilon_{\gamma+\nu+\delta-1} = \varepsilon_{\gamma+\delta-1},$$
$$E_{\gamma+\nu+\delta-2} = E_{\gamma+\delta-2}, \quad \varepsilon_{\gamma+\nu+\delta-2} = \varepsilon_{\gamma+\delta-2},$$
$$\cdots\cdots\cdots\cdots, \quad \cdots\cdots\cdots\cdots,$$
$$E_{\gamma+\nu} = E_\gamma, \quad \varepsilon_{\gamma+\nu} = \varepsilon_\gamma.$$

41. De là je conclus en général que, lorsque dans la série des nombres E, E_1, $E_2, \ldots$ on en trouvera deux consécutifs de même signe, celui des deux qui sera moindre que $\sqrt{B}$ sera déjà nécessairement périodique.

Ainsi, si dans l'équation proposée

$$E_{\scriptscriptstyle |}\, x^2 - 2\varepsilon x - E = o,$$

les coefficients E et $E_{\scriptscriptstyle |}$ étaient de même signe, alors la série serait périodique dès le premier ou le second terme.

42. Si l'on a $\varepsilon = o$, en sorte que $x = \sqrt{\dfrac{E}{E_{\scriptscriptstyle |}}}$, alors on aura $B = EE_{\scriptscriptstyle |}$; d'où l'on voit que, des deux nombres E, $E_{\scriptscriptstyle |}$, le plus petit sera moindre que $\sqrt{B}$, et le plus grand sera nécessairement plus grand que $\sqrt{B}$; donc, dans ce cas, si le nombre $\dfrac{E}{E_{\scriptscriptstyle |}}$ dont il s'agit d'extraire la racine carrée est plus petit que l'unité, la série sera périodique dès le premier terme E; et s'il est plus grand que l'unité, la période ne pourra pas commencer plus bas qu'au second terme.

43. On avait remarqué depuis longtemps que toute fraction continue périodique pouvait toujours se ramener à une équation du second degré, mais personne que je sache n'avait encore démontré l'inverse de cette proposition; savoir, que toute racine d'une équation du second degré se réduit toujours nécessairement en une fraction continue périodique. Il est vrai que M. Euler, dans un excellent Mémoire imprimé au tome XI des *Nouveaux Commentaires de Pétersbourg*, a observé que la racine carrée d'un nombre entier se réduisait toujours en une fraction continue périodique; mais ce théorème, qui n'est qu'un cas particulier du nôtre, n'a pas été démontré par M. Euler, et ne peut l'être, ce me semble, que par le moyen des principes que nous avons établis plus haut.

44. Nous avons donné plus haut des formules générales pour trouver aisément tous les termes des fractions convergentes vers la racine d'une équation donnée, lorsqu'on a reconnu que la fraction continue qui exprime cette racine est périodique.

Or, dans le cas où l'équation est du second degré, et où l'on se sert de la méthode du n° 33, on pourra, si l'on veut, simplifier beaucoup les calculs des n°s 24 et suivants pour trouver les termes l_ρ et L_ρ de chacune des fractions convergentes vers x.

En effet, ayant

$$x_\mu = \frac{\sqrt{B} + \varepsilon_\mu}{E_{\mu+1}} \quad \text{et} \quad x_{\mu+\varpi} = \frac{\sqrt{B} + \varepsilon_{\mu+\varpi}}{E_{\mu+\varpi+1}},$$

où

$$\varepsilon_\mu, \quad \varepsilon_{\mu+\varpi}, \quad E_{\mu+1} \quad \text{et} \quad E_{\mu+\varpi+1}$$

sont connus (ϖ étant $< \nu$), il n'y aura qu'à substituer ces valeurs dans les deux équations du n° 26, et faisant, pour abréger,

$$\frac{l_\mu \varepsilon_\mu}{E_{\mu+1}} + l_{\mu-1} = f_\mu,$$

$$\frac{L_\mu \varepsilon_\mu}{E_{\mu+1}} + L_{\mu-1} = F_\mu,$$

$$\frac{H_\nu \varepsilon_\mu}{E_{\mu+1}} + H_{\nu-1} = K_\nu,$$

$$H_\varpi \varepsilon_{\mu+\varpi} + H_{\varpi-1} E_{\mu+\varpi+1} = G_\varpi,$$

on aura

$$\left(f_\mu + \frac{l_\mu \sqrt{B}}{E_{\mu+1}}\right)(G_\varpi + H_\varpi \sqrt{B})\left(K_\nu + \frac{H_\nu \sqrt{B}}{E_{\mu+1}}\right)^n = l_\rho \varepsilon_{\mu+\varpi} + l_{\rho-1} E_{\mu+\varpi+1} + l_\rho \sqrt{B},$$

$$\left(F_\mu + \frac{L_\mu \sqrt{B}}{E_{\mu+1}}\right)(G_\varpi + H_\varpi \sqrt{B})\left(K_\nu + \frac{H_\nu \sqrt{B}}{E_{\mu+1}}\right)^n = L_\rho \varepsilon_{\mu+\varpi} + L_{\rho-1} E_{\mu+\varpi+1} + L_\rho \sqrt{B},$$

d'où, à cause de l'ambiguïté du signe du radical $\sqrt{B}$, on tire sur-le-champ

$$l_\rho = \frac{\left(f_\mu + \frac{l_\mu \sqrt{B}}{E_{\mu+1}}\right)(G_\varpi + H_\varpi \sqrt{B})\left(K_\nu + \frac{H_\nu \sqrt{B}}{E_{\mu+1}}\right)^n - \left(f_\mu - \frac{l_\mu \sqrt{B}}{E_{\mu+1}}\right)(G_\varpi - H_\varpi \sqrt{B})\left(K_\nu - \frac{H_\nu \sqrt{B}}{E_{\mu+1}}\right)^n}{2\sqrt{B}},$$

$$L_\rho = \frac{\left(F_\mu + \frac{L_\mu \sqrt{B}}{E_{\mu+1}}\right)(G_\varpi + H_\varpi \sqrt{B})\left(K_\nu + \frac{H_\nu \sqrt{B}}{E_{\mu+1}}\right)^n - \left(F_\mu - \frac{L_\mu \sqrt{B}}{E_{\mu+1}}\right)(G_\varpi - H_\varpi \sqrt{B})\left(K_\nu - \frac{H_\nu \sqrt{B}}{E_{\mu+1}}\right)^n}{2\sqrt{B}},$$

ρ étant comme plus haut égal à $\mu + n\nu + \varpi$.

45. On peut aussi remarquer que la valeur de L_ρ peut se déterminer par le moyen de celles de l_ρ et $l_{\rho-1}$, sans avoir besoin d'un nouveau calcul.

En effet, ayant

$$x = \frac{\varepsilon + \sqrt{B}}{E} = \frac{E}{\sqrt{B} - \varepsilon},$$

et de même

$$x_\rho = \frac{E_\rho}{\sqrt{B} - \varepsilon_\rho},$$

on aura, par l'équation (G) du n° **31**,

$$\frac{E}{\sqrt{B} - \varepsilon} = \frac{l_\rho\, E_\rho + l_{\rho-1}\left(\sqrt{B} - \varepsilon_\rho\right)}{L_\rho\, E_\rho + L_{\rho-1}\left(\sqrt{B} - \varepsilon_\rho\right)};$$

savoir

$$E\left[L_\rho\, E_\rho + L_{\rho-1}\left(\sqrt{B} - \varepsilon_\rho\right)\right] = l_\rho\, E_\rho\left(\sqrt{B} - \varepsilon\right) + l_{\rho-1}\left[B + \varepsilon\varepsilon_\rho - \left(\varepsilon_\rho + \varepsilon\right)\sqrt{B}\right],$$

de sorte qu'en comparant la partie rationnelle avec la rationnelle, et l'irrationnelle avec l'irrationnelle, on aura

$$L_{\rho-1} = \frac{l_\rho\, E_\rho - l_{\rho-1}\left(\varepsilon_\rho + \varepsilon\right)}{E},$$

$$L_\rho\, E_\rho - L_{\rho-1}\varepsilon_\rho = \frac{-\, l_\rho\, E_\rho\, \varepsilon + l_{\rho-1}\left(B + \varepsilon\varepsilon_\rho\right)}{E},$$

d'où, à cause de $B - \varepsilon_\rho^2 = E_\rho\, E_{\rho+1}$, on aura

$$L_\rho = \frac{l_\rho\left(\varepsilon_\rho - \varepsilon\right) + l_{\rho-1}\, E_{\rho+1}}{E}.$$

Or, ρ étant égal à $\mu + n\nu + \varpi$, on aura

$$\varepsilon_\rho = \varepsilon_{\mu+\varpi}, \quad E_{\rho+1} = E_{\mu+\varpi+1},$$

de sorte que ε_ρ et $E_{\rho+1}$ seront connus, quel que soit le quantième ρ.

46. Supposons, pour donner un exemple de l'application des formules précédentes, qu'on demande la racine carrée de $\frac{11}{3}$ par une fraction continue.

Faisant $x = \sqrt{\frac{11}{3}}$, on aura l'équation

$$3x^2 - 11 = 0;$$

II.

donc (**32**)

$$E = 11, \quad E_1 = 31, \quad \varepsilon = 0;$$

ainsi l'on fera (**33**) le calcul suivant, en prenant $B = 33$,

$$E = 11, \qquad\qquad\qquad \varepsilon = 0,$$

$$E_1 = \frac{33 - 0}{11} = 3, \quad \lambda_1 < \frac{\sqrt{33} + 0}{3} = 1, \quad \varepsilon_1 = 1.3 - 0 = 3,$$

$$E_2 = \frac{33 - 9}{3} = 8, \quad \lambda_2 < \frac{\sqrt{33} + 3}{8} = 1, \quad \varepsilon_2 = 1.8 - 3 = 5,$$

$$E_3 = \frac{33 - 25}{8} = 1, \quad \lambda_3 < \frac{\sqrt{33} + 5}{1} = 10, \quad \varepsilon_3 = 10.1 - 5 = 5,$$

$$E_4 = \frac{33 - 25}{1} = 8, \quad \lambda_4 < \frac{\sqrt{33} + 5}{8} = 1, \quad \varepsilon_4 = 1.8 - 5 = 3,$$

$$E_5 = \frac{33 - 9}{8} = 3, \quad \lambda_5 < \frac{\sqrt{33} + 3}{3} = 2, \quad \varepsilon_5 = 2.3 - 3 = 3.$$

Je m'arrête ici parce que je vois que $E_5 = E_1$ et $\varepsilon_5 = \varepsilon_1$; de sorte que j'aurai dans ce cas $\mu = 1$ et $\nu = 4$, et par conséquent

$$x = 1 + \cfrac{1}{1 + \cfrac{1}{10 + \cfrac{1}{1 + \cfrac{1}{2 + \cfrac{1}{1 + \cfrac{1}{10 + .}}}}}}$$

47. Telle est donc la fraction continue qui exprime la valeur de $\sqrt{\frac{11}{3}}$; mais, si l'on veut trouver les fractions convergentes vers cette valeur, on fera, dans les formules du nº **44**, $\mu = 1$, $\nu = 4$, et comme ϖ doit être < 4, on fera successivement $\varpi = 0, 1, 2, 3$.

On aura donc (formule A, nº **22**)

$$l_\mu = l_1 = \lambda_1 = 1, \quad l_{\mu-1} = l = 1, \quad \varepsilon_\mu = \varepsilon_1 = 3, \quad E_{\mu+1} = E_2 = 8;$$

donc (**44**)

$$f_\mu = \frac{1.3}{8} + 1 = \frac{11}{8};$$

on trouvera de même

$$L_\mu = 1, \quad F_\mu = \frac{3}{8}.$$

Ensuite on calculera les valeurs de H. H_1,.... jusqu'à $H_\nu = H_4$ par les formules (C) du n° 25, et l'on trouvera

$$H = 0,$$
$$H_1 = 1,$$
$$H_2 = \lambda_3 H_1 = 10,$$
$$H_3 = \lambda_4 H_2 + H_1 = 11,$$
$$H_4 = \lambda_5 H_3 + H_2 = 32.$$

D'où

$$H_\nu = 32, \quad H_{\nu-1} = 11,$$

et de là

$$K_\nu = \frac{32.3}{8} + 11 = 23.$$

Maintenant :

1° Soit $\varpi = 0$, on aura

$$H_\varpi = 0 \quad \text{et} \quad H_{\varpi-1} = 1$$

[car il est facile de voir, par la nature des formules (C), que le terme qui précéderait H serait nécessairement $= 1$; en effet, on doit avoir par l'analogie

$$H_1 = \lambda_{\mu+1} H + H_{-1};$$

on prouverait de même que le terme qui précéderait h serait $= 0$], donc

$$G_\varpi = E_{\mu+1} = 8.$$

2° Soit $\varpi = 1$, on aura

$$H_\varpi = 1, \quad H_{\varpi-1} = 0,$$

donc

$$G_\varpi = \varepsilon_{\mu+1} = \varepsilon_2 = 5.$$

3° Soit $\varpi = 2$, donc

$$H_\varpi = 10, \quad H_{\varpi-1} = 1, \quad G_\varpi = 10\varepsilon_{\mu+2} + 1,$$
$$E_{\mu+3} = 10\varepsilon_3 + E_4 = 58.$$

4° Soit $\varpi = 3$, donc

$$H_{\varpi} = 11, \quad H_{\varpi-1} = 10 \quad \text{et} \quad G_{\varpi} = 11\,\varepsilon_4 + 10\,E_5 = 63.$$

Donc, substituant ces valeurs dans les expressions de l_ρ et L_ρ du n° 44, et multipliant ensemble, pour plus de simplicité, les deux facteurs

$$f_\mu \pm \frac{l_\mu \sqrt{B}}{E_{\mu+1}}, \quad G_{\varpi} \pm H_{\varpi} \sqrt{B},$$

comme aussi les deux

$$F_\mu \pm \frac{L_\mu \sqrt{B}}{E_{\mu+1}}, \quad G_{\varpi} \pm H_{\varpi} \sqrt{B},$$

ce qui donne ces facteurs simples

$$f_\mu G_{\varpi} + \frac{l_\mu H_{\varpi} B}{E_{\mu+1}} \pm \left(f_\mu H_{\varpi} + \frac{l_\mu G_{\varpi}}{E_{\mu+1}} \right) \sqrt{B},$$

$$F_\mu G_{\varpi} + \frac{L_\mu H_{\varpi} B}{E_{\mu+1}} \pm \left(F_\mu H_{\varpi} + \frac{L_\mu G_{\varpi}}{E_{\mu+1}} \right) \sqrt{B},$$

on aura les formules suivantes

$$l_{4n+1} = \frac{(11 + \sqrt{33})(23 + 4\sqrt{33})^n - (11 - \sqrt{33})(23 - 4\sqrt{33})^n}{2\sqrt{33}},$$

$$L_{4n+1} = \frac{(3 + \sqrt{33})(23 + 4\sqrt{33})^n - (3 - \sqrt{33})(23 - 4\sqrt{33})^n}{2\sqrt{33}},$$

$$l_{4n+2} = \frac{(11 + 2\sqrt{33})(23 + 4\sqrt{33})^n - (11 - 2\sqrt{33})(23 - 4\sqrt{33})^n}{2\sqrt{33}},$$

$$L_{4n+2} = \frac{(6 + \sqrt{33})(23 + 4\sqrt{33})^n - (6 - \sqrt{33})(23 - 4\sqrt{33})^n}{2\sqrt{33}},$$

$$l_{4n+3} = \frac{(121 + 21\sqrt{33})(23 + 4\sqrt{33})^n - (121 - 21\sqrt{33})(23 - 4\sqrt{33})^n}{2\sqrt{33}},$$

$$L_{4n+3} = \frac{(63 + 11\sqrt{33})(23 + 4\sqrt{33})^n - (63 - 11\sqrt{33})(23 - 4\sqrt{33})^n}{2\sqrt{33}},$$

$$l_{4n+4} = \frac{(132 + 23\sqrt{33})(23 + 4\sqrt{33})^n - (132 - 23\sqrt{33})(23 - 4\sqrt{33})^n}{2\sqrt{33}},$$

$$L_{4n+4} = \frac{(69 + 12\sqrt{33})(23 + 4\sqrt{33})^n - (69 - 12\sqrt{33})(23 - 4\sqrt{33})^n}{2\sqrt{33}},$$

au moyen desquelles on pourra trouver la valeur de chacune des frac-tions $\frac{l_1}{L_1}, \frac{l_2}{L_2}, \frac{l_3}{L_3}, \cdots$ convergentes vers la racine de $\frac{11}{3}$.

Ainsi, faisant d'abord $n = 0$, on aura les quatre premières fractions; faisant ensuite $n = 1$, on aura les quatre suivantes, et ainsi de suite; et ces fractions seront

$$\frac{1}{1}, \frac{2}{1}, \frac{21}{11}, \frac{23}{12}, \frac{67}{35}, \frac{90}{47}, \frac{967}{505}, \frac{1057}{552}, \cdots$$

48. Si l'on voulait avoir, par exemple, le cinquantième terme de cette série, c'est-à-dire la fraction $\frac{l_{50}}{L_{50}}$, il n'y aurait qu'à diviser 50 par 4, ce qui donne 12 de quotient et 2 de reste, et l'on ferait $n = 12$; de sorte qu'en développant la puissance douzième de $23 \pm 4\sqrt{33}$, et faisant, pour abréger,

$$\begin{aligned}M =\ &(23)^{12} + 66(33)(4)^2(23)^{10} + 495(33)^2(4)^4(23)^8\\ &+ 938(33)^3(4)^6(23)^6 + 495(33)^4(4)^8(23)^4\\ &+ 66(33)^5(4)^{10}(23)^2 + (33)^6(4)^{12},\end{aligned}$$

$$\begin{aligned}N =\ &12(4)(23)^{11} + 220(33)(4)^3(23)^9 + 792(33)^2(4)^5(23)^7\\ &+ 792(33)^3(4)^7(23)^5 + 220(33)^4(4)^9(23)^3 + 12(33)^5(4)^{11}(23),\end{aligned}$$

on aura

$$(23 \pm 4\sqrt{33})^n = M \pm N\sqrt{33};$$

donc, substituant cette valeur dans les expressions de l_{4n+2} et L_{4n+2}, on aura, pour la fraction cherchée,

$$\frac{2M + 11N}{M + 6N}.$$

49. Je vais terminer cette Remarque par une observation qui me pa-raît digne d'attention. Lorsque l'équation proposée a des diviseurs com-mensurables du premier degré, alors les fractions continues qui repré-senteront les racines de ces diviseurs seront nécessairement terminées; et lorsque l'équation aura des diviseurs commensurables du second degré

à racines réelles, alors les fractions continues qui exprimeront les racines de ces diviseurs seront nécessairement périodiques. Ainsi, la méthode des fractions continues a non-seulement l'avantage de donner toujours les valeurs rationnelles les plus approchantes qu'il est possible de la racine cherchée, mais elle a encore celui de donner tous les diviseurs commensurables du premier et du second degré que l'équation proposée peut renfermer. Il serait à souhaiter que l'on pût trouver aussi quelque caractère qui pût servir à faire reconnaître les diviseurs commensurables du troisième, quatrième,... degré, lorsqu'il y en a dans l'équation proposée; c'est du moins une recherche qui me parait très-digne d'occuper les Géomètres.

REMARQUE III.

Généralisation de la théorie des fractions continues.

50. Nous avons supposé, dans le § III du *Mémoire sur la résolution des équations numériques*, que les nombres p, q, r,... étaient les valeurs entières approchées des racines x, y, z,..., mais plus petites que ces racines; c'est-à-dire que p, q, r,... étaient les nombres entiers immédiatement plus petits que les valeurs de x, y, z,...; cependant il est clair que rien n'empêcherait qu'on ne prit pour $p, q, r,...$ les nombres entiers qui seraient immédiatement plus grands que les racines x, y, z,....

51. Imaginons donc qu'on prenne pour p le nombre entier qui est immédiatement plus grand que x, en sorte que $p > x$ et $p - 1 < x$, il est clair qu'il faudra faire, dans ce cas, $x = p - \frac{1}{y}$, c'est-à-dire qu'il faudra prendre y négativement, et, comme $x < p$ et $> p - 1$, on aura $\frac{1}{y} > 0$ et < 1, et par conséquent $y > 1$, comme dans le cas où l'on aurait pris $p < x$ (n° 18 du Mémoire cité). Ainsi l'on pourra prendre de nouveau pour q le nombre entier qui serait immédiatement plus petit que y, ou celui qui serait immédiatement plus grand, et l'on fera, dans le premier cas, $y = q + \frac{1}{z}$, et, dans le second, $y = q - \frac{1}{z}$, et ainsi de suite.

. De cette manière on aurait donc

$$x = p \pm \frac{1}{y}, \quad y = q \pm \frac{1}{z}, \quad z = r \pm \frac{1}{u}, \dots,$$

ce qui donnerait la fraction continue

$$x = p \pm \cfrac{1}{q \pm \cfrac{1}{r \pm \cfrac{1}{s \pm \cdot}}}$$

où il est bon de remarquer que chacun des dénominateurs q, r,…, qui sera suivi d'un signe $-$, devra nécessairement être $= 2$ ou > 2; car, puisque $y > 1$, si l'on fait $y = q - \frac{1}{z}$, on aura $q - \frac{1}{z} > 1$, donc $q > 1 + \frac{1}{z}$; donc q, devant être un nombre entier, sera nécessairement $= 2$ ou > 2, et ainsi des autres.

52. J'observe maintenant que ces sortes de fractions qui procèdent ainsi par addition et par soustraction peuvent toujours facilement se changer en d'autres qui ne soient formées que par la simple addition.

En effet, supposons en général

$$a - \frac{1}{t} = A + \frac{1}{T},$$

a et A devant être des nombres entiers, et t, T des nombres plus grands que l'unité; on aura donc

$$a - A = \frac{1}{t} + \frac{1}{T};$$

donc, puisque $\frac{1}{t} < 1$ et $\frac{1}{T} < 1$,

$$\frac{1}{t} + \frac{1}{T} \text{ sera} < 2;$$

donc on ne pourra supposer que $a - A = 1$, ce qui donne $A = a - 1$; on aura donc

$$a - \frac{1}{t} = a - 1 + \frac{1}{T};$$

donc

$$\frac{1}{T} = 1 - \frac{1}{t} \quad \text{et} \quad T = \frac{t}{t-1} = 1 + \frac{1}{t-1};$$

de sorte qu'on aura en général

$$a - \frac{1}{t} = a - 1 + \cfrac{1}{1 + \cfrac{1}{t-1}},$$

et cette formule servira pour faire disparaitre tous les signes — dans une fraction continue quelconque.

Soit, par exemple, la fraction

$$p - \cfrac{1}{q + \cfrac{1}{r + \cdot_{\cdot_{\cdot}}}};$$

elle deviendra, en faisant $a = p$ et $t = q + \frac{1}{r}, \cdots,$

$$p - 1 + \cfrac{1}{1 + \cfrac{1}{q - 1 + \cfrac{1}{r + \cdot_{\cdot_{\cdot}}}}},$$

et si l'on avait la fraction

$$p - \cfrac{1}{q - \cfrac{1}{r - \cdot_{\cdot_{\cdot}}}},$$

elle se changerait d'abord en

$$p - 1 + \cfrac{1}{1 + \cfrac{1}{q - 1 - \cfrac{1}{r - \cdot_{\cdot_{\cdot}}}}},$$

et ensuite en

$$p - 1 + \cfrac{1}{1 + \cfrac{1}{q - 2 + \cfrac{1}{1 + \cfrac{1}{r - 1 + \cdot_{\cdot_{\cdot}}}}}},$$

et ainsi des autres fractions semblables. Il est bon de remarquer qu'il peut arriver que dans ces sortes de transformations quelqu'un des dénominateurs devienne nul, auquel cas la fraction deviendra plus simple.

En effet, supposons que la fraction à réduire soit

$$p - \cfrac{1}{1 + \cfrac{1}{r + \cdot \cdot}},$$

la transformée sera

$$p - 1 + \cfrac{1}{1 + \cfrac{1}{0 + \cfrac{1}{r + \cdot \cdot}}},$$

c'est-à-dire

$$p - 1 + \cfrac{1}{1 + r + \cdot \cdot}.$$

De même, si l'on avait la fraction

$$p - \cfrac{1}{2 - \cfrac{1}{r + \cdot \cdot}},$$

elle se réduirait à celle-ci

$$p - 1 + \cfrac{1}{1 + \cfrac{1}{0 + \cfrac{1}{1 + \cfrac{1}{r - 1 + \cdot \cdot}}}};$$

savoir,

$$p - 1 + \cfrac{1}{2 + \cfrac{1}{r - 1 + \cdot \cdot}},$$

et ainsi du reste.

53. La formule que nous avons trouvée ci-dessus, et qu'on peut mettre sous cette forme

$$a + \cfrac{1}{1 + \cfrac{1}{t}} = a + 1 - \frac{1}{t + 1},$$

II.

fait voir qu'une fraction continue dont tous les termes ont le signe +
peut quelquefois être simplifiée en y introduisant des signes — ; c'est
ce qui a lieu lorsqu'il y a des dénominateurs égaux à l'unité ; car soit,
par exemple, la fraction

$$p + \cfrac{1}{1 + \cfrac{1}{r + \cdot_{\cdot_{\cdot}}}},$$

elle pourra se réduire, par la formule précédente, à celle-ci

$$p + 1 - \cfrac{1}{r + 1 + \cdot_{\cdot_{\cdot}}},$$

qui a, comme on voit, un terme de moins ; donc, si l'on avait la fraction

$$p + \cfrac{1}{1 + \cfrac{1}{1 + \cfrac{1}{s + \cdot_{\cdot_{\cdot}}}}},$$

elle se réduirait à celle-ci

$$p + 1 - \cfrac{1}{2 + \cfrac{1}{s + \cdot_{\cdot_{\cdot}}}},$$

et si l'on avait celle-ci

$$p + \cfrac{1}{1 + \cfrac{1}{1 + \cfrac{1}{1 + \cfrac{1}{s + \cdot_{\cdot_{\cdot}}}}}},$$

on la réduirait d'abord à

$$p + 1 - \cfrac{1}{2 + \cfrac{1}{1 + \cfrac{1}{s + \cdot_{\cdot_{\cdot}}}}},$$

et ensuite à

$$p + 1 - \cfrac{1}{3 - \cfrac{1}{s + 1 + \cdots}}$$

D'où il est facile de conclure en général que, si l'on a une fraction continue qui n'ait que des signes +, et où il y ait des dénominateurs égaux à l'unité, on pourra toujours la changer en une autre qui ait autant de termes de moins qu'il y aura de pareils dénominateurs, pourvu qu'ils ne se suivent pas immédiatement; car, lorsqu'il y en aura deux de suite, on ne pourra faire disparaître qu'un seul terme; lorsqu'il y en aura trois de suite, on pourra faire disparaître deux termes; et en général, s'il y en a $2n$ ou $2n+1$ de suite, on ne pourra faire disparaître que n ou $n+1$ termes.

54. Ainsi, la fraction continue qui exprime le rapport de la circonférence au diamètre étant, comme on sait,

$$3 + \cfrac{1}{7 + \cfrac{1}{15 + \cfrac{1}{1 + \cfrac{1}{292 + \cfrac{1}{1 + \cfrac{1}{1 + \cfrac{1}{1 + \cfrac{1}{2 + \cdots}}}}}}}}$$

elle peut se réduire à une autre qui ait déjà trois termes de moins, et qui sera

$$3 + \cfrac{1}{7 + \cfrac{1}{16 - \cfrac{1}{294 - \cfrac{1}{3 - \cfrac{1}{3 + \cdots}}}}}$$

55. Pour pouvoir comprendre sous une même forme générale les

fractions continues où les signes sont tous positifs et celles où il y a des signes négatifs, il est bon de transformer ces dernières en sorte que les signes négatifs n'affectent que les dénominateurs, ce qui est très-facile; car ayant, par exemple, la fraction

$$p - \cfrac{1}{q + \cfrac{1}{r - \cfrac{1}{s + \cdots}}},$$

il est clair qu'elle peut d'abord se changer en

$$p + \cfrac{1}{-q - \cfrac{1}{r - \cfrac{1}{s + \cdots}}},$$

ensuite en-celle-ci

$$p + \cfrac{1}{-q + \cfrac{1}{-r + \cfrac{1}{s + \cdots}}},$$

et ainsi des autres.

De cette manière, la forme générale des fractions continues dont nous venons de parler ci-dessus sera

$$p + \cfrac{1}{q + \cfrac{1}{r + \cdots}},$$

les nombres p, q, r,..., étant tous entiers, mais pouvant être positifs ou négatifs, au lieu que jusqu'ici nous les avions toujours supposés positifs.

Il faut cependant remarquer que, si quelqu'un des dénominateurs $q, r, \ldots$, se trouve égal à l'unité prise positivement ou négativement, alors le dénominateur suivant devra être de même signe; c'est ce qui suit de ce qu'un dénominateur positif et égal à l'unité ne saurait jamais être suivi du signe — (51).

56. Il s'ensuit de là que la méthode d'approximation donnée dans le § III du *Mémoire sur les équations numériques* peut être généralisée en cette sorte :

Soit x la racine cherchée; on prendra d'abord pour p la valeur entière approchée de x, c'est-à-dire qu'on fera p égal à l'un des deux nombres entiers entre lesquels tombe la vraie valeur de x, et qu'on peut toujours trouver par la méthode du § I du Mémoire cité; et l'on supposera ensuite

$$x = p + \frac{1}{y},$$

ce qui donnera une transformée en y qui aura nécessairement une racine positive ou négative plus grande que l'unité; on prendra de même pour q la valeur entière approchée de y, soit plus grande ou plus petite que y, et l'on fera

$$y = q + \frac{1}{z},$$

et ainsi de suite.

Si l'équation en x avait plusieurs racines, on ferait sur les transformées en y, en z,..., des remarques analogues à celles du n° 19 du Mémoire cité.

57. Ayant donc

$$x = p + \frac{1}{y}, \quad y = q + \frac{1}{z}, \quad z = r + \frac{1}{u}, \ldots,$$

on aura

$$x = p + \cfrac{1}{q + \cfrac{1}{r + \cdots}},$$

où les dénominateurs q, r,... pourront être positifs ou négatifs, comme nous l'avons supposé ci-dessus, et cette fraction pourra ensuite se réduire, si l'on veut, à une autre dont les dénominateurs soient tous positifs, et qui ne contienne que des signes $+$ (**52**).

L'avantage de la méthode que nous proposons ici consiste en ce qu'on est libre de prendre pour les nombres p, q, r,... les nombres entiers qui sont immédiatement plus grands ou plus petits que les racines $x, y, z, \ldots$, ce qui pourra souvent donner lieu à des abrégés de calcul dont nous parlerons plus bas.

58. Au reste, si l'on voulait avoir d'abord la fraction continue la plus courte, et par conséquent la plus convergente qu'il fût possible, il faudrait prendre toujours les nombres $p, q, r, \ldots$ plus petits que les racines $x, y, z, \ldots$, tant que ces nombres seraient différents de l'unité; mais dès qu'on en trouvera un égal à l'unité, alors il faudra augmenter le précédent d'une unité, c'est-à-dire qu'on le prendra plus grand que la racine correspondante: cela suit évidemment de ce que nous avons démontré sur ce sujet (53).

59. Maintenant si l'on fait, comme dans le n° 23 du Mémoire cité,

$$\alpha = p, \qquad \alpha' = 1,$$
$$\beta = \alpha q + 1, \qquad \beta' = \alpha' q,$$
$$\gamma = \beta r + \alpha, \qquad \gamma' = \beta' r + \alpha',$$
$$\delta = \gamma s + \beta, \qquad \delta' = \gamma' s + \beta',$$
$$\ldots\ldots\ldots\ldots, \qquad \ldots\ldots\ldots\ldots,$$

on aura, en ajoutant au commencement la fraction $\dfrac{1}{0}$, qui est plus grande que toute quantité donnée, les fractions

$$\frac{1}{0}, \quad \frac{\alpha}{\alpha'}, \quad \frac{\beta}{\beta'}, \quad \frac{\gamma}{\gamma'}, \quad \frac{\delta}{\delta'}, \ldots,$$

qui seront nécessairement convergentes vers la valeur de x.

60. Pour pouvoir juger de la nature de ces fractions, nous remarquerons :

1° Que l'on aura toujours

$$\alpha 0 - 1 \alpha' = -1,$$
$$\beta \alpha' - \alpha \beta' = +1,$$
$$\gamma \beta' - \beta \gamma' = -1,$$
$$\delta \gamma' - \gamma \delta' = +1,$$
$$\ldots\ldots\ldots\ldots\ldots,$$

d'où l'on voit que les nombres α, α', β, β',... n'auront aucun diviseur commun, et que par conséquent les fractions $\frac{\alpha}{\alpha'}$, $\frac{\beta}{\beta'}$,... seront déjà réduites à leurs moindres termes;

2° Que les nombres α, β, γ,... et α', β', γ',... pourront être positifs ou négatifs (lorsque la valeur de x est positive, les deux termes de chaque fraction seront de même signe, mais ils seront de signes différents lorsque la valeur de x sera négative), et qu'abstraction faite de leurs signes ces nombres iront en augmentant;

3° Que l'on aura, à cause de $x = p + \frac{1}{y}$, $y = q + \frac{1}{z}$, ...,

$$x = \frac{\alpha y + 1}{\alpha' y},$$

$$x = \frac{\beta z + \alpha}{\beta' z + \alpha'},$$

$$x = \frac{\gamma u + \beta}{\gamma' u + \beta'},$$

....

61. Donc, en général, si ϖ, ρ, σ sont trois termes consécutifs quelconques de la série α, β, γ,...., et ϖ', ρ', σ' les termes correspondants de la série α', β', γ',..., en sorte $\frac{\varpi}{\varpi'}$, $\frac{\rho}{\rho'}$, $\frac{\sigma}{\sigma'}$ soient trois fractions consécutives convergentes vers la valeur de x, on aura

$$\rho\varpi' - \varpi\rho' = \pm 1 \quad \text{et} \quad \sigma\rho' - \rho\sigma' = \mp 1,$$

les signes supérieurs étant pour le cas où le quantième de la fraction $\frac{\rho}{\rho'}$ est impair, et les inférieurs pour celui où ce quantième est pair, à compter depuis la première fraction $\frac{1}{0}$; de plus, on aura (abstraction faite des signes)

$$\rho > \varpi, \quad \sigma > \rho, \quad \rho' > \varpi' \quad \text{et} \quad \sigma' > \rho';$$

enfin, si l'on dénote par t le terme correspondant dans la série x, y, z,..., on aura rigoureusement

$$x = \frac{\rho t + \varpi}{\rho' t + \varpi'}.$$

Et si k est la valeur entière approchée de t, soit plus grande ou plus petite que t, on aura

$$\sigma = \rho k + \varpi, \quad \sigma' = \rho' k + \varpi'.$$

62. Cela posé, considérons la fraction $\dfrac{\rho}{\rho'}$, et voyons de combien elle diffère de la vraie valeur de x; pour cela, nous aurons

$$x - \frac{\rho}{\rho'} = \frac{\rho t + \varpi}{\rho' t + \varpi'} - \frac{\rho}{\rho'} = \frac{\rho' \varpi - \rho \varpi'}{\rho'(\rho' t + \varpi')} = \mp \frac{1}{\rho'(\rho' t + \varpi')},$$

donc

$$x = \frac{\rho}{\rho'} \mp \frac{1}{\rho'(\rho' t + \varpi')}.$$

Ainsi, l'erreur sera

$$\mp \frac{1}{\rho'(\rho' t + \varpi')};$$

or, si θ et $\theta + 1$ sont les deux nombres entiers entre lesquels tombe la vraie valeur de t, il est clair que la quantité $\rho' t + \varpi'$ tombera entre ces deux $\rho' \theta + \varpi'$ et $\rho'(\theta + 1) + \varpi'$, et qu'ainsi l'erreur de la fraction $\dfrac{\rho}{\rho'}$ sera renfermée entre ces deux limites

$$\mp \frac{1}{\rho'(\rho' \theta + \varpi')} \quad \text{et} \quad \mp \frac{1}{\rho'[\rho'(\theta + 1) + \varpi']}.$$

Or, on peut prendre $k = \theta$ ou $k = \theta + 1$; de sorte qu'on aura

$$\sigma' = \rho' \theta + \varpi' \quad \text{ou} \quad = \rho'(\theta + 1) + \varpi',$$

d'où je conclus que si, pour distinguer les deux cas, on nomme σ' le dénominateur de la fraction qui suit $\dfrac{\rho}{\rho'}$ lorsqu'on prend la valeur approchée de t en défaut, et Σ' le dénominateur de la même fraction lorsqu'on prend la valeur approchée de t en excès, l'erreur de la fraction $\dfrac{\rho}{\rho'}$ sera nécessairement renfermée entre ces deux limites

$$\mp \frac{1}{\rho' \sigma'} \quad \text{et} \quad \mp \frac{1}{\rho' \Sigma'}.$$

63. D'où l'on voit que l'erreur ira toujours en diminuant d'une fraction à l'autre, à cause que les dénominateurs ρ', σ' ou Σ',... vont nécessairement en augmentant. On voit aussi, à cause de $\sigma' > \rho'$ et $\Sigma' > \rho'$, que l'erreur sera toujours moindre que $\pm \frac{\rho}{\rho'^2}$; c'est-à-dire que l'erreur de chaque fraction sera moindre que l'unité divisée par le carré du dénominateur de cette fraction. D'où il est facile de conclure que la fraction $\frac{\rho}{\rho'}$ approchera plus de la valeur de x que ne pourrait faire aucune autre fraction quelconque qui serait conçue en termes plus simples; car supposons que la fraction $\frac{m}{n}$ approche plus de x que la fraction $\frac{\rho}{\rho'}$, n étant $< \rho'$, et comme la valeur de x est contenue entre $\frac{\rho}{\rho'}$ et $\frac{\rho}{\rho'} + \frac{1}{\rho'^2}$ ou entre $\frac{\rho}{\rho'}$ et $\frac{\rho}{\rho'} - \frac{1}{\rho'^2}$, il faudra que la valeur de $\frac{m}{n}$ soit contenue aussi entre ces limites; donc la différence entre $\frac{\rho}{\rho'}$ et $\frac{m}{n}$ devra être $< \frac{1}{\rho'^2}$; mais cette différence est $\frac{n\rho - m\rho'}{\rho' n}$, dont le numérateur ne peut jamais être moindre que l'unité, et dont le dénominateur sera nécessairement plus petit que ρ'^2, à cause de $\rho' > n$; donc, etc.

64. On doit remarquer, au reste, que si les dénominateurs α', β', γ',... sont tous de même signe ou de signes alternatifs, les erreurs seront alternativement positives et négatives, de sorte que les fractions $\frac{\alpha}{\alpha'}$, $\frac{\beta}{\beta'}$, $\frac{\gamma}{\gamma'}$,... seront alternativement plus petites et plus grandes que la véritable valeur de x, comme nous l'avons dit dans le n° 23 du Mémoire cité; mais cela cessera d'avoir lieu lorsque les nombres α', β', γ',... ne seront pas deux à deux de même signe ou de signes différents; c'est ce qui arrivera nécessairement lorsque, parmi les dénominateurs q, r, s,... de la fraction continue, il y en aura de positifs et de négatifs, c'est-à-dire lorsqu'on prendra les valeurs approchées de x, y, z,..., tantôt plus grandes, tantôt plus petites que les véritables.

65. Si, au lieu des fractions convergentes $\frac{\alpha}{\alpha'}$, $\frac{\beta}{\beta'}$, $\frac{\gamma}{\gamma'}$,..., on aimait

mieux avoir une suite de termes décroissants, on remarquerait que

$$\frac{\beta}{\beta'} - \frac{\alpha}{\alpha'} = \frac{\beta\alpha' - \alpha\beta'}{\alpha'\beta'} = \frac{1}{\alpha'\beta'};$$

et, de même,

$$\frac{\gamma}{\gamma'} - \frac{\beta}{\beta'} = -\frac{1}{\beta'\gamma'}, \quad \frac{\delta}{\delta'} - \frac{\gamma}{\gamma'} = \frac{1}{\gamma'\delta'},$$

et ainsi de suite; d'où l'on tire, à cause de $\alpha' = 1$,

$$\frac{\beta}{\beta'} = \alpha + \frac{1}{\alpha'\beta'},$$

$$\frac{\gamma}{\gamma'} = \alpha + \frac{1}{\alpha'\beta'} - \frac{1}{\beta'\gamma'},$$

$$\frac{\delta}{\delta'} = \alpha + \frac{1}{\alpha'\beta'} - \frac{1}{\beta'\gamma'} + \frac{1}{\gamma'\delta'},$$

et en général

$$\frac{\rho}{\rho'} = \alpha + \frac{1}{\alpha'\beta'} - \frac{1}{\beta'\gamma'} + \frac{1}{\gamma'\delta'} - \ldots \pm \frac{1}{\varpi'\rho'}.$$

Ainsi l'on aura, pour la valeur de x, la série

$$\alpha + \frac{1}{\alpha'\beta'} - \frac{1}{\beta'\gamma'} + \ldots,$$

laquelle en approchera d'autant plus qu'elle sera poussée plus loin; et si, après avoir continué cette série jusqu'à un terme quelconque $\pm \frac{1}{\varpi'\rho'}$, on veut savoir de combien elle diffère encore de la véritable valeur de x, on sera assuré que l'erreur se trouvera entre ces deux limites $\mp \frac{1}{\rho'\sigma'}$ et $\mp \frac{1}{\rho'\Sigma'}$ (62), de sorte qu'elle sera nécessairement moindre que $\frac{1}{\rho'^2}$.

66. Il est à remarquer que chaque terme de la série

$$\alpha + \frac{1}{\alpha'\beta'} - \frac{1}{\beta'\gamma'} + \ldots$$

répond à chaque terme de la fraction continue

$$p + \cfrac{1}{q + \cfrac{1}{r + \cdots}}$$

d'où elle dérive; de sorte que la série dont nous parlons sera plus ou moins convergente, suivant que cette fraction le sera. Or, nous avons donné plus haut (53) le moyen de rendre une fraction continue la plus convergente qu'il est possible; donc on pourra avoir aussi la suite la plus convergente qu'il soit possible.

67. Ainsi, pour avoir une suite qui soit la plus convergente de toutes vers le rapport de la circonférence au diamètre, on prendra la fraction continue qui exprime ce rapport, et, après l'avoir simplifiée comme nous l'avons fait (54), on la mettra sous la forme suivante (55)

$$3 + \cfrac{1}{7 + \cfrac{1}{16 + \cfrac{1}{-294 + \cfrac{1}{3 + \cfrac{1}{-3 + \cdots}}}}};$$

de sorte qu'on aura

$$p = 3, \quad q = 7, \quad r = 16, \quad s = -294, \ldots;$$

donc on trouvera (59)

$$\alpha' = 1, \quad \beta' = 7, \quad \gamma' = 7 \times 16 + 1 = 113, \quad \delta' = 113 \times (-294) + 7 = -33215,$$
$$\varepsilon' = -33215 \times 3 + 113 = -99532, \quad \zeta' = -99532 \times (-3) - 33215 = 265371, \ldots,$$

de sorte que la série cherchée sera

$$3 + \frac{1}{7} - \frac{1}{7 \times 113} - \frac{1}{113 \times 33215} - \frac{1}{33215 \times 99532} - \frac{1}{99532 \times 265371} \cdots.$$

REMARQUE IV.

*Où l'on propose différents moyens pour simplifier le calcul
des fractions continues.*

68. Nous avons trouvé en général (61) que, si $\frac{\varpi}{\varpi'}$ et $\frac{\rho}{\rho'}$ sont deux fractions consécutives convergentes vers la valeur de x, on aura

$$x = \frac{\rho t + \varpi}{\rho' t + \varpi'};$$

donc, si l'on substitue cette expression de x, dans l'équation en x dont on cherche la racine, on aura une transformée en t qui sera nécessairement la même que celle qu'on aurait eue par les substitutions successives de $p + \frac{1}{y}$ à la place de x, de $q + \frac{1}{z}$ à la place de y,... (56); et, pour avoir la fraction suivante $\frac{\sigma}{\sigma'}$, il faudra trouver la valeur entière approchée de t, laquelle étant nommée k, on aura

$$\sigma = k\rho + \varpi, \quad \sigma' = k\rho' + \varpi'.$$

De cette manière, connaissant les deux premières fractions $\frac{\alpha}{\alpha'}$ et $\frac{\beta}{\beta'}$, qui sont toujours $\frac{1}{0}$ et $\frac{p}{1}$ (59), on pourra trouver successivement toutes les autres à l'aide de la seule équation en x.

69. Au reste, soit qu'on emploie les substitutions successives de $p + \frac{1}{y}$ à la place de x, de $q + \frac{1}{z}$ à la place de y,..., soit qu'on fasse usage de la substitution générale de $\frac{\rho t + \varpi}{\rho' t + \varpi'}$ à la place de x, la difficulté se réduira toujours à trouver, dans chaque équation transformée, la valeur entière approchée de la racine positive ou négative, mais toujours plus grande que l'unité, que cette équation contiendra nécessairement (56). Or, si la première valeur approchée p ne convient qu'à une seule racine, alors toutes les équations transformées en y, en z,... n'auront chacune

qu'une seule racine plus grande que l'unité; de sorte qu'on pourra trouver les valeurs entières approchées de ces racines par la simple substitution des nombres naturels (n° 19 du Mémoire cité). Mais, si le même nombre appartient à plusieurs racines, alors les transformées auront nécessairement plusieurs racines plus grandes que l'unité, soit positives ou négatives, jusqu'à ce que l'on arrive à une de ces transformées qui n'ait plus qu'une pareille racine; car alors toutes les suivantes n'en auront plus qu'une seule de cette qualité, comme nous l'avons démontré dans le numéro cité.

Or, avant d'être parvenu à cette transformée, il arrivera souvent que la simple substitution des nombres naturels ne suffira pas pour faire trouver les valeurs entières approchées dont on aura besoin, parce que l'équation aura des racines qui différeront entre elles par des quantités moindres que l'unité. Dans ce cas donc il semble qu'il faudrait avoir recours à la méthode générale que nous avons donnée dans le § I du même Mémoire; mais, puisqu'on aura déjà employé cette méthode pour trouver les premières valeurs approchées des racines x de l'équation primitive, on pourra se dispenser de faire un nouveau calcul à chaque équation transformée; c'est ce qu'il est bon de développer.

70. En faisant usage de la méthode dont nous parlons, on trouvera d'abord les limites entre lesquelles chaque racine réelle de l'équation proposée sera renfermée, en sorte qu'entre deux limites trouvées il n'y ait qu'une seule racine (n° 13 du Mémoire cité).

Soient λ et Λ les limites de la racine cherchée; or l'expression

$$x = \frac{\rho t + \varpi}{\rho' t + \varpi'}$$

donne

$$t = \frac{\varpi' x - \varpi}{\rho - \rho' x};$$

donc la valeur de t sera renfermée entre les limites

$$\frac{\varpi' \lambda - \varpi}{\rho - \rho' \lambda}, \quad \frac{\varpi' \Lambda - \varpi}{\rho - \rho' \Lambda};$$

donc, si ces dernières limites diffèrent l'une de l'autre moins que de l'unité, on aura sur-le-champ la valeur entière approchée de t; mais, si elles diffèrent l'une de l'autre d'une quantité égale ou plus grande que l'unité, alors ce sera une marque que la racine cherchée t différera des autres racines de l'équation transformée en t par des quantités égales ou plus grandes que l'unité; de sorte qu'on sera sûr de pouvoir trouver la valeur entière approchée de cette racine par la simple substitution des nombres naturels à la place de t; et la même chose aura lieu à plus forte raison dans les transformées suivantes.

71. La formule

$$t = \frac{\varpi' x - \varpi}{\rho - \rho' x}$$

peut être aussi très-utile pour réduire en fraction continue toute quantité x qui sera renfermée entre des limites données, au moins pour trouver les termes de cette fraction qui pourront être donnés par ces limites; car, nommant comme ci-dessus λ et Λ les deux limites de x, on aura

$$\frac{\varpi' \lambda - \varpi}{\rho - \rho' \lambda} \quad \text{et} \quad \frac{\varpi' \Lambda - \varpi}{\rho - \rho' \Lambda}$$

pour celles de t; de sorte que, tant que la différence entre ces dernières limites ne sera pas plus grande que l'unité, on pourra trouver exactement la valeur entière de t; ainsi, prenant $\frac{1}{0}$ et $\frac{p}{1}$ (p étant la valeur entière approchée de x) pour les deux premières fractions, on pourra pousser la suite des fractions convergentes, et par conséquent la fraction continue jusqu'à ce que les limites dont nous parlons diffèrent entre elles d'une quantité plus grande que l'unité; alors il faudra s'arrêter, parce que les limites données λ et Λ ne comporteront pas une plus grande exactitude dans la valeur de x.

Par ce moyen on n'aura jamais à craindre de se tromper en poussant la fraction continue plus loin qu'on ne doit, comme cela arriverait facilement si, pour avoir cette fraction, on se contentait de prendre l'un des nombres λ ou Λ, et d'y pratiquer la même opération dont on se sert pour trouver la plus grande commune mesure, conformément à la manière usitée de réduire les fractions ordinaires en fractions continues.

Pour pouvoir employer cette méthode en toute sûreté, il faudrait faire la même opération sur les deux nombres λ et Λ, et n'admettre ensuite que la partie de la fraction continue qui proviendrait également des deux opérations; mais la méthode précédente paraît plus commode et plus simple.

72. Voyons maintenant d'autres moyens pour simplifier encore la recherche des valeurs entières approchées dans les différentes équations transformées. Soit

$$t^n - a\,t^{n-1} + b\,t^{n-2} - \ldots = 0$$

une quelconque de ces équations, dans laquelle il s'agit de trouver la valeur entière approchée de t, que nous désignerons en général par k; cette équation, étant dérivée de l'équation proposée en x, sera du même degré que celle-ci, et aura par conséquent le même nombre de racines que nous supposons égal à n.

Or, nous avons trouvé en général (**70**)

$$t = \frac{\varpi' x - \varpi}{\rho - \rho' x},$$

ce qui se réduit à

$$t = \frac{\varpi'}{\rho'} \times \frac{x - \dfrac{\varpi}{\varpi'}}{\dfrac{\rho}{\rho'} - x} = \frac{\varpi'}{\rho'} \times \left(\frac{\dfrac{\rho}{\rho'} - \dfrac{\varpi}{\varpi'}}{\dfrac{\rho}{\rho'} - x} - 1 \right);$$

mais

$$\frac{\rho}{\rho'} - \frac{\varpi}{\varpi'} = \pm \frac{1}{\rho' \varpi'},$$

le signe supérieur étant pour le cas où le quantième de la fraction $\frac{\rho}{\rho'}$ est pair, et l'inférieur pour celui où ce quantième est impair; donc on aura

$$t = \pm \frac{1}{\rho'^2 \left(\dfrac{\rho}{\rho'} - x \right)} - \frac{\varpi'}{\rho'}.$$

Donc, si l'on dénote par x la racine cherchée, et par x', x'',... les autres racines de l'équation en x qui sont au nombre de n, et qu'on dénote de même par t, t', t'',... les valeurs correspondantes de t, on aura

$$t = \pm \frac{1}{\rho'^2 \left(\dfrac{\rho}{\rho'} - x \right)} - \frac{\varpi'}{\rho'},$$

$$t' = \pm \frac{1}{\rho'^2 \left(\dfrac{\rho}{\rho'} - x' \right)} - \frac{\varpi'}{\rho'},$$

$$t'' = \pm \frac{1}{\rho'^2 \left(\dfrac{\rho}{\rho'} - x'' \right)} - \frac{\varpi'}{\rho'},$$

. . . .

Mais on a, comme on sait,

$$a = t + t' + t'' + \dots;$$

donc, substituant les valeurs de t', t'',... que nous venons de trouver, et qui sont au nombre de $n - 1$, on aura

$$a = t - \frac{(n-1)\varpi'}{\rho'} \pm \frac{1}{\rho'^2} \left(\frac{1}{\dfrac{\rho}{\rho'} - x'} + \frac{1}{\dfrac{\rho}{\rho'} - x''} + \frac{1}{\dfrac{\rho}{\rho'} - x'''} + \dots \right).$$

Or nous avons trouvé (**62**)

$$\frac{\rho}{\rho'} = x \pm \frac{1}{\rho'(\rho' t + \varpi')},$$

ou bien, en faisant $\rho' t + \varpi' = \psi \rho'$,

$$\frac{\rho}{\rho'} = x \pm \frac{1}{\psi \rho'^2},$$

où l'on remarquera que $\rho' t + \varpi'$ étant renfermé entre les limites σ' et Σ' qui sont l'une et l'autre plus grandes que ρ', la quantité ψ sera nécessairement plus grande que l'unité. Donc, faisant cette substitution dans la formule précédente, on aura

$$t = a + \frac{(n-1)\varpi'}{\rho'} \mp \left(\frac{1}{\rho'^2 (x - x') \pm \dfrac{1}{\psi}} + \frac{1}{\rho'^2 (x - x'') \pm \dfrac{1}{\psi}} + \dots \right).$$

Mais les quantités $x - x'$, $x - x''$,... sont données, et la quantité ρ' va toujours en augmentant; donc, puisque la fraction $\frac{1}{\psi}$ est toujours moindre que l'unité, il est clair que chacune des quantités

$$\frac{1}{\rho'^2(x - x') \pm \frac{1}{\psi}}, \quad \frac{1}{\rho'^2(x - x'') \pm \frac{1}{\psi}}, \ldots$$

ira nécessairement en diminuant; et que par conséquent la somme de ces quantités qui sont au nombre de $n - 1$ ira en diminuant aussi; de sorte qu'elle deviendra nécessairement moindre que $\frac{1}{2}$.

Donc on parviendra nécessairement à une équation transformée telle que sa racine t sera, à $\frac{1}{2}$ près, égale à

$$a + \frac{(n - 1)\varpi'}{\rho'}$$

(a étant le coefficient du second terme pris négativement), c'est-à-dire que cette racine sera contenue entre les limites

$$a + \frac{(n - 1)\varpi'}{\rho'} + \frac{1}{2} \quad \text{et} \quad a + \frac{(n - 1)\varpi'}{\rho'} - \frac{1}{2},$$

et la même chose aura lieu à plus forte raison pour toutes les transformées suivantes.

Donc, dès qu'on sera venu à une pareille transformée, il n'y aura qu'à prendre le nombre entier qui approchera le plus de la quantité

$$a + \frac{(n - 1)\varpi'}{\rho'},$$

c'est-à-dire celui qui sera contenu entre les mêmes limites

$$a + \frac{(n - 1)\varpi'}{\rho'} + \frac{1}{2} \quad \text{et} \quad a + \frac{(n - 1)\varpi'}{\rho'} - \frac{1}{2},$$

et ce nombre sera nécessairement un des deux consécutifs entre lesquels

II. 81

se trouvera la vraie valeur de t; de sorte qu'il pourra être pris en toute sûreté pour la valeur approchée k (**68**). Ainsi l'on pourra continuer l'approximation aussi loin qu'on voudra sans le moindre tâtonnement.

73. Puisque

$$a = t + t' + t'' + \ldots,$$

en substituant les valeurs de $t, t', \ldots$ (**72**), on aura

$$a = \pm \frac{1}{\rho'^2} \left(\frac{1}{\dfrac{\rho}{\rho'} - x} + \frac{1}{\dfrac{\rho}{\rho'} - x'} + \frac{1}{\dfrac{\rho}{\rho'} - x''} + \ldots \right) - \frac{n\,\varpi'}{\rho'}.$$

Or, soit

$$x^n - A x^{n-1} + B x^{n-2} - \ldots = 0,$$

l'équation proposée; qu'on fasse le premier membre de cette équation égal à X, et il est facile de voir par la théorie des équations que la quantité $\dfrac{1}{X} \dfrac{dX}{dx}$ deviendra, en y mettant $\dfrac{\rho}{\rho'}$ à la place de x, après la différentiation,

$$\frac{1}{\dfrac{\rho}{\rho'} - x} + \frac{1}{\dfrac{\rho}{\rho'} - x'} + \frac{1}{\dfrac{\rho}{\rho'} - x''} + \ldots,$$

à cause que $x, x', x'', \ldots$ sont les différentes racines de l'équation $X = 0$. Donc on aura

$$a = \pm \frac{1}{\rho'^2 X} \frac{dX}{dx} - \frac{n\,\varpi'}{\rho'},$$

et par conséquent la quantité

$$a + \frac{(n-1)\varpi'}{\rho'}$$

deviendra

$$\pm \frac{1}{\rho'^2 X} \frac{dX}{dx} - \frac{\varpi'}{\rho'}.$$

Donc, si l'on fait

$$R = \frac{n\rho^{n-1} - (n-1)A\rho^{n-2}\rho' + (n-2)B\rho^{n-3}\rho'^2 - \ldots}{\rho^n - A\rho^{n-1}\rho' + B\rho^{n-2}\rho'^2 - \ldots},$$

la quantité dont il s'agit sera

$$\frac{\pm R - \varpi'}{\rho'};$$

par conséquent les limites dont nous avons parlé dans le numéro précédent seront

$$\frac{\pm R - \varpi'}{\rho'} + \frac{1}{2} \quad \text{et} \quad \frac{\pm R - \varpi'}{\rho'} - \frac{1}{2}.$$

Ainsi l'on pourra trouver ces limites indépendamment de l'équation transformée en t, et par le seul moyen de l'équation proposée en x, ce qui pourra servir à abréger le calcul.

74. Il reste maintenant à voir comment on pourra reconnaitre si la racine t est renfermée entre les limites dont il s'agit; or, cela est facile dès qu'on connait les deux nombres entiers consécutifs θ, $\theta + 1$, entre lesquels se trouve cette racine : car, soient $\lambda + \frac{1}{2}$ et $\lambda - \frac{1}{2}$ les deux limites données, il est clair que, pour que t se trouve entre ces limites, il faudra que λ tombe entre les mêmes nombres θ, $\theta + 1$, et même plus près de celui de ces deux nombres dont t approchera davantage; on examinera donc : 1° si λ tombe entre θ et $\theta + 1$; 2° cela étant, on prendra celui de ces deux nombres dont λ approche davantage pour la valeur approchée de t, que nous nommerons k, et faisant $t = k + \frac{1}{w}$, on verra si l'équation transformée en w a une racine positive ou négative plus grande que 2; si cette seconde condition a lieu, on sera assuré que la racine t tombera réellement entre les limites $\lambda + \frac{1}{2}$ et $\lambda - \frac{1}{2}$; et l'on pourra poursuivre le calcul comme nous l'avons dit dans le n° 72.

75. On pourrait s'y prendre encore de la manière suivante, pour s'assurer si la racine t tombe entre les limites $\lambda + \frac{1}{2}$ et $\lambda - \frac{1}{2}$. Il est facile de voir par le n° 72 que la difficulté se réduit à savoir si la somme des quantités

$$\frac{1}{\frac{\rho}{\rho'} - x'}, \quad \frac{1}{\frac{\rho}{\rho'} - x''}, \cdots,$$

divisée par ρ'^2, est moindre que $\frac{1}{2}$; ainsi il ne s'agira que de trouver une quantité qui soit plus grande que cette somme, et de voir ensuite si cette quantité est moindre que $\frac{\rho'^2}{2}$.

Or, soient x, x', x'',... les racines réelles de l'équation proposée, que nous supposerons au nombre de μ, et

$$\xi + \psi\sqrt{-1}, \quad \xi - \psi\sqrt{-1}, \quad \xi' + \psi'\sqrt{-1}, \quad \xi' - \psi'\sqrt{-1},...,$$

les racines imaginaires, que nous supposerons au nombre de 2ν, en sorte que $\mu + 2\nu = n$; comme la fraction $\frac{\rho}{\rho'}$ diffère de la racine x d'une quantité moindre que $\frac{1}{\rho'^2}$ (63), il est clair que si Δ est une quantité égale ou moindre que la plus petite des différences entre les racines réelles de la même équation, chacune des quantités réelles

$$\frac{1}{\frac{\rho}{\rho'} - x'}, \quad \frac{1}{\frac{\rho}{\rho'} - x''}, \quad ...$$

sera nécessairement moindre que

$$\frac{1}{\Delta \pm \frac{1}{\rho'^2}},$$

et par conséquent la somme de ces quantités qui sont au nombre de $\mu - 1$ sera moindre que

$$\frac{\mu - 1}{\Delta \pm \frac{1}{\rho'^2}}.$$

Considérons ensuite les quantités imaginaires, lesquelles seront deux à deux de la forme

$$\frac{1}{\frac{\rho}{\rho'} - \xi - \psi\sqrt{-1}}, \quad \frac{1}{\frac{\rho}{\rho'} - \xi + \psi\sqrt{-1}},$$

de sorte qu'on aura ν quantités de la forme

$$\frac{\frac{5}{2}\left(\frac{\rho}{\rho'}-\xi\right)}{\left(\frac{\rho}{\rho'}-\xi\right)^2+\psi^2};$$

or, je remarque que, quels que soient les nombres $\frac{\rho}{\rho'}$, ξ, et ψ, la quantité

$$\frac{2\left(\frac{\rho}{\rho'}-\xi\right)}{\left(\frac{\rho}{\rho'}-\xi\right)^2+\psi^2}$$

sera toujours moindre que $\frac{1}{\psi}$; en effet, si l'on considère la quantité

$$\frac{2y}{y^2+\psi^2},$$

et qu'on fasse, ce qui est toujours possible, $y=\psi \tang\varphi$, elle deviendra

$$\frac{2\sin\varphi\cos\varphi}{\psi}=\frac{\sin 2\varphi}{\psi};$$

or, la plus grande valeur de $\sin 2\varphi$ est l'unité; donc, etc.

Donc si l'on dénote par Π une quantité égale ou moindre que la plus petite des quantités ψ, ψ',..., la quantité $\frac{\nu}{\Pi}$ sera nécessairement plus grande que la somme des quantités imaginaires dont nous parlons.

Donc, en général, la quantité

$$\frac{\mu-1}{\Delta\pm\frac{1}{\rho'^2}}+\frac{\nu}{\Pi}$$

sera plus grande que la somme de toutes les quantités

$$\frac{1}{\frac{\rho}{\rho'}-x'},\quad \frac{1}{\frac{\rho}{\rho'}-x''},\dots$$

Donc, si l'on a

$$\frac{\mu-1}{\rho'^2\Delta-1}+\frac{\nu}{\rho'^2\Pi}=\text{ou}<\frac{1}{2},$$

Δ et Π étant prises positivement, on sera sûr que la racine t tombera entre les limites proposées.

Or, pour avoir les nombres Δ et Π, lorsqu'on ne connaît pas d'avance les racines de l'équation proposée, il n'y aura qu'à chercher dans l'équation des différences (D) du n° 8 du Mémoire cité, la limite l des racines positives et la limite $-h$ des racines négatives, et l'on pourra prendre pour Δ un nombre quelconque $=$ ou $< \dfrac{1}{\sqrt{l}}$, et pour Π un nombre quelconque $=$ ou $< \dfrac{2}{\sqrt{h}}$; cela suit évidemment de ce que nous avons démontré dans l'endroit cité.

76. Si l'on avait

$$\frac{\mu - 1}{\Delta - 1} + \frac{\nu}{\Pi} < \frac{1}{2},$$

alors la condition requise aurait lieu dès le commencement de la série; de sorte qu'on pourrait approcher de la valeur de x sans aucun tâtonnement. Voici le procédé du calcul.

Ayant trouvé la première valeur entière approchée de x, qu'on pourra prendre plus petite ou plus grande que x à volonté, et nommant cette valeur p, on aura les deux premières fractions $\dfrac{1}{0}$, $\dfrac{p}{1}$.

1° On fera donc

$$\varpi = 1, \quad \varpi' = 0, \quad \rho = p, \quad \rho' = 1,$$

et, substituant ces valeurs dans l'expression de R (73), on prendra le nombre entier qui approchera le plus de

$$\frac{- R - \varpi'}{\rho'},$$

c'est-à-dire de $- R$; lequel étant nommé k, on aura la fraction

$$\frac{k\rho + \varpi}{k\rho' + \varpi'} = \frac{kp + 1}{k}.$$

2° On fera

$$\varpi = p, \quad \varpi' = 1, \quad \rho = kp + 1, \quad \rho' = k,$$

et, substituant dans R, on prendra le nombre entier qui approchera le plus de $\dfrac{R - \varpi'}{\rho'}$, c'est-à-dire de $\dfrac{R - 1}{k}$, et, ce nombre étant nommé k', on aura la fraction

$$\frac{k'\rho + \varpi}{k'\rho' + \varpi'} = \frac{k'(kp + 1) + p}{k'k + 1}.$$

3° On fera

$$\varpi = kp + 1, \quad \varpi' = k, \quad \rho = k'(kp + 1) + p, \quad \rho' = k'k + 1,$$

et l'on prendra la valeur entière la plus approchée de

$$\frac{-R - \varpi'}{\rho'} \quad \text{ou} \quad \frac{-R - k}{kk' + 1},$$

laquelle étant nommée k'', on aura la fraction

$$\frac{k''\rho + \varpi}{k''\rho' + \varpi'} = \cdots,$$

et ainsi de suite.

De cette manière, la valeur de x sera exprimée par la fraction continue

$$p + \cfrac{1}{k + \cfrac{1}{k' + \cfrac{1}{k'' + \cdot}}}$$

ou, par les fractions convergentes,

$$\frac{1}{0}, \quad \frac{p}{1}, \quad \frac{kp + 1}{k}, \quad \frac{k'(kp + 1) + p}{k'k + 1}, \cdots .$$

77. Si l'on n'a pas d'abord

$$\frac{\mu - 1}{\Delta - 1} + \frac{\nu}{\Pi} < \frac{1}{2},$$

il n'y aura qu'à chercher la fraction continue par la méthode ordinaire jusqu'à ce que l'on arrive à une fraction dont le dénominateur ρ' soit tel que l'on ait

$$\frac{\mu - 1}{\rho'^2 \Delta - 1} + \frac{\nu}{\rho'^2 \Pi} < \frac{1}{2},$$

ou bien jusqu'à ce que l'on vienne à une transformée qui soit dans le cas du n° 74; alors on pourra poursuivre le calcul par la méthode précédente.

Au reste, comme, en augmentant toutes les racines d'une équation dans une raison quelconque, on augmente aussi dans la même raison les différences entre ces racines, il est clair que si, dans l'équation proposée, on met $\frac{x}{f}$ à la place de x, ce qui en augmentera les racines en raison de $1:f$, les nombres Δ et Π, qui conviendront à la nouvelle équation, en seront augmentés dans la même raison, et par conséquent deviendront $f\Delta$ et $f\Pi$; donc on pourra faire en sorte que la condition du n° 76 soit vérifiée en donnant à f une valeur telle que

$$\frac{\mu - 1}{f\Delta - 1} + \frac{\nu}{f\Pi} = \text{ ou } < \frac{1}{2}.$$

Alors on pourra toujours se servir de la méthode du numéro cité pour approcher sans tâtonnement de la valeur cherchée de x; il faudra seulement diviser ensuite cette valeur par f pour avoir la véritable racine de l'équation proposée; il est vrai que, de cette manière, on n'aura plus cette racine exprimée par une simple fraction continue, mais on pourra néanmoins en approcher aussi près qu'on voudra, ce qui suffit pour l'usage ordinaire.

78. Soit l'équation proposée

$$x^n - A = 0,$$

en sorte que l'on demande la racine $n^{\text{ième}}$ du nombre A.

1° Soit n pair et $= 2m$; l'équation aura, comme on sait, deux racines réelles, $+\sqrt[n]{A}$ et $-\sqrt[n]{A}$, et $n-2$ racines imaginaires qui seront exprimées ainsi

$$\left(\cos \frac{sc}{n} \pm \sin \frac{sc}{n} \sqrt{-1} \right) \sqrt[n]{A},$$

c étant la circonférence ou l'angle de 360 degrés, et s étant successivement égal à $1, 2, 3, \ldots$, jusqu'à $m-1$; donc on aura dans ce cas (75)

$\mu = 2$, $\nu = m - 1$, et l'on pourra prendre

$$\Delta = 2\sqrt[n]{A}, \quad \Pi = \sin\frac{c}{n} \times \sqrt[n]{A},$$

à cause que $\sin\dfrac{c}{n}$ est le plus petit de tous les $\sin\dfrac{sc}{n}$; donc la condition du n° 76 aura lieu si

$$\frac{1}{2\sqrt[n]{A} - 1} + \frac{m - 1}{\sin\dfrac{c}{n} \times \sqrt[n]{A}} = \text{ou} < \frac{1}{2};$$

donc elle aura lieu sûrement toutes les fois qu'on aura

$$A = \text{ou} > \left(\frac{n}{\sin\dfrac{360°}{n}}\right)^n.$$

2° Soit n impair et égal à $2m + 1$: l'équation n'aura qu'une seule racine réelle $\sqrt[n]{A}$, et elle en aura $2m$ imaginaires de la forme

$$\left(\cos\frac{sc}{n} \pm \sin\frac{sc}{n}\sqrt{-1}\right)\sqrt[n]{A},$$

en faisant successivement $s = 1, 2, \ldots$ jusqu'à m; donc on aura dans ce cas $\mu = 1$, $\nu = m$, et, comme le plus petit des $\sin\dfrac{sc}{n}$ est $\sin\dfrac{mc}{n}$ ou $\sin\dfrac{180°}{n}$, à cause de $n = 2m + 1$, on pourra prendre

$$\Pi = \sin\frac{180°}{n} \times \sqrt[n]{A};$$

de sorte que la condition du numéro cité aura lieu si

$$\frac{m}{\sin\dfrac{180°}{n} \times \sqrt[n]{A}} = \text{ou} < \frac{1}{2},$$

c'est-à-dire si l'on a

$$A = \text{ou} > \left(\frac{n - 1}{\sin\dfrac{180°}{n}}\right)^n.$$

II.

Donc, lorsque le nombre A ne sera pas au-dessous des limites que nous venons de trouver, on pourra toujours, en faisant usage de la méthode du n° **76**, trouver directement et sans tâtonnement la racine $n^{ième}$ de ce nombre; et s'il est plus petit que ces limites, on pourra toujours le rendre plus grand en le multipliant par un nombre quelconque qui soit une puissance exacte du même exposant n; en sorte qu'après avoir trouvé la racine de ce nombre composé il n'y aura plus qu'à la diviser par celle de son multiplicateur pour avoir la racine cherchée de A.

Au reste, il est bon de remarquer que la valeur de R du n° **72** sera, pour l'équation $x^n - A = 0$,

$$R = \frac{n \rho^{n-1}}{\rho^n - A \rho'^n}.$$

79. Puisque le cas de $n = 2$ peut se résoudre par la méthode de la Remarque II, nous en ferons abstraction ici. Soient donc

1° $n = 4$,   on aura $\sin \dfrac{360^o}{4} = 1$,

donc

$$A = \text{ou} > 4^4;$$

2° $n = 6$,   on aura $\sin \dfrac{360^o}{6} = \dfrac{\sqrt{3}}{2}$,

donc

$$A = \text{ou} > 3^3 . 4^6;$$

3° $n = 8$,   on aura $\sin \dfrac{360^o}{8} = \dfrac{\sqrt{2}}{2}$,

donc

$$A = \text{ou} > 2^4 . 4^8,$$

et ainsi de suite.

De même, si l'on fait

1° $n = 3$,   on aura $\sin \dfrac{180^o}{3} = \dfrac{\sqrt{3}}{2}$,

donc

$$A = \text{ou} > \frac{4^3}{3\sqrt{3}};$$

2° $n = 5$,   on aura $\sin \dfrac{180^o}{5} = \sin 36^o$, et, faisant le calcul par les logarithmes, on trouvera

$$A = \text{ou} > 1459,$$

et ainsi de suite.

80. Supposons, par exemple, qu'on demande la racine cubique de 17. Puisque 17 est $> \dfrac{4^3}{3\sqrt{3}}$, à cause de $3\sqrt{3} > 4$, on pourra employer d'abord la méthode du n° 76. On aura donc ici, à cause de $n = 3$ et $A = 17$ (78),

$$R = \frac{3\rho^2}{\rho^3 - 17\rho'^3}.$$

Or, le nombre entier le plus proche de $\sqrt[3]{17}$ est 2 ou 3; de sorte qu'on pourra faire à volonté $p = 2$ ou $p = 3$.

Faisons $p = 2$, et les deux premières fractions seront $\dfrac{1}{0}$, $\dfrac{2}{1}$; donc

1° $\qquad\qquad \varpi = 1, \quad \varpi' = 0, \quad \rho = 2, \quad \rho' = 1,$

donc

$$R = \frac{3.4}{8 - 17} = -\frac{4}{3};$$

et le nombre entier qui approche le plus de

$$\frac{-R - \varpi'}{\rho'} = \frac{4}{3}$$

sera 1; donc $k = 1$, ce qui donne la fraction

$$\frac{kp + 1}{k} = \frac{3}{1}.$$

2° $\qquad\qquad \varpi = 2, \quad \varpi' = 1, \quad \rho = 3, \quad \rho' = 1,$

donc

$$R = \frac{3.9}{10} \quad \text{et} \quad \frac{R - \varpi'}{\rho'} = \frac{17}{10};$$

le nombre entier qui approche le plus de $\dfrac{17}{10}$ étant 2, on fera $k' = 2$, ce qui donnera la fraction

$$\frac{k'\rho + \varpi}{k'\rho' + \varpi'} = \frac{8}{3}.$$

3° $\qquad \varpi = 3, \quad \varpi' = 1, \quad \rho = 8, \quad \rho' = 3;$

donc

$$R = \frac{3.8^2}{8^3 - 17.3^3} = \frac{192}{53}$$

et

$$\frac{-R - \varpi'}{\rho'} = -\frac{245}{159};$$

le nombre entier qui approchera le plus de cette fraction sera -2; donc $k'' = -2$, et la fraction $\dfrac{k''\rho + \varpi}{k''\rho' + \varpi'}$ sera $\dfrac{-13}{-5}.$

4° $\qquad \varpi = 8, \quad \varpi' = 3, \quad \rho = -13, \quad \rho = -5,$
. . . .

De cette manière on aura les fractions convergentes vers $\sqrt[3]{17}$

$$\frac{1}{0}, \quad \frac{2}{1}, \quad \frac{3}{1}, \quad \frac{8}{3}, \quad \frac{-13}{-5}, \ldots ,$$

et la fraction continue sera

$$2 + \cfrac{1}{1 + \cfrac{1}{2 + \cfrac{1}{-2 + .}}}$$

NOUVELLE MÉTHODE

POUR

RÉSOUDRE LES PROBLÈMES INDÉTERMINÉS

EN NOMBRES ENTIERS.

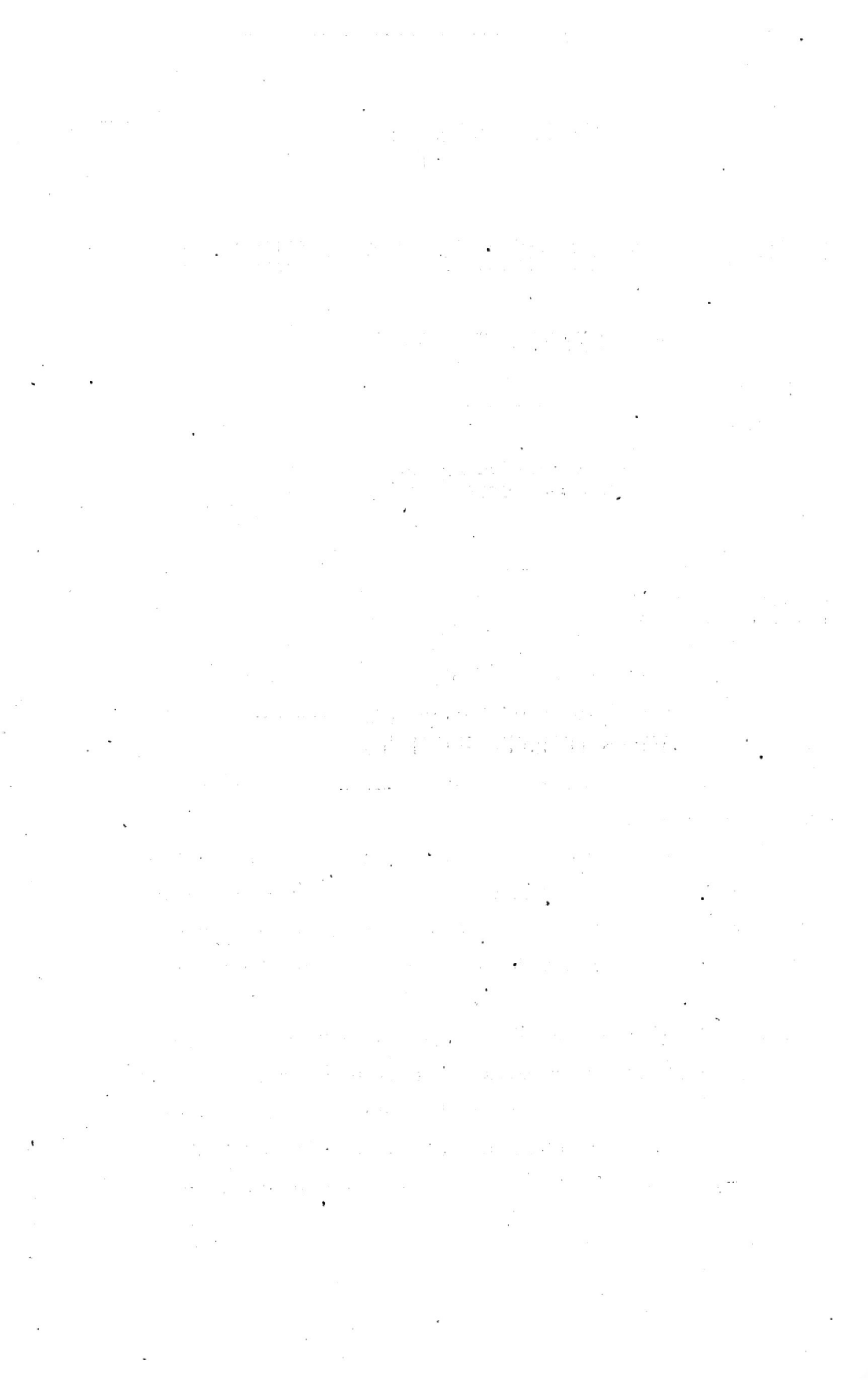

NOUVELLE MÉTHODE

POUR

RÉSOUDRE LES PROBLÈMES INDÉTERMINÉS

EN NOMBRES ENTIERS (*).

(Mémoires de l'Académie royale des Sciences et Belles-Lettres de Berlin, t. XXIV, 1770.)

La plupart des Géomètres qui ont cultivé l'Analyse de Diophante se sont, à l'exemple de cet illustre inventeur, uniquement appliqués à éviter les valeurs irrationnelles, et tout l'artifice de leurs méthodes se réduit à faire en sorte que les grandeurs inconnues puissent se déterminer par des nombres commensurables.

L'art de résoudre ces sortes de questions ne demande guère d'autres principes que ceux de l'Analyse ordinaire; mais ces principes deviennent insuffisants lorsqu'on ajoute la condition que les quantités cherchées soient non-seulement commensurables, mais encore égales à des nombres entiers.

M. Bachet de Méziriac, auteur d'un excellent *Commentaire sur Diophante* et de différents autres Ouvrages, est, je crois, le premier qui ait tenté de soumettre cette condition au calcul. Ce savant a trouvé une méthode générale pour résoudre en nombres entiers toutes les équations du premier degré à deux ou plusieurs inconnues, mais il ne paraît pas avoir été plus loin, et ceux qui après lui se sont occupés du même objet ont aussi presque tous borné leurs recherches aux équations indéterminées du premier degré; leurs efforts se sont réduits à varier les méthodes qui peuvent servir à la résolution de ces sortes d'équations, et aucun, si j'ose le dire, n'a donné une méthode plus directe, plus générale et plus ingénieuse que celle de M. Bachet, qui se trouve dans ses Récréations mathématiques intitulées : *Problèmes plaisants et délectables qui se font par les nombres.*

Il est à la vérité assez surprenant que M. de Fermat, qui s'était si long-temps et avec tant de succès exercé sur la théorie des nombres entiers, n'ait pas cherché à résoudre généralement les Problèmes indéterminés du second degré et des degrés supérieurs, comme M. Bachet avait fait ceux du premier degré; on a cependant lieu de croire qu'il s'était aussi appliqué à cette recherche, par le Problème qu'il proposa comme une espèce de défi à M. Wallis et à tous les Géomètres anglais, et qui consistait à trouver deux carrés entiers, dont l'un étant multiplié par un nombre entier donné non carré, et ensuite retranché de l'autre, le reste fût égal à l'unité; car, outre que ce Problème est un cas particulier des équations du second degré à deux inconnues, il est comme la clef de la résolution générale de ces équations; mais, soit que M. de Fermat n'ait pas continué ses recherches sur cette matière, soit qu'elles ne soient pas parvenues jusqu'à nous, il est certain qu'on n'en trouve aucune trace dans ses Ouvrages.

Il paraît même que les Géomètres anglais qui ont résolu le Problème de M. de Fermat n'ont pas connu toute l'importance dont il est pour la solution générale des Problèmes indéterminés du second degré; du moins on ne voit pas qu'ils en aient jamais fait usage, et M. Euler est, si je ne me trompe, le premier qui ait fait voir comment à l'aide de ce Problème on peut trouver une infinité de solutions en nombres entiers de toute équation du second degré à deux inconnues, dont on connaît déjà une solution.

Ce grand Géomètre, à qui toutes les parties des Mathématiques sont si redevables, a aussi fait des recherches pour reconnaître *à priori* quand une équation de cette espèce est susceptible de quelque solution en nombres entiers, et il a trouvé par induction une règle qui, si elle était générale, renfermerait un des plus beaux théorèmes d'Arithmétique.

Cette règle est, que toute équation de la forme

$$A = p^2 - Bq^2$$

(A et B étant des nombres entiers donnés et p, q deux indéterminées), est toujours résoluble en nombres entiers, lorsque A est un nombre premier de la forme

$$4nB + a^2 \quad \text{ou} \quad 4nB + a^2 - B$$

(n et a étant des nombres quelconques entiers), ou bien, lorsque les facteurs premiers de A sont chacun de l'une ou de l'autre de ces formes. (*Voyez* le premier Mémoire du tome IX des *Nouveaux Commentaires de Pétersbourg.*)

M. Euler ne donne point la démonstration de ce théorème, et il avoue même qu'il n'a jamais pu la trouver; je l'ai aussi longtemps et inutilement cherchée, mais enfin je suis tombé par hasard sur une équation où j'ai reconnu que la règle de M. Euler était en défaut. Cette équation est celle-ci

$$101 = p^2 - 79q^2,$$

où 101 est un nombre premier de la forme $4nB + a^2 - B$, en faisant $B = 79$, $a = 38$ et $n = -4$; de sorte qu'il faudrait qu'elle fût résoluble en nombres entiers; cependant elle ne l'est pas, comme on peut aisément s'en assurer par notre méthode (*voyez* plus bas le n° 38).

Si l'on voulait limiter le théorème de M. Euler en disant que tout nombre premier de la forme $4nB + \alpha$ est aussi de la forme $p^2 - Bq^2$, lorsque α est un nombre premier de la même forme $p^2 - Bq^2$, l'exemple précédent ferait voir que cette limitation serait insuffisante; car

$$101 = 4nB + 733,$$

en faisant $n = -2$ et $B = 79$, 733 est un nombre premier de la forme $p^2 - Bq^2$, en supposant $p = 38$ et $q = 3$; or 101 n'est pas de la même forme $p^2 - Bq^2$.

II.   83

Il résulte de tout ce que nous venons de dire que depuis l'ouvrage de M. Bachet, qui a paru en 1613, jusqu'à présent, ou du moins jusqu'au Mémoire que je donnai l'année passée, *sur la solution des Problèmes indéterminés du second degré* (*), la théorie de ces sortes de Problèmes n'avait pas, à proprement parler, été poussée au delà du premier degré.

J'ai fait voir, dans le Mémoire dont je viens de parler, comment toutes les équations du second degré à deux indéterminées peuvent toujours se réduire à la forme très-simple

$$A = p^2 - B q^2;$$

ensuite j'ai donné des méthodes directes et générales pour trouver toutes les solutions possibles tant en nombres entiers qu'en nombres fractionnaires de ces sortes d'équations. La méthode pour le cas où B est un nombre positif, et où p et q doivent être des nombres entiers, laquelle fait l'objet du § III, est à la vérité un peu longue et compliquée, et j'avoue même qu'elle l'est à un point qui la rend difficile à suivre ; mais je crois que cette difficulté ne doit être imputée qu'à la nature de la matière, et au grand nombre de cas auxquels il faut avoir égard quand on veut la traiter d'une manière aussi directe et aussi rigoureuse que nous l'avons fait. Cependant j'ai trouvé moyen depuis de simplifier beaucoup cette méthode et de l'étendre même à des équations d'un degré quelconque ; c'est ce que je me propose de développer dans ce Mémoire avec le plus d'ordre et de clarté qu'il me sera possible.

Comme la théorie des fractions continues est le fondement de la nouvelle méthode que je vais expliquer, je supposerai ici cette théorie telle que je l'ai donnée dans le *Mémoire sur la résolution des équations numériques* (**), et dans les *Additions* à ce Mémoire (***), et je me contenterai d'en emprunter tout ce dont j'aurai besoin, en renvoyant pour les démonstrations à ces autres écrits.

(*) *OEuvres de Lagrange*, t. II, p. 377.

(**) *OEuvres de Lagrange*, t. II, p. 539.

(***) *OEuvres de Lagrange*, t. II, p. 581.

LEMME I.

1. *Si a, b, c sont des nombres quelconques entiers et tels, que b et c soient premiers entre eux, je dis qu'on peut toujours trouver deux nombres entiers y et z tels que*

$$a = by - cz.$$

Je supposerai ici pour plus de simplicité que a, b et c soient positifs; si l'un d'eux comme b était négatif, on pourrait toujours le regarder comme positif, et il n'y aurait qu'à prendre ensuite y négativement, et ainsi du reste.

Qu'on divise les nombres $a + cz$ par b, en faisant successivement $z = 0, 1, 2, 3,\ldots$ jusqu'à $b - 1$, et l'on aura b restes dont chacun sera différent de tous les autres; car si deux valeurs de z, comme z' et z'', donnaient le même reste, il faudrait que la différence entre les deux dividendes $a + cz'$ et $a + cz''$, savoir le nombre $c(z'' - z')$ fût divisible exactement par b, ce qui ne se peut, à cause que c est premier à b, et que z' et z'' sont tous les deux moindres que b. Donc, puisque les b restes dont il s'agit doivent être par leur nature moindres que b et différents les uns des autres, il est clair que ces restes ne peuvent être que les nombres 0, $1, 2, 3,\ldots, b - 1$; d'où il s'ensuit qu'il y aura nécessairement une valeur de z à laquelle répondra un reste nul, c'est-à-dire qui sera telle, que $a + cz$ soit divisible par b; donc, nommant y le quotient de cette division, on aura $by = a + cz$; donc

$$a = by - cz.$$

2. COROLLAIRE I. — Quand on aura trouvé deux valeurs correspondantes de y et z qui satisferont à l'équation

$$a = by - cz,$$

on pourra par leur moyen en trouver une infinité d'autres; car, désignant par p et q les valeurs trouvées, en sorte que l'on ait

$$a = bp - cq,$$

et supposant en général

$$a = by - cz,$$

on aura

$$b(y - p) - c(z - q) = 0;$$

d'où

$$\frac{y - p}{z - q} = \frac{c}{b},$$

et de là, à cause que b et c sont premiers entre eux,

$$y - p = mc, \quad z - q = mb,$$

et par conséquent

$$y = p + mc, \quad z = q + mb,$$

m étant un nombre entier quelconque; et il est facile de voir que ces expressions renfermeront nécessairement toutes les valeurs possibles de y et z dans l'équation proposée.

3. Corollaire II. — Or, puisque l'on peut prendre pour m un nombre quelconque entier positif ou négatif, on pourra toujours faire en sorte que la valeur de y soit égale à un nombre positif ou négatif, moindre que $\frac{c}{2}$, ou que celle de z devienne égale à un nombre positif ou négatif, moindre que $\frac{b}{2}$. Donc, quels que soient les nombres a, b, c, pourvu que b et c soient premiers entre eux, on pourra toujours satisfaire à l'équation

$$a = by - cz,$$

en prenant pour y un nombre entier positif ou négatif, moindre que $\frac{c}{2}$, ou pour z un nombre moindre que $\frac{b}{2}$; de sorte que pour trouver les valeurs convenables de y et z il n'y aura qu'à essayer successivement pour y tous les nombres entiers moindres que $\frac{c}{2}$, pris positivement ou négativement, ou pour z tous les nombres entiers moindres que $\frac{b}{2}$ pris aussi positivement ou négativement; et ayant trouvé de cette manière deux valeurs correspondantes de y et de z, on pourra ensuite, par les formules du Corollaire précédent, trouver toutes les autres valeurs possibles.

4. COROLLAIRE III. — Soit d le plus grand commun diviseur de a et c (on aura $d = 1$ si a et c sont premiers entre eux), en sorte que $a = a'd$, $c = c'd$, a' et c' étant premiers entre eux, il est clair qu'à cause de b premier à c (hypothèse) on aura nécessairement, dans l'équation

$$a = bp - cq,$$

p divisible par d; donc, faisant $p = p'd$, on aura $p + mc$ divisible par a, si $p' + mc'$ est divisible par a'; mais, par un raisonnement semblable à celui du Lemme, on peut prouver que le nombre m peut toujours être pris tel que $p' + mc'$ soit divisible par a'; donc (Corollaire I) on pourra toujours trouver une valeur de y qui soit multiple de a; soit donc

$$y = ar,$$

on aura

$$a = abr - cz,$$

ou bien

$$a' = a'br - c'z;$$

donc $c'z$ sera divisible par a', et comme c' est premier à a', il faudra que z soit aussi multiple de a'; faisant donc

$$z = a's,$$

et divisant toute l'équation par a', elle deviendra

$$1 = br - c's.$$

Ainsi il n'y aura qu'à chercher les valeurs de r et de s qui peuvent satisfaire à cette équation, et l'on aura en général

$$y = ra + mc, \quad z = sa' + mb,$$

m étant un nombre quelconque entier.

PROBLÈME I.

5. *Étant donnée l'équation*

(A) $$A = B\,t^n + C\,t^{n-1}u + D\,t^{n-2}u^2 + \ldots + K\,u^n,$$

que nous désignerons par (A), *dans laquelle on suppose que* A, B, C,..., K *soient des nombres quelconques entiers donnés, et que* t, u *soient deux indéterminées qui puissent être exprimées par des nombres entiers, dont l'un* u *soit premier au nombre* A, *on propose de ramener cette équation à une autre de la même espèce, et dans laquelle le terme tout connu soit l'unité.*

Puisque t, u et A sont des nombres entiers, et que u et A sont premiers entre eux (hypothèse), on peut toujours trouver par le Lemme précédent deux nombres entiers θ et y, tels que l'on ait

$$t = u\theta - A\,y.$$

Donc, substituant cette valeur de t dans l'équation (A), elle deviendra celle-ci

$$A = \alpha u^n - \beta A\,u^{n-1}\,y + \gamma A^2\,u^{n-2}\,y^2 - \ldots \pm \zeta A^n\,y^n,$$

en supposant, pour abréger,

$$\alpha = B\,\theta^n + C\,\theta^{n-1} + D\,\theta^{n-2} + \ldots + K,$$
$$\beta = n\,B\,\theta^{n-1} + (n-1)\,C\,\theta^{n-2} + (n-2)\,D\,\theta^{n-3} + \ldots,$$
$$\gamma = \frac{n(n-1)}{2}\,B\,\theta^{n-2} + \frac{(n-1)(n-2)}{2}\,C\,\theta^{n-3} + \ldots,$$
$$\ldots\ldots\ldots\ldots\ldots\ldots\ldots\ldots\ldots\ldots\ldots\ldots\ldots\ldots$$

Qu'on divise maintenant toute cette équation par A, et l'on aura

$$1 = \frac{\alpha u^n}{A} - \beta u^{n-1}\,y + \gamma A\,u^{n-2}\,y^2 - \ldots \pm \zeta A^{n-1}\,y^n,$$

d'où l'on voit que la quantité $\dfrac{\alpha u^n}{A}$ doit être égale à un nombre entier, puisque tous les autres termes de l'équation sont des nombres entiers (hypothèse), et qu'ainsi il faut que αu^n soit divisible par A; mais u

et A sont premiers entre eux (hypothèse), donc il faudra que α soit divisible par A; donc, faisant pour plus de simplicité

$$\frac{\alpha}{A} = P, \quad -\beta = Q, \quad \gamma A = R, \quad -\delta A^2 = S, \dots, \quad \pm \zeta A^{n-1} = V,$$

on aura la transformée suivante, que nous désignerons par (B),

$$(B) \qquad 1 = P u^n + Q u^{n-1} y + R u^{n-2} y^2 + \dots + V y^n,$$

et qui a, comme on voit, la condition demandée par le Problème.

6. Corollaire I. — Il est visible que la quantité α n'est autre chose que le second membre de l'équation proposée (A) en y faisant $t = \theta$ et $u = 1$. De plus, il résulte du Corollaire II du Lemme précédent que le nombre θ peut toujours être pris moindre que $\frac{A}{2}$.

Donc, pour que l'équation (A) puisse subsister dans les hypothèses du Problème, il faudra qu'en faisant $u = 1$ on puisse trouver une valeur entière de t positive ou négative, mais moindre que $\frac{A}{2}$ (abstraction faite du signe de t et de A), laquelle rende le second membre de cette équation divisible par le premier A. On essayera donc pour t tous les nombres entiers positifs ou négatifs, moindres que $\frac{A}{2}$, et si l'on n'en trouve aucun qui ait la condition requise, on en conclura sur-le-champ qu'il est impossible que dans l'équation (A) les nombres t et u puissent être entiers et premiers entre eux, et au nombre A. Mais si l'on trouve un ou plusieurs nombres qui remplissent la condition prescrite, alors on pourra prendre chacun de ces nombres pour θ, et l'on aura autant de différentes transformées (B) qu'on aura de valeurs de θ.

7. Corollaire II. — Pour faciliter la recherche des valeurs de θ, on peut employer la méthode des différences dont nous avons déjà fait usage dans le Scolie du n° 13 du *Mémoire sur la résolution des équations numériques*. En effet, par cette méthode, dès qu'on aura trouvé les valeurs de

la quantité α, c'est-à-dire de

$$B\theta^n + C\theta^{n-1} + D\theta^{n-2} + \ldots + K$$

lorsque $\theta = 0, 1, 2, \ldots, (n-1)$, on pourra, par la seule addition, trouver les valeurs de la même quantité pour toutes les autres valeurs positives de θ, et même pour les valeurs négatives en continuant les mêmes séries du côté opposé (3° du numéro cité); il faudra seulement observer que, dans ce cas, chaque terme d'une série sera égal à celui qui le précédera dans la même série, moins celui qui se trouvera au-dessus de lui dans la série supérieure. Connaissant donc ainsi les valeurs de α depuis $\theta = 0$ jusqu'à $\theta = \dfrac{A}{2}$ d'un côté, et jusqu'à $\theta = \dfrac{-A}{2}$ de l'autre, il n'y aura plus qu'à voir quelles sont celles qui sont divisibles par A, ce qu'on pourra reconnaître aisément par les tables des diviseurs, et les valeurs correspondantes de θ seront les nombres cherchés.

Mais avant de se mettre à calculer les valeurs de α, il sera à propos de simplifier l'expression de cette quantité en mettant, à la place des coefficients qui se trouveront plus grands que A, les restes de leur division par A; on pourra même réduire tous les coefficients à n'être pas plus grands que $\dfrac{A}{2}$; car, en général, il est clair que si la quantité α est divisible par A, les coefficients B, C, D,... ayant des valeurs quelconques données, elle le sera aussi après avoir retranché de ces coefficients ou y avoir ajouté des multiples quelconques de A; ainsi l'on pourra mettre $B \pm mA$ à la place de B, $C \pm nA$ à la place de C, et ainsi des autres, $m, n,\ldots$ étant des nombres quelconques entiers; or, quelle que soit la valeur de B, il est clair qu'on peut toujours déterminer la valeur et le signe du nombre m, en sorte que $B \pm mA$ devienne moindre que $\dfrac{A}{2}$; il en est de même de $C \pm nA$, et ainsi du reste; donc, etc.

8. Corollaire III. — Par la méthode du numéro précédent on peut trouver facilement toutes les valeurs de θ qui peuvent rendre la quantité α divisible par A; car tout se réduit à trouver celles qui sont moin-

dres que $\frac{A}{2}$. En effet, supposons que α soit divisible par A, θ ayant une valeur quelconque donnée, il est clair qu'en mettant $\theta \pm m$A à la place de θ (m étant un nombre entier quelconque), la valeur résultante de α sera encore divisible par A; or on peut prendre le signe et la valeur de m tels, que $\theta \pm m$A devienne moindre que $\frac{A}{2}$, et il est facile de voir que cela ne peut se faire que d'une seule manière; donc, si l'on désigne par θ' cette valeur de $\theta \pm m$A qui est moindre que $\frac{A}{2}$, on aura en général

$$\theta = \theta' \pm m\mathrm{A}.$$

De là il est facile de conclure que, si θ', θ'', θ''',... sont les valeurs de θ, tant positives que négatives, mais plus petites que $\frac{A}{2}$, lesquelles rendent la quantité α divisible par A, toutes les autres valeurs possibles de θ qui pourront faire le même effet seront renfermées dans ces formules

$$\theta' + m\mathrm{A}, \quad \theta'' + n\mathrm{A}, \quad \theta''' + p\mathrm{A},\ldots,$$

$m, n, p,\ldots$ étant des nombres quelconques entiers, positifs ou négatifs. Ainsi, une équation quelconque de la forme

$$\mathrm{A}y = \mathrm{B}\theta^n + \mathrm{C}\theta^{n-1} + \mathrm{D}\theta^{n-2} + \ldots + \mathrm{K}$$

étant donnée, on pourra reconnaître si elle est résoluble en nombres entiers, et trouver en même temps toutes les valeurs de θ et de y.

9. COROLLAIRE IV. — Lorsque le nombre A est un nombre composé, alors, au lieu de prendre ce nombre même pour diviseur, il sera plus commode de prendre successivement chacun de ses facteurs. Car il est clair que la quantité α ne saurait être divisible par A, à moins qu'elle ne le soit aussi par chacun des diviseurs de A. Soient donc a, b, c,... ces diviseurs, on essayera d'abord pour θ tous les nombres entiers tant positifs que négatifs moindres que $\frac{a}{2}$, et, nommant t celui ou ceux (s'il y en a plus d'un) qui rendront α divisible par a, toutes les valeurs possibles de θ

qui pourront rendre α divisible par a seront représentées par

$$t + \theta' a,$$

θ' étant un nombre quelconque entier positif ou négatif. On substituera donc $t + \theta' a$ à la place de θ dans la quantité α, et divisant par a, ordonnant par rapport à θ', on aura une transformée que nous appellerons α', et dans laquelle θ' sera un nombre indéterminé.

On essayera de nouveau pour θ' tous les nombres entiers positifs ou négatifs moindres que $\frac{b}{2}$, et, nommant t' ceux qui rendront α' divisible par b, on fera ensuite

$$\theta' = t' + \theta'' b,$$

ce qui donnera, après avoir divisé par b, une nouvelle transformée α'', où θ'' sera un nombre indéterminé, et ainsi de suite. De cette manière, on trouvera aisément toutes les valeurs de θ qui pourront rendre α divisible par a, par b, par c,..., et par conséquent par abc....

En effet, puisque $t + a\theta'$ représente toutes les valeurs de θ qui peuvent rendre α divisible par a, et que $t' + \theta'' b$ représente toutes celles de θ' qui peuvent rendre α' ou $\frac{\alpha}{a}$ divisible par b, il est clair que

$$t + at' + ab\,\theta''$$

représenteront toutes les valeurs de θ qui pourront rendre α divisible, premièrement par a, et ensuite par b, c'est-à-dire divisible par ab; donc si l'on a, par exemple,

$$A = ab,$$

les valeurs de θ qui rendront α divisible par A seront exprimées en général par

$$t + at' + A\theta'',$$

θ'' étant un nombre quelconque entier.

Par là on pourra trouver toutes les valeurs de θ moindres que $\frac{A}{2}$ pour lesquelles α sera divisible par A; car il n'y aura pour cela qu'à déterminer le nombre θ'' en sorte que

$$t + at' + A\theta''$$

devienne moindre que $\frac{A}{2}$, ce qui ne pourra se faire que d'une seule manière pour chaque valeur de $t + at'$; de sorte qu'il ne pourra y avoir qu'autant des valeurs de θ dont nous parlons qu'il y aura de différentes valeurs de $t + at'$.

10. COROLLAIRE V. — Si A est un nombre premier, il ne peut y avoir au plus que n différentes valeurs de θ moindres que $\frac{A}{2}$, et telles que α soit divisible par A; et si A est un nombre composé dont les facteurs premiers soient au nombre de r, il ne pourra y avoir au plus que n^r de ces valeurs de θ.

Car, dans le premier cas, soit, par exemple, $n = 3$, en sorte que l'expression de α soit

$$B\theta^3 + C\theta^2 + D\theta + E,$$

B, C, D, E n'étant point divisibles par A, et supposons, s'il est possible, qu'il y ait quatre valeurs de θ que nous désignerons par θ, θ', θ'', θ''', lesquelles soient positives ou négatives, mais toutes moindres que $\frac{A}{2}$, et telles que α soit divisible par A; on aura donc ces quatre valeurs de α, savoir

$$B\theta^3 + C\theta^2 + D\theta + E,$$
$$B\theta'^3 + C\theta'^2 + D\theta' + E,$$
$$B\theta''^3 + C\theta''^2 + D\theta'' + E,$$
$$B\theta'''^3 + C\theta'''^2 + D\theta''' + E,$$

lesquelles seront chacune divisibles par A; donc leurs différences le seront aussi; donc les trois quantités

$$B(\theta^3 - \theta'^3) + C(\theta^2 - \theta'^2) + D(\theta - \theta'),$$
$$B(\theta^3 - \theta''^3) + C(\theta^2 - \theta''^2) + D(\theta - \theta''),$$
$$B(\theta^3 - \theta'''^3) + C(\theta^2 - \theta'''^2) + D(\theta - \theta'''),$$

seront chacune divisibles par A; mais la première de ces quantités est divisible par $\theta - \theta'$, la seconde par $\theta - \theta''$, et la troisième par $\theta - \theta'''$; donc, puisque les nombres

$$\theta - \theta', \quad \theta - \theta'', \quad \theta - \theta'''$$

sont moindres que A (hypothèse) et que A est un nombre premier, il faudra que les quantités dont il s'agit soient divisibles par A, abstraction faite des facteurs

$$\theta - \theta', \quad \theta - \theta'', \quad \theta - \theta''';$$

donc, rejetant ces facteurs, c'est-à-dire en les faisant disparaître par la division, on aura les quantités

$$B(\theta^2 + \theta\theta' + \theta'^2) + C(\theta + \theta') + D,$$
$$B(\theta^2 + \theta\theta'' + \theta''^2) + C(\theta + \theta'') + D,$$
$$B(\theta^2 + \theta\theta''' + \theta'''^2) + C(\theta + \theta''') + D,$$

qui devront être chacune divisibles par A. Donc les différences de ces quantités le seront aussi; mais ces différences sont

$$B(\theta\theta' + \theta'^2 - \theta\theta'' - \theta''^2) + C(\theta' - \theta''),$$
$$B(\theta\theta' + \theta'^2 - \theta\theta''' - \theta'''^2) + C(\theta' - \theta'''),$$

dont la première est divisible par $\theta' - \theta''$, et la seconde par $\theta' - \theta'''$; donc, par la même raison que ci-dessus, il faudra qu'elles soient encore divisibles par A, après avoir été divisées par

$$\theta' - \theta'' \quad \text{et par} \quad \theta' - \theta''';$$

donc on aura les quantités

$$B(\theta + \theta' + \theta'') + C,$$
$$B(\theta + \theta' + \theta''') + C,$$

qui seront donc encore divisibles par A. Donc leur différence le sera aussi; mais cette différence est, comme on voit, $B(\theta'' - \theta''')$, qui ne peut être divisible par A, à cause que B ne l'est pas, et que le nombre $\theta'' - \theta'''$ ne peut l'être, étant nécessairement plus petit que A. Donc, etc.

Il est visible que cette démonstration peut s'étendre au cas où n aura une valeur quelconque, et qu'ainsi la proposition est générale.

Dans le second cas, supposons que le nombre A soit le produit de deux nombres premiers a, b; il ne pourra y avoir, par le Corollaire précédent, plus de valeurs de θ moindres que $\frac{A}{2}$, lesquelles rendent α divisible par A, qu'il n'y aura de différentes valeurs de $t + at'$; or, a et b étant des nombres premiers, il ne pourra y avoir au plus que n valeurs de t et autant de t'; donc, combinant ensemble chacune des valeurs de t', il ne pourra résulter au plus que nn valeurs différentes de $t + at'$; donc, etc.

On prouvera de la même manière que les valeurs de θ moindres que $\frac{A}{2}$ ne pourront être qu'au nombre de nnn, ou de n^3, lorsque A sera le produit de trois nombres premiers a, b, c, et ainsi de suite.

Lemme II.

11. *Si l'on a une équation quelconque déterminée qui ait une ou plusieurs racines réelles, on peut toujours, par la méthode que nous avons donnée dans notre* Mémoire *sur la résolution des équations numériques, exprimer chacune de ses racines positives par une fraction continue, et déduire de là une suite de fractions convergentes vers la même racine, mais alternativement plus grandes et plus petites que cette racine; ensuite, si l'on insère encore entre ces fractions* principales *autant de fractions* secondaires *qu'il est possible, et qu'on range dans deux classes séparées les fractions plus grandes et les fractions plus petites que la racine cherchée, on aura deux séries de fractions convergentes vers cette même racine, et dont l'une commencera par* $\frac{0}{1}$ *et ne sera composée que de fractions plus petites que la racine dont il s'agit, et dont l'autre commencera par* $\frac{1}{0}$ *et sera composée de fractions plus grandes que la même racine.*

Quant aux racines négatives, il n'y aura qu'à les rendre d'abord positives en changeant dans l'équation l'inconnue x en $-x$.

Soit a une des racines positives de l'équation donnée, on trouvera la fraction continue

$$a = \lambda_1 + \cfrac{1}{\lambda_2 + \cfrac{1}{\lambda_3 + \cdot_{\cdot_\cdot}}},$$

λ_1, λ_2, λ_3,... étant des nombres entiers positifs; or, ces nombres étant ainsi connus, on fera

$$l_1 = \lambda_1, \qquad L_1 = 1,$$
$$l_2 = \lambda_2 l_1 + 1, \quad L_2 = \lambda_2,$$
$$l_3 = \lambda_3 l_2 + l_1, \quad L_3 = \lambda_3 L_2 + L_1,$$
$$l_4 = \lambda_4 l_3 + l_2, \quad L_4 = \lambda_4 L_3 + L_2,$$
$$\ldots\ldots\ldots, \quad \ldots\ldots\ldots,$$

et l'on aura cette suite de fractions *principales* convergentes vers a, et alternativement plus petites et plus grandes que a,

$$(C) \qquad \frac{0}{1}, \; \frac{1}{0}, \; \frac{l_1}{L_1}, \; \frac{l_2}{L_2}, \; \frac{l_3}{L_3}, \; \frac{l_4}{L_4}, \ldots,$$

que nous désignerons par (C).

De plus, on substituera successivement, dans les expressions de l_1, L_1, l_2, L_2,..., à la place des nombres λ_1, λ_2,..., tous les nombres entiers positifs moindres que ceux-ci; et faisant, pour abréger,

$$l_1 = \lambda_1, \qquad\qquad L_1 = 1,$$
$$l_1^{(1)} = l_1 + 1, \qquad\qquad L_1^{(1)} = L_1,$$
$$l_1^{(2)} = 2 l_1 + 1, \qquad\qquad L_1^{(2)} = 2 L_1,$$
$$l_1^{(3)} = 3 l_1 + 1, \qquad\qquad L_1^{(3)} = 3 L_1,$$
$$\ldots\ldots\ldots, \qquad\qquad \ldots\ldots\ldots,$$
$$l_1^{(\lambda_2)} = \lambda_2 l_1 + 1 = l_2, \quad L_1^{(\lambda_2)} = \lambda_2 L_1 = L_2;$$

$$l_2^{(1)} = l_2 + l_1, \qquad\qquad L_2^{(1)} = L_2 + L_1,$$
$$l_2^{(2)} = 2 l_2 + l_1, \qquad\qquad L_2^{(2)} = 2 L_2 + L_1,$$
$$l_2^{(3)} = 3 l_2 + l_1, \qquad\qquad L_2^{(3)} = 3 L_2 + L_1,$$
$$\ldots\ldots\ldots, \qquad\qquad \ldots\ldots\ldots,$$
$$l_2^{(\lambda_3)} = \lambda_3 l_2 + 1 \, l_1 = l_3, \quad L_2^{(\lambda_3)} = \lambda_3 L_2 + L_1 = L_3;$$

$$l_3^{(1)} = l_3 + l_2, \qquad L_3^{(1)} = L_3 + L_2,$$
$$l_3^{(2)} = 2l_3 + l_2, \qquad L_3^{(2)} = 2L_3 + L_2,$$
$$l_3^{(3)} = 3l_3 + l_2, \qquad L_3^{(3)} = 3L_3 + L_2,$$
$$\dots\dots\dots\dots, \qquad \dots\dots\dots\dots,$$
$$l_3^{(\lambda_4)} = \lambda_4 l_3 + l_2 = l_3, \quad L_3^{(\lambda_4)} = \lambda_4 L_3 + L_2;$$
$$\dots\dots\dots\dots\dots, \qquad \dots\dots\dots\dots,$$

on aura ces deux séries de fractions convergentes vers a,

$$(D) \quad \frac{0}{1}, \ \frac{1}{1}, \ \frac{2}{1}, \ \frac{3}{1}, \dots, \ \frac{l_1}{L_1}, \ \frac{l_2^{(1)}}{L_2^{(1)}}, \ \frac{l_2^{(2)}}{L_2^{(2)}}, \ \frac{l_2^{(3)}}{L_2^{(3)}}, \dots, \ \frac{l_3}{L_3}, \ \frac{l_4^{(1)}}{L_4^{(1)}}, \ \frac{l_4^{(2)}}{L_4^{(2)}}, \ \frac{l_4^{(3)}}{L_4^{(3)}}, \dots.$$

$$(E) \quad \frac{1}{0}, \ \frac{l_1^{(1)}}{L_1^{(1)}}, \ \frac{l_1^{(2)}}{L_1^{(2)}}, \ \frac{l_1^{(3)}}{L_1^{(3)}}, \dots, \ \frac{l_2}{L_2}, \ \frac{l_3^{(1)}}{L_3^{(1)}}, \ \frac{l_3^{(2)}}{L_3^{(2)}}, \ \frac{l_3^{(3)}}{L_3^{(3)}}, \dots, \ \frac{l_4}{L_4}, \ \frac{l_5^{(1)}}{L_5^{(1)}}, \ \frac{l_5^{(2)}}{L_5^{(2)}}, \ \frac{l_5^{(3)}}{L_5^{(3)}}, \dots,$$

dont la première, que je désignerai par (D), est composée de fractions croissantes et toutes plus petites que a, et dont la seconde, que je désignerai par (E), est composée de fractions décroissantes et toutes plus grandes que a.

12. Corollaire I. — Il est facile de voir que les numérateurs et les dénominateurs des fractions de chacune des trois séries (C), (D), (E) vont continuellement en augmentant.

13. Corollaire II. — Si $\dfrac{l_\rho}{L_\rho}$, $\dfrac{l_{\rho+1}}{L_{\rho+1}}$ sont deux fractions consécutives de la série (C), on aura

$$l_{\rho+1} L_\rho - L_{\rho+1} l_\rho = \pm 1,$$

le signe supérieur étant pour le cas où l'exposant ρ est impair, c'est-à-dire où la fraction $\dfrac{l_\rho}{L_\rho}$ est plus petite que a, et le signe inférieur pour le cas opposé; d'où il s'ensuit :

1° Que chaque fraction $\dfrac{l_\rho}{L_\rho}$ est déjà réduite à ses moindres termes; car autrement il faudrait que l'unité fût divisible par la plus grande commune mesure de l_ρ et L_ρ;

2º Qu'il est impossible qu'entre les deux fractions $\frac{l_\rho}{L_\rho}$, $\frac{l_{\rho+1}}{L_{\rho+1}}$, il puisse tomber une autre fraction rationnelle quelconque dont le dénominateur soit moindre que $L_{\rho+1}$; car soit, s'il est possible, $\frac{h}{H}$ cette fraction, et il faudra que l'on ait, ou

$$\frac{l_\rho}{L_\rho} - \frac{h}{H} < \frac{l_\rho}{L_\rho} - \frac{l_{\rho+1}}{L_{\rho+1}},$$

lorsque ρ est pair, ou

$$\frac{h}{H} - \frac{l_\rho}{L_\rho} < \frac{l_{\rho+1}}{L_{\rho+1}} - \frac{l_\rho}{L_\rho},$$

lorsque ρ est impair, c'est-à-dire, dans le premier cas,

$$l_\rho H - L_\rho h < \frac{H}{L_{\rho+1}} (l_\rho L_{\rho+1} - L_\rho l_{\rho+1}) < \frac{H}{L_{\rho+1}},$$

et dans le second,

$$L_\rho h - l_\rho H < \frac{H}{L_{\rho+1}} (l_{\rho+1} L_\rho - L_{\rho+1} l_\rho) < \frac{H}{L_{\rho+1}},$$

ce qui ne se peut, à cause que $l_\rho H - L_\rho h$ dans le premier cas, et $L_\rho h - l_\rho H$ dans le second, est nécessairement un nombre entier positif, et que $\frac{H}{L_{\rho+1}}$ est toujours une fraction (hypothèse);

3º Que comme la racine a tombe entre les deux fractions $\frac{l_\rho}{L_\rho}$, $\frac{l_{\rho+1}}{L_{\rho+1}}$, mais plus près de $\frac{l_{\rho+1}}{L_{\rho+1}}$ que de $\frac{l_\rho}{L_\rho}$, toute fraction, comme $\frac{h}{H}$, qui aura un dénominateur H moindre que $L_{\rho+1}$, approchera toujours moins de la racine a que la fraction $\frac{l_{\rho+1}}{L_{\rho+1}}$, et même moins que la fraction $\frac{l_\rho}{L_\rho}$ si cette fraction est du même côté de a que la fraction $\frac{h}{H}$, c'est-à-dire si l'une et l'autre sont en même temps plus grandes ou plus petites que a.

14. COROLLAIRE III. — Si $\frac{e}{E}$, $\frac{f}{F}$ désignent deux fractions consécutives

quelconques de la série (D) ou (E), on aura en général, par les formules du Lemme précédent,

$$e = l_\rho + m l_{\rho+1}, \qquad E = L_\rho + m L_{\rho+1},$$
$$f = l_\rho + (m+1) l_{\rho+1}, \quad F = L_\rho + (m+1) L_{\rho+1},$$

l'exposant ρ étant toujours impair dans la série (D), où les fractions sont moindres que a, et toujours pair dans la série (E), où elles sont plus grandes que a.

Ainsi l'on aura dans la série (D)

$$f L_{\rho+1} - F l_{\rho+1} = 1,$$
$$f E - F e = 1,$$

et dans la série (E)

$$f L_{\rho+1} - F l_{\rho+1} = -1,$$
$$f E - F e = -1,$$

d'où il est aisé de conclure, par un raisonnement semblable à celui du Corollaire précédent :

1º Que toutes les fractions, tant de la série (D) que de la série (E), seront aussi réduites à leurs moindres termes;

2º Qu'il n'y a aucune fraction rationnelle qui, ayant un dénominateur moindre que F, puisse tomber, soit entre les fractions $\dfrac{f}{F}$, $\dfrac{l_{\rho+1}}{L_{\rho+1}}$, soit entre celles-ci $\dfrac{f}{F}$, $\dfrac{e}{E}$;

3º Que, comme les fractions $\dfrac{f}{F}$, $\dfrac{l_{\rho+1}}{L_{\rho+1}}$ sont toujours l'une plus grande et l'autre plus petite que a, et que les fractions $\dfrac{f}{F}$, $\dfrac{e}{E}$ sont toutes deux ou plus grandes ou plus petites que a, toute fraction rationnelle qui aura un dénominateur moindre que F, et qui tombera du même côté de a que les fractions $\dfrac{e}{E}$, $\dfrac{f}{F}$, sera nécessairement moins approchante de a que la fraction $\dfrac{e}{E}$.

II.

85

15. SCOLIE. — Si la racine a est incommensurable, la fraction continue ira à l'infini, et par conséquent les séries (C), (D), (E) iront aussi à
l'infini; mais, si la racine a est rationnelle, alors la fraction continue
sera terminée, et la suite des fractions *principales* (C) le sera aussi, de
sorte que la dernière de ces fractions sera égale à la valeur même de la
racine a; or, ce cas a lieu lorsque quelqu'un des dénominateurs $\lambda_2, \lambda_3, \ldots$
devient infini (n° **21** du *Mémoire sur la résolution des équations numériques*); supposons donc en général que l'on ait trouvé $\lambda_\mu = \infty$, en sorte
que le dénominateur précédent $\lambda_{\mu-1}$ soit la racine exacte de la transformée d'où il dépend, et la fraction $\frac{l_{\mu-1}}{L_{\mu-1}}$ sera la dernière de la suite des
fractions *principales* (C), de sorte que cette même fraction sera égale à la
racine a; or, il est facile de voir que, si $\mu - 1$ est un nombre impair, la
fraction $\frac{l_{\mu-1}}{L_{\mu-1}}$ se trouvera dans la série (D), et sera par conséquent la
dernière de cette série, et qu'à cause de $\lambda_\mu = \infty$ la série (E) ira nécessairement à l'infini; *vice versa*, si $\mu - 1$ est pair, la série (E) se terminera
dans la fraction $\frac{l_{\mu-1}}{L_{\mu-1}}$ et la série (D) ira à l'infini; de sorte que des deux
séries (D) et (E) il y en aura toujours une qui ira à l'infini et l'autre qui
se terminera dans la fraction $\frac{l_{\mu-1}}{L_{\mu-1}}$; or, on peut aussi faire en sorte que
celle-ci aille à l'infini; pour cela, il n'y aura qu'à diminuer le nombre
$\lambda_{\mu-1}$ d'une unité, ensuite faire $\lambda_\mu = 1$ et $\lambda_{\mu+1} = \infty$; car il est visible que

$$\lambda_{\mu-1} + \frac{1}{\infty}$$

est la même chose que

$$\lambda_{\mu-1} - 1 + \frac{1}{1 + \frac{1}{\infty}};$$

par ce moyen, la fraction continue sera augmentée d'un terme, de sorte
que la dernière des fractions principales sera $\frac{l_\mu}{L_\mu}$. Ainsi, si l'exposant de

la dernière fraction est pair, il deviendra impair, et *vice versa;* d'où il suit que par ce moyen celle des deux suites (D) et (E) qui était terminée deviendra nécessairement infinie. Il semble qu'il pourrait y avoir quelque difficulté dans le cas où $\lambda_{\mu-1}$ serait égal à l'unité; mais dans ce cas il arrivera que deux termes de la fraction continue disparaitront en même temps, de sorte que le nombre des termes continuera à être pair ou impair, comme si $\lambda_{\mu-1} - 1$ n'était pas nul; en effet, si l'on considère la fraction continue

$$\cfrac{1}{\lambda_{\mu-2} + \cfrac{1}{\lambda_{\mu-1} - 1 + \cfrac{1}{1 + \cfrac{1}{\infty}}}},$$

et qu'on suppose que $\lambda_{\mu-1} - 1 = 0$, elle deviendra

$$\cfrac{1}{\lambda_{\mu-2} + 1 + \cfrac{1}{\infty}},$$

de sorte qu'au lieu qu'il y avait quatre dénominateurs il n'y en aura plus que deux. Au reste, il est facile de se convaincre avec un peu de réflexion que, lorsque la fraction continue est terminée, le dernier dénominateur $\lambda_{\mu-1}$ sera toujours différent de l'unité.

De là nous pouvons conclure que les deux suites de fractions (D) et (E) peuvent toujours être supposées aller à l'infini, de sorte que tant les numérateurs que les dénominateurs de ces fractions formeront des suites de nombres commençant par o ou par 1, et allant en augmentant à l'infini.

PROBLÈME II.

16. *On propose de trouver tous les nombres entiers u et y qui peuvent satisfaire à l'équation*

$$(\mathrm{F}) \qquad \mathrm{P}u^n + \mathrm{Q}u^{n-1}y + \mathrm{R}u^{n-2}y^2 + \ldots + \mathrm{V}y^n = 1,$$

que nous désignerons par (F), *et dans laquelle nous supposons que* P, Q, R,..., V *soient des nombres entiers donnés.*

85.

Il est d'abord évident que l'équation ne saurait subsister dans l'hypothèse que u et y soient entiers, si les nombres donnés P, Q, R,... avaient un commun diviseur autre que l'unité; car alors, le premier membre étant tout divisible par ce commun diviseur, il faudrait que le second le fût aussi, ce qui ne se peut.

Par la même raison, on voit aussi que les nombres u et y doivent être premiers entre eux; autrement tout le premier membre de l'équation serait divisible par leur plus grande commune mesure, élevée à la puissance n, et par conséquent il ne saurait être égal à l'unité.

Cela posé, soient donc u et y deux nombres entiers premiers entre eux qui satisfassent à l'équation (F); divisant cette équation par y^n et faisant $x = \dfrac{u}{y}$, on aura celle-ci

(G) $$P x^n + Q x^{n-1} + R x^{n-2} + \ldots + V = \frac{1}{y^n},$$

que nous désignerons par (G).

Donc, si l'on considère en général l'équation à deux variables

(H) $$P x^n + Q x^{n-1} + R x^{n-2} + \ldots + V = z,$$

que nous désignerons par (H) et qui représente, comme on voit, une courbe parabolique dont x est l'abscisse et z l'ordonnée, il faudra qu'en faisant $x = \dfrac{u}{y}$ on ait $z = \dfrac{1}{y^n}$, c'est-à-dire qu'à l'abscisse $\dfrac{u}{y}$ il réponde une ordonnée égale à $\dfrac{1}{y^n}$. Or, si cette ordonnée n'est pas un minimum, il est visible que d'un côté ou de l'autre la courbe ira nécessairement s'approchant de l'axe jusqu'à ce qu'elle parvienne à un point d'intersection avec l'axe, ou de minimum; soit donc a l'abscisse qui répondra à ce point, et toutes les ordonnées qui répondront à des abscisses comprises entre ces deux-ci $\dfrac{u}{y}$ et a, auront nécessairement des valeurs moindres que $\dfrac{1}{y^n}$ et de même signe que $\dfrac{1}{y^n}$, c'est-à-dire des valeurs qui tomberont entre 0 et $\dfrac{1}{y^n}$; de sorte que, lorsque z aura une valeur plus grande que $\dfrac{1}{y^n}$, ou de signe différent, c'est-à-dire une valeur qui ne tombe pas entre $\frac{1}{y^n}$ et o, on sera sûr que l'abscisse correspondante x ne pourra pas tomber entre $\frac{u}{y}$ et a.

Maintenant, comme la supposition de $x = a$ doit répondre à $z = o$ ou à z égal à un minimum, il est clair que a ne pourra être qu'une des racines de l'équation $z = o$, savoir

$$P x^n + Q x^{n-1} + R x^{n-2} + \ldots + V = o,$$

ou de l'équation $\frac{dz}{dx} = o$, savoir

$$n P x^{n-1} + (n - 1) Q x^{n-2} + (n - 2) R x^{n-3} + \ldots = o,$$

de sorte qu'on pourra trouver toutes les valeurs de a.

Je suppose ici que la racine a soit positive; si elle était négative, on commencerait par la rendre positive en changeant les signes des termes qui renfermeraient des puissances impaires de x; et pour cela il n'y aurait qu'à mettre, dans l'équation proposée (F), $- u$ à la place de u, c'est-à-dire prendre u avec un signe contraire.

On pourra donc trouver, par le Lemme précédent, deux suites infinies de fractions telles que (D) et (E) qui convergent vers a, et qui aient les propriétés que nous avons exposées; or, je dis que la fraction $\frac{u}{y}$ sera nécessairement une de ces mêmes fractions.

Je vais démontrer d'abord que la fraction $\frac{u}{y}$ doit être de même signe que la racine a. Comme cette racine est positive (hypothèse), si la fraction $\frac{u}{y}$ est négative, il est clair que la fraction $\frac{o}{1}$ approchera plus de la racine a que ne fera la fraction $\frac{u}{y}$; donc, puisque $\frac{o}{1}$ tombe entre $\frac{u}{y}$ et a, si dans l'équation (H) on fait $x = \frac{o}{1}$, il faudra que la valeur correspondante de z tombe entre $\frac{1}{y^n}$ et o; mais, en faisant $x = o$, on a $z = V$; donc, puisque V est un nombre entier (hypothèse), il est impossible qu'il puisse tomber entre o et $\frac{1}{y^n}$; donc, etc.

Je démontrerai maintenant que la fraction $\frac{u}{y}$ doit être une de celles de la série (D) ou (E). Comme la fraction $\frac{u}{y}$ peut être plus petite ou plus grande que la racine a, supposons d'abord le premier cas, en sorte que l'on ait $\frac{u}{y} < a$; et je dis que $\frac{u}{y}$ sera nécessairement une des fractions de la série (D). Pour cela nous remarquerons que, comme cette série va à l'infini, et que les dénominateurs des fractions vont en augmentant, il faudra nécessairement que le dénominateur y coïncide avec quelqu'un des dénominateurs des mêmes fractions, ou bien qu'il tombe entre deux dénominateurs consécutifs. Soient $\frac{l}{L}$, $\frac{m}{M}$ deux fractions consécutives de la série (D), et que le nombre y tombe, s'il est possible, entre les deux nombres L et M; substituant dans l'équation (H), à la place de x, les fractions $\frac{u}{y}$, $\frac{l}{L}$, il est clair que la première de ces substitutions donnera (hypothèse) $z = \frac{1}{y^n}$, et que la seconde donnera $z = \frac{\alpha}{L^n}$, où l'on aura

$$\alpha = P\,l^n + Q\,l^{n-1}L + R\,l^{n-2}L^2 + \ldots,$$

de sorte que α sera nécessairement un nombre entier. Donc, à cause que y est plus grand que L, la quantité $\frac{\alpha}{L^n}$ tombera nécessairement hors de ces limites o, $\frac{1}{y^n}$; donc aussi $\frac{l}{L}$ tombera hors des limites a et $\frac{u}{y}$; donc, puisque $\frac{l}{L}$ et $\frac{u}{y}$ sont l'une et l'autre moindres que a (hypothèse), il faudra nécessairement que $\frac{u}{y}$ tombe entre $\frac{l}{L}$ et a. Mais, à cause que M est plus grand que y, la fraction $\frac{m}{M}$ approchera plus de a que la fraction $\frac{u}{y}$ (14), de sorte que $\frac{m}{M}$ tombera nécessairement entre $\frac{u}{y}$ et a. Donc il faudra que $\frac{u}{y}$ tombe entre les deux fractions $\frac{l}{L}$ et $\frac{m}{M}$, ce qui ne se peut (numéro cité). Donc il est impossible que le nombre y puisse tomber entre deux dénominateurs consécutifs L et M; il faudra donc que ce nombre soit égal à quelqu'un des mêmes dénominateurs; soit $y = \pm$ L, je dis qu'on aura nécessairement $\frac{u}{y} = \frac{l}{L}$. En effet, nous avons déjà vu qu'il implique contradiction que la quantité $\frac{\alpha}{L^n}$ tombe hors des limites o et $\frac{1}{y^n}$; mais, à cause que z est un nombre entier, il est clair que $\frac{\alpha}{L^n}$ ne saurait jamais tomber entre ces mêmes limites tant que $y = \pm$ L; donc il faudra nécessairement qu'on ait

$$\frac{1}{y^n} = \frac{\alpha}{L^n};$$

donc la valeur de z qui répond à $x = \frac{u}{y}$ sera égale à celle qui répond à $x = \frac{l}{L}$ dans l'équation (H); donc les deux valeurs de x seront égales aussi; donc

$$\frac{u}{y} = \frac{l}{L}.$$

Donc, si la fraction $\frac{u}{y}$ est plus petite que la racine a, il est démontré qu'elle ne peut être qu'une de celles de la série (D). On démontrera de la même manière que, lorsque cette fraction sera plus grande que la racine a, elle sera nécessairement une de celles de la série (E); donc la fraction $\frac{u}{y}$ sera nécessairement une de celles des séries (D), (E), à moins qu'elle ne soit égale à a, ce qui ne peut arriver que dans le cas où a est la racine de l'équation

$$dz = o;$$

car, dans le cas où a est racine de l'équation $z = o$, il est clair que si $\frac{u}{y} = a$, le second membre de l'équation proposée (F) deviendrait nul, au lieu qu'il doit être égal à l'unité.

Donc, puisqu'on doit avoir nécessairement

$$\frac{u}{y} = \frac{l}{L},$$

$\frac{l}{L}$ étant (11) une des fractions des séries (D), (E), et que tant u et y que l et L sont premiers entre eux, il s'ensuit qu'on aura en général

$$u = \pm l, \quad y = \pm L,$$

les signes ambigus de l et L étant à volonté, pourvu qu'on prenne à la fois les deux supérieurs ou les deux inférieurs.

Or, comme a doit être une des racines de l'équation

$$z = 0,$$

ou une de celles de l'équation

$$\frac{dz}{dx} = 0$$

qui répondent à un minimum, il faudra chercher toutes ces racines, dont chacune fournira deux suites infinies de fractions telles que (D) et (E), et l'on aura par là tous les nombres entiers qui pourront être admis pour u et y; de sorte qu'il ne restera plus qu'à les essayer successivement pour trouver ceux qui peuvent satisfaire en effet à l'équation proposée (F). Si l'on trouve des racines négatives, on les changera d'abord en positives, en changeant les signes des termes où il y aura des puissances impaires de x; ensuite on prendra u avec un signe contraire.

17. Corollaire I. — Lorsque a est une des racines de l'équation

$$z = 0,$$

on peut trouver les valeurs de u et de y par la même opération qui sert à trouver la fraction continue qui exprime la racine a. En effet, nous avons vu que, pour trouver cette fraction, il faut d'abord chercher le nombre entier positif λ_1 qui est immédiatement moindre que la racine a, que nous supposons positive; ensuite on fait

$$x = \lambda_1 + \frac{1}{x_1},$$

et, substituant cette valeur dans l'expression de z, on a, après avoir multiplié tout par x_1^n et ordonné les termes, une nouvelle équation en x_1, que nous désignerons par

$$z_1 = 0,$$

en sorte que z_1 soit égal au premier membre de cette équation; on cherchera donc de nouveau le nombre entier positif qui sera immédiatement moindre que la racine de l'équation

$$z_1 = 0,$$

et, nommant ce nombre λ_2, on fera

$$x_1 = \lambda_2 + \frac{1}{x_2},$$

ce qui, étant substitué dans z_1, donnera, après la multiplication par x_2^n, une troisième équation

$$z_2 = 0,$$

dont x_2 sera l'inconnue, et sur laquelle on opérera comme sur les précédentes, et ainsi de suite. Tel est le procédé nécessaire pour réduire la racine a en fraction continue; or, considérons en général une quelconque des équations transformées

$$z_1 = 0, \quad z_2 = 0,\ldots,$$

dont le quantième soit ρ, en sorte que cette équation soit $z_\rho = 0$, et que l'inconnue de cette équation soit x_ρ; il est facile de voir, par ce que nous avons démontré dans les *Additions au Mémoire sur la résolution des équations numériques* (n°s 31 et 68), que, pour avoir l'expression de z_ρ, il n'y aura qu'à mettre dans l'expression de z,

$$\frac{l_\rho x_\rho + l_{\rho-1}}{L_\rho x_\rho + L_{\rho-1}}$$

II. 86

à la place de x, et faire disparaître les dénominateurs en multipliant tous les termes par $(L_\rho x_\rho + L_{\rho-1})^n$; or si l'on nomme ζ le premier membre de l'équation proposée (F), il est visible que la valeur de z_ρ ne sera autre chose que l'expression de ζ, en y mettant $l_\rho x_\rho + l_{\rho-1}$ à la place de u, et $L_\rho x_\rho + L_{\rho-1}$ à la place de y; d'ailleurs on voit, par les formules du Lemme, qu'en faisant successivement

$$x_\rho = 1, 2, 3, \ldots, \lambda_{\rho+1},$$

la quantité $l_\rho x_\rho + l_{\rho-1}$ devient

$$l_\rho^{(1)}, \quad l_\rho^{(2)}, \quad l_\rho^{(3)}, \ldots, l_\rho^{(\lambda_\rho+1)} = l_{\rho+1},$$

et que la quantité $L_\rho x_\rho + L_{\rho-1}$ devient pareillement

$$L_\rho^{(1)}, \quad L_\rho^{(2)}, \quad L_\rho^{(3)}, \ldots, L_\rho^{(\lambda_\rho+1)} = L_{\rho+1};$$

d'où, et de ce qui a été démontré plus haut (Problème précédent), je conclus que, pour trouver les valeurs entières de u et de y qui peuvent satisfaire à l'équation (F), c'est-à-dire $\zeta = 1$, en tant que ces valeurs dépendent de la racine a de l'équation $z = 0$, il n'y aura qu'à faire successivement, dans chaque équation transformée, telle que $z_\rho = 0$, l'inconnue $x_\rho = 1, 2, 3, \ldots$ jusqu'à $\lambda_{\rho+1}$ ($\lambda_{\rho+1}$ étant le nombre entier qui est immédiatement moindre que la vraie racine de cette équation), et si l'équation $\zeta = 1$ est résoluble, il faudra que quelqu'une de ces suppositions donne $z_\rho = 1$ lorsque l'exposant n de la fonction ζ est pair, et $z_\rho = 1$ ou -1 lorsque n est impair.

Soient en général, pour abréger,

$$l = x_\rho l_\rho + l_{\rho-1}, \quad L = x_\rho L_\rho + L_{\rho-1},$$

en donnant à x_ρ la valeur qui rend $z_\rho = 1$ quand n est pair, et $z_\rho = \pm 1$ quand n est impair; et l'on aura

$$u = \pm l, \quad y = \pm L,$$

où il faut remarquer, par rapport aux signes, que si n est pair, on peut prendre indifféremment les supérieurs ou les inférieurs; mais si n est impair, alors il faut les prendre comme dans l'équation

$$z_\rho = \pm 1.$$

18. Corollaire II. — Si l'équation

$$z = 0$$

a toutes ses racines réelles, je dis : 1° que les racines a ne pourront être que les racines mêmes de cette équation; 2° que les nombres l et L seront nécessairement les termes de quelqu'une des fractions *principales* (C) convergentes vers a, et jamais des fractions *secondaires*.

Car on ne doit prendre pour a que les racines de l'équation

$$z = 0$$

ou celles de l'équation

$$\frac{dz}{dx} = 0,$$

qui répondent à des minimums (Problème précédent); or je vais prouver que, lorsque l'équation

$$z = 0$$

a toutes ses racines réelles, il est impossible que z devienne un minimum; en effet, pour que z devienne un minimum, il faut qu'on ait

$$\frac{dz}{dx} = 0,$$

et que la valeur de $\frac{d^2z}{dx^2}$ soit de même signe que celle de z, c'est-à-dire que $\frac{1}{z} \frac{d^2z}{dx^2}$ soit une quantité positive.

Or, nommant α, β, γ,... les racines de l'équation

$$z = 0,$$

on aura, comme on sait,

$$z = P(x - \alpha)(x - \beta)(x - \gamma)\ldots;$$

86.

prenant les logarithmes et différentiant, on aura

$$\frac{1}{z}\frac{dz}{dx} = \frac{1}{x-\alpha} + \frac{1}{x-\beta} + \frac{1}{x-\gamma} + \cdots;$$

différentiant une seconde fois et changeant les signes, il viendra

$$-\frac{1}{z^2}\frac{dz^2}{dx^2} - \frac{1}{z}\frac{d^2z}{dx^2} = \frac{1}{(x-\alpha)^2} + \frac{1}{(x-\beta)^2} + \frac{1}{(x-\gamma)^2} + \cdots.$$

Donc, s'il y avait un minimum, il faudrait que $\dfrac{dz}{dx}$ fût égal à 0, et

$\dfrac{1}{z}\dfrac{d^2z}{dx^2} > 0$, et par conséquent que le premier membre de l'équation précédente devînt négatif, ce qui ne se peut tant que α, β, γ,... sont des
quantités réelles; donc, etc.

Or, puisque l'équation

$$z = 0$$

a toutes ses racines réelles, il est clair que chacune des équations transformées, comme $z_\rho = 0$, aura aussi toutes ses racines réelles; car, à
cause de

$$x = \frac{l_\rho x_\rho + l_{\rho-1}}{L_\rho x_\rho + L_{\rho-1}}$$

(17), on aura x_ρ, c'est-à-dire l'inconnue de l'équation

$$z_\rho = 0,$$

égale à

$$\frac{l_{\rho-1} - x L_{\rho-1}}{x L_\rho - l_\rho};$$

donc la quantité z_ρ ne pourra jamais devenir un minimum; donc, si
l'équation

$$z_\rho = 0$$

n'a qu'une seule racine positive égale à p, et qu'on fasse successivement
$x_\rho = 0, 1, 2,...$ jusqu'à $\lambda_{\rho+1}$ ($\lambda_{\rho+1}$ étant le nombre entier qui est immédiatement moindre que p), il est clair que la valeur de z_ρ doit ou aller en

diminuant, ou bien augmenter d'abord et diminuer ensuite; d'où il s'ensuit que la plus petite valeur de z_ρ répondra nécessairement ou à $x_\rho = 0$
ou à $x_\rho = \lambda_{\rho+1}$; si l'équation

$$z_\rho = 0$$

a plusieurs racines positives $p, q, r, \ldots$, il faudra prendre successivement
pour $\lambda_{\rho+1}$ les nombres entiers qui sont immédiatement moindres que chacune de ces racines (n° 19, *Mémoire sur la résolution des équations numériques*), et l'on en conclura de même que la plus petite valeur de z_ρ sera
nécessairement une de celles qui répondent à

$$x_\rho = 0 \quad \text{ou} \quad x_\rho = \lambda_{\rho+1};$$

or, la valeur de z_ρ étant toujours égale à un nombre entier lorsque x_ρ est
un nombre entier, il est clair qu'elle ne pourra devenir égale à ± 1, à
moins qu'elle ne devienne la plus petite possible; donc on aura nécessairement dans ce cas $x_\rho = 0$ ou $x_\rho = \lambda_{\rho+1}$; ce qui donnera ou

$$l = l_{\rho-1}, \quad L = L_{\rho-1},$$

ou

$$l = \lambda_{\rho+1} l_\rho + l_{\rho-1} = l_{\rho+1}, \quad L = \lambda_{\rho+1} L_\rho + L_{\rho-1} = L_{\rho+1};$$

de sorte que les nombres l et L ne pourront être que des termes des séries $l_1, l_2, l_3, \ldots$ et $L_1, L_2, L_3, \ldots$; donc, etc. (11).

Maintenant, si l'on suppose en général

$$z_\rho = P_\rho x_\rho^n + Q_\rho x_\rho^{n-1} + \ldots,$$

il est facile de voir, par ce que nous avons dit dans le Corollaire précédent, que l'on aura

$$P_\rho = P l_\rho^n + Q l_\rho^{n-1} L_\rho + R l_\rho^{n-2} L_\rho^2 + \ldots + Z L_\rho,$$

de sorte que la valeur du coefficient P_ρ sera égale à ce que devient la
quantité ζ, en y mettant l_ρ à la place de u, et L_ρ à la place de y.

De là il est aisé de conclure que, pour résoudre l'équation

$$\zeta = 1$$

dans le cas du présent Corollaire, il n'y aura qu'à faire attention au coefficient du premier terme de chaque équation transformée

$$z_1 = 0, \quad z_2 = 0, \ldots;$$

et si la proposée $\zeta = 1$ est résoluble, on trouvera nécessairement, dans quelqu'une de ces équations transformées comme $z_\rho = 0$, le premier coefficient $P_\rho = 1$ quand n est pair, ou $= \pm 1$ quand n est impair; alors on aura

$$u = \pm l_\rho, \quad y = \pm L_\rho,$$

les signes ambigus étant à volonté lorsque n est pair; mais ils doivent répondre à ceux de l'équation

$$P_\rho = \pm 1,$$

lorsque n est impair, comme dans le Corollaire précédent.

19. Corollaire III. — Au reste, quelles que soient les racines de l'équation $z = 0$, je dis qu'on parviendra toujours nécessairement à une transformée telle que $z_\rho = 0$, dans laquelle la quantité z_ρ n'aura aucun minimum du côté des x_ρ positives, et que la même chose aura lieu pour toutes les transformées suivantes

$$z_{\rho+1} = 0, \quad z_{\rho+2} = 0, \ldots;$$

de sorte que, quand on sera arrivé à une telle transformée, alors on sera dans le cas du Corollaire précédent, et la résolubilité de l'équation

$$\zeta = 1$$

ne dépendra plus que du coefficient du premier terme de chaque transformée.

Pour pouvoir démontrer cette proposition, il faut commencer par démontrer celle-ci, savoir, que lorsque, dans une équation quelconque, comme $z = 0$, il y a des racines réelles

$$\alpha, \quad \beta, \quad \gamma, \ldots$$

et des racines imaginaires

$$\mu + \nu \sqrt{-1}, \quad \mu - \nu \sqrt{-1}, \quad \varpi + \sigma \sqrt{-1}, \quad \varpi - \sigma \sqrt{-1}, \ldots,$$

et que ces dernières sont telles, que les quantités μ, ϖ,... sont négatives, et que

$$\mu^2 > \nu^2, \quad \varpi^2 > \sigma^2, \ldots,$$

la quantité z ne peut jamais devenir un minimum du côté des x positives.

Car on aura d'abord, comme dans le n° 18,

$$\frac{1}{z^2}\frac{dz^2}{dx^2} - \frac{1}{z}\frac{d^2z}{dx^2} = \frac{1}{(x-\alpha)^2} + \frac{1}{(x-\beta)^2} + \frac{1}{(x-\gamma)^2} + \ldots$$

$$+ \frac{1}{(x-\mu-\nu\sqrt{-1})^2} + \frac{1}{(x-\mu+\nu\sqrt{-1})^2} + \frac{1}{(x-\varpi-\sigma\sqrt{-1})^2} + \frac{1}{(x-\varpi+\sigma\sqrt{-1})^2} + \ldots,$$

ou bien, en réunissant deux à deux les termes imaginaires,

$$\frac{1}{z^2}\frac{dz^2}{dx^2} - \frac{1}{z}\frac{d^2z}{dx^2} = \frac{1}{(x-\alpha)^2} + \frac{1}{(x-\beta)^2} + \frac{1}{(x-\gamma)^2} + \ldots$$

$$+ 2\frac{(x-\mu)^2-\nu^2}{(x^2-2\mu x+\mu^2+\nu^2)^2} + 2\frac{(x-\varpi)^2-\sigma^2}{(x^2-2\varpi x+\varpi^2+\sigma^2)^2} + \ldots$$

Or il est clair que si μ, ϖ,... sont négatifs et tels que $\mu^2 > \nu^2$, $\varpi^2 > \sigma^2$,...., les quantités

$$(x-\mu)^2-\nu^2, \quad (x-\varpi)^2-\sigma^2, \ldots$$

seront toujours positives tant que x sera positif; donc le second membre de l'équation précédente sera aussi tout positif; par conséquent il sera impossible que z devienne un minimum (numéro cité).

Cela posé, considérons l'équation primitive $z = 0$, et supposons que cette équation ait des racines réelles α, β, γ,..., et des racines imaginaires représentées par les quantités

$$\mu + \nu \sqrt{-1}, \quad \mu - \nu \sqrt{-1}, \quad \varpi + \sigma \sqrt{-1}, \quad \varpi - \sigma \sqrt{-1}, \ldots;$$

qu'on mette, dans z, $\dfrac{l_\rho x_\rho + l_{\rho-1}}{L_\rho x_\rho + L_{\rho-1}}$ à la place de x, et, multipliant ensuite

par $L_\rho x_\rho + L_{\rho-1}$ élevé à la puissance n, on aura l'expression de z_ρ (17); d'où il est aisé de voir que chaque facteur simple et réel de z, comme $x - \alpha$, donnera dans z_ρ un facteur aussi réel, tel que

$$(l_\rho - \alpha L_\rho) x_\rho + l_{\rho-1} - \alpha L_{\rho-1},$$

et que chaque facteur double à racines imaginaires, tel que $(x - \mu)^2 + \nu^2$, donnera, dans z_ρ, le facteur double

$$[(l_\rho - \mu L_\rho) x_\rho + l_{\rho-1} - \mu L_{\rho-1}]^2 + \nu^2 (L_\rho x_\rho + L_{\rho-1})^2,$$

lequel, en faisant, pour abréger,

$$A = (l_\rho - \mu L_\rho)^2 + \nu^2 L_\rho^2,$$
$$B = (l_\rho - \mu L_\rho)(l_{\rho-1} - \mu L_{\rho-1}) + \nu^2 L_\rho L_{\rho-1},$$
$$C = (l_{\rho-1} - \mu L_{\rho-1})^2 + \nu^2 L_{\rho-1}^2,$$

se réduit à cette forme

$$A x_\rho^2 + 2 B x_\rho + C.$$

Or ce facteur donne ces deux racines

$$\frac{-B + \sqrt{B^2 - AC}}{A}, \quad \frac{-B - \sqrt{B^2 - AC}}{A}.$$

où je remarque :

1° Que A est toujours nécessairement positif;

2° Que B sera positif lorsque les deux quantités

$$l_\rho - \mu L_\rho \quad \text{et} \quad l_{\rho-1} - \mu L_{\rho-1}$$

seront de même signe; c'est-à-dire lorsque les fractions $\dfrac{l_{\rho-1}}{L_{\rho-1}}$ et $\dfrac{l_\rho}{L_\rho}$ seront

toutes deux plus petites ou plus grandes que μ; or, comme les fractions

$\dfrac{l_{\rho-1}}{L_{\rho-1}}, \dfrac{l_\rho}{L_\rho}, \cdots$ convergent constamment vers la racine a, en sorte que la

différence devient continuellement plus petite, il est clair que lorsque la différence entre $\dfrac{l_{\rho-1}}{L_{\rho-1}}$ et a sera devenue plus petite que celle entre μ et a, alors toutes les quantités

$$l_{\rho-1} - \mu L_{\rho-1}, \quad l_\rho - \mu L_\rho, \ldots$$

seront nécessairement de même signe, et par conséquent la quantité B sera toujours positive; or la différence entre la fraction $\dfrac{l_{\rho-1}}{L_{\rho-1}}$ et a est moindre que $\dfrac{1}{L_{\rho-1} L_\rho}$; donc la condition dont il s'agit aura sûrement lieu lorsque la quantité

$$\frac{1}{L_{\rho-1} L_\rho}$$

sera moindre que la différence entre a et μ. Il ne pourrait y avoir de difficulté que lorsque $a = \mu$; car dans ce cas les quantités

$$l_{\rho-1} - \mu L_{\rho-1} \quad \text{et} \quad l_\rho - \mu L_\rho$$

seront toujours nécessairement de signes différents; mais alors on considérera qu'on a

$$B = L_\rho L_{\rho-1} \left[\left(\frac{l_\rho}{L_\rho} - a \right) \left(\frac{l_{\rho-1}}{L_{\rho-1}} - a \right) + \nu^2 \right],$$

de sorte que, comme la différence entre $\dfrac{l_{\rho-1}}{L_{\rho-1}}$ et a, de même qu'entre $\dfrac{l_\rho}{L_\rho}$ et a, va continuellement en diminuant, il arrivera nécessairement que le produit de ces deux différences deviendra moindre que ν^2, et alors il le sera toujours de plus en plus; de sorte que la quantité B se trouvera aussi positive; c'est ce qui arrivera sûrement lorsque la quantité

$$\frac{1}{L_{\rho-1} L_\rho L_\rho L_{\rho+1}}$$

sera moindre que ν^2. De plus, il est facile de voir que la quantité B, quand elle sera devenue une fois positive, ira nécessairement en aug-

II.   87

mentant parce que les nombres

$$l_{p-1}, \ l_p, \ldots, \quad \text{et} \quad L_{p-1}, \ L_p, \ldots$$

augmentent continuellement.

3° Je remarque que la quantité $B^2 - AC$ est égale à $-\nu^2$; car, en substituant les valeurs de A, B, C et effaçant ce qui se détruit, on trouve d'abord

$$AC - B^2 = \nu^2 \left(l_p L_{p-1} - l_{p-1} L_p \right)^2;$$

mais, par la nature des fractions *principales* $\dfrac{l_{p-1}}{L_{p-1}}, \ \dfrac{l_p}{L_p}$, on a (13)

$$l_p L_{p-1} - l_{p-1} L_p = \pm 1;$$

donc $AC - B^2 = \nu^2$, et par conséquent

$$\sqrt{B^2 - AC} = \nu \sqrt{-1},$$

de sorte que les deux racines trouvées ci-dessus seront imaginaires et exprimées par

$$-\frac{B}{A} + \frac{\nu}{A} \sqrt{-1}, \quad -\frac{B}{A} - \frac{\nu}{A} \sqrt{-1}.$$

Or, puisque ν est constant et que B doit aller en augmentant, il est visible qu'il arrivera nécessairement que B^2 surpassera ν^2, et alors ces deux racines imaginaires auront les conditions énoncées plus haut; de sorte que, quand toutes les racines imaginaires d'une équation transformée, comme $z_p = 0$, seront dans le même cas, alors z_p ne pourra plus devenir un minimum, ainsi que $z_{p+1}, z_{p+2}, \ldots$; donc, etc.

20. Corollaire IV. — Nous avons supposé, dans les Corollaires précédents, que la racine a était une des racines de l'équation

$$z = 0;$$

considérons maintenant le cas où elle en sera une de celles de l'équation

$$\frac{dz}{dx} = 0.$$

Pour que ce cas ait lieu, il faut que cette racine réponde à z égal à un minimum; c'est de quoi l'on pourra s'assurer aisément en examinant si $x = a$ rend z et $\frac{d^2z}{dx^2}$ de même signe; si $\frac{d^2z}{dx^2}$ était nul en même temps que $\frac{dz}{dx}$, alors il faudrait, comme on sait, que $\frac{d^3z}{dx^3}$ le fût aussi, et la condition du minimum serait que z et $\frac{d^4z}{dx^4}$ fussent de même signe, et ainsi de suite.

Supposons donc qu'on ait trouvé que la racine a de l'équation

$$\frac{dz}{dx} = 0$$

rend z égal à un minimum, et soit cette valeur de z égale à Z; je dis qu'on ne pourra jamais prendre dans l'équation (F) le nombre y plus grand que $\frac{1}{\sqrt[n]{Z}}$; car nous avons vu (16) qu'il faut qu'en faisant $x = \frac{u}{y}$ on ait $z = \frac{1}{y^n}$. Or je vais prouver que $\frac{1}{y^n}$ ne pourra jamais être plus petit que Z. En effet, supposons qu'il existe une valeur de u et de y telle, que $x = \frac{u}{y}$ rende $z = \frac{1}{y^n}$, et, comme $x = a$ rend z égal à un minimum, la valeur de z ne fera que diminuer depuis $x = \frac{u}{y}$ jusqu'à $x = a$ (numéro cité); mais on a, lorsque $x = a$, $z = Z$; donc il faut que $\frac{1}{y^n}$ soit plus grand que Z, ou au moins ne soit pas moindre que Z; donc on ne saurait avoir $\frac{1}{y^n} < Z$ ou $y^n > \frac{1}{Z}$, et de là $y > \frac{1}{\sqrt[n]{Z}}$, abstraction faite des signes de Z et de y.

Donc, puisqu'on ne peut prendre pour les nombres u et y que les numérateurs et les dénominateurs des fractions des séries (D) ou (E) convergentes vers la racine a (numéro cité), il suffira d'essayer dans l'équation (F), pour u et y, les termes des fractions dont les dénominateurs ne surpasseront pas le nombre $\frac{1}{\sqrt[n]{Z}}$, de sorte que dans ce cas le nombre des essais à faire sera toujours limité, au lieu qu'il peut être infini dans le cas où a est une racine de l'équation

$$z = 0,$$

comme nous l'avons vu plus haut.

De là on voit aussi que les racines de l'équation

$$\frac{dz}{dx} = 0$$

ne peuvent jamais fournir qu'un nombre de solutions limité; tandis que les racines de l'équation

$$z = 0$$

peuvent en fournir une infinité.

Or, lorsque l'équation

$$z = 0$$

n'a que des racines imaginaires, l'équation

$$\frac{dz}{dx} = 0$$

aura nécessairement des racines répondantes à des minimums, et l'on ne pourra prendre pour a que ces mêmes racines; donc, dans ce cas, l'équation (F) ne pourra jamais avoir qu'un nombre limité de solutions.

21. Scolie. — Si la quantité z avait un diviseur rationnel tel que

$$p\,x^m + q\,x^{m-1} + r\,x^{m-2} + \ldots,$$

et que le quotient fût

$$\varpi\,x^{n-m} + \chi\,x^{n-m-1} + \rho\,x^{n-m-2} + \ldots,$$

$p, q, r, \ldots$ et $\varpi, \chi, \rho, \ldots$ étant des nombres entiers, alors il est clair que le premier membre de l'équation (F) se décomposerait aussi en ces deux facteurs

$$p u^m + q u^{m-1} y + r u^{m-2} y^2 + \dots,$$
$$\varpi u^{n-m} + \chi u^{n-m-1} y + \rho u^{n-m-2} y^2 + \dots,$$

de sorte que, comme chacun de ces facteurs est égal à un nombre entier et que leur produit doit être égal à l'unité, il faudra que chacun d'eux en particulier soit égal à ± 1; ainsi l'on aura deux équations par lesquelles on pourra déterminer les deux inconnues u et y; et, si les valeurs de ces inconnues se trouvent égales à des nombres entiers, on aura la solution de l'équation proposée; sinon il en faudra conclure que cette équation n'est pas résoluble en nombres entiers.

Donc, lorsque, parmi les racines de l'équation

$$z = 0,$$

il s'en trouvera une qui donnera une fraction continue finie ou périodique, on pourra trouver les nombres u et y sans aucun tâtonnement; car dans le premier cas l'équation aura un diviseur d'une dimension, et dans le second cas elle en aura un de deux dimensions (*voyez* le § II des *Additions au Mémoire sur la résolution des équations numériques*).

PROBLÈME III.

22. *Résoudre en nombres entiers l'équation*

$$A = B t^n + C t^{n-1} u + D t^{n-2} u^2 + \dots + K u^n,$$

A, B, C,... *étant des nombres entiers donnés, et t, u étant deux indéterminées qui doivent être aussi des nombres entiers.*

Il est d'abord évident que, si les nombres B, C,..., K avaient un diviseur commun à tous, ce diviseur devrait l'être aussi du nombre A, pour que les nombres t et u pussent être entiers, et alors il s'en irait de lui-même par la division actuelle; ainsi l'on peut toujours supposer que les nombres B, C,..., K n'ont aucun diviseur commun.

De plus, si les nombres t et u avaient un commun diviseur r, il est clair que le second membre de l'équation proposée serait tout divisible par r^n; donc il faudrait que le premier A le fût aussi : d'où l'on voit que ce cas ne peut avoir lieu à moins que le nombre A ne soit divisible par une puissance n d'un nombre quelconque; si cela n'est pas, on sera sûr que les nombres cherchés t et u seront nécessairement premiers entre eux. C'est ce qui arrivera toujours lorsque A sera un nombre premier; mais, lorsque A est un nombre composé, il faudra voir d'abord si, parmi ses diviseurs, il en a quelqu'un qui soit une puissance $n^{ième}$. Supposons que r^n soit ce diviseur, alors les nombres t et u pourront être ou premiers entre eux ou divisibles l'un et l'autre par r; ce qui formera deux cas qu'il faudra traiter séparément; dans le second cas on fera

$$t = r t', \quad u = r u' \quad \text{et} \quad A = r^n A',$$

et, substituant ces valeurs, on aura, après avoir divisé toute l'équation par r^n, une nouvelle équation en t' et u', dans laquelle ces nombres seront premiers entre eux. Ainsi l'on peut toujours ramener l'équation proposée au cas où les deux indéterminées sont des nombres premiers entre eux.

Supposons donc l'équation proposée déjà réduite à cet état, et il pourra encore arriver que le nombre u ait un diviseur commun avec le nombre A; supposons que s soit le plus grand diviseur commun de u et A; il est clair qu'il faudra que le terme Bt^n, qui est sans u, soit divisible par s; mais t ne saurait l'être parce qu'il est premier à u (hypothèse); donc il faudra que B le soit; donc s devra être un diviseur commun de A et B.

Ainsi, si A et B sont premiers entre eux, on sera assuré que A et u le seront aussi. Mais, si A et B ont un commun diviseur s, alors u pourra être multiple de s ou non; ce qui fera deux cas qu'il faudra considérer séparément; dans le premier on fera

$$u = s u' \quad \text{et} \quad A = s A',$$

et l'on aura une transformée qui sera toute divisible par s, et où A′ et u' seront premiers entre eux; dans le second cas A et u seront déjà premiers entre eux.

De cette manière, l'équation à résoudre sera toujours réduite à la forme et à l'état de l'équation (A) du Problème I; et par conséquent elle sera susceptible de la méthode de ce Problème. On commencera donc, suivant cette méthode, par chercher une valeur de t positive ou négative, mais moindre que $\dfrac{A}{2}$, laquelle rende la quantité

$$B\,t^n + C\,t^{n-1} + D\,t^{n-2} + \ldots + K$$

divisible par A; et si, parmi les nombres entiers moindres que $\dfrac{A}{2}$, pris positivement et négativement, on n'en trouve aucun de cette qualité, on en conclura sur-le-champ que l'équation dont il s'agit n'admet aucune solution en nombres entiers (6); mais, si l'on en trouve un ou plusieurs qui aient la qualité requise, on nommera chacun de ces nombres θ, et l'on substituera dans l'équation proposée $\theta u - Ay$ à la place de t; moyennant quoi elle deviendra divisible par A, et, la division faite, elle se trouvera dans le cas de l'équation (F) du Problème II; ainsi il n'y aura plus qu'à y appliquer la méthode de ce dernier Problème.

23. SCOLIE. — Il est bon de remarquer que le premier membre de l'équation (H), que nous avons supposé égal à z (16), peut s'exprimer ainsi

$$\frac{B(\theta x - A)^n + C(\theta x - A)^{n-1}x + D(\theta x - A)^{n-2}x^2 + \ldots + K x^n}{A},$$

d'où l'on voit que les racines de l'équation

$$z = 0$$

dépendent de celles de l'équation

$$B\,t^n + C\,t^{n-1} + D\,t^{n-2} + \ldots + K = 0,$$

de sorte que, par cette équation, on pourra juger d'abord de la nature des racines de l'équation

$$z = 0,$$

qui est souvent plus compliquée; car si t', t'', t''',... sont les racines de l'équation en t, celles de l'équation

$$z = 0$$

seront

$$\frac{A}{\theta - t'}, \quad \frac{A}{\theta - t''}, \quad \frac{A}{\theta - t'''}, \dots;$$

d'où l'on voit qu'il y aura dans l'une et dans l'autre le même nombre de racines réelles et d'imaginaires.

Mais, quant aux maximum et minimum de la quantité z, ils ne correspondent pas à ceux de la quantité

$$B t^n + C t^{n-1} + P t^{n-2} + \dots + K,$$

comme il est facile de le voir; de sorte qu'il faudra absolument les déterminer par l'équation

$$\frac{dz}{dx} = 0.$$

Problème IV.

24. *On propose de résoudre en nombres entiers l'équation du premier degré*

$$A = Bt - Cu.$$

Je suppose d'abord que B et C n'aient aucun diviseur commun (Problème III); or, A et C pouvant avoir un commun diviseur D, soient A = A′D et C = C′D, A′ et C′ étant maintenant premiers entre eux, et l'équation proposée pourra se ramener sur-le-champ à celle-ci (4)

$$1 = B r - C' s,$$

dont il suffira même de connaître une seule solution.

Or, cette équation étant dans le cas du Problème II, on aura (en faisant $\frac{r}{s} = x$),

$$Bx - C' = z;$$

et, comme $z = 0$ donne $x = \frac{C'}{B}$, on aura ici une seule valeur de a qui sera $\frac{C'}{B}$, en prenant C' et B positivement; donc (18) on sera sûr de trouver les valeurs de r et s parmi les termes d'une des fractions principales convergentes vers $\frac{C'}{B}$; or, cette fraction étant rationnelle et réduite déjà à ses moindres termes, sera nécessairement la dernière des fractions principales de la série (C) (11); donc, si $\frac{l_\rho}{L_\rho}$ est l'avant-dernière fraction de la même série, on aura (13)

$$C'L_\rho - Bl_\rho = \pm 1,$$

le signe supérieur étant pour le cas où le quantième ρ est impair, et l'inférieur pour celui où ρ est pair; ainsi il n'y aura qu'à prendre

$$r = \mp l_\rho \quad \text{et} \quad s = \mp L_\rho;$$

si l'un des nombres B, C' ou tous les deux étaient négatifs, on les regarderait comme positifs, et l'on prendrait r ou s, ou tous les deux, avec des signes contraires.

Ayant ainsi trouvé des valeurs particulières de r et s, on aura, pour les valeurs générales de t et u (4),

$$t = Ar + mC, \quad u = A's + mB,$$

m étant un nombre quelconque entier positif ou négatif.

25. COROLLAIRE. — Le principal usage de ce Problème est pour résoudre les questions où l'on demande de trouver un nombre qui, étant divisé par autant de nombres donnés qu'on voudra, laisse des restes aussi donnés; car, soient a, b, c,... les diviseurs donnés, α, β, γ,... les restes, et t, u, x,... les quotients inconnus, il est clair que le nombre cherché devra être exprimé également par

$$at + \alpha, \quad bu + \beta, \quad cx + \gamma,...,$$

ce qui donnera autant d'équations qu'il y aura de diviseurs donnés, moins un.

II.

88

On aura donc d'abord l'équation

$$at + \alpha = bu + \beta,$$

laquelle se réduit à celle du Problème précédent en faisant

$$A = \beta - \alpha, \quad B = a, \quad C = b;$$

ainsi l'on trouvera l'expression générale de t et u.

La seconde équation sera

$$at + \alpha = cx + \gamma;$$

or

$$t = Ar + Cm,$$

où A, r et C sont donnés et m est un nombre indéterminé; donc on aura, en substituant,

$$aCm + aAr + \alpha = cx + \gamma,$$

équation qu'on résoudra comme la précédente, en regardant m et x comme indéterminés, et le reste comme donné.

Et ainsi de suite.

26. SCOLIE. — Pour réduire en fraction continue toute fraction rationnelle telle que $\frac{C}{B}$, il n'y a qu'à pratiquer sur cette fraction la même opération qu'on emploie pour trouver le plus grand commun diviseur de C et B; c'est-à-dire qu'on divisera C par B, B par le reste de la première division, ce reste par celui de la seconde, et ainsi de suite, jusqu'à ce que la division se fasse exactement, et les quotients de ces différentes divisions seront les nombres $\lambda_1, \lambda_2, \lambda_3,...$ de la fraction continue cherchée (11), à l'aide desquels on formera les fractions $\frac{l_1}{L_1}, \frac{l_2}{L_2},...$, par les formules du même article.

M. Bachet est, comme nous l'avons déjà remarqué, le premier qui ait résolu le Problème précédent; sa méthode, quoique indépendante des fractions continues, revient cependant au même pour le fond que celle que nous venons d'exposer; et, en général, toutes celles que d'autres Géomètres ont imaginées après lui se réduisent aux mêmes principes.

EXEMPLE I.

27. *On demande tous les nombres entiers qui peuvent être pris pour t et u dans l'équation*

$$101 = 41\,t - 105\,u.$$

Puisque les nombres 41 et 105 sont premiers entre eux, l'équation est résoluble et n'a besoin d'aucune réduction.

On fera donc

$$A = 101, \quad B = 41, \quad C = 105,$$

et comme 101 et 105 sont aussi premiers entre eux, on aura

$$D = 1, \quad A' = A, \quad C' = C;$$

donc la fraction à réduire en fraction continue sera

$$\frac{C}{B} = \frac{105}{41}.$$

Divisant donc 105 par 41, on aura le quotient 2 et le reste 23; divisant 41 par 23, on aura, etc. Ainsi l'on aura cette suite de quotients 2, 1, 1, 3, 1, 1, 2, lesquels donneront les fractions *principales*

$$2, \quad 1, \quad 1, \quad 3, \quad 1, \quad 1, \quad 2,$$

$$\frac{0}{1}, \frac{1}{0}, \frac{2}{1}, \frac{3}{1}, \frac{5}{2}, \frac{18}{7}, \frac{23}{9}, \frac{41}{16}, \frac{105}{41}.$$

Ainsi la fraction $\frac{41}{16}$ sera celle que nous avons désignée par $\frac{l_\rho}{L_\rho}$ où ρ sera 6, et par conséquent pair, de sorte qu'on aura

$$r = 41, \quad s = 16,$$

et de là

$$l = 101 \times 41 + 105\,m, \quad u = 101 \times 16 + 41\,m,$$

où *m* pourra être un nombre quelconque entier positif ou négatif; et ces expressions renfermeront toutes les valeurs entières de *t* et de *u* qui peuvent satisfaire à l'équation proposée.

PROBLÈME V.

28. *Résoudre en nombres entiers l'équation*

(I) $$A = B\,t^2 + C\,tu + D\,u^2.$$

Supposons cette équation déjà réduite à l'état qu'exige notre méthode, c'est-à-dire que B, C, D n'aient aucun diviseur commun, et que A et u soient premiers entre eux (Problème III). On cherchera d'abord un nombre entier, positif ou négatif, mais moindre que $\dfrac{A}{2}$, lequel étant pris pour t rende la quantité $B\,t^2 + C\,t + D$ divisible par A.

Si l'on n'en trouve aucun de cette qualité, il en faudra conclure que la proposée n'admet point de solution en nombres entiers; mais, supposons que l'on en ait trouvé un ou plus d'un qui ait la condition requise, on les désignera par θ, et l'on fera les mêmes opérations sur chacun d'eux en les prenant successivement à la place de θ.

Or, comme les racines de l'équation

$$z = 0$$

dépendent (23) de celles de l'équation

$$B\,t^2 + C\,t + D = 0,$$

il se présente ici deux cas qu'il faut examiner séparément; l'un est celui où cette équation a deux racines réelles, l'autre celui où elle a deux racines imaginaires, à quoi l'on peut ajouter un troisième cas, pour les racines égales.

29. PREMIER CAS, LORSQUE $C^2 - 4BD > 0$. — Qu'on substitue dans l'équation proposée $\theta u - A y$ à la place de t, et la divisant ensuite par A, elle deviendra celle-ci

(K) $$P\,u^2 + Q\,uy + R\,y^2 = 1;$$

où

$$P = \frac{B\theta^2 + C\theta + D}{A},$$

$$Q = -2B\theta - C,$$

$$R = AB,$$

de sorte qu'on aura (16)

$$Px^2 + Qx + R = z.$$

Maintenant, comme l'équation

$$z = 0$$

n'est ici que du second degré, elle aura toutes ses racines réelles, parce que nous supposons que celles de l'équation en t le sont; donc on aura le cas du n° 18; de sorte qu'il n'y aura qu'à former les équations transformées

$$z_1 = 0, \quad z_2 = 0, \ldots,$$

et voir si l'on en trouve une où le coefficient du premier terme soit égal à l'unité prise positivement, à cause qu'on a ici $n = 2$.

Or, les racines de l'équation

$$z = 0$$

seront rationnelles ou non, selon que le nombre

$$Q^2 - 4PR = C^2 - 4BD$$

sera un carré ou non.

Dans le premier cas, la quantité z sera composée de deux facteurs rationnels du premier degré, de sorte qu'on aura le cas du n° **21**, qui est très-facile à résoudre.

Il n'en est pas de même de l'autre cas où $C^2 - 4DB$ n'est pas carré, et où par conséquent les racines sont incommensurables; il faudra donc dans ce cas réduire les racines en fractions continues, et pour cela on pourra se servir de la méthode que nous avons donnée dans la Remarque II du § II des *Additions au Mémoire sur la résolution des équations numériques*.

Pour pouvoir employer cette méthode, nous réduirons d'abord la quantité z à la forme

$$E_{1}\, x^{2} - 2\varepsilon x - E,$$

en faisant

$$E = -R = -AB,$$

$$E_{1} = P = \frac{B\theta^{2} + C\theta + D}{A},$$

$$\varepsilon = -\frac{Q}{2} = B\theta + \frac{C}{2},$$

en sorte que l'équation à résoudre soit

$$E_{1}\, x^{2} - 2\varepsilon x - E = z = 0,$$

sur quoi il faut remarquer que E et E_{1} seront toujours des nombres entiers, mais que ε ne le sera que lorsque C sera divisible par 2; ainsi, pour que ε soit aussi toujours entier, comme la méthode le demande, dans le cas où C sera un nombre impair, on aura soin de multiplier d'avance toute l'équation (I) par 2, ce qui ne la change point, c'est-à-dire qu'on mettra partout dans les formules précédentes $2A$, $2B$, $2C$, $2D$ à la place de A, B, C, D.

Maintenant, comme l'équation

$$z = 0$$

a les deux racines

$$x = \frac{\varepsilon \pm \sqrt{\beta}}{E_{1}},$$

en faisant

$$\beta = \varepsilon^{2} + EE_{1} = \left(\frac{C}{2}\right)^{2} - BD$$

(je désigne ici par β ce que j'ai appelé B dans l'endroit cité), il faudra les considérer successivement et faire la même opération sur l'une que sur l'autre.

Supposons que

$$\frac{\varepsilon + \sqrt{\beta}}{E_{1}}$$

désigne en général une quelconque de ces deux racines (le radical $\sqrt{\beta}$

pouvant être positif ou négatif); si elle était négative, il faudrait d'abord la rendre positive en prenant ε et $\sqrt{\beta}$ avec des signes contraires, après quoi on changerait aussi le signe du nombre u (16); regardant donc

$$\frac{\varepsilon + \sqrt{\beta}}{E_1}$$

comme positive, on formera d'après cette racine les trois séries suivantes, où le signe $<$ dénote qu'il faut toujours prendre le nombre entier qui est immédiatement au-dessous,

$$E_1 = \frac{\beta - \varepsilon^2}{E}, \quad \lambda_1 < \frac{\varepsilon + \sqrt{\beta}}{E_1}, \quad \varepsilon_1 = \lambda_1 E_1 - \varepsilon,$$

$$E_2 = \frac{\beta - \varepsilon_1^2}{E_1}, \quad \lambda_2 < \frac{\varepsilon_1 + \sqrt{\beta}}{E_2}, \quad \varepsilon_2 = \lambda_2 E_2 - \varepsilon_1,$$

$$E_3 = \frac{\beta - \varepsilon_2^2}{E_2}, \quad \lambda_3 < \frac{\varepsilon_2 + \sqrt{\beta}}{E_3}, \quad \varepsilon_3 = \lambda_3 E_3 - \varepsilon_2,$$

$$\dots\dots\dots, \quad \dots\dots\dots, \quad \dots\dots\dots$$

Ces séries doivent être poussées jusqu'à ce que deux termes correspondants comme E_μ et ε_μ reparaissent ensemble, en sorte que l'on ait, par exemple,

$$E_{\mu+\nu} = E_\mu, \quad \varepsilon_{\mu+\nu} = \varepsilon_\mu,$$

car alors tous les termes suivants dans chacune des trois séries seront les mêmes que ceux qu'on aura déjà trouvés, en sorte qu'en général les termes qui auraient pour exposant $\mu + \varpi + n\nu$ (n étant un nombre entier positif quelconque) seront égaux aux termes des mêmes séries dont l'exposant serait $\mu + \varpi$.

Maintenant nous avons vu, dans l'endroit cité, que les équations transformées sont

$$E_2 x_1^2 - 2\varepsilon_1 x_1 - E_1 = 0,$$

$$E_3 x_2^2 - 2\varepsilon_2 x_2 - E_2 = 0,$$

$$\dots\dots\dots\dots\dots\dots,$$

où il faut remarquer que nous avons supposé que les signes de chaque transformée étaient changés; d'où il s'ensuit qu'on aura ici

$$E_1 x^2 - 2\varepsilon x - E = z,$$
$$E_2 x_1^2 - 2\varepsilon_1 x_1 - E_1 = -z_1,$$
$$E_3 x_2^2 - 2\varepsilon_2 x_2 - E_2 = z_2,$$
$$\dots\dots\dots\dots\dots\dots\dots,$$

et en général

$$E_{p+1} x_p^2 - 2\varepsilon_p \dot{x}_p - E_p = \pm z_p,$$

le signe supérieur étant pour le cas où p est impair, et l'inférieur pour le cas de p pair.

Donc, pour que l'équation proposée (K), c'est-à-dire

$$E_1 u^2 - 2\varepsilon uy - E y^2 = 1,$$

puisse se résoudre en nombres entiers, il faudra (18) que dans la suite des nombres E, E₁, E₂,... il se trouve un terme comme E_{p+1}, lequel soit égal à ± 1, en prenant le signe supérieur lorsque $p+1$ est impair, et l'inférieur lorsque $p+1$ est pair, et alors on aura, si la racine x était positive,

$$u = \pm l_p, \quad y = \pm L_p,$$

et si elle était négative, en sorte qu'on ait pris ε avec un signe contraire,

$$u = \mp l_p, \quad y = \pm L_p.$$

30. CorollaIRE I. — Donc, puisqu'on a en général

$$E_{\mu+n\nu+\varpi} = E_{\mu+\varpi},$$

quel que soit le nombre n, pourvu qu'il soit entier positif, il s'ensuit :

1° Que si, dans toute la série E, E₁, E₂,... jusqu'à $E_{\mu-1}$, il ne se trouve aucun terme qui soit égal à l'unité, on en doit conclure que l'unité ne paraitra jamais dans la même suite poussée à l'infini, et qu'ainsi la racine qui a donné cette suite ne fournira aucune solution en nombres entiers de l'équation proposée;

2° Que si, dans la suite E, E₁, E₂,... jusqu'à $E_{\mu-1}$, il se trouve un ou plusieurs termes tels que $E_{\rho+1}$ ($\rho + 1$ étant plus petit que μ) qui soient égaux à l'unité positive ou négative, suivant que ρ sera impair ou pair, alors chacun de ces termes donnera une solution de l'équation (K); mais nous démontrerons plus bas (34 vers la fin) que ce cas ne saurait jamais avoir lieu;

3º Que, si dans la suite E_μ, $E_{\mu+1}$,... jusqu'à $E_{\mu+\nu-1}$, il se trouve un ou plusieurs termes tels que $E_{\mu+\varpi}$ (ϖ étant plus petit que ν) qui soient égaux à l'unité positive ou négative, alors chacun de ces termes, ou donnera une infinité de solutions de l'équation (K), ou n'en donnera aucune.

Car il est clair que le même terme $E_{\mu+\varpi}$ reparaîtra une infinité de fois dans la même série aux places $(\mu + \varpi + \nu)^{ième}$, $(\mu + \varpi + 2\nu)^{ième}$,..., et en général dans chaque place $(\mu + \varpi + n\nu)^{ième}$; or, il faut ici distinguer deux cas, suivant que le nombre ν qui exprime le nombre des termes de chaque période sera pair ou impair.

Supposons premièrement ν pair; en ce cas il est clair que, quelque valeur qu'on donne à n, les nombres $\mu + \varpi + n\nu$ seront tous également pairs ou impairs; de sorte que, si le terme $E_{\mu+\varpi}$ est égal à 1 lorsque $\mu + \varpi$ est impair, et égal à -1 lorsque $\mu + \varpi$ est pair, tous les termes suivants dont l'exposant du rang sera $\mu + \varpi + n\nu$ seront aussi de la même qualité, et par conséquent chacun de ces termes pourra fournir une solution de l'équation dont il s'agit. Ainsi l'on pourra faire dans ce cas

$$\rho = \mu + n\nu + \varpi - 1,$$

et prendre pour n tel nombre entier positif qu'on voudra. Si au contraire le terme $E_{\mu+\varpi}$ était égal à 1 lorsque $\mu + \varpi$ est pair, ou égal à -1 lorsque $\mu + \varpi$ est impair, alors ni ce terme, ni aucun des suivants dont l'exposant serait $\mu + n\nu + \varpi$, ne saurait fournir de solution de l'équation proposée.

Supposons en second lieu que ν soit impair : alors il est visible que les nombres $\mu + \varpi + n\nu$ seront tous de même espèce (c'est-à-dire pairs ou impairs) que le nombre $\mu + \varpi$ lorsque n sera pair, et qu'au contraire ils seront d'espèce différente lorsque n sera impair. Donc, si le terme

II.

$E_{\mu+\varpi}$ est égal à 1 lorsque $\mu+\varpi$ est impair, ou égal à -1 lorsque $\mu+\varpi$ est pair, parmi tous les termes qui auront $\mu+\varpi+n\nu$ pour exposant, il n'y aura que ceux où n sera pair qui seront de la même qualité, et qui pourront par conséquent donner des solutions de l'équation (K). Ainsi l'on fera dans ce cas, comme ci-dessus,

$$\rho = \mu + n\nu + \varpi - 1,$$

mais il ne faudra prendre pour n que des nombres positifs pairs. Au contraire, si le terme $E_{\mu+\varpi}$ est égal à 1, $\mu+\varpi$ étant pair, ou égal à -1, $\mu+\varpi$ étant impair, alors tous les termes qui auront $\mu+n\nu+\varpi$ pour exposant, et où n sera impair, seront égaux à 1 lorsque l'exposant sera pair, et à -1 lorsqu'il sera impair; ainsi, ces termes ayant la qualité requise pour la solution de l'équation, on pourra encore prendre en général

$$\rho = \mu + n\nu + \varpi - 1,$$

pourvu que n ne dénote que des nombres entiers positifs impairs. Au reste, ce cas peut aussi se ramener au précédent en prenant le terme $E_{\mu+\nu+\varpi}$ au lieu du terme $E_{\mu+\varpi}$; car il est évident que le terme $E_{\mu+\nu+\varpi}$ dans ce cas sera égal à $+1$ ou à -1, selon que son exposant sera impair ou pair.

En général, le cas de ν impair peut se réduire à celui de ν pair, car pour cela il n'y aura qu'à continuer la série E, E_1, E_2,... jusqu'au terme $E_{\mu+2\nu}$, et ensuite prendre 2ν à la place de ν, tout le reste demeurant le même.

Connaissant ainsi l'exposant ρ, on pourra trouver les valeurs de l_ρ et L_ρ d'où dépendent celles de u et y (numéro précédent) par les formules du n° 11; pour cela, il faudra continuer la série des nombres λ_1, λ_2,... jusqu'au terme λ_ρ, ce qui est facile; car on aura

$$\lambda_{\mu+\nu+1} = \lambda_{\mu+1}, \quad \lambda_{\mu+\nu+2} = \lambda_{\mu+2},\ldots, \quad \text{et en général} \quad \lambda_{\mu+n\nu+\varpi} = \lambda_{\mu+\varpi}.$$

Mais, quand on aura une fois calculé les nombres l_1, l_2, l_3,..., L_1, L_2, L_3,... jusqu'à l_μ, L_μ, on pourra trouver les expressions générales de l_ρ et de L_ρ, en supposant comme ci-dessus $\rho = \mu + n\nu + \varpi - 1$; car il n'y aura qu'à employer les formules données dans le n° 44 des *Additions* citées, en ayant attention de mettre dans ces formules $\varpi - 1$ à la place de ϖ, parce que nous y avons supposé $\rho = \mu + n\nu + \varpi$.

31. COROLLAIRE II. — Maintenant, ayant trouvé u et y, on aura t par la formule

$$t = \theta u - \mathrm{A} y;$$

ainsi l'on connaitra les deux inconnues t et u de l'équation proposée (I).

Or, lorsque la racine x est positive, on a (29)

$$u = \pm l_\rho; \quad y = \pm \mathrm{L}_\rho,$$

et, lorsqu'elle est négative, il faut prendre u et z avec des signes contraires. De plus, on a en général (n° 45 des mêmes *Additions* déjà citées)

$$\mathrm{L}_\rho = \frac{l_\rho(\varepsilon_\rho - \varepsilon) + l_{\rho-1} \mathrm{E}_{\rho+1}}{\mathrm{E}}.$$

Donc, puisque (29)

$$\mathrm{E} = -\mathrm{AB} \quad \text{et} \quad \varepsilon = \mathrm{B}\theta + \frac{\mathrm{C}}{2},$$

si l'on fait, pour abréger,

$$g_\rho = l_\rho \varepsilon_\rho + l_{\rho-1} \mathrm{E}_{\rho+1},$$

on aura, dans le cas de la racine $\dfrac{\varepsilon + \sqrt{\beta}}{\mathrm{E}_1}$ positive,

$$u = \pm l_\rho, \quad t = \pm \frac{g_\rho - \dfrac{\mathrm{C}}{2} l_\rho}{\mathrm{B}},$$

et, dans le cas de la racine $\dfrac{\varepsilon + \sqrt{\beta}}{\mathrm{E}_1}$ négative,

$$u = \mp l_\rho, \quad t = \pm \frac{g_\rho + \dfrac{\mathrm{C}}{2} l_\rho}{\mathrm{B}}.$$

Ces formules sont surtout très-commodes pour trouver les premières valeurs de t et u; car, dès que dans la série E, E$_1$, E$_2$,... on sera parvenu à un terme E$_{\rho+1} = 1$ ou -1, selon que ρ sera pair ou impair, il n'y aura plus qu'à calculer les valeurs de l, l_1; l_2,... jusqu'à l_ρ, et l'on aura sur-le-champ les valeurs cherchées de t et u.

Mais, si l'on veut avoir les expressions générales de u et t, alors il faudra calculer encore les nombres H$_1$, H$_2$,... jusqu'à H$_\nu$ par les formules suivantes

$$H = 0,$$
$$H_1 = 1,$$
$$H_2 = \lambda_{\mu+2} H_1,$$
$$H_3 = \lambda_{\mu+3} H_2 + H_1,$$
$$H_4 = \lambda_{\mu+4} H_3 + H_2,$$
$$\dots\dots\dots\dots\dots,$$

et faisant, pour abréger,

$$f_\mu = \frac{l_\mu \varepsilon_\mu}{E_{\mu+1}} + l_{\mu-1},$$

$$K_\nu = \frac{H_\nu \varepsilon_\mu}{E_{\mu+1}} + H_{\nu-1},$$

$$G_{\varpi-1} = H_{\varpi-1} \varepsilon_{\mu+\varpi-1} + H_{\varpi-2} E_{\mu+\varpi},$$

on aura, par l'une des formules du n° 44 des *Additions* citées,

$$\left(f_\mu + \frac{l_\mu \sqrt{\overline{\beta}}}{E_{\mu+1}} \right) \left(G_{\varpi-1} + H_{\varpi-1} \sqrt{\overline{\beta}} \right) \left(K_\nu + \frac{H_\nu \sqrt{\overline{\beta}}}{E_{\mu+1}} \right)'' = g_\rho + l_\rho \sqrt{\overline{\beta}},$$

ou bien, en supposant encore

$$\varphi = f_\mu G_{\varpi-1} + \frac{l_\mu H_{\varpi-1} \beta}{E_{\mu+1}},$$

$$\psi = f_\mu H_{\varpi-1} + \frac{l_\mu G_{\varpi-1}}{E_{\mu+1}},$$

on aura cette formule

$$(\varphi + \psi \sqrt{\overline{\beta}}) \left(K_\nu + \frac{H_\nu \sqrt{\overline{\beta}}}{E_{\mu+1}} \right)'' = g_\rho + l_\rho \sqrt{\overline{\beta}},$$

d'où, à cause de l'ambiguïté naturelle du signe de $\sqrt{\beta}$, il est aisé de tirer

$$g_\rho = \frac{(\varphi + \psi\sqrt{\beta})\left(K_\nu + \dfrac{H_\nu\sqrt{\beta}}{E_{\mu+1}}\right)^n + (\varphi - \psi\sqrt{\beta})\left(K_\nu - \dfrac{H_\nu\sqrt{\beta}}{E_{\mu+1}}\right)^n}{2},$$

$$l_\rho = \frac{(\varphi + \psi\sqrt{\beta})\left(K_\nu + \dfrac{H_\nu\sqrt{\beta}}{E_{\mu+1}}\right)^n - (\varphi - \psi\sqrt{\beta})\left(K_\nu - \dfrac{H_\nu\sqrt{\beta}}{E_{\mu+1}}\right)^n}{2\sqrt{\beta}}.$$

Si l'on fait dans ces expressions $n = 0$, on aura

$$g_\rho = \varphi \quad \text{et} \quad l_\rho = \psi;$$

ainsi φ et ψ seront les premières valeurs de g_ρ et l_ρ, de sorte que si l'on avait déjà trouvé ces valeurs de la manière que nous avons enseignée ci-dessus, on pourrait d'abord les prendre à la place de φ et ψ, et alors il ne resterait plus qu'à trouver la valeur de H_ν et de K_ν. Au reste, pour pouvoir faire $n = 0$, il faut que n puisse être un nombre pair; or, c'est ce qu'on peut toujours supposer (30).

32. Corollaire III. — On peut déduire de là une méthode très-simple et très-élégante pour résoudre les équations de la forme

$$A = t^2 - \Delta u^2,$$

Δ étant un nombre entier positif non carré, et A un nombre entier positif ou négatif.

Car ayant, dans ce cas,

$$B = 1, \quad C = 0, \quad D = -\Delta,$$

on fera

$$E = -A, \quad \varepsilon = \theta, \quad E_1 = \frac{\theta^2 - \Delta}{A} = \frac{\varepsilon^2 - \Delta}{A}, \quad \beta = \Delta.$$

Ainsi l'on commencera par chercher un nombre entier ε moindre que $\dfrac{A}{2}$, lequel soit tel que $\varepsilon^2 - \Delta$ soit divisible par A, et, si je n'en trouve aucun de cette qualité, on en conclura que la proposée n'est pas résoluble en nombres entiers. Supposons donc qu'on ait trouvé une valeur convenable de ε; il est clair qu'elle pourra être également positive ou négative, mais il faudra la prendre telle, que

$$\frac{\varepsilon + \sqrt{\Delta}}{E_{\text{\tiny I}}} = \frac{A}{\varepsilon - \sqrt{\Delta}}$$

soit un nombre positif, en donnant au radical $\sqrt{\Delta}$ le signe positif ou négatif à volonté; après quoi on fera le calcul suivant, où le signe $<$ dénote qu'il faut prendre le nombre entier qui est immédiatement au-dessous,

$$E = -A,$$

$$E_{\text{\tiny I}} = \frac{\Delta - \varepsilon^2}{E}, \quad \lambda_{\text{\tiny I}} < \frac{\varepsilon + \sqrt{\Delta}}{E_{\text{\tiny I}}}, \quad \varepsilon_{\text{\tiny I}} = \lambda_{\text{\tiny I}} E_{\text{\tiny I}} - \varepsilon,$$

$$E_{\text{\tiny 2}} = \frac{\Delta - \varepsilon_{\text{\tiny I}}^2}{E_{\text{\tiny I}}}, \quad \lambda_{\text{\tiny 2}} < \frac{\varepsilon_{\text{\tiny I}} + \sqrt{\Delta}}{E_{\text{\tiny I}}}, \quad \varepsilon_{\text{\tiny 2}} = \lambda_{\text{\tiny 2}} E_{\text{\tiny 2}} - \varepsilon_{\text{\tiny I}},$$

$$E_{\text{\tiny 3}} = \frac{\Delta - \varepsilon_{\text{\tiny 2}}^2}{E_{\text{\tiny 2}}}, \quad \lambda_{\text{\tiny 3}} < \frac{\varepsilon_{\text{\tiny 2}} + \sqrt{\Delta}}{E_{\text{\tiny 2}}}, \quad \varepsilon_{\text{\tiny 3}} = \lambda_{\text{\tiny 3}} E_{\text{\tiny 3}} - \varepsilon_{\text{\tiny 2}},$$

$$\dots\dots\dots\dots, \quad \dots\dots\dots\dots, \quad \dots\dots\dots\dots,$$

et il suffira de pousser ces séries jusqu'à ce que deux termes correspondants E_μ, ε_μ reviennent ensemble, en sorte qu'on ait, par exemple,

$$E_{\mu+\nu} = E_\mu \quad \text{et} \quad \varepsilon_{\mu+\nu} = \varepsilon_\mu,$$

car alors on aura aussi

$$E_{\mu+\nu+1} = E_{\mu+1}, \quad \varepsilon_{\mu+\nu+1} = \varepsilon_{\mu+1}, \quad \lambda_{\mu+\nu+1} = \lambda_{\mu+1},$$

et ainsi de suite.

Or, si l'équation proposée est résoluble, on doit arriver à un terme de la première série, comme $E_{\rho+1}$, lequel soit égal à 1 si l'exposant $\rho+1$ est impair, et égal à -1 si cet exposant est pair; alors on fera

$$l_{\text{\tiny I}} = 1,$$

$$l_{\text{\tiny I}} = \lambda_{\text{\tiny I}},$$

$$l_{\text{\tiny 2}} = \lambda_{\text{\tiny 2}} l_{\text{\tiny I}} + 1,$$

$$l_{\text{\tiny 3}} = \lambda_{\text{\tiny 3}} l_{\text{\tiny 2}} + l_{\text{\tiny I}},$$

$$l_{\text{\tiny 4}} = \lambda_{\text{\tiny 4}} l_{\text{\tiny 3}} + l_{\text{\tiny 2}},$$

$$\dots\dots\dots\dots,$$

$$l_\rho = \lambda_\rho l_{\rho-1} + l_{\rho-2},$$

et l'on aura sur-le-champ

$$u = l_\rho, \quad t = \varepsilon_\rho l_\rho + \mathrm{E}_{\rho+1} l_{\rho-1}.$$

Ensuite, nommant T et U ces premières valeurs de t et u, on aura en général (numéro précédent)

$$t = \frac{(\mathrm{T} + \mathrm{U}\sqrt{\beta})\left(\mathrm{K}_\nu + \dfrac{\mathrm{H}_\nu\sqrt{\beta}}{\mathrm{E}_{\mu+1}}\right)^n + (\mathrm{T} - \mathrm{U}\sqrt{\beta})\left(\mathrm{K}_\nu + \dfrac{\mathrm{H}_\nu\sqrt{\beta}}{\mathrm{E}_{\mu+1}}\right)^n}{2},$$

$$u = \frac{(\mathrm{T} + \mathrm{U}\sqrt{\beta})\left(\mathrm{K}_\nu + \dfrac{\mathrm{H}_\nu\sqrt{\beta}}{\mathrm{E}_{\mu+1}}\right)^n - (\mathrm{T} - \mathrm{U}\sqrt{\beta})\left(\mathrm{K}_\nu + \dfrac{\mathrm{H}_\nu\sqrt{\beta}}{\mathrm{E}_{\mu+1}}\right)^n}{2\sqrt{\beta}}.$$

Si l'équation proposée était

$$\mathrm{A} = \mathrm{B}t^2 - \Delta u^2,$$

il n'y aurait d'autre changement à faire à la solution précédente, sinon qu'il faudrait faire

$$\mathrm{E} = -\mathrm{AB}, \quad \beta = \mathrm{B}\Delta \quad \text{et} \quad \varepsilon = \mathrm{B}\theta,$$

θ étant un nombre entier moindre que $\dfrac{\mathrm{A}}{2}$, et tel que $\mathrm{B}\theta^2 - \Delta$ fût divisible par A; ensuite on mettrait partout Bt et BT à la place de t et T.

Quant aux signes de u et t, il est visible qu'ils peuvent être quelconques, parce que l'équation ne contient que les carrés de ces quantités.

Il est bon de remarquer que quand A est un nombre premier, on ne pourra trouver qu'une seule valeur de θ; car chaque valeur de θ, pouvant être également positive et négative, équivaudra toujours à deux valeurs; or, lorsque A est premier, nous avons démontré que le nombre des valeurs de θ ne peut pas passer l'exposant du degré de l'équation, lequel est ici 2 (10); donc, etc.

33. Corollaire IV. — Par les principes établis jusqu'ici, on peut démontrer ce théorème, que toute équation de la forme

$$\mathrm{E}_1 = \mathrm{E}_1 u^2 - 2\varepsilon uy - \mathrm{E}y^2,$$

où ε, E et E_1 sont des nombres entiers quelconques, est toujours résoluble en nombres entiers d'une infinité de manières, lorsque E et E_1 sont de même signe. .

Car nous avons démontré (n° 41 des *Additions au Mémoire sur la résolution des équations numériques*) que, dans ce cas, la série E, E_1, E_2,... sera nécessairement périodique dès le premier ou le second terme; en sorte qu'on sera sûr que le terme E_1 reviendra nécessairement à chaque période; ainsi l'on aura, par exemple,

$$E_1 = E_{\nu+1} = E_{2\nu+1} = \cdots = E_{n\nu+1};$$

or, de ce que nous avons vu ci-dessus dans les n°s 18 et 29, il est facile de conclure qu'on a, en général,

$$\pm E_{\rho+1} = E_1 \, l_\rho^2 - 2\varepsilon l_\rho L_\rho - E L_\rho^2,$$

le signe supérieur étant pour le cas où ρ est pair, et l'inférieur pour le cas où ρ est impair; donc, si l'on fait $\rho = n\nu$, et qu'on prenne pour n un nombre quelconque entier positif, de manière que $n\nu$ soit pair, on aura

$$E_1 = E_1 l_\rho^2 - 2\varepsilon l_\rho L_\rho - E L_\rho^2,$$

de sorte que $u = \pm l_\rho$ et $y = \pm L_\rho$.

Si l'équation à résoudre était

$$- E_1 = E_1 u^2 - 2\varepsilon uy - E y^2,$$

il est clair qu'elle serait aussi résoluble d'une infinité de manières si ν était impair; car alors, en prenant n impair, $n\nu$ serait aussi impair.

Si l'on fait $E_1 = 1$ et $\varepsilon = 0$, on a le cas du Problème de M. Fermat dont nous avons parlé au commencement de ce Mémoire. De grands Géomètres avaient déjà donné des méthodes pour résoudre ce Problème (*voyez* l'*Algèbre* de Wallis, chap. XCVIII, et surtout son *Commercium epistolicum*; *voyez* aussi les *Commentaires de Pétersbourg*, tome VI des *Anciens* et tome XI des *Nouveaux*); mais nous croyons être les premiers qui ayons démontré rigoureusement que le Problème est toujours nécessairement résoluble en nombres entiers (*voyez* le tome IV des *Mémoires de Turin* et le volume de l'année 1767 de ceux de cette Académie, p. 272) (*).

34. SCOLIE. — Il n'est pas inutile de remarquer que les quantités K_ν et $\dfrac{H_\nu}{E_{\mu+1}}$, qui entrent dans les expressions générales de l_ρ et L_ρ (31), sont toujours telles que

$$K_\nu^2 - \beta \left(\frac{H_\nu}{E_{\mu+1}} \right)^2 = \pm 1,$$

le signe supérieur ayant lieu lorsque ν est pair, et l'inférieur lorsque ν est impair.

Pour démontrer cette proposition dans toute sa généralité, il faut remonter aux formules du n° 44 des *Additions* citées, et l'on verra que la quantité

$$K_\nu + \frac{H_\nu \sqrt{\beta}}{E_{\mu+1}}$$

n'est autre chose que la quantité

$$H_\nu x_\mu + H_{\nu-1},$$

dans laquelle on a substitué pour x_μ sa valeur

$$\frac{\sqrt{\beta} + \varepsilon_\mu}{E_{\mu+1}}$$

(on doit se souvenir que la quantité que nous nommons ici β est celle que nous avons nommée B dans l'endroit cité). Or la quantité

$$H_\nu x_\mu + H_{\nu-1}$$

est égale (n° **25** des mêmes *Additions*) à

$$x_{\mu+1} x_{\mu+2} \cdots x_{\mu+\nu},$$

(*) *OEuvres de Lagrange*, t. I, p. 671, et t. II, p. 377.

de sorte qu'on aura, en substituant pour $x_{\mu+1}, x_{\mu+2}, \ldots$ leurs valeurs,

$$K_\nu + \frac{H_\nu \sqrt{\beta}}{E_{\mu+1}} = \frac{\varepsilon_{\mu+1} + \sqrt{\beta}}{E_{\mu+2}} \frac{\varepsilon_{\mu+2} + \sqrt{\beta}}{E_{\mu+3}} \cdots \frac{\varepsilon_{\mu+\nu} + \sqrt{\beta}}{E_{\mu+\nu+1}};$$

donc, prenant $\sqrt{\beta}$ en moins, ensuite multipliant ensemble les deux équations, on aura

$$K_\nu^2 - \beta \left(\frac{H_\nu}{E_{\mu+1}} \right)^2 = \frac{\varepsilon_{\mu+1}^2 - \beta}{E_{\mu+2}^2} \frac{\varepsilon_{\mu+2}^2 - \beta}{E_{\mu+3}^2} \cdots \frac{\varepsilon_{\mu+\nu}^2 - \beta}{E_{\mu+\nu+1}^2}.$$

Mais on a (n° 33 des *Additions* citées) .

$$\beta = \varepsilon_{\mu+1}^2 + E_{\mu+1} E_{\mu+2} = \varepsilon_{\mu+2}^2 + E_{\mu+3} E_{\mu+3} = \ldots$$

Donc, faisant ces substitutions et effaçant les quantités communes au numérateur et au dénominateur, il viendra

$$K_\nu^2 - \beta \left(\frac{H_\nu}{E_{\mu+1}} \right)^2 = (-1)^\nu \frac{E_{\mu+1}}{E_{\mu+\nu+1}} = \pm 1.$$

Cette démonstration a lieu, comme on voit, soit que, dans la série

$$E_\mu, E_{\mu+1}, \ldots, E_{\mu+\nu},$$

il se trouve un terme comme $E_{\mu+\varpi}$ qui soit égal à l'unité ou non; mais le cas où $E_{\mu+\varpi} = \pm 1$ a de plus cette propriété que les nombres

$$K_\nu \quad \text{et} \quad \frac{H_\nu}{E_{\mu+1}}$$

sont nécessairement entiers. Car, puisque

$$x_{\mu+\nu+1} = x_{\mu+1}, \quad x_{\mu+\nu+3} = x_{\mu+2}, \ldots,$$

il est clair qu'on aura

$$x_{\mu+1} x_{\mu+2} \cdots x_{\mu+\nu} = x_{\mu+\varpi} x_{\mu+\varpi+1} \cdots x_{\mu+\varpi+\nu-1}.$$

Or on peut prouver, comme dans le n° **25** des *Additions* citées, qu'en faisant

$$P = 0,$$
$$P_1 = 1,$$
$$P_2 = \lambda_{\mu+\varpi+1} P_1,$$
$$P_3 = \lambda_{\mu+\varpi+2} P_2 + P_1,$$
$$P_4 = \lambda_{\mu+\varpi+3} P_3 + P_2,$$
$$\dots\dots\dots\dots\dots\dots\dots,$$

on aura

$$x_{\mu+\varpi}\, x_{\mu+\varpi+1} \dots x_{\mu+\varpi+\nu-1} = P_\nu\, x_{\mu+\varpi+\nu-1} + P_{\nu-1} = P_\nu\, x_{\mu+\varpi-1} + P_{\nu-1}.$$

Donc, mettant pour $x_{\mu+\varpi-1}$ sa valeur $\dfrac{\sqrt{\beta} + \varepsilon_{\mu+\varpi-1}}{E_{\mu+\varpi}}$, on aura

$$K_\nu + \frac{H_\nu \sqrt{\beta}}{E_{\mu+1}} = \frac{P_\nu\, \varepsilon_{\mu+\varpi-1}}{E_{\mu+\varpi}} + P_{\nu-1} + \frac{P_\nu \sqrt{\beta}}{E_{\mu+\varpi}};$$

donc, à cause de l'irrationnelle $\sqrt{\beta}$, on aura

$$K_\nu = \frac{P_\nu\, \varepsilon_{\mu+\varpi-1}}{E_{\mu+\varpi}} + P_{\nu-1} \quad \text{et} \quad \frac{H_\nu}{E_{\mu+1}} = \frac{P_\nu}{E_{\mu+\varpi}};$$

mais $E_{\mu+\varpi} = \pm 1$ (hypothèse) et P_ν, $P_{\nu-1}$, $\varepsilon_{\mu+\varpi-1}$ sont toujours des nombres entiers; donc, etc.

Nous avons vu (**30**) qu'on peut toujours supposer que ν soit pair; ainsi, les nombres

$$K_\nu \quad \text{et} \quad \frac{H_\nu}{E_{\mu+1}}$$

seront toujours tels que l'exige le Problème de M. Fermat; d'où l'on voit que la solution de ce Problème est nécessaire pour la solution générale de tous les Problèmes indéterminés du second degré (*voyez* le tome VI des *Anciens Mémoires de Pétersbourg* et le tome IX des *Nouveaux*).

Nous remarquerons encore que les mêmes nombres

$$K_\nu \quad \text{et} \quad \frac{H_\nu}{E_{\mu+1}}$$

ne dépendent que du nombre β, de sorte qu'ils sont toujours les mêmes pour toutes les équations où β a une même valeur.

Car, puisque

$$\lambda_{\mu+\varpi+1} < \frac{\varepsilon_{\mu+\varpi} + \sqrt{\beta}}{E_{\mu+\varpi+1}},$$

il faudra que

$$\frac{\varepsilon_{\mu+\varpi} + \sqrt{\beta}}{E_{\mu+\varpi+1}} > 1;$$

mais, à cause de

$$\beta = \varepsilon_{\mu+\varpi}^2 + E_{\mu+\varpi} E_{\mu+\varpi+1},$$

on a

$$\frac{\varepsilon_{\mu+\varpi} + \sqrt{\beta}}{E_{\mu+\varpi+1}} = \frac{E_{\mu+\varpi}}{\sqrt{\beta} - \varepsilon_{\mu+\varpi}};$$

donc, à cause de $E_{\mu+\varpi} = \pm 1$ (hypothèse), il faudra que

$$\frac{\pm 1}{\sqrt{\beta} - \varepsilon_{\mu+\varpi}} > 1;$$

de sorte que $\varepsilon_{\mu+\varpi}$ ne pourra être que le nombre entier qui sera immédiatement plus petit ou plus grand que $\sqrt{\beta}$, suivant qu'on aura

$$E_{\mu+\varpi} = 1 \text{ ou } = -1;$$

ainsi $\varepsilon_{\mu+\varpi}$ et $E_{\mu+\varpi}$ seront donnés; par conséquent, les termes suivants le seront aussi par les formules du n° 29, aussi bien que les nombres $\lambda_{\mu+\varpi+1}$, $\lambda_{\mu+\varpi+2}$,...; donc, etc.

Il s'ensuit aussi de cette démonstration qu'en général tout terme de la série E, E_1, E_2,... qui est égal à ± 1 est nécessairement périodique; car, soit $E_{\rho+1}$ ce terme, donc $\varepsilon_{\rho+1}$ sera égal au nombre entier qui est immédiatement au-dessous ou au-dessus de $\sqrt{\beta}$, selon que $E_{\rho+1}$ sera égal à $+1$ ou égal à -1; donc, à cause de

$$\beta = \varepsilon_{\rho+1}^2 + E_{\rho+1} E_{\rho+2},$$

il est visible que $E_{\rho+1}$ et $E_{\rho+2}$ seront nécessairement l'un et l'autre de même signe; donc celui de ces deux termes qui sera moindre que $\sqrt{\beta}$ sera nécessairement un des termes périodiques (n° 41 des *Additions* citées); mais $E_{\rho+1} = \pm 1$ (hypothèse), donc, etc.; donc $\rho + 1$ sera nécessairement égal à μ ou plus grand que μ.

35. SECOND CAS, LORSQUE $C^2 - 4BD < 0$. — Ayant fait la substitution de $\theta u - Ay$ à la place de t, comme dans le n° **29**, on aura à résoudre l'équation (K)

$$P u^2 + Q uy + R y^2 = 1,$$

qui sera telle, que l'équation

$$P x^2 + Q x + R = z = 0$$

n'aura que des racines imaginaires (**21**); de sorte qu'on aura nécessairement le cas du n° **20**.

On fera donc l'équation

$$\frac{dz}{dx} = 2 P x + Q = 0,$$

laquelle donne

$$x = - \frac{Q}{2P},$$

et comme l'équation

$$z = 0$$

n'a que deux racines imaginaires, on sera sûr que la racine que nous venons de trouver portera nécessairement à un minimum. Or, substituant cette valeur de x dans l'expression de z, on aura

$$z = \frac{4PR - Q^2}{4P};$$

ce sera la plus petite valeur de z que nous avons désigné dans le numéro cité par Z, de sorte qu'en substituant les valeurs de P, Q, R du n° **29**, on aura

$$Z = \frac{4BD - C^2}{4 \dfrac{B\theta^2 + C\theta + D}{A}},$$

et la valeur de y ne pourra jamais surpasser le nombre $\dfrac{1}{\sqrt{Z}}$, c'est-à-dire le nombre

$$2\sqrt{\frac{\sqrt{\dfrac{B\theta^2 + C\theta + D}{A}}}{\sqrt{4BD - C^2}}}.$$

Maintenant il ne s'agira que de réduire en fraction continue la fraction $-\dfrac{Q}{2P}$, c'est-à-dire celle-ci

$$\frac{2B\theta + C}{2\dfrac{B\theta^2 + C\theta + D}{A}},$$

ce qu'on peut faire aisément par la méthode dont nous avons parlé dans le n° **26**; ensuite on formera deux séries de fractions convergentes analogues à celles que nous avons désignées par (**D**) et (**E**) dans le n° **11**, qu'il suffira de continuer jusqu'à ce qu'on parvienne à une fraction dont le dénominateur surpasse la limite trouvée ci-dessus; et les termes de ces fractions donneront les nombres qu'on pourra admettre pour u et y, de sorte qu'il n'y aura plus qu'à les essayer successivement pour trouver ceux qui pourront satisfaire à l'équation proposée. Désignons par $\dfrac{l}{L}$ chacune de ces fractions, et si l'équation (**K**) est résoluble en nombres entiers, on aura nécessairement

$$u = \pm l, \quad y = \pm L,$$

lorsque la racine $-\dfrac{Q}{2P}$ est positive, et

$$u = \mp l, \quad y = \pm L,$$

lorsque cette racine est négative (**16**).

Au reste, il serait peut-être encore plus court, pour résoudre le cas présent, d'essayer d'abord, dans l'équation proposée (**G**), à la place de u tous les nombres entiers moindres que

$$\sqrt{\frac{4AB}{4BD - C^2}};$$

car en multipliant cette équation par $4B$, elle devient

$$4AB = (2Bt + Cu)^2 + (4BD - C^2)u^2,$$

d'où, à cause que $4BD - C^2$ est supposé positif, il est clair que u ne saurait jamais surpasser la racine carrée de $\dfrac{4AB}{4BD - C^2}$.

36. TROISIÈME CAS, LORSQUE $C^2 - 4BD = 0$. — Ce cas rentre naturellement dans le premier, où nous avons supposé réelles les racines de l'équation $z = 0$; mais, puisque ces racines sont de plus égales dans le cas présent, on peut simplifier beaucoup la résolution de l'équation (I) du Problème; car il est clair qu'elle peut se mettre sous cette forme

$$A = \frac{(2Bt + Cu)^2}{4B},$$

ou bien

$$4AB = (2Bt + Cu)^2;$$

d'où l'on voit que, pour que l'équation soit résoluble, il faut que AB soit un carré; supposons donc

$$AB = E^2,$$

et tirant la racine carrée, on aura

$$2Bt + Cu = \pm 2E,$$

équation réduite au cas du Problème IV.

EXEMPLE II.

37. *Soit proposé de résoudre l'équation*

$$101 = t^2 - 13u^2,$$

qui est, comme on voit, dans le cas du Corollaire III, en faisant $A = 101$ *et* $\Delta = 13$.

On cherchera d'abord un nombre entier z moindre que $\dfrac{101}{2}$, et tel que

$\varepsilon^2 - 13$ soit divisible par 101, et l'on trouvera $\varepsilon = 35$; or, 101 étant un nombre premier, on sera déjà sûr qu'il n'y aura point d'autre nombre que celui-ci qui puisse être pris pour ε. Or, comme on a ici A positif et $\varepsilon > \sqrt{\Delta}$, il est évident que, pour que

$$\frac{A}{\varepsilon - \sqrt{\Delta}}$$

soit positif, il suffit que ε le soit; ainsi il faudra prendre ε positif et $\sqrt{\Delta}$ successivement positive et négative.

On fera donc en premier lieu

$$E = -101, \qquad\qquad \varepsilon = 35,$$

$$E_1 = \frac{13 - 35^2}{-101} = 12, \quad \lambda_1 < \frac{35 + \sqrt{13}}{12} = 3, \quad \varepsilon_1 = 3.12 - 35 = 1,$$

$$E_2 = \frac{13 - 1}{12} = 1, \quad \lambda_2 < \frac{1 + \sqrt{13}}{1} = 4, \quad \varepsilon_2 = 4.1 - 1 = 3,$$

$$E_3 = \frac{13 - 9}{1} = 4, \quad \lambda_3 < \frac{3 + \sqrt{13}}{4} = 1, \quad \varepsilon_3 = 1.4 - 3 = 1,$$

$$E_4 = \frac{13 - 1}{4} = 3, \quad \lambda_4 < \frac{1 + \sqrt{13}}{3} = 1, \quad \varepsilon_4 = 1.3 - 1 = 2,$$

$$E_5 = \frac{13 - 4}{3} = 3, \quad \lambda_5 < \frac{2 + \sqrt{13}}{3} = 3, \quad \varepsilon_5 = 1.3 - 2 = 1,$$

$$E_6 = \frac{13 - 1}{3} = 4, \quad \lambda_6 < \frac{1 + \sqrt{13}}{4} = 1, \quad \varepsilon_6 = 1.4 - 1 = 3,$$

$$E_7 = \frac{13 - 9}{4} = 1, \quad \lambda_7 < \frac{3 + \sqrt{13}}{1} = 6, \quad \varepsilon_7 = 6.1 - 3 = 3,$$

$$\dots\dots\dots\dots\dots, \qquad \dots\dots\dots\dots\dots, \qquad \dots\dots\dots\dots\dots$$

Je m'arrête d'abord ici parce que je vois que E_7 est égal à 1 avec un exposant impair; de sorte que j'aurai

$$\rho = 6, \quad E_{\rho+1} = 1, \quad \varepsilon_\rho = \varepsilon_6 = 3;$$

ainsi je n'aurai plus qu'à calculer les nombres l_1, l_2,... jusqu'à l_6 de la manière suivante

$$l_1 = 3,$$
$$l_2 = 4 l_1 + 1 = 13,$$
$$l_3 = l_2 + l_1 = 16,$$
$$l_4 = l_3 + l_2 = 29,$$
$$l_5 = l_4 + l_3 = 45 = l_{\rho - 1},$$
$$l_6 = l_5 + l_4 = 74 = l_\rho,$$

et j'aurai sur-le-champ

$$u = 74, \quad t = 3.74 + 45 = 267.$$

Ce sont là les premières valeurs de t et u; pour trouver maintenant les expressions générales de ces nombres, on remarquera que l'on a dans les séries précédentes

$$E_7 = E_2 \quad \text{et} \quad \varepsilon_7 = \varepsilon_2;$$

donc (29)

$$\mu = 2, \quad \mu + \nu = 7,$$

d'où $\nu = 5$; et comme on a en même temps

$$E_7 = 1,$$

on aura

$$\mu + \varpi = 7,$$

et de là

$$\varpi = 5;$$

de sorte qu'on aura, en général,

$$\rho = \mu + n \nu + \varpi + 1 = 6 + 5n,$$

où, à cause de ν impair, il ne faudra prendre pour n que des nombres pairs. On calculera donc les nombres H, H_1, H_2,... jusqu'à H_ν par les formules du n° 31, et comme $\mu = 2$ et $\nu = 5$, on aura

$$H = 0,$$
$$H_1 = 1,$$
$$H_2 = \lambda_4 H_1 = 1,$$
$$H_3 = \lambda_5 H_2 + H_1 = 2,$$
$$H_4 = \lambda_4 H_3 + H_2 = 3,$$
$$H_5 = \lambda_5 H_4 + H_3 = 20 = H_\nu;$$

II.

donc

$$\frac{H_\nu}{E_{\mu+1}} = \frac{H_\nu}{E_3} = 5, \quad K_\nu = \frac{H_\nu \varepsilon_\mu}{E_{\mu+1}} + H_{\nu-1} = 5\varepsilon_2 + H_4 = 18;$$

donc

$$l = \frac{(267 + 74\sqrt{13})(18 + 5\sqrt{13})^n + (267 - 74\sqrt{13})(18 - 5\sqrt{13})^n}{2},$$

$$u = \frac{(267 + 74\sqrt{13})(18 + 5\sqrt{13})^n - (267 - 74\sqrt{13})(18 - 5\sqrt{13})^n}{2\sqrt{13}}.$$

Faisons en second lieu

$$E = -101, \qquad\qquad\qquad\qquad \varepsilon = 35,$$

$$E_1 = \frac{13 - 35^2}{-101} = 12, \quad \lambda_1 < \frac{35 - \sqrt{13}}{12} = 2, \quad \varepsilon_1 = 2.12 - 35 = -11,$$

$$E_2 = \frac{13 - 11^2}{12} = -9, \quad \lambda_2 < \frac{-11 - \sqrt{13}}{-9} = 1, \quad \varepsilon_2 = -9 + 11 = 2,$$

$$E_3 = \frac{13 - 4}{-9} = -1, \quad \lambda_3 < \frac{2 - \sqrt{13}}{-1} = 1, \quad \varepsilon_3 = -1 - 2 = -3,$$

$$E_4 = \frac{13 - 9}{-1} = -4, \quad \lambda_4 < \frac{-3 - \sqrt{13}}{-4} = 1, \quad \varepsilon_4 = -4 + 3 = -1,$$

$$E_5 = \frac{13 - 1}{-4} = -3, \quad \lambda_5 < \frac{-1 - \sqrt{13}}{-3} = 1, \quad \varepsilon_5 = -3 + 1 = -2,$$

$$E_6 = \frac{13 - 4}{-3} = -3, \quad \lambda_6 < \frac{-2 - \sqrt{13}}{-3} = 1, \quad \varepsilon_6 = -3 + 2 = -1,$$

$$E_7 = \frac{13 - 1}{-3} = -4, \quad \lambda_7 < \frac{-1 - \sqrt{13}}{-4} = 1, \quad \varepsilon_7 = -4 + 1 = -3,$$

$$E_8 = \frac{13 - 9}{-4} = -1, \quad \lambda_8 < \frac{-3 - \sqrt{13}}{-1} = 6, \quad \varepsilon_8 = -6 + 3 = -3,$$

$$\dots\dots\dots\dots\dots, \quad \dots\dots\dots\dots\dots, \quad \dots\dots\dots\dots\dots$$

On voit ici que E_8 est égal à -1 avec un exposant pair; par conséquent on peut prendre $\rho + 1 = 8$, c'est-à-dire $\rho = 7$; ainsi l'on calculera
de nouveau les nombres $l, l_1,\dots$ jusqu'à l_7 de cette manière

$$l_1 = 2,$$
$$l_2 = l_1 + 1 = 3,$$
$$l_3 = l_2 + l_1 = 5,$$
$$l_4 = l_3 + l_2 = 8,$$
$$l_5 = l_4 + l_3 = 13,$$
$$l_6 = l_5 + l_4 = 21,$$
$$l_7 = l_6 + l_5 = 34 = l_\rho,$$

et l'on aura (abstraction faite des signes)

$$u = 34, \quad t = -3.34 - 21 = 123.$$

Maintenant, puisque

$$\mathbf{E}_8 = \mathbf{E}_3 \quad \text{et} \quad \varepsilon_8 = \varepsilon_3,$$

on aura ici

$$\mu = 3 \quad \text{et} \quad \nu = 5$$

comme plus haut, de sorte que n devra être pair; or nous avons démontré (34) que les nombres K_ν et $\dfrac{H_\nu}{E_{\mu+1}}$ sont toujours les mêmes pour une même valeur de β; donc on aura aussi dans le cas présent

$$\frac{H_\nu}{E_{\mu+1}} = 5, \quad K_\nu = 18,$$

comme plus haut; donc, prenant maintenant pour T et U les premières valeurs de t et de u que nous venons de trouver, on aura, en général,

$$t = \frac{\left(123 + 34\sqrt{13}\right)\left(18 + 5\sqrt{13}\right)^n + \left(123 - 34\sqrt{13}\right)\left(18 - 5\sqrt{13}\right)^n}{2},$$

$$u = \frac{\left(123 + 34\sqrt{13}\right)\left(18 + 5\sqrt{13}\right)^n - \left(123 - 34\sqrt{13}\right)\left(18 - 5\sqrt{13}\right)^n}{2\sqrt{13}},$$

et ces formules, combinées avec celles que nous avons trouvées plus haut, renfermeront nécessairement toutes les solutions possibles en nombres entiers de l'équation proposée.

EXEMPLE III.

38. *On propose de résoudre l'équation*

$$101 = t^2 - 79 u^2.$$

Cette équation étant aussi dans le cas du n° **32**, on opérera comme on a fait dans l'exemple précédent. On commencera donc par chercher un nombre entier ε moindre que $\dfrac{101}{2}$ et tel que $\varepsilon^2 - 79$ soit divisible par 101.

et l'on trouvera $\varepsilon = 33$; et comme 101 est premier, on sera assuré que ce nombre sera le seul de cette qualité.

Or, comme $\varepsilon > \sqrt{79}$, et qu'il faut que

$$\frac{101}{\varepsilon - \sqrt{79}}$$

soit un nombre positif, il faudra prendre ε positivement, et le radical $\sqrt{79}$ pourra être positif ou négatif.

On fera donc en premier lieu

$$E = -101, \qquad\qquad\qquad \varepsilon = 33,$$

$$E_1 = \frac{79 - 33^2}{-101} = 10, \quad \lambda_1 < \frac{33 + \sqrt{79}}{10} = 4, \quad \varepsilon_1 = 4.10 - 33 = 7,$$

$$E_2 = \frac{79 - 49}{10} = 3, \quad \lambda_2 < \frac{7 + \sqrt{79}}{3} = 5, \quad \varepsilon_2 = 5.3 - 7 = 8,$$

$$E_3 = \frac{79 - 64}{3} = 5, \quad \lambda_3 < \frac{8 + \sqrt{79}}{5} = 3, \quad \varepsilon_3 = 3.5 - 8 = 7,$$

$$E_4 = \frac{79 - 49}{5} = 6, \quad \lambda_4 < \frac{7 + \sqrt{79}}{6} = 2, \quad \varepsilon_4 = 2.6 - 7 = 5,$$

$$E_5 = \frac{79 - 25}{6} = 9, \quad \lambda_5 < \frac{5 + \sqrt{79}}{9} = 1, \quad \varepsilon_5 = 9 - 5 = 4,$$

$$E_6 = \frac{79 - 16}{9} = 7, \quad \lambda_6 < \frac{4 + \sqrt{79}}{7} = 1, \quad \varepsilon_6 = 7 - 4 = 3,$$

$$E_7 = \frac{79 - 9}{7} = 10, \quad \lambda_7 < \frac{3 + \sqrt{79}}{10} = 1, \quad \varepsilon_7 = 10 - 3 = 7,$$

.............., ..., ...

Je m'arrête ici parce que je vois que $E_7 = E_1$ et $\varepsilon_7 = \varepsilon_1$; et comme, dans toute la série des nombres $E, E_1, E_2, \ldots$ jusqu'à E_7, je n'en trouve aucun qui soit égal à l'unité, j'en conclus (30) que la proposée n'est pas résoluble, au moins d'après la racine

$$\frac{101}{33 - \sqrt{79}}.$$

Reste donc à examiner l'autre racine

$$\frac{101}{33 + \sqrt{79}},$$

et pour cela on fera en second lieu

$$E = -101, \qquad\qquad \varepsilon = 33,$$

$$E_1 = \frac{79 - 33^2}{-101} = 10, \qquad \lambda_1 < \frac{33 - \sqrt{79}}{10} = 2, \quad \varepsilon_1 = 2.10 - 33 = -13,$$

$$E_2 = \frac{79 - 13^2}{10} = -9, \qquad \lambda_2 < \frac{-13 - \sqrt{79}}{-9} = 2, \quad \varepsilon_2 = -2.9 + 13 = -5,$$

$$E_3 = \frac{79 - 25}{-9} = -6, \qquad \lambda_3 < \frac{-5 - \sqrt{79}}{-6} = 2, \quad \varepsilon_3 = -2.6 + 5 = -7,$$

$$E_4 = \frac{79 - 49}{-6} = -5, \qquad \lambda_4 < \frac{-7 - \sqrt{79}}{-5} = 3, \quad \varepsilon_4 = -3.5 + 7 = -8,$$

$$E_5 = \frac{79 - 64}{-5} = -3, \qquad \lambda_5 < \frac{-8 - \sqrt{79}}{-3} = 5, \quad \varepsilon_5 = -3.5 + 8 = -7,$$

$$E_6 = \frac{79 - 49}{-3} = -10, \qquad \lambda_6 < \frac{-7 - \sqrt{79}}{-10} = 1, \quad \varepsilon_6 = -10 + 7 = -3,$$

$$E_7 = \frac{79 - 9}{-10} = -7, \qquad \lambda_7 < \frac{-3 - \sqrt{79}}{-7} = 1, \quad \varepsilon_7 = -7 + 3 = -4,$$

$$E_8 = \frac{79 - 16}{-7} = -9, \qquad \lambda_8 < \frac{-4 - \sqrt{79}}{-9} = 1, \quad \varepsilon_8 = -9 + 4 = -5,$$

$$\dots\dots\dots\dots\dots, \qquad \dots\dots\dots\dots\dots, \qquad \dots\dots\dots\dots\dots$$

Or, puisque je vois que $E_8 = E_2$ et $\varepsilon_8 = \varepsilon_2$, et que dans toute la série E, $E_1,\dots$ jusqu'à E_8 il n'y a aucun terme égal à l'unité, j'en conclus de même que la proposée n'est pas résoluble d'après la seconde racine.

D'où il s'ensuit que l'équation dont il s'agit n'admet absolument aucune solution en nombres entiers.

EXEMPLE IV.

39. *Qu'on propose maintenant l'équation suivante*

$$109 = t^2 + 7 u^2,$$

qui est, comme on voit, dans le cas du n° 35.

On aura donc ici (**28**)

$$A = 109, \quad B = 1, \quad C = 0, \quad D = 7;$$

et il faudra d'abord chercher un nombre entier θ moindre que $\frac{109}{2}$, et tel que $\theta^2 + 7$ soit divisible par 109; on trouvera

$$\theta = \pm 50;$$

et, à cause que 109 est premier, on sera d'abord assuré qu'il n'y aura point d'autres nombres (10) qu'on puisse prendre pour θ. On substituera donc dans la proposée $\pm 50\,u - 109\,y$ à la place de t, et la division étant faite par 109, on aura la réduite

$$23\,u^2 \mp 100\,uy + 109\,y^2 = 1.$$

Donc (35)

$$P = 23, \quad Q = \mp 100, \quad R = 109;$$

et, à cause de $C = 0$, $B = 1$, la limite de y sera

$$\sqrt{\frac{\theta^2 + D}{AB}} = \sqrt{\frac{23}{7}} < 2;$$

de sorte que y ne pourra être que 0 ou 1; ainsi il ne sera pas même nécessaire de chercher les fractions convergentes vers la fraction $\frac{Q}{2P} = \frac{50}{23}$, pour trouver les valeurs de u et y; car, en faisant $y = 1$, on a

$$23\,u^2 \mp 100\,u + 109 = 1;$$

d'où

$$u = \pm 2 \quad \text{et} \quad t = 100 - 109 = -9;$$

et faisant $y = -1$, on aura

$$u = \mp 2 \quad \text{et} \quad t = -100 + 109 = 9;$$

donc en général

$$u \pm 2 \quad \text{et} \quad t = 9,$$

les signes ambigus étant à volonté.

FIN DU TOME DEUXIÈME.

TABLE DES MATIÈRES

DU TOME DEUXIÈME.

SECTION PREMIÈRE.

(SUITE.)

MÉMOIRES EXTRAITS DES RECUEILS DE L'ACADÉMIE DE TURIN.

SECTION DEUXIÈME.

MÉMOIRES EXTRAITS DES RECUEILS DE L'ACADÉMIE ROYALE DES SCIENCES ET BELLES-LETTRES DE BERLIN.

PARIS. — IMPRIMERIE DE GAUTHIER-VILLARS, SUCCESSEUR DE MALLET-BACHELIER,
Rue de Seine-Saint-Germain, 10, près l'Institut.

www.ingramcontent.com/pod-product-compliance
Lightning Source LLC
Chambersburg PA
CBHW031539210326
41599CB00015B/1953